ERNEST MENAULT

INSPECTEUR GÉNÉRAL DE L'AGRICULTURE
CONSEILLER GÉNÉRAL DE SEINE-ET-OISE

HISTOIRE AGRICOLE
DU BERRY

MONOGRAPHIE AGRICOLE DU CHER

TOME PREMIER

PARIS

LIBRAIRIE HACHETTE ET Cⁱᵉ

79, BOULEVARD SAINT-GERMAIN, 79

—

1890

HISTOIRE AGRICOLE DU BERRY

MONOGRAPHIE AGRICOLE DU CHER

TOME PREMIER

COULOMMIERS
Imprimerie Paul Brodard.

ERNEST MENAULT

INSPECTEUR GÉNÉRAL DE L'AGRICULTURE
CONSEILLER GÉNÉRAL DE SEINE-ET-OISE

HISTOIRE AGRICOLE DU BERRY

MONOGRAPHIE AGRICOLE DU CHER

TOME PREMIER

PARIS

LIBRAIRIE HACHETTE ET Cⁱᵉ

79, BOULEVARD SAINT-GERMAIN, 79

1890

Droits de traduction et de reproduction réservés.

A M. DEVELLE

MINISTRE DE L'AGRICULTURE

DÉPUTÉ DE LA MEUSE

Vous avez bien voulu, monsieur le Ministre, m'encourager à publier mon *Histoire agricole du Berry*, vous m'avez fait l'honneur de souscrire à ce travail. Veuillez me permettre de vous le dédier et de vous témoigner ainsi toute ma reconnaissance.

Puisse cet ouvrage être digne de tout l'intérêt que vous portez à l'agriculture, de l'estime que vous inspirez à tous vos collaborateurs, et particulièrement à celui qui est heureux de vous demander d'agréer l'hommage de son respectueux dévouement,

Ernest Menault,

Inspecteur général de l'agriculture,
Membre du Conseil général de Seine-et-Oise.

PRÉFACE

Parmi les instructions qui nous sont données par le ministère de l'Agriculture, la plus importante, à notre avis, est celle qui nous demande d'étudier les départements qui se trouvent dans notre région d'inspection. Cette
étude devient très attrayante, si l'on cherche à comparer le présent au
passé; si l'on se demande quelles ont été, aux différentes époques de notre
histoire, les conditions des terres et des personnes. L'attrait a été d'autant
plus grand pour nous que nous avons été préparé à ces recherches par nos
travaux antérieurs, par la publication de l'histoire d'Angerville, notre
pays natal, par celle du cartulaire de Morigny dans le pays d'Étampes,
par la traduction des cartulaires de Saint-Jean en Vallée et de Josaphat
dans le pays chartrain et par notre biographie de Suger, ministre agriculteur. Aussi, au lieu d'un simple rapport destiné au ministère, nous avons
trouvé la matière de deux volumes. Nous avons vu dans cette province du
Berry autrefois couverte d'étangs et de marais des transformations agricoles
importantes, des conditions d'hygiène et de salubrité devenues meilleures.

Les assemblées provinciales du Berry nous ont montré combien déjà, au
siècle précédent, les esprits cultivés étaient ouverts aux progrès agricoles.

Nous avons surtout dans nos recherches suivi les affranchissements qui
ont eu lieu dans ce pays jusqu'à la Révolution. Et nous avons pensé à ceux
qui n'auront pas le temps de lire tout notre travail, c'est pourquoi nous
avons résumé dans notre Introduction l'histoire de ces affranchissements,
c'est-à-dire la conquête du sol et de la liberté.

Dans la première partie de notre ouvrage nous retraçons à grands traits
l'histoire générale agricole du Berry. Puis nous voyons comment s'est
formé le département du Cher. Nous en étudions les conditions agricoles
au point de vue de la géologie, de la climatologie, de l'hydrographie, nous
y passons en revue les différentes cultures; et au sujet de la culture des
céréales nous avons trouvé bien des inexactitudes dans la manière d'écrire

les différentes variétés de blés. Ainsi dans les 19 variétés expérimentées par M. Berry au 9ᵉ volume du *Bulletin de la Société d'agriculture du Cher*, on écrit blé blanc d'Essez pour Essex, Touzelle anôme pour anône, Blod reed pour Blood red, Devonskire pour Devonshire, Silver Drapp pour Silver Drop.

D'autre part nous n'avons pas trouvé les variétés : Lammor, Arnauter, Déan, Frister et Clown citées par M. Berry. Frister a-t-il été confondu avec Firter et Clown avec Clower? Aussi nous recommandons de consulter, pour l'orthographe des noms de blés étrangers, le catalogue méthodique et synonymique de M. de Vilmorin.

Notre second volume comprendra l'étude des différentes espèces d'animaux, les résultats des concours, l'enseignement agricole, les syndicats, l'économie rurale, la constitution actuelle de la propriété, etc.

Nous ne terminerons pas cette longue préface sans remercier les personnes qui nous ont aidé à accomplir notre œuvre et d'abord M. Boyer, le savant archiviste du département du Cher, M. Franc, l'excellent professeur d'agriculture, MM. Rousseau et Paszkiewicz, président et vice-président de la Société d'agriculture du Cher, M. Peneau, directeur de la station agronomique, et M. Eugène Brisson, maire de Bourges au moment du concours régional agricole de 1886.

L'accueil qui nous a été fait dans cette ville est resté comme un des meilleurs souvenirs de nos concours, aussi nous avons compris toute la vérité de cette inscription gravée autrefois sur une porte de Bourges :

Ingredere quisquis
morum candorem
affabilitatam
et sinceram religionem amas
regredi nescis

« Entrez vous qui aimez la candeur, l'affabilité dans les mœurs et la piété sincère, vous ne saurez plus vous éloigner. »

J'ajouterai : si l'on est forcé de quitter Bourges, l'affabilité de ses habitants, aujourd'hui comme autrefois, vous y ramène toujours avec plaisir.

ERNEST MENAULT,
Inspecteur général de l'agriculture, conseiller général de Seine-et-Oise.

INTRODUCTION

Les dernières études du regretté Fustel de Coulanges nous ont apporté, sur le Berry même, des documents très curieux en ce qui concerne les affranchissements et la constitution du domaine rural.

La création du domaine rural en Berry n'a pas eu la même origine qu'en Beauce par exemple, où se sont formés une multitude de domaines ruraux connus sous le nom de villas. Ces domaines, ces villas de tel ou tel propriétaire sont devenus les nombreux villages agricoles dont la terminaison en *ville* rappelle évidemment leur origine domaniale.

Le Berry ne connaît guère cette terminaison. Elle n'existe pas plus dans le département du Cher que dans celui de l'Indre. Nous y voyons beaucoup de villages porter un nom de saint, c'est évidemment l'influence religieuse qui s'y montre.

Le Berry était un pays de grands domaines, de principautés importantes. Celle de Déloise occupait la plus grande partie du département de l'Indre et tenait sous sa domination presque tout le bas Berry.

Les seigneurs de Deols ont laissé de nombreux souvenirs de leurs libéralités envers les églises et les abbayes; et leur humanité envers leurs serfs et leurs affranchis a été maintes fois constatée.

Souvent le besoin d'argent a été, pour les seigneurs et les rois, le mobile des affranchissements. C'est ainsi que les serfs ont obtenu une certaine quantité de terres à cultiver pour leur propre compte, moyennant certaines redevances. Ces affranchissements ne constituent pas, tant s'en faut, pour les cultivateurs une grande liberté, c'est un commencement d'affranchissement. Cependant Fustel de Coulanges signale en Berry, dès l'époque mérovingienne, un acte d'affranchissement sans restriction. Cet acte est très remarquable non pas seulement par le sentiment religieux qui l'a dicté, mais par les conséquences exceptionnelles qui le caractérisent. Il a eu lieu dans l'église de Saint-Étienne de Bourges.

Voici les motifs qui ont déterminé cet affranchissement. C'est, dit le maître des esclaves, pour qu'après ma mort, mon âme trouve grâce devant le tribunal du Christ : je suis entré dans une église de Saint-Étienne, en la cité de Bourges, et, devant l'autel, en présence des prêtres et des principaux citoyens, j'ai affranchi par la vindicte tels et tels de mes esclaves, d'après la constitution de l'Empereur Constantin. Je veux donc qu'à partir de ce jour, ces esclaves soient absolument libres et ingénus, qu'ils vivent pour eux, qu'ils aillent où ils voudront, qu'ils demeurent où ils voudront, qu'ils aient les portes ouvertes. Je veux qu'ils ne doivent à mes héritiers aucun service. On n'exigera d'eux, ni de leur postérité, aucun des devoirs des affranchis, aucune des obligations dues aux patrons. Ils auront le droit de faire un testament et de recevoir aussi des legs de toutes sortes de personnes, et, comme citoyens romains, ils vivront ingénus et tout à fait libres eux et toute leur postérité.

Cet acte de complète liberté est curieux à plus d'un titre à l'époque mérovingienne.

Il a lieu en vertu d'une loi impériale, la formule en est toute romaine, *per vindictam*; cela rappelle le préteur frappant de sa baguette l'esclave que le maître présentait devant le tribunal.

On voit nettement dans cet acte que le maître renonce au patronage, qu'il ne se réserve aucune autorité sur l'affranchi, aucun droit sur sa succession. Cet abandon est d'autant plus remarquable qu'à cette époque le droit de patronage, comme dans la société romaine, est un des éléments de la fortune des grandes familles. Le père en mourant partageait d'ordinaire les affranchis entre ses enfants.

Quant au terme *ingénu* employé dans cet acte d'affranchissement, il se dit quelquefois de l'homme né libre, comme de celui qui vient d'être tiré de la servitude; cela n'empêche que souvent il est soumis à des services et à des redevances héréditaires. Pour ce qui est du titre de citoyen romain, il ne comporte ici aucune idée de droit politique.

C'est bien le sentiment chrétien qui a déterminé cet affranchissement. On trouve dans Marculfe des formules semblables. Souvent c'est à son lit de mort et par testament que le maître affranchissait ses esclaves, « pour la rémission de ses péchés, le salut de son âme ».

Il y a encore d'autres affranchis sans condition, ce sont les affranchis devant le roi et par le denier. La loi salique et la loi ripuaire font mention de ce dernier mode d'affranchissement. Le maître conduisait son esclave devant le magistrat auquel celui-ci présentait un denier, symbole de rachat. Le maître faisait tomber le denier en frappant sur la main de l'esclave. Mais cès affranchissements sans restriction étaient absolument personnels. Ce n'étaient pas les lois qui déterminaient les conditions et les devoirs des affranchis; c'était chaque maître qui, le jour de l'affranchissement, fixait quelles seraient la mesure de la liberté et la nature des obligations de chaque affranchi.

D'autres affranchis prenaient aussi le nom de *lite*. Le *lite* est, comme le *civis romanus*, comme le *libertus*, comme le *tributarius*, un ancien esclave que son maître a tiré de la servitude. Néanmoins, c'est encore un homme dépendant, en puissance d'autrui, comme tous les affranchis d'ordre inférieur. Le *lite* n'a pas la faculté de posséder en propre, le maître a droit sur ses biens.

Ainsi, soit que l'Église ou le roi affranchisse, et si large que soit l'affranchissement, ils agissent généralement comme les maîtres d'esclaves. L'Église ne se dépouille pas complètement. Elle garde des serviteurs et des sujets. Et quand elle défend ses hommes en justice, elle possède sur eux un pouvoir judiciaire; et aussi, comme tout patron, elle hérite de ses affranchis, lorsqu'ils meurent sans enfant. Les affranchis sont encore dans les liens de la servitude, ils sont encore dépendants du maître.

De même les affranchis du roi n'étaient pas membres de la nation, ils restaient membres de la domesticité, ils étaient assujettis, non pas au roi comme souverain, mais au roi comme simple particulier et comme maître. Seulement, dans la société mérovingienne, tout ce qui appartenait au roi était réputé supérieur à ce qui appartenait aux simples particuliers. Les affranchis du roi eurent naturellement une situation privilégiée au milieu des autres affranchis. Leur prix légal était le même que celui de l'homme qui avait reçu l'affranchissement complet, et avait été déclaré *civis romanus*.

Il y avait encore les colons qui sont mentionnés dans un grand nombre de chartes mérovingiennes. On les appelait *coloni* ou *accolæ*. Ce ne sont point des esclaves, ce ne sont pas non plus des hommes indépendants. Ils n'ont pas le droit de s'éloigner du maître, ils en dépendent, ils le reconnaissent comme tel, et néanmoins on les appelle *ingenui*.

Quant à ceux qui sont appelés hôtes, ce sont des serfs ou colons ayant obtenu des concessions révocables à volonté. Leur tenure les mettait dans la dépendance du propriétaire. Quel que soit son titre d'homme libre, l'hôte est toujours sujet par la terre qui le porte et le nourrit, par ses redevances, ses services manuels, et cette subordination est héréditaire.

Quelles furent les conséquences de ces actes d'affranchissement sous les Mérovingiens? Fustel de Coulanges incline à croire qu'ils firent peu d'hommes libres et peu de propriétaires du sol, ils produisirent une classe intermédiaire entre la servitude et la liberté. Ils améliorèrent l'existence de plusieurs millions de familles serves, mais ils n'augmentèrent guère le nombre de familles indépendantes. Ils ne firent ni des citoyens ni des membres du corps politique, ni des sujets du souverain. Ils firent des hommes sujets d'un autre homme, des familles sujettes héréditairement d'une autre famille; c'est ainsi que l'affranchissement a contribué à la structure de cette société qui deviendra féodale.

Examinons, après la condition des personnes, celle des terres. A l'époque mérovingienne, un propriétaire terrien est en même temps un propriétaire d'hommes esclaves ou affranchis; son domaine était vaste, il ne pouvait le cultiver par lui-même, il le faisait cultiver par ses hommes; et, suivant qu'ils étaient esclaves ou affranchis, la terre était cultivée dans des conditions différentes.

Étaient-ils esclaves? Le domaine était cultivé par un groupe travaillant au seul profit du maître. Quand le maître avait des affranchis, il leur donnait un lot à cultiver séparément, et ainsi la tenure individuelle se substituait en partie à la culture impersonnelle.

Le lot de terre se nomme *mansus, manse* (*maneo*, qui reste), d'où l'on a fait aussi *manant*, l'homme qui habite; quelquefois encore *manse* signifie *habitation*.

Pour l'affranchi, la tenure est héréditaire et non servile; elle est *ingenuile* ou même *lidile*, il en a la jouissance perpétuelle, mais non la propriété. Le propriétaire peut vendre ses tenures et en même temps ses esclaves, ses affranchis et ses colons.

Le propriétaire peut changer; la famille du colon ne change pas, la terre lui reste toujours, il l'améliore, il lui fait rapporter davantage. Le propriétaire ne peut lui en augmenter le fermage non plus qu'à ses héritiers.

Le lot de terre, la tenure est naturellement variable d'étendue; c'est le propriétaire qui le constitue suivant l'importance de son domaine et les hommes dont il dispose. La tenure varie de 4 à 5 hectares, elle se compose de champs labourables, de prés et de vignes.

Le serf paye cette tenure en argent ou en produits, et il acquitte sa redevance par un certain nombre de journées de travail sur le domaine du maître; souvent encore, il donne des poulets et des œufs.

Ainsi le serf ne cultive pas purement et simplement comme l'esclave la terre de son maître. Il cultive cette terre et la sienne.

Pour la culture de son lot de terre, il est libre, il travaille isolément, il n'est pas confondu dans le groupe servile, il a déjà un commencement d'individualité, il a des intérêts personnels, il a sa demeure, il y possède sa famille, sa femme n'est plus esclave que de nom, elle est mère de famille.

Mais tous les serfs ne sont pas tenanciers. Le seraient-ils qu'ils n'en sont pas moins toujours serfs. Et, comme tels, ils ne peuvent se marier sans l'autorisation du maître; leur prix légal est toujours le même. En droit, leur position n'a point changée. En fait, leur situation s'est améliorée, leurs obligations sont déterminées. La liberté du travail est conquise sur la terre, mais à condition de ne pas la quitter.

Comparativement à notre époque, le fermage d'un colon n'est pas trop élevé.

Un colon qui tient un bonnier de terre en labour et un arpent paye 6 deniers. Le bonnier vaut 1 hectare 28 ares, l'arpent de vigne ne contenait que 12 à 13 ares.

Les six deniers formaient un poids d'argent d'environ 7 grammes et avaient la même valeur que 17 francs d'aujourd'hui.

C'était donc un fermage de 17 francs pour un hectare et demi de terre. Plus tard, quand l'argent diminuera de valeur, les redevances du colon seront moins lourdes.

Quant au prix de la journée, il variait depuis un tiers de denier jusqu'à un denier. La moyenne ou deux tiers de denier équivaut à 1 fr. 75 d'aujourd'hui. Comparés avec les prix de locations de nos fermiers, ceux du VIIIe siècle sont beaucoup moindres. D'autre part, le fermage des tenanciers se payait surtout en service, mais souvent aussi il arrivait que le tenancier devait autant de journées qu'on lui en commandait. En tout cas, la redevance a beau être modérée, elle a toujours le caractère d'une servitude, d'une sujétion.

Si, maintenant, nous continuons à examiner ce que furent les affranchissements en Berry, nous voyons nos rois Childebert, Clotaire II et Dagobert donner des serfs, des hommes de corps aux abbayes; ce ne sont pas seulement les hommes qui sont donnés, souvent aussi la terre est également concédée. Ces donations sont dictées par le sentiment religieux : elles eurent un effet utile pour l'agriculture; elles fournirent aux abbayes des hommes pour cultiver le sol qui manquait de bras en beaucoup d'endroits, et ces serfs, sous la direction des moines, arrachèrent beaucoup de terres à l'inculture. Aussi la villa des Mérovingiens n'est plus seulement un domaine; c'est déjà sous les Carlovingiens un village, et la juxtaposition des habitations est le résultat des affranchissements, de la transformation de l'esclavage en servage accompli sous la triple influence des habitudes germaniques, de l'intérêt des propriétaires du sol et de la religion. Les libéralités pieuses faites dans les vi⁰, vii⁰ et viii⁰ siècles sont innombrables, comme en témoigne la quantité d'actes parvenus jusqu'à nous.

D'autre part, nous voyons Charlemagne, dans son second capitulaire de 805, préoccupé de protéger les affranchis.

« Il ne faut pas que les hommes puissants poussés par une mauvaise pensée oppriment contre la justice les hommes libres pauvres de façon à ce que ceux-ci soient forcés de vendre ou donner ce qu'ils possèdent. Ce que nous avons dit ici et autre part en faveur des hommes libres est pour empêcher que leurs parents ne soient injustement dépouillés de leurs héritages, que les revenus royaux soient diminués et que les héritiers, n'ayant plus de quoi vivre, se fassent mendiants, voleurs ou malfaiteurs. »

Ces exactions, ces oppressions étaient tellement dans les habitudes de l'époque que Louis le Pieux est aussi obligé d'intervenir contre elles.

« Quant aux préoccupations que nous devons prendre en faveur des pauvres dont le sort nous est remis, il nous a plu d'interdire aux évêques, abbés, comtes, viguiers et juges, et à toute autre personne, d'acheter ou de prendre de force les possessions des pauvres ou des faibles. C'est pourquoi, quiconque voudra leur acheter quelque chose, devra le faire publiquement, le jour des plaids, devant deux témoins suffisants, et selon l'équité; une transaction pareille, faite partout autre part, sera nulle par notre volonté. »

Sous ce règne, Eudes l'Ancien, baron de Château-Raoul (Châteauroux) et Issoudun, accorde de nombreux privilèges aux abbés et religieux de Notre-Dame d'Issoudun, entre autres une foire franche au jour de Saint-Paterne, il affranchit le bourg de Saint-Paterne de tous droits, coutumes et redevances, et les habitants de tout service. Il fait de cet endroit une sorte d'asile, de lieu de refuge, pour les serfs et les affranchis.

Au temps de Henri Iᵉʳ le Berry entre des premiers dans le mouvement des réformes sociales. L'archevêque de Bourges, Aymon, réunit un concile en 1031 pour encourager les abbés, les seigneurs à la paix. Parmi les résolutions prises à ce concile, nous constatons celle relative aux serfs et aux colliberts et à leurs enfants qui ne pourront devenir clercs que si le maître leur a conféré la liberté en présence de témoins.

La Trêve de Dieu fut proclamée, c'est-à-dire que toute guerre, toute hostilité devrait être suspendue depuis le mercredi soir jusqu'au lundi matin, et pendant ce temps il était défendu sous les peines les plus sévères d'inquiéter les laboureurs qui étaient à la charrue ou à la herse et de toucher aux chevaux et aux bœufs qu'ils employaient à ce travail. Il était défendu également de dévaster les terres. Le cartulaire de Notre-Dame de

Bourges a retenu les noms honorables des comtes de Sancerre, des seigneurs de Bourbon, de Châteauroux, de Mehun, de Vierzon qui se sont engagés à respecter la Trêve de Dieu.

Le mouvement des croisades sous Philippe Ier a été également favorable à l'agriculture. En Berry, Eudes Arpin vend sa vicomté de Bourges. D'autres seigneurs donnent des terres, des serfs aux abbayes, à celles de Saint-Satur, de Saint-Laumer de Blois, de Bourg-Moyen, de Marmoutiers, d'Issoudun, de Chazal-Benoît, etc.

Avec Louis le Gros s'ouvre une ère nouvelle pour l'agriculture, pour la liberté. Le domaine rural, la villa n'est pas seulement devenu un village agricole; on voit surgir des villages nouveaux, et l'affranchissement se propage dans les villes. Le serf, l'affranchi devient un tenancier.

Des chartes royales exemptent des mauvaises coutumes, donnent des privilèges. La charte la plus importante accordée est celle de Lorris en Gatinais, octroyée par Louis VI et plus connue sous le nom de *coutumes de Lorris*. Ces coutumes approchent le plus près de la liberté naturelle; elles ne reconnaissent aucun serf, ni homme de corps, non plus que les droits de taille *mortaille* et autres droits odieux et exorbitants.

Ces coutumes furent données aux habitants de Ménétrol, de Sancerre, de Mehun-sur-Yèvre, de Saint-Laurent, etc. Ce n'est pas sans raison, dit Lathaumassière, que les comtes de Sancerre les appellent *libres et royales coutumes*.

Ce fut Louis VI qui affranchit la ville de Bourges et en fit un lieu d'asile où l'on pouvait venir se mettre en sûreté sous la sauvegarde royale.

Les seigneurs suivent l'exemple du roi. Raoul II, seigneur d'Issoudun, affranchit le bourg de Saint-Denis. On verra dans notre ouvrage toutes les heureuses conséquences de ces affranchissements, de ces villages nouveaux où les paysans deviennent peu à peu propriétaires de leurs tenures, où ils sont affranchis du servage corporel, ils forment une classe dans la nation. Leur personne, celle de leurs femmes, de leurs enfants, ne sont pas aliénées avec ou sans le domaine, au gré du maître, pour être transmises en toute propriété avec le droit d'user et d'abuser, à un autre possesseur. Ils ont conquis la libre disposition de leur pécule, l'hérédité de leur tenure; ils testent, ils héritent, ils se marient avec les personnes qu'ils ont choisies. Mais tout cela n'a pas été obtenu gratuitement.

Louis VII, dirigé par Suger, continue l'exemple de son père, il fonde plusieurs villes neuves; les seigneurs créent des villes franches. Étienne de Sancerre permet aux hommes de cette ville de s'allier avec les femmes de Saint-Satur et réciproquement; ils abandonnent contre eux le droit de suite et de formariage. Sous ce règne, le départ pour la Terre-Sainte détermine de nouveaux affranchissements. Pendant le règne de Philippe-Auguste les affranchissements des villes se multiplient, le nombre de bourgeois augmente; la manumission, c'est-à-dire l'affranchissement complet du serf mis hors la main de son maître, s'étend peu à peu. Des seigneurs non seulement affranchissent de toute servitude leurs serfs, ils leur donnent maison, ouche [1] et vigne, et leur facilitent le mariage.

Parmi toutes ces franchises, notons surtout celles accordées par Ebes de Deols aux habitants de Châteaumeillant qui ont le droit de vendre, échanger, donner, léguer leurs biens meubles et immeubles à leur volonté. Ces franchises autorisent les frères, oncles, neveux et jusqu'aux cousins germains de servile condition de succéder les uns aux autres au préjudice du droit de mainmorte. Ainsi la culture fait ses premières conquêtes et marque ses premiers résultats. Le mouvement des affranchissements se continue sous Louis VIII. Deux seigneurs du Berry, Guillaume de Chauvigny, seigneur de Châteauroux, et Simon de Sully, archevêque de Bourges, créent une ville franche. De leur côté, le roi et le chapitre de Bourges affranchissent un certain nombre d'habitants de cette ville du droit de mainmorte.

Saint Louis a laissé des *établissements* qui témoignent de sa sollicitude pour la classe agricole. Il a voulu que si dans une affaire d'affranchissement les juges étaient partagés, on se prononçât en faveur de la liberté. Suivant sa volonté aussi, le mineur poursuivi comme serf devait demeurer libre jusqu'à sa majorité; grâce encore aux affranchissements, les villes se repeuplent. Beaucoup de terres abandonnées sont mises en valeur, les vieilles forêts, les vacants, les sols incultes sont labourés, ensemencés, les vilains continuent à acquérir des fiefs. Les seigneurs renoncent plus ou moins complètement au droit de mainmorte. Nous en voyons en Berry qui l'abandonnent entièrement. D'autres ne l'établissent qu'au 4e, 3e ou 2e degré.

On constate dans quelques chartes le droit accordé aux bourgeois de disposer de leurs biens par acte de dernière volonté, et quand le seigneur élève le mainmortable à la condition de bourgeois, il établit une redevance fixe constitutive du droit de bourgeoisie. De même, en renonçant à l'exercice de leurs droits sur les serfs et les mainmortables de leurs domaines, les rois ont soin de fixer le prix du rachat des affranchis.

Signalons en 1292 l'établissement de Saint-Amand en ville franche. Les habitants de cette ville sont rendus libres de leur personne par les abbés

1. Terre avoisinant la maison.

de Charenton qui leur donnent la faculté de disposer de leurs biens; mais, en retour, les habitants devront payer des prestations en nature et en argent.

Le tout-puissant attrait de la liberté devient de tous côtés la source où chacun puise l'argent dont il a besoin. Quand Philippe le Bel, en 1302, convoque les États Généraux il ne manque pas d'y appeler le peuple avec la noblesse et le clergé. La fameuse ordonnance de Louis le Hutin qui concède la liberté à tous les habitants du domaine royal, serfs ou mainmortables, est encore dictée par une nécessité d'argent. Philippe le Long agit de même. Sous ce règne, Guillaume de Chauvigny, seigneur de Châteauroux et du Châtelet, confirme un grand nombre de donations à l'abbaye de Puy-Ferrand. Il permet aux abbés de recevoir toutes sortes de personnes, hommes ou femmes mariés ou non, nobles ou roturiers, libres ou serfs avec tous et chacun leurs biens, même de recevoir les aubains et étrangers au nombre de leurs hommes. L'aubain était un étranger qui passait un an et un jour sur les terres d'un seigneur et devenait son homme, et si d'aventure il mourait, tous ses meubles appartenaient à son maître.

Malgré les bienfaits des affranchissements, il faut reconnaître qu'ils eurent pour résultat d'aggraver les charges de ceux qui en étaient l'objet : souvent après la manumission, les serfs se trouvaient matériellement moins heureux que dans la condition servile. Puis les tailles, devenues désormais permanentes, et l'ère fatale des Valois accablèrent le pauvre peuple des campagnes.

Il a fallu toute la sagesse de Charles V, secondé par Du Guesclin, pour rendre la paix aux champs, l'honneur à la France. Cet excellent roi a reconstitué la société en fondant l'économie publique sur la prospérité agricole et cette prospérité sur l'allégement des charges, l'accroissement des débouchés, la sécurité des entreprises. Il a remis et égalisé les tailles pour assurer des ressources à la culture. Il a défendu de contraindre par corps le laboureur et de saisir les instruments de labourage quand il y avait d'autres meubles suffisants. Sous son inspiration, on emprunte à l'Italie ses lettres agronomiques. L'*Encyclopédie* de Pierre de Crescens est traduite et répandue. On fait également des calendriers, des instructions pour former de bons bergers qui vulgarisent les meilleurs procédés d'agriculture, sans compter le régime forestier qui est complètement réorganisé.

L'agriculture fut tellement améliorée que Charles V put dire : « Pour ce que de présent le blé est à bon marché et pourra être par le plaisir de Dieu à aussi bon et meilleur marché au temps à venir ».

b

La misère devint si grande au temps de Charles VI que le roi ne savait plus comment s'y prendre pour trouver de l'argent. A qui vendre la liberté quand personne n'a plus le moyen de l'acheter? Les guerres, les calamités de toutes sortes avaient dépeuplé les villes et les villages et amené partout la misère. Pour les repeupler, pour se créer des ressources, les seigneurs eurent encore recours aux franchises. C'est ainsi qu'en 1427 Jean de Brosse accorde des coutumes de franchises, bourgeoisie et privilèges aux habitants de Boussac, ville dépeuplée par les guerres, mortalités et calamités des temps. Les habitants furent affranchis, manumis, mis hors tout lien et joug de servitude, eux, leurs enfants nés et à naître, de telle sorte qu'ils purent faire leurs enfants clercs, prêtres et marier leurs filles où ils leur plairaient sans avoir besoin de l'autorisation du seigneur. Ils furent en outre autorisés à vendre leurs biens, à en disposer selon leur volonté par donation, échange, testament, pouvant se succéder les uns aux autres, acheter des hommes et vassaux du seigneur. Ainsi affranchis les habitants de Boussac devenaient bourgeois de la ville. Ils pouvaient avoir des conseils, se réunir pour se consulter, et décider des affaires touchant leur communauté et leursdites bourgeoisie et franchise.

Ces franchises sont, comme on le voit, fort importantes. Le seigneur y trouve son intérêt. D'abord il reçoit 1 000 écus d'or et se réserve encore certaines redevances annuelles.

Issoudun fut affranchi vers la même époque.

Le peuple des campagnes, lui, avec son inépuisable énergie, son dur labeur, sa patience et son espérance toujours renaissante, sa foi inébranlable dans un avenir meilleur, s'attache invinciblement au sol et, « faute de beste, il laboure la charrue au col, il travaille de nuit par crainte d'être prins et apprehendez pour les tailles, et quoique miné, il déploie une nouvelle ardeur et répare peu à peu sa misère ».

C'est de cette énergie si éprouvée que sortirent les combattants de Jeanne d'Arc qui ont reconquis la patrie, les courageux cultivateurs qui ont reconstruit les villages, défriché à nouveau les terrains, replanté les vignes et repris de nouvelles racines dans le sol qui les récompense de leurs pénibles efforts. Heureusement aussi la rédaction des coutumes va mettre fin au manque de sécurité, à l'arbitraire des seigneurs, à la faiblesse des tenanciers. Charles VII donne aux habitants de Bourges le privilège d'acquérir et de posséder des biens nobles, il affranchit les habitants de Mehun et de Saint-Laurent-sur-Barenjon.

Louis XI, préoccupé d'abaisser les grands, créa une noblesse nouvelle de tout vilain possesseur de fief; sa police vigilante empêchant toute exaction fait que dans les pays non troublés par la guerre les épargnés permettent de mieux cultiver et d'obtenir de plus abondantes récoltes.

La rédaction des coutumes commencée sous Charles VIII fut organisée sous Louis XII, malgré la mauvaise volonté des seigneurs. A cet effet, les trois états furent convoqués dans une solennelle assemblée. La classe agricole qui ne formait pas un état n'y fut point représentée, mais les officiers du roi défendirent sa cause et firent valoir ses droits. On apporta de grands adoucissements à leur condition.

La coutume du Berry consacre les franchises de cette province. Les habitants de Bourges et des villes royales sont considérés comme libres. Ainsi « en ville et en veherye de Mehung sur Evre n'a nuls gens serfs ni de serve condition : ains que tout homme qui vient demeurer en la dite ville et veherye, de quelque lieu que ce soit, est franc; en telle manière que nul seigneur et dame ne peut prétendre droit de suyte sur luy, ni le contraindre a luy payer taille mortaille ni aultre droit et de servitude ».

Les habitants des autres villes du Berry sont plus ou moins libres. D'après certaines coutumes locales, les seigneurs doivent jouir sur les hommes serfs de tels droits accoutumés. Tous ces droits sont énoncés et definis dans la Coutume du Berry.

Aussi malgré la liberté dont jouissent les bourgeois des villes, malgré les affranchissements des serfs dans les campagnes, les affranchis sont mainmortables, ils vivent en hommes libres et meurent en esclaves, puisqu'ils ne peuvent disposer de leurs biens. Néanmoins les mainmortables trouvèrent le moyen de ne point laisser aller leur héritage au seigneur, ils se mirent à vivre en communauté et ainsi ils purent tester et se succéder les uns aux autres. Les seigneurs du reste furent souvent plus disposés à faire des concessions de terre à des associations qu'à des individus, parce qu'ils avaient recours contre l'association entière pour le payement de leur redevance. Malgré les avantages que les affranchis purent trouver dans les communautés, l'agriculture n'y prospéra pas. L'assemblée provinciale du Berry a fait ressortir tous les inconvénients de ces communautés.

Chaumeau, le vieil historien du Berry, nous a laissé un tableau de la situation de cette province au xvie siècle. On y constate avec satisfaction que plusieurs contrées sont bien cultivées par des gentilshommes, capitaines et gens lettrés. A cette époque, en effet, il y eut une renaissance de l'agriculture. Comme celle des lettres et des arts, elle vint d'Italie. Les guerres des Français en ce pays attirent leur attention sur un état de culture bien plus avancé que le leur; ils en rapportent le riz, le mûrier, le trèfle,

la luzerne, qu'ils entreprirent d'acclimater. La découverte de l'imprimerie
fut aussi d'un grand secours pour le progrès de l'agriculture. Au lieu
de manuscrits d'agriculture du temps de Charles V, d'almanachs, de calendriers, de Bons Bergers, Charles Estienne en 1535 publie plusieurs traités
sur le jardinage, sur les arbres et autres objets relatifs à la culture, puis
il fait paraître en collaboration avec Liébaut, son gendre, la Maison rustique, qui acquit une réputation européenne.

En 1558, un médecin du Mans, Belon, publie les *Remontrances sur le*
défaut de labour et culture des plantes et de la connaissance d'icelles.

Bernard Palissy se plaint de ce que, sans souci de l'avenir, on a rompu,
coupé, déchiré pour les mettre en bled les belles forêts qu'on avait jusqu'alors précieusement gardées. Ce qui prouve que l'agriculture s'est beaucoup développée par les soins du peuple, c'est l'aisance « qui est multiplié
dans le royaume depuis que les guerres de la maison d'Orléans et de
Bourgogne furent assoupies ». Avec la production les consommations
s'accroissent sous l'universelle activité secondée par la rapide multiplication du numéraire; l'aisance se produit chez les cultivateurs laborieux et
économes, et, de tous côtés, les roturiers, ceux qui rompent la terre, achètent le patrimoine des nobles; de 1570 à 1571, chaque année amène de
nouveaux édits de francs fiefs.

La noblesse, obligée de soutenir les guerres d'Italie et dépensant en
luxe et en plaisirs plus que ses revenus à la cour, est souvent réduite à
vendre ses terres aux travailleurs, aux ouvriers des champs qui, grâce à
leur énergique persévérance, finiront avec le temps par conquérir le sol,
le patrimoine qui assure l'indépendance, met à l'abri des servitudes. Mais
hélas! que cette conquête est lente et pénible et qu'il a fallu d'amour de la
liberté, de besoin de sécurité pour résister à tant de causes de découragement! Après les guerres extérieures, après les guerres de conquêtes, à
peine si le paysan commence à respirer, à se sentir un peu libre, que voici
les guerres de religion qui éclatent et amènent de nouveaux désastres en
Berry. Dans l'Est elles furent cause de la destruction de deux cents villages au moins et de cinq mille maisons rurales, elles jetèrent les populations des campagnes dans la plus profonde détresse. Et même quand la
guerre civile fut suspendue, le Berry fut continuellement parcouru, ravagé
par les compagnies qui, forcées de respecter les villes closes, se dédommageaient sur les campagnes. On peut lire dans les archives de Bourges
les tristes doléances de cette malheureuse époque. En beaucoup de lieux,
dit M. de Reynal, les paysans abattaient leurs maisons et leurs granges,
en vendaient les tuiles, les poutres, les soliveaux et les chevrons pour

acheter du son dont ils faisaient du pain ; d'autres se retiraient dans les villes pour mendier.

Heureusement, Henri IV et Sully comprirent que le travail de la terre a des avantages par-dessus toutes choses et que c'est toujours à l'agriculture qu'il faut revenir pour réparer les désastres du pays. Il était donc nécessaire de la protéger, de ménager le cultivateur, en ne l'imposant pas outre mesure, en le défendant contre les tailles mal assises et perçues injustement et avec excès, en lui faisant grâce des impositions arriérées. Aussi la diminution de l'impôt foncier, la répression vigoureuse des abus de répartition, la révocation de tous les annoblissements concédés depuis Henri III, l'augmentation du nombre des contribuables au profit de la masse agricole, les moyens de droit fournis aux populations pour récupérer les dépaissances ou les communaux qu'on leur avait soustraits, l'augmentation des échanges par les voies de transports, les encouragements donnés à ceux qui veulent mettre en valeur les marais, l'établissement d'un vaste système de routes et de canaux, donnèrent au travail une activité inconnue jusqu'ici ; ils ramenèrent la prospérité aux champs, l'aisance chez le cultivateur. Ajoutons à tous ces moyens de progrès, la publication du *Théâtre et mesnage des champs*, publié par Olivier de Serres. Ce traité d'agriculture contenait en outre le plus social enseignement qui ait été donné. « Au-dessus de la minutieuse et saine indication des conditions de la réussite pour la culture, au-dessus des théories et de l'exemple les mieux faits pour rendre la prospérité, on sent, dit Doniol, dans Olivier de Serres l'idéal qui animait Sully. Une société essentiellement assise sur la possession et le travail de la terre, où l'homme aurait cette vigueur morale que donne la vie rustique, où le travail accepté comme un devoir, en quelque lieu qu'il soit départi, fonderait seule la richesse et où la richesse rurale comme la plus indispensable et la plus juste dominerait et commanderait l'économie politique, c'est leur pensée commune, pensée qui correspondait à l'activité indépendante et austère de la réforme. »

Sully, grand propriétaire en Berry, a été seigneur de Saint-Amand-Montrond et autres lieux, il s'y est fait remarquer par une certaine âpreté à faire valoir ses droits seigneuriaux et, en particulier, le droit de suite sur les serfs, et à exiger la taxe de bourgeoisie. Il plaida contre les habitants de Saint-Amand qui, depuis longtemps, n'étaient plus soumis aux droits qu'il leur réclamait.

On doit à Sully la création de la ville d'Henrichemont (Cher), au milieu des solitudes de Boisbelle ; ce fut comme un premier essai d'amélioration de la Sologne, un idéal d'administration agricole progressive dont le but était le peuplement des bourgs et villages.

A cette époque, Messire Guillaume de l'Aubespine, chevalier conseiller du roi, seigneur de Châteauneuf, réclama aussi des manants et habitants de plusieurs paroisses une série de droits de servitude dont le tableau au xvıı° siècle rappelle la plus triste époque de la féodalité.

Après la mort de Henri IV et la disgrâce de Sully, la France, aux mains d'une femme sans caractère, ne pouvait que s'amoindrir, et l'agriculture fut la première à se ressentir du désordre qui se mit en toutes choses. En moins de 12 ans d'une mauvaise administration, les 40 millions amassés par Sully furent dissipés et la régente fut obligée de convoquer les États-Généraux en 1614. Ce n'est qu'à l'arrivée de Richelieu au pouvoir que les cultivateurs retrouvent une certaine protection. Ce grand ministre ne veut pas qu'on insère dans les contrats ruraux des obligations au-dessus des forces des cultivateurs, il préserve le sol de l'immobilisation dans les mains ecclésiastiques, il fait détruire les forteresses seigneuriales.

Dans l'assemblée des notables convoquée le 2 décembre 1626, il leur demande les moyens de régler les tailles, de manière à soulager les pauvres qui en portent la plus grande charge.

Sous Louis XIV, la guerre de la Fronde qui eut pour cause le mécontentement excité par la mauvaise administration du cardinal Mazarin ramène le pillage et la ruine des campagnes; et quand Colbert arrive au pouvoir, il trouva le trésor vide, deux années de revenus consommés d'avance, le peuple accablé d'impôts, les exemptions, les charges, les privilèges multipliés sans mesure, les recettes sans règles, les dépenses sans frein, partout la fraude, la malversation et le désordre. Colbert cherche le remède à tous ces maux dans le développement de l'industrie qui fut plus protégée que l'agriculture; néanmoins, il encourage la production de la laine, la multiplication du bétail, il ne veut pas qu'on puisse saisir les instruments, les bestiaux du labour pour défaut de payement de l'impôt; ses réformes relatives au système d'impôt et à l'administration des biens communaux rendirent service aux campagnes.

Comme Sully, Colbert fut propriétaire en Berry, il fut seigneur de Châteauneuf-sur-Cher; son influence se fit sentir dans cette province par les encouragements qu'il donna aux fabriques de drap. Malgré tous ses efforts pour relever le commerce et l'industrie, les exigences du budget de la guerre, les somptueuses dépenses du grand roi épuisèrent les campagnes. Aussi, après Colbert, la misère fut au comble; les dragonnades ensanglantèrent le Sancerrois.

Inutile d'insister sur le tableau de la misère du paysan retracée d'une façon si réaliste par La Bruyère.

Le régent montre quelque intérêt pour les campagnes; il exempte de six années de taille les soldats libérés qui mettront en valeur les terres sans culture et les maisons. Au XVIIIe siècle, l'agriculture est remise en honneur. Philippe d'Orléans abolit toutes les lettres de noblesse accordées à la bourgeoisie depuis 1689, il augmente ainsi le nombre des contribuables et diminue quelque peu le fardeau qui écrasait la classe agricole. Le cardinal de Fleury est bien disposé pour l'agriculture, mais la misère règne dans les campagnes et surtout en Berry. Le gouvernement ne pouvant rien percevoir sur le sol abandonné essaye de remédier à cette situation par l'édit de 1761 qui affranchit pour quinze ans de taille toute terre défrichée : 490 000 arpents furent ainsi défrichés en trois ans et comme, d'autre part, beaucoup de nobles ou d'anoblis furent obligés de vendre leurs propriétés, on constate en Berry, comme en d'autres provinces, beaucoup d'aliénations, si bien que, vers 1760, un quart du sol a déjà passé aux mains des travailleurs agricoles.

Sous le règne de Louis XV, un homme dont l'intelligence n'a d'égale que sa générosité, Béthune Charost, donne au Berry une impulsion agricole des plus fécondes, il fonde à Meillant une Société d'agriculture qui se met en rapport avec la Société royale de Paris pour l'étude de toutes les questions agricoles. Louis XVI choisit le Berry pour y faire le premier essai d'une assemblée provinciale : les séances de cette assemblée sont pleines d'intérêt. Tous les maux dont souffrent les cultivateurs sont étudiés avec soin et de remarquables délibérations sont prises pour remédier à la triste situation de cette province.

Nous trouvons dans le Berry l'état d'un domaine féodal en 1783. C'est la situation de la terre et baronnie de Blet, située dans cette partie du Bourbonnais actuellement comprise dans le département du Cher. Jadis la ville était fortifiée, mais les guerres civiles du XVIe siècle et surtout l'émigration des protestants l'ont rendue déserte au point que de 3 000 habitants qu'elle renfermait, il s'en trouve actuellement 300. C'est le sort de toutes les villes du pays. L'état de ce domaine nous montre comment il est composé, administré; ce qu'il rapporte au propriétaire et quels droits féodaux sont encore à la disposition du seigneur de ce domaine qui a droit de succéder à ses vassaux, même au préjudice de leurs enfants, si ceux-ci ne sont résidants avec eux, s'ils n'habitent sous le même toit.

Voilà où en était la liberté des affranchis du Berry après tant de siècles de luttes, de misère pour sortir de la servitude. Et cependant l'Église, la royauté, les communes, les seigneurs avaient tous plus ou moins, suivant leur intérêt, usé de l'affranchissement pour tirer un meilleur produit de leurs terres, pour peupler les villes et les villages, pour stimuler le commerce et l'industrie, pour faire de l'esclave, du serf, de l'instrument passif, un homme libre, un propriétaire, un chef de famille.

Si les affranchissements n'ont pas donné tous les fruits de liberté qu'on en pouvait attendre c'est que tous les maîtres du sol n'ont vu dans la liberté qu'une nécessité passagère, un moyen d'action pour augmenter leur fortune ou leur pouvoir, mais aucun n'a su l'organiser. L'affranchi lui-même, malgré son ambition d'acquérir le sol et son besoin d'indépendance, était toujours trop ignorant et trop pauvre, trop sous l'action du seigneur, surtout dans un pays de métayage, pour sortir de la servitude. C'est la révolution de 1789 qui l'en tire, qui l'affranchit complètement et lui laisse le soin de s'organiser librement.

HISTOIRE AGRICOLE DU BERRY

1ʳᵉ PARTIE

PÉRIODE GALLO-ROMAINE

Le Berry était borné au nord par l'Orléanais, au sud par le Bourbonnais et la Haute-Marche, à l'est par le Nivernais, à l'ouest par le Poitou et la Touraine. Sa superficie était d'environ 1 433 686 hectares et sa population de 512 500 habitants. Avant 1789 cette province formait, sous le rapport militaire, un gouvernement; sous le rapport financier, une généralité partagée en sept élections; elle ressortissait au Parlement de Paris et avait un présidial à Bourges et huit bailliages royaux. Le Berry était une large plaine inclinée vers l'ouest, et entrecoupée de quelques coteaux peu élevés et généralement fertiles.

Nous ne rechercherons pas l'origine de cette province, non plus que celle de Bourges, qui fut sa capitale. Ce qui est certain c'est que César, comme Tite-Live, a nommé Bourges Avaricum et les habitants du pays Bituriges, d'où par corruption on aurait fait Bourges.

Du temps des Gaulois, la tribu des Bituriges était très florissante. Au vɪᵉ siècle avant Jésus-Christ, cette peuplade et, à sa suite, les Gaulois envahirent l'Italie sous la conduite de Bellovèse et les rives du Danube sous celle de Sigovèse.

Bourges était une des villes les plus importantes de la Gaule. D'autres villes existaient aussi à cette époque, telles que Dun-le-Roi, Châteaumeillant, Mehun et Sancoins. César vante la fécondité des environs de Bourges et il y avait alors dans cette ville des fabriques d'armes et de vases d'étain. Le Berry était florissant et bien peuplé, mais l'invasion romaine ruina le pays. Les Bituriges en furent réduits à ravager leur territoire pour affamer les légions romaines. Bourges, malgré une résistance héroïque, dut céder, et César massacra sans pitié ses habitants. On comprend qu'au milieu d'une pareille guerre l'agriculture ait singulièrement souffert. Les campagnes, ravagées, appauvries, offraient un triste spectacle. Mais, une fois vainqueurs, les Romains relevèrent Bourges de ses ruines et ils y établirent le centre d'une province appelée l'Aquitaine. L'agriculture y prospéra, la vigne y fut introduite vers la fin du ɪɪɪᵉ siècle.

Conquise, mais non asservie, la Gaule devint assez vite romaine par la langue, par les mœurs, par les croyances, par les institutions politiques et par le droit. Ce qu'elle conserva de son passé fut ce qui se conciliait avec les habitudes romaines.

Nous n'insisterons pas sur l'état de la Gaule lors de cette invasion. Récemment M. Fustel de Coulanges, dans une très intéressante étude : le Domaine rural des Romains, nous fournit des renseignements sur la propriété qui se rattachait au régime de l'antique famille gauloise, c'est-à-dire au régime du clan. La terre appartenait en

1

principe, non aux individus, mais à la famille entière. En fait, elle était le domaine du chef seul, et tous les parents, tous les clients, tous les serviteurs en avaient une jouissance commune sous l'autorité de ce chef.

Avec le temps, la communauté de jouissance s'était changée en une communauté d'oppression, et la masse des cultivateurs, réduite à la condition de tenanciers, sans droits précis, formait cette plèbe dont parle César, et qu'il dit être si voisine de l'esclavage.

Un autre changement opéré dans les mœurs des Gaulois eut des conséquences importantes au point de vue de la propriété. Les chefs des plus riches et des plus grandes familles gauloises sollicitèrent et obtinrent le titre de citoyen romain. Dès lors, il fallut renoncer à l'ancien droit du clan.

La vieille règle de l'indivisibilité du domaine fut laissée de côté. La terre se partagea; elle changea de mains, on la vendit, on la légua. Elle entra en circulation, et, à chaque mouvement, elle se morcela.

Les noms des domaines gaulois ne rappellent plus les clans. Conformément à l'usage romain, ces noms sont ceux des propriétaires et ils deviennent dans la suite ceux des villages.

Ainsi Albinus, nom d'un propriétaire, devint Aubigny, village du Berry; Florus, Fleury; Latinus, Lagny; Paulus, Pouilly, etc.

Pendant trois siècles environ, la Gaule dut à l'empire une véritable prospérité; mais les exigences toujours croissantes du fisc, la rapacité des officiers impériaux ruinèrent les villes; l'esclavage dépeupla les campagnes et tarit les sources de la fortune publique.

Il faut entendre Lactance et après lui Salvien jeter l'anathème à cette odieuse domination romaine dont le fisc fit plus contre l'empire que les Barbares eux-mêmes. Désespérés, les paysans gaulois sous le nom de Bagaudes se soulevèrent en masse et se livrèrent au brigandage.

En vain Arcadius punit de mort les concussions des percepteurs, en vain Justinien tenta de ramener à l'exercice strict de leur devoir les publicains qui réduisaient les habitants à la condition d'esclaves. Le mal produit fut irréparable; il fut difficile de ramener quelque bien-être dans les campagnes de la Gaule autrefois si riches et maintenant si désolées depuis que l'esclavage avait remplacé la liberté anéantie.

Au milieu de ces événements, Bourges était devenu, en 367, la capitale de la première Aquitaine; elle conserva ce titre jusqu'à la chute de l'empire.

Quand les Wisigoths envahirent la Gaule au milieu du ve siècle, ils s'emparèrent du Berry vers 463; ils s'y maintinrent, quoique l'empereur Anthemius, en 458, eût appelé à son aide dans cette province 12 000 Bretons qui furent battus près de Déols.

Puis vinrent les Francs, qui, une fois rentrés en Gaule, s'emparèrent des domaines dont ils partagèrent la possession avec l'ancien propriétaire romain, prenant pour eux la moitié des forêts, cours, jardins, vergers, les deux tiers de terres arables, le tiers des esclaves, lui abandonnant le reste, à condition de redevances en signe de sujétion, ce qui les rendit imprescriptibles. Les gens de condition servile existaient; on n'en peut douter : Tacite nous le dit dans son traité des mœurs des Germains.

En résumé, la condition agricole, avant l'invasion, sous l'empire et aux siècles suivants, reste à peu près la même; la propriété ayant entraîné après elle l'idée de la souveraineté, tout se trouve à la merci du plus fort.

A la suite de la défaite d'Alaric, roi des Wisigoths, à Vouillé en 507, Clovis se rendit maître du Berry. Depuis lors le pays fut gouverné par des comtes ; il fit partie du royaume d'Orléans ou de celui de Bourgogne.

Childebert, fils de Clovis, nous apparaît comme un protecteur de l'agriculture. S'associant à l'idée des moines de cette époque, les religieux de Saint-Benoît, qui fondèrent un grand nombre de colonies agricoles pour défricher la terre, il eut la pensée, avant de partir pour l'Espagne, d'aller rendre visite à saint Eusice, moine de Micy, près d'Orléans. Ce saint s'était retiré dans une épaisse forêt, en un lieu appelé Périgny, aujourd'hui ville du Loir-et-Cher ; il s'entretint avec lui de ses projets de défrichement. Au retour de l'expédition d'Espagne, Childebert retourna le voir, lui fit de grands présents, lui donna plusieurs hommes de corps pour l'aider à bâtir le monastère qu'il se proposait d'édifier et pour mettre en culture une partie de sa forêt.

Les hommes de corps étaient des attachés au sol, des gens de condition servile. Hubert, chanoine de l'église d'Orléans, auteur des *Antiquités historiques de l'église Saint-Aignan*, les considère comme tels. C'étaient des serfs qui ne pouvaient être vendus qu'avec la terre, de laquelle ils étaient inséparables. C'est en vertu de cet attachement à la terre que les hommes de corps devinrent sujets au droit de suite, poursuite ou de forfuiance, c'est-à-dire que, en quelque lieu qu'ils se fussent retirés, hors le territoire du seigneur, sans son congé, celui-ci avait le droit de les poursuivre comme fugitifs et de les contraindre par confiscation de leurs biens et autres moyens de revenir habiter dans ses limites ou de lui payer ses redevances. Ils furent également soumis au droit de formariage, c'est-à-dire que si un homme ou une femme de corps se mariait hors de la seigneurie ou à une personne libre, il devait dédommager son seigneur de la moitié ou du tiers ou de telle autre portion de leur bien réglée, comme on le verra plus tard. Par là les seigneurs ne perdirent point leurs hommes sur lesquels ils avaient à prendre le droit de formariage, de mainmorte, de tailles et autres dont nous parlerons plus loin.

Quelle que soit exactement la définition des hommes de corps, il est certain qu'au vi° siècle presque tous les paysans sont des serfs. L'esclavage a été remplacé par le servage. Le serf n'est plus, comme l'esclave, classé parmi les instruments aratoires, bêtes et outils. Une émancipation s'est opérée, sous la triple influence des habitudes germaniques, de l'intérêt des propriétaires du sol et de l'action de l'Église. On sait, en effet, que les habitudes des Germains étaient beaucoup plus agricoles que celles des Gallo-Romains.

La vie des champs prévalut ; les villes perdirent la prééminence qu'elles avaient sous les Romains. Le résultat de ce changement fut de diminuer considérablement le nombre des hommes attachés au service de la personne, et par conséquent de rendre à l'agriculture la plus grande partie des bras que la sensualité et le luxe des maîtres du monde lui avaient enlevés.

Les nouveaux propriétaires purent donc attacher à la culture du sol autant d'hommes qu'ils voulurent, et comme ils subdivisaient leurs terres en un grand nombre d'exploitations, ils eurent le double avantage de se créer des clients et d'augmenter leur revenu ; c'est pourquoi les concessions se multiplièrent et les esclaves devinrent serfs. Sous le règne de Chilpéric en 580, par suite de pluies excessives, la Loire et l'Allier débordèrent ; l'inondation dépassa toutes les limites connues ; elle enlevait les troupeaux, détruisait les cultures, renversait les édifices. La même année, le Berry fut dévasté par la grêle. Chilpéric, ayant attaqué son frère Gontran, fit envahir ce pays par ses généraux, qui battirent les Berruyers dans les plaines de Châteaumeillant (583). Les dévastations causées par les guerres de cette époque furent telles, dit Grégoire de Tours, qu'il ne resta ni une maison debout, ni un arbre, ni un pied de vigne : tout fut coupé, incendié, détruit.

On sait comment, après la mort de Théodoric, après l'abandon de Brunehilde par les leudes, hommes libres compagnons des rois, après la fuite de Sigebert, Clotaire II fut proclamé roi des Francs par l'aristocratie barbare, par l'assentiment de la classe inférieure des hommes libres irrités contre Brunehilde, restauratrice des impôts, persécutrice des églises. Aussi, malgré les conspirations qui eurent lieu en Austrasie après la mort de cette femme, l'union des trois royaumes francs fut scellée à Paris dans une assemblée générale des deux aristocraties barbare et ecclésiastique dont la coalition avait renversé Brunehilde. Dans ce grand synode, les évêques, au nombre de 79, proclamèrent solennellement la liberté des élections ecclésiastiques. On ne devait point décider les causes concernant la liberté des affranchis, ni adjuger lesdits affranchis au domaine royal sans la présence de l'évêque ou du prévôt de l'église diocésaine, leurs défenseurs légaux.

Plusieurs articles de l'édit royal exprimaient les conventions du roi avec les leudes ou grands du royaume et non plus avec les évêques. Le plus important aux yeux du peuple fut l'abolition générale des impôts directs.

Les colons ou lètes des leudes royaux, ainsi que les hommes des églises, obtinrent contre les seigneurs et les évêques la même garantie que ceux-ci avaient contre le roi et ses officiers.

Cette assemblée de Paris est un des faits capitaux de l'histoire de la Gaule franque, elle jette de vives lumières sur l'état de la société et sur les transformations politiques de ce siècle et des deux siècles suivants.

On voit comment Clotaire fut contraint de subir l'ascendant des seigneurs, mais aussi comment il s'associa au mouvement religieux. Plein de piété, une de ses premières pensées fut de rappeler l'apôtre qui lui avait prédit son triomphe, saint Colomban retiré au delà des Alpes. Le vieillard répondit que son grand âge ne lui permettait pas d'accepter l'invitation qui lui était faite, mais Clotaire protégea ses disciples et dota de vastes possessions le monastère de Luxeuil, devenu la pépinière des évêques et des chefs de communauté. Alors les monastères éclosent de toutes parts; les moines défrichent le sol, dessèchent les marais, essartent les noires forêts encore fréquentées par les ours et les aurochs.

Plusieurs de ces monastères, enrichis par la munificence des rois et des leudes qui leur octroient toutes les terres environnantes avec les colons et les serfs qui les habitent, groupent autour d'eux une population considérable, et donnent naissance à des villes florissantes.

Clotaire II s'associa si bien au mouvement religieux de son temps qu'il fonda l'abbaye de Saint-Sulpice de Bourges, et, à cet effet, il lui donna les coutumes et droits d'entrée qui se levaient en la ville de Bourges, un marché toutes les semaines, des foires, le cens' de toutes les places depuis la porte Gordaine jusqu'à la porte d'Auron, les eaux autour de son enclos, les prés, les îles qui l'environnent depuis le bourg de Saint-Sulpice jusqu'au bourg de Béry. Dagobert, son fils, se fit remarquer pendant les premières années de son règne par sa piété et ses vertus guerrières; il s'attaqua énergiquement aux grands leudes, s'appuyant habilement sur la classe des hommes libres et sur les masses gallo-romaines, en même temps qu'il faisait du bien aux églises. C'est lui qui fut le fondateur de l'abbaye de Saint-Denis, l'une des plus renommées et des plus riches de France. Il donna à ses abbé et religieux la ville, et le prieuré de Reuilly, le village de Maillay en Berry avec ses serfs et ses terres, leurs appartenances, ainsi que les villages de Nots et de Peschelles au même pays. Mais, en même temps, le roi ordonna que tous les descendants des serfs qui pouvaient appartenir à Saint-Denis demeureraient serfs de l'Église.

Ce fut lui encore qui, à la prière de saint Cyran, fils de Sigelaïc, comte de Bourges, évêque de Tours, son proche parent, concéda un endroit appelé Méobec sur les confins de la province du Berry et de la Touraine. Il délaissa à saint Cyran, fondateur de l'abbaye de Méobec, la propriété de ce lieu avec les dîmes, pacages, péages et autres droits qu'il avait coutume de lever, lui fit bâtir une église et un monastère en un lieu très agréable et fertile, arrosé par des cours d'eau et très propre pour la chasse, appelé Lonroi. Pour l'entretien des religieux, Dagobert céda tous les droits qu'il avait depuis le décours de la rivière d'Indre jusqu'à la Creuse, avec la justice, les hommes, les églises et autres droits. Il les mit sous sa sauvegarde, sous celle de ses successeurs, les recommanda tout spécialement à son fils Clovis II, le chargeant de pourvoir à leurs besoins si ce qu'il leur avait laissé ne leur suffisait pas.

Mais si les premières années du règne de Dagobert furent brillantes, si les grands le redoutaient, si les clercs l'aimaient pour ses largesses envers les églises, si les masses populaires respiraient sous la protection de sa hache justicière, ces admirables débuts, il faut le reconnaître, ne tardèrent pas à s'obscurcir. La prospérité aveugla le roi; l'amour du luxe, la licence des mœurs le dominèrent. Ne pouvant suffire avec ses revenus et les péages qu'il percevait aux grands besoins de son faste excessif, et trouvant insuffisants les moyens d'action de la royauté, il priva les leudes de leurs bénéfices et s'empara des biens d'un grand nombre d'églises, tandis qu'il en enrichissait immodérément quelques-unes. Ses largesses envers les pauvres tarissaient; il oubliait entièrement la justice qu'il avait aimée et recommençait à demander le cens aux peuples.

Le biographe de saint Sulpice, évêque de Bourges, raconte que le roi Dagobert, à l'instigation de l'ennemi du genre humain, ayant fait inscrire « sur les registres maudits du cens les prêtres et le peuple de Bourges, l'évêque Sulpicius ordonna un jeûne général pour détourner ce fléau, et envoya au roi un ermite qui le menaça d'une prompte mort s'il ne se désistait d'une telle impiété ». Dagobert, suivant la légende, eut grand peur et commanda qu'on déchirât les rôles de l'impôt; voilà comment un simple ermite faisait alors trembler un roi.

Par sa situation géographique au milieu de la Gaule, le Berry formait comme la transition naturelle et le point de partage entre le nord et le midi. D'abord traversé par les Wisigoths, dont la domination passagère ne put exercer une influence durable, il eut, à l'époque de l'invasion des Arabes, beaucoup à souffrir. Eude, roi d'Aquitaine, qui s'était si vaillamment défendu à Toulouse (721) et avait anéanti les deux tiers de l'armée arabe, se trouva quelques années plus tard dans une situation bien grave. Ses bons rapports avec Charles-Martel étaient rompus. Il était menacé vers la Loire et les Pyrénées, c'est-à-dire par le chef des Francs et par les Arabes. Charles n'avait plus de biens d'églises à distribuer. Il avait donné un grand nombre d'évêchés en bénéfices à ses leudes; il leur avait partagé les terres et les villages diocésains. L'Église gallicane avait été prise d'assaut par les Germains. Charles était contraint de penser à des expéditions productives s'il voulait garder son empire sur les Francs.

Il prétendit qu'Eude avait violé les conditions du traité conclu avec lui en 720, et, dans les premiers mois de 731, au moment où le roi d'Aquitaine était à surveiller les mouvements de l'armée arabe reconstituée, Charles avait traversé la Loire; il était déjà sous les murs de Bourges. Il s'en empara, ravagea le Berry et repassa la Loire sans attendre Eude et retourna chez lui avec un riche butin. Jusqu'à la fameuse bataille de Poitiers, où les Arabes furent vaincus par l'armée de Charles-Martel et d'Eude, le Berry fut écrasé par les armées belligérantes.

PÉPIN LE BREF

Avant de passer à l'étude du Berry sous la seconde race, il importe de résumer quelle était la condition des personnes et des terres. Il y avait : 1° les leudes qui possédaient des terres appelées alleux parce qu'elles étaient franches de tout impôt; 2° les bénéficiers ou feudataires auxquels le roi ou un chef puissant, possesseur de terres considérables, concédait la jouissance de certaines parties de ces terres en récompense de services rendus. Ces concessions, appelées bénéfices, faites pour un temps limité, devinrent ensuite héréditaires. Ces terres étaient aussi exemptes d'impôts, mais les individus qui en jouissaient étaient obligés de suivre à la guerre et de défendre ceux dont ils tenaient le bénéfice, et ces derniers, de leur côté, leur devaient protection. Aussi les propriétaires d'alleux préféreront-ils souvent le bénéfice à l'alleu.

Il y avait une autre classe intermédiaire constituée par des hommes libres, *arimans*, qui étaient propriétaires, mais dont les terres étaient assujetties à l'impôt; cette classe ne tarda pas à être épuisée par les exactions.

Une quatrième classe était celle des serfs dont les uns ne différaient pas des esclaves, dont les autres, sans être absolument privés de liberté, étaient attachés à la glèbe, faisaient partie du domaine, et ne pouvaient l'abandonner. Ils devinrent des affranchis, des hommes de corps, des colons.

Il existait enfin une cinquième classe, c'était celle du clergé, qui ne tarda pas à gagner une grande influence, surtout du jour où les rois francs furent convertis au christianisme. Cette classe conquit rapidement la richesse et la liberté.

Lorsque, sous Pépin le Bref, la véritable guerre de conquête commença en 762, Pépin, ses deux fils et toute la multitude de la nation des Francs entrèrent en Berry au printemps et environnèrent de leur camp la cité de Bourges, ville très fortifiée. Des lignes de circonvallation furent tracées autour de cette ville, qui fut assaillie avec toutes sortes d'armes. Le siège se prolongea plusieurs mois : enfin les béliers des Francs ouvrirent maintes brèches dans la muraille, et les assiégeants pénétrèrent dans la ville, qui heureusement ne fut pas détruite. Mais le duc d'Aquitaine Waifer, quoique vaincu en deux campagnes, voulut encore résister, et l'armée franque dut une fois de plus se ruer sur ses provinces. Les Francs se portèrent par le Berry sur le Limousin, brûlèrent les villas appartenant à Waifer; Pépin finit par le vaincre et resta maître de l'Aquitaine.

Le Berry, jusqu'à la seconde race, resta presque exclusivement aquitain, et alors même que Pépin eut conquis une partie de la province, qu'il fut parvenu à la contenir par des forteresses, à la gouverner par ses comtes, ce ne fut point là cependant cette invasion qui dans les provinces du nord avait juxtaposé les populations nouvelles aux anciennes populations et assuré aux mœurs et aux lois barbares la suprématie du nombre et de la force. Longtemps le Berry resta fidèle aux mœurs du midi de la France et partagea ses destinées.

Les guerres continuelles qui eurent lieu dans l'Aquitaine depuis la mort de Pépin furent également funestes au Berry. Le fer, le feu, la famine portèrent leurs ravages dans tous les rangs. Les libres propriétaires et les colons disparurent presque complètement.

On peut se faire une idée de l'état des campagnes, en lisant le capitulaire de Charlemagne en 811. Les pauvres, dit l'empereur, élèvent la voix contre ceux qui les dépouillent de leurs propriétés et ils crient également contre les évêques, les abbés et leurs avoués, et contre les comtes et leurs centeniers.

Ils disent encore que si quelqu'un d'entre eux ne veut point abandonner son bien à un évêque ou à un abbé, à un comte ou à un centenier, ceux-ci cherchent l'occasion de condamner le pauvre et de le faire aller en l'ost, à l'armée, jusqu'à ce que, tout à fait ruiné, il soit réduit bon gré mal gré à donner ou à vendre sa propriété; et ceux qui s'emparent ainsi de son bien restent tranquillement chez eux pendant qu'ils l'envoient à la guerre, et, tandis qu'ils contraignent ainsi les pauvres, ils exemptent les riches à prix d'argent.

Dans le capitulaire *de Villis* (812), on trouve des indications sur certains détails de l'administration des biens ruraux et sur la condition des campagnes.

On y voit que les domaines de Charlemagne étaient ordinairement affermés ou donnés à cens. Dans ce dernier cas, les censitaires étaient des colons libres; mais fermiers ou preneurs à cens étaient astreints à des services et à des obligations de diverses natures.

L'élève des bestiaux était encore la principale industrie des campagnes. Outre les moutons qu'on nourrissait pour la laine, on élevait des troupeaux de chèvres dont le poil servait à faire des vêtements. Les basses-cours étaient nombreuses, certaines villas comptaient jusqu'à 100 poules et 30 oies. On s'occupait beaucoup de l'éducation des abeilles : telle métairie possédait jusqu'à 50 ruches; le miel et la cire avaient alors la plus grande valeur. Les productions végétales présentaient une variété assez importante, au moins dans les jardins de l'empereur. Mais il faut dire que ces fermes étaient, en quelque sorte, des fermes modèles où les bâtiments, l'outillage, le matériel agricole étaient néanmoins grossiers et fort insuffisants. A plus forte raison dans les exploitations particulières.

D'ailleurs, si le capitulaire *de Villis* montre l'agriculture en progrès, les autres actes de la législation carlovingienne diminuent l'idée trop favorable qu'on pourrait s'en faire. Par exemple, ils sont remplis de précautions prises pour prévenir les famines. Le moyen préventif le plus ordinaire était la fixation d'un prix qui devait être le même dans les années de disette et dans les années d'abondance.

Charlemagne évalue la mesure d'avoine à un denier, celle d'orge à deux, celle de seigle à trois et celle de froment à quatre.

Le grand empereur était obligé d'ordonner à ses bénéficiers de veiller à ce que nul des hommes qui cultivaient ses bénéfices ne mourût de faim, et il leur recommandait de ne vendre que le strict excédent des produits sur la consommation présumée. L'exportation de tout ce qui pouvait servir à l'alimentation était interdite, ou au moins c'était une règle ordinaire à laquelle on n'admettait que de très rares exceptions.

Les capitulaires montrent combien les famines étaient communes et les moyens de subsister précaires; ils donnent également la plus triste idée de l'ignorance des campagnards, des superstitions grossières qui régnaient au milieu d'eux et à plus forte raison en Berry.

Charlemagne, après trente années de guerres continuelles, vainquit les Saxons et, pour leur enlever tout moyen de se révolter, les dispersa en divers endroits de la Gaule et de la Germanie. Il vint souvent à Bourges; il en fit la capitale du royaume d'Aquitaine; il l'augmenta beaucoup, y fonda l'église Saint-Jacques et l'abbaye de Saint-Laurent.

Plus tard, en 781, Charlemagne détacha le Berry qui avait été réuni à la couronne pour ériger l'Aquitaine en royaume en faveur de son fils Louis.

On suppose qu'il dispersa en Berry quelques bandes des Saxons vaincus par lui. Ces Saxons contre lesquels le droit de guerre était si durement exercé ne furent pas réduits en esclavage; on se contenta de les attacher à la terre.

Charlemagne autorisa d'une manière générale les mariages des personnes libres avec des hommes ou des femmes appartenant au fisc royal; il tint à honneur d'empêcher que ces alliances ne portassent atteinte à la liberté de ceux qui les contractaient.

Les serfs du roi et ceux des églises eurent le privilège de répondre personnellement en justice.

Les affranchis du roi servirent dans l'armée et furent assimilés immédiatement aux hommes libres, tandis que les affranchis des particuliers ne l'étaient qu'après un laps de trois générations.

L'affranchissement admettait plusieurs degrés comme la liberté dont il ouvrait les portes. Le plus ordinairement le serf affranchi devenait colon et, lors même qu'il devenait complètement libre, sa condition territoriale n'était pas changée pour cela, il restait censitaire soumis à la tutelle administrative et à la juridiction de son ancien maître, bien qu'au-dessus de cette juridiction s'élevât celle du comte, seul capable de juger la question d'État.

Malgré ces restrictions, l'affranchissement semble avoir fait un notable progrès après les invasions. M. Laferrière a montré que l'ingénuité complète était rarement conférée du temps des Romains et qu'elle le fut souvent dans les premiers siècles du moyen âge, particulièrement sous les Carlovingiens. Par exemple il suffisait qu'un serf entrât dans les ordres pour qu'il jouît immédiatement de la liberté la plus complète.

Les historiens du règne de Louis le Débonnaire se plaignent particulièrement de l'invasion des dignités ecclésiastiques par des serfs et des fils de serfs qui montraient d'autant plus d'orgueil et d'arrogance qu'ils étaient de plus humble origine. A cette époque on se faisait homme d'Église, parce que l'Église exigeait plus rarement et que même elle n'exigeait pas le service militaire. Sous les faibles successeurs de Charlemagne, les grands propriétaires reprirent leur autorité; ils exercèrent dans les campagnes des pouvoirs administratifs ou une souveraineté patrimoniale qui portèrent une atteinte forcée à la liberté des cultivateurs, même de ceux qui avaient une propriété indépendante : c'est ce qui retarda le développement de la population libre dans les campagnes.

Jusqu'alors la province du Berry fut administrée par des comtes qui s'appelèrent comtes de Bourges du nom de la ville capitale, et quand, après la mort de Charlemagne, le pouvoir central se fut affaibli, ces comtes se rendirent seigneurs perpétuels de cette ville où ils commandaient. Ils transformèrent en fief héréditaire la dignité personnelle qu'ils tenaient jadis de la grâce des rois. Ainsi ils eurent le gouvernement ou la seigneurie de la ville de Bourges, ayant sous leurs ordres des vicomtes qui étaient comme leurs lieutenants.

Les comtes et vicomtes de Bourges, comme ceux de Vierzon, Issoudun, Sancerre, Mehun et autres, profitèrent de la faiblesse du successeur de Charlemagne. Louis le Débonnaire, pour accroître leur domaine et leur autorité, leur donna des terres d'Église et des abbayes. Les dignités ecclésiastiques, à l'exception de l'épiscopat, furent livrées aux hommes d'armes ainsi qu'au temps de Charles-Martel. Chaque comte disposait de son office comme d'une propriété. De son côté l'épiscopat gallo-franc était devenu le premier pouvoir de l'empire. Il avait dicté la constitution de 817 et tenté un grand effort pour s'emparer du pouvoir qui échappait aux mains du faible roi et pour soumettre l'empire à l'aristocratie épiscopale, héritière des vues d'unité de Charlemagne.

L'abbé Wala, au plaid de 828, avait abordé nettement la question d'une réforme générale au nom de la religion, en déclarant qu'aux mains des évêques étaient les droits humains non moins que divins, et annonçant ainsi explicitement la prétention d'enfermer l'État dans l'Église et de subordonner politiquement la société laïque, y compris le souverain, à la société ecclésiastique. C'était, comme l'a dit Henri Martin, le résultat inévitable de la politique de Charlemagne qui avait gouverné par le clergé et élevé les évêques au-dessus des comtes. Sa dictature temporaire sur les deux ordres clerc et laïque avait disparu avec lui, et l'épiscopat, après avoir été l'instrument de la royauté, cherchait, à son tour, à dominer la royauté. Le roi débonnaire s'était d'autant mieux laissé mener que son esprit était faible, qu'il était dévot et tout disposé à céder son autorité et ses biens à l'Église. Dans le Berry, il accorda aux religieux de l'abbaye de Massay plusieurs privilèges aussi importants que ceux dont jouissaient les plus célèbres monastères. Louis le Débonnaire avait en 817 associé ses trois fils à l'empire. A Pépin, le plus jeune, il avait réservé l'Aquitaine. Mécontent de lui, il destina ce royaume à Charles; ce fut la cause de guerres qui ensanglantèrent le pays.

Sous Charles le Chauve, le capitulaire de Kiersy-sur-Oise, 877, consacra l'abdication de la royauté franque. L'hérédité des offices et des bénéfices établie déjà en fait était érigée en droit. L'ère féodale était ouverte. La désorganisation du pouvoir royal s'était montrée de tous côtés. En Aquitaine, elle s'est manifestée plus grande qu'en toute autre province. Les comtes se faisaient entre eux des guerres acharnées. Quand le roi voulait destituer l'un d'eux et le remplacer, l'ex-comte se maintenait de vive force, comme il arriva à Bourges. Les hommes du comte Gérard, destitués par le roi, mirent le feu à la maison où était le nouveau comte Acfrid, lui coupèrent la tête et jetèrent son corps dans les flammes; Gérard resta maître du comté.

Louis le Bègue succéda à Charles le Chauve, il combattit les Normands qui ravagèrent le Berry et vinrent en 867 jusqu'à Bourges qu'ils mirent au pillage. En 875 ils firent une nouvelle invasion et de nouveaux désastres. Carloman fut proclamé roi d'Aquitaine et de Bourgogne par les seigneurs et les barons, et par le capitulaire de 882, dans lequel il enjoignit aux prêtres ainsi qu'aux officiers des comtes d'interdire à leurs paysans villanis (vilains) l'organisation de ces assemblées vulgairement appelées ghildes contre ceux qui leur ont enlevé quelque chose; ils devront porter leurs plaintes devant le prêtre ou l'officier envoyé par l'évêque ou le comte afin d'obtenir justice. Cet acte est important en ce qu'il nous fournit le terme de vilain appliqué aux paysans. C'est la preuve d'une nouvelle transformation dans les conditions des gens de la campagne. Non seulement l'homme est sorti de l'esclavage, est devenu serf, mais sa condition servile s'est elle-même améliorée; il a reconquis, à cette époque, le droit d'avoir des armes pour sa défense personnelle.

Après la déposition de Charles le Gros, dit Sismondi, aucune autorité sociale n'apporta plus d'obstacle à ce que chacun se mît en défense d'après ses propres moyens, à ce que chacun cherchât dans ses propriétés sa sûreté d'abord et bientôt les moyens de se faire craindre.

La valeur d'une étendue de pays fut estimée d'après le nombre de soldats qui pourraient en sortir pour suivre la bannière et défendre son château.

Partout le seigneur offrit la terre au vassal qui se montrait prêt à la cultiver; partout il se contenta, en retour, d'une légère prestation en argent et en denrées; ou il lui demanda, au lieu de rente, des services personnels.

L'usage des armes rendu au paysan le releva dans sa dignité d'homme; il ne combattait pas à cheval comme les nobles et les hommes libres, mais enfin il combattait; la résistance lui était permise.

Pendant plusieurs règnes, la France est tout occupée à se défendre contre l'invasion des Normands, qui sous Eudes en 885 et 887 furent battus. Proclamé roi, il marche contre Guillaume le Pieux, comte d'Auvergne et de Bourges. Sous Charles le Simple les Normands poussèrent jusqu'au fond de la Bourgogne, de l'Auvergne et du Berry. Le roi fut obligé de traiter avec Roll, leur chef, auquel il donna sa fille en mariage. Cet homme aussi intelligent que courageux et intrépide montra en Normandie l'exemple d'une bonne administration; l'agriculture ne tarda pas à y refleurir; les marchands, les colons, les serfs accoururent de toutes les parties de la Gaule dans une région où chacun pouvait espérer protection pour son travail et son existence.

Raoul, avec le secours de Robert, duc de France, enleva le pays de Berry et la ville de Bourges à Guillaume III, qui mourut sans héritier. Le roi réunit le comté de Bourges à la couronne. Il n'y eut plus alors qu'un vicomte de Bourges, qui fut moins à craindre qu'un grand feudataire.

Pendant la féodalité, le Berry subit le sort du reste de la France. A cette époque l'ordre social n'est autre chose qu'une hiérarchie de terres possédées par des guerriers relevant les uns des autres à divers degrés. La noblesse terrienne se constitue; elle remplace la noblesse personnelle et traditionnelle. Maintenant le noble, c'est le guerrier propriétaire. Il n'y a plus que des nobles et des non-nobles. Au-dessous de la hiérarchie féodale, des terres nobles et exemptes de charges serviles, une autre hiérarchie de labeurs, de souffrances et d'humiliation descend dans les dernières profondeurs de la société. La servitude a ses degrés comme la puissance et la richesse. Les campagnards qui cultivent la terre pour les nobles ou pour les églises se divisent de droit en deux classes : les serfs proprement dits, provenant des esclaves et les colons; le serf soumis à la puissance absolue du maître, et le colon, le tributaire, qui ne doit qu'un cens et qu'une redevance pour le bien qu'il cultive. Ces deux qualifications sont souvent confondues sous la dénomination de gens de corps, gens de chef, hommes de poeste, mainmortables, vilains, villageois, hommes des villæ, confusion qui abaisse les colons, mais élève les serfs, en faisant d'eux des espèces de possesseurs héréditaires qu'on n'arrache plus que rarement à leur foyer, à leur famille, mais qui sont soumis à une autorité contre laquelle il n'y a pas d'appel, car chaque sire est souverain sur ses terres, sur ses vilains et ses serfs. La juridiction du seigneur n'a pas de limites; le seigneur n'est retenu que par le frein moral de la religion et par la crainte de réduire ses hommes à se révolter ou à déserter sa terre pour aller s'offrir en servage à quelque maître plus doux.

Le clergé est trop engagé dans le système féodal pour combattre des abus dont il profite; il ne continue pas contre le servage la mission qu'il avait remplie contre l'esclavage.

Les seigneurs ecclésiastiques ont, comme les sires laïques, leurs vilains et leurs serfs; la condition des serfs d'Église est, à la vérité, moins humiliante que celle des autres serfs; ils n'appartiennent pas à un homme, à une terre, mais à Dieu et aux saints, et ont droit d'attendre un traitement moins dur de la part de supérieurs qui sont, comme eux, les serviteurs de Dieu; mais le fait, là comme ailleurs, ne dément que trop communément le droit.

HUGUES CAPET

Hugues Capet, pour consolider son autorité, avait compris qu'il fallait s'allier avec l'Église. Il gagna le clergé en résignant les riches abbayes dont il jouissait comme abbé laïque, et les barons, en leur concédant nombre de fiefs aux dépens de son domaine.

La terreur qu'inspirait l'an mil, époque où la fin du monde devait arriver, fut une autre source de fortune pour l'Église. Beaucoup de chartes de donation aux églises, aux abbayes, datent de cette époque. Aussi bien, après la date fatale, en reconnaissance d'avoir échappé à la mort, beaucoup d'autres donations furent faites aux abbayes. Nous en avons la preuve en Berry.

Plus tard, en 1018, Geoffroy le Noble, vicomte de Bourges, rétablit l'abbaye de Saint-Ambroix que les guerres avaient ruinée, lui donna de grands biens, entre autres le bourg de Saint-Ambroix, le pré Fischault et deux foires : l'une au mois de juin à la fête de saint Pierre, l'autre à la nativité de saint Ambroix ; ces foires devaient durer sept jours et sept nuits. Il donna encore, de concert avec sa femme, au chapitre de Saint-Ursin, la justice dans le bourg de Saint-Ursin et souscrivit au délaissement du village de Fenestrelay, près de Bourges, à l'église de Notre-Dame de Sales.

La même année, Eudes l'Ancien, baron de château Raoul et d'Issoudun, permit aux abbé et religieux de Notre-Dame d'Issoudun de faire des acquisitions en sa terre, et leur en accorda l'amortissement, voulut qu'ils pussent retenir leurs hommes serfs dans toute l'étendue de sa terre, leur accorda droit d'usage de paisson et glandée en tous ses bois, et afin que cela se fît facilement, il joignit le bois de l'abbaye à sa forêt ; il leur octroya encore une foire franche au jour et fête de saint Paterne et une espèce d'asile et lieu de refuge. Il affranchit le bourg de Saint-Paterne de tous droits, coutumes et redevances, et ses habitants de tout service, excepté celui qu'ils devaient aux religieux. Et ce qui est remarquable, dit La Thaumassière, il leur laissa le droit de sépulture sur tous les habitants du bourg, sans qu'ils pussent se faire inhumer ailleurs qu'au cimetière des moines, par charte donnée en 1018.

C'est encore ce même baron qui se montra si libéral envers l'abbaye de Déols ; il lui céda tout le droit de justice du bourg de Déols et reçut des moines en échange la terre de Ville-Dieu avec un cheval de service ; il leur donna toute la voirie du même lieu ; il remit toutes les coutumes que son père et lui avaient levées jusqu'alors dans la ville de Déols, dans tous les lieux que les religieux possédaient, et leur abandonna tous les droits qu'il pouvait prétendre et sur eux et sur leurs hommes.

On rapporte que pendant un voyage, ayant été surpris en mer d'une furieuse tempête, ce seigneur crut en avoir été préservé par l'intercession des saints qui reposaient et étaient honorés aux églises que ses prédécesseurs avaient fondées. Aussi, de retour à Châteauroux, il alla rendre grâces à Dieu en l'abbaye de Saint-Gildas et accorda aux religieux de nouveaux privilèges, affranchit le lieu et les personnes qui y demeuraient de tout droit et puissance qu'il pouvait prétendre, et voulut qu'ils ne reconnussent autres seigneurs que les abbé et religieux, leur accorda le droit d'usage en ses forêts avec les moulins de Sales et plusieurs autres biens.

Le règne de Robert le Pieux fut absolument favorable au développement de l'autorité, de la richesse de l'Église, qui profitait aussi de la division et de l'ambition des seigneurs.

suscitant sans cesse des troubles et des difficultés au roi. A ces maux vinrent se joindre ceux d'une famine cruelle qui désola la France dès les premières années du règne de Henri Ier. La température était si contraire et les pluies inondèrent tellement les campagnes que, de 1030 à 1032, les sillons ne purent recevoir la semence. On crut que les lois de la nature étaient retombées dans le chaos, et on pensa cette fois que la fin du monde approchait véritablement. On se croyait frappé de la colère de Dieu. L'Église, à ce moment, eut une heureuse inspiration : elle se mit à prêcher la paix et la justice. Les évêques du duché de Bourgogne commencèrent. Leur exemple fut bientôt suivi au nord et au midi de la France. Le Berry fut entraîné dans le mouvement; tous les conciles provinciaux décidèrent la réforme des abus sociaux et l'observation d'une paix inviolable; l'archevêque de Bourges, Aymon, réunit un concile en novembre 1031, et là, en présence des évêques, des abbés, des seigneurs et de la suite qui se pressait autour des puissances du temps et d'un peuple nombreux, des prédications eurent lieu pour exhorter à la paix et d'effrayantes malédictions furent prononcées contre ceux qui la violeraient. On trouve dans les décisions prises à ce concile plusieurs dispositions relatives au mariage des clercs. Ainsi on défend aux prêtres, aux diacres et aux sous-diacres d'avoir des femmes ou des concubines. Les serfs et les colliberts ou leurs enfants ne pourront devenir clercs que si leur maître leur a conféré la liberté en présence de témoins. La condition des colliberts était donc une sorte de servitude un peu meilleure que le servage, mais qui se transmettait comme lui du père aux enfants. Les peuples d'Aquitaine, dit Glaber, et toutes les provinces des Gaules, à leur exemple, cédant à la crainte et à l'amour de Dieu, firent un pacte par lequel on décréta que, du mercredi soir au lundi matin, aucun chrétien ne ravirait quoi que ce fût à son prochain par violence, ne tirerait aucune vengeance de ses ennemis ou même n'exigerait de gage de qui lui aurait donné caution.

Les infracteurs de ce pacte furent condamnés à composer pour leur vie ou à se voir bannis de leur pays et de la communion des chrétiens.

C'était la Trêve de Dieu. Il fut interdit à l'avenir de tuer, de mutiler, d'emmener captifs les pauvres gens de la campagne lorsqu'on guerroyait contre leurs seigneurs, et de détruire méchamment les ustensiles de labour et les récoltes.

La Trêve de Dieu enlevait aux seigneurs le droit de faire la paix ou la guerre à leur volonté; c'était une atteinte portée à leur souveraineté. Le roi Henri, le comte d'Anjou et les fils d'Eudes qui ne vivaient que de pillages, de meurtres et d'incendies voulurent résister. Aussi le chroniqueur de cette époque prétend qu'ils furent punis d'une maladie cruelle.

Le cartulaire de l'archevêché de Bourges contenait les serments faits pour la trêve par les comtes de Sancerre, les seigneurs de Bourbon, de Châteauroux, de Mehun, Vierzon et autres.

La Trêve de Dieu, sans être complètement observée, rendit d'immenses services au milieu de l'anarchie féodale. Certains seigneurs continuèrent à se montrer favorables à l'Église. Ainsi Raoul le Prudent, baron de Château Raoul, seigneur de Déols et baron de Châteauroux, en 1037, donna à l'abbaye de Chezal-Benoît un serf de chacune de ses terres; il accorda au chapitre de Levroux le pouvoir d'acquérir des terres et seigneuries en toute l'étendue de sa principauté.

D'autres seigneurs, dans les luttes qu'ils avaient entre eux, mettaient les églises à contribution; et, en compensation, leur permettaient d'acquérir de leurs hommes ou vassaux.

Arnould Ier, seigneur de Vierzon, étant en grande guerre avec Regnaud II, seigneur de

Graçay, son voisin, obligea les religieux de Vierzon à contribuer pour 500 sous pour la solde de ceux qui l'assistaient en cette guerre, en considération de quoi il leur permit de faire des acquisitions de ses hommes et de ses vassaux.

PHILIPPE Ier

Sous Philippe Ier, le mouvement des croisades entraîna beaucoup de seigneurs à abandonner leur domaine pour aller en Terre sainte ; il en résulta des ventes de propriétés, des abandons qui profitèrent aux églises et aux cultivateurs, auxquels les seigneurs vendirent aussi la liberté.

En 1069, c'est Humbaud de Vierzon, seigneur de Mehun, qui remit à l'église de Notre-Dame de Mehun toutes les coutumes et droits qu'il exigeait injustement sur les hommes et terres en dépendances ; il permit aux chanoines de cette même église d'acquérir de ses hommes et des vassaux, leur donna les dîmes d'Allogny, et il restitua le village de Neuvy à Hébert, abbé de Saint-Déols.

D'autres seigneurs encouragent la construction d'abbayes et le défrichement des terres. Ainsi deux clercs nommés Gérard et Godefroy entreprirent de fonder (1089) l'abbaye de Miseray, située dans la châtellenie de Buzançais. Quatre frères, gentilshommes des environs de Buzançais, avec la permission de l'archevêque, le consentement de Robert, seigneur de Buzançais, et du curé de la paroisse, donnèrent aux clercs le lieu nécessaire pour leurs habitations, le droit de prendre du bois pour bâtir et de mettre en labour les terres, lesquelles devaient être déchargées de tous droits de dîmes, de terrage, de cens et d'autres coutumes. Les deux ermites choisirent le lieu le plus agréable en la forêt près d'une belle fontaine.

En 1100, Eudes Arpin, dernier vicomte de Bourges, seigneur de Dun, entraîné par le désir de délivrer la Terre sainte, vendit sa vicomté de Bourges au roi pour 60 000 sous [1] d'or afin d'entreprendre un si coûteux voyage et de s'équiper comme il convenait à un homme de sa condition. Le pays comprenant cette vicomté fut soumis dès lors à l'autorité royale. En 1102, Philippe Ier visita son nouveau domaine, première position que la royauté capétienne possédait au delà de la Loire, et établit à Bourges un bailli pour rendre la justice en son nom. Il confirma les dons faits à l'abbaye de Saint-Ambroix.

En 1104, c'est Adèle, fille de Guillaume Ier, roi d'Angleterre, veuve d'Étienne, comte de Sancerre, qui assiste à la dédicace de l'abbaye de Saint-Satur et accorde plusieurs droits à cette célèbre abbaye et, entres autres, une foire, tous les ans, le jour de la dédicace, et tous les droits et privilèges dont elle avait joui au temps du comte Thibaud.

Elle donna aussi plusieurs héritages et coutumes à l'abbaye de Saint-Laumer de Blois en 1105, à celle de Notre-Dame de Bourg-Moyen la même année, et à celle de Mar-Moustiers, pour laquelle elle avait, dit la Thaumassière, une singulière dévotion. En 1101, de retour de la croisade, Eudes Arpin, après avoir prononcé ses vœux, figure dans une charte comme prieur de la Charité-sur-Loire. La charte a pour objet la concession faite au prieuré par Adam le Meschin, fils d'Adam de Cresne, de différents droits qu'il disputait aux moines et entre autres des redevances qui se percevaient dans le bourg de la Charité sur ce qui arrivait par la Loire, notamment sur le sel et sur le blé.

1. La valeur du sol d'or antérieurement à Charlemagne était relativement à notre monnaie de 99 fr. 53 c.

A cette époque de foi, l'Église recevait des dons de tous côtés. Ainsi Geoffroy, seigneur d'Issoudun, dont nous avons déjà parlé, accorda en 1113 plusieurs privilèges au monastère d'Orsan, et, en 1116, il donna à l'abbaye d'Issoudun le four banal de Saint-Paterne et le moulin à tan; il fit serment de protéger l'abbaye de Chezal-Benoît et de faire justice de tous ceux qui commettraient quelques violences contre les religieux et de faire réparer le tort qui leur serait causé.

De son côté, l'Église agissait habilement sur l'esprit des nobles dames qui aidaient à la conversion des seigneurs, et souvent les déterminait à faire don de leur fortune. Aussi la puissance de l'Église, en ces temps de désordre, s'accroissait chaque jour davantage; elle remplaçait celle des seigneurs. Elle était en même temps un refuge pour les pauvres qui fuyaient la tyrannie du baron impitoyable et qui se faisaient serfs de l'Église pour opposer à la lance du maître l'excommunication de l'abbé.

A ces pauvres, l'Église faisait alors l'aumône du pain, de la prière et du travail ; elle les employait à défricher le sol, en les groupant autour de ces prieurés, de ces essaims coloniaux que les moutiers versaient au loin dans la campagne.

Sans doute l'Église eut intérêt à agir ainsi; mais son initiative n'en fut pas moins utile pour la classe agricole et pour la société, car, ainsi qu'on l'a dit avec raison, l'établissement de la féodalité dans les campagnes avait aggravé le sort de leurs habitants, en multipliant les juridictions, en fractionnant quelquefois outre mesure, et surtout en isolant les associations agricoles, les villages, en élevant entre eux une infinité de barrières, en arrêtant les communications, en créant de nouvelles servitudes. Ce furent là, comme l'a si bien exprimé Beugnot, autant de plaies du moyen âge; la multiplicité des juridictions entraîna des conséquences fâcheuses de toute nature. Un tel système n'était, à aucun point de vue, favorable au développement de la liberté, du travail et du bien-être des populations rurales.

LOUIS VI

Avec Louis VI, dit le Gros, s'ouvre une ère de véritable restauration pour les campagnes de rénovation pour l'agriculture. L'active énergie du roi force les seigneurs à baisser la tête, à rentrer dans l'ordre et le devoir. Les pillages, les exactions sont combattus sur tous les points du territoire, et, pour mieux lutter contre la féodalité, Louis VI multiplie les affranchissements, s'associe avec l'Église, réunit à sa bannière l'oriflamme de l'abbaye de Saint-Denis; et les milices paroissiales, curé en tête, de concert avec l'armée du roi, poursuivent les seigneurs pillards, les assiègent dans leurs châteaux, s'en emparent et rendent la paix et la sécurité aux campagnes. Dès 1107 ou 1108 les nobles aquitains appelaient ce prince à leur secours pour combattre Humbaud, qui dévorait le pays par ses exactions. Louis alla l'attaquer dans son château de Sainte-Sévère, le fit prisonnier et l'enferma dans la tour d'Étampes. Alors l'agriculture renaît, parce que la paix et le travail sont assurés. Dans cette œuvre importante, le roi eut un collaborateur intelligent et dévoué. Ce fut Suger, qui, enfant recueilli par l'abbaye de Saint-Denis, y fut élevé avec lui. Le compagnon d'études, l'ami d'enfance, devint plus tard pour le roi le compagnon d'armes, le sage conseiller qui souda l'alliance de l'Église et de la royauté. A l'âge de vingt-quatre ans, Suger avait été envoyé par l'abbé de Saint-Denis comme prévôt à Berneval, domaine situé dans le pays de Caux, près des bords de l'Océan.

Le prévôt était une sorte de régisseur de ferme. L'abbé, connaissant les qualités d'ordre, de vigilance de Suger, avait compris qu'il relèverait ce domaine de ses ruines. En effet, le prieuré de Berneval, longtemps abandonné, avait eu à souffrir de grands dommages, et, comme pour mieux achever sa ruine, les agents de l'Échiquier étaient venus imposer de fortes taxes sur son modique revenu. En peu de temps, Suger fit valoir les droits de l'abbaye et administra si bien son domaine agricole qu'il en augmenta le revenu.

À son retour de Berneval, il fut nommé prévôt de Toury en Beauce, le plus considérable des domaines de Saint-Denis : depuis longtemps ce domaine avait subi le sort commun des propriétés rurales. Abandonné en partie depuis un grand nombre d'années, il se trouvait plus près que jamais d'une ruine complète par suite des déprédations de Hugues le Beau, sire du Puiset, qui habitait dans le voisinage. Cet abandon du domaine de Toury n'avait pas été déterminé seulement par la difficulté réelle de la défense, mais bien plus par l'invincible terreur qui s'emparait des esprits et la décourageante conviction qu'un bien, une fois perdu, était impossible à recouvrer.

Suger, qui avait eu pour condisciple à Saint-Denis le roi Louis VI, n'hésita pas en 1111 à réclamer son secours contre le seigneur pillard et rebelle qui ravageait toute la campagne environnante. Louis le Gros ne tarda pas à se rendre compte des avantages qu'il assurait à son autorité, s'il devenait le protecteur des habitants des campagnes, s'il réduisait à la soumission les seigneurs, s'il donnait la sécurité à tous les travailleurs. Ce rôle, il ne pouvait mieux le remplir qu'en s'alliant à l'Église. Hugues du Puiset fut vaincu, son château rasé et la puissance du roi s'affirma d'autant plus que la résistance avait été plus acharnée, qu'il avait fallu combattre à plusieurs reprises. On comprit, dès lors, que le roi de France était le protecteur des opprimés, l'ennemi le plus redoutable des seigneurs féodaux. C'est ainsi que, vers le même temps, en 1113, nous voyons Louis VI affranchir Givaudins, village de l'abbaye de Saint-Sulpice, de toutes les coutumes exercées par les seigneurs de Bourges ; il n'y réserve que ses coutumiers, c'est-à-dire les serfs de son domaine. Ainsi les droits des populations rurales trouvèrent la sauvegarde qui leur manquait, dans le patronage royal, le jour où ce patronage s'exerça utilement. Telle fut l'œuvre entreprise par Louis le Gros, dont le but était d'enlever à l'administration seigneuriale son indépendance et son irresponsabilité, et de présenter aux gens des campagnes un recours contre ses abus. En 1117 nous le voyons de nouveau dans le Berry pour protéger le jeune Archambaud, fils mineur d'Archambaud V, seigneur de Bourbon, contre les entreprises d'Aymon Vair-Vache, son oncle, qui s'était violemment emparé de sa seigneurie. Le roi alla l'attaquer dans son château fortifié de Germigny, le força de se rendre, l'emmena et le fit juger par sa cour.

Lorsque Louis VI eut vaincu le sire du Puiset, le bruit du service que sa vaillance venait de rendre au peuple des campagnes et aux commerçants qui fréquentaient les marchés de la Beauce se répandit bientôt au loin, et aussitôt, sachant qu'ils pouvaient circuler en toute sûreté, les marchands se rendirent au Puiset ; ils se livrèrent en paix et mieux que par le passé à leurs affaires accoutumées.

À Toury, Suger fit appel à tous ceux qui voulurent cultiver les terres, leur donna des instruments de labour, répara les habitations dégradées, en fit construire de nouvelles, rendit les chemins plus sûrs, plus commodes, et obtint pour Toury une charte par laquelle Louis le Gros (1118) ôte et supprime toutes mauvaises coutumes et exactions qui avaient été introduites sur les terres de l'abbaye par le seigneur du Puiset, etc.

Le roi fait plus dans son domaine : il veut repeupler les lieux abandonnés ; il accorde en 1119, à un lieu désert, *Angere regis* (Angerville), une charte qui concède la liberté à ceux qui viendront l'habiter. Il les prend sous sa protection ; ils relèvent de sa justice. Les

prévôts, les maires n'ont le droit de lever sur eux ni impôts, ni taille, ni ost, ni chevauchée. Ils doivent seulement payer un cens de 6 ou 8 deniers et 6 deniers en plus par
arpent de terre qu'ils veulent cultiver. Cette idée de repeupler des lieux abandonnés,
d'en faire des villages nouveaux, des colonies agricoles, aura, comme nous le démontre-
rons, les conséquences les plus importantes au point de vue politique, administratif et
agricole, surtout à une époque où les serfs attachés de père en fils à la culture de la glèbe
ne possédaient rien dans les conditions d'une propriété libre, où ils n'étaient pas regardés
comme des personnes civiles, où ils n'étaient point admis à porter témoignage en justice
contre les hommes libres, ni à plus forte raison à combattre, à soutenir leur droit par le
duel judiciaire, où, enfin, ils étaient assujettis à un droit qui résumait à lui seul toutes
les misères de leur condition, le droit de mainmorte, d'après lequel ils ne pouvaient
disposer par testament de ce qu'ils possédaient. A cette époque, la charte la plus importante accordée aux paysans est celle qui fut octroyée par Louis VI au village de Lorris, plus
connue sous le nom de coutume de Lorris. Ces coutumes approchent le plus près de
la liberté naturelle et de la franchise ; elles ne reconnaissent aucuns serfs, ni hommes de
corps, non plus que les droits de taille, de mortaille et autres droits odieux et exorbitants ; en sorte que ce n'est pas sans raison, dit La Thaumassière, que les comtes de Sancerre
les appellent, dans leurs chartes, *libres et royales coutumes*.

Elles étaient aussi les plus conformes à l'ancien droit et à l'usage de la France.

Lorris en Gâtinais, dit Augustin Thierry, offre le curieux exemple de la plus grande
somme de droits civils sans aucun droit politique, sans aucune juridiction et même sans
attributions administratives. La situation faite à cette petite ville dès les premières années
du xiie siècle, par sa charte de coutumes, anticipait en quelque sorte la plupart des conditions essentielles de la société moderne. Cette charte fut l'objet de l'ambition d'une foule
de villes, qui la sollicitèrent et qui l'obtinrent, soit des rois, soit des seigneurs. Sa popula-
rité ne fit que grandir et s'étendre dans les siècles où déclinèrent graduellement les muni-
cipalités à privilèges politiques. Sa nature exclusivement civile la rendant propre à passer
de l'état de loi urbaine à celui de coutume territoriale, elle prit ce rôle dans la jurisprudence et finit par régler non seulement la condition des bourgeois de tel ou tel lieu, mais
le droit roturier de toute une province.

Ces coutumes furent données en Berry aux habitants de Menetréol, de Sancerre, de
Mehun-s.-Yèvre, de Saint-Laurent, etc. Plusieurs seigneurs aimèrent mieux les adopter et
relever du roi que d'être soumis aux coutumes locales : c'est pourquoi ils les réclamèrent
et les concédèrent à leurs sujets. Louis VI revint encore à Bourges en 1121 pour aller de
là à Clermont, dont les habitants avaient chassé leur évêque Aimery. La ville fut pillée
et le roi, dit Suger, rendit à Dieu l'église, au clergé les tours, à l'évêque la cité.

De son côté le roi, en 1122, donnait une charte de protection et de sauvegarde à l'abbaye
de Lorroy, située près de la ville et de la chapelle de Dam Gilon, aujourd'hui bourg de la
Chapelle-d'Angilon.

En 1133, Geufroy de Magny fonde l'abbaye de Challivoy, donne aux religieux toutes les
terres labourables de Gorigny depuis la fontaine de Torchanesse jusqu'à la Font Just et
les maisons qu'occupaient ses colons.

En 1134, Raoul II, seigneur d'Issoudun, permet à l'abbé de Notre-Dame d'Issoudun et à
ses religieux de transférer leur abbaye au château d'Issoudun, au delà de la rivière de la
Theol, en la paroisse de Saint-Denis, au lieu appelé Circiac, à raison de quoi il affranchit
le bourg de Saint-Denis de tous droits et coutumes, et, pour plus ample confirmation de sa

donation, il en mit la charte sur l'autel de Notre-Dame, l'abbé le tenant par la main et le conduisant étant suivi de sa mère, de son beau-père et de plusieurs chevaliers.

La même année, il fit le voyage d'outre-mer et, avant son départ, il donna à l'abbaye de la Prée la rente de sel qu'il prenait à Issoudun. Cette donation fut faite du consentement de sa mère et de ses frères.

En 1136, Archambaud de Bourbon, beau-frère du roi, de concert avec Agnès de Savoie, sa femme, édifia une ville franche ou libre dans ses domaines. Nous remarquons que, dans cette charte, les bourgeois sont exemptés de tout péage dans le domaine du seigneur, du service et du logement militaires. On ne peut leur imposer comme prévôt un chevalier ou un vassal du seigneur.

Enfin Archambaud leur concède des droits d'usage dans ses bois, et il établit à Ville-franche *une course de chevaux* en s'engageant à donner 1 marc d'argent au vainqueur et 5 sols à celui qui le suivra de plus près.

L'année suivante (1137), Louis VI remit à l'église de N.-D. de Montermoyen toutes les coutumes qu'on levait en son nom. Il supprima également les mauvaises coutumes de la vicomté de Bourges. Il défendit au prévôt et au voyer de rien prendre sur les récoltes et d'exiger aucun droit de gîte dans la septaine de Bourges.

Le prévôt et le voyer proclamaient à leur gré le hauban, c'est-à-dire qu'ils convoquaient les vilains ou habitants de la campagne pour quelques corvées ou quelques services, puis les forçaient à se racheter à prix d'argent ; c'était un arbitraire intolérable.

Le roi établit qu'à l'avenir on ne pourrait exiger le hauban que trois fois l'année, à des termes raisonnables, et que les vilains ne pourraient le racheter.

Le droit de messive ou de moisson qui se percevait en grains ne devait plus être exigé de ceux qui auraient des bœufs que depuis la Saint-Michel jusqu'à la moisson suivante. Il devait être perçu à la mine, mesure de Bourges.

Mais, tout en abolissant l'arbitraire des coutumes, en diminuant ce qu'elles avaient de trop onéreux, le roi ne négligeait pas ses intérêts. En reconnaissance de la grâce accordée, chaque coutumier, chef de famille, était assujetti de lui payer un quartal de froment par année ; pour la remise des charrois, c'est-à-dire du hauban, un autre quartal de froment ; chaque coutumier, sans famille, une mine d'orge ; chaque mineur, un quartal ; ces mineurs sont sans doute les hommes employés à l'extrait du minerai de fer.

Louis VI étendit les affranchissements à la ville de Bourges. Il en voulut faire une sorte de lieu d'asile où les habitants du voisinage et même des seigneuries d'alentour pussent venir se réfugier, y faire le commerce en sécurité, s'y établir, y apporter leurs richesses mises en sûreté sous la sauvegarde royale. C'était un moyen habile dont le roi usa, en maints endroits du domaine royal, pour faire déserter les villes et les villages des seigneurs où toutes ces garanties n'existaient pas.

« Les étrangers qui viendront s'établir à Bourges et y bâtiront une maison, pourvu qu'ils soient nés dans le royaume, pourront transmettre leurs biens à leurs enfants. »

C'est par la protection, par la sauvegarde royale, par l'établissement de la propriété, par l'affranchissement, par la sécurité donnée à tous, que le roi put lutter contre les seigneurs et même contre les communes, qui, en plusieurs circonstances, sacrifièrent leur charte communale pour obtenir une charte plus sûre de privilèges royaux.

Ainsi les moyens employés par Louis le Gros pour combattre la féodalité varient suivant les circonstances. Tantôt il favorise la révolution communale en signant les chartes de Reims, Beauvais, Soissons, Laon, quelque déplaisir qu'il dût faire aux seigneurs, en appuyant hardiment ceux qui s'insurgeaient contre leur autorité, tantôt en organisant dans les villes, comme à Bourges, non des communes, mais des bourgeoisies, en faisant des villes de privilèges, des villes royales qui différaient des communes par les liens judiciaires qui les attachaient au pouvoir central. La haute justice y était rendue par un prévôt royal, au lieu de l'être par les échevins, par les magistrats municipaux. Les privilèges donnés à ces villes furent tels qu'ils servirent à combattre les chartes communales. De même aussi les chartes concédées aux villages, aux paysans, aux cultivateurs, servirent à détruire l'influence des seigneurs féodaux.

La rénovation agricole qui en résulta eut la plus salutaire influence sur la condition des terres et des personnes. Partout, sur les domaines du roi, comme sur ceux de l'abbaye de Saint-Denis, la terre est mieux cultivée : elle rapporte davantage. Les cultivateurs connaissent leurs droits et savent ce qu'ils pourront recueillir de leur travail. Leur courage est relevé par l'espoir de posséder la terre qui tous les jours s'affranchit davantage.

Cette rénovation de l'agriculture dont Suger avait été l'instigateur fut importante non pas seulement pour la production du sol, mais pour la politique.

Sauver la royauté par les paysans et les paysans par la royauté : tel est le but que poursuivait Suger. Apprendre aux gens de la campagne à combattre pour la royauté, à la faire respecter, à la restaurer, à la sauver, et leur présenter ensuite le roi comme leur bienfaiteur et leur père : tel fut le triomphe de sa politique. C'est ainsi qu'il aida à détruire le despotisme féodal, à organiser la liberté dans les campagnes et, il faut le dire, à élever l'autorité royale au-dessus des communes, qui elles ne surent point généraliser la liberté ni concevoir d'intérêts plus étendus que ceux de l'administration municipale. Puis l'instabilité des institutions, le monopole des magistratures dans quelques familles, l'excès de pouvoir chez les magistrats, de licence dans la foule, l'absence d'union entre les communes firent que les bourgeois échangèrent volontiers leur charte de liberté communale contre les chartes de privilèges royaux. Ainsi s'évanouirent ces communes où le gouvernement républicain s'était, dans le principe, si vigoureusement établi, où les habitants pouvaient eux-mêmes s'assembler, s'imposer, se juger, se défendre et marcher à la guerre sous leurs chefs et leurs bannières.

LOUIS VII

L'avènement de Louis VII au trône sembla d'un bon augure pour le Berry. Le nouveau roi se fit couronner à Bourges le jour de Noël 1137. Une immense multitude, composée de grands seigneurs et de simples chevaliers, de nobles et de vilains, accourut de tous côtés pour assister à cette grande cérémonie. Mais les espérances qu'on avait fondées sur les bonnes dispositions du jeune roi ne tardèrent pas à être transformées en craintes.

Une querelle survient entre Louis VII et le pape, au sujet de la nomination d'un archevêque de Bourges, et voilà la guerre allumée. Le pape fulmine contre le roi une bulle qui met en interdit tous les lieux qu'il habiterait.

Louis VII veut braver les foudres de l'Église, il ordonne à son frère Robert de se mettre en possession du temporel de tous les diocèses vacants. Il commence la guerre contre le comte de Champagne, dont les fiefs furent dévastés par les barons du roi; ces barons appelèrent aux armes leurs vassaux et envahirent à main armée les possessions de l'abbaye de Saint-Satur, placée sous la sauvegarde du comte de Champagne, Thibault le Grand, seigneur de Sancerre; ils incendièrent ses églises, brûlèrent le bourg, l'église et l'abbaye de Saint-Satur, dont M. Gémahling nous a retracé l'histoire. Nous voyons à cette époque Raoul II d'Issoudun donner au chapitre de Saint-Cyr la permission de faire des étaux dans leur cimetière (1142).

Pendant ce temps, l'abbé Suger avait, autant que possible, remédié à l'état misérable de l'agriculture. Les terres de l'abbaye de Saint-Denis offraient alors, comme celles du reste de la France, de nombreux espaces entièrement abandonnés, parce que les habitants ne pouvaient y vivre en paix, ni jouir du fruit de leur travail. Les malheureux, ainsi chassés des campagnes, cherchaient forcément d'autres moyens d'existence : les uns venaient dans les villes et dans les bourgs se faire manouvriers; les autres s'enrôlaient au service de quelque petit châtelain guerroyeur; les plus pauvres, ou les plus mal inspirés, se mettaient à exercer le brigandage et transformaient en solitude complète les lieux déjà en partie abandonnés. Entre autres domaines marqués de ce caractère de désolation, Saint-Denis comptait la terre de Vaucresson. Suger en 1145 y créa une ville neuve, et, pour y attirer les habitants, voici quelles furent ses conditions : Tous les hommes qui voudront demeurer dans la ville neuve que nous faisons bâtir en ce moment et qu'on appelle Vaucresson, posséderont un arpent un quart de terre et payeront 12 deniers de cens pour leur habitation. Nous voulons qu'ils soient exempts de toute taille et des droits coutumiers ordinairement exigés. Pour l'arpent de terre, en quelque endroit qu'ils l'aient reçu, ils nous payeront 4 deniers de cens et la dime. Mais nul ne recevra de terres à cultiver dans la dépendance de la ville, s'il n'y est domicilié.

Sur cet appel, Vaucresson fut peuplé et mis en culture. Aussi quand l'abbé de Saint-Denis fut régent de France, il appliqua au domaine royal les procédés employés pour son abbaye. Se trouvait-il par exemple des forêts dangereuses ou inutiles, il les faisait abattre et à la place construisait des villages, il les peuplait de colons laborieux. On s'aperçut bientôt que la disette, qui s'abattait fréquemment sur les autres campagnes, n'atteignait pas les propriétés du domaine royal, non plus que celles de l'abbaye. C'est ce que saint Bernard prouve dans deux lettres adressées à Suger.

« Nos frères de la Maison-Dieu de Bourges, lui écrit-il, manquent de pain, et nous avons ouï dire que dans le même pays la récolte du roi est abondante et qu'elle est à bas prix. C'est pourquoi nous vous prions d'ordonner que lesdits frères reçoivent une part de cette récolte suivant la mesure qui plaira à votre sagesse. »

« Nous envoyons, dit saint Bernard dans la seconde de ses lettres, un abbé pauvre à un abbé riche, afin que le dénuement de l'un soit soulagé par l'abondance de l'autre : le premier souffre parce que ses champs ne lui ont rendu au lieu de froment que de mauvaises herbes. Puisque cette stérilité n'a pas frappé vos terres, nous prions et supplions votre pitié de venir à son secours. »

Les résultats obtenus par Suger par une culture mieux entendue, par la création de colonies agricoles comme à Vaucresson, comme autrefois à Angerville, devinrent le modèle de nombreuses villes neuves établies dans le domaine royal par Louis VII et ouvertes comme autant d'asiles au cultivateur laborieux, même au serf vagabond, à l'ouvrier ambulant, au petit marchand colporteur. Elles formèrent aussi de véritables communes où les franchises, données et reçues pacifiquement, puis exercées sous la présidence d'un prévôt royal, tournèrent au profit des habitants, à l'avantage de la terre et à celui de l'État.

Un auteur du XIIᵉ siècle, dom Bouquet, en rappelant que Louis VII créa plusieurs villes neuves dans son royaume, va jusqu'à lui reprocher d'avoir fait perdre ainsi à quelques seigneuries et même à certaines églises une partie de leurs vassaux.

En Berry, nous voyons les seigneurs contribuer à la fondation d'abbayes et aussi à la création de villes franches. Raoul Iᵉʳ, seigneur d'Issoudun, fonde l'abbaye de la Prée, et pour cela les seigneurs donnent des terres, abandonnent leurs droits et coutumes.

La même année, Robert de Montfaucon donne à l'église et aux religieux de l'abbaye de Challivoy tout le droit et le domaine qu'il avait en ce lieu, métairies et dépendances, prés et terres, le bois mort de sa forêt de Vevre; « il leur aumôna la dîme de tous ses bleds et terres labourables de la chatelnie de Sancergues, amortit toutes les terres qu'il possédait à Undrée, à Poncet, à la Font-Just et en toutes ses terres, leur permet de s'y accroître et d'acquérir » (La Thaumassière).

Quatre ans plus tard, Raoul II, dont nous avons déjà parlé, permet au chapitre de Notre-Dame de Sales de la ville de Bourges de bâtir deux moulins en ses écluses de Nanteuil.

En 1150, Ebbes de Deols fonde l'abbaye de Noirlac et donne aux abbés le pouvoir d'acquérir des terres et autres choses de ses hommes. Nous avons fait remarquer qu'en 1136 Archambaud de Bourbon avait créé une ville franche dans ses domaines. En 1151, il en établit une autre dans la paroisse de Franchesse en un lieu nommé Limoin. A la même époque, Ebbes VI édifia la ville franche de Saint-Amand. La charte d'affranchissement de cette ville est copiée mot pour mot sur celle d'Archambaud de Bourbon.

Le départ pour la Terre sainte fut l'occasion de donations aux églises. C'est ainsi que Raoul II, seigneur d'Issoudun, donna au monastère de Notre-Dame de Sales 30 sols de rente sur les droits qu'il levait au marché d'Issoudun pour la pitance des religieuses et, en outre, 20 sols de rente et 2 arpents de vigne en échange de leur moulin de Mareuil (1154). La même année, sur le point de partir à Jérusalem, il reconnut en la maison de l'archiduché de Châteauneuf que les religieux de Chezal-Benoît avaient le droit de prendre sur les revenus et coutumes d'Issoudun 600 sols de monnaie du lieu; en même temps, il leur donna quelques hommes serfs, leur permit d'avoir en la châtellenie d'Issoudun un sergent avec même privilège et liberté dont jouissait le sergent de l'abbaye d'Issoudun : ce qu'il confirma le jour même de son retour de Jérusalem. Il remit au chapitre de Saint-Étienne de Bourges toutes les coutumes qu'il levait en leur terre de Vouet, se réservant le droit d'aubergement, une fois l'année, en temps de guerre, du consentement d'Eudes son fils (1163).

Parmi les bienfaiteurs des abbayes du Berry, on range les anciens comtes de Champagne et les comtes de Sancerre qui se sont surtout fait remarquer pour leurs libéralités envers l'abbaye de Saint-Satur. L'un d'eux, Étienne de Sancerre, en 1160, accorda aux abbés et religieux de Saint-Satur le droit de connaître, par leur juge ou prévôt, des duels et batailles en leur détroit et au bourg de Saint-Satur; le prévôt de Sancerre avait l'habitude de connaître : il leur promit de ne recevoir et retenir les hommes dont ils avaient joui par an et jour alors même qu'ils voudraient se réfugier en sa terre et se soumettre à sa seigneurie et domination ; il permit aux hommes de Sancerre de prendre alliance avec les femmes et les filles de Saint-Satur et réciproquement, soit qu'ils fussent de libre ou de serve condition, sans prétendre sur eux aucun droit de suite ou de formariage, à condition que les abbés et religieux de Saint-Satur feraient de même à l'égard de leurs

21

hommes, et promit de faire ratifier le tout par Henri, comte de Champagne, duquel il tenait la terre de Sancerre par droit de frérage.

En 1164, Gimon II, seigneur de Mehun, qui avait eu de grands différends avec les abbés et religieux de Massay, pilla, ruina et brûla leur prieuré de Semur. Puis, s'étant accordé avec eux, par l'entremise de Pierre de la Châtre, archevêque de Bourges, il leur donna, pour les indemniser, le péage et pacage en toute sa terre, promit et jura avec Robert, son aîné, de ne plus faire aucune entreprise sur la terre de Semur et sur toutes les autres dépendances de l'abbaye de Massay, de n'y plus mettre le feu, ni lui faire aucune violence, par charte donnée en l'an 1164.

Hervé Ier, seigneur de Vierzon, au moment de partir pour la Terre sainte, se fit, la même année 1164, transporter devant le chapitre de cette abbaye pour demander pardon aux religieux des torts dont il pouvait être coupable envers eux. Il leur fit plusieurs dons. « En cela, dit La Thaumassière, il suivit l'exemple des autres seigneurs qui se préparaient au voyage en Terre sainte. Envisageant les hasards, les périls du voyage et l'incertitude de leur retour, ils avaient coutume de mettre ordre à leur conscience et à leurs affaires domestiques, faisaient leur testament, réparaient le tort causé aux églises et aux particuliers et donnaient libéralement leurs biens aux ecclésiastiques. » La même année, c'est Étienne II, comte de Sancerre, dans la justice duquel se trouve l'abbaye de Challivoy, qui maintient les religieux dans leur possession de la rivière allant de l'ancienne abbaye jusqu'à Chizelles, se départit de tous droits et prétentions qu'il y pouvait avoir et leur accorde le droit de défendre à toute personne d'y pêcher sans leur permission.

Il leur accorda et à tous autres religieux de l'ordre de Cîteaux l'exemption du droit de pacage en toute l'étendue de sa terre.

Il approuva le don que leur fit Guifroy Dadeu, au moment de son départ en Terre sainte, de toutes les eaux et rivières qu'il avait depuis le moulin de Mirebel jusqu'à l'ancienne abbaye, tant dans le cours de la rivière actuel que dans les eaux des prés, noues et pacages. Les descendants d'Étienne, Guillaume et Louis, firent aussi des dons importants à cette abbaye, tant et si bien qu'un des comtes de Sancerre, Jean Ier, se prétendit, par ses ancêtres, fondateur de l'abbaye et soutint en 1295 un procès à ce sujet.

Mais à côté de ces actes d'affranchissement, que de fléaux s'abattirent sur le Berry! Le divorce du roi avec Éléonore de Guyenne fut l'un des plus graves. Aussitôt après cet acte fatal et impolitique, Louis VII vint en Berry brûler la Châtre et Chateaumeillant. Sans compter qu'Éléonore de Guyenne s'étant mariée au comte d'Anjou, Henri de Plantagenet, lui apporta en dot toute la France occidentale, de Nantes aux Pyrénées. Et, dès lors, tout le Berry, la partie de la province située sur la rive gauche du Cher, la plus étendue, la plus riche, la mieux peuplée, la plus facile à défendre, cessa de faire hommage au roi de France. Elle releva d'un prince qui devint roi d'Angleterre et l'ennemi le plus dangereux de Louis VII. Ainsi s'établit la domination des Plantagenet dans le Berry. Il faudra attendre le règne de saint Louis, héritier de Blanche de Castille, dont les fiefs aquitains du Berry avaient formé la dot, pour voir la supériorité féodale du roi de France être enfin reconnue dans la province entière du Berry.

Pendant le voyage de Louis VII en Terre sainte, Suger eut fort à combattre les seigneurs qui relevaient la tête et ne voulaient pas reconnaître l'autorité du régent. Il tint bon et développa contre eux une grande énergie. Le chancelier de Quercina, ami du roi, jaloux sans doute de l'autorité de Suger, encourageait Rotrou, comte du Perche, à se saisir du

Berry. Le chancelier était en possession de la grande prévôté de Bourges et de la garde de la grosse Tour; il levait des impôts excessifs dans sa province et il avait forcé l'archevêque de Bourges de remettre la tour de Saint-Palais entre les mains d'un jeune seigneur, Renaud de Cracy, qui lui était dévoué. A cette occasion, Suger écrivit au comte de Vermandois, qui était gagné par Quercina, une lettre dans laquelle le régent fit sentir tout le poids de son autorité et l'énergie de son caractère.

« Le jeune Renaud de Cracy court en ce moment vers Paris vous demander une injustice contre l'archevêque de Bourges, à qui doit appartenir la tour de Saint-Palais, dont il était investi au moment du départ du roi pour Jérusalem. Mais nous, suivant ce que la justice commande, nous avons ordonné que l'archevêque en fût de nouveau saisi. C'est une résolution que nous ne changerons pour aucun motif quel qu'il soit, et nous voulons que, de votre côté, vous ordonniez la même chose. Nous avons envoyé Guy de Herembrach pour fortifier et garder la tour de Bourges, mais nous faisons savoir à votre amitié que les prévôts de cette ville et Quercina ont refusé de la lui remettre, bien qu'après notre entrevue avec vous, nous ayons réitéré nos commandements à ce sujet. C'est pourquoi nous voulons que vous donniez le même ordre que nous, et que cet ordre soit transmis à l'heure même par le présent messager. »

Joignant les faits aux paroles, le régent envoya à Bourges Guy de Herembrach à la tête d'une nombreuse troupe de chevaliers; il ordonna en même temps à l'archevêque d'aller à la tête de la milice communale attaquer Renaud de Cracy dans sa tour s'il s'obstinait encore à ne pas se rendre. A la vue de ce déploiement de forces, Quercina abandonna le château de Bourges, et Renaud de Cracy remit Saint-Palais aux hommes de l'archevêque.

Vers la même époque, Regnaud, seigneur de Montfaucon et de Sancergues, qui s'est fait remarquer par ses dons aux abbayes, fut un des seigneurs que Henri, comte de Nevers, donna pour plège (caution) au roi, qu'il ne marierait sa fille à aucun prince ou seigneur sans le consentement de Sa Majesté.

Il eut un grand différend avec un de ses vassaux qui porta plainte à Louis VII au sujet des violences commises par le seigneur de Montfaucon. Suger, ministre, ordonna à Regnaud de comparaître à Paris pour répondre aux plaintes faites contre lui. Reynaud s'excusa de ne point se rendre à cette invitation, disant que « par les privilèges et coutumes du pays il ne pouvait être tiré hors la province de Berry où il était près à comparoir, suivant le droit, au palais royal de Bourges ». Sur son refus, Suger enjoignit aux officiers du roi en la ville de Bourges de le faire obéir et de le prendre et saisir au corps. Pierre de la Chastre, archevêque, écrivit à Suger pour le supplier de différer le règlement de cette affaire ou de la renvoyer au jugement des officiers du roi en Berry devant lesquels le sire de Montfaucon était près à comparoir, ou devant le roi et son conseil au premier voyage qu'il ferait en Berry. Il écrivit même au ministre pour lui faire observer qu'il n'était pas juste de l'appeler à l'extrémité du royaume pour un différend qu'il avait avec son vassal désobéissant qui refusait de lui rendre le service auquel il était tenu par la nature et la qualité de son fief.

Dans un acte de cette époque (1174), intervenu entre Étienne de Champagne, comte de Sancerre, et le chapitre de Saint-Étienne de Bourges, nous voyons quels étaient les coutumes et les droits dont jouissaient les seigneurs. Le comte de Sancerre avait fait construire une métairie près de l'étang en la terre de Beaulieu, appartenant au chapitre de l'église de Bourges : il encourut à ce sujet les censures ecclésiastiques. Le différend fut terminé à la charge que cette métairie demeurerait commune entre le chapitre et lui, et il remit au chapitre les coutumes et droits qu'il levait dans les paroisses de Beaulieu et Santranges, comme arbans, bians, prévôté, forfaiture sur les monnaies, larcin, meurtre, homicide, chevauchée, procuration, droit de contraindre les habitants des mêmes paroisses à refaire des murs à Sancerre, fausse mesure, duel, l'épreuve du fer chaud et de l'eau froide, l'obole que les gardes de la ville de Sancerre levaient tous les ans dans les mêmes lieux, se réservant seulement le droit de chevaucher pour lui et ses successeurs et de contraindre les habitants de Beaulieu et de Santranges à l'accompagner dans les guerres contre les seigneurs de Gien et ses villes, comme Gien, Saint-Gondon, Jars, les Aix d'Angilon, et contre le seigneur de Decize et ses villes, comme Germigny et autres, et, faute de le suivre dans ses expéditions, de faire payer à chacun des refusants 60 sols d'amende, et en contre-échange les chanoines lui confirmèrent 80 livres de rente sur leur seigneurie de Beaulieu payables au jour de Saint-Remy ou le lendemain, laquelle somme serait levée sur leurs hommes par dix personnes; moyennant quoi, il les assura de sa protection et défense envers et contre tous et de celle de ses successeurs, comtes de Sancerre, pour le repos des âmes desquels le chapitre s'obligea de dire annuellement un anniversaire solennel.

Le roi Louis VII accorda en 1175 aux habitants de Dun-le-Roi l'exemption des tailles et autres impositions et le logement de gens de guerre et ils ne purent être attirés hors les juridictions de Bourges et de Dun-le-Roi.

Cette même année, Jean II, baron de Linières, accorde aux religieux du Puy-Ferrand de demeurer en possession de toutes les dîmes de vin, de laine, de chanvre et de lin, et de la sixième partie de toutes les dîmes de blé, de la paroisse d'Ys; il leur accorda aussi de pouvoir acquérir le surplus par achats, dons, legs ou aumônes, pour avoir part à toutes leurs prières et pour le repos de l'âme de son père.

Ce seigneur fut en guerre avec Raoul, prince de Deols, et, à cette occasion, il brûla le prieuré de la Berthenoux, causa de grands dégâts dans toute la paroisse, fut excommunié par Guérin, archevêque de Bourges, et enfin fut obligé de traiter avec l'abbé de Massay; et, pour indemniser les religieux de Massay et leurs hommes du dommage qu'il leur avait causé, il leur accorda tout l'usage du bois Conteau, pour bâtir et pour brûler, le pacage et passage de leurs bestiaux sans payer aucun droit, et leur délaissa tous les hommes qu'il avait à la Berthenoux. Du consentement de sa femme et de ses enfants, il donna quelques hommes serfs à l'abbaye.

En 1177, nous voyons Gimon, seigneur de Mehun-sur-Yèvre et de Celles en Berry, donner à l'abbaye de Vierzon un serf avec le consentement de son frère Bernard. Il accorda également aux abbés et religieux de Lorroi le *panage* et pacage de cent porcs et le droit de prendre 3 chênes par an en la forêt de Volt, la pêche en toutes ses eaux, le pacage en toutes ses terres et permission d'acquérir de ses fiefs.

Par charte du mois de juillet de la même année, Robert, sire de Mehun, affranchit et mit en liberté les habitants de la paroisse de Preuilly.

En 1178, Étienne de Sancerre fait remise au chapitre de l'église de Bourges de plusieurs coutumes et droits qu'il levait dans les paroisses de Beaulieu et de Santranges à la condition que le chapitre lui fournisse une rente de 80 livres par an.

Le roi Louis VII, Raoul II, sire d'Issoudun, et Bérard de Linières, étant seigneurs de la justice de Saint-Germain des Bois, par indivis, affranchissent les habitants de cette paroisse qui étaient de condition servile sous la réserve des droits généraux.

Sous le règne de Louis VII, les Églises, pour résister aux seigneurs, s'unirent au roi. C'est ainsi que les chanoines de Saint-Martin de Tours, pour se garantir des violences des seigneurs leurs voisins et empêcher leurs invasions, furent obligés d'associer *en pariage* avec eux le roi Louis VII et ses successeurs. « Ce droit de pariage, dit La Thaumassière, n'était autre chose qu'un droit d'association, société ou compagnie, par lequel la justice, droits de taille, amendes et autres, qui appartenaient à un évêque, abbé ou autre prélat, chapitre ou communauté ecclésiastique, sont rendus communs entre eux et le roi ou autre seigneur temporel, à la charge de les protéger et garder : ce qui fut inventé par les ecclésiastiques pour se mettre à couvert de la violence de leurs voisins trop puissants et empêcher les entreprises et usurpations que voulurent faire les laïques sur les terres dépendantes des Églises ; et, pour ne perdre le tout, ils furent obligés d'en céder une partie. »

Le pariage d'Aubigny fut recherché par le chapitre de Saint-Martin de Tours pour réprimer les violences et les pilleries de leurs voisins. Par la même raison, l'abbé de Saint-Martin d'Autun, d'où dépendait le prieuré de Saint-Pierre le Moutier en Nivernais, fut obligé, en 1165, d'associer le roi en la justice de la ville et prévôté de Saint-Pierre et de lui en céder la moitié, à la charge qu'il prendrait tout en sa protection et sauvegarde. Par la même charte, le roi reconnaît que les moines lui ont quitté la moitié de toute la justice qu'ils avaient dans le bourg et dans le château, à l'exception de leur cloître qui leur est demeuré libre, et, en considération de ce partage, il promet de ne les mettre hors de sa maison et de les réunir à perpétuité à la couronne de France. Le pariage de la ville de Cherroy, en 1155, avec Gilbert, abbé de Saint-Jean de Séry, et le roi Louis VII, contient les mêmes clauses : mais, comme dit avec raison La Thaumassière, « il arriva ce qui est ordinaire à ceux qui s'associent avec de plus puissants seigneurs qu'eux, le roi ne se contenta pas de jouir de la moitié de l'association en pariage : ce qui se produisit sous Philippe-Auguste. »

Sous le règne de Louis le Jeune on vit s'opérer un défrichement incroyable de forêts et de terres incultes, on vit les anciennes villes s'agrandir, des villes nouvelles s'élever et se peupler de familles échappées au servage, on vit enfin, dit Augustin Thierry, commencer le mouvement de recomposition territorial qui devait ramener le royaume à la puissance et le conduire un jour à l'unité.

En 1271, l'église de la Charité-sur-Loire s'associa en pariage avec Philippe III le Hardi en la ville de Sancoins, ce qui a donné lieu à l'établissement d'une prévôté royale en la même ville. « Mais, dit le même historien du Berry, quoique les ecclésiastiques n'aient fait ces pariages et associations en leurs terres, justices et seigneuries avec les rois et grands seigneurs que pour avoir une protection plus assurée, ils ont été le plus souvent frustrés, en ce que les conditions sous lesquelles ils ont été établis ne leur ont pas été gardées, et que ceux qu'ils ont associés en leurs droits, ne se contentant pas de la moitié, se sont rendus maîtres de tout par les échanges et autres contrats forcés, et que les rois, malgré les défenses expresses de l'association, ont aliéné et engagé leur portion au grand préjudice des ecclésiastiques, lesquels, au lieu des rois qu'ils avaient choisis pour protecteurs, ont eu en pariage des seigneurs peu affectionnés et quelquefois des ennemis de l'Église ; ce qui, plus tard, donna lieu aux remontrances que le clergé fit à Henri IV et à Louis XIII, qui prirent des mesures pour s'opposer à ces inconvénients. »

PHILIPPE-AUGUSTE

Tandis que les seigneurs s'étaient épuisés par la vie militante, par l'enthousiasme ruineux des croisades, par leurs luttes contre la royauté et contre les communes, par un faste au-dessus des ressources de la production, le serf, l'ouvrier des champs, par le travail, par le désir de posséder, de vivre en famille, n'avait cessé de marcher vers son indépendance et sa liberté. Cette liberté commença du jour où il put prendre à sa charge une terre, moyennant l'obligation de donner au domaine du maître un certain nombre de journées de labour, de charroi ou d'autres services. Peu à peu les serfs entrèrent en possession du mariage, de la filiation légitime, de la succession, du témoignage aux actes publics, et bientôt après, tous purent racheter la liberté avec leur pécule. Dans les domaines conduits en vue de profits véritablement agricoles, les maîtres n'attachèrent pas d'autre prix à la servitude que cette faculté de la vendre. Nous avons vu comment les rois, les abbayes, les seigneurs ont procédé aux premiers affranchissements. C'est à partir de cette époque que les affranchissements des villes vont se multiplier, car tous les habitants des villes étaient autrefois serfs taillables à volonté, mortaillables et soumis à un droit de suite en quelque lieu qu'ils allassent demeurer.

Les seigneurs, pour exempter leurs hommes de ces droits rigoureux, les ont manumis et affranchis. Ils ont établi des lieux de franchise compris en certaines limites marquées par des croix appelées croix de franchise, ainsi que cela est indiqué dans la franchise de Châteaumeillant, dans celle de la bourgeoisie de Graçay, dans la franchise de Preuilly. Quand ces croix étaient tombées, elles ne pouvaient être relevées sans la permission du seigneur, dans la crainte que les bourgeois n'étendissent les limites de la franchise contre la volonté du seigneur.

Dans l'étendue de ces limites, les seigneurs ont institué leurs bourgeoisies, voulant ainsi peupler leurs terres, et, pour y attirer les particuliers, ils leur accordaient des privilèges, les déchargeaient du droit de servitude et les recevaient bourgeois de leurs nouvelles franchises, les distinguant par cette qualité de leurs hommes taillables, mortaillables, serfs qui demeuraient hors de la bourgeoisie. Ces motifs sont exprimés presque dans toutes les chartes de manumission, ainsi qu'on peut le voir dans la charte de Louis le Jeune pour Dun-le-Roi et celle de Philippe-Auguste pour la même ville. Ils affranchissaient aussi par des motifs de piété, de charité chrétienne, ainsi que le porte la franchise de la chapelle de Dam Gilon et celle de Graçay. D'autres fois les sujets achetaient à prix d'argent leur liberté, comme ceux de Buxière-d'Aillac, qu'Itier de Magnac et Agnès sa femme manumirent pour 540 livres tournois. Ceux de Châteauneuf-sur-Cher payèrent 500 livres leur affranchissement à Renoul de Culant et à Pierre Saint-Palais, leurs seigneurs. Ceux d'Issoudun fournirent au roi Charles VII, comme nous le verrons plus loin, la somme de 2000 livres; ceux de Mehun-sur-Yèvre, 700 réaux, à cause de leur manumission, et Jean de Broce, maréchal de France, déchargea de toute mortaille les habitants de Boussac, moyennant 1000 écus d'or.

La manumission c'est l'affranchissement des serfs, qui étaient, selon le sens même de l'expression latine, mis hors de la main de leurs maîtres. Pour la manumission, le consentement du seigneur féodal et même celui du roi devaient intervenir, et les rois ne l'accordaient pas gratuitement : ils exigeaient une certaine redevance ou indemnité pour la perte que leur causaient ces manumissions dans les fiefs qu'ils exploitaient. Ainsi Robert de Mehun, ayant affranchi les habitants de Preuilly, fut obligé de faire ratifier la manumission par l'archevêque de Bourges.

Sans le consentement du seigneur supérieur, le manumis retombe en la servitude du supérieur. Coquille, en ses *Institutions des servitudes personnelles*, dit que si un vassal affranchit son serf sans le congé de son seigneur de fief, il devient serf du seigneur, car ce serait diminuer le fief, ce qu'il ne peut sans permission de son seigneur, comme il a été jugé aux enquêtes du Parlement en 1257-1270, et plus tard en 1404.

Les manumissions suivant la loi salique se faisaient en présence du roi en tournant un denier, et ceux qui avaient été ainsi affranchis s'appelaient Denariales. Il y avait encore d'autres manières d'affranchir par table ou par charte. Les affranchis des églises étaient ceux qui avaient été manumis à la charge de servir aux églises. On trouve dans le Berry un certain nombre d'affranchissements qui ont constitué des franchises et bourgeoisies. Nous avons vu l'affranchissement de Dun-le-Roi par Louis le Jeune en 1175 : cet affranchissement a été confirmé par Philippe-Auguste en 1181 ; ceux de la paroisse de Preuilly, par Robert, sire de Mehun (1177) ; les habitants de la ville de Sancerre, par Étienne Ier en 1190 ; ceux de Ménetréol-sous-Sancerre, par le même seigneur ; ceux de Charôt, par Gautier II, en 1194, et encore un certain nombre que nous citerons en poursuivant notre histoire et qui eurent lieu surtout pendant le xiiie siècle.

A travers ces affranchissements, le droit se découvre et se répand : la loi, l'autorité assurent leur empire et commencent leurs établissements. Et, comme le dit Doniol, la culture libre fait ses premières conquêtes et marque ses premiers résultats ; on assiste véritablement à l'entrée du cultivateur dans la vie nationale. Avant, il y avait des serfs et des vilains ; il y aura désormais une classe rurale et des intérêts agricoles reliés par un but commun aux autres classes et aux autres intérêts de la société. Mais, hélas! que de luttes encore à subir, que de guerres entre rois et seigneurs, dévasteront les champs, ruineront le pauvre cultivateur! Le Berry nous en offre de tristes exemples.

Philippe-Auguste avait inauguré son règne par la concession de privilèges remarquables faits en 1181 aux habitants de Dun-le-Roi, conjointement avec les habitants de la ville de Bourges. Ces deux villes, ainsi que nous l'avons vu plus haut, avaient été vendues au roi par Eudes Arpin, dernier vicomte de Bourges ; c'est pourquoi elles ont été incorporées au domaine royal, ainsi que celle d'Aubigny, qui le fut également presque à la même époque. Elles jouissaient anciennement des mêmes libertés, franchises et privilèges, et leurs citoyens fraternisaient ensemble ; ceux de Bourges assistaient aux assises et aux jugements des bourgeois de Dun-le-Roi et ceux de Dun-le-Roi avaient même droit en la ville de Bourges. Ils observaient mêmes coutumes et avaient même administration. On peut dire certainement que les habitants de ces villes ont été les premiers affranchis de toute la province.

Au commencement de ce règne eut lieu dans le Berry une expédition du roi contre les exactions d'Ebbes VI, seigneur de Charenton, Bruères, Orval, Épineuil et Meillant.

Quelque temps après, en 1183, c'est Étienne, comte de Sancerre, neveu de Philippe-Auguste, qui se ligue contre le roi de France, dont il était le vassal et le sujet. Le roi entra en campagne contre son neveu ; il s'empara de Châtillon-sur-Loire, qu'Étienne avait fortifié. Le rebelle fut obligé de demander la paix et de se soumettre à son souverain ; mais les mercenaires, hommes de sang et de pillage, avaient ravagé le pays et pris une part considérable de butin.

Deux ans après, en 1187, le Berry vit éclater une autre guerre bien plus terrible. Henri II, roi d'Angleterre, sous prétexte de défendre l'héritage de sa nièce mineure Denise, princesse de Déols en Berry, de concert avec son fils Richard Cœur de Lion, s'empara des villes de Déols et de Châteauroux, et mit garnison dans les maisons fortes de la terre Déoloise, excepté à Boussac et à Châteaumeillant.

A cette nouvelle, le roi de France, comprenant que Henri II voulait s'emparer du Berry, marcha immédiatement vers cette province, à la tête d'une nombreuse armée. Il s'empara des villes de Charôt, Issoudun, Graçay, et vint assiéger Châteauroux. Il y trouva une résistance telle que le roi d'Angleterre et son fils eurent le temps de réunir leur armée et d'arriver à Châteauroux pour y faire lever le siège; mais, au moment où les deux armées furent rangées en bataille, la paix fut conclue par l'entremise du légat du pape.

Selon d'autres historiens, cette guerre eut pour cause le refus de Richard Cœur de Lion, comte de Poitou, de rendre foi et hommage au roi de France comme son seigneur féodal et souverain, à raison de son comté de Poitou, et aussi parce que le roi d'Angleterre retenait injustement le comté de Poitou.

Richard ayant violé quelques articles de la paix, le roi de France rentra une seconde fois en Berry, et en peu de temps il prit les villes de Châteauroux, Buzançais, Argenton, Palluau, Montrichard, Montrésor, le Chatelet, la Roche-Guillebaud, Montluçon, etc., et força Richard et son père à se retirer en Normandie.

Le roi d'Angleterre se vit contraint d'accepter la paix en 1189. Après sa mort, son fils Richard confirma cette paix. Philippe Auguste lui laissa Tours, Le Mans et Châteauroux, avec toute l'étendue de son fief. Le roi d'Angleterre, de son côté, abandonna les villes et les fiefs d'Issoudun, de Graçay, etc.

Toutes ces guerres écrasèrent encore le peuple des campagnes et firent grand dommage à l'agriculture.

Heureusement, il y avait encore des seigneurs qui allaient en Terre sainte et avant leur départ affranchissaient les populations. Ainsi Étienne II, comte de Sancerre, affranchit de toute servitude les habitants de Sancerre et il accorda aux habitants de Barlieu la coutume de Lorris.

Mais, en Berry, c'est surtout envers les églises que les seigneurs exercent leurs libéralités. Raoul de Mehun, en 1190, fait plusieurs donations aux religieux de Vierzon et entre autres le droit de pacage et de panage.

Le roi, lui, détruit les communes de Laon et d'Étampes, déclarant qu'elles étaient contraires aux droits et à la liberté de l'Église.

Gauthier II, seigneur de Charôt (1194), affranchit les habitants de cette ville moyennant quelques deniers pour la terre et pour les maisons. Il se crée ainsi quelques rentes et oblige les affranchis à certains services. Eudes de Montfaucon concède (1190) le droit de pacage à l'abbaye de Chalivoy.

Archambault II, sire de Seuly [1], prend sous sa protection l'église de Loroy, l'exempte des droits de péage, lui accorde ceux de pacage, lui donne la moitié des nappes ou peaux de cerfs qui se prendront sur ses terres pour la couverture des livres, et l'autre moitié à l'abbaye de Chalivoy (1197). D'autres seigneurs comprennent mieux les avantages des affranchissements; le comte de Sancerre (1199) confirme non seulement les

1. Aujourd'hui Sully.

privilèges accordés par son père aux habitants de Ménestrol, mais il leur concède la coutume de Lorris.

La création des villes neuves se continue sous le règne de Philippe-Auguste; le comte de Clermont veut créer le bourg agricole de Villeneuve en Hes, il fait crier qu'il y donnera franches masures à petites rentes, usage au bois. Les hommes des seigneuries voisines les désertent tant et si bien que les seigneurs s'entendirent pour contraindre le comte à amoindrir les avantages et les libertés de ses hôtes.

Le roi confirme les privilèges de la ville de Saint-Germain-des-Bois dans la châtellenie de Dun (1202), qui a été dévastée par les incursions des gens d'armes et par le poids de mauvaises coutumes. Raoul II, seigneur d'Issoudun, et Bérard de Linières les affranchissent de mauvaises coutumes, leur donnent facilité de prendre du bois pour construire une maison, faire des instruments de labour, et ils ne leur demandent que quelques deniers de rente suivant qu'ils labourent avec six ou huit bœufs, avec trois ou quatre, avec deux, puis un pain et trois poules.

D'autres populations achètent les privilèges. Ainsi les habitants de Saint-Marcel d'Argenton, moyennant 600 livres tournois, obtiennent des privilèges de l'abbé de Saint-Gilles.

Étienne II, baron de Graçay (1203), réserve ses faveurs pour l'église de Notre-Dame de Graçay; il permet aux chanoines d'acquérir des héritages en succession de tous ses hommes libres ou serfs, et il donne à tous les habitants de sa terre, nobles ou roturiers, libres ou serfs, le droit de vendre librement à quel prix qu'ils voudraient leur vin dans toute l'étendue de son domaine. En 1206, Hélie, baron de Culant, de Châteauneuf et de Saint-Désiré, met les granges et les biens des religieux de l'abbaye de St-Pierre sous sa protection et promet de les conserver comme ses biens propres; il accorde le pacage de toute sa terre aux bestiaux de leur métairie d'Augere, permet aux religieux d'acquérir jusqu'à six arpents de vigne et pareille quantité de blé en sa terre et un arpent à Saint-Désiré, les exempte de tous droits, charges et coutumes; il se départit de la contestation qu'il avait élevée contre ces mêmes religieux pour la propriété des terres qu'ils avaient défrichées et leur quitte tout son droit à cet égard.

A cette époque, nous voyons le roi de France se montrer dans le Berry le grand justicier de la province, le protecteur de ceux qui ont à souffrir des brigandages des seigneurs. Ainsi, en 1209, des marchands, en traversant les domaines de Henry de Sully, furent détroussés, pillés et même tués. Aussitôt que le roi eut appris cette odieuse action, il alla punir le seigneur sur le domaine duquel elle avait été commise, il s'empara de son château de Sully, bien qu'il relevât de l'évêque d'Orléans; et, malgré tout ce que Henri de Sully pût lui offrir de garanties et d'indemnités pour rentrer dans son château, il fut inflexible. Il le garda pendant douze ans, donnant ainsi aux seigneurs du Berry un exemple de son autorité.

La même année Guillaume, comte de Sancerre, à la prière des abbés et religieux de Saint-Satur, abolit la coutume qu'avait le roi des jeux de la ville d'aller à Saint-Satur avec les jeunes hommes de cette ville, le lendemain de Pâques, et de tuer tous les chiens qu'ils trouvaient par les rues, ce qui faisait souvent matière de riottes et de querelles.

Ailleurs, nous voyons des affranchissements particuliers: c'est Robert de Courtenay (1207), qui affranchit de tout joug de servitude un nommé Reynaud, fils de Gilon de Château-Renard, ainsi que ses descendants, et lui donne une maison, une ouche et une vigne.

Guillaume de Chauvigny (1208), baron de Châteauroux, prince de la terre de Déolis, seigneur d'Issoudun, confirme les privilèges des habitants du Châtelet, exempte de toutes coutumes les chanoines de Saint-Germain de la Châtre, fonde le prieuré de Saint-Marcel-les-Argenton, bâtit l'Hôtel-Dieu de Saint-Gildas, affranchit et décharge de tous droits et devoirs ses sujets de Châteauroux qui étaient d'état ou de condition servile, et cela pour une légère prestation. En 1212, il donne deux hommes serfs à l'abbaye de Massay.

La même année, nous trouvons un affranchissement qui dénote bien le sentiment qui l'a dicté. Archambaud II affranchit les hommes de la Chapelle-dam-Gilon, mais il se réserve sur ceux qui ont bœufs de labour ou qui vivent de commerce, 1 setier de seigle et 6 sols parisis, et sur tous les autres 5 sous et une mine de blé et de seigle, au défaut duquel payement de ce terme on payerait la redevance double. Il retient aussi deux corvées par an de ceux qui auraient bœufs et charrettes ; il retient ses cens, terrages et péages.

Quand ce n'est pas le besoin d'argent qui détermine les affranchissements, c'est le motif de religion qui a tant enrichi les églises qui fait agir les seigneurs. Ainsi, nous voyons en 1213 Henri de Vierzon sur le point de prendre part à la guerre contre les Albigeois, convoquer tous les chapelains de ses seigneuries et donner à leurs églises des rentes de froment et d'avoine à prendre sur les redevances qui lui étaient dues, à condition que, pendant sa vie, on dirait pour lui, dans chacune de ces églises, deux messes de l'Esprit et, après son décès, une messe des morts.

C'est encore pour 1 setier d'avoine et 12 deniers que Hervé III (1213), seigneur de Vierzon, confirme la franchise des habitants de Lury. De même Robert de Courtenay (1214) accorde la liberté aux habitants de Celle en Berry pour 1 setier d'avoine, 12 deniers et 2 poules, et depuis il les exempte de plusieurs droits.

Guillaume II de Chauvigny augmente la liberté et la franchise du bourg de Déols, en étend les limites, confirme les foires qui ont été accordées et maintient plusieurs privilèges concédés par ses ancêtres aux religieux de Déols, aux chanoines de l'abbaye de Puy-Ferrand, décharge tous leurs hommes demeurant dans le bourg et dehors, de tous droits de coutumes, justice et exactions dues aux seigneurs de Châteauroux et du Châtelet, leur accorde de vendre pain, vin, chair et autres victuailles dans le bourg sans autres droits que ceux que l'abbé et les chanoines voudraient lever, leur accorde de recevoir en leur congrégation tous ceux de ses hommes qui voudraient prendre l'habit canonical et leur quitte tous les droits qu'il avait sur les aubains et étrangers qui voudraient s'avouer d'eux.

Par une autre charte de 1222, il leur donne des foires et les droits qui s'y louent, accorde un sauf-conduit à tous ceux qui iront à ces foires et en reviendront, et les prend sous sa protection et sauvegarde.

Non seulement l'Église reçoit des franchises de tous côtés, mais les seigneurs permettent à leurs serfs de s'allier avec les personnes des abbayes, comme en 1219 Louis, comte de Sancerre, qui autorisa ses hommes à s'allier avec ceux de Saint-Satur.

Citons encore pour terminer la série des affranchissements de cette époque celui de Château-Meillant par Ebes de Déols; parmi les franchises accordées à ses hommes, notons le droit de pouvoir vendre, échanger, donner, léguer leurs biens meubles et immeubles à leur volonté, tandis qu'Étienne II, baron de Graçay, consent (1220) à ce que frères, oncles, neveux et jusqu'aux cousins germains de servile condition succèdent les uns aux autres au préjudice de ses droits de mainmorte.

Enfin, en 1221, Henri Ier, sire de Seuly, de la Chapelle et des Aix-dam-Gilon, établit la châtellenie des Aix et leur donne la coutume de Lorris.

De tous ces affranchissements, donations et privilèges, il résulte qu'un certain nombre de gens de condition servile sont affranchis, que les villes se peuplent, que le commerce se développe par l'établissement des marchés, par la sécurité des chemins, mais que surtout les églises en Berry voient leur domaine s'accroître, le nombre de leurs hommes augmenter, leur puissance et leur autorité s'affirmer tous les jours davantage.

Dans les dernières années du règne de Philippe-Auguste, le Berry, désolé par les guerres des rois d'Angleterre et de France, pillé par les Cottereaux, rançonné par les seigneurs, épuisé d'hommes et d'argent, avait besoin de repos. Il trouva, comme beaucoup d'autres provinces, un secours dans la puissance royale, qui s'était beaucoup développée.

Le roi, propriétaire de la vicomté de Bourges, des seigneuries de Dun-le-Roi, d'Issoudun, de Concorsault, d'Aubigny, avait pour vassaux immédiats la plupart des seigneurs.

L'ancienne principauté de Déols, avec ses vastes mouvances, relevait sinon de lui, au moins de son fils, époux de Blanche de Castille, et parmi les grandes seigneuries de la province il n'y avait plus, comme le fait observer M. de Raynal, que le comte de Sancerre qui ne devait pas directement hommage à la couronne.

LOUIS VIII

Le Berry est désormais placé sous l'autorité des rois, sous leur suzeraineté féodale. La puissance des seigneurs s'en trouve amoindrie d'autant. Une existence plus calme va s'ouvrir pour cette province. On verra moins de guerres de seigneur à seigneur, moins de tyrannie et d'abus. Les seigneurs comprendront désormais qu'ils ont autre chose à faire qu'à vivre de pillage et de brigandage. Comme celui des rois, leur intérêt est bien plutôt d'affranchir que d'opprimer. Aussi constatons-nous l'année même de l'avènement de Louis VIII une curieuse création, c'est la fondation d'une ville franche qui sera commune entre deux seigneurs, c'est-à-dire qu'ils en partageront les revenus. « Il faut savoir, dit en 1223 Guillaume de Chauvigny, seigneur de Châteauroux, dans une convention avec Simon de Sully, archevêque de Bourges, que nous devons faire dans notre terre ou nos fiefs une ville franche qui sera commune entre nous et l'archevêque. Les hommes qui y demeureront auront droit d'usage dans nos bois et pâturages comme nos autres hommes. Nous tiendrons en fief de l'archevêque de Bourges la part qui nous appartiendra, et nous ne pourrons, non plus que nos successeurs, la mettre hors de nos mains. Nous ne pourrons rien y acquérir sans lui, ni lui sans nous, à moins que l'un de nous ne manque à payer sa moitié des prix ; s'il arrive que nos hommes ou les hommes de nos hommes viennent y demeurer, ils resteront à celui à qui ils appartenaient, à la charge de payer les coutumes comme les autres habitants. La justice sera commune. Il en sera de même des hommes de l'archevêque. »

L'année suivante (1224), le roi, de son côté, confirme la suppression de la mainmorte, et il fut enjoint de ne plus l'exiger sous peine de restitution et d'amende au jugement des prudhommes. Suivant cet exemple, le chapitre de Bourges en fit également remise à ses hommes de la ville et des faubourgs de Bourges. Mais il est à remarquer que cette libéralité, accordée à soixante-quinze hommes de la ville, fut absolument limitée, et que leurs hommes des autres localités en furent exclus, même ceux qui voudraient s'établir à Bourges.

La grande préoccupation de Louis VIII fut la croisade contre les Albigeois. Bourges, par sa position sur la route du Midi, par l'intérêt de ses prélats à combattre l'hérésie qui envahissait leur province, prenait intérêt à cette guerre.

Les seigneurs eux-mêmes s'y montrèrent favorables dans le concile qui s'ouvrit à Bourges le 30 novembre 1225 et au rendez-vous général donné par le roi dans cette ville le 17 mai 1226. On sait comment le roi, faible et malade, mourut le 8 novembre au château de Montpensier.

Guillaume de Chauvigny, un des seigneurs qui avaient juré avec les autres barons et les grands du royaume de garder l'ordonnance du roi contre les juifs, accorda aux abbés et religieux de Déols les *suites* de leurs hommes et femmes en toutes ses terres excepté celle d'Aigurande; il promit de ne recevoir aucun serf leur appartenant et confirma toutes les libertés et les privilèges de leur abbaye; ce qu'il fit approuver par le roi.

SAINT LOUIS

Avec une mère comme Blanche de Castille, saint Louis ne pouvait manquer d'entrer largement dans la voie des affranchissements. N'est-ce pas elle qui affranchit, moyennant certains droits, toutes les femmes serves des domaines royaux « pour la pitié qu'elle avait de plusieurs belles filles à marier qu'on laissait à prendre pour leur servitude et en étaient plusieurs gâtées ».

N'est-ce pas encore Blanche de Castille qui eut l'idée d'affranchir plus de 1000 serfs dans sa châtellenie de Pierrefonds et qui amena la coutume de l'abonnement? on vit alors les habitants de tout un village se racheter de la servitude en payant à leurs seigneurs une redevance déterminée. Les serfs ainsi affranchis portaient le nom d'abonnés; ils restaient néanmoins soumis à l'impôt de la capitation, et le mouvement des affranchissements était encore limité par les habitudes et les usages. Beaumanoir indique les plus frappants.

L'homme libre, sujet d'une seigneurie, qui s'abstenait sans motif valable de répondre à une convocation pour l'ost ou la bataille, devenait serf, lui et ses hoirs. Il en était de même des vassaux nobles.

Les hommes libres non gentilshommes de lignage, qui allaient demeurer sur la terre d'un seigneur, perdaient après une résidence d'un an et un jour une partie de leur liberté.

Ce fut surtout à partir du XIIIe siècle que les affranchissements firent de grands progrès dans les campagnes. La révolution communale était alors terminée; les chartes, les lois écrites réglaient l'état des personnes, leurs devoirs et leurs droits; les idées d'affranchissement et de liberté individuelle imprimaient à l'esprit public une direction et un élan irrésistibles. Alors va surgir la classe des tenanciers libres qui auront la pleine et entière disposition de leurs biens. Mais il faut reconnaître que la liberté fut offerte avant d'être sollicitée. Le roi, dit Doniol, l'offrit plutôt qu'aucun autre maître, parce que, bien avant tout autre, le serf lui devint inutile, et posséder plus de sujets fut son intérêt le plus grand.

A lui surtout il importait que des populations libres, individuellement imposables, se substituassent à des serfs ne donnant aucun revenu que ceux de la culture proprement dite et quelques tributs de formariage ou d'hérédité, parce que n'étant qu'une chose, ils échappaient aux tributs politiques.

De même, au moment de partir en Terre sainte, le roi sut intéresser un certain nombre de personnes à le suivre. Il leur donna délai pour leurs dettes pendant trois ans. On trouve en effet dans Beaumanoir que *le roy donne répit des dettes pour le profit de la chrétienté.* C'est ce que les anciennes chartes et les auteurs appellent privilèges des croisés.

Les seigneurs continuèrent aussi à affranchir d'abord par des motifs pieux, dans des circonstances extraordinaires et solennelles, soit au lit de mort, soit pour célébrer un événement heureux, souvent aussi quand ils avaient besoin d'argent.

Parmi les traces d'affranchissement que nous trouvons à cette époque, citons la franchise accordée en 1227 à la ville d'Ids par Henry II de Seuly; puis c'est Guillaume de Chauvigny qui, dans une transaction avec les prieur et chanoines de Neuvy-Saint-Sépulcre, leur promet de ne recevoir l'aveu d'aucun de leurs hommes serfs, qu'il déchargea de tous biens et corvées; il leur accorda la suite sur leurs hommes en ses terres de Châteauroux, Prungey, Argenton, Cluis, la Châtre, le Châtelet et en toute la principauté déoloise excepté les châtellenies de Rezay, Aigurande et Saint-Août. Il leur confirma leur liberté, leur donna le droit d'usage dans la forêt de Cluis tant pour le bois à bâtir qu'à brûler, leur accorda des foires et certains droits s'y rattachant, confirma au chapitre de Saint-Germain, de la Châtre, les droits et privilèges accordés par Raoul, prince de Déols. Il abandonna à l'abbaye les rachats dus par ses hommes serfs.

Les affranchissements s'augmentent encore par l'autorisation donnée par le comte de Sancerre à ses hommes de s'allier et de prendre femme en la terre de Saint-Satur et réciproquement (1229). Il engage en 1231 au chapitre de Saint-Étienne pour 400 livres de droit de chevaucherie qu'il avait dans la paroisse de Beaulieu et de Sautranges. A la même époque, Archambault III, seigneur de Seuly, affranchit les habitants de la Chapelle-d'Angilon de toutes coutumes, services et exactions, et leur donne liberté de vendre et acheter, mais ils doivent payer le droit de boucherie et de bon vin.

Les seigneurs ne se contentent pas de faire des donations aux chapelles, aux abbayes; ils fondent eux-mêmes des maisons religieuses. Ainsi Robert de Courtenay, seigneur de Mehun-sur-Yèvre, fonde en 1234 l'abbaye de Beauvais près Mehun et il accorde les coutumes de Lorris aux habitants de Saint-Laurent-sur-Barenjon.

Les propriétés de la reine Blanche en Berry ne pouvaient manquer de l'intéresser à cette province. En 1236, elle fit bâtir une halle à Issoudun, mais il en résulta un préjudice pour les pauvres de la Maison-Dieu de Dun-le-Roi, qui possédait dans la même ville une maison où elle faisait vendre du pain. Informée de ce fait, Blanche assigna aux pauvres de Dun-le-Roi un revenu de 10 livres tournois, assis sur la nouvelle halle, et l'acte fut approuvé par leurs patrons les chanoines de Saint-Outrille ou du Château-les-Bourges.

En 1237, elle acheta de Guillaume d'Huriel et d'Isabelle, sa femme, pour 60 livres parisis leur maison d'Issoudun qui était située sur la place du Prieur et avait appartenu à un chevalier, Pierre Vincent. Mais la reine comprit la nécessité de réunir ses mouvances à la couronne, elle abandonna au roi plusieurs grandes seigneuries. Elle lui délaissa tous ses droits sur Issoudun, sur le fief de Graçay et sur les fiefs de Berry qu'avait possédés André de Chauvigny et que possédait alors Guillaume II, son petit-fils, tels qu'elle les avait reçus autrefois de Jean sans Terre. Issoudun fut cédé en toute propriété.

Ce n'est pas tout, le roi se fit délaisser par Thibaut, comte de Champagne, moyennant 40 000 livres, le fief, c'est-à-dire les suzerainetés ou les mouvances des comtés de Blois, de Chartres, de Sancerre et de la vicomté de Châteaudun. On peut dire qu'en ce moment le Berry fut bien sous l'autorité royale et que la féodalité y était singulièrement amoindrie.

Mais pendant que saint Louis était parti pour la Terre sainte (1240) des bandes innombrables de vagabonds appelés Pastoureaux envahirent le nord de la France, l'Orléanais, le Berry et pillèrent Bourges. Heureusement, leur chef tué par un boucher de Bourges, les Pastoureaux désorganisés furent exterminés à Villeneuve-sur-Cher.

En 1239, Eudes, seigneur de Cluis, affranchit les hommes et femmes de Boisse.

Les croisades déterminent encore des donations et des affranchissements, mais c'est presque toujours en faveur des églises que ces actes ont lieu. Aussi Guillaume II, seigneur de Vierzon, qui avait donné à l'abbaye de Vierzon 20 sols de rente sur les futaies de cette ville, sur le point de partir en Terre sainte avec le roi, approuve les donations faites par son père au prieur de Thenioux près l'abbaye de Vierzon, en confirme aux ermites de la Magdeleine, tandis que Guillaume de Chauvigny II, prince du Bas-Berry, seigneur de la Chatre, d'Argenton, Cluis, Aigurande, le Châtelet et autres lieux, confirme la liberté du bourg de Déols, donnée par ses prédécesseurs fondateurs de l'abbaye de Déols, accorde aux habitants la tenue de marché et la liberté d'y vendre et acheter toutes sortes de marchandises, abandonne aux religieux certains droits, comme le péage qui lui appartenait, et confirme les privilèges accordés par son père au chapitre de Neuvy-Saint-Sépulcre.

De même Louis Ier, comte de Sancerre, confirma en 1241 les privilèges que son père et son aïeul avaient donnés aux habitants de Ménetréol, ce qui ne lui empêcha pas de prétendre avoir le droit de saisir le blé qui se vendait publiquement et à sac ouvert à Saint-Satur au préjudice des droits de son marché de Sancerre. Il plaida contre les abbé et religieux de Saint-Satur; un arrêt du Parlement le condamna en 1254, et les religieux furent confirmés dans leur droit de faire vendre leur blé publiquement en leur terre.

Les seigneurs qui montrent de la mauvaise volonté envers l'Église, finissent toujours par s'exécuter et payer ce qu'ils doivent. Ainsi Pierre II, baron de Graçay, après avoir pendant vingt-cinq ans négligé et refusé de payer aux vénérables de l'Église de Saint-Pierre de Bourges quatre setiers de seigle qui leur avaient été aumônés par ses père et mère, reconnaît son injustice et s'oblige désormais à payer cette rente. Pour les récompenser des arrérages du passé il augmente sa redevance de deux setiers.

Il transigea au mois de janvier 1243 avec les chanoines de Notre-Dame de Graçay et reconnut qu'ils avaient droit d'usage en la forêt de Graçay sans qu'il la pût vendre, aliéner ou faire arracher au préjudice de leur droit. Il leur accorda aussi la tierce partie des droits qu'il levait sur le sel vendu en toutes les foires de sa terre excepté en celle de Culant et voulut que leurs hommes fussent conservés dans le droit d'usage qu'ils avaient dans la forêt de Saulay.

Il affranchit et mit en liberté les habitants de la ville de Graçay (1246), les déchargea de toutes tailles et droits procédant de condition servile, ensemble tous ceux qui viendraient demeurer en sa franchise, sans préjudice des droits de sa justice et de son domaine à la charge de payer aux seigneurs de Graçay pour chacun des habitants de la Franchise qui laboureraient ou feraient labourer leurs terres avec bœufs ou chevaux, 5 sols tous les ans au jour de saint Michel, par chaque marchand même somme, et par ceux qui travaillaient de leurs bras, sans aide d'aucune bête, 2 sols par an au même terme. Il se réserva la taille et quelques autres droits. Il donna la même liberté à quelques serfs.

A cette époque, nous trouvons un arrangement curieux au sujet des habitants de condition servile de la baronnie de Charenton, sous laquelle les châtellenies d'Orval, de Bruières et d'Épineul étaient comprises.

Par cet accord intervenu entre Henry de Seuly, Guillaume de Chauvigny, la dame de Champerroux et le sieur de Montigny, il fut convenu qu'ils ne pourraient recevoir leurs hommes de corps les uns les autres. Cette servitude était commune avec les autres habitants du Bourbonnais qui étaient anciennement serfs, taillables et mortaillables et de suite en quelque lieu qu'ils allassent demeurer.

Mais si l'on voit d'heureux accords, on rencontre plus souvent encore des différends. Ainsi diverses contestations eurent lieu entre les doyen, chanoines et chapitre de Saint-Martin de Tours et son prévôt de Leré, membre de Saint-Martin.

Plus tard c'est une transaction entre les représentants de l'église de Léré et le comte de Sancerre. Il fut accordé que le chapitre ne pourrait prendre aucun avoué ou associé laïque plus puissant et autre que le comte de Sancerre en tout ou en partie dans leur terre de Léré, et que la monnaie qui aurait cours en la ville et comté de Sancerre serait admise dans la terre de Léré sans difficulté. Cette transaction a été confirmée par saint Louis en 1256.

L'histoire rapporte que le comte de Sancerre fut au nombre des grands barons qui se plaignirent au pape Grégoire IX des prélats de France trop habiles à étendre leur juridiction au préjudice du seigneur.

Cette même année 1256, Jean de Chauvigny, seigneur de Saint-Chartier, accorda à ceux qui demeureraient es fins et limites de la franchise de Saint-Chartier divers privilèges, franchises et exemptions comme tailles, charrois, fauchages, ferrages et autres corvées, à la charge néanmoins qu'il serait tenu de le suivre en ses armées et chevauchées trois jours durant à leurs dépens et sous la réserve d'autres droits contenus en sa charte.

Saint Louis montra tout l'intérêt qu'il portait aux cultivateurs. Par un édit de Saint-Germain-en-Laye, il interdit sur ses terres toutes les guerres, les incendies, les perturbations et troubles apportés au labourage. Il voulait qu'il en fût ainsi dans les domaines des seigneurs d'Église et aussi dans les terres des grands laïques, mais la tentative était radicale et prématurée.

Un des seigneurs qui ont le plus affranchi, Raoul III (1258), voulant rendre sa ville de Châteauneuf-sur-Cher mieux peuplée, l'affranchit ainsi que les hommes qui demeuraient en l'étendue des quatre croix qui servent de bornes et limites, sous la réserve des droits exprimés dans la charte d'affranchissement et moyennant 500 livres qui lui fut payée par la communauté des habitants.

Ce même seigneur accorda à l'abbaye de Puy-Ferrand plein usage au bois Coursier pour toutes ses métairies et reçut des religieux en 1260 les droits de terrage, d'avenage et autres qu'ils avaient dans le même bois, et, en récompense, leur assigna un sextier de seigle et un d'avoine sur le Breuil, mesure de Culant.

En 1265 il affranchit encore les habitants de Vesdun et ceux de Culant. Cette même année, saint Louis confirma l'affranchissement de Châteauneuf, à la charge pour les habitants et bourgeois de cette ville de payer annuellement à Sa Majesté en la ville de Bourges et en sa cave 18 muids de vin du cru et mesure de Châteauneuf en récompense des droits de taille et de mortaille que le roi pouvait prétendre sur eux en mettant le fief de Châteauneuf en sa main en cas d'ouverture.

En 1269, Jean Ier, comte de Sancerre, accorda aux habitants du Bannerois les mêmes libertés et franchises et privilèges concédés par Étienne, un de ses prédécesseurs, aux habitants du château de Sancerre, se réservant néanmoins les droits de boucherie, de banvin, de péage, de fours banaux et de 5 sols de fouage; il les obligea en outre de le nourrir avec sa femme quinze jours durant.

La même année, Guillaume IV, sire de Linières, qui avait épousé Jeanne de Villebon, dame de Méréville, d'Achères et de Rougemont en Beauce, de concert avec sa femme, établit la franchise de la ville de Linières.

L'année suivante, Guillaume IV donna seul aux religieux de Chezal-Benoît la suite de leurs serfs en toute sa terre.

La même année, des privilèges importants furent octroyés aux manans et habitants de Menetou-sur-Cher par Guillaume II et Henri III, son frère, seigneur de Vierzon.

Ces affranchissements qui se multiplient prouvent que les seigneurs ont compris tous les avantages qu'on en pouvait tirer pour repeupler les villes et les villages, pour restaurer des domaines dévastés par les exactions de mauvais sergents ou par le fardeau de certaines coutumes oppressives.

Mais ils ont soin de conserver certains droits. Les affranchissements ne comportent qu'une liberté relative. Presque partout il est impossible aux serfs de se marier à des personnes d'une autre seigneurie. Ils ne peuvent se marier à des personnes d'une condition libre. Çà et là intervient une convention entre seigneurs voisins qui permettent le mariage entre leurs serfs. C'est ce qui a eu lieu entre l'abbaye de Chezal-Benoît et celle de Saint-Laumer. En pareil cas, ce que ces affranchis laissaient à leur mort était partagé, non seulement les biens, mais encore les enfants. On trouve de nombreux exemples de ces étranges partages qui assimilaient au croît de cheptel la formation des familles soumises à la servitude. Le principal poids de la servitude c'était la mainmorte qui avait reçu une déplorable extension.

D'après un texte de la loi salique dont la féodalité s'était emparée, l'homme libre qui épousait une femme serve devenait serf lui-même, comme la femme libre, en épousant un serf, perdait les avantages de sa condition. C'est ce qu'on exprimait par ces mots : en formariage, le pire emporte le bon.

A Linières, à Châteauneuf, il s'était introduit une singulière modification à cette maxime : les enfants nés du formariage étaient moitié serfs, moitié libres, participant ainsi à la condition de leur père et à celle de leur mère. L'or, disait-on, allié avec un métal moins précieux, perd de son éclat et de son prix.

Par les franchises, le seigneur renonçait à la mortaille ou mainmorte, mais il se réservait le droit de déshérence ; seulement la concession était plus ou moins large et généreuse et multipliait ou diminuait les occasions dans lesquelles ce dernier droit pouvait s'ouvrir.

Elle était parfois illimitée ; c'est ainsi que le roi l'avait voulu par une charte en faveur de Bourges et de Dun-le-Roi où la déshérence ne lui était pas réservée. Il en était de même à Saint-Palais, à Saint-Marcel d'Argenton, aux Aix-d'Angilon. Ailleurs la succession n'était rétablie que jusqu'au 4e degré comme à Vesdun et à Charost, jusqu'au 3e comme à Buxières-d'Aillac, jusqu'au 2e seulement à Saint-Chartier. On voit même apparaître dans quelques chartes très favorables le droit accordé aux bourgeois de disposer de leurs biens par des actes de dernière volonté.

Ailleurs, les franchises accordent seulement aux femmes le droit de se marier où elles le voudront sans être inquiétées.

En d'autres lieux, les hommes aussi bien que les femmes jouissent de ce droit.

Mais rien n'était plus triste pour les serfs que de ne pouvoir transmettre même à leurs enfants ce qu'ils avaient acquis par le travail.

Toutefois M. de Raynal, historien du Berry, fait observer que la mainmorte n'était pas absolue. La vie commune, la vie au même chanteau, le partage du feu, du sel et du pain réunis aux liens du sang conservaient l'hérédité dans la famille, et cette exception à la rigueur du principe eut pour effet d'immobiliser, en quelque sorte, les populations, de dévouer à l'avance les enfants au sol qu'avaient cultivé leurs pères, de confondre le serf avec la glèbe qu'arrosaient ses sueurs. « Peut-être, ajoute M. de Raynal, doit-on attribuer à cet ancien usage ce qui reste encore, dans nos campagnes les plus éloignées des villes, de penchant à la vie de famille, à l'association des intérêts et du travail et ces communautés agricoles dont le Berry, le Nivernais et l'Auvergne ont conservé jusqu'à nos jours tant de curieux modèles. »

Les affranchissements ne furent pas les seuls moyens qui secondèrent les efforts de saint Louis et contribuèrent à saper la féodalité dans sa base. Il faut, dit avec raison Bonnemère, compter au premier rang l'étude du droit romain. Le code Justinien si profondément oublié fut remis en honneur et les légistes s'armèrent du droit romain pour combattre les ecclésiastiques et les nobles aux mains desquels était toute juridiction. Aussi le pape Honorius avait-il interdit l'enseignement du droit public à Paris et, en 1254, Innocent IV avait étendu cette prohibition à toute la France, « attendu que, dans ledit royaume, les causes des laïques sont jugées d'après les coutumes locales et non d'après les lois des empereurs, et que, quant aux causes ecclésiastiques, les canons suffisent : ce qui n'empêcha pas saint Louis de faire traduire en français le corps entier du droit romain.

Persécutés par le clergé, les légistes lui rendirent guerre pour guerre, et nous avons vu leur main dans les nombreux traités d'union que les barons signèrent contre les envahissements du clergé, à l'instigation de Robert de Courtenay, des comtes de Sancerre, etc., et surtout dans la ligue formidable formée par tous les grands du royaume.

Les établissements de saint Louis reflètent bien l'influence du droit romain. La législation féodale continue de régir les nobles, en même temps que la loi romaine est appliquée aux roturiers. La majorité pour les premiers est abaissée à vingt et un ans ; les pupilles sont mis eux et leurs biens sous la tutelle du seigneur ; le douaire de la femme ne s'étend que sur le tiers des biens du mari, et les propriétés passent à l'aîné des familles, au lieu que pour les roturiers la majorité est reculée jusqu'à vingt-cinq ans, la tutelle est abandonnée au parent le plus proche, la veuve exerce les droits de son douaire sur la moitié des biens du mari, et les propriétés se divisent par égales portions.

Quant aux lois pénales, elles conservent à l'égard des vilains toute la sévérité des lois romaines contre les esclaves.

Néanmoins les Établissements de saint Louis sont restés comme des preuves irrécusables de sa sollicitude pour la classe rurale. Ce prince a aboli le combat judiciaire ; il a établi la quarantaine du roi, a substitué aux épreuves barbares de la force le recours aux enquêtes ; il a subordonné à la juridiction royale toutes les autres juridictions, et le droit d'appel devant la cour royale est appliqué aux jugements émanés des villages royaux. Il a voulu que si, dans une affaire d'affranchissement, les jurés étaient partagés, le juge prononçât en faveur de la liberté ; il a décidé que le mineur poursuivi comme serf demeurerait libre jusqu'à sa majorité.

Grâce aux nombreux affranchissements de cette époque, les villages se repeuplèrent ; beaucoup de terres jadis abandonnées furent mises en valeur. Les vieilles forêts, les vacants, les sols incultes furent labourés et ensemencés, et on vit ainsi se former de nouvelles exploitations agricoles.

Saint Louis attache une telle importance à la mise en culture des terres, qu'il donne à des contrats de culture les formes et la publicité des actes du gouvernement.

De simples conventions passées avec des villages ou avec des cultivateurs isolés, en vue du défrichement, deviennent l'objet d'ordonnances royales ; il y en a un grand nombre au recueil du Louvre (années 1247-1261) et plus tard encore.

D'autre part, l'acquisition des fiefs par les vilains, serfs affranchis, marque d'autant mieux les progrès accomplis que cette acquisition, contraire aux principes de l'État, avait dû commencer à se produire sans bruit.

Et quand au milieu du XIIIe siècle elle devint patente, elle avait trop d'action sur la société pour être empêchée. Retenir alors les classes et le sol dans le vieux moule féodal en interdisant la possession des fiefs aux non-nobles n'était plus praticable.

Les acquisitions n'étaient ralenties ni par l'invalidité dont les défenses les menaçaient, ni par les droits arbitraires excessifs que les seigneurs dominants engageaient pour affranchir les fiefs ou portions de fiefs des mouvances ou des services incompatibles avec la condition de ceux qui les achetaient.

Malgré le mouvement ascendant des classes laborieuses, l'aspect de la France, dit Henri Martin, avait quelque chose de triste ; la société endurait moins de souffrances que pendant l'ère féodale, mais elle avait moins de vie aussi depuis que les brillantes cours de Rouen, de Poitiers, de Toulouse et de Troyes n'animaient plus les provinces, et depuis que la monarchie capétienne avait soumis ou absorbé la plupart des races guerrières du Nord et de l'Ouest aussi bien que les populations du Midi.

La féodalité était profondément atteinte ; l'idéal chevaleresque commençait à s'obscurcir : le progrès de la bourgeoisie n'avait pas assez de mouvement et d'éclat pour compenser extérieurement la décadence de la noblesse, et d'ailleurs la tyrannie capricieuse des barons allait être remplacée par une autre tyrannie moins déréglée, mais presque aussi fatale aux classes laborieuses et plus étouffante peut-être par sa régularité même.

Les lois féodales comportaient toujours un obstacle aux affranchissements. Un seigneur ne pouvait affranchir qu'avec l'autorisation du seigneur supérieur, parce que, en le faisant, il diminuait sa propriété et abrégeait son fief.

Nul vavassor, avait dit saint Louis dans ses Établissements, ne gentilhomme ne peut franchir son hom de cors en nule manière sans l'assentiment du baron ou chief seigneur.

Le tableau que Beaumanoir fait du servage atteste que si le nombre des serfs proprement dits avait beaucoup diminué, leur condition ne s'était point tant améliorée.

Les uns sont si sujets à leur seigneur que leur sire peut prendre tout ce qu'ils ont à mort ou à vie et les corps tenir en prison toutes les fois qu'il lui plaît, soit à tort, soit à droit, qu'il n'en est tenu à répondre fors à Dieu. Et les autres sont tenus plus débonnairement ; car tant comme ils vivent les seigneurs ne leur peuvent rien demander, s'ils ne leur méfont fors leurs cens et leurs rentes et leurs redevances qu'ils ont accoutumé à payer pour leurs servitudes.

Ceux-ci sont les serfs abonnés ou mainmortables ; ils diffèrent des vilains libres en ce que le seigneur à leur mort réclame partie de l'héritage, s'ils laissent des enfants, et tout l'héritage s'il n'y a pas d'enfants. Ces demi-serfs commencent à entrer dans le droit, dans la coutume. Les premiers sont encore en dehors du droit, comme l'esclave antique.

Selon le droit naturel, ajoute Beaumanoir, chacun est franc, mais cette franchise est corrompue. Quant à la noblesse, elle est rapportée de par le père et mère, mais autrement est de la franchise des hommes de poeste, car ce qu'ils ont de franchise vient par la mère.

Le grand légiste est l'ami de la liberté civile, mais l'ennemi des libertés politiques. Le douaire de la femme fut établi en 1214; le fief passa aux mains des roturiers.

A cette époque Étienne II, comte de Sancerre, confirma les privilèges accordés par ses prédécesseurs aux habitants de Ménetréol, et Jeannin de Bar III vendit au roi le droit d'amende et de justice sur ceux qui travaillaient de l'aiguille et en laine en la ville de Bourges.

PHILIPPE LE BEL

Sous Philippe le Bel, nous constatons le développement considérable de l'influence des légistes. Les principes de Beaumanoir vont recevoir toute leur application, c'est-à-dire une autorité centrale dominant tout et appliquant partout la règle du droit commun, au lieu de ces mille autorités divergentes fondées sur le droit exceptionnel.

Qui lui plaît à faire (au roi) doit être tenu pour loi. Il s'efforce partout d'assurer et d'étendre la souveraineté royale. Il proclame l'intervention du roi entre les seigneurs et leurs vassaux et sujets nobles ou non nobles en toute matière où ceux-ci peuvent avoir des plaintes à faire : c'est le renversement de toute la tradition féodale au profit de la couronne; il n'est pas plus favorable aux libertés communales qu'à l'indépendance féodale. Aussi voyons-nous le roi défendre aux ducs, comtes, barons, châtelains et chevaliers; aux archevêques, évêques, abbés, chapitres et généralement à tous ayants droit à quelque juridiction temporelle dans le royaume, de confier l'exercice de cette juridiction à des baillis, prévôts et assesseurs laïques, afin que, dans le cas où ces officiers viendraient à faillir, leurs supérieurs pussent sévir contre eux. Le roi règle également la manière de faire et tenir les bourgeoisies du royaume.

Si aucun veut entrer en aucune bourgeoisie, il doit aller en la ville dont il requiert être bourgeois, trouver le prévôt du roi, ou le mayeur là où il n'y a point de prévôt, et donner sûreté audit prévôt ou mayeur assisté de deux ou trois bourgeois que dedans un an et un jour il bâtira ou achètera en la ville une maison de 60 sous parisis au moins (72 francs). Et, ce fait, le prévôt ou le mayeur lui doit bailler un sergent qui aille avec lui faire savoir d'où il quitte la terre, qu'il entre en bourgeoisie.

A cette époque les coutumes furent octroyées aux bourgeois de Vesdun par Renoul III, chevalier, sire de Culant (1275). Les habitants des paroisses de Gornay et Buxières-d'Aillac furent affranchis en 1278.

L'année suivante (1279), Guy de Seuly, archevêque de Bourges, et Pierre de Saint-Palais, coseigneurs, affranchirent de certains droits et accordèrent des privilèges aux habitants de Saint-Palais.

En 1287, Guillaume de Chauvigny accorde franchises et privilèges aux habitants du Châtelet; il les exempte de la taille et autres servitudes moyennant 20 livres tournois à lui payer tous les ans.

Pressé par le besoin d'argent, Philippe IV par ordonnance de 1291 établit que le droit de franc-fief autorisé par son père devait être payé pour la jouissance pendant trente ans.

Guillaume de Chauvigny fut connu par ses affranchissements, aussi : en 1294, il exempta les métairies de Chinay, Guichosseau, la Bergerie et autres dépendances de l'abbaye de Varennes de tous droits et coutumes, il souscrivit la lettre relative au différend entre Philippe le Bel et le pape Boniface, lettre envoyée aux cardinaux par les ducs, comtes et barons de France, mais il altéra la monnaie qu'il avait droit de battre, si bien qu'elle ne put avoir cours. Tous les sujets de sa principauté, ecclésiastiques et nobles, lui portèrent plainte et lui demandèrent de cesser cette altération. Il fut contraint de satisfaire aux demandes de ses sujets. En ce temps un grand procès eut lieu. Les comtes de Sancerre, à la suite de dons nombreux à l'abbaye de Challivoy, avaient fini par s'en prétendre fondateurs. Jean Ier, comte de Sancerre, l'abbé, les religieux et le procureur du roi plaidèrent; il y eut arrêt de provision rendu en parlement en mars 1280 au profit du procureur du roi. Ce procès continua entre le procureur, les abbé et religieux et le comte Étienne II. Celui-ci vers 1295 fut contraint de déclarer en parlement qu'il se départait de tout droit et possession qu'il pouvait prétendre en la garde de l'abbaye. Et depuis ce temps l'abbaye est demeurée sous la protection du roi qui abolit la servitude sur les terres de son domaine. Les serfs et les mainmortables affranchis furent assimilés aux bourgeois.

Nous voyons en 1292 Ebbes de Charenton faire de Saint-Amand une ville franche. L'établissement d'une franchise implique, dit M. Dumonteil, que précédemment le territoire était pays de servitude. Du reste, ajoute-t-il, les chartes de 1256 et 1292 en constatant que, depuis la constitution de la franchise, les habitants sont libres de leur personne et ont la faculté de disposer de leurs biens, montrent par cela même que ce régime de liberté est exceptionnel et qu'il est le résultat de concessions récentes. L'historien de Saint-Amand-Mont-Rond se demande comment les habitants de cette ville sont sortis du servage, s'ils ont obtenu leur affranchissement à titre gratuit, et il dit avec raison que l'affranchissement par pure générosité, ou par un sentiment de respect pour la dignité humaine, n'est pas dans les idées de l'époque.

« Que l'on consulte les chartes des xiie et xiiie siècles relatives à la constitution de lieux de franchises dans nos contrées et l'on verra, par l'ensemble de leurs dispositions et quelquefois même par l'énonciation de leurs préambules, que les considérations d'intérêt personnel sont entrées pour la plus large part dans les concessions de liberté faites par les seigneurs à leurs sujets.

« Voici l'avantage qui résultait pour le seigneur de l'affranchissement de ses mainmortables.

« L'exploitation des serfs devait être fort profitable. Je vois dans les serfs des ouvriers ou paysans faméliques fort peu disposés à travailler et à économiser pour se constituer un pécule qui, soit de leur vivant par suite de la taille, soit après leur mort, par l'effet de la mortalité, court le risque de tomber dans la main du seigneur, et de fait j'ai été étonné, en consultant certains rôles de taille serve à volonté, de la modicité du produit qui résulte de cet impôt arbitraire.

« Au contraire, quand le seigneur élève ses mainmortables à la condition de bourgeois, restreignant ses droits à leur égard dans des limites précises, les laissant circuler et commercer à leur guise, transformant des possessions précaires en une propriété véritable, des populations précédemment apathiques et insouciantes deviennent par l'effet de la liberté et du stimulant de l'intérêt personnel industrieuses et économes. Le bien-être s'accroît, et le seigneur en profite. Car, non seulement il est plus sûrement payé des redevances fixes substituées à la taille serve, mais il bénéficie du mouvement général des affaires par la perception des taxes sur les commerçants et les différents objets de consommation. Aussi les chartes de franchise consistent, pour une grande partie, dans l'énumération des prestations en nature ou en argent par le seigneur, comme condition de l'affranchissement. Une redevance fixe constitutive du droit de bourgeoisie a été certainement stipulée par le seigneur lors de l'établissement de la franchise de Saint-Amand. Et d'abord l'accord de 1256 indique que les coutumes comme le cens sont payables en la ville. Or les coutumes étaient des redevances serviles ou d'origine servile et le droit de bourgeoisie a sa cause dans l'ancienne servitude. D'autre part, lors de la convention de 1292, le seigneur de Saint-Amand se fait réserve contre chaque personne tenant feu et lieu d'une mine d'avoine et de 8 deniers tournois.

Enfin ce qui achève de démontrer que le droit de bourgeoisie résulte des conventions intervenues lors de l'affranchissement de Saint-Amand, c'est que nobles et prêtres en ont toujours été exempts, les prêtres parce qu'ils étaient présumés avoir toujours été de condition serve, n'ayant pu entrer dans les ordres qu'avec l'agrément de leur seigneur, ce dernier étant censé avoir renoncé à leur égard à tout droit découlant du servage.

C'est pour la première fois sous ce règne que le tiers état reparaît officiellement sur la scène des affaires publiques. Depuis le VIIIe et le IXe siècle il n'existait plus que deux ordres dans la nation : la noblesse et le clergé. Avant d'entreprendre sa lutte contre le pape Boniface qui voulait lever la dîme sur tout le peuple, Philippe le Bel comprit la nécessité de s'appuyer sur le sentiment national. En 1302, il convoqua les États généraux. En ces assemblées des trois États, on appelle, dit Pasquier, le peuple avec la noblesse et le clergé.

Si le peuple y apparaît, c'est que le roi a besoin d'argent. Aussi, depuis, jamais on n'assembla les trois États en France sans accroître les finances de nos rois à la diminution de celles du peuple.

La querelle entre le roi et le pape s'apaisa. Les loups ne se mangent pas entre eux : on s'entendit. Le pape eut le droit de lever les décimes, mais à la condition de donner au roi sa part, de l'associer dans ses actions.

Jacques Bonhomme, le paysan, fut naturellement le plus écrasé. N'était-ce pas lui en effet qui pouvait le moins se défendre ; il eut désormais huit mains dans ses poches, celles du roi qui n'y versait que de la fausse monnaie, celles des décimateurs, celles des seigneurs directs et celles du pape.

En 1301, Henry de Seuly affranchit les habitants des Aix-d'Angilon.

Quoi qu'il en soit, Philippe le Bel eut l'excellente pensée de reprendre une heureuse idée de Beaumanoir. Ce grand jurisconsulte avait compris qu'il y avait un droit coutumier français en dehors du droit romain et du droit canonique. Ce fut ce droit qu'il chercha à fixer.

Il avait encouragé saint Louis à faire rédiger entièrement quelques coutumes.

Philippe IV, reprenant cette idée, ordonna que chaque bailliage ou sénéchaussée assemblât des personnes intelligentes pour recueillir les anciens usages observés sous saint Louis. Les coutumes trouvées bonnes furent registrées et observées, les autres furent abolies. Quand il y avait quelques difficultés, on faisait une enquête par tourbe, on réunissait des témoins qui certifiaient qu'à leur connaissance tel fait s'était toujours passé de telle ou telle manière.

Dans les villes et pour les points qui offraient matière à discussion on proposait la difficulté au « parloir des bourgeois » et l'on donnait force de loi à ce qui était communément en usage, car « une fois n'est pas coutume ».

Sous ce règne, Jean II, comte de Sancerre, a confirmé en 1308 les privilèges aux habitants de Menetréol ; ce même seigneur fit saisir le fief de Chezelles sur Philippe Girarme, prétendant qu'il était incapable de posséder, parce qu'il n'était pas gentilhomme. Celui-ci prouva sa noblesse et Jean II fut obligé de donner main levée.

Malgré la multiplication des affranchissements, les progrès des classes rurales devinrent très pénibles à partir de Philippe le Bel; la liberté civile dans la culture s'établit difficilement. L'accroissement du champ cultivé, la constitution d'un domaine, l'établissement du droit individuel subirent bien des retards. Et cependant la royauté, autant qu'elle le peut, travaille à cette œuvre, soit qu'elle y soit poussée par la nécessité ou par la conviction d'un devoir à accomplir. Elle sent qu'elle a désormais une nation à gouverner au lieu d'une grande seigneurie à régir; elle accélère de tout son pouvoir l'affranchissement civil.

Aussi voyons-nous Louis X dire : Nous avons par notre avisement à dissiper les maux et les dommages de nos sujets et spécialement en révélant leurs besoins et leur nécessité et en restreignant les malices et les cautelles.

Mais c'est surtout par sa fameuse ordonnance de 1315 que Louis le Hutin se rendit célèbre. Par cette ordonnance il déclara que la liberté était de droit naturel et l'étendit d'une manière uniforme à tous les habitants du domaine royal, aux serfs d'origine, à ceux qui l'étaient devenus par prescription, par mariage ou par résidence, enfin aux mainmortables.

Néanmoins cette ordonnance est encore entachée de fiscalité. Le roi, en renonçant à l'exercice des droits qui lui appartenaient sur les serfs et les mainmortables de ses domaines, en faisait fixer le prix de rachat par ses officiers.

Le roi alla plus loin; il arracha aux serfs jusqu'à la liberté de ne pas être libres.

« Comme il pourrait être qu'aucuns par mauvais conseil et par faute de bons avis tomberait en déconnaissance de si grand bienfait et de si grande grâce, et qu'il vaudrait mieux demeurer en la chetivité de servitude que venir à l'état de franchise, nous vous mandons et commettons que de telles personnes, pour l'aide de notre présente guerre, vous leviez si suffisamment et grandement comme la condition et richesses des personnes pourront bonnement suffire. »

Philippe le Long affranchit également les serfs de ses domaines moyennant finances. Le premier il mit un impôt sur le sel. L'année même de l'avènement de ce prince au trône, en 1316, Guillaume de Chauvigny III, seigneur de Châteauroux et du Châtelet, confirme toutes les donations, concessions, libertés et immunités, privilèges et bénéfices accordés par ses prédécesseurs envers l'abbaye de Puy-Ferrand. Il permet aux abbés et religieux d'acquérir en ses terres et héritages nobles, roturiers et alodiaux, cens, rentes de toutes sortes de personnes de quelque état et condition qu'elles soient, à quelque titre que ce soit jusqu'à 20 livres tournois en assiette, amortit tout ce que jusqu'alors ils avaient acquis; il leur permet de recevoir toutes sortes de personnes de quelque sexe qu'elles soient, mariées ou non mariées, tant nobles que roturiers, tant libres que serves, avec tous et chacun leurs biens, même de recevoir les aubains et étrangers au nombre de leurs hommes.

Il leur octroie de nouveau de n'être, ainsi que leur procureur, contraints de répondre par devant son châtelain ou ses sergents ou leurs lieutenants sur quelque action que ce soit, mais seulement par-devant le bailly du châtelet ou son lieutenant tenant leurs assises publiques avant et précisément publiées. Ce qu'il accorda pareillement à leurs hommes et femmes, et, outre la voirie que ses prédécesseurs leur avaient donnée et les amendes pécuniaires entre les croix du bourg, il en a augmenté l'étendue et celle du lieu de l'Escure. Il leur octroya toute justice haute et basse et permission de les exercer, retenant seulement pour lui et ses successeurs que toutes fois et quantes que quelque personne aurait été condamnée à mort par leurs officiers, ils feraient trois jours après la sentence mettre entre les mains de son châtelain du Châtelet ou de son supérieur les condamnés hors la croix du bourg en chemise et avec la corde au cou, pour être mis à exécution sans néanmoins que pour ce les juges pussent réformer les sentences des justiciers de l'abbaye, retenant pour lui et pour ses successeurs la supériorité en toutes choses, lesquelles de coutume lui pouvaient appartenir à cause du droit de supériorité seulement.

La même année 1316, Henri IV, sire de Seuly (Sully), abandonna à Philippe le Long, son cousin, la ville et le château de Château-Renard. Il reçut en échange la ville et châtellenie de Dun-le-Roi ainsi que les hommages des terres de Châteauneuf-sur-Cher et de Culant. Ce puissant seigneur du Berry assista à l'assemblée des grands du royaume tenue à Saint-Germain en Laye (juin 1311), et fut pourvu l'année suivante de la charge de bouteiller de France.

La reine Jeanne, fille du comte de Bourgogne, épouse du roi, lui légua par son testament l'émeraude que le roi lui avait donnée au moment de son mariage. Il était capitaine de la ville de Bourges et avait la garde du château.

Il fut envoyé en ambassade vers le pape Jean XXII en 1318. Il fut un des exécuteurs testamentaires du roi et fut fait gouverneur du royaume de Navarre (1329).

Pour en revenir aux affranchissements, si les abbayes et les églises en profitaient plus qu'aucune autre classe de la société, les classes rurales voyaient sans cesse leurs charges augmenter. Les ordonnances royales de 1291, 1313, 1319, 1322, les accablent de tailles désormais permanentes. L'altération réitérée des monnaies avait jeté un grand trouble dans les revenus et les fortunes et causé la gêne. Aussi les seigneurs, pour compenser leur perte, usaient et abusaient. La terre devait nécessairement se ressentir de ce déplorable système économique qui mettait la valeur des monnaies à la discrétion du souverain et faisait de l'altération de ces monnaies une ressource du trésor sans souci de la perturbation qu'elle jetait dans les échanges, dans la production et dans le sort des cultivateurs.

Ne donner de denrées ou d'ouvrage qu'au prix de la valeur réelle de la monnaie était une loi supérieure à toute prescription publique; chaque édit régulateur devenait le signal de tentatives pleines de trouble pour équilibrer les gains ou compenser les pertes.

Les vendeurs n'offraient plus, accaparaient pour élever la valeur ou ne vendaient qu'à des conditions supérieures : les journaliers, quand il leur était encore permis de débattre le salaire, s'entendaient pour le hausser; quand il avait été taxé, pour ne donner qu'un travail moindre. Il fallait en venir à poursuivre comme délits même les approvisionnements privés, à annuler toute vente faite hors des marchés publics, à abolir le commerce de détail en interdisant tout bénéfice de revente, à fixer le prix et le nombre d'heures de la journée pour l'ouvrier des champs, à tarifer toutes les céréales alimentaires (ordonnances de 1304, 1305) et à refaire sans cesse ces modérations de vivres et salaires qu'on essayait presque toujours vainement de maintenir par de grosses amendes contre ceux qui les trépassent.

Charles IV, dit le Bel, troisième fils de Philippe le Bel, suivit, dit la chronique, les traces de son père contre le bien public et causa au peuple d'innombrables dommages. Les falsifications monétaires soulevèrent encore plus violemment la clameur publique. Il avait affecté de consulter les bonnes villes pour une refonte de monnaie, mais on s'aperçut bientôt de sa mauvaise foi. Il avait autrefois pris la croix en 1313, sur le bruit de la conquête du royaume d'Arménie par les Musulmans. Pour ses préparatifs de croisade, il obtint du pape pour quatre ans la dîme ecclésiastique, que le clergé avait refusée à Philippe le Long. Mais la croisade n'eut pas lieu et le roi garda l'argent.

Si le roi ne craignait pas de tirer tout ce qu'il pouvait du peuple, il avait soin d'empêcher les seigneurs de commettre des exactions et s'attachait à maintenir la paix dans le royaume, c'était là une compensation nécessaire.

Vers la fin de ce règne, Louis II, comte de Sancerre, confirme les privilèges que ses prédécesseurs avaient accordés aux habitants de Menetréol ; mais, si les affranchissements se confirmaient dans les campagnes et les villages, les libertés politiques des communes s'amoindrissaient de plus en plus. Dans plus d'une ville le monopole des élections et des magistratures était tombé entre les mains de certaines corporations, de quelques familles, de petites oligarchies de paroisses aussi tracassières et aussi malfaisantes que les agents du fisc eux-mêmes.

L'autorité royale s'augmenta encore en Berry par l'abandon que le seigneur de Sully fit au roi de la ville de Dun-le-Roi pour être perpétuellement unie à la couronne.

Sous les Valois, aux revers de la France s'ajoutèrent la famine et la peste qui ravagèrent les campagnes, sans compter les exactions des Grandes Compagnies. La misère fit sortir le paysan de son caractère, et il se révolta au refrain de cette Marseillaise d'un autre âge :

> Nous sommes hommes comme eux sont,
> Des membres nous avons comme ils ont,
> Un aussi grand cœur nous avons,
> Tout autant souffrir nous pouvons.

PHILIPPE VI DE VALOIS

L'ère des Valois fut aussi funeste au Berry qu'à la France, et si, pendant la féodalité, les campagnes eurent à souffrir les ravages de quelques seigneurs pillards, si les paysans étaient taillables et corvéables, il faut bien reconnaître que, parmi ces seigneurs, il y en avait qui comprenaient bien leurs intérêts et savaient encourager les laboureurs au travail pour en tirer meilleur profit. Et même ceux qui étaient renommés pour leurs exactions ne pouvaient pas faire autant de mal que les mauvais rois.

A peine Philippe VI était-il monté sur le trône qu'on imposa un nouveau subside pour la guerre de Flandres : la part du bailliage du Berry fut de 9760 livres, soit environ 420 000 francs de monnaie actuelle pour 844 paroisses, soit 119 835 feux ou 600 000 habitants en comptant 5 personnes par feu.

Puis pour soutenir la guerre avec l'Angleterre, Philippe VI, en 1343, mit sur le sel une exaction appelée la gabelle, par laquelle nul ne pouvait vendre sel au royaume de France s'il ne l'achetait du roi, s'il ne le prenait aux greniers du roi. Et pour cela faire, il avait convoqué des Etats généraux aussi bien que pour l'altération des monnaies. Les édits du roi (1343) causèrent une extrême agitation.

Le triste état du pays et la diminution du revenu public parurent produire quelque impression sur le pouvoir, qui essaya de ranimer le commerce en abolissant les impôts et servitudes. Le roi promit aux États que la gabelle du sel et l'impôt de 4 deniers pour livre ne seraient pas réunis au domaine royal, c'est-à-dire ne seraient pas déclarés perpétuels et qu'on les supprimerait après la guerre; il accorda la cessation de tous emprunts forcés, défendit toute prise, ou réquisitions forcées de chevaux, de grains, etc., à moins de les payer au prix courant, et promit de réduire le nombre excessif des sergents et de réprimer les abus d'autorité de ses officiers.

Après le désastre de Crécy (1346), le prince de Galles entra dans le Berry, assiégea Bourges sans succès, mais il prit Vierzon sans toutefois pouvoir réduire le château. Il fit paraître l'ordonnance du 3 mars 1350, une de celles qui fixaient les conditions du payement des fermages et rentes agraires en espèces dans le but évident de favoriser les classes agricoles.

Jean le Bon, successeur de Philippe VI, ne fut pas plus heureux dans ses guerres; mais on lui doit les édits de modération de février 1351 et de novembre 1354, où l'on voit que la réduction du salaire par celle de la monnaie a rendu impossible le travail du journalier, que nul ne veut plus labourer pour autrui qu'à tâche, à prix fait; où l'on apprend que ceux qui n'étaient ni possesseurs ni locataires d'héritages avaient déserté les terres, étaient allés chercher sous des lois moins spoliatrices une rémunération suffisante.

En 1356, le prince de Galles arriva devant Bourges après avoir traversé la seigneurie de Bourbon et gagné les vallées du Cher et de l'Auron. Partout ses troupes semaient la ruine et l'incendie sur leur passage. Voulant enlever, couper les vivres aux troupes du roi Jean, il faisait défoncer les tonneaux de vin, jeter au vent et brûler les grains; détruire les récoltes, ne laissant derrière lui que la famine et la désolation. Heureusement, les habitants de Bourges résistèrent si énergiquement que le prince de Galles fut obligé de se retirer; il se vengea sur Issoudun, qu'il brûla, ainsi que Châteauroux, dont il ne put prendre le château; il fut plus heureux pour celui de Vierzon, malgré son héroïque résistance. Malgré aussi la bravoure des chevaliers nobles et des communes du Berry, l'armée française fut tristement défaite à Poitiers (19 septembre 1356).

Après cette désastreuse journée la France fut plongée dans l'abattement, les campagnes furent à la merci des vainqueurs. Épuisés, sans espoir de vivre de leur travail, les paysans formèrent la Jacquerie, formidable révolte qui, s'ajoutant aux dévastations de l'ennemi, ruina complètement les campagnes et dévasta les châteaux, comme le firent les Anglais dans le Berry pendant la captivité du roi.

Enfin, le honteux traité de Brétigny érigea en souverainetés indépendantes les grandes provinces abandonnées au roi d'Angleterre. Les forteresses du Berry et du Bourbonnais devaient être rendues, mais plusieurs furent retenues pour les capitaines anglais, d'autres furent vendues aux habitants du pays.

Depuis le traité de Brétigny, la situation s'est encore aggravée, ainsi que le témoigne une nouvelle ordonnance où il est dit que « plusieurs prises, pillements et rançonneries de personnes, de vivres, cheval, bestes et autres biens ont esté faits, pourquoi les labourages cessent comme de tout ».

La petite propriété, devenue assez commune, s'est vue anéantir rapidement. Ceux qui l'avaient laborieusement acquise, impuissants dans leur travail, ont dû la revendre, contraints de la céder à bas prix et de voir se reconstituer par la destruction de leurs épargnes les grands domaines, c'est-à-dire les anciens moyens d'oppression agricole. Les États de 1335 et de 1356 ont cherché sans succès à entraver cette disparition des petits patrimoines où résidait le gage de l'exhaussement social en provoquant l'interdiction de toutes cessions de créances aux gens puissants, aux privilégiés, aux officiers royaux.

Après la bataille de Poitiers (1356), les Anglais envahirent de nouveau le Berry et s'emparèrent d'une foule de villes et villages, et notamment d'Aubigny, de Blet, de Saint-Amand et du château de Montrond.

En 1367, le roi Jean le Bon érigea le Berry avec la terre de Vierzon, de Lury et de Mehun sur-Yèvre en duché-pairie en faveur de son troisième fils Jean. Il y eut alors deux justices, celle du duc et celle du roi qui était représentée par le bailli de Saint-Pierre-le-Moutier : ce juge recevait les appels des justices inférieures et siégeait à Sancoins.

Il a fallu toute la sagesse de Charles V admirablement servi par Duguesclin pour rendre la paix aux champs, la vie à la France. Il y eut sous ce règne une véritable restauration des campagnes. Le roi sut arrêter les abus seigneuriaux que les circonstances publiques avaient singulièrement développés et dont la seigneurie royale ne s'était pas abstenue plus que les autres. Charles V comprit qu'il fallait restreindre les prises, les péages et les excès des gens de guerre.

Les prises consistaient dans la réquisition des bras, des denrées, du bétail, du mobilier du vilain pour les transports ou l'usage du seigneur ou du roi et que leurs délégués respectifs exerçaient sans règle. Ces prises avaient reçu des besoins engendrés par la guerre la plus déplorable extension, malgré les réclamations réitérées des États : « Les gens du plat pays étaient empêchés à faire leurs gaignages et labours et demeuraient plusieurs grandes possessions en friche pour ce que les chevaux de leurs charrues et charettes, les foins et avoines et feurs et autres fourrages dont ils devaient soutenir leurs chevaux et bétail et autres biens dont les dites bonnes gens devaient avoir leur soutenance étaient chacun jour pris... lesquels dites bonnes gens étaient en péril d'être déserts à tout jamais et mis à pauvreté. »

Ces contributions ruineuses furent renfermées dans des limites strictement spécifiées. Puis, par les ordonnances de juillet, d'août et de décembre 1367 sur la gendarmerie, le roi s'attaqua aux déprédations que les gens de guerre faisaient supporter à la culture.

En 1369, les hostilités recommencèrent entre l'Angleterre et la France. Charles V s'empressa de porter en Aquitaine le théâtre de la guerre, et le Berry eut à souffrir de nouveaux désastres.

Les États s'étaient plaints ardemment de ces excès et avaient dénoncé avec une entière unanimité l'appauvrissement complet déterminé par le passage des troupes. Charles V donna un commencement d'organisation à l'armée, qui, soldée et entretenue, cessa de se payer elle-même et de se nourrir par l'extorsion et le pillage des campagnes.

Grâce à l'idée du roi, on emprunta à l'Italie ses lettres agronomiques depuis longtemps florissantes. L'Encyclopédie rustique de Pierre de Crescens surtout fut traduite et répandue. On fit des calendriers, des Bon Berger, qui vulgarisent les meilleurs procédés de culture. Puis il fut interdit de saisir les instruments de labourage quand il y avait d'autres meubles suffisants. Défense fut faite de contraindre par corps le laboureur. Le droit de forge sur les outils ruraux fut supprimé, ainsi que la vaine pâture dans les vignes vendangées. Dans les dernières années de ce règne, Guy II de Châteauroux accorda une charte privilégiée aux bourgeois de cette ville.

A la fin du règne de Charles V, les désastres des premiers Valois étaient réparés, le territoire était délivré, mais cela ne s'obtint que par une grande centralisation d'autorité qui prépara la monarchie absolue et fit avorter l'essai d'un gouvernement libre. Le roi mourut en recommandant à ses frères d'ôter, le plus tôt qu'ils pourraient, les aides du royaume de France dont les pauvres sont tant travaillés et grevés.

Mais hélas! la paix ne fut pas de longue durée, la guerre avec tout son cortège de maux pour l'agriculture ne tarda point à venir dévaster de nouveau notre pauvre pays, et d'autant plus qu'elle ne se fit pas seulement sous Charles VI avec les étrangers, mais aussi entre les princes et les seigneurs. Les campagnes du Berry furent incendiées et ruinées.

Sous ce règne eut lieu une singulière vente d'avoine, de poules, d'hommes, etc. Voici le fait. Le comte de Sancerre et sa femme étaient décédés sans laisser d'enfant. La dauphine d'Auvergne recueillit seule leur riche succession, et son mari fit foi et hommage du comté de Sancerre à Jean, duc de Berry, en 1398, et la dauphine ratifia le 11 septembre 1405 la vente que ses procureurs avaient faite au même duc au nom de sa sainte chapelle des 400 livres : avoine, poules, hommes et droits qu'elle avait dans les lieux de Beaulieu et de Sancerre, moyennant la somme de 1000 écus d'or. Elle donna le 15 septembre 1405 à Lourdin, sire de Saligny, la jouissance de la terre de .Montfaucon jusqu'à ce que le douaire de sa tante, dame Aline de Beaujeu, veuve d'Etienne de Sancerre, lors femme du seigneur de Couzan, sur la terre de Vailly fut fini. En 1410, Orval et Montrond furent assiégés par les Anglais : Orval fut pris et brûlé avec tout le bourg, qui était important; Montrond ne put l'être, ce qui obligea le connétable d'Albret d'abandonner Orval et de loger les habitants dans la place du marché de Saint-Amand, qui jusque-là n'existait pas comme ville et dès lors commença à se peupler.

Jaloux de faire leur partie dans le concert de destruction, le roi et ses terribles oncles viennent ajouter les fureurs des guerres privées à celles de la guerre étrangère; et, dit J. Chaumeau, historien du Berry, « pour écarter l'ennemi en l'affamant ils promènent autour d'eux la ruine et l'incendie sur les campagnes ». La guerre des Armagnacs et des Bourguignons exposa le Berry à de nouveaux dangers. Le duc Jean de France, partisan des Armagnacs, fut attaqué dans Bourges par le duc de Bourgogne, juin-octobre 1412. Pendant le siège, les Bourguignons ravagèrent le pays, prirent Dun-le-Roi, Montfaucon et d'autres places. Enfin les deux princes firent la paix, et Bourges se soumit.

Au milieu de ces guerres, les impôts se succèdent, et, pour les faire rentrer, la violence est poussée jusqu'à la férocité la plus sauvage. On stimule les retardataires en mettant mangeurs et gasteurs en leurs maisons et sur leurs biens, découvrant leurs maisons si mestier est et par la plus grande et rigoureuse manière qui se peut faire, et à force d'armes si besoin est (Ordon. du 15 juillet 1410). Accablé de tant de misères, le pauvre cultivateur découragé est encore à la merci des seigneurs, qui ne songent plus à affranchir parce qu'ils n'y ont pas intérêt. A qui vendre la liberté quand on n'a plus le moyen de l'acheter. Et cependant ils ne sont pas moins exigeants pour leurs tailles, et même on voit plusieurs seigneurs se les disputer. C'est ainsi que Guichard de Culant, seigneur de la Creste, avait fait appeler certaines femmes, prétendant à cause de son châtel de la Creste que plusieurs femmes et hommes lui devaient deux tailles à sa volonté : l'une après Pâques et l'autre en août et entre autres les femmes mises en cause. Le procureur du duc de Bourbonnais soutenait que lesdites femmes lui appartenaient. Pendant le procès, Guichard de Culant vint à décéder. Jean et Louis de Culant, ses enfants, reprirent le procès : le 2 octobre 1413, ils furent maintenus et gardés en possession et saisine de pouvoir exploiter lesdites femmes.

La France était arrivée à un tel point de misère que de l'Océan aux Pyrénées c'était une caverne de brigands. Il semble qu'il n'y ait plus de maux à souffrir, de honte à essuyer. Et cependant les Anglais survinrent, et la noblesse française, écrasée une fois encore à la fatale journée d'Azincourt (1415), anéantit l'œuvre glorieuse de Charles V et de Duguesclin, remit l'existence même du royaume en question et ramena sur les campagnes les terribles lendemains de Crécy et de Poitiers. « Toute culture disparut, dit Bonnemère : on laboura les prés, afin que les chevaux de la cavalerie ne trouvassent pas à vivre; le sol, abandonné à lui-même, menaça de n'être plus qu'une immense forêt, repaire de bandits et de bêtes sauvages, et ce devint un dicton populaire que, par leur puissance, les Anglais avaient fait pousser les bois en France. »

Le 17 mai 1417, Charles VI transmit à son fils Charles le duché de Berry par des lettres patentes que le Parlement enregistra le 25 du même mois.

CHARLES VII

« Le Berry, dit de Lavergne, est le cœur de France, c'est là que dans les guerres contre les Anglais s'était réfugiée notre nationalité expirante; Charles VII n'a été un moment que le roi de Bourges. Ce jeune et voluptueux monarque perdait gaiement son royaume et laissait la France à la merci des Anglais et des pillards qui tondaient, retondaient, escorchaient et, par manière de dire, éventraient les pauvres gens, pour en tirer de l'argent. « — Plus heureux, dit Mezerai, que les paysans dans leurs révoltes, ces pillards avaient souvent à leur tête les premiers gentilshommes et les plus illustres capitaines du siècle. Ce n'était pas d'eux non plus que du roi qu'il fallait attendre le salut de la France. Le paysan, lui, avait tout donné son travail, son argent et son sang. Une pauvre fille sortie de ses rangs qui sarclait dans les champs, brisait les mottes à l'époque des labourages, faisait la moisson et menait paître les troupeaux, trouva assez de patriotisme dans son cœur, d'enthousiasme, d'énergie dans son âme et d'inspiration dans sa foi ardente, pour convaincre le roi et son entourage qu'elle avait une mission de relèvement, de délivrance et de salut pour la France. » Mais n'anticipons pas sur les événements et voyons quels faits se passent dans le Berry.

A peine Charles VII était-il arrivé au trône que, dès le mois de janvier 1423, Béraud III, dauphin d'Auvergne, comte de Clermont et de Sancerre, fut sommé par le roi de lui mettre entre les mains les châteaux, villes et places de Sancerre, de Montfaucon, de Vailly, de Charpignon et de Sagonne pour y placer garnison et les garder contre ses ennemis qui occupaient la ville de la Charité et faisaient des incursions en Berry. Béraud s'exécuta, mais pour le temps de la guerre seulement. En récompense, le roi lui donna la jouissance des château, ville et châtellenie d'Issoudun, le profit du grenier à sel qui y était établi et la jouissance des châteaux, villes et châtellenies de Saint-Saphorin, Nehous, de la Coste Saint-André et de Voiron au pays de Dauphiné que le roi lui promit de faire valoir 4000 livres tournois de rente.

Les guerres et les calamités des temps avaient dépeuplé les villes, les villages, diminué les revenus. Les seigneurs eurent encore recours aux affranchissements pour tâcher de réparer ces maux, c'est ainsi qu'en 1427 Jean de Brosse, maréchal de France, accorde les coutumes de franchise, bourgeoisie et privilèges aux habitants de Boussac. Le motif est nettement exposé dans le préambule de la charte.

« Par le temps passé, Boussac a été très bien peuplée, et plus que de présent n'est, mais tant pour les guerres, mortalités, calamités des temps qui ont été, est dépeuplée. Jean de Boussac estime que si les gens qui viendraient l'habiter étaient gens francs et de franche condition et origine, serait sa ville bien peuplée et habitable, que ce serait son profit et

celui des siens. » Jean de Brosse agit en outre par considération pour ses hommes et
femmes de servitude demeurant à la ville qui « toujours ont été vrais obéissants et sujets,
en toute manière font ou rendent toute obéissance et devoir et que toujours ils ont été et
sont demeurans en sa ville, s'ils sont par nous affranchis se pourront mieux accroître par
le mariage ou autrement ». Ce qui n'empêche pas que, par le fait, cette franchise et
cette liberté ne soient vendues 1000 écus d'or que lesdits hommes et femmes lui ont
payés et comptés réellement, et, de fait aussi, leurs noms et prénoms sont-ils inscrits dans
la charte.

Ce n'est pas tout, à cause de la bourgeoisie et de la franchise, les habitants après un an
et un jour dans la ville devaient payer annuellement, les riches un septier de pommes, les
pauvres une quarte, les moyennement riches trois quartes ou par estimation selon leurs
facultés : c'est une sorte d'impôt proportionnel.

C'est pourquoi le seigneur de Boussac les a affranchis, manumis et mis hors de tout
bien et joug de servitude eux, leurs enfants nés et à naître, de cette sorte qu'ils puissent
faire leurs enfants clercs, prêtres et marier leurs filles où ils leur plairaient sans avoir
besoin de l'autorisation du seigneur; qu'ils puissent vendre leurs biens, en disposer à
volonté pour donation, échange, testament, etc.; qu'ils puissent succéder les uns aux
autres, acheter des hommes et vassaux du seigneur.

Il y a une exception à l'endroit des hommes de servitude du seigneur, qui ne pourront
acquérir sans son consentement. Les hommes ainsi affranchis devenaient bourgeois de la
ville, « ils pouvaient avoir consuls, se réunir pour se consulter et décider des affaires touchant leur communauté et leurs dites bourgeoisie et franchise. Et pour traiter et conduire les affaires pourront élire quatre prudents hommes parmi les bourgeois élus par consuls présentés au prévôt ou bailli de Boussac devant lesquels ils feront serment de bien
et loyalement gouverner le fait du commun et communauté desdits bourgeois, et du petit
comme du grand, et qu'ils ne feront ni pourchasseront dépense ni mission qui ne sera
raisonnable, juste ou pour le bien commun des bourgeois, qu'ils ne chargeront point le
pauvre pour décharger le riche, ni le riche pour décharger le pauvre, qu'ils prouveront et
exerceront durant leurs temps et administration sans faveur quelconque faire, ni sans
procéder par haine et malveillance, etc.; qu'ils rendront compte de leur administration. »

Parmi les réserves faites par le seigneur, nous citerons le banvin qu'il avait coutume
d'avoir à Boussac au mois de mai pendant quarante jours durant lesquels « nul ne pouvait
et ne devait vendre de vins que le seigneur ou ceux qu'il a autorisés, ne devant au temps
dudit ban hausser ni faire hausser le prix d'argent de la pinte de vin tel qu'il était vendu
la veille dudit ban que d'une maille de croissance seulement, suivant les droits à percevoir sur le bled, le vin, le sel et l'huile, sur les animaux allant et venant au marché, pour
chaque cheval ou jument vendu ou échangé audit marché, pour les bancs et étaux, et
aussi le droit sur les boulangers de la ville ».

Au dire des historiens, les habitants d'Issoudun eurent sous ce règne à souffrir grands
maux et dommages piteux à ouïr et lamentables à réciter. Le pays était ruiné et dépeuplé.
Le roi, pressé sans doute par le besoin d'argent, eut recours au moyen usité, il affranchit.
« Il ne faut point s'étonner, dit La Thaumassière, si les habitants de la ville d'Issoudun
étaient autrefois de condition servile, taillables et mortaillables, cela leur était commun
avec tous les roturiers du royaume, mais ils furent affranchis par lettre du mois de
juillet 1423, après toutefois qu'ils eurent composé pour le droit de mortaille à la somme
de 2000 livres dont ils ont quittance, et depuis ils ont été tenus et réputés libres et de

condition franche, non sujets à aucun droit et devoir dus et procédans à cause d'état ou condition servile, soit par le droit de suite ou autre quelconque, suivant la coutume du Berry. »

Charles VII vint en la ville de Bourges, capitale de son duché de Berry, où il faisait sa demeure ordinaire et qui fut le principal appui de sa couronne, en considération de quoi ses ennemis l'appelaient par dérision le roi de Bourges, capitale du royaume. Ce qui tourna bientôt à leur honte et à leur confusion, car Jeanne d'Arc au mois de février 1429 était venu trouver le roi à Chinon et l'avait convaincu qu'elle avait mission de faire lever le siège d'Orléans, de le conduire à Reims pour y être couronné. Le roi, assisté de ses fidèles sujets de Bourges et du pays de Berry, notamment de Pothon de Xaintrailles, bailli et gouverneur de cette province; de Jean Stuart, connétable d'Écosse, seigneur d'Aubigny; de Jean de Bresse, seigneur de Saint-Sévère; de Philippe de Culant, sieur de Jaloignes, maréchaux de France; de Louis de Culant, amiral de France; de Charles de Culant; de Raoul, sire de Gaucour; de Jean de Naillac, seigneur de Châteaubrun, et de Jeanne d'Arc, la pucelle d'Orléans, fit lever le siège d'Orléans. Puis il revint à Bourges avec Jeanne les 22 et 25 septembre, après les expéditions de la Beauce et de la Brie.

A Mehun-sur-Yèvre il fut décidé que l'héroïne d'Orléans partirait pour assiéger Saint-Pierre-le-Moutier et la Charité. Saint-Pierre fut enlevé. La Charité résista. Cette place était commandée par Perrinet Grasset, qui de là ravageait la partie la plus fertile du Berry et la plus riche, si bien que le roi avait été forcé d'accorder au seigneur d'Orval, de Bruères, de Montrond, de Saint-Amand, Guillaume d'Albret, une somme de 1000 livres tournois pour le dédommager des pillages que lui avaient fait subir Perrinet Grasset et autres rebelles. En peu de temps le roi remit en son obéissance les villes de Troyes et de Châlons en Champagne et passa jusqu'à Reims, où il se fit sacrer en 1429 par Renaud de Chartres, seigneur de Vierzon, alors archevêque de Reims.

Charles VII témoigna sa reconnaissance aux habitants de Bourges pour leur fidélité, le 5 mai 1437, en leur accordant des lettres qui leur donnaient le privilège d'acquérir et posséder des biens nobles sans qu'on puisse jamais les contraindre à s'en dessaisir ni à payer aux officiers royaux aucune finance ou indemnité.

Mehun, qui avait déjà obtenu, en 1209, de Robert de Courtenay, la coutume de Lorris si renommée pour ses franchises, les vit encore s'augmenter pendant le séjour du roi dans cette ville. En effet, Charles VII affranchit les habitants de Mehun et ceux de Saint-Laurent-sur-Barenjon par lettres du mois de mai 1439 pour 700 royaux d'or et les déchargea de tous droits de taille, mortaille et servitudes. Ce dont l'ancienne coutume de Mehun fait ainsi mention :

« En icelle ville et véhérie de Meun sur Evre n'a nuls gens serfs ny de servile condition ains que tout homme qui vient demeurer en icelle de quelque lieu que ce soit, est franc, en telle manière que nul seigneur et dame ne peut prétendre droit de suite sur luy, ne le contraindre à luy payer taille, mortaille ne autre droit. » Ce qui est confirmé par la nouvelle coutume du Berry.

Outre la somme que le roi reçut pour cet affranchissement, il est facile de voir que Charles VII, qui se plaisait beaucoup en la ville de Mehun, voulait la peupler en y attirant les hommes des campagnes environnantes. Aussi cette ville est-elle qualifiée de quatrième ville royale.

Tel était le besoin d'argent du pauvre roi de France qu'ayant emprunté de Renaud de Chartres, archevêque de Reims, la somme de 16 000 livres, il lui vendit la terre et châtellenie de Vierzon pour demeurer quitte de cette somme à la charge du rachat perpétuel le 7 août 1445. Si les villes pouvaient acheter des franchises, les campagnes, elles, n'avaient aucun moyen pour s'affranchir ; elles étaient épuisées par la guerre, le travail des champs ne pouvait plus se faire avec sécurité, les ordonnances de 1137 étaient obligées d'interdire aux troupes, sur la demande des États, de piller sur les chemins nobles et laboureurs, de prendre pour réquisition les laboureurs, leurs bœufs, chevaux et autres bêtes de harnais et labour ni autre bétail, de détruire les blés, vins ou vivres quelconques, les empirer, les jeter en puits, de couper les blés ou les battre en herbe ou en épis, couper les vignes et arbres fruictaux, mettre feu aux gerbes, maisons, foins, pailles, ustensiles, abattre couvertures de maisons et charpenterie pour s'en chauffer. »

Heureusement les ordonnances de 1439 et 1451, entre lesquelles s'écoulèrent des années affreusement troublées, montrèrent le besoin d'ordre, de réglementation nécessaire pour rétablir les mesures que la violence des événements avait annulées ; l'influence des légistes fit sentir toute son autorité. Les idées de Fontaine et autres furent reprises et on en trouve les traces dans le grand coutumier, la somme rurale, et elles ne tardèrent pas à déterminer une réorganisation des rapports des personnes et de possession. Dès 1454, on décida la revision générale des coutumes.

Comme il arrive toujours chez les peuples énergiques, après les guerres, les ruines, on se retrempe dans le travail, on tire le meilleur parti possible de sa situation. Les rois vendent la liberté aux villes. Les seigneurs éprouvent le besoin de restaurer leur domaine, d'augmenter leurs revenus, et pour cela ils ont encore recours aux affranchissements, à une culture plus étendue, plus rémunératrice. Ils attirent la population sur leurs domaines, ils font labourer leurs terres. Ici ils affranchissent les personnes, ailleurs ils affranchissent le sol, peut-être avec les conditions possessives de la censive avec un quasi-domaine moins éloigné qu'elle du domaine véritable. Une fixité, une solidité et une liberté féconde furent données aux contrats ruraux.

Charles VII mourut en 1461 au château de Mehun-sur-Yèvre qu'il avait fait rebâtir.

Dès son arrivée au trône, Louis XI reconstitua le duché de Berry en faveur de son frère Charles, alors âgé de quinze ans ; mais la bonne intelligence entre eux fut de courte durée. A la fin de 1464, l'augmentation des tailles, la suppression de la Pragmatique sanction mécontentèrent les grands qui sentaient déjà la main de fer du roi. Ils formèrent la ligue du Bien public, dans laquelle ils entraînèrent le jeune duc de Berry. Les habitants d'Issoudun, toujours disposés à embrasser le parti contraire à celui qui dominait à Bourges, s'empressèrent d'envoyer des notables à Louis XI pour l'assurer de leur dévouement, et en même temps ils eurent soin de lui demander pour leurs sept foires annuelles des privilèges et franchises semblables à ceux qui avaient été accordés aux foires de Bourges : ce que le roi s'empressa de leur donner le 26 avril 1465, à Amboise ; et le jour même il part pour le Berry.

Les villes, les châteaux lui ouvrent leurs portes. Le bourg de Déols, Vierzon, Issoudun surtout le reçoivent avec empressement.

Tout le Berry, excepté Bourges et la partie du Bourbonnais à l'ouest de l'Allier, furent réduits très vite.

Le passage du roi en Berry avait été rapide, il causa cependant aux populations de grandes misères. « C'est moult grand pitié du pauvre peuple qui ne pouvait mais du débat, dit Jean de la Locre dans une de ses lettres, que maudit soit qui en est cause. »

Les établissements religieux se plaignent eux-mêmes des exigences du fisc. Ainsi le clergé de Bourges en 1465 se réunit au chapitre de Saint-Étienne pour réclamer contre un droit de huitième sur le vin vendu en détail qu'on demandait même aux clercs.

En 1467, le roi contraint le chapitre à lui prêter une somme de 200 écus d'or; et, pour trouver cette somme, le chapitre fut obligé de mettre en gage un des joyaux de l'église, la grande paix d'or. Et pour la retirer, on fut obligé d'avoir recours à un affranchissement, à une vente de liberté faite au profit des serfs de Neuvy-sur-Baranjon (1468), et voici les motifs qu'on en donne.

« Les dits hommes à cause du lien de servitude, en quoy ils estoient tenus et abstraincts envers lesd. vénérables et leur église souventes fois en plusieurs et divers lieux par plusieurs et diverses personnes improprez et reprochez en les appelant et nommant publiquement : villains serfs que et aussi que nulles gens ne se voulaient approcher ne contracter avec eulx parce qu'on maintenoit qu'il ne povaient contracter sans le congié et auctorite desd. vénérables; et encore que pis étoit, il ne povaient trouver lieux pour apoincter leurs filles en mariage... pour les enfans yssus desd. mariages sur lesqueulx on vouldroit avoir semblable droit de servitude... que aussy plusieurs de leurs enfans masles les ont laissez et s'en sont allez demeurer en autres lieux pour estre et demeurer francs et de franche condition. Ils requièrent donc bourgeoisie abonnée. »

Le roi, toujours préoccupé d'abaisser les seigneurs et aussi d'élever la bourgeoisie, empêcha par sa police les exactions dans les campagnes. Le cultivateur put songer à faire quelques épargnes. Ces épargnes retrouveront un énergique stimulant dans les ordonnances de 1470 et 1471, qui créèrent une noblesse nouvelle de tout vilain possesseur de fiefs, et elles prirent dans la réduction des tailles aux deux tiers une source vive d'accroissement.

Ce qui ne l'empêchait pas de lui requérir tout ce dont il avait besoin. C'est ainsi qu'au mois de juin 1472 ses commissaires vinrent encore demander aux curés et aux séculiers de se cotiser pour fournir du blé à son armée qui manque de vivres.

Huit ans plus tard, les habitants de la basse cour du château de Linières ont été affranchis à tout jamais de toutes tailles et subsides quelconques et cela en souvenir de ce que Madame Jeanne, duchesse de Berry et d'Orléans, fille du roi, avait en sa jeunesse été nourrie au château de Linières.

Dans ses dernières années, Louis XI se rendit odieux au peuple des campagnes en révoquant la sage ordonnance qui soumettait les délits des soldats aux magistrats civils; et le pauvre peuple, ne pouvant plus recourir à cette juridiction protectrice, se voyait comme autrefois abandonné aux pilleries et aux insolences de la soldatesque. Cela fit perdre dans l'esprit du peuple des campagnes la reconnaissance qu'il avait pour l'ordonnance très sage et très politique qui ôta aux seigneurs dont les châteaux n'étaient pas situés sur la frontière le droit vexatoire de guet et de garde qu'ils exigeaient de leurs paysans. Ce droit fut remplacé par une taxe annuelle de 5 sous d'argent.

Louis porta un coup irrémédiable à la féodalité alors qu'elle croyait anéantir le pouvoir central, pouvoir que les grands de France ne surent pas plus établir que le gouvernement national. Avec eux, il n'y eut point de liberté organisée et publique, mais toujours démembrement, anarchie publique, tyrannie locale. La bourgeoisie avait voulu organiser la liberté nationale au xive siècle, elle n'y réussit point.

Les grands auraient peut-être pu le faire, ils ne le voulurent point, car pour cela il eût fallu le concours du peuple qu'ils dédaignèrent. Il n'y avait plus qu'à abaisser les grands : c'est ce que fit Louis XI.

Une des premières pensées de Charles VIII fut de créer de nouvelles foires pour lutter contre celles de Genève qui, grâce à leurs grands privilèges, avaient fait beaucoup de tort à celles de Champagne et de Brie. Il fut question au conseil du roi d'en établir à Bourges. Les députés de cette ville exposèrent vainement que Bourges est « une belle et noble cité ancienne, située et assise au milieu du royaume, laquelle avec tout le pays de Berry et les pays circonvoisins sont fertiles de blés, vivres, prés, bois et aultres vivres, le tout en grande abondance et vileté ainsi que de ce est chose notoire ».

Ce règne fut presque entièrement consacré à la guerre. On constate néanmoins la bonne volonté du roi en faveur des campagnes, la situation du cultivateur s'est améliorée. Ainsi aux États de 1484 il est dit que, tout pauvre qu'est le peuple, il a encore des ressources. « Assurez au laboureur le fruit de ses travaux, bientôt il se relèvera de son abattement, se remplira d'une nouvelle ardeur et la terre se couvrira de moissons. Les vraies richesses d'un État ne consistent pas dans une grande quantité de métaux précieux, mais dans une culture abondante. »

Les États généraux de 1484 avaient réduit le budget à 1 200 000 livres. Grâce aux troubles de la régence, aux guerres de Bretagne, grâce surtout aux guerres d'Italie, Charles VIII, malgré son bon vouloir, s'était vu contraint d'augmenter successivement la taille qui s'élevait à 2 500 000, plus du double de la somme votée. Le roi se proposait de la réduire au chiffre accordé, et il espérait l'employer toute à la défense du royaume.

Au temps de Louis XI et de Charles VIII la rivière d'Auron était navigable, les rois se promenaient sur la fosse des arènes pour voir les bateaux.

LOUIS XII

LE CULTIVATEUR AU XV° SIÈCLE

Quoique n'ayant pas su se dégager complètement du faux esprit de conquête de son siècle, Louis XII n'en fut pas moins un des nos meilleurs rois. Qui plus que lui a aimé le peuple !

« J'aime mieux, disait-il, voir rire mes courtisans de mes épargnes que de voir pleurer mon peuple de mes dépenses. »

Les campagnes éprouvèrent les effets de sa bienveillance dès l'année de son avènement au trône. En effet, il publia en 1498 une ordonnance rigoureuse contre les pilleries et violences des gens de guerre qui, sous le bon, mais faible Charles VIII et en dépit de ses ordonnances multipliées, n'avaient jamais cessé de désoler le plat pays.

Il diminua les impôts du dixième et annonça que de nouvelles réductions auraient lieu jusqu'à ce qu'ils fussent descendus à 1 200 000 livres, somme offerte à Charles VIII.

Il ordonna que les gens d'armes ne prendraient leurs quartiers que dans les villes murées où les bourgeois armés pour la défense commune pouvaient repousser leurs violences. Il leur interdit sous les peines les plus rigoureuses de s'écarter dans les villages voisins, soit pendant leur garnison, soit pendant leurs étapes.

Il mit à leur tête des capitaines sévères, hommes honorables, responsables des désordres de leurs soldats et qui durent dénoncer et livrer les coupables aux magistrats (ord.

du 20 janvier 1514). On réduisit le nombre des procureurs, « qui rongeaient la substance du pauvre peuple ».

Au tome II de son *Histoire des Français*, Alexis Monteil nous fait connaître à cette époque les plaintes des gens des divers états. On entend d'abord le pauvre qui se dit le plus malheureux. Puis vient le cultivateur qui ne se plaint pas moins. On trouve dans ses plaintes la description de sa situation au xvᵉ siècle et une exposition exacte des connaissances agricoles de cette époque aussi bien dans le Berry que dans les autres provinces; c'est pourquoi nous avons cru intéressant d'en donner un extrait.

« Le pauvre s'est retiré, courbé sous son bâton en gémissant, en toussant. Tout aussitôt, à un côté de la cheminée, s'est levé le fermier Remi, plus connu à la halle au blé que dans les salles du beau monde. Il était en habit et chausses de couleur bise, ceinture et escarcelle de peau de chèvre, le poil en dehors, houseaux ferrés, montant à peine aux mollets, chapeau clabaud, garni d'une Notre-Dame de plomb, comme en ont toutes les bonnes gens.

« Je me garderai bien, a-t-il dit, de nier que les pauvres soient les plus malheureux; je craindrais d'arrêter le cours des aumônes, de m'attirer la malédiction de Dieu; cependant, je dirai que ces pauvres ne sont pas les hommes qui ont le plus de peines, d'anxiétés, de soucis. Eh! quels sont ces hommes? me demanderez-vous. Messires, vous les connaissez aussi bien que moi; mais, puisqu'il le faut, je les nommerai; ce sont les cultivateurs.

« Toutefois, ce n'est pas tant le soleil, la pluie, la neige qu'il est difficile de supporter, c'est le mépris. Depuis longtemps, nous sommes les hommes simples, les bons hommes formant dans la société la classe la plus nombreuse, passe; la dernière pour la fortune, passe; pour la civilité, la politesse, eh bien! passe encore; la dernière pour les lumières. Ah! c'est ce que je ne puis tranquillement entendre. Au siècle actuel, si l'on pesait exactement la science de chaque état, ce serait peut-être tout le contraire.

« Mais qu'ils viennent donc ceux qui prétendent que le métier de cultivateur est si aisé. Je leur donnerai ma ferme : elle est de quelque importance, puisque, sans y comprendre l'inventaire, elle a coûté 3000 livres; je la leur donnerai pour la moitié de ce qu'elle doit naturellement rapporter, et nous verrons si avant la fin du bail ils ne seront pas ruinés. Notre état exige un grand nombre de connaissances, de longs exercices, de longues épreuves. »

Ne dirait-on pas que ces plaintes viennent d'être exprimées aujourd'hui?

Puis le cultivateur raconte comment il a été élevé; c'est encore de l'histoire actuelle. « Mon père m'éleva d'abord dans la ferme, puis il me donna un maître, un rudiment. Bientôt, croyant s'apercevoir que mes progrès étaient un peu lents, il me fit monter derrière lui sur une grande jument poulinière qui, en un galop, nous porta au collège où je me trouvai enfermé avec un grand nombre de jeunes prisonniers de mon âge. J'y appris le grec et le latin.

« Au bout de quelques années, quand vint la saison des fleurs et des nids, je sautai par-dessus les murs de clôture, et je repris le chemin de mon village. Je trouvai mon père qui se promenait dans notre belle prairie. Je me jetai à genoux devant lui et le priai de me laisser à la campagne. En même temps, un de mes jeunes frères qui était accouru vers moi, le priait aussi à genoux de permettre qu'il allât prendre ma place. Mon bon père nous embrassa tous les deux et consentit à notre demande, c'est-à-dire à mon malheur et au bonheur de mon frère; alors finirent mes plaisirs. Mon père me dit : Tu n'as pas voulu étudier les sciences; tu as voulu fendre la terre; voilà un attelage qu'il te faudra conduire depuis le lever jusqu'au coucher du soleil, depuis le premier jusqu'au dernier jour de l'année. Il n'y avait pas à répliquer; je me mis à labourer, je laboure encore, je labourerai toujours.

« Voici, messires, ce qui dans les commencements me fit supporter les pénibles travaux des champs. Au village le plus proche demeurait Guillemette, fille unique d'un laboureur. L'espoir d'obtenir cette jeune personne, la plus sage et la plus belle, au dire de tout le monde, charmait toutes mes peines. Lorsque j'eus vingt-six ans, je priai mon père de la demander pour moi en mariage. Le père de Guillemette répondit qu'il m'accorderait volontiers sa fille, mais qu'elle lui était en même temps demandée par le jeune Cyrille, fils d'un de ses amis; qu'il tenait beaucoup à ce que son héritage ne dépérit pas après lui; qu'il prendrait pour gendre celui de nous deux qui serait l'agriculteur le plus habile. »

« Puis quelques jours après le père de Guillemette fait appeler en même temps Remi et Cyrille et les interroge. D'abord il demande à Remi comment il faut construire les bâtiments ruraux. Remi répond qu'il faut prendre pour modèle ceux du clergé, ordinairement en belle pierre, avec voûtes et contreforts. Puis il lui pose des questions sur la jachère après trois ans. Sur la valeur des terres. — Les sablonneuses doivent être engraissées, les argileuses doivent être marnées. — Puis, le père de Guillemette interroge Cyrille sur la plus belle espèce de blé. Il répond : Le froment. — La plus noble? — L'orge. Il lui demande dans quelles terres vient le meilleur froment. — Dans les terres grasses. — Erreur, lui dit-il, c'est dans les terres sèches ou légères. Puis il demande comment on conserve les blés dans les greniers et les arches. Il interroge Remi sur la culture des prairies naturelles, dont l'irrigation exige toute l'intelligence de l'homme, et sur la culture des prairies artificielles, dont les semis en grains de fourrage supposent les plus exactes connaissances des différentes terres.

« Il entreprend ensuite Cyrille sur les fenaisons, les coupes de foins, le bottelage et l'engrangement.

« Puis le père de Guillemette interroge Remi sur la vigne, les labours, les provins, la taille dans les pays chauds, dans les pays froids, puis sur la manière d'échalasser, d'ébourgeonner, d'accoler, d'épamprer; sur la manière de faire le vin, de le mélanger, de le parfumer avec une infusion de roses. »

On remarque qu'il est souvent question de l'influence de la lune dans les opérations de l'agriculture et de la viticulture. Le père de Guillemette prétendait que l'aménagement des bois, le débit des arbres dépendait aussi des lunaisons. « Mes amis, disait-il, dans tous les travaux des champs, toujours la lune, savoir toujours où en est la lune. »

Viennent ensuite les questions sur la culture des arbres fruitiers. On voit combien l'arboriculture est peu avancée. Ainsi le père de Guillemette dit que si l'on plante des amandiers, il faut mêler la terre avec du miel, que si l'on veut avoir des fruits sans noyau, il faut ôter la moelle des jeunes arbres. Puis il interroge sur les différentes manières de greffer, et comment on peut guérir les maladies des arbres et les écheniller.

Les questions portent aussi sur les melonnières, sur les nouvelles variétés de choux de Milan et brocoli.

Alors le cultivateur dit comment on cultive actuellement. « Sans doute nous labourons, nous fanons les terres comme Varron et Columelle; nous semons, nous moissonnons comme eux; mais, outre leurs procédés, combien de recettes, combien de secrets ne connaissons-nous pas pour accroître la récolte du blé! Et dans les autres parties où en sommes-nous aujourd'hui? Nos devanciers du dernier siècle n'étaient que des ignorants laboureurs. Depuis qu'avec les lauriers de la victoire nous avons rapporté d'Italie des graines, des greffes, des livres, nous sommes vraiment des agriculteurs. »

Le père de Guillemette interpelle un berger et lui dit : « Vous serez donc toujours, par esprit de routine, l'ennemi de votre troupeau. Dans certains mois vous l'empêchez de boire, dans d'autres vous le menez à la pluie. Après la tonte, vous faites passer les agneaux dans les chemins les plus poudreux; vous ne voulez d'ouvertures aux étables que du côté de la bise; ce sont là des préjugés que vous ont transmis les anciens bergers. Il faut y renoncer ou quitter mon service. A quoi sert, ajoute-t-il, que toutes les semaines je lise à mes gens les instructions sur l'agriculture qui sont au calendrier des heures? »

Cyrille et Remi sont ensuite interrogés sur l'art de pronostiquer le temps, les bonnes ou mauvaises saisons, les bonnes ou mauvaises années. Les réponses ne sont que des recettes empiriques sans aucune valeur scientifique; elles consistent à savoir comment les bœufs se couchent, comment les chats se lissent avec les pattes, ou si l'eau tombe le jour de tel ou tel saint.

Le père de Guillemette déclare qu'il tient quittes Remi et Cyrille de ses questions sur la laiterie et la basse-cour, dont le rapport est considérable et pourrait en France le devenir bien davantage : en Italie, on a trouvé le moyen, dit-il, de faire éclore dans un seul jour jusqu'à 10 000 poulets. Tout est en proportion dans ce riche pays : à Parme, à Plaisance, on fait des fromages grands comme des meules de moulins.

Enfin le bonhomme interroge Remi sur la manière de tenir ses comptes. « Sauras-tu quels sont les frais d'exploitation et les prix des diverses productions d'une ferme? — Il répondit : J'épargnerai autant de façons que je pourrai, et quand je serai obligé de prendre des aides, je payerai pour la journée d'un homme 12 deniers et 6 pour celle d'une femme. Si les travaux de semailles pressent, je payerai à un charretier pour sa journée et celle de ses chevaux 3, 4 sous, et si mes gens se trouvent dans ce temps occupés, j'aurai pour 8 deniers par jour des vendangeurs. Quant aux façons des vignes, c'est 50 sous par arpent, tout le monde le sait. Le setier de froment 20 sous, celui de seigle 10, celui d'orge 7 sous 6 deniers, celui d'avoine 5 sous, celui de fèves 16 sous. Le muid de vin 6 livres, un bœuf 12 livres, une vache 6 livres, un mouton 10 sous, un porc gras 3 livres, un oison 3 sous, une cane 8 deniers, un chapon 15 deniers, une poule 10 deniers, le cent d'œufs 3 sous, la livre de beurre 8 deniers, le boisseau de navets 4 sous, le cent de noix 2 deniers, la livre de cire 4 sous. » Les dernières questions portèrent sur la police rurale.

Enfin le cultivateur, reprenant le cours de ses plaintes, dit :

« Messires, notre métier ne vous paraît plus à cette heure très simple, très facile. Ah! si l'on écrivait la science nécessaire à un bon agriculteur, elle formerait un grand livre que les deux plus forts d'entre vous auraient de la peine à soulever.

« Vous voulez savoir peut-être, dit le cultivateur, si j'obtins Guillemette : oui, je l'obtins; et dès ce moment je fus le plus heureux des époux; mais je me trouvai en même temps le plus étroitement attaché au plus malheureux des états.

« En doutez-vous? Eh bien! comptez un moment nos peines : oubliez si vous voulez qu'un grand nombre d'entre nous, nous ne possédons que des domaines congéables, que nous pouvons en être chassés du soir au matin, mais souvenez-vous que nous avons travaillé les terres pendant la nuit pour soustraire aux poursuites des gens de finance les animaux de labourage, et que lorsqu'ils nous ont été soustraits nous nous sommes attelés à la charrue.

« Je conviens que nous vivons aujourd'hui sous le bon roi Louis XII. Je conviens encore que tous les jours la valeur des biens-fonds hausse, quoiqu'on ne cesse de défricher. Je conviens aussi que la valeur des productions de la terre hausse de même; mais que de chances, que de dangers avant de les recueillir! Nous avons labouré, fumé, sarclé nos champs, les temps critiques sont passés. Nous jouissons des belles apparences de notre récolte; nous voyons notre troupeau bondir sur le coteau voisin; nous nous promettons enfin une bonne année. Au moment où nous contemplons d'un visage serein la nature, tout à coup le ciel se couvre, les nuages s'amoncellent; nous avons beau sonner pour écarter les démons qui tournoient dans les airs : l'orage fond sur nos terres et enlève jusqu'au roc nos cultures qui peu d'heures avant réjouissaient la vue.

« Quelquefois cependant nous échappons aux orages, aux grêles, aux mauvais jours, aux mauvaises années, mais si nous n'habitons dans le territoire privilégié du faubourg, nous n'échappons pas aux fermiers de l'église : ils nous demandent suivant les divers pays depuis la 26e jusqu'à la 11e gerbe; ils nous demandent la dîme des jardins, des vergers, des bois, des veaux, des agneaux.

« Baste encore, les gens d'église sont nos frères, nos fils, nos oncles, nos neveux. Ils encensent d'ailleurs les autels; ils font la procession autour de nos champs; ils y attirent la rosée du ciel; ils savent prier, ils prient Dieu mieux que nous; mais je le demande, les seigneurs, s'ils prient Dieu aussi bien, ils ne le prient pas mieux. Cependant leurs gens viennent toutes les années aux jours des saints dont on nous fait porter le nom, afin que nous nous en souvenions mieux, à la Saint-Remi, à la Saint-Luc, à la Saint-Martin, nous demander, non la 26e gerbe, mais le sixième, le cinquième, le quart de notre blé, de notre vin. Et si vous hésitez, le grand terrier aussi grand, plus grand que notre table sur laquelle nous mangeons de si mauvais pain, s'ouvre, et il s'y trouve toujours que vous devez beaucoup plus qu'on vous demande.

« Ainsi la terre se trouve par champs, par vignes, par bois, par friches, par prés, par pâtures, toute dans les grands livres des seigneurs. On vient d'affranchir en beaucoup de lieux les hommes à prix d'argent, ne pourrait-on aussi à prix d'argent affranchir les terres?

« La belle famille de Francs n'est plus en beaucoup de lieux tâchée de servitude : ne devrait-il pas en être ainsi de la belle terre qu'elle cultive? Toutefois, il faut le dire, on y voit enchâssées çà et là presque partout quelques parcelles de terre franche ou de franc-alleu qui pourraient bien s'étendre! Le temps veut se mettre au beau, mais en attendant, il est encore toujours bien mauvais; l'avenir amènera des changements; mais quand? Quand cesserons-nous d'être les plus malheureux? »

COUTUME DU BERRY

CONDITION DES TERRES ET DES PERSONNES

Jusqu'ici nous avons vu les affranchissements donner un commencement de vie civile au peuple des villes et des campagnes, les chartes de franchise jeter dans le droit des germes qui ne demandent qu'à se développer, la royauté dominer ces mémorables transactions, s'emparer du droit romain ainsi que d'un instrument d'ambition, d'unité et de progrès, écrire ses établissements, étendre sa juridiction par la théorie des appels des cas royaux, atténuer la diversité des coutumes sans les détruire jusqu'à ce que dans la grande rédaction officielle décrétée par Charles VII, exécutée seulement après lui, sous la haute influence du parlement de Paris, elle réduit le nombre presque infini des usages particuliers, les organise, les subordonne.

Ce qu'on appelle coutumes dans les chartes les plus anciennes, ce sont les droits de souveraineté absolue qu'exercent les seigneurs sur les populations de leurs domaines. Il a fallu des siècles pour régulariser, écrire, coordonner les coutumes, il a fallu des siècles et une révolution pour les remplacer par l'imposante unité du Code civil.

Si l'on parcourt les plus anciens monuments des coutumes du Berry, on y trouve la pénalité constamment réduite à des amendes : les peines corporelles sont réservées pour un petit nombre de crimes ; c'est là une trace des compositions germaniques.

A la fin du XIIe siècle, l'épreuve du fer et de l'eau était encore en vigueur. Au siècle suivant, en 1208, Arnulf de Mornay, chevalier, renonça en faveur de l'abbaye de Saint-Satur à ses prétentions sur le bâton du jugement de l'eau chaude. Le duel judiciaire, supprimé à Bourges par Louis le Gros, subsista longtemps encore dans le Berry.

Les coutumes du Berry remontent originairement à 1300, tant pour la ville et la septaine de Bourges que autres lieux du Berry. Les provinces de Nivernais et de Bourbonnais étaient du ressort du bailliage de Berry suivant l'arrêt du Parlement rendu entre les baillis de Berry et de Mâcon en 1271 et étaient régies par leurs coutumes.

Ensuite parurent les anciennes coutumes de Bourges, d'Issoudun et de Mehun. Le bailliage Concorsault, une partie de celui de Bourges et spécialement le comte de Sancerre et la baronnie de Montfaucon et leurs mouvances demeuraient sujets à la coutume de Lorris.

Nous avons trouvé dans La Thaumassière la définition du mot septaine déjà cité. Septaine vient du mot latin *centena*, d'où centaine et par corruption septaine. Centaine signifie district, banlieue, seigneurie, vicomté. On appelait *centenarius* le magistrat ou juge de la centaine.

Faisaient partie de la septaine de Bourges et étaient sujettes à la juridiction du prévôt : Arcay, Sençecay, Lissay, Lochy, Fussy, Pigny, Saint-Georges-de-Moulon, Saint-Germain du Puy, Vasselay, Saint-Doulchard, Saint-Eloy de Gy sauf quelques hameaux qui étaient de la prévôté de Mehun, Omoy, Soulangy, Saint-Michel, Givaudine en partie, Trouy en partie, Levet, Vorly sauf le village de Bois-Siramé, Saint-Martin d'Auxigny sauf ce qui est de la justice de la Salle le Roy, Berry, en partie le surplus de la justice de Groise, dépendance de l'église de Bourges et de la prévôté de Mehun-sur-Yèvre.

L'auteur de l'*Histoire des coutumes locales* rappelle que la France a toujours été gouvernée par ses coutumes particulières et que, sous la décadence de la race carlovingienne, les ducs, comtes, vicomtes, seigneurs châtelains et hauts justiciers, par une injuste usurpation, changèrent leurs charges en fiefs et dignités héréditaires et, s'étant attribué les droits royaux et féodaux, se mirent à donner des lois, des coutumes et des privilèges aux habitants de leurs terres.

Mais plus tard, nos rois par acquisitions, mariages, successions, déshérences, confiscations réunirent à leur domaine les villes et provinces qui en avaient été démembrées, et leur confirmèrent leurs anciennes coutumes. Nous avons vu Philippe Ier agir ainsi après avoir acquis du vicomte Arpin la ville de Bourges.

Louis VII par une charte de 1141 abolit certaines coutumes, parce que les bourgeois de Bourges assurèrent que ces coutumes n'étaient point en usage au temps du vicomte Arpin.

Ces coutumes étaient celles contenues dans les chartes royales de 1141, 1145, 1175 et 1293, lesquelles furent la source de nos lois municipales.

Elles furent réformées une première fois par Charles VII par ordonnance de 1453, qui porte que toutes les coutumes du royaume seraient vues, corrigées et mises par écrit d'après l'avis des trois états de chaque province. Cette ordonnance a été suivie par celles des rois Louis XI, Charles VIII, Louis XII et François Iᵉʳ.

Ces ordonnances ont été faites par les rois pour apprendre aux comtes et seigneurs que les lois, coutumes et statuts sont sans force s'ils n'ont été rédigés par l'autorité royale, et aussi pour leur enlever le droit qu'ils s'étaient arrogé de faire des lois.

Néanmoins, les rédacteurs des coutumes ont réservé aux seigneurs leurs droits particuliers établis par droit constitué ou prescrit et autres moyens valables ; de là vient, par exemple, que les cens de la châtelaine de Culant sont différents des cens de la coutume de Berry, que les rentes à Issoudun emportent parisis en cas d'aliénation, que plusieurs seigneurs ont le droit de tête nue, le parisis moins, de là encore que certains fiefs sont chargés de devoirs et services insolites par conventions particulières et par les titres d'investiture qui dérogent à la coutume.

Quand Louis XI voulut reprendre la rédaction des coutumes décrétée par son père, les agitations de son règne l'empêchèrent de poursuivre son dessein. Le Berry seul en commença la rédaction officielle par les trois coutumes de Mehun-sur-Yèvre, de Bourges et d'Issoudun.

C'est sous François Iᵉʳ, le 4 octobre 1539, que les représentants du Berry furent convoqués pour la rédaction de sa coutume.

Les premiers articles assuraient aux manants et habitants de Bourges et des principales villes de province la liberté et la franchise la plus étendue. Ils ne trouvèrent de contradicteurs sérieux que les gens d'Église qui prétendaient avoir droit de suite sur leurs serfs dans certaines villes. La noblesse réclama le même droit, mais dans la *septaine* de Bourges seulement.

D'après l'ancienne coutume, la confiscation de biens n'avait pas lieu dans le duché de Berry, cela fut consacré par la nouvelle coutume, excepté pour le crime de lèse-majesté.

Le franc-alleu du Berry, c'est-à-dire la présomption de liberté assurée aux héritages roturiers, fut également admise dans la nouvelle coutume. Un égal libéralisme présida aux principes posés sur les successions. La nouvelle coutume réduisit en effet à bien peu de chose les avantages départis à l'aîné. La coutume du Berry se range, à cet égard, parmi les coutumes qu'on appelait roturières.

Sous la coutume du Berry, toutes personnes sont libres, s'il n'y a titre ou coutume locale contraires.

Tous les habitants de la ville capitale ont un privilège spécial de liberté et franchise comme les habitants des autres villes royales.

« Art. Iᵉʳ. Les manants et habitants de la ville et septaine de Bourges première et capitale du duché de Berry par l'ancienne coutume sont libres et de franche condition, non sujets à aucun droit et devoir dus et procédant de qualité servile, soit par droit de suite ou autre manière quelconque. »

Pour jouir de l'exemption des tailles, l'habitant doit résider avec sa famille au moins sept mois chaque année et tenir maison.

Ce privilège remonte à Philippe Iᵉʳ, qui avait acquis la vicomté de Bourges de Eudes Arpin. Il a été confirmé par Louis le Jeune en 1145 par charte spécifiant que les étrangers qui viennent s'établir et habiter en la ville de Bourges sont déchargés du droit de mortaille, charte confirmée par Louis VIII en 1224.

SERFS

Les droits sur les serfs ne sont pas réglés par la coutume générale, mais les rédacteurs de la coutume ont constaté au procès-verbal de la coutume que les seigneurs ont la faculté de jouir et user sur leurs sujets de tels droits qui peuvent leur appartenir. Ces droits sont réglés et exprimés par les coutumes locales.

Les coutumes locales justifient que les seigneurs ont droit de poursuivre leurs serfs quelque part qu'ils se retirent. Mais nul seigneur ne peut et ne doit prendre aucune suite de gens serfs habitant et demeurant dedans les fins et limites de la ville et septaine de Bourges ni sur iceux exiger aucun droit à cause de la personne et du corsage d'iceux manans et habitants ni d'aucun d'eux, ni iceux mortailler ou prendre mortaille sur iceux ni aucun d'eux.

Aussi le commentateur des coutumes du Berry, Thomas de La Thaumassière, a-t-il pu dire que toutes les portes de Bourges sont des portes de liberté, qu'elles sont ouvertes pour servir d'asile à tous ceux qui se retirent dans l'enceinte de ses murailles, quoiqu'ils soient serfs originaires de cette province ou des voisines.

« Art. II. Les habitants des villes royales sont libres, semblable coutume ont les manants et habitants des villes et châtel d'Issoudun, ville et septaine de Dun-le-Roi, Mehun-sur-Yèvre, Vierzon et du lieu de Concorsault. »

« Cet article, dit La Thaumassière, nous apprend que les villes royales de la province ont le même privilège de franchise que la capitale et que leurs habitants sont libres, de franche condition. » Il ajoute : « Quoique la coutume ne parle que des villes royales de la province, il ne faut pas néanmoins inférer que les habitants des autres villes soient de condition servile, il est certain qu'ils sont présumés libres et de franche condition, suivant le droit naturel et la coutume générale du royaume, si les seigneurs qui prétendent la servitude, ne justifient du contraire par titre particulier ou que leurs seigneuries soient pays de servitude, car si un habitant de Bourges ou d'un autre lieu franc va demeurer dans le pays de servitude, sans faire aveu de bourgeoisie dans le temps prescrit par les coutumes des lieux, il est acquis serf au seigneur du lieu.

La franchise accordée à la ville et chastel d'Issoudun n'existaient pas pour les habitants des faubourgs qui étaient mortaillables, mais pouvaient facilement se faire bourgeois du roi en payant un *sextier* d'avoine.

DU CHEPTEL DES BÊTES

La coutume du Berry traite longuement la question du cheptel des bêtes, parce que, dit La Thaumassière, ce pays est très propre à la nourriture des gros et menus bestiaux, ce qui constitue le principal négoce, trafic et richesse de la province.

Le profit du bétail, principalement des brebis et moutons, est si grand qu'il peut doubler en un an.

Il y a dans la coutume du Berry ? sortes de baux de bestiaux : les bestiaux de cheptel à moitié, et les bestiaux de fer.

Le bail à chetel ou cheptel, qui est le plus ordinaire, est celui par lequel le propriétaire des bestiaux en est le maître. Le cheptelier ne prend rien au sort principal, mais seulement au croît et profit d'icelui.

Il y a aussi les cheptels des métairies et domaines de la campagne qui sont passés par le colon et métayer au profit du domaine et ferme.

Il y a les cheptels passés par ceux qui sont eux-mêmes propriétaires des maisons qu'ils habitent ou qui les tiennent à bail de personnes autres que celles qui leur donnent des bestiaux en cheptel.

Les cheptels des métairies font partie des baux à ferme, ils sont réputés favorables et susceptibles de toutes sortes de conventions en faveur des baux et sont plus avantageux aux bailleurs que les simples cheptels de personnes étrangères, parce que les propriétaires des métairies ne fournissent pas seulement le bétail, mais encore les maisons pour le logement des preneurs, les étables et bergeries pour retirer le bétail, les prés, pacages et fourrages pour les nourrir. C'est pour cela que dans les cheptels de métairies on peut stipuler que le cheptelier délaissera sa portion des toisons à dix sols pièce, ou autre prix certain au bailleur, bien que les toisons soient d'un plus grand prix dans le commerce. Que le maître aura plus grande part au profit que le cheptelier, qu'il pourra prendre chef pour chef ou l'estimation des bestiaux.

Mais dans un bail à cheptel fait à tous autres qu'aux métayers la clause ci-dessus serait réputée usuraire et illicite.

L'exig des simples cheptels se fait en la forme prescrite par l'article III. Exiguer c'est se départir de cheptel ou faire partage des bestiaux donnés à cheptel.

Pour les cheptels des métairies, les bestiaux sont estimés par experts et gens à ce connaissant.

Le bail à moitié est celui où le bailleur et le preneur fournissent chacun moitié des bestiaux, ils sont gardés par le preneur à moitié des chefs avec croist et décroist et en cas d'exig, il n'est besoin d'estimation, le tout étant partagé également entre le bailleur et le preneur.

Les bestiaux de fer (cheptel de fer) sont les animaux faisant partie des fermes, ils sont baillés par le seigneur à son fermier par estimation pour en percevoir tout le profit pendant son bail et rendre à la fin dudit bail le prix de l'estimation. Ces bestiaux s'appellent bêtes de fer pour ce qu'elles ne peuvent mourir à leurs seigneurs.

En ce bail tout le profit appartient au preneur et toute la perte tombe sur lui.

En simple cheptel l'estimation n'est faite que pour connaître en quoi consiste le capital du cheptel, le profit et l'augmentation. Le bailleur en demeure toujours le maître. Néanmoins la perte en tombe également sur tous les deux quand même tout le cheptel périrait.

La coutume donne au preneur la moitié du profit.

Le preneur ne peut vendre les bêtes sans le consentement du bailleur et, s'il le fait, la coutume donne le droit de suite au bailleur quand même elles auraient été vendues par autorité de justice, après une exécution faite sur le preneur.

Le bailleur en baillant ses bêtes à cheptel moitié ou autrement pourra les marquer à sa marque et ne sera pas tenu de reprendre les peaux non marquées.

VALEUR DES PRODUITS

A l'article XXII de la coutume, il est dit que si un bail d'héritage censuel est fait à rente de blé froment, chaque septier de ladite rente pour chaque année l'une portant l'autre, mesure de la ville et septaine de Bourges, est estimé valoir 20 sols tournois; le septier de blé méteil est estimé 15 sols tournois; le septier de blé marasche (de mars) orge,

10 sols tournois; le septier d'avoine qui était de 13 boisseaux, 10 sols tournois; le septier de pois et fèves (mesure du froment), 20 sols tournois.

Quant au chapon de rente, il était estimé par chaque année :

Chapon............................... 20 deniers tournois.
La poule............................. 12   —   —
L'oie 20   —   —

L'estimation devait être faite à la raison d'un denier 15 pour 1, c'est-à-dire que chaque franc ou livre tournois de l'estimation vaudra 15 livres tournois pour une fois.

DES VIGNERONS DU BERRY

Le commentateur de la coutume du Berry fait remarquer que cette province a quantité de vignobles dont plusieurs produisent d'assez bons vins, comme ceux de Reuilly, Charost, Issoudun, Argenton, Saint-Satur, Chavignol, Amigny, Bué, Fussy, La Chapelle-Saint-Ursin, Vasselay, Parassy, Pigny, Vignou-sous-les-Aix, Menetou-Salons, Soulangy et autres vignobles du comte de Sancerre qui, depuis 600 ans et plus, sont en réputation de produire d'excellents vins, témoin un passage de Guillaume Breton en sa *Philippide*, où il est question d'Étienne Ier, comte de Sancerre, qui avait un vin généreux.

C'est pour cela qu'il est question de vignes et vignerons dans la coutume du Berry. Elle indique à quelle heure les vignerons qui travaillent pour autrui doivent commencer et finir leur besogne, leur défend de faire feu dans les vignes, d'en brûler les souches, charniers, haies et palis, d'en emporter aucun bois ou fruits, enjoint aux vigniers, messiers ou autres, préposés à la garde des vignes, de veiller à leur garde et de les tenir bouchées avec défense d'y entrer. La coutume règle les choses nécessaires pour la bannie et son ouverture, ordonne qu'elle soit proclamée, défend d'y grapeler avant qu'elles soient vendangées, et enfin règle les façons des vignes auxquelles les vignerons et ascensataires sont tenus de droit et de coutume.

Les vignes, dit La Thaumassière, demandent beaucoup de soin et de culture, trompent ceux qui les négligent et récompensent avec usure ceux qui leur donnent toutes les façons requises.

Art. Ier. Les vignerons laboureurs de vignes, besognans à la journée pour autrui seront tenus aller en besogne depuis le premier jour de mai jusqu'au premier jour d'octobre devant cinq heures et prendre temps suffisant avant ladite heure selon la distance et longueur du chemin qu'il y aura jusqu'aux lieux et contrées des vignes où ils iront besogner, pour commencer à être en besogne à ladite heure de cinq heures précisément, et besogner jusqu'à six heures du soir. Et depuis le 1er jour d'octobre jusqu'audit premier jour de mars seront en besogne dans la vigne où ils iront besogner au point du jour aussi précisément et besogneront jusqu'à la nuit pendant lequel temps ils emploieront leur journée à faire les façons desdites vignes pour lesquelles ils seront envoyés loyalement et diligemment et bien au profit de ceux qui les auront mis en besogne et ne feront à la fin de leur journée aucune huée ni cri ainsi qu'ils avaient accoutumé faire ci-devant et s'ils font le contraire du contenu au présent article, perdront le prix et salaire de leur journée.

Art. II. Les vignerons ne feront feu dedans les vignes en quelque temps que ce soit, bien pourront hors icelles aux heures de leur repos seulement faire feu de charbon (si bon leur semble) et non de perches, pesseaux, charniers, paux, pallis, hayes ou bouchetures, moëssines, ni autres fruits en quantité notable vendre ou donner chevelus, ny chatobs, avoir aucuns chiens esdites vignes en quelque temps que ce soit. Et s'ils font le contraire seront emendables de 60 sols tournois et tenus aux intérêts de la partie.

Art. III. Les vignerons ou autres commis à la garde des vignes n'entreront dedans en quelque sorte que ce soit, si ce n'est pour prinse de personnes ou de bestes qui y seraient entrées, et tiendront les passages d'icelles clos et bien bouchés, en sorte que par leur faute et négligence lesdites bestes n'y puissent entrer ; mais seront et se tiendront à faire ladite garde autour et du long des bouchetures desdites vignes et par dehors, spécialement et grands chemins publics à ce qu'on n'y puisse entrer à leur desceu pour y prendre, emporter et dérober les raisins ou autres fruits. Et s'ils font le contraire seront tenus aux intérêts de ceux à qui sont les vignes où lesdites bestes seraient entrées ou autres personnes pour faire ce que dessus et si seront emendables.

Art. IV. Il n'est permis à aucun de quelque état qu'il soit ayant vignes en clos, icelle vendanger jusqu'à ce que l'ouverture des vendanges sera faite par juge ordinaire du lieu ou par les maire et échevins de ladite ville de Bourges et des autres villes royales dudit pays appelés les eschevins ou gouverneurs, ayant la superintendance des affaires communes d'icelles. et seigneuries subalternes et villages, les procureurs des fabriques ou autres ayant la superintendance des affaires de la communauté.

Art. V. Et pour ce faire seront aussi appelés esdites villes royales quatre bons et notables bourgeois d'icelles et esdites seigneuries et villages dudit pays, quatre laboureurs habitants d'iceux et encore en toutes lesdites villes et villages, quatre vignerons, ces autres ayant vignes au clos qu'on voudra visiter pour eux transporter ensemblement esdites vignes en tel endroit ou quartier d'icelles qu'ils seront requis et aviser en leur conscience si les fruits et raisins y pendant sont en suffisante maturité pour y être recueillis et vendangés et en quels endroits, contrées et vignobles afin que par l'avis de ladite assemblée ou de la plus grande partie l'ouverture desdites vendanges soit faite et permise en chacune desdites contrées pour le bien et utilité commune en déclarant pour chacun endroit et contrée le jour que l'on commencera à vendanger audit endroit ou contrée.

Art. VI. Et laquelle ouverture sera proclamée à cri public es lieux où l'on a accoustumé faire proclamation. Et ceux qui vendangeront avant ladite ouverture seront mulctez de 100 sols tournois ou de plus grande somme à la discrétion de justice et seront condamnés aux dommages et intérêts de leurs voisins.

Art. VII. Il n'est aussi permis à aucun entrer es vignes d'autrui après qu'elles sont vendangées pour y chercher et prendre les fruits et grappes de raisin qui pourraient y être demeurés jusqu'à ce que le clos d'icelles soit vendangé sur peine d'amende arbitraire.

Art. VIII. Les fermiers et ascenseurs des vignes seront tenus à provigner par chacun an en chacun arpent d'icelles de quatre vingt provins pour le moins et la faire bien labourer, couper et tailler en temps dû. A savoir les déchausser, tailler, marrer et asserter dedans le quinzième jour d'avril et biner en mai de sorte qu'elles ne soient desfritées, détériorées ou diminuées par faute que toutes lesdites façons ne fussent bien et dûment faites par lesdits fermiers et ascenseurs. Et ceux qui feront le contraire du contenu cy-dessus seront condamnés envers les seigneurs desdites vignes en tous leurs dommages et intérêts.

DES PASTUREAUX COMMUNS

D'après l'article XV, titre X de la coutume du Berry, il est dit que dans les pastureaux communs les habitants des lieux peuvent indifféremment en tout temps y amener leurs bêtes pasturer. Excepté les pourceaux et en peuvent prendre avec la faucille en tout temps pour leur usage, mais non avec la faux si ce n'est depuis la fête Saint-Michel jusqu'à la fête de Notre-Dame de Mars excepté à Dun-le-Roi où il est permis à chacun du lieu dès le lendemain de la fête de la Magdeleine faucher ès pasturaux communs. Nous n'insisterons pas davantage sur la coutume du Berry, d'autant que nous verrons plus loin une appréciation de cette coutume par l'assemblée provinciale en 1783.

COUTUMES LOCALES

Les lettres patentes adressées le 25 mars 1539 pour la rédaction de la coutume du Berry recommandaient de ne recevoir comme coutumes locales que celles qui étaient rédigées par écrit et dont on pouvait montrer le registre.

En sorte que les commissaires n'ayant vu aucune coutume locale rédigée, on pouvait croire qu'il n'y avait en Berry que les coutumes générales et celle de Lorris-Montargis reçues comme locales par leurs seigneurs, leurs vassaux et justiciables qui firent opposition à la rédaction de la coutume générale. Sans doute parce qu'ils craignaient que la coutume générale ne fut pas aussi avantageuse pour eux.

D'autre part, la commission nommée pour la rédaction de la coutume générale n'avait donnée aux comtes, barons, châtelains et autres seigneurs qui prétendaient avoir des coutumes locales que trois semaines après l'assignation qui leur serait adressée pour produire leurs coutumes, en sorte que ceux qui ne les produisirent point furent considérés comme s'étant soumis à la coutume générale.

Il y avait à cette époque plusieurs coutumes locales en Berry, notamment dans les terres de Linières, de Châteauneuf-sur-Cher, du Châtelet, de Beaujeu et d'autres pour les droits seigneuriaux seulement.

Ce qui démontre que les coutumes locales dûment établies avant 1539, principalement pour les droits de servitude, sont demeurées en leur force et vertu, comme l'a fait observer Ragneau sur l'article I de la coutume du Berry.

Les seigneurs jouiront ailleurs sur leurs hommes, serfs, de tels droits qu'ils ont accoutumé et selon leurs contrats et documents.

Aussi par la cour par son arrêt du 8 juin a-t-elle homologué la coutume de cette province sans préjudice des coutumes locales prétendues par les seigneurs concernant autres choses que les droits seigneuriaux pour lesquels il leur a été fait droit. Les coutumes les mieux établies étaient celles de Linières, du Châtelet, de Châteauneuf et autres, elles contiennent d'autres belles décisions qu'aucune autre du royaume sur les matières de servitude, droits de mortaille et autre procédant d'État et condition servile.

Ces coutumes font d'ailleurs connaître l'ancien usage du Berry et les droits que les seigneurs ont réservés sur leurs serfs manumis et affranchis et les privilèges qu'ils ont accordés à leurs bourgeois.

La Thaumassière rapporte plusieurs de ces coutumes en dehors de celles de Linières, du Châtelet et de Châteauneuf. Nous trouvons à la date de 1539 par celles de la châtellenie de Beaujeu, de Rezai ou par le procès-verbal des commissaires de la coutume générale que plusieurs seigneurs firent opposition en raison de leurs coutumes locales dont ils produisirent les cahiers vérifiés dans une assemblée des trois états de leurs justices, terres et seigneuries.

Les commissaires firent observer que dans les cahiers des prétendues coutumes locales il y avait plusieurs coutumes concernant les droits seigneuriaux qui n'étaient pas les mêmes. Ils déclarèrent aux seigneurs ecclésiastiques et à ceux qui prétendaient des droits seigneuriaux, soit à cause de qualité ou condition servile, ou autrement, qu'ils ne procéderaient pas à la rédaction de leurs prétendues coutumes locales en ce qui concerne les droits seigneuriaux; que, du reste, ils n'entendaient nullement être dérogé ou préjudicié aux droits seigneuriaux qui leur appartenaient « à cause de qualité ou condition servile ou autrement, soit par droit constitué, pactionné, dûment prescrit ou suffisamment, et dûment confessé et reconnu ou par quelque autre moyen valable, ni aux bonnes et justes possessions qu'ils avaient et pouvaient avoir desdits droits.

Et leur déclarèrent qu'ils demeureraient en leur entier desdits droits et de leurs possessions et saisines d'iceux en la forme et manière qu'ils étaient auparavant la rédaction des coutumes générales.

Ils firent pareille déclaration à ceux qui prétendaient leurs terres régies par les coutumes de Lorris et dépendances, de Thevé et ses dépendances.

Nous n'insisterons pas sur ces coutumes locales dont nous connaissons déjà les principales dispositions par les affranchissements que nous avons rapportés : elles renfermaient surtout les droits de servitude; ces droits, nous les connaissons : ce sont la *taille servile.* Les seigneurs ont droit d'imposer la taille tous les ans sur leurs gens de condition servile et de les taxer à volonté raisonnable [1]. Les enfants impubères ne doivent que 12 deniers par an et ne sont imposés à la taille servile [2], non plus que les serfs abonnés, qui ne payent annuellement que le prix de leur abonnage [3].

A Châteaumeillant la taille est abonnée à 12 deniers de commande et ne s'augmente jamais.

La taille aux quatre cas est un des principaux droits que les seigneurs ont retenus sur leurs bourgeois.

Ces quatre cas sont : quand le seigneur sera fait nouveau chevalier, quand il mariera sa première fille, quand il fera le voyage d'outre-mer et quand il sera prisonnier [4].

Le seigneur ne peut lever la taille des quatre cas qu'une seule fois en sa vie.

Quant à la qualité, elle est réglée par la coutume de Châteauneuf à 100 sols pour les plus riches, par celle de Graçay à 25 sols pour les plus aisés et pour les autres suivant leurs facultés au dire de quatre prud'hommes.

Poule de coutume. — L'homme serf tenant feu et lieu doit payer à son seigneur par an au terme convenu une géline de coutume [5].

Les seigneurs se la sont réservée quelquefois en affranchissant leurs serfs (affranchissement de Saint-Chartier et de Gournay). Ce droit est personnel, dû par ceux qui tiennent feu et lieu en la servitude ou bourgeoisie et plusieurs demeurant ensemble à même pot et

1. Cout. du Châtelet et Châteauneuf.
2. C. Châtelet.
3. C. Châteauneuf.
4. C. Châteauneuf, Graçay, la Pérouse, Vesdun, Châtelet.
5. Cout. de Châteauneuf.

feu ne doivent qu'une poule; mais s'ils tiennent feu séparé, ils doivent autant de poules qu'il y a de feux, ce qui doit avoir lieu pour toutes sortes de devoirs serviles personnels qui augmentent à mesure que les familles se divisent et les feux se séparent.

Tous les droits de servitude sont aussi grands sur un seul serf que sur toute une communauté composée de plusieurs familles, cela a été établi pour empêcher les hommes serfs de se séparer afin que les tenements et héritages ruraux soient mieux exploités et ne soient morcelés et partagés et que la perception en soit rendue plus facile.

Des corvées. — Par les anciennes coutumes les hommes serfs doivent tous les quinze jours une corvée qui est une journée de leur personne, bœufs et charrois, s'ils en ont.

La coutume du Châtelet et celle de Châteauneuf les réduisent à 12 par an.

Les bians, arbans sont aussi des corvées et charrois; ce sont de véritables droits et servitudes personnelles.

Droit de parée. — Le droit de parée n'est autre chose que la convention mutuelle entre divers seigneurs pour suivre leurs serfs en la terre l'un et l'autre sans qu'ils puissent se prétendre affranchis pour s'être retirés de la terre de leur seigneur.

Par la coutume de Châteaumeillant, le seigneur a suite en toute la baronnie de Châteauroux, Sainte-Sévère, Linières, la Châtre, le Châtelet, Culant, Preveranges, Boussac, et les seigneurs de ces terres ont respectivement suite à Châteaumeillant.

Par la coutume du Châtelet, le seigneur a suite sur les terres de Culant, Châteaumeillant, Rezai et Thevé, et les seigneurs de ces terres font suite au Châtelet.

Par la coutume de Saint-Palais, tous ceux qui viennent s'établir en la franchise de Saint-Palais demeurent quittes et déchargés de droit de mortaille, excepté ceux qui sont de la suite et parée, c'est-à-dire qui sont hommes des seigneurs qui ont droit de suite à Saint-Palais.

Droit de mortaille. — Le principal droit procédant d'état et condition servile est celui de mortaille, qui est très bien expliqué par la coutume de Châteauneuf en ces termes.

Le cas de mortaille est que quand aucun de condition servile décédé sans enfants ou parents et lignagers de même condition communs ou demeurant avec lui et lors le seigneur succède à son serf et prend tous ses biens meubles et immeubles et en demeurant forcés les parents et lignagers non communs, ny demeurant avec le défunt et tout autre, et s'appelle cette façon de succéder mortaille.

D'après la coutume du Châtelet :

Le seigneur ne peut être exclu de la mortaille que par les parents du défunt communs et demeurant ensemble et de même condition.

Ne peuvent les gens de mainmorte s'associer et faire communauté entre eux sans le consentement de leur seigneur. Et s'ils se séparent en faisant feu et pot à part suivant le proverbe rural, le feu, le sel et le pain portent l'homme mainmorte, ils ne peuvent plus se rassembler et se remettre en communauté sans la permission du seigneur.

Les serfs ne peuvent au préjudice du seigneur faire testament, et, s'ils le font néanmoins, le seigneur prend tous ses biens par droit de mortaille.

D'après les coutumes locales, si la femme libre se marie à un bourgeois d'autre seigneurie que la sienne, faute d'aveu elle devient serve, et si la serve épouse un bourgeois elle doit être imposée à la taille serve.

Les coutumes locales contiennent en outre les privilèges des bourgeois et les droits que les seigneurs ont retenus sur ces affranchis, mais ici nous ne nous occupons spécialement que de la classe populaire, de la classe agricole.

5

LES DÎMES

La coutume du Berry nous fournit des documents intéressants sur les dîmes dans cette province ; mais, avant de la faire connaître, il est utile d'en esquisser rapidement l'historique jusqu'à l'époque où nous sommes.

La dîme ou dixme était une certaine partie des fruits de la terre, ordinairement la dixième, que l'on payait à l'Église ou aux seigneurs.

Jusqu'à Charlemagne, la dîme fut plutôt un don des fidèles à l'église qu'une taxe imposée par la loi.

Les conciles de Tours en 517 et de Mâcon en 585 avaient, il est vrai, ordonné de payer la dîme aux églises, mais il paraît que ces ordres étaient mal exécutés, puisque, longtemps après, Pépin le Bref se plaignait dans un capitulaire de 756 que les dîmes ne fussent pas payées.

Enfin en 794 Charlemagne en fit une obligation. Bientôt la dîme se perçut sur les produits des animaux et de l'industrie humaine aussi bien que sur les fruits de la terre. Enfin les seigneurs, à l'époque féodale, ayant usurpé ce droit ou l'ayant reçu en fief, donnèrent naissance à ce qu'on appela les dîmes inféodées ou seigneuriales, c'est-à-dire aux dîmes sorties des mains de l'Église et possédées par des laïques.

Les évêques réclamèrent en vain contre cet abus. Saint Louis s'efforça de faire restituer les dîmes qui appartenaient au clergé. En 1269, il rendit une ordonnance qui autorisait les laïques possesseurs des dîmes dans les terres du roi à les restituer aux Églises sans la permission des officiers royaux. Antérieurement on exigeait le consentement du souverain, parce que la restitution des dîmes diminuait la valeur du fief.

Dans l'article XVI de la coutume du Berry intitulé : Des Dixmes à gens laïcs, il est dit :

Les dîmes et dismeries étant un patrimoine laïcal sont aliénables tout ainsi que toutes autres choses patrimoniales.

Art. XVII. Dismes tant patrimoniales qu'ecclésiastiques doivent seulement être payées des choses desquelles elles ont accoutumé être prises et perçues, et en la manière qu'elles ont accoutumé être prises et levées et non autrement.

La Thaumassière reconnaît qu'il y a deux sortes de dîmes, les unes ecclésiastiques, appartenant à l'église, qui sont inaliénables comme tous les autres biens et immeubles des églises et lieux saints.

Les autres, purement temporelles, profanes et patrimoniales, sont aliénables tout ainsi que toute autre chose patrimoniale, car il est certain, dit-il, que les laïques sont capables de posséder les dîmes inféodées et qu'elles sont patrimoniales, et, pour justifier l'inféodation, il suffit d'alléguer un titre précédant le concile de Latran et de justifier leur possession de temps immémorial, leur inféodation par des laïques, les anciens actes de foi et hommages, les aveux et dénombrements, partages et autres preuves semblables.

La Thaumassière donne une division des dîmes ecclésiastiques qui a un intérêt agricole. Les unes sont anciennes, les autres nouvelles. Les anciennes sont celles qui datent de temps immémorial ; les nouvelles sont celles qui sont dues à cause des terres de nouveau mises en culture ou du moins depuis quarante ans et au-dessous desquelles il n'y a apparence de sillon et qu'elles aient été autrefois cultivées et labourées.

Novale est ager nunc primam præscissus qui de novo ad cultum redictus est, de quo non extat memoria quod aliquando cultus fuerit.

Il y avait aussi les grosses et menues dîmes.

Les grosses dîmes étaient celles de blé, orge, avoine et autres semblables.

Les menues appelées vertes dîmes étaient : pois, fèves, blé sarrasin, navets, oignons, safran et autres pareilles.

On reconnaissait encore des dîmes prédiales, comprenant toutes sortes de grains ;

Les dîmes domestiques, provenant de l'intérieur de la maison et appelées en Berry le lainage et le charnage : brebis, agneaux, veaux, cochons et semblables.

On admettait enfin une 4ᵉ division des dîmes : les dîmes ensolites et insolites.

Le commentateur des coutumes du Berry reconnaît que le curé est fondé de droit commun à percevoir toutes sortes de dîmes en l'étendue de sa paroisse et qu'il ne lui faut aucun titre que son clocher ; il peut les demander comme la récompense de son travail.

Par la suite, les moines ont obtenu privilège et permission de posséder des dîmes. Mais les *novales* n'y ont jamais été comprises, elles appartenaient aux curés, seulement on s'est demandé si c'était seulement pour la première année de mise en culture ou pour toujours.

« Les moines, dit La Thaumassière, qui ne se sont jamais oubliés en leurs propres intérêts, l'interprétaient ainsi à leur avantage, afin de frustrer les pauvres curés de leurs droits. »

Pour les *novales*, les seigneurs en titre pouvaient les prescrire par quarante ans.

Les menues dîmes étaient habituellement adjugées aux curés. Toutefois, quand des personnes laïques possédaient lesdites menues dîmes à titre de fief de temps immémorial, elles l'emportaient sur les curés et étaient maintenues en leur possession quand, dans les aveux, il était fait mention de menues dîmes ou de celles de lainage, charnage, chanvre, lin, pois et fèves.

L'avidité des ecclésiastiques pour les dîmes fut telle que Philippe IV en 1303 fut obligé de faire à ce sujet une ordonnance par laquelle il enjoignit aux baillis et sénéchaux d'empêcher que les prélats et gens d'Église fissent de nouvelles exactions de dîme en dehors des usages habituels et les perçussent sur des choses insolites.

Aussi le commentateur de la coutume du Berry dit que la dîme des herbages d'un jardin destiné pour le ménage n'est point due.

Il n'est pareillement pas dû de dîmes de fèves et pois vendus en vert, comme cela fut, du reste, jugé par arrêt de 1592, au profit du quartier d'Auron à Bourges contre les chanoines de la sainte chapelle du palais royal à Bourges.

Voici quelques détails intéressants sur la manière de percevoir la dîme de lainage et de charnage dont il est parlé dans la charte de Louis le Jeune (1145), dîme considérable dans le Berry à cause de la grande quantité de bestiaux qu'on nourrit dans cette province.

Cette dîme devait être levée à la fin du mois de mai ou au commencement de juin. Les seigneurs ne pouvaient être contraints de la lever plus tôt ni les débiteurs de la payer avant ce temps, parce que si l'on séparait plus tôt les agneaux de leur mère, ils étaient exposés à périr, et si l'on tondait avant ce terme cela pouvait leur porter préjudice. Quant à la quotité, la dîme de toisons et d'agneaux, elle se levait ordinairement à raison de 14 l'un, et se prenait à la verge, sans choix. Comme les bestiaux sortaient de la bergerie, le dîmeur prenait le quatorzième agneau et tondait la quatorzième bête telles qu'ils étaient. Dans plusieurs dîmeries, la dîme ne se levait qu'au 20.

Si le nombre de 14 ou de 20 n'était complet, s'il ne se trouvait que 6 ou 7 agneaux ou bêtes sujets à tonte, le dîmeur ne pouvait mettre les bêtes en compte pour parfaire le nombre sur l'année suivante, et il ne pouvait joindre le nombre de plusieurs années pour en prendre la dîme; mais en ce cas, pour indemniser le décimateur, on payait en certains lieux 1 denier pour chaque agneau et toison au-dessus de 14, en d'autres lieux un carolus, et dans le ressort de Vierzon 2 sols 6 deniers.

Les moutons de trois ans et les brebis mères de même âge étaient soumis à la dîme de lainage. Les bêtes de deux ans appelées vassives n'étaient pas sujettes à la dîme de lainage; la dîme est illicite, parce que les agneaux ne doivent aucune dîme de laine, mais seulement la dîme de charnage; ce qui n'empêchait pas le décimateur, en levant la dîme du charnage, de prendre en même temps la laine qui est attachée à la peau. Cette dîme est illicite et usuraire, aussi elle était défendue aussi bien aux ecclésiastiques qu'aux laïques.

Les vassives étaient tellement exemptes de dîmes de laine que même celles qui avaient eu un agneau ne devaient pas la dîme, parce qu'elle avait été payée dès la première année, et que les vassives n'étaient pas moins privilégiées pour avoir eu des agneaux sur lesquels les seigneurs profitaient du charnage comme si elles n'en avaient point eu.

Les agneaux ne devaient aucune dîme de laine, et même le tailleur à cheptel ne prenait aucune portion des agnelins, que, seul, le cheptelier débourrait à son profit.

Pour bien comprendre l'application de ces dîmes, il faut savoir qu'on distinguait trois sortes de bêtes à laine. Les agneaux nés en décembre, janvier, février, ainsi nommés la première année, pendant laquelle ils n'étaient jamais tondus. Cependant les paysans qui les tenaient à titre de cheptel les débourraient vers la fin du mois d'août pour les rafraîchir, mais on ne pouvait avec ce produit faire des toisons de cette laine. Les bailleurs et maîtres n'en profitaient jamais; les décimateurs ne levaient pas la dîme de cette laine.

A la seconde année, les agneaux s'appelaient vassives, vassiveaux ou moutonats; la troisième année, brebis et moutons.

Le décimateur n'avait sur les agneaux que la dîme de charnage et non celle de laine, dont le maître avait le droit de le dépouiller, mais comme cela ne se pouvait sans danger, le décimateur prenait la dîme d'agneaux avec leurs toisons, et, de cette manière, il conservait les agneaux. Le maître faisait deux payements la première année : par la chair des agneaux, il en acquittait la dîme de charnage, qui était seulement due, et par les toisons des agneaux qui ne devaient aucune dîme de laine, parce qu'elle ne se levait qu'à la fin de mai ou au commencement de juin, alors qu'ils n'ont pas encore été hivernés dans la dîmerie; il acquitte par ce payement anticipé la dîme due seulement l'année suivante.

L'hivernage avait lieu pendant les mois de novembre, décembre, janvier et février, et les bêtes qui, pendant ces quatre mois, n'avaient pas été gardées dans les dîmeries, ne devaient pas la dîme.

Pour être soumis à la dîme de laine, les moutons et brebis devaient être âgés de trois ans; il fallait encore qu'ils aient été hivernés dans la dîmerie où ils se trouvaient au moment de la tonte.

Si les moutons et brebis hivernés dans une dîmerie avaient été vendus avant la tonte, le décimateur de la dîmerie dans laquelle ils avaient été nourris n'avait pas droit de suite sur l'acheteur; autrement c'eût été entraver le commerce.

Nous terminerons cette étude sur la dîme en Berry par le droit de suite, qui était un ancien usage de cette province dont on trouve la justification dans une transaction faite entre les abbé et religieux de Saint-Satur et les abbé et religieux de Chalivoy en 1264. De même dans une autre transaction entre le chapitre de Montermoyen et Guillaume, Pierre et Hugonin Pelorde (1266), où le droit de suite est appelé *secuela*, sequelle.

L'article XVIII de la coutume du Berry s'exprime ainsi : « Suite de disme a lieu quand avec les bêtes tenues, nourries et hivernées depuis le premier jour de novembre jusqu'au premier jour de mars en aucune dismerie on laboure en une autre dismerie, auquel cas le seigneur de la dismerie où lesdites bêtes sont tenues, nourries et hivernées comme dessus par droit de suite doit avoir la moitié des dismes des fruits crus en ladite autre dismerie et terres labourées par lesdites bestes qui ont été nourries et hivernées en sadite dismerie. » Ce droit de suite a donné lieu à beaucoup de difficultés. La Thaumassière en cite une qui eut lieu le 4 août 1676 entre les fermiers des dîmes de Precy et ceux des dîmes d'Aubigny qui se levaient en la paroisse de Menetou-Couture. Ces derniers prétendaient, par droit de suite, le quart de la dîme des blés recueillis en la métairie appartenant au sieur de Boyau, et se fondaient sur ce que les bœufs qui avaient fait le labourage avaient été nourris et hivernés en leur dimerie.

Le fermier de Precy soutenait qu'il n'y avait point de suite, parce que les bestiaux n'avaient pas été nourris en leur dîmerie pendant les quatre mois indiqués dans l'article XVIII de la coutume. La cause fut soutenue par Me Gilles Augier d'une part, et, de l'autre, par La Thaumassière.

Me Augier estimait que les fermiers d'Aubigny devaient avoir portion au droit de suite à proportion du temps pendant lequel les bestiaux avaient été hivernés en leur dîmerie.

La Thaumassière prétendait, suivant l'article XVIII, que la suite n'avait lieu que si, avec bêtes tenues, nourries et hivernées depuis le 1er novembre jusqu'au 1er mars en une dîmerie, on labourait dans une autre, de manière que les bœufs qui avaient fait le labourage en l'espèce proposée n'ayant pas été hivernés hors la dîmerie où les blés sont crus pendant les quatre mois, la suite ne pouvait être demandée.

Le commentateur de la coutume du Berry prétendait qu'il n'y avait pas lieu de donner portion en la moitié de la suite, droit odieux et exagération du droit commun reconnu par peu de coutumes et qui devait être restreint aux termes de la coutume du Berry.

Les parties s'en étant rapportées à M. Toussaint Delaruc, autre commentateur de la coutume du Berry, celui-ci jugea qu'il n'y avait pas lieu au droit de suite.

La Thaumassière fait observer que le droit de suite ne peut avoir lieu quand le labourage est fait par le travail à la bêche, au fessouet ou autre instrument, quoique les hommes qui font le labourage en une dîmerie demeurent sur une autre. Tel était l'usage de la coutume du Berry.

LES COMMUNAUTÉS AGRICOLES

L'histoire des communautés agricoles est inséparable de celle de la mainmorte. Les mainmortables, comme nous l'avons dit, étaient des paysans jouissant d'une certaine liberté, payant à leurs seigneurs des rentes et des impôts. Il leur était interdit de quitter la seigneurie ou de se marier avec une personne qui ne lui appartînt pas sans indemniser le seigneur, et ils n'avaient pas le droit de disposer de leurs biens, dont, à leur mort, le seigneur héritait ou pouvait hériter. Ils vivaient en hommes libres et mouraient en esclaves.

Le meilleur moyen pour les mainmortables de ne point laisser aller leur héritage au seigneur était de vivre en communauté. Les seigneurs, de leur côté, aimaient mieux faire des concessions de terre à des associations qu'à des individus, parce qu'ils avaient recours contre l'association entière pour le payement de leurs redevances. Ils y cherchaient donc une garantie contre l'insolvabilité et la misère, tandis que les mainmortables s'assuraient des droits de successibilité que les coutumes leur refusaient autrement.

En effet, les mainmortables qui vivaient en commun pouvaient tester et se succéder les uns aux autres. Les anciens jurisconsultes Coquille, Loisel assignaient deux raisons à cet usage : l'une politique et économique, qui était d'engager les mainmortables, les parsonniers à vivre ensemble pour exercer ensemble le ménage des champs, et l'autre juridique, qui consistait à reconnaître un droit d'accroissement aux parsonniers survivants, parce que les biens de la communauté étaient possédés solidairement. Il y avait aussi la nécessité de garantir la propriété des mainmortables. Ce fut surtout à ce point de vue que la législation coutumière favorisa les communautés. Elle y vit un moyen de remédier aux abus de la mainmorte, ou plutôt elle la supprima dans certains cas en présentant une compensation aux seigneurs.

Les communautés étaient comme des sociétés universelles de gains. Les profits des biens et du travail commun formaient une masse qui appartenait à l'association.

La communauté se perpétuait toute seule par la subrogation des nouveaux entrants qui avait lieu de soi, sans aucunes déclarations ou conventions particulières, comme c'était l'usage dans les communautés des villes et des chapitres.

Un certain nombre de coutumes allaient plus loin et reconnaissaient des communautés taisibles, c'est-à-dire qui s'établissaient toutes seules *ipso facto* d'inventaire et se continuaient ainsi entre les survivants et les héritiers de leurs fondateurs jusqu'à ce qu'il y eût inventaire ou partage effectif.

Suivant la coutume du Berry, les sociétés et communautés conventionnelles expresses ou taisibles induites par demeurance et dépense communes et communication de tous gains et profits se continuaient entre les survivants et héritiers des prédécédés en ligne directe ou collatérale, majeurs ou mineurs, jusqu'à ce qu'il y eût inventaire fait par les survivants et partage ou offre de partage ou autre déclaration expresse de volonté par lesdits survivants qu'ils n'entendaient persévérer en la société contractée avec les prédécédés, ou taisibles déclarations, en se séparant par le survivant de demeure et négociation des héritiers des prédécédés après ledit inventaire fait, et devaient être lesdites déclarations expresses signifiées auxdits héritiers ou à leurs tuteurs ou curateurs, s'ils étaient mineurs.

Tant que les usages de l'exploitation collective subsistèrent, les communautés furent inévitables.

Les populations rurales trouvèrent aussi en elles le moyen le plus énergique et le plus sûr, dans tous les temps, de lutter contre les misères de leur condition matérielle et même de leur condition morale.

Au moyen âge, lorsque la mainmorte était à peu près universelle dans les campagnes, les paysans qui n'en étaient pas affranchis pouvaient en éluder les charges principales en formant des communautés. Ils s'assuraient ainsi la faculté d'entreprendre en commun des exploitations un peu considérables, que le manque ordinaire de capitaux eût empêché aucun d'eux d'entreprendre isolément.

Ils parvenaient quelquefois de cette manière à s'enrichir, comme l'ont constaté plusieurs auteurs. Mais il ne faudrait pas croire que plus tard, ainsi qu'on l'a prétendu, les pays où les communautés existaient encore fussent les plus heureuses, surtout quand on songe que ces pays répondent aux départements de la France centrale.

A mesure que les conditions de la culture deviennent meilleures, les communautés n'ont plus les mêmes raisons d'existence. Les biens communs diminuent tous les jours et deviennent une exception ; les progrès, ou plutôt certaines transformations de l'agriculture permettent l'exploitation individuelle dans une foule de circonstances où elle n'eût pas été possible autrefois.

Les cultures maraichère et jardinière se multiplient autour des villes; dans un rayon plus éloigné, le fermage, devenu plus facile par la multiplication de l'argent et l'enrichissement d'une certaine classe de cultivateurs, finit par détrôner l'ancienne association d'hommes réduits à mettre leur travail en commun parce qu'ils n'avaient point de capitaux. On a reproché aux communautés de faire naitre une foule de difficultés juridiques. La situation des enfants, la nature des obligations que les maitres contractaient, et bien d'autres sujets encore étaient pour les jurisconsultes un inextricable labyrinthe. Elles multipliaient outre mesure les chances de procès en compliquant les relations des tenanciers avec les seigneurs. Nous verrons plus loin comment l'Assemblée provinciale du Berry a jugé les communautés agricoles.

FRANÇOIS Ier

Le règne de François Ier fut un des plus glorieux de la monarchie, mais la misère du peuple fut extrême. Le paysan de France ignorait l'usage de la viande, ne tuait pas même de porc, parce que la gabelle tenait le sel à des prix trop élevés ; il se nourrissait de glands, de châtaignes et de fruits, et était, dit La Bruyère-Champier, médecin du roi, réduit à regarder le pain comme une nourriture de luxe dont il ne goûtait que le dimanche.

Malgré les répressions énergiques de Louis XII contre les exactions des gens d'armes, on lit dans une ordonnance de François Ier que les aventuriers n'ont cessé de piller, pulluler, persévérer et continuer en leur méchanceté et malheureuse vie. « Ainsi, procédant de mal en pis, se sont assemblés par grosses troupes, bandes et compagnies, et, se confiant en leur multitude, se sont plus élevés que devant ; et, contemnant Dieu et nos ordonnances, outre mesure multiplient leurs pillages, cruautés et méchancetés, jusqu'à vouloir assaillir les villes closes. » — En 1524, au mois de novembre et de décembre, les froids furent si rigoureux que les grains déposés dans la terre y périrent. Les récoltes furent tellement mauvaises dans le Berry, dans toutes les provinces voisines, le Bourbonnais, la Touraine et même dans la Normandie que la famine vint encore augmenter la détresse générale. Le 9 mai 1524, une assemblée de ville ordonna qu'on visiterait tous les greniers, qu'on ferait état de tous les blés qui pouvaient s'y trouver, qu'on s'informerait s'ils étaient vendus ; enfin, que permission serait donnée aux marchands forains d'amener des grains sans payer aucuns droits, et que les marchands qui achèteraient des blés pour les revendre et les transporter, seraient punis d'amende à la discrétion des échevins. Plus tard même, on décida qu'on ne mettrait pas en ferme pour cette année l'imposition du blé.

Pendant ce temps, François Ier se livrait aux plus folles dépenses, il ne payait pas son armée, et c'étaient les campagnes qui payaient pour lui. Les soldats se livraient au pillage, à la débauche et mettaient le feu partout. Ainsi les 6000 Diables, comme on les appelait, opérèrent en Berry, dans grand nombre de villes et villages, notamment à la prise du château de Neuvy-Saint-Sépulcre.

A tous ces maux s'ajoutaient trop souvent encore ceux de la disette. En 1531, la France fut tourmentée d'une cruelle disette qui engendra une épidémie connue sous le nom de

Trousse-Galant. Un édit royal défendit de vendre le blé ailleurs qu'au marché public; durant les deux premières heures du marché, on devait vendre exclusivement en détail au populaire qui achète pour vivre au jour la journée, ensuite à ceux qui veulent faire provision pour garder ou revendre. Des poursuites furent ordonnées contre les monopoleurs qui achetaient les blés en masse dans les granges ou même sur pied dans les champs.

Les désordres qui avaient désolé le Berry en 1524 se renouvelèrent en 1536 et en 1537 ; on y voit reparaître de nouvelles bandes d'aventuriers, soldats mal payés et mécontents, qui s'insurgeaient contre l'autorité du roi et vivaient aux dépens du pauvre pays; c'était, sous l'ancienne monarchie, un fléau périodique à peu près comme la peste. « Les brigands de 1536, dit M. de Raynal, semblent avoir été excités et soutenus par les ennemis de François Ier ; ils avaient un cri de ralliement hostile à sa personne. Vainement le roi donna le 18 novembre 1536 à Joachim de la Châtre, seigneur de Nançay, capitaine de ses gardes et son maître d'hôtel, une commission pour réunir la noblesse; vainement Robert Stuart, seigneur d'Aubigny, maréchal de France, qui commandait 8000 Suisses, s'efforça d'arrêter ces dévastations; ni l'un ni l'autre ne purent réussir. Au mois de mars 1537, la duchesse Marguerite, qui s'était rendue à la hâte dans la Picardie menacée par les troupes du comte de Nassau, envoya au roi M. de Nançay pour lui exposer les souffrances de son duché de Berry : elle lui écrivait en même temps pour le supplier de donner commission à Philibert de Beaujeu, seigneur de Linières, d'assembler l'arrière-ban de la province pour nettoyer le pauvre pays, et lui annonçait qu'elle avait chargé le prévôt Claude Genton de faire des informations auprès des prisonniers dont on pourrait s'emparer afin de savoir pour quelle cause leurs compagnons proféraient un autre cri que celui de Vive le Roi ! »

La France dut subir encore des sacrifices énormes. La guerre fit augmenter les impôts. La gabelle du sel fut établie dans toutes les provinces qui en étaient exemptes. Mais constatons que depuis 1520 presque chaque année amène de nouveaux édits de francs-fiefs. Réduite à aliéner ses biens pour soutenir dans les guerres d'Italie et à la cour un luxe encore inconnu, la gentillerie trouvait autour d'elle, dans ses propres terres, un peuple avide d'acquérir, et c'est ainsi que dans le Berry et surtout dans le Bourbonnais on vit s'abolir l'impôt de franc-fief.

Au xvie siècle, la propriété devient un patrimoine; elle s'est dégagée et individualisée.

L'aversion des engagements perpétuels ou à long terme montre bien le besoin des personnes pour l'indépendance. Mais, en achetant de ses gains laborieux la propriété féodale, le vilainage s'était habitué à envisager la condition civile de la noblesse comme le but principal, l'apogée de ses progrès.

Les roturiers enrichis penchent vers le droit d'aînesse, les préférences de sexe, les majorités tardives, etc. Aussi la proposition du Châtelet de Paris pour introduire l'égalité de partage dans le fief à titre facultatif échoue. C'est dans le Nord, où la culture et la classe agricole se trouvaient le plus développées, que la recherche des institutions nobles fut la plus ardente et suivie de plus d'effet.

Dans le centre et dans l'ouest, au contraire, dans le Nivernais, le Bourbonnais, le Berry, etc., contrées peu avancées, pays de servage encore, l'aînesse et la masculinité étaient réservées aux seules terres féodales et les vilains n'en jouirent que comme possesseurs de fiefs.

Il n'en est pas moins certain que, dans les classes rurales dont la masse avait jusqu'alors grandi en raison même des progrès de l'individu vers l'égalité civile et la liberté du travail, un trop grand nombre se sont épuisés à acquérir les richesses pour les immobiliser dans les vanités de l'aînesse et sortir par là de leur condition native.

Avec son grand bon sens, Palissy, cet artiste de génie et agronome savant, fait honte à ceux qui pèsent déjà lourdement sur la culture de son temps, à sucer la substance de la terre sans y travailler.

Mais il cherche vainement « à ramener aux anciennes et fécondes ambitions ce tas de fols laboureurs qui, soudain qu'ils auront un peu de biens qu'ils auront gaigné avec grand labeur en leur jeunesse, auront honte après de faire de leurs enfants de leur estat de labourage, ainsi les feront du premier jour plus grands qu'eux-mêmes... »

Ces laboureurs étaient entraînés avec la haute roture par la pensée de s'élever et par l'espérance de se voir plus vite hors de leur état si souvent malheureux de taillables.

Sous Henri II, Jacques Bonhomme, dit Bonnemère, ne pouvait guère espérer de vivre plus heureux que sous François Ier. Ce sont les mêmes vices moins brillants, les mêmes qualités plus pâles, et on retrouve les populations rurales aussi misérables sous le fils que sous le père. L'usage plus répandu du pistolet et de l'arquebuse facilite aux soldats et aux nobles les moyens de piller et de massacrer les ahaniers qui ne labouraient plus que l'épée au côté et une pique en main.

Des enfants faisaient le guet dans les clochers, sonnant du cor pour avertir les laboureurs épars dans les champs de l'approche de l'ennemi.

Les désordres furent si grands que Henri II fut contraint de défendre aux nobles de se faire suivre par des hommes armés et de porter des armes à feu.

Des troubles graves avaient éclaté dans les provinces du sud-ouest. Ces contrées étaient agitées d'une fermentation incessante depuis les augmentations successives de l'impôt sur le sel qui avait abouti à l'établissement général de la gabelle en 1544. Mais les extorsions des commis de la gabelle amenèrent la grande insurrection de 1548, qui arma les paysans des campagnes de la Saintonge, de l'Angoumois, de l'Aunis, du Périgord, du Limousin, de l'Agénois et du Bordelais, pour faire la chasse aux gabelous.

On sait comment le connétable de Montmorency se chargea de venger cruellement, ignoblement ces révoltes. Et les commis de la gabelle recommencèrent à s'enrichir aux dépens du pauvre peuple, à ce point qu'ils décidèrent des besoins de chacun et trouvèrent plus simple de contraindre les familles à prendre une certaine quantité de sel par tête d'individu de tout âge et de tout sexe, quantité fixée à 9 livres par an. C'était un impôt mis sur de nombreuses familles, c'est-à-dire sur la misère [1].

Pressé par la nécessité de guerre et après avoir fait argent de tout, Henri inventa un nouveau subside. Il mit un impôt de 20 livres sur chaque clocher. Mais ce fut sa maîtresse, Diane de Poitiers, qui toucha l'argent du peuple, ce qui fit dire à Rabelais que Gargantua attachait les cloches au cou de la grande jument qu'il montait.

Un discours du chancelier L'Hôpital prononcé au Parlement pendant le court règne de François II nous apprend que sur la fin de celui de Henri II, et malgré d'excessifs besoins, on s'était vu dans la nécessité de dénoncer le lourd fardeau qui écrasait le peuple. Dans

---

1. La gabelle fut mise en ferme par Henri II le 1er avril 1548; à l'exception de quelques paroisses, le Berry était pays de grande gabelle, subdivisé en grenier d'impôt et greniers de vente volontaire.

plusieurs provinces, on dut faire des remises considérables sur les tailles, parce que les malheureux cultivateurs abandonnaient leurs travaux et menaçaient de s'expatrier.

Les États convoqués sous le règne de François II et assemblés sous celui de Charles IX en 1560 firent connaître tous les maux dont était accablé le peuple épuisé par les contributions forcées. Le roi fut supplié de ramener les impôts au chiffre existant sous Louis XII et d'empêcher que les laboureurs continuassent d'être ruinés par le passage de gens de guerre.

On comprend qu'avec de semblables conditions de travail l'agriculture ne pouvait faire de progrès. Ce n'étaient pas seulement les ravages, la dévastation, le pillage des gens d'armes qui ruinaient l'agriculture, l'empêchaient de se développer. C'était encore le seigneur qui prenait en nature beaucoup de ses redevances. Ces redevances avaient été fixées sur un assolement des terres qui lui assurait chaque année une quotité de produits d'après lesquels il réglait sa consommation, ses ventes, toute son économie domestique.

L'immutabilité des soles était devenu ainsi la règle des tenures, et les soles étaient fort peu productives. Quelques-unes des nouvelles coutumes défendaient encore absolument de changer l'assolement, comme il est dit dans la coutume de Menetou-sur-Cher (chap. Ier, art. 5).

On avait cependant fait ce progrès en certains endroits d'établir, dans les actes de conduction, les rotations de la culture et de préciser les cas et la limite où il serait loisible au preneur de les intervertir.

La liberté d'assolement dans la culture au XVIe siècle est chose rare. Pour un exemple donné dans une coutume locale du Berry, pour l'entière latitude de changer la nature des récoltes sous l'unique réserve de prévenir le seigneur et de l'indemniser, s'il y avait lieu, comme l'avait établi la coutume de Montargis, généralement la culture n'était pas libre. Et les coutumes comme celle du Berry, qui avait réglé les rotations, prescrivaient la sole triennale.

La jachère plus ou moins longue et plus ou moins fréquente formait ainsi le pivot de l'agronomie. Aussi faut-il que la terre jouisse des féeries et repos, comme les arbres et les hommes, écrivait Beloun. On attribua à l'abandon de ce principe les disettes de 1560 à 1565, blâmant que par la soif de produit on eût épuisé les ressorts de la terre, nécessairement affaiblis depuis le temps qu'elle servait, et conseillant, persuadant même, rapporte Quesnay, d'arracher les vignes pour fournir au blé des fonds neufs. La jachère ne comportant pas la moindre intensité de culture, le sol avait fini par être épuisé.

Pour répondre à l'active demande des céréales que le marché européen lui faisait depuis Louis XII, l'agriculture avait envahi les pâturages sans se préoccuper d'en créer de nouveaux, ce qui avait amené une diminution de bétail et d'engrais et l'amoindrissement des revenus; on eût été dans le vrai si au repos stérile de la jachère on eût voulu substituer le repos actif des alternances.

Pour parer à ces inconvénients, quelques coutumes étaient revenues aux anciens règlements sur la vaine pâture; d'autres décidèrent que les preneurs de fonds en tiendraient annuellement le tiers en pâturage, le tiers en blé et le tiers en guéret. Mais Bodin, qui fut député aux États de Blois, attaqua un des premiers la théorie de la jachère, montrant qu'il n'est pas vrai que la terre pour vieillir perde sa vigueur.

Columelle avait déjà dit : La terre ne vieillit ni ne s'épuise si on l'engraisse.

Bernard Palissy, qui avait voyagé dans toute la France, faisait voir « quel dommage venait dans le labour du peu d'intérêt qu'y prenaient les propriétaires de ce qu'ils laissaient les pauvres ignorants pour le cultivement de la terre, et il expliquait combien on y perdait de profit par le peu de soin et le mauvais emploi des fumiers ; et, dès le xvi° siècle, il indiquait la fécondation du sol par les engrais ammoniacaux ».

Si l'on en croit un historien du Berry, Jean Chaumeau, la situation de l'agriculture dans cette province n'était pas si mauvaise et la terre y était cultivée en plusieurs endroits par des gentilshommes.

SITUATION AGRICOLE DU BERRY AU XVI° SIÈCLE

Il faut noter, dit Chaumeau en 1566, que « le païs et duché de Berry est un appanage des enfants de la France assis en païs plat fertile et délectable, non seulement à cause de la diversité et multitude des arbres, plantes et fruictz y croissans, ains pour la douceur et température de l'air qui rend les hommes de cette contrée fortz, sains et alegres. Encores fait ceste douceur et sérénité d'air que les herbes du païs sont délicates et fort savoureuses à la nourriture et pascage de tout le bestial (spécialement des brebis et moutons) qui au moyen de la douce pasture portent beaucoup plus fines laines qu'en autre lieu de ce royaume.

« Les moutons de Bourbonnais qui sont communément appelés chabins parce qu'ilz portent laine grosse et longue comme poil de chèvre sont amenez à la pasture de Berry après avoir esté nouvellement tonduz et dépouillés ; on voit que par la douceur et pureté du pasturaige, leur laine de la première année est améliorée de la moitié.

« Là prend sa nourriture une infinie multitude de bœufs, vaches, brebis, moutons et agneaux qu'on voit paistre par les champs et pastiz avec un singulier plaisir.

« Quant au labourage et agriculture, les terres sont fécondes et copieuses ; elles y sont non moins bien ménagées que bien produisantes, non si dédaignées par les nobles, bourgeois et doctes hommes, qu'ils n'y prennent souvent exercice à l'imitation de leurs anciens pères, la pluspart desquels abandonnoient les villes pour se retirer aux champs en leurs chasteaux, métairies et petitz lieux champestres, prenant plaisir à veoir cultiver, labourer et ensemencer leurs terres et faire toute autre manière d'agriculture, comme grandement nécessaire et profitable à l'entretenement de la vie humaine et non seulement pour le proffit et utilité venant de l'agriculture, mais pour la délectation et plaisir inestimable qu'ils y recevaient qui n'a son pareil.

« La terre du Berry est en plusieurs endroits cultivée des gentilshommes, capitaines et gens lettrés, joint l'estude des bonnes mœurs, rapporte doublement et est fructueuse et abondante en toutes espèces de blés, excellents vins et de bonne garde, fèves, chanvre, lin et toutes espèces de légumaiges. Et aussi le païs de Berry décoré de plusieurs beaux fleuves naviguables, grande quantité d'estangs, foretz et boys, tailliz, villes, chasteaux fortz, bourgs et maisons belles et excellences ainsi qu'on peut veoir par apparence extérieure.

« Nous voyons aucuns lieux estre très abondans en bleds qui toutesfois n'ont vins, ne vignes et bien peu de boys et prairies ; les autres abondent en vins et n'ont que bien peu de bledz, les autres ont bledz et vins et n'ont aucunes prairies, ni pascages pour l'entretenement de leur bestail. Mais le païs de Berry est enrichy et annobly de tout ce qui rend les autres défectueux. »

Jean Chaumeau en donne ainsi la preuve dans ses descriptions des villes, comtés et châtellenies du Berry.

Et d'abord il décrit les environs de Sancerre agrémentés de petites collines « quasi toutes plantées de vignes esquelles on cueille tous les ans grande quantité de fort bons et excellens vins.

« Les terres labourables sont au pied desdites collines qui sont fort grasses et fertiles; aussi en cueille-t-on grande quantité de bleds tant froment que autres bledz et legumages. Toutes lesdites collines sont presque environnées de forestz et guarennes esquelles il y a abondance de cerfs, biches, sangliers, chevreux, lièvres, courlys et autres espèces de sauvagine, où les princes et seigneurs prennent souvent le plaisir de la chasse. Le terroir y est gras et fertile plus propre à nourrir le gros bestial que les bestes à laine. Toutesfoys encore y en nourrit en grande quantité.

« La plus grande science et traffique des habitants de ladite ville gist en marchandise de vins et gros bestail. Il se fait aussi quelque petite traffique de lanifice et drapperie sans les autres négociations.

« Pour l'expédition desquelles marchandises outre le marché franc qui existe tous les samedis il y avait plusieurs foires franches. »

Pour la ville et châtellenie de Saint-Satur. « Toute la plus grande cueillette de ce lieu, dit Chaumeau, consiste en vins dont les habitants de la ville et des autres gros bourgs circonvoisins comme Sury-ès-Vaux, Bueil, Chauvemon, Chavignon, Menestrau font un grand trafic par terre et par eau. Ils recueillent leur suffisance de blés, pois, fèves et autres légumes et ils ont abondance de prairies pour la nourriture et l'entretien de leur gros et menu bétail. Au-dessous de la ville, la Loire est très abondante en toutes espèces de poissons, spécialement en saumons, lamproies, alozes, plyes, carrelets, grands brochets et barbeaux qui s'y peschent en grande quantité ayant généralement deux pieds de long et qui attirent beaucoup de marchands. »

Châtellenie des Aix-d'Angillon. — « Au-dessous de la ville et château des Ayx passe une petite rivière, le Colin, qui procède de plusieurs petites fontaines saillant au pied des collines étant près du bourg de Morogues, le long de laquelle il y a grande quantité de prairies et aulbroys pour le pâturage du gros et menu bétail. Tout le territoire y est gras, fertile et abondant en toutes espèces de blés et légumes, vin et chanvre, étant d'ailleurs enrichi d'une infinie multitude d'arbres fruitiers, qui produisent toutes sortes de fruits à grande plante, comme poires, pommes, pêches, prunes et noix. »

Le marché était libre et franc de toutes exactions; il était très fréquenté. On y faisait commerce de blés, vins, pois, fèves, chanvre, lin, safran, toile, laine, mercerie, lièvres, levrauts, conils, chevreaux, cochons, oies, oisons, canes, canards sauvages et domestiques, hérons, busors, aigrettes, plongeons, sarcelles, iondelles, poules de rivière, poules, chapons, perdrix, bécasses, grives, merles, pluviers, alouettes « et toute espèce de volaille que lesdits paysans prennent journellement au païs ». Outre le marché il y avait encore deux foires franches.

Ville et baronnie de Montfaucon. — Dans toute l'étendue de cette baronnie il y avait deux sources de grand profit et revenu annuel; d'abord l'abondance des bois taillis et haute futaie « bien peuplés de sauvagines dans lesquels les bœufs, vaches, chevaux et jumens prennent journellement leur pasturage sans compter la vente annuelle de la glandée et droit de pacage desdits bois. Puis la multitude des estangs dont la pesche donne un grand revenu, car dans cette baronnie qui s'étend sur 17 paroisses il y a bien 50 étangs ou plus qui sont grands et larges ». L'un nommé étang de Poligny dépendant de la terre et seigneurie de Baugy avait environ 4 lieues de circuit et recevait les eaux de 14 étangs assis dans les paroisses de Baugy et Gron.

On laissait souvent certains étangs à sec et vides d'eau, afin d'y ensemencer le millet qui dans cette terre engraissée croissait si haut qu'un homme à cheval y était entièrement caché. Au moment de la cueillette on laissait les estroubles de la hauteur de deux pieds ou plus afin que l'année suivante en y remettant de l'eau le naissain pût s'y retirer et cacher en sûreté et aussi pour que pendant les grandes gelées il fût plus chaudement.

Ville et châtellenie de Lury. — « Le terroir est médiocrement fertile en blés et vins. Les prairies y sont belles et plantureuses qui s'étendent le long des rivières de Theol et Arnon où l'on mène pâturer le gros et menu bétail. Les rivières sont copieuses et abondantes en poisson. »

Ville et châtellenie de Charost. — « Elle est côtoyée par un beau et excellent vignoble où croissent fort bons vins délicats; on y trouve quantité de beaux bois taillis et haute futaie appelés bois Font-Moreau. » Une prairie large et étendue régnait le long de la rivière.

Ville et baronnie de Graçay. — Située en pays plat et fertile en toutes espèces de blé, garni de bois de haute futaie et taillis, aussi d'étangs, prés et rivières.

Ville et baronnie de Linières. — « Assise en Berry en pays de varenne, et maigre; néanmoins abondante en seigle, avoine et prairies plaisantes et délectables où l'on fait grande nourriture d'aumaille et de bêtes à laine. »

« La terre et baronnie de Linières a plus de 3 lieues d'étendue; il y a plusieurs étangs et deux surtout fort grands dont l'un est l'étang de Villiers, l'autre l'étang du Pont-Chauvet. Le poisson y est bon, gros et gras, carpes et brochets. Ils donnent de fort beau et ample revenu valant année moyenne 1500 livres tournois, plusieurs bois taillis et haute futaie.

« Non loin est la petite terre et châtellenie de Rézai, assise en pays gras et fertile où croît beaucoup de froment, orge, marcesche et avoine.

« Le bourg, chastel et chastellenie du Chastelet en pays fertile et abondant en blé, fruits et prairies, et décoré de plusieurs bois taillis, garennes, rivières et claires fontaines, et ainsi très bon pour la pâture et la nourriture du gros et menu bétail abondant dans le pays.

« Le commerce consiste surtout en marchandise de laine et en bétail gros et petit; il y a par an six foires franches et exemptes de tout tribut. »

Châtellenie de Mareuil. — « Située en plat pays et terroir fertile, abondant en toutes espèces de blés et légumes, prairies, bois taillis et haute futaie; abondance de mines de fer.

« Dun-le-Roi, 3e ville royale du Berry, en pays plat excepté du côté de la rivière. Les terres autour de la ville, même du côté du Bourbonnais, sont fortes et grasses, propres à nourrir le gros bétail. Celles situées du côté du Berry sont plus légères et propres à nourrir moutons et brebis qui font presque tout le commerce du pays. On remarque le bois de Mousu, la rivière d'Auron très poissonneuse; le long de cette rivière est la prairie appelée Premarais de plus d'une lieue d'étendue dans laquelle les habitants de Dun avaient le droit en tout temps de mener paître leurs bêtes, couper de l'herbe avec faux et faucille. A côté de la prairie en allant à Châteauneuf existe un beau vignoble donnant d'excellent vin.

« Les jardinages y sont beaux et plantureux, garnis de quantité d'arbres fruitiers portant fruits très savoureux et de bonne garde. La ville possède marchés et bonnes foires franches où viennent les Bourbonnois, les Berruyers et les Limousins. »

Ville et châtellenie de Châteauneuf-sur-Cher. — « Le terroir est gras, fertile, abondant en froment et en toutes espèces de blés, prairies, bois taillis et de haute futaie. Grand vignoble avec vins délicats. On élève quantité de bétail et spécialement des brebis et moutons. Le principal commerce consiste en draperie, marchandises de laine, blés et vins.

Il y a cinq foires franches par an à Chasteauneuf et marché franc toutes les semaines. »

Vierzon, ville royale. — « Située en lieu plaisant et délectable, près des forêts, bois taillis et garennes abondantes en toutes espèces de sauvagines et volatiles, près des rivières du Cher et de l'Èvre où il y a force poisson fort bon et délicat.

« Le terroir est aréneux, léger et propre à jardinage et à produire seigle, marcesches et avoines, ne pouvant guère être ensemencé de froment qu'à force de *fumiers, marnes* et *autres amendements.* Il y a bien peu de vignes, mais la ville est près des meilleurs vignobles du pays, savoir : La Fretay, Reully et autres qui alimentent Vierzon.

« Le commerce de Vierzon est surtout un commerce de laine, draperie et autres marchandises pour lesquelles il y a marché franc tous les samedis et plusieurs foires franches de toute exaction. »

Mehun-sur-Èvre, ville royale. — Selon Jean Chaumeau, la ville de Mehun aurait une origine tout agricole. Elle était anciennement nommée Mediolanum, « en raison de ce que les laines du pays sont moyennes, non si fines et subtiles que celles qui croissent aux environs de Bourges et d'Issoudun, quoique les dépouilles des moutons dudit lieu soient beaucoup plus grasses et les moutons plus gros et plus gras ». C'est par corruption que de Mediolanum on a fait Mehun. Nous voulons bien le croire. « Le terroir de Mehun est gras, fertile, abondant en froment et en toutes sortes de légumes, avec beaucoup de prairies aux alentours ; il y a beaucoup de jardins et vergers plaisants et délectables. A une lieue se trouvent les forêts d'Allongny, Saint-Laurent et autres bois de haute futaie qui donnent tous les ans, en temps de glandées et bonne *paisson,* de fort gros et amples revenus aux rois, et abondent en gibier. »

Aubigny, autrefois ville royale. — « En pays plat, médiocrement fertile en toutes espèces de blés et légumes, abondant en fruits et herbages, et prés, bois taillis, forêts, garennes munies de sauvagines et volatiles traversées par la rivière Nerre, fort abondante en poissons, spécialement en truites.

« Son principal commerce est la laine et la draperie. On y fabrique tous les ans quantité de draps serges et estames. Il s'y vend beaucoup de laine aux marchands d'Orléans, Bourges, Beauvais en Beauvoisis, Picardie, Champagne et Poitou, qui les transportent partout dans le royaume et à l'étranger. Il y a marché franc tous les samedis et quatre foires par an. »

Concressault. — « Situé en une vallée très plaisante tant pour les belles et grandes prairies arrosées de la rivière de Sauldre que pour les bois et forêts de haute futaie, taillis et garennes dont ce bourg est environné. L'air y est très bon et salutaire, il est fertile et abonde en toutes espèces de blés, légumes, herbages et fruits, bœufs, vaches, moutons, brebis, chevaux, juments et autres bêtes domestiques. Les bois taillis et de haute futaie y sont si communs que la sauvagine y est nombreuse et vient paître avec les animaux privés. Il y a deux foires bien fréquentées et renommées. »

Ville et châtellenie de la chapelle d'Angillon. — « Terroir médiocre, produisant seigle et avoine, volatiles nombreux, fabriques de draps, serges, estames, achetés par les marchands de Bourges, Orléans et autres lieux les jours de marché et de foire. »

LA RÉFORME DANS LE BERRY

Au XVIe siècle, les doctrines de la Réforme se répandirent de bonne heure dans le Berry. Les professeurs de l'université de Bourges spéculaient sur les nouveaux dogmes. Calvin, élève de cette Université, y commença ses critiques sur les vieilles institutions, puis il précha sa doctrine à Bourges, au village d'Asnières. Sa parole ardente, sa science profonde firent beaucoup de prosélytes, même parmi le clergé; mais il fut bientôt obligé de quitter Bourges pour se retirer à Genève, où plusieurs Berrichons le suivirent. A la première prise d'armes des réformés, Bourges tomba au pouvoir du comte de Montgommery, qui saccagea les couvents et les églises (mai 1562).

Les calvinistes se répandirent ensuite dans les campagnes, poursuivirent et traquèrent de toutes parts prêtres et religieux. Mais les catholiques, ayant repris Bourges, ne tardèrent pas à user de représailles. Tout l'effort de la lutte se porta bientôt sur la ville de Sancerre, la plus forte place du Berry.

Les Sancerrois avaient embrassé le calvinisme. Vers 1560, après la conjuration d'Amboise, de nombreux huguenots se réfugièrent dans leur ville, qui devint bientôt un des principaux boulevards de la Réforme.

Dès le commencement du règne de Charles IX, les habitants d'Issoudun appellent à leur secours contre les réformés (1562) le seigneur de Sarzay, Charles de Barbançois, capitaine-commandant le ban et l'arrière-ban du Berry. Celui-ci défendit énergiquement leur ville assiégée, fit trois sorties si vigoureuses qu'il obligea les assiégeants de lever le siège sans avoir reçu d'autre secours que de Pierre de Barbançois, son fils, celui qui s'était jeté dans la place avec quelque noblesse. En récompense de quoi Charles IX lui donna la lieutenance générale et le commandement des troupes du Berry (1567) et le gouvernement de la ville et château d'Issoudun (1568), dont il jouit pendant plusieurs années en des temps difficiles et de guerres civiles pendant lesquels il rendit de très grands services au roi.

Vers la même époque, en 1557, nous voyons messire Claude de l'Aubespine, conseiller et premier secrétaire d'État, seigneur de Châteauneuf-sur-Cher, confirmer les franchises, droits et privilèges des bourgeois de Châteauneuf et notamment le droit de pouvoir juger les procès criminels des bourgeois après qu'ils ont été instruits par les juges, et la justice que les mêmes bourgeois ont pendant vingt-quatre heures à commencer le jour de la Pentecôte à 3 heures et finir le lendemain à la même heure, laquelle justice est exercée par les bacheliers et bourgeois.

La Thaumassière fait remarquer que le territoire environnant Châteauneuf est gras, fertile et abondant en froment et autres espèces de grains, belles prairies, bois taillis, futaies, et environné de coteaux qui produisent des vins assez délicats. Il s'y fait, ajoute-t-il, grande nourriture de bétail, moutons et brebis.

Le seigneur a dans toutes les paroisses sous sa dépendance tous droits de justice et châtellenie, *servitude et mortaille*, excepté en l'étendue de la franchise.

La ville de Châteauneuf fut prise et brûlée, notamment l'église de Saint-Pierre, par les hérétiques le dimanche 20 novembre 1569.

La même année, ayant appris que les réformés arrivaient de tous côtés pour se retirer à Sancerre, Charles IX résolut de se rendre maître de la ville et d'en faire démolir les fortifications. C'est pourquoi il ordonna aux habitants de recevoir une garnison. Les habitants de Sancerre firent observer que ce serait une charge d'autant plus lourde pour eux qu'ils n'avaient pas besoin de garnison, que leur ville n'était pas située sur un passage. Le roi consentit à n'y point mettre de garnison, mais il exigea la destruction des fortifications de la ville. Les habitants eurent l'air de consentir; toutefois, ayant su l'arrivée des troupes du roi, ils s'étaient fortifiés. Aussi ce fut en vain que deux fois elles donnèrent l'assaut à Sancerre: elles furent obligées de se retirer.

Après la journée néfaste de la Saint-Barthélemy, honte éternelle de la royauté, de la politique et de la religion ; après les massacres de 1572, c'est encore à Sancerre que les réformés se retirèrent. Le roi résolut de nouveau d'y mettre une garnison ou d'assiéger cette ville. Les habitants, malgré les perfides conseils que leur donnait leur comte Honoré de Bueil, et voyant qu'on ne voulait pas leur laisser leur liberté de conscience et l'exercice public de leur religion suivant les édits, résolurent de protéger les réformés qui s'étaient réfugiés avec confiance dans Sancerre.

On organisa la résistance. Les habitants formèrent une troupe de 500 hommes, on dressa une compagnie d'infanterie et une de gens de cheval, sans compter les vignerons et les paysans armés de frondes appelées les pistolets de Sancerre.

Les plus expérimentés conseillèrent au gouverneur Johanneau de faire brûler l'abbaye de Saint-Satur, les maisons du bourg, celles du village de Fontenay et plusieurs autres qui pouvaient servir de logement aux ennemis, et de faire provision de vivres et munitions de guerre. Mais le gouverneur, ne pouvant s'imaginer que le roi, occupé au siège de La Rochelle, voudrait faire assiéger Sancerre, ne tint aucun compte des conseils qui lui furent donnés, et ne se mit nullement en garde. Il fut absolument surpris quand, le 19 janvier 1573, il vit arriver des compagnies de gens de pied et de cheval qui s'approchèrent de la ville jusqu'à portée de mousquet.

Bientôt après, le gros de l'armée arriva, se logea à Saint-Satur, à Fontenay, à Surienvaux : ce qui démontra la valeur des conseils donnés au gouverneur de Sancerre.

De la Châtre, à la tête d'une armée de 5000 hommes de pied et 400 à 500 chevaux, assiégea Sancerre avec une grande vigueur. En quatre jours il fit tirer 3500 volées de canon. Les assiégés de leur côté se défendirent courageusement, faisant de continuelles sorties et brûlant les travaux des assiégeants.

Bientôt les tours, les murailles de la ville furent abattues, une énorme brèche fut ouverte, et, le 19 mars, de la Châtre fit donner un assaut général. Mais il fut vaillamment repoussé par les assiégés. Les vignerons firent merveille avec leurs frondes, les femmes rivalisèrent de courage et d'ardeur, ne cessant de rouler de grosses pierres, jetant sur les assiégeants des feux d'artifice et de l'huile bouillante.

Après une semblable résistance, de la Châtre résolut de prendre Sancerre par la famine. Les habitants montrèrent un courage inouï. Des parents dévorèrent leurs enfants, force fut de capituler. Le 2 août 1573, ils donnèrent des otages, et s'obligèrent de payer 40 000 livres. Moyennant quoi, M. de la Châtre leur promit assurance pour leurs personnes et pour leurs biens, avec le libre exercice de leur religion sous le bon plaisir du roi. De la Châtre entra dans la ville, fit abattre les murailles et les tours et emporta les cloches et l'horloge de l'église.

Les troupes des catholiques ou des protestants étaient payées par l'autorisation de piller les contrées, théâtre de la guerre, ce qui n'empêcha pas les gouverneurs de province et chaque chef militaire d'exiger arbitrairement des tailles et des contributions en argent, blés, vins et toutes sortes de denrées.

Aussi on eut beau donner des terres à cens seulement, franches de dîmes et autres redevances, on vit peu de laboureurs se présenter pour les cultiver, et Chaumeau, historien du Berry, déclare que « partout on voit de vastes communaux déserts autrefois cultivés, et depuis délaissés en friche par temps et hostilité de guerre ».

Au commencement du xvie siècle, un docteur de la Faculté de médecine de Paris, Charles Etienne, avait publié plusieurs petits traités sur le jardinage, sur la culture des arbres et sur d'autres objets relatifs à la culture, qui lui acquirent une grande réputation. En 1529, il les avait réunis en un corps d'ouvrage et les avait publiés sous le titre de *Prædium rusticum*. Puis, ayant marié sa fille à Jean Liébault, médecin de la Faculté de Paris, il travailla à un autre ouvrage connu sous le nom d'*Agriculture et maison rustique* de Charles Etienne et Jean Liébault. Cet ouvrage ne paraît être qu'une compilation des auteurs grecs et latins. Néanmoins les préceptes d'agriculture qui s'y trouvent réunis ont été appliqués au sol de France, et en cela ils ont été utiles aux progrès de l'agriculture. Mais hélas! à cette époque, les paysans lisaient encore beaucoup moins qu'aujourd'hui, par la raison toute simple qu'ils ne savaient pas lire.

L'année même de son arrivée au trône (1574), Henri III donna à la veuve de Charles IX le duché de Berry pour son domaine; mais Élisabeth n'en prit pas possession; elle reçut en échange les duchés d'Auvergne et de Bourbonnais. Le duché de Berry fut donné au duc d'Alençon en supplément d'apanage.

Pendant ce règne, la misère fut au comble. Dès 1576, les États généraux furent convoqués à Blois. Le chancelier de France, Birague, signala le malaise du pays et demanda grâce pour les pauvres laboureurs et habitants des champs si maltraités, « tant abattus et foulés qu'ils n'en peuvent plus ». Cela n'empêcha pas les partis de continuer à ravager les campagnes. Et même, alors que la guerre civile était suspendue, le Berry était continuellement parcouru, ravagé par les compagnies, qui, forcées de respecter les villes closes, se dédommageaient sur les campagnes.

On trouve dans les Archives de Bourges les doléances de cette malheureuse époque.

Depuis Henri II les impôts étaient plus que quadruplés et les exemptions s'étaient multipliées. Le nombre des offices rendait la justice horriblement chère; les récoltes avaient été presque constamment mauvaises; la peste avait régné à plusieurs reprises; vingt paroisses à peine dans toute la province en avaient été exemptes; une infinité de villages étaient restés déserts. En beaucoup de lieux les paysans, dit M. de Raynal, abattaient leurs maisons et leurs granges et en vendaient les tuiles, les poutres, les soliveaux et les chevrons pour acheter du son dont ils faisaient du pain; d'autres se retiraient aux villes pour mendier.

Un grand nombre de gentilshommes restés dans leurs châteaux s'y fortifiaient pour s'y défendre au besoin et recommençaient les désordres de la féodalité; ils ruinaient leurs vassaux par des corvées et des exactions sans limites. Toute résistance était impossible, car il n'y a, disent les doléances d'Issoudun, « quasy aucun sergent ny autres ministres de justice qui osent aller exploiter en leurs maisons »; et les malheureux habitants n'avaient d'autres ressources que d'abandonner le sol qu'ils avaient si longtemps arrosé et fécondé de leurs sueurs.

HENRI IV

Ce règne s'ouvre tristement pour le Berry. On sait qu'aux calvinistes s'étaient réunis les politiques, c'est-à-dire les catholiques modérés qui désapprouvaient les cruautés exercées contre les réformés et qui voulaient faire écarter les Guises du gouvernement. Mais le duc de Guise, Henri le Balafré, forma la ligue contre le roi de Navarre, ligue dans laquelle étaient entrés le roi d'Espagne Philippe II et le pape. Déjà, sous Henri III, le Béarnais avait consenti à s'unir au roi de France pour sauver le trône menacé : il avait battu les ligueurs, et les deux rois se préparaient à assiéger dans Paris les chefs de la Ligue quand Henri III fut assassiné.

Lorsque Henri IV fut appelé au trône, les chefs royalistes firent des expéditions contre Charost, Mehun-sur-Yèvre, etc. Le duc de Nemours s'empara de Sancoins et du château d'Apremont. Toutes les provinces étaient ravagées, le trésor public était grevé d'une dette de 200 millions et les habitants des villes et des villages absolument épuisés, et cependant, dès le 8 mars 1591, avant même d'être roi de fait, Henri avait publié un édit pour défendre aux gens de guerre d'exiger des paysans ni argent, ni denrées, ni corvées, sans ordre exprès de lui, de prendre, sous aucun prétexte, les instruments de labour, d'emprisonner ou rançonner ceux qui auraient payé l'impôt pour le fait et l'insolvabilité de leurs voisins.

C'est également à lui que les paysans durent de pouvoir porter à leur gré des habits de couleur, des chapeaux gris et des manteaux par la pluie et par la neige. Lui encore fit augmenter la longueur des baux, et permit aux cultivateurs de pouvoir semer et planter à leur volonté.

Dans un des discours préliminaires à l'*Encyclopédie méthodique*, notre compatriote l'agronome Tessier dit :

« On ne peut se rappeler les premières années du règne de Henri IV ni lire l'histoire de ces temps orageux, sans être touché des malheurs qui en furent la suite. La nécessité où se trouva le bon roi de faire la guerre à ses sujets pour se soutenir sur le trône où sa naissance l'avait appelé était aussi contraire à l'amour qu'il avait pour ses peuples qu'elle fut nuisible à la prospérité de l'État.

« Les campagnes privées des meilleurs cultivateurs par le funeste fléau des guerres civiles, les champs abandonnés ou foulés par les incursions des troupes n'offraient de toutes parts qu'un spectacle également triste et désolant, mais enfin à ces guerres intestines succédèrent le calme et la concorde : ces temps de trouble et de dissension furent bannis à jamais et tout le royaume recueillit au sein de la paix les fruits d'un gouvernement plein de sagesse.

« Dès lors, les Français se livrèrent sans réserve à ce louable penchant qu'ils ont toujours eu pour leur roi, qui ne s'occupa désormais que des moyens de réparer les anciens malheurs et de rendre ses peuples heureux.

« Ses vues se portèrent d'abord sur le point le plus important de l'administration, sur l'agriculture. »

Henri IV fut habilement secondé par un ministre qui est une gloire pour la France, pour le Berry, et un bienfaiteur pour l'agriculture. Maximilien de Béthune, marquis de Rosny, sire d'Orval, baron de Montrond, Épineuil, Bruière, Bangy, et ministre d'État, acheta de Claude de la Trémouille les baronnies de Sully-sur-Loire, Molin-Fron, Saint-Gondon, et de la maison de Nevers la baronnie de la Chapelle-d'Angillon.

Le roi, pour reconnaître les importants et assidus services que ce fidèle ministre lui avait rendus ainsi qu'à l'État, réunit sous une seule et même foi et mouvance de la couronne ses possessions et les érigea en titre de duché et pairie de France.

Nul n'ignore quelle part dans les progrès de l'agriculture et dans l'amélioration des conditions des agriculteurs revient à celui qui a proclamé que labourage et pastourage sont les mamelles de l'État. Grâce aux voyages qu'il avait fait dans les campagnes pour se rendre compte de leur situation, il avait reconnu que le peuple était accablé sous les arrérages des tailles annoncelées d'année en année; il détermina le roi à la déclaration de janvier 1595 qui ordonna aux gouverneurs d'aller courir sus aux gens de guerre qui courent les champs ; à celle portant que les laboureurs ne pourront être exécutés par leurs créanciers soit par voie de contrainte par corps, soit par saisie de leurs bestiaux et de leurs meubles. Le 16 avril 1596, Henri IV avait donné la jouissance du duché de Berry à Louise de Lorraine, veuve de Henri III. L'édit de janvier 1598 et celui de mars 1600 augmentèrent le nombre des contribuables au profit de la masse agricole en détruisant les usurpations antérieures de titres de noblesse en même temps qu'ils restituèrent aux paroisses rurales une source de richesse, c'est-à-dire de diminutions d'impositions locales en opérant la rescision des ventes de biens communaux et usagers. Sully conseilla à Henri IV la grande ordonnance de mars 1600 : Henri IV remit tout ce qui restait dû sur les années 1594, 1595 et 1596, afin qu'on pût payer les arrérages de 1597, 1598 et 1599. Le supplément de taille qu'on appelait la Grande Crue fut réduit de près de 1 800 000 livres pour l'année 1600 ; la réduction dépassa plus tard 2 millions.

La répression vigoureuse des abus de la répartition soulagea bien plus encore les campagnes que la diminution de l'impôt foncier.

Les élus chargeaient certaines paroisses en déchargeant d'autres arbitrairement ; les assesseurs, qui répartissaient la quote-part de la paroisse entre les habitants, gratifiaient, surchargeaient, exemptaient les particuliers sans autre règle que leurs passions ou leurs intérêts, iniquités qui amenaient des procès sans nombre dont les frais et les longueurs épuisaient les malheureux paysans.

La ruine du laboureur était complétée par les exactions des sergents employés au recouvrement des tailles.

La rude main de Sully s'appesantit sur toutes ces sangsues publiques. La taille qui au début était de 20 millions descendit à 14 millions à la fin du règne. Henri IV exempta le plat pays berrichon du droit de ceinture de la reine, il se contenta lors de son mariage avec Marie de Médicis de le demander à Bourges et autres bonnes villes de la province.

L'édit sur les tailles fut suivi d'une ordonnance de janvier 1601, qui autorisa partout l'exportation des grains, le plus souvent interdite sous les derniers Valois et permise partiellement jusque-là par Henri IV ; ce fut un encouragement énergique à la production. L'exportation des vins et eaux-de-vie devint également libre.

Le roi approuva un règlement du prévôt de Paris ayant pour but de protéger les laboureurs et fermiers contre les exigences de leurs charretiers et serviteurs et des moissonneurs à gages qui *monopolaient* ensemble et ruinaient leurs maîtres par les salaires excessifs qu'ils exigeaient.

Les gages des charretiers ou valets de charrue sont fixés de 8 à 15 écus par an [1] ; ceux des bergers, à 12 écus [2]. Les hommes de peine sont taxés à 8 sous l'été [3], 6 sous l'hiver [4] pour Paris et sa prévôté.

Tout porte à croire que les salaires en province devaient être moins élevés.

Tout ce qui concerne l'aménagement du sol fut également étudié avec soin par le roi et le ministre. Un édit avait été publié en 1597, sur l'entretien des eaux, des bois et des chemins et avait arrêté la dévastation à laquelle les forêts, les rivières, les étangs avaient été livrés pendant la guerre civile. En avril 1599 parut un édit sur le dessèchement

1. Environ 138 francs.
2. Environ 144 francs.
3. Environ 60 francs.
4. Environ 20 francs.

général des marais; les marais desséchés furent déclarés terres nobles par un second édit de janvier 1607, qui accorda des exemptions de tailles et de dîmes pour un long terme aux ouvriers employés dans les travaux de desséchement.

Henri IV et Sully songèrent à unir la mer du Nord à la Méditerranée par un grand système de canalisation conçu cinquante ans avant par Adam de Craponne. Cette idée reçut un commencement d'exécution en 1604 par l'ouverture du canal qui, partant de la Loire à Briare, va maintenant joindre directement la Seine à Moret; mais, dans le plan primitif, le canal communiquait avec la Seine par l'intermédiaire du Loing.

Notons encore l'édit de juillet qui interdit de constituer des rentes à un plus haut intérêt que le denier 16, c'est-à-dire 6 un quart pour 100, sur l'industrie du sol.

Malgré le fardeau que les impôts, les droits féodaux, la dîme faisaient toujours peser sur l'homme des champs, il suffit, dit H. Martin, de la protection intelligente du gouvernement et de la bonne direction que suivait l'économie rurale pour imprimer à l'agriculture un essor qui ne s'arrêta plus que vers le milieu du règne de Louis XIV.

La France acquit sous ce rapport une prépondérance attestée par le chiffre toujours croissant des grains qu'elle exportait dans la plus grande partie de l'Europe. L'agriculture devint la plus grande affaire du pays. Une partie de la noblesse s'y livra aussi activement que fructueusement. Ce fut un gentilhomme protestant du Languedoc, Ollivier de Serres, qui donna tout à la fois aux laboureurs le modèle pratique le plus parfait dans son fameux manoir du Pradel près de Villeneuve-de-Berg dans le Vivarais et la théorie de leur art dans son *Théâtre d'agriculture et ménage des champs*, publié en 1600.

Le nom de cet homme illustre mérite d'être associé au nom de Henri IV et à celui de Sully, car il les seconda puissamment. Le roi et le ministre prirent intérêt à ses travaux. Après qu'Ollivier de Serres eut présenté au roi son livre qu'il lui avait dédié, Henri, pendant trois ou quatre mois, se fit apporter, chaque jour après dîner, le *Théâtre d'agriculture* : il le lisait attentivement une demi-heure.

La nation n'accueillit pas moins bien que le roi cette encyclopédie agronomique, fruit de quarante ans d'expérience et de méditation.

Les éditions du *Théâtre d'agriculture* se succédèrent rapidement de 1600 à 1675. Après cette époque, on cessa de réimprimer l'ouvrage, et le nom de l'auteur tomba peu à peu dans l'oubli. Par une coïncidence remarquable, l'agriculture nationale ne tarda pas à déchoir.

C'est que cet ouvrage était le plus complet qu'on ait vu jusqu'ici et qui montrait le mieux les progrès accomplis. L'auteur, en effet, y traite de tous les sujets intéressant l'agriculture, il ne manque pas de parler de vers à soie et de la culture du mûrier. Il ne pouvait en être autrement dans un ouvrage dédié au roi qui, contre son ministre, avait voulu encourager cette culture et établir en France des manufactures de soie. On se rappelle, en effet, que Henri IV un jour dit à Sully : « Je ne sais quelle fantaisie vous a pris de vous opposer à un dessein propre à embellir et à enrichir le royaume, à détruire l'oisiveté pour le peuple et dans lequel je trouve de plus ma satisfaction. »

Sully répondit que par ses bleds, grains et légumes, ses vins, cidres, lins, chanvres, laines, huiles, etc., et par sa quantité innombrable de gros et menu bétail, la France était en état de ne rien envier à ses voisins. Mais son climat, ajoutait-il, lui refuse la soie. Le printemps y commence trop tard et y est presque toujours d'une humidité extrême, et cet inconvénient absolument irrémédiable ne regarde pas moins les vers à soie. Nous savons aujourd'hui qui des deux avait raison. Sully n'en fut pas moins un habile ministre, un véritable bienfaiteur de l'agriculture et un grand propriétaire dans le Berry.

Nous le voyons en 1601 visiter la terre de Baugy qui venait de lui être adjugée par décret pour de fortes sommes qui lui étaient dues sur cette terre.

La même année, le roi lui ordonne de faire venir des poulains de son haras de Mehun-sur-Yèvre, qui était alors le seul haras où l'on élevait des chevaux pour le roi.

En 1606, Sully devint seigneur de Saint-Amand-Mont-Rond, et à ce sujet M. Dumonteil nous a fait connaître avec quelle ardeur le grand ministre de Henri IV a recherché ses droits seigneuriaux sur Saint-Amand et comment il les a fait valoir.

« Il a cherché à tirer le parti le plus avantageux possible de sa nouvelle acquisition. Il donne à ses préposés des instructions minutieuses et en contrôle l'exécution. Il examine les pièces relatives aux affaires de la seigneurie. Il les annote, et, en prévision de difficultés judiciaires, il ne recule pas devant des recherches de jurisprudence.

« Il n'a pas entre les mains de titres obligeant les habitants de Saint-Amand à l'acquittement des taxes de bourgeoisie et de guet et au service des corvées. Il ignore certainement l'existence des chartes de 1256. Aussi, pour établir contre les bourgeois son droit à ses redevances personnelles, il se prévaut d'anciens comptes des revenus seigneuriaux relatifs soit à la ville de Saint-Amand, soit aux terres de Bruère, Orval, Épineuil. Il invoque les mentions contenues dans deux terriers dont les gens de Saint-Amand ne paraissent pas reconnaître l'authenticité. Il accumule un nombre infini d'autres comptes, de reconnaissances, de chartriers concernant des terres voisines, afin de démontrer que, dans d'autres seigneuries, les habitants sont grevés de servitudes analogues à celles qu'il veut faire admettre à Saint-Amand. Il tire même de la lacération partielle d'un vieux livre un argument peu flatteur pour ses vassaux. Ce livre, écrit par un chapelain d'un ancien seigneur de Saint-Amand, relate les conditions de la franchise de plusieurs localités voisines. Rien sur Saint-Amand, mais on remarque que dans l'ouvrage plusieurs feuillets font défaut. Alors s'inspirant de la maxime : *Is fecit cui prodest*, Sully impute aux gens de Saint-Amand d'avoir fait disparaître les pages sur lesquelles auraient été consignées les obligations des bourgeois vis-à-vis des seigneurs.

« Embarrassé, à défaut de titres originaires d'usages récents pour déterminer la quotité des charges dont il prétend les habitants tenus envers lui, en ce qui concerne les taxes de bourgeoisie, Sully se réfère à la coutume de la paroisse la plus voisine de celle de Saint-Amand, celle d'Orval. A Orval, chaque chef d'hôtel non noble, ni prêtre, doit payer au seigneur chaque année le jour de Saint-Michel 12 deniers tournois. De plus, les propriétaires de maisons, lorsque ces maisons sont simplement grevées de cens, sont tenus de servir au seigneur une prestation annuelle de 6 boisseaux d'avoine, prestation réduite à 3 boisseaux lorsque les maisons sont de plus grevées de rente, différence facile à expliquer, le cens étant le plus souvent une redevance de mince importance; ceux qui logent chez autrui ne doivent aussi que 3 boisseaux d'avoine outre les 12 deniers tournois.

« Sully réclame donc à chaque chef de famille, comme droit de bourgeoisie, 12 deniers tournois et 6 ou 3 boisseaux d'avoine, suivant la distinction qui venait d'être expliquée. Il prétend que ces redevances sont exigibles contre tous les bourgeois établis dans la ville et les faubourgs de Saint-Amand, contre toutes personnes qui viendraient s'établir dans le même rayon, et il se réserve même la faculté d'en réclamer le montant à ceux qui, ayant quitté la ville, fixeraient leur domicile en des terres sur lesquelles le seigneur de Saint-Amand avait droit de suite pour ses serfs. De plus, comme Sully connaît par tradition sans doute l'obligation, imposée aux forains qui venaient s'installer dans la ville, de faire dans l'an et jour aveu de bourgeoisie, il demande que cette obligation soit consacrée à son profit. Il l'étend même à tous les habitants de Saint-Amand et prétend que, faute par eux de prendre dans les trois mois l'engagement personnel de payer la taxe de bourgeoisie en s'avouant bourgeois du seigneur, ils doivent être déclarés serfs possibles de la taille serve et mortaillables. »

En vain les habitants de Saint-Amand protestèrent contre de pareilles prétentions. Sully les assigna le 25 mai 1612, et une sentence du 1er avril 1615 admit purement et simplement sa demande, et, sur l'appel interjeté par les manans et habitants de Saint-Amand, cette sentence fut confirmée par ceux du Parlement de Paris le 24 septembre 1626.

L'érection en duché-pairie de la terre de Sully faite à son profit augmenta son domaine d'autant qu'elle était une enclave entre ses terres de la Chapelle et des Aix. Il réunissait ainsi en ses mains l'antique héritage des Seuly, seigneurs de Boisbelle.

C'est au milieu des solitudes de Boisbelle que Sully jeta les fondements de la ville d'Henrichemont dont M. Hippolyte Boyer, archiviste du Cher, a écrit l'intéressante histoire.

Cherchant quels motifs ont bien pu déterminer Sully à créer cette ville, M. Boyer dit avec raison : « Sully n'était pas seulement, qu'on s'en souvienne, un ministre de la guerre, c'était aussi un économiste et un grand partisan des améliorations rurales. Dans certaine mesure il l'était également de l'industrie, pourvu que ce ne fût pas une industrie de luxe; pourquoi n'admettrait-on pas qu'il cherchât surtout à créer un centre agricole et industriel? La contrée de Boisbelle est comme un éperon de la Sologne avançant dans les plaines calcaires du Berry; pourquoi n'y aurait-il pas eu là au début du xviie siècle et dans la forme que l'époque semblait autoriser comme un premier essai d'amélioration de la Sologne? Qu'on n'oublie pas que, à l'heure où cela se passait, les réformés représentaient, au fond, dans les villes, la bourgeoisie industrielle et travailleuse, et, dans les campagnes, cet idéal d'administration agricole progressive qui semble avoir été si bien dans les idées du grand ministre. Sully, a dit un de ses panégyristes, regardait comme un des principes du gouvernement économique de veiller à la diminution de ces grandes masses (des villes). Elles lui paraissaient soutirer le meilleur des forces vives du pays qu'elles épuisaient. Sa préoccupation était donc d'encourager, en vue de l'agriculture, le peuplement des bourgs et des villages qu'il préférait aux grandes villes. Dans ce but, il aurait voulu voir aussi la noblesse exploiter elle-même ses terres, s'attacher aux travaux du sol et faire prospérer la richesse foncière du pays, qui y eût gagné non seulement au point de vue de la production et de l'aisance, mais aussi au point de vue de la paix intérieure.

« Qu'y aurait-il d'étonnant que l'homme en qui dominaient ces idées eût essayé de prêcher d'exemple, en cherchant à réaliser chez lui ce qu'il préconisait chez les autres? Sully vieillissait, il avait énormément agi et travaillé; il était à l'âge où l'on songe à se préparer sa retraite. Mais la retraite pour les hommes de cette trempe, c'est le travail sous une nouvelle forme appropriée à un autre âge. Henrichemont, dans sa pensée, devait être l'œuvre des derniers jours, et, si l'on réduit son rêve à des proportions raisonnables, ne s'y voyait-il pas en songe et longtemps encore, sinon jusqu'à la fin, couvert par la protection de son royal ami, et roi lui-même dans sa petite souveraineté, tranchant, taillant, légiférant, bâtissant, semant et plantant, donnant à cette aristocratie turbulente, besogneuse, grossière et néfaste de son temps, contre les mauvaises intentions de laquelle il avait toujours lutté, l'exemple souverain de ce que devait être un seigneur en ses terres? »

« Il n'est peut-être pas inutile, ajoute M. Boyer, de faire remarquer que l'idée de cette fondation est du même temps que l'important édit du mois de janvier 1607, rendu au nom de Henri IV, mais sans doute sous l'inspiration de Sully, pour le desséchement des marais du royaume. Pour procurer à cette grande opération toutes les facilités d'exécution, en même temps que pour en tirer tous les résultats, le législateur offrait aux entrepreneurs les plus grands avantages particuliers, et en outre s'efforçait de faire des terrains envahis sur les eaux autant de nouveaux centres de population en s'engageant à y bâtir des villages, et promettant d'y accorder à ceux qu'il y appelait des concessions de foires, des exemptions d'impôts et des privilèges. Ne semble-t-il pas que dans ces mesures on retrouve comme un complément et un germe de la pensée qui donna naissance à Henrichemont. »

À part les réflexions de M. Boyer sur la création de Henrichemont, nous n'avions pas trouvé de traces de progrès agricoles déterminés spécialement dans le Berry par Sully ; cependant, d'après la tradition, l'influence du ministre propriétaire en cette province serait certaine. C'est actuellement encore à Bourges l'opinion des personnes importantes de cette cité.

Nous avons voulu avoir le cœur net de cette tradition, et à notre demande M. Eugène Brisson, maire de Bourges, a fait faire des recherches à cet égard. Dans une intéressante note fournie par M. Bruneau, il est dit que les documents font défaut, que les Archives sont muettes sur les progrès agricoles réalisés, sur les améliorations obtenues par Sully dans le Berry. Aucun de leurs fonds ne renferme la moindre indication ayant trait à l'action agricole de Sully dans le Berry.

D'après la tradition, Sully serait l'auteur des premières plantations de mûriers qui auraient eu lieu à Boisbelle. Cette opinion est singulière quand on sait pertinemment que le ministère ne voulait pas de l'industrie de la soie. Il suffit, du reste, de consulter le Théâtre d'agriculture d'Olivier de Serres, édition de 1635, où sont citées les plantations qui ont été faites. L'auteur énumère celles de la Provence, du Languedoc, du Dauphiné, de la principauté d'Orange et surtout du comté Venaissin et archevêché d'Avignon. Il ajoute : « Les meuriers et leur service y sont à présent très bien recogneus. Là aussi avec beaucoup de lustre paroist de manufacture de la soye. A Tours, ce négoce est jà reçeu avec utilité et applaudissement et depuis quelques années a commencé à se manifester à Caen en la Basse-Normandie encore incogneu au restant du royaume par la nonchalance de ses habitants. » Il n'est nullement question du Berry.

Mais si Sully n'a point encouragé la plantation des mûriers en Berry, il y a certainement propagé les ormes ; c'était son arbre favori. Les principales routes en ont été bordées et ceux qui y sont encore debout sont appelés des Sully ou des Rosny.

Dans le supplément des Mémoires de Sully, tome VIII, édition de 1767, après avoir montré que Sully a embelli le château de la Chapelle-d'Angillon « de jardins en terrasses et d'un parc de près de 230 arpents », l'auteur ajoute : « Le château de Montigny doit à Sully une parfaitement belle avenue d'arbres et derrière la maison une promenade ou une espèce de cour très agréable à quatre rangs d'ormeaux. » Les grandes routes de la province ont dû être bordées d'ormeaux, puisqu'il en existe encore çà et là sur les collines portant le nom de celui qui les a fait planter.

LES DROITS DE SERVITUDE AU XVIIᵉ SIÈCLE

Malgré les nombreux affranchissements qui ont eu lieu dans le Berry, les droits de servitude n'en étaient pas moins encore très fréquents dans cette province au xvIIᵉ siècle. Nous en avons la preuve dans une sentence des requêtes du Palais pour les droits de servitude des terres de Châteauneuf-sur-Cher, Beauvoir et Saint-Julien, datée du 12 janvier 1601.

Un procès avait eu lieu entre messire Guillaume de l'Aubespine, chevalier, conseiller du roi en son conseil privé, sieur de Châteauneuf, et les manants et habitants des paroisses de Venesme, Saint-Julien, Saint-Symphorien, Chambon, Ineuil, Mont-Louis, Saint-Baudelle, Villecelin, Lappan, Corquoy, Seruelles, Sainte-Lunaise et Marigny.

Messire Guillaume de l'Aubespine se disait seigneur propriétaire des terres de Châteauneuf, Beauvoir et Saint-Julien, qui anciennement (plus d'un siècle auparavant) n'étaient qu'une seule terre et châtellenie tenue du roi à un seul hommage sous le nom et titre de seigneurie-châtellenie de Châteauneuf, et voici comment il expliquait ses prétentions.

Cette châtellenie consistait alors en plusieurs *beaux droits*, fiefs de servitudes, tailles et mortailles sur les hommes et sujets de cette terre, foires, marchés, droits d'aunage, mesurage et plusieurs autres beaux droits tant généraux que particuliers appartenant tous à la seigneurie et châtellenie de Châteauneuf-sur-Cher, qui s'étendait sur la ville, le château, les faubourgs et sur les paroisses ci-dessus dénommées.

Très anciennement les habitants de la ville, du château, des faubourgs et des paroisses étaient tous hommes serfs et de serve condition.

En 1220, ils demandèrent au seigneur à être affranchis des droits de servitude, taille et mortaille. Le seigneur, pour accroître la ville de Châteauneuf et la rendre populeuse et engager les forains à venir l'habiter, fit bourgeois, c'est-à-dire manumis et affranchis, les manants et habitants de la ville et faubourgs demeurant au dedans des quatre croix, bornes et limites qui furent alors plantées et appelées croix de bourgeoisie. Cet affranchissement eut lieu moyennant certaines tailles et prestations annuelles et autres charges et redevances indiquées dans les lettres d'affranchissement et que les bourgeois s'engagèrent à payer au seigneur et à ses successeurs.

Cet affranchissement du seigneur vassal du roi fut confirmé par Philippe-Auguste à la charge par les habitants de lui payer et rendre conduits et portés dans sa ville de Bourges sur les chantiers en sa cave 18 muids de vin, mesure et du cru de Châteauneuf, en récompense des droits, taille et mortaille et aux droits de servitude que le roi perdait par cet affranchissement, lesquels droits étaient réels et patrimoniaux de ladite terre et seigneurie de Châteauneuf et provenaient de la première inféodation de ladite terre, et non inventés et introduits à plaisir, et, à l'exception des habitants de la ville, faubourgs et du château, les autres habitants de la terre et châtellenie en dehors des croix de franchise sont restés serfs et de serve condition et ont toujours payé les droits de taille, mortaille et autres droits de servitude jusqu'aux guerres civiles où ils auraient commencé à vouloir dénier leur qualité.

Vers 1480, la terre et châtellenie de Châteauneuf ont été dépecées et démembrées par arrêt de la cour du parlement de Paris, condamnant le seigneur de Châteauneuf à payer 500 livres de rente au seigneur d'Urfé. Pour fournir cette rente, il aurait consenti à démembrer la seigneurie de Châteauneuf, à savoir : les paroisses de Baudelle, Villecelin,

Mont-Louis, Venesme et Corquoy pour former la châtellenie et justice de la terre de Beauvoir-sur-Arnon avec les mêmes droits de châtellenie et justice que Châteauneuf, réservant à son seigneur les fiefs et hommages nobles et quelques autres droits seigneuriaux généraux et universels.

Mais, pour le paiement des 500 livres de rente, on a fait estimation et prisée du domaine des paroisses démembrées et des droits de servitude comme étant des droits de servitude de taille, bian, mortaille sur chacun des habitants de ces paroisses, soit qu'il fût bœufs de labourage ou qu'il fût homme de bras, selon la qualité de chaque habitant, et la terre de Beauvoir-sur-Arnon fut pourvue de 500 livres de rente en une assiette en faveur du sieur d'Urfé et ses successeurs, dont ils ont toujours joui depuis mille quatre cent quatre-vingt et tant d'années.

Un autre démembrement de la terre et châtellenie de Châteauneuf eut lieu par suite de partage entre les enfants du seigneur, à la suite de ce partage il aurait été fait trois terres, justices et châtellenies distinctes et séparées : Châteauneuf, Beauvoir et Saint-Julien.

Messire de l'Aubespine ne contestait pas les droits des habitants de Châteauneuf qui avaient été affranchis ; mais quant à ceux qui ne pouvaient prouver leur titre de bourgeoisie, il les considérait comme serfs.

Les bourgeois pouvant montrer leur titre devaient payer les redevances et prestations dues pour leur affranchissement et bourgeoisie, sinon le seigneur de Châteauneuf demandait qu'ils fussent condamnés à retourner à leur première condition serve et payer et reconnaître lesdits droits de taille, mortaille et autres droits de servitude.

Le seigneur de Châteauneuf fait observer qu'en dehors des serfs et affranchis, il y a une troisième espèce d'hommes dans ses terres qu'on appelle hommes abonnés, lesquels ne sont bourgeois ni affranchis.

« Aussi ne sont-ils serfs taillables à volonté raisonnable, pour être sujets à payer en taille serve par chacun an, mais sont néanmoins serfs abonnés et mortaillables, et s'appellent abonnés parce que les droits annuels de la taille leur ont été abonnés, taxés et limités à certaines redevances annuelles, lesquelles redevances ne haussent ni ne baissent, sont égales et uniformes pour chacun an, comme sont les rentes ; car la taille serve que paient les serfs n'est égale ni uniforme pour chacun an, elle baisse et hausse selon que les moyens et facultés des hommes serfs augmentent ou diminuent, et selon qu'il est avisé, lors de l'assiette de la taille serve, laquelle s'assied et impose par rôles et cotisations qui se font par l'avis du bailly au lieutenant de la seigneurie, procureur fiscal, prévôt fermier des amendes, sergent baillial, et de trois de la condition serve qui connaissent les moyens et facultés des serfs qui s'abonnent ainsi que les titres d'abonnage. »

Le seigneur de Châteauneuf déclarait aux abonnés qu'il n'entendait ni les troubler ni les empêcher de jouir de leur abonnage, du moment qu'ils payeraient leurs redevances, car l'abonnage n'affranchit ni ne garantit la mortaille, mais il demandait que s'ils ne payaient les abonnages, ils fussent déclarés serfs et de serve condition, comme les autres habitants non abonnés.

En raison des guerres civiles de 1567, 1568, 1569 et 1570 et autres qui eurent lieu ensuite, ces droits furent négligés surtout depuis la mort de messire Claude de l'Aubespine, père du réclamant, qui avait acheté les trois terres de Châteauneuf, Saint-Julien et Beauvoir, c'est pourquoi le fils assignait les habitants de ces paroisses en 1581.

Les manants et habitants des paroisses assignées disaient que le seigneur de Châteauneuf ne prouvait point les faits qu'il avançait, que les droits de servitude soutenus par lui étaient tous contraires au droit divin et naturel; que les terres de Châteauneuf, Beauvoir et Saint-Julien sont des terres et seigneuries qui ont toujours été distraites et séparées; que leur justice a été administrée par divers juges et greffiers qui ont tenu registres séparés, les recettes à part, appartenant à divers seigneurs; qu'au surplus lesdits droits et servitudes étaient prescrits et abolis, faute d'usage, suivant la coutume du Berry, sous laquelle sont régies lesdites seigneuries; que jamais ils n'ont été inquiétés pour ces droits de servitude par François de Culant et le sieur d'Urfé, sieurs desdites terres de Châteauneuf, Saint-Julien, et, au contraire, les parents et lignages des décédés non communs ou demeurant avec eux ont succédé auxdits décédés tant en meubles qu'immeubles selon la proximité du degré qu'ils atteignaient audit décédé, quoiqu'ils demeurassent hors desdites terres, sans que lesdits seigneurs, au vu et au su desquels ces choses ont lieu, y aient mis aucun empêchement, et que pour les procès de succession les seigneurs ni leurs procureurs fiscaux n'ont prétendu avoir droit non plus qu'au droit de mortaille, et que les lignages ont librement et sans aucun empêchement disposé des successions, ce qui n'aurait pas eu lieu si le droit de mortaille eût appartenu auxdits seigneurs, et que messire de l'Aubespine aurait été le premier à les disputer et à les poursuivre.

Tandis qu'au contraire les habitants desdites seigneuries et terres, tant sur les lieux que voisinage, avaient toujours été tenus pour hommes libres et francs et non aucunement tachés de servitude ni d'aucuns droits ou devoirs à cet égard, ni taillés ou poursuivis du bian ou arban réclamé par le seigneur.

Ils ajoutaient : Quelle chose pourrait aussi être plus rude et unique qu'un homme libre et franc perdit la liberté et entrât en servitude pour aller demeurer et s'habituer dans lesdites terres, attendu même que, par le droit des gens, servitude encourue se perd par liberté.

Lesquelles servitudes prétendues sont abolies et ne s'observaient entre les chrétiens et spécialement en ce royaume portant son nom, à cause de la liberté et franchise de ses sujets. Ce à quoi le roi avait intérêt pour le payement des tailles et autres subsides et pour le trafic qui se fait avec eux, ce qui n'aurait pas lieu s'ils étaient déclarés serfs. Néanmoins voici la sentence qui fut rendue contre les habitants :

« Avons condamné et condamnons lesdits défenseurs et chacun d'eux à reconnaître et confesser sur eux au demandeur comme sieur des terres et châtellenies de Châteauneuf-sur-Cher, Beauvoir-sur-Arnon et Saint-Julien tous les droits et devoirs de servitude de qui en suivent.

« C'est à savoir que tous et chacun, les manans et habitants des paroisses demeurant en et au dedans lesdites terres de Châteauneuf, Beauvoir et Saint-Julien, sont tous serfs et de serve condition, soit mâles ou femelles, fors et excepté seulement les bourgeois de la ville et faubourgs de Châteauneuf demeurant en et au dedans des quatre croix et bornes de leur affranchissement et bourgeoisie de la ville et faubourgs de Châteauneuf et, aussi, excepté aucuns particuliers demeurant dans lesdites paroisses dont leurs prédécesseurs auraient été affranchis à titre particulier.

« Que desdits hommes et femmes serfs et de serve condition les aucuns sont abonnés, les autres non abonnés.

« Quant aux serfs et serves non abonnés, les avons condamnés et condamnons reconnaître audit demandeur les droits de servitude, tels que l'homme ou femme serve tenant feu et lieu est tenu payer et bailler audit demandeur comme seigneur desdites terres de Châteauneuf, Beauvoir et Saint-Julien, à deux termes, Noël et Saint-Jean-Baptiste, par chacun an, une taille serve à volonté raisonnable qui sera faite et imposée par rôle sur lesdits serfs et serves tenant feu et lieu à l'arbitrage et jugement du seigneur et du bailli desdites seigneuries ou son lieutenant en la présence et, sur ce, pris l'avis du procureur fiscal, du sergent baillial desdites seigneuries, du prévôt fermier des amendes et greffier, et de deux ou trois hommes de même condition servile qui peuvent savoir et connaître les biens et facultés desdits hommes et femmes serviles, eu égard aux moyens et facultés du serf ou serve taillable qu'on impose à la taille.

« Que, outre ladite taille annuelle, l'homme serf tenant feu et lieu est biannable, c'est à savoir qu'il doit une journée d'homme à bras depuis soleil levant jusqu'au couchant tel jour de l'année qui lui est commandé par le seigneur ou son sergent baillial, de laquelle semonce ou commandement ledit sergent baillial est cru, pour faucher, faire vignes ou autres œuvres, ou pour le bian, autrement arban, doit payer au seigneur 15 deniers tournois au choix du seigneur.

« Que l'homme serf ou serve tenant feu et lieu est encore charroyable, s'il tient harnois de bœufs ou chevaux, c'est à savoir qu'il doit au seigneur à cause desdites terres une journée par chacun mois avec la charrette, bœufs ou chevaux s'il en a, tel jour qui lui sera commandé depuis le soleil levant jusqu'au couchant, ou bien lui payer 10 deniers tournois pour chacun charroy qui sont 12 charroys par an montant au fur de 10 deniers chacun, la somme de 10 sols tournois payables à deux termes, Saint-Jean-Baptiste et Noël, au choix et élection dudit seigneur ou de faire faire lesdits 12 charrois chacun an.

« Que l'homme serf tenant feu et lieu est en outre tenu et sujet de payer audit seigneur chacun an, au jour et fête de Noël, une géline appelée géline de coutume. Et où un ou plusieurs serfs mâles ou femelles, parents et lignagers, demeureraient ensemble et en communauté, ne faisant qu'un même pot et feu, quand ores ils seraient jusqu'à un cent, toute leur communauté ne doit payer chacun an qu'une seule taille serve à deux termes à volonté raisonnable, ne doit qu'un bian pour chacun an et douze charrois et une géline aussi par chacun an.

« Que tous les serfs, tant mâles que femelles, sont mortaillables, le cas y échéant, qui est que quand aucun de ladite condition servile commun ou demeurant avec le défunt ou défunte en communauté, lors ledit seigneur demandeur comme seigneur desdites seigneuries succède à son serf ou serve, et prend les biens du défunt et de la défunte serf ou serve, tant meubles qu'immeubles, et en demeurent forclos les parents et lignagers non communs ne demeurant avec ledit défunt ou défunte et tous autres et s'appelle telle façon de succéder mortaille.

« Que les gens de ladite condition sont tenus d'aller moudre leurs grains, fouler leurs draps et battre leurs écorces aux moulins banaux dudit seigneur sous peine de l'amende de 60 sols et de confiscation de leurs chevaux, bœufs et charrettes qui mènent lesdits grains, draps et écorces.

« Que les gens de ladite condition servile ne peuvent disposer de leurs biens par contrat de mariage ou testament, ni les vendre, ou autrement aliéner à autres qu'à gens de ladite condition servile sous peine de contraindre les acquéreurs des vendeurs d'en vider leurs mains en les remboursant par ledit seigneur du prix de la chose aliénée sans fraude.

« Que tous forains, hommes et femmes, qui viennent demeurer en ladite terre de Châteauneuf ou ès dites terres de Beauvais et Saint-Julien, s'ils ne font aveu de bourgeoisie, à savoir ceux qui viennent demeurer en ladite ville et faubourgs dudit Châteauneuf et entre les quatre croix et bornes de la bourgeoisie d'icelle et néanmoins au dedans desdites terres de Châteauneuf, Beauvoir et Saint-Julien attenantes et contiguës, s'ils ne font aveu de bourgeoisie audit demandeur comme sieur desdites terres dedans l'an et jour de leur première demeure, ils sont faits et acquis gens serfs et de serve condition audit seigneur, taillables et biannables, charroyables et mortaillables et sujets aux autres droits et servitudes comme les autres gens serfs dudit seigneur s'appelant tels serfs aubins.

« Quant aux serfs ou serves, abonnés, qu'iceux serfs ou serves abonnés sont et demeurent quittes et libres de la taille serve ban ou charroy ensemblement, ou de la géline de coutume, aussi selon que plus ou moins il a été accordé entre le seigneur et les serfs, par le titre et instrument de l'abonnage.

« Que l'abonnage de l'homme ou femme serve n'est présumé s'il n'est montré, il faut que l'homme serf ou serve en fasse apparaître, autrement ne se peut aider dudit droit d'abonnage contre la volonté dudit seigneur.

« Que l'homme ou femme serfs et de condition serve abonnés sont néanmoins sujets à la mortaille telle que dit est et n'affranchit l'abonnage d'icelle mortaille ni des autres droits de servitude, sinon de ceux tant seulement qui sont exprimés et dénommés au titre et instrument d'abonnage.

« Que si l'homme serf ou serve, soit abonné ou non abonné, s'en allait demeurer hors desdites seigneuries de Châteauneuf, Beauvoir et Saint-Julien en une autre seigneurie, ledit seigneur a droit de suite sur son serf ou serve, pour le suivre sur et chez les voisins.

« Et quant aux bourgeois et affranchis particuliers habitant desdites paroisses demeurant hors ladite ville de Châteauneuf et limites de la bourgeoisie d'icelle, seront tenus de reconnaître audit seigneur les droits et redevances de bourgeoisie, tels qu'ils ont été accordés par les contrats particuliers de leurs affranchissements et bourgeoisies, desquels à cette fin ils seront tenus faire apparoir autrement, et, à faute de ce faire, lesdits affranchissements ou bourgeoisies ne seront présumés et demeureront lesdits prétendus affranchis serfs et de serve condition comme les autres serfs dessus déclarés.

« Et avons condamné et condamnons lesdits défenseurs habitants et manans payer audit demandeur seigneur de Châteauneuf deux années d'arrérages desdits droits échus en 1584, ceux depuis échus et qui écheront ci-après, sauf à déduire ce qui se trouvera avoir été payé, et condamnons lesdits défenseurs aux dépens dudit procès tel que de raison, la cassation d'iceux par-devers nous réservée.

« Et faisant droit sur l'instance de réquête, avons du consentement dudit de l'Aubespine ordonné et ordonnons que suivant et conformément à la transaction faite entre lesdites parties le 14 octobre 1599 les hommes et habitants demeurant et au dedans des fins, bornes et limites de la terre, justice et seigneurie de Courtieux, paroisse de Marigny, déclarés par ladite transaction, seront et demeureront hommes et sujets dudit prieur de Châteauneuf et conséquemment quittes, ores et à l'avenir, des droits accordés audit de l'Aubespine par les habitants de ladite paroisse de Marigny, par transmission de l'an 1585, laquelle demeurera en sa force et vertu, seulement contre les autres habitants de ladite paroisse de Marigny, autres que ceux de ladite seigneurie de Courtieux sous dépens, pour ce regard, par notre sentence, jugement et droit.

« Prononcé en la première chambre en la présence de maître Jacques Le Royer, procureur dudit de l'Aubespine, demandeur, et en l'absence des autres parties et de leurs procureurs suffisamment appelés si ordonnons en mandement, etc. Donné à Paris sous le scel desdites requêtes le douzième janvier mil six cent un. »

Après la mort de Henri IV, après la disgrâce de Sully, la France aux mains d'une femme sans caractère ne pouvait que péricliter. L'agriculture fut la première à se ressentir du désordre dans lequel notre malheureux pays fut encore une fois replongé. Les ennemis de Sully le frappèrent jusque dans les patriotiques créations de son génie. Le canal de la Loire à la Seine presque achevé fut abandonné; le pacte que Sully avait conclu avec des compagnies financières pour le rachat et le dégrèvement du domaine fut rompu, et on recommença d'engager et de dissiper ces propriétés publiques dont·le ministre déchu avait préparé l'entière libération.

Le nouveau régime avait bien d'autres choses à faire avec l'argent de la France. Les grands entendaient jouir de leur victoire. « Le temps des rois est passé; celui des grands et princes est venu, se disaient-ils. Il nous faut bien faire valoir. » En effet, le roi était mineur. Les grands crurent à une restauration de la féodalité. Les économies du feu roi furent gaspillées. Le maréchal d'Ancre, qui succéda à Sully, vendit des arrêts du conseil qui assuraient l'impunité aux traitants qui pressuraient le peuple. Il fit acquitter, pour 300 000 francs qu'il toucha, des élus qui de leur autorité privée avaient augmenté leurs taxations dans la proportion de trois à huit.

En présence de ces incessantes réactions, de ces dilapidations des finances, du peu de souci des gouvernements pour l'intérêt du peuple, du paysan, on se demande comment les cultivateurs ont pu vivre et la France prospérer. Car enfin ce sont presque toujours les mêmes maux qui se perpétuent sous des formes différentes. L'armée a remplacé les grandes compagnies; les hauts barons ont cédé la place aux gouverneurs de provinces, et ceux-ci vont la céder aux intendants : mais, quels que soient les noms, le pauvre cultivateur est toujours pillé; on exige de lui de plus fortes redevances à mesure qu'il devient moins misérable.

En moins de douze ans d'une mauvaise administration, la France était tombée dans l'état déplorable d'où l'avait tirée Henri IV. Quarante millions amassés par Sully avaient été dissipés. A tel point que le prince de Condé et plusieurs autres princes et grands seigneurs, irrités de la fortune scandaleuse de Concini, s'étaient retirés de la cour (1614), et la régente, pour éviter une nouvelle guerre civile, avait dû prodiguer les gouvernements aux mécontents et convoquer les Etats généraux (1614).

On fit bien voir comment le pauvre peuple, qui n'a pour tout partage que le labeur de la terre, le travail de ses bras et la sueur de son front, est accablé de la taille, de l'impôt du sel, doublement retaillé par les recherches impitoyables et barbares de mille partisans et épuisé encore par trois années stériles. Mais ces doléances furent sans effet. Le mal, au lieu d'être atténué, fut augmenté par la guerre civile suscitée par la persécution contre les réformés, par la prise de la Rochelle, leur plus forte place. Cette guerre criminelle ne se termina qu'après avoir promené pendant neuf ans le meurtre et l'incendie sur la plupart des provinces. Le roi accorda au prince de Condé des lettres qui lui conféraient définitivement le titre de gouverneur et lieutenant général au pays et duché de Berry. Plus tard Condé en 1620 obtint la charge de gouverneur et lieutenant général en Bourbonnais et celle de gouverneur et lieutenant général en Berry; puis il exigea que son chambellan donnât sa démission comme bailli de Berry, et il ajouta ce titre à tous les autres. Il voulut enfin, dit M. de Raynal, se délivrer du voisinage du duc de Sully. Il le fit presser de lui vendre ses vastes terres et ses nombreux châteaux. Sully, craignant qu'il ne s'en emparât, lui vendit pour 1 200 000 livres Montrond, Orval, Culant, Le Châtelet, La Roche-Guillebaut et Villebon dans le Perche, qui fut rendue à

Sully, mais il reçut celle de Baugy, afin de posséder tous les châteaux fortifiés de Sully.

Il fit ériger Châteauroux en duché-pairie. Il attaqua les calvinistes retirés à Sully et les força de rendre le château et la ville comme il avait assiégé et pris Sancerre en 1621. La tranquillité ne fut plus troublée sérieusement pendant la suite du règne de Louis XIII; le prince de Condé y conserva toujours son autorité et ne s'en absenta que pour prendre des commandements d'armée au nom du roi.

Il faut reconnaître que du jour où Richelieu fut au pouvoir le peuple des campagnes se sentit protégé. Ce grand ministre qui rêvait l'abaissement des nobles ne voulut pas dans les contrats ruraux d'obligations au-dessus des forces du cultivateur, il préserva le sol de l'immobilisation dans les mains ecclésiastiques; il fit détruire les forteresses seigneuriales.

Dans l'assemblée des notables qu'il convoqua le 2 décembre 1626, il leur demanda de chercher les moyens de régler les tailles de telle sorte que les pauvres qui en portaient la plus grande charge fussent soulagés.

Ce fut Richelieu qui proposa d'établir un maximum sur le blé afin que les marchands n'abusassent pas des nécessités du pauvre peuple. Malgré ces actes de haute sagesse, les ennemis de Richelieu, les nobles, entretinrent les troubles et les guerres civiles qui amenèrent à leur suite le pillage, l'incendie, la famine et la peste qui dépeuplèrent les campagnes.

Aussi les recettes du Trésor restèrent depuis 1635 bien au-dessous des dépenses d'État, et l'impôt en fut tellement augmenté que la Normandie et la Gascogne s'insurgèrent (1640) par impuissance de vivre en l'acquittant.

Nous ne voyons pas de pareilles scènes de trouble dans le Berry.

LOUIS XIV

De nouveau les querelles des princes et des grands déchirèrent la France pendant la minorité du jeune roi. Les campagnes protestèrent par d'impuissantes révoltes; on en profita pour augmenter les tailles de cinq à six millions sous la dénomination de subsistances des gens de guerre. Les bestiaux, les instruments du laboureur ne furent plus protégés par les prohibitions portées dans les édits paternels de Henri IV. La guerre de la Fronde, qui eut pour cause le mécontentement excité par l'administration du cardinal Mazarin, ramena le pillage et la ruine des campagnes. Le prince de Condé se retrancha dans le Berry contre les troupes royales. Louis XIV, irrité, traita cette terre rebelle en pays conquis. Des soulèvements populaires eurent lieu dans plusieurs provinces. En Sologne (1658), ils eurent une certaine gravité. Et les sabotiers (c'est le nom qu'on donna aux révoltés) coururent sus aux percepteurs des tailles. Défaits à la fin, la corde fit justice de leurs impuissantes révoltes et leurs oppresseurs n'en devinrent que plus cruels.

Le Berry souffrit bien d'autres maux; il endura les horreurs de la famine. Les récoltes de 1661 furent insuffisantes, et le peuple, toujours sensible aux dangers du jour, mais sans prévoyance pour les difficultés du lendemain, oublia tout d'un coup qu'il s'était parfaitement trouvé pendant nombre d'années de la libre circulation des grains introduits par Sully, et il se prit à rejeter sur cette liberté les causes de la disette. Le Parlement céda aux clameurs populaires. Un premier arrêt du 19 août 1661 défendit aux marchands de contracter société pour pratiquer le commerce des grains et en faire amas.

Les effets ne se firent pas longtemps attendre, et bientôt une famine terrible fit mourir par milliers les paysans dans les campagnes abandonnées.

Un curé du diocèse de Bourges écrit qu'en allant porter le saint viatique à un malade il a trouvé cinq morts sur le chemin. Dans le même canton, on a vu une femme morte de faim et son enfant âgé de sept ans auprès d'elle qui lui avait mangé une partie du bras [1].

En vain les États généraux de 1614 avaient demandé à plusieurs reprises que de trois ans en trois ans des Grands Jours fussent tenus dans les différentes provinces du royaume par les juges des divers parlements pour réprimer un monde de forfaits exécrables commis sans aucune punition à cause de la grandeur et de la qualité des coupables; ce ne fut qu'en 1634 qu'il y eut des Grands Jours à Poitiers pour punir les crimes de la noblesse dans le Poitou, l'Anjou, le Maine, l'Angoumois et l'Aunis. Et malgré les réclamations de l'avocat général Talon, ce tribunal redouté ne se réunit qu'en 1665 en Auvergne. Il avait sous sa juridiction la haute et la basse Auvergne, le Bourbonnais, le Nivernais, le Forez, le Beaujolais, le Lyonnais, le pays de Combrailles, la haute et la basse Marche et le Berry.

A la seule annonce de l'ouverture des Grands Jours, la noblesse, se rendant justice par avance, déserta ces provinces. On est effrayé du nombre prodigieux et de la gravité des violences et des crimes qui furent dévoilés par l'instruction.

Mazarin avait laissé commettre toutes les iniquités; les troubles de la Fronde avaient porté un coup fatal aux réformes agricoles de Sully. L'administration des finances était redevenue plus que jamais la proie de l'ignorance et de la cupidité, et lorsque Colbert arriva au pouvoir, il trouva le Trésor vide, deux années de revenus consommées d'avance, le peuple accablé d'impôts, les domaines aliénés, les exemptions, les charges, les privilèges multipliés sans mesure, les recettes sans règle, les dépenses sans frein; partout la fraude, la malversation et le désordre.

Colbert commença son œuvre par instituer un cour de justice pour poursuivre les gens de finances. Puis il fit annuler les lettres de noblesse accordées depuis vingt ans au préjudice de paroisses incapables depuis lors de payer leur taille, à cause du grand nombre d'exempts qui recueillaient les principaux fruits de la terre sans contribuer aux impositions, dont ils durent porter la meilleure partie au soulagement des pauvres.

Puis il voulut atteindre les maires, échevins et autres officiers municipaux, et surtout cette partie vaniteuse de la bourgeoisie qui avait acheté de petites sinécures pour s'exempter de la taille, mais il trouva une si grande résistance qu'il dut prendre un moyen terme, et il fut concédé en 1667 qu'ils pourraient faire valoir par intermédiaire jusqu'à douze charrues sans que leurs gens fussent sujets à la taille, mais il y eut toujours des privilégiés; il y eut des fermes de 3000 à 4000 francs, mais appartenant à quelque personnage influent, qui ne payait presque pas de revenu.

Colbert renouvela l'ordonnance toujours mise en oubli de ne saisir ni les instruments ni les bestiaux du labour pour défaut de payement de l'impôt.

Afin d'encourager les propriétaires à donner du bétail à cheptel, il défendit de saisir pour le même motif plus d'un cinquième des bestiaux placés à cheptel et pour fait de solidarité entre les cheptiliers et leurs coparoissiens.

Le droit de pied fourché sur le bétail fut aboli à 20 lieues autour de Paris, et une ordonnance de 1667 exigea qu'en cas de saisie on laissât au paysan une vache, trois brebis ou deux chèvres.

Colbert vint encore au secours des campagnes en obligeant, par l'ordonnance de 1671,

1. Depping, *Correspondance administrative sous le règne de Louis XIV.*

les provinces à éteindre les dettes des communautés rurales, mais les faits ne purent guère réaliser l'intention, notamment pour les immeubles aliénés.

Tout en notant ces dispositions favorables à l'agriculture, il faut reconnaître que contrairement à Sully, qui sacrifie l'industrie à l'agriculture, Colbert favorisa l'industrie de préférence à l'agriculture.

Il prohiba l'exportation des grains à l'étranger; il en gêna la circulation de province à province; il voulut avant tout que le blé restât à bas prix pour favoriser les manufactures; mais aussi les laboureurs, n'étant plus excités par le gain, émigrèrent vers les villes : d'où la stérilité, la disette, comme nous l'avons vu en 1661, époque où le blé et l'argent manquèrent dans le Berry et dans beaucoup d'autres provinces.

L'administration de Colbert intéresse particulièrement le Berry. Ce grand ministre fut seigneur de Châteauneuf-sur-Cher. La Thaumassière rapporte que cette belle terre est demeurée en la maison d'Aubespine pendant cent cinq ans. « Ayant été saisie réellement sur messire Charles de l'Aubespine, marquis de Châteauneuf et de Ruffec, elle a été adjugée par décret aux requêtes du palais à Paris le 13 mai 1679, à messire Jean-Baptiste Colbert, chevalier, marquis de Seignelay, baron de Sceaux, grand trésorier des ordres du roi, secrétaire et ministre d'État, contrôleur général des finances, surintendant et ordonnateur général des bâtiments de Sa Majesté, arts et manufactures de France.

« Les terres de Châteauneuf, Saint-Julien, la Vefvre et de la chaussée ont été unies en un seul fief et mouvance de Sa Majesté, à cause de sa grosse tour de Bourges, et érigées en marquisat en faveur de M. Colbert par lettre du mois de mai 1681. » Colbert n'avait pas attendu jusqu'à cette date pour s'occuper des intérêts du Berry. Au mois d'août 1665, il avait envoyé à Bourges deux députés des marchands drapiers, le sieur Poquelin et le sieur Delacroix, pour examiner les manufactures et indiquer aux ouvriers les moyens d'améliorer leur fabrication. Des conférences s'ouvrirent à la maison commune entre les marchands drapiers drapants et les maîtres foulons de la ville en présence du maire et échevins et des députés du commerce de Paris, et le 17 septembre on arrêta un règlement.

Parmi les prescriptions de cet arrêté nous remarquons celles qui sont relatives à la fabrication, au nombre des portées, des dimensions et des couleurs. Pour assurer et vérifier la bonté du produit on devait choisir comme visiteurs jurés devant le maire et les échevins, à la pluralité des suffrages, deux marchands, deux drapiers, un foulon et un tissier qui auraient leur bureau à la maison de ville.

Tous les deux jours ces jurés seraient tenus de faire visite chez les tissiers, de faire rompre les laines de mauvaise qualité et de prononcer des amendes. D'autres visites devaient avoir lieu chez les marchands dans le même but et pour saisir les marchandises fabriquées ailleurs qu'à Bourges.

Il était défendu aux foulons, sous peine de confiscation et d'amende, de fouler les marchandises fabriquées en d'autres localités, et notamment à Dun-le-Roi, à Henrichemont, à Ivoy-le-Pré, aux Aix-d'Angillon.

De 1666 à 1669, beaucoup d'autres mesures furent prises au conseil royal du commerce sur les manufactures de draperies et sergeteries de laine et de draps d'or, d'argent et de soie, sur les marques, les dimensions, les teintures, les visites. Elles étaient communes aux fabriques du royaume, on énonçait qu'elles s'appliquaient notamment, en Berry, à celles de Bourges, Issoudun, Châteauroux, Celles, Saint-Genou, Vierzon, Aubigny. Telles étaient à cette époque les nombreuses localités de la province où l'industrie des draps avait acquis une certaine importance. Châteauroux à cette date même de 1665 possédait déjà 43 manufactures de draps; quelques années plus tard cette vieille industrie y occupait plus de 10 000 personnes. M. de Raynal déclarait, au moment de la publication de son *Histoire du Berry* en 1847, que cette industrie s'est maintenue jusqu'à ce jour avec un certain éclat.

Les efforts de Colbert pour restaurer la fabrication des draps à Bourges n'eurent pas un long effet. Cette industrie, soutenue d'abord par les besoins importants rendus nécessaires par les longues guerres de Louis XIV, s'épuisait; on ne fit plus guère de demandes aux manufactures du Berry, et cette industrie languit de nouveau. Après cette tentative en faveur de l'industrie des draps, Colbert fit faire des expériences sur le chanvre du Berry. Il fut reconnu que, sans goudron, il était plus durable et plus fort que celui qu'on tirait du Danemark et d'autres pays étrangers pour les cordages des vaisseaux.

Un intendant, M. de Séraucourt, excita vainement les hommes les plus intelligents à exploiter cette richesse locale en leur montrant la certitude du succès; les capitaux étaient trop rares, et on ne voulait pas s'exposer à des chances de ruine. On ne chercha, dit M. de Raynal, à tirer parti pour la marine des chanvres du Berry que pendant la Révolution. En 1792, un homme d'une rare intelligence, M. Butet, fonda dans la vieille abbaye de Saint-Ambroix une manufacture de toiles pour les voilures des vaisseaux, mais elle ne réussit pas. Colbert voulut encore propager d'autres industries dans le Berry. En 1666, il y fit ouvrir des manufactures de dentelles et de bas d'estame, c'est-à-dire de laine tricotée à l'aiguille. Il avait envoyé, pour procéder à cette création, Jean Camuset, intendant des manufactures royales de France, et ses trois associés, Romain Poulain, Toussaint Zellin et Marcel Auvray, qui établirent aussi à Châteauneuf des fabriques de draperie et de bas.

L'introduction des métiers porta un coup mortel à ces nouvelles créations; on les repoussa d'abord; mais le seul résultat qu'on obtint, ce fut de favoriser les productions étrangères; on fut forcé d'admettre les métiers, et le tricot à la main ne put, dit La Thaumassière, soutenir une telle concurrence.

A cette époque, Jean Toubeau, imprimeur à Bourges, échevin, auteur d'un traité sur le droit consulaire, rédigea deux mémoires sur les moyens de relever la draperie et le commerce à Bourges. Il insiste sur deux points principaux : la nécessité de rendre l'Auron navigable et le rétablissement des anciennes foires.

Colbert s'empressa d'envoyer en Berry un ingénieur habile, le sieur Poitevin, qui examina le pays, en fit le nivellement; suivant Toubeau, il promit d'assurer toute l'année la navigation de l'Auron. Cependant on ne commença pas les travaux; quant aux foires, on ne fit rien pour les rétablir.

Nous avons tenu à faire connaître d'une façon générale tous les efforts de Colbert pour le développement de l'industrie et du commerce dans le Berry, d'autant plus que l'industrie des draps, la fabrication des bas se rattachaient essentiellement à une production agricole, la laine, qui de tout temps a été abondante en Berry.

Depuis cette époque Colbert n'a cessé de s'occuper des intérêts du pays. Il avait construit sur l'Arnon, dans la commune de Saint-Baudel, un haut fourneau avec usine à fer connue sous le nom de Forge-Neuve, et, dès 1682, trois ans après sa prise de possession de la terre de Châteauneuf, cet établissement fonctionnait. Il avait aussi créé à Châteauneuf une fabrique de bas de soie. Il essaya d'introduire d'autres industries dans le Berry, fit des efforts renouvelés pour y rendre à la draperie son ancienne activité. A Châteauneuf il fit établir des fabriques de draperies et des ateliers de bas estame qui furent, dit-on, transformés ensuite en bas de soie.

Ces institutions, qui suffiraient à glorifier une existence entière, furent pour Colbert l'œuvre de quatre années. Il devint seigneur de Châteauneuf en 1679 et mourut en 1683.

Par son testament (5 septembre 1683, veille de sa mort), il donne et lègue aux hôpitaux de sa terre de Châteauneuf et Lignières mille livres de rente par chacun an pour être employées au mariage de 20 pauvres filles qui seront choisies, savoir : 10 à chacun desdits hôpitaux par les administrateurs de l'Hôtel-Dieu de Paris. On peut avancer, dit Bonnemère, qu'au xviiᵉ siècle encore, et malgré la triste comédie des États, le paysan français était bien et dûment en fait taillable à merci et à miséricorde comme aux siècles précédents. Et comment en eût-il été autrement? Les députés aux États provinciaux étaient les ecclésiastiques, les nobles et les grands bourgeois des bonnes villes. Or les ecclésiastiques ne payaient pas; les nobles et les grands ne payaient pas, du moins pour le don gratuit, et les magistrats qui, pour la meilleure part, formaient les représentants du tiers, étaient retranchés derrière leurs privilèges personnels. Les ahaniers (laboureurs) étaient seuls à payer. Le roi demande, les États accordent. Aussi la misère devint générale et une tyrannie affreuse pesa sur les campagnes pendant les plus glorieuses années de Louis XIV. Suivant l'expression de Voltaire, on périssait de faim au bruit des *Te Deum*. La misère était partout et la terre sans culture. Bientôt il fallut des ordonnances royales pour contraindre à ensemencer les champs.

Les exigences du budget de la guerre augmentaient à mesure que diminuaient les ressources du pays, incapable de suffire désormais aux batailles, aux somptueux palais qui sortaient de terre à la voix du roi soleil.

Les impôts étaient devenus si accablants que chaque jour, en échange d'un travail stérile, beaucoup s'empressaient d'acquérir une de ces charges inutiles qui exemptaient des tailles et des corvées. La servitude de la taille avait succédé en quelque sorte à celle du corps; elle liait le paysan au sol; il se retrouvait taillable de poursuite comme il avait été serf de poursuite, et le pauvre journalier qui ne possédait rien dans une paroisse où le travail manquait à ses bras ne pouvait aller ailleurs sans payer la taille en deux endroits pendant deux ans et pendant trois, s'il passait dans une autre élection.

Pendant ses dernières années, Colbert ne cessait de supplier le roi de réduire ses dépenses en lui faisant ressortir la misère des provinces. Ce fut peine inutile. Il mourut sans avoir pu réaliser son projet de diminuer les tailles, les droits d'aides, les privilèges des localités et des privilégiés.

Après lui, le roi en fit uniquement à sa tête; il lança, le 19 octobre 1685, l'ordonnance de la révocation de l'édit de Nantes, et au nom de la religion les campagnes furent décimées par les dragons du roi qui se livrèrent à la débauche la plus effrénée, aux abus les plus infâmes. Déjà les persécutions avaient commencé partout. Les protestants étaient considérés comme des êtres nuisibles; ce n'étaient plus des Français; on les regardait comme des ennemis; on fermait leurs temples, supprimait leurs écoles; on les excluait de toutes les carrières; on cherchait à séduire leurs enfants; on les obsédait jusqu'à leur lit de mort; on traînait leurs cadavres dans la boue; on leur enlevait leur cimetière. Voilà l'œuvre despotique, barbare, antinationale du grand roi. Dès 1672, les protestants de Charost se plaignent avec amertume qu'au nom du seigneur de leur petite ville, Louis de Béthune, on leur dispute leur cimetière et qu'on veuille les contraindre à ensevelir leurs morts à Issoudun.

En 1681, un édit permet aux catholiques d'assister au prêche des pasteurs protestants; c'est la source de querelles scandaleuses. A Sancerre, un jour que le vicaire de la paroisse, deux augustins et un certain Jean Gaucher s'étaient rendus au temple, une violente et scandaleuse dispute s'éleva entre eux et le ministre Lefèvre. Aussitôt qu'il en fut informé, le prince de Condé, comte de Sancerre, suspendit le ministre.

Ces persécutions avaient déjà produit des émigrations; la population diminuait dans les provinces, et si nous nous arrêtons quelque peu à ces honteuses persécutions, c'est qu'elles s'exercèrent aussi contre les paysans, les cultivateurs, les vignerons, qui étaient pourtant assez accablés d'autres maux.

D'après le mémoire sur la généralité de Bourges rédigé en 1697 sur la demande du duc de Bourgogne, on remarque qu'à la fin de 1885 il y avait dans la province du Berry environ 5000 religionnaires. A Sancerre on en comptait 2200, qui avaient deux temples, deux ministres et un consistoire dont l'autorité s'étendait sur tous les protestants de la province. Asnières en avait 700 à 800, tous vignerons plus entêtés les uns que les autres; à Issoudun, il n'y en avait guère que 250; le reste était dispersé à Argenton, à Sainte-Sévère, à Saint-Amand, dans les environs du Blanc et de Valençay et dans beaucoup d'autres localités. Soixante-six gentilshommes environ, parmi lesquels le baron de Blet et M. de Jaucourt, étaient les plus importants, professaient publiquement la religion réformée.

Après la révocation de l'édit de Nantes, on commença une guerre en règle contre les protestants. Les lieutenants de provinces, escortés de dragons, aidaient les évêques à convertir de force. L'exil, la prescription aidant, les abjurations arrivèrent forcément; on vit à Sancerre 600 personnes abjurer ainsi dans les mains de l'archevêque, et pour être plus sûr de ces conversions forcées, on donna de l'argent au nom du roi à ces nouveaux catholiques; plusieurs d'entre eux obtinrent des gratifications de 500 livres. Aussi dans la même année le curé Voille reçut plus de 200 abjurations.

Et cependant, malgré la force, malgré la corruption, malgré tous les infâmes moyens de conversion, la liberté de conscience indignée résistait toujours; on fut contraint d'envoyer les ignobles dragons verts à Sancerre, on les mit à discrétion chez les protestants les plus obstinés et ils avaient ordre d'employer la torture et tous les moyens inavouables pour les forcer de se soumettre et de se convertir.

Aussi le Berry, qui avait trouvé dans l'esprit de la Réforme une énergie dont on ne croyait pas ses habitants susceptibles, fut réduit au silence; mais les vigoureuses protestations, les courageuses révoltes, les luttes héroïques de cette province sont restées comme une des plus belles pages de son histoire.

Persécutés dans leur religion, accablés d'impôts, abîmés par la misère, les paysans du grand siècle n'ont plus de visage humain. C'est ainsi que les a dépeints La Bruyère.

Boulainvilliers rapporte un triste portrait des Berrichons tracé par l'intendant de la généralité de Bourges.

« Il n'y a point de nation plus sauvage que ces peuples. On en trouve quelquefois des troupes à la campagne assis en rond au milieu d'une terre labourée et toujours loin des chemins; mais, si l'on en approche, cette bande se disperse aussitôt. »

La défense de saisir les bestiaux et les instruments aratoires n'avait plus été renouvelée depuis Colbert, de sorte que le paysan fut livré pieds et poings liés aux agents du fisc; on démolissait les chaumières pour vendre les ferrements. La récolte de 1692 manqua par la persistance de la pluie; celle de l'année suivante ne fut pas meilleure. Louis, pour soutenir ses armées, se fit accapareur de grains et força les laboureurs à porter leurs denrées sur le marché en en taxant le prix.

Tous les impôts, toutes les charges s'aggravèrent.

Le roi imagina (1693) un droit de contrôle sur les actes notariés. Il fut défendu aux cultivateurs de faire les baux pour plus de neuf ans; on eût dit qu'on voulait les empêcher d'améliorer le sol et de profiter de ses améliorations.

En 1698, l'état de la France était tel que le duc de Bourgogne, à l'instigation de Fénelon, demanda aux intendants des diverses provinces de France des rapports qui, rédigés pendant le cours des deux années suivantes, devaient le mettre à même de connaître l'état du royaume sur lequel il semblait appelé à régner un jour.

Les intendants ne peuvent être suspectés de partialité; ils ne sont pas portés à s'apitoyer outre mesure sur des souffrances dont ils sont en partie les auteurs, et ils écrivent pour la cour, qui n'aime pas les tableaux trop rembrunis. Rien de triste et de désolé cependant comme ces tableaux.

Pour la généralité de Bourges il est dit : « Les esprits sont doux, mais leur défaut général est la nonchalance plutôt que la paresse; la cause en est la servitude dans laquelle languit le laboureur par un usage que l'on ne saurait regarder que comme très ancien et relatif au génie des colonies qui ont été conduites en ce pays après l'extinction des premiers habitants, ou bien à la manière dont les peuples y ont été gouvernés pendant que les droits des seigneurs ont subsisté dans leur étendue naturelle.

« L'imposition n'a pas été augmentée dans le Berry à l'occasion de la guerre précédente; au contraire, elle y a été très considérablement diminuée dans les années 1693 et 1694, mais les affaires extraordinaires auxquelles on a été obligé d'avoir recours ont été si fortes et si peu proportionnées aux forces de la province que telles diligences que les traitants aient pu faire, quoiqu'ils aient mis en usage les contraintes les plus violentes, ils n'ont pu tirer que les moindres parties et poursuivent encore le recouvrement du surplus. »

Malgré ces tableaux, malgré les observations pleines de sens et de vérité de Vauban, qui montrait que les biens de la campagne rendaient un tiers de moins que trente ou quarante ans avant; malgré les petits livres pleins d'enseignements utiles de Bois-Guilbert, Louis XIV ne voulut rien entendre. Vauban fut disgracié et Bois-Guilbert exilé au fond de l'Auvergne comme les pires ennemis du roi. Le peuple continua d'être accablé. A toutes les misères déjà si grandes vint s'ajouter le fléau de l'invasion. C'est alors qu'un autre disgracié, Fénelon, montra tout ce que peut une grande âme pour soulager la misère, mais sa charité s'épuisa devant l'aveuglement du grand roi, devant les hivers rigoureux, les sécheresses excessives, les débordements des rivières. L'histoire a conservé le triste souvenir de l'impitoyable hiver de 1709 et des épouvantables débordements de la Loire.

La France tout entière allait mourir de faim. Pour arrêter les paysans dans leur émigration, il fut permis à tout laboureur de mettre en valeur à son profit entier et exclusif les terres laissées en jachère par suite de la mort, de la fuite ou de la ruine des anciens possesseurs.

Enfin Louis XIV mourut (1er septembre 1715), laissant à son petit-fils une dette qui dépassait 3 milliards.

LA REGENCE. — LOUIS XV

Pour remédier à la dépopulation toujours croissante des campagnes, le régent exempta de six années de taille les soldats libérés qui mettraient en valeur les terres sans culture et les maisons abandonnées.

Par une autre sage mesure, Philippe d'Orléans abolit toutes les lettres de noblesse accordées à la bourgeoisie depuis 1689; il augmenta ainsi le nombre des contribuables et diminua quelque peu le fardeau qui écrasait la classe agricole, et, remettant en vigueur une utile prescription de Colbert, il ordonna aux intendants des provinces de tenir la main à ce que les collecteurs procédant par voie d'exécution contre les taillables n'enlevassent point leurs chevaux et bœufs servant au labourage, ni leurs lits, habits, ustensiles et outils avec lesquels les ouvriers et artisans gagnaient leur vie. Mais, hélas! il en fut de ces ordres comme de beaucoup d'autres avec lesquels au commencement des règnes on leurre le pauvre peuple : ils ne furent pas maintenus. Il en fut de même de la proposition de Saint-Simon qui demandait la suppression complète de la gabelle pour rendre le sel libre et marchand.

Les choses allèrent si bien qu'à la mort du régent (1725), année de la majorité de Louis XV, l'État était endetté de 680 millions de plus qu'à la fin de Louis XIV.

Le duc de Bourbon, directeur des affaires, lança immédiatement en 1725 l'impôt du cinquantième du revenu combiné avec toutes les ressources du génie fiscal. Les revenus étaient taxés sans prélèvement des frais de culture et de toutes les autres charges. Cet impôt excita un vif mécontentement. Alexis Monteil, dans son chapitre de la décade des anciens villages et des anciens villageois, dit que le villageois du Berry est, à bien des égards, le villageois du Forez. Il laboure, il sème le matin; il bat le fer le soir. Dans certaines saisons, il fauche, il moissonne, il vendange; dans d'autres il livre ses laines, il carde, il tisse. Nous sommes loin, par ce portrait, de celui de Boulainvilliers. Le paysan berrichon nous apparaît à cette époque comme plus actif et moins sauvage.

Le ministère de Fleury favorisa l'agriculture, traitant, dit Voltaire, l'État comme un corps puissant et robuste qui se rétablit de lui-même. Mais, dès 1725, survint une nouvelle famine, puis un été humide et froid; des pluies persistantes empêchèrent les récoltes de mûrir et le blé d'être rentré dans de bonnes conditions. Les craintes des populations augmentèrent le mal en exagérant le danger : les entraves mises à la circulation des blés par le système prohibitif de Colbert portèrent leurs fruits et augmentèrent la misère des provinces.

En 1729, Louis XV, par un bill renouvelé de 12 en 12 années jusqu'en 1789, sanctionna l'établissement d'une régie dont le but ostensible était d'acheter des grains lorsqu'ils seraient abondants, de les conserver dans ses greniers et de les revendre dans les années mauvaises. Ces blés achetés à vil prix étaient exportés, mis en dépôt notamment dans les îles de Jersey et de Guernesey, détruits quelquefois afin d'entretenir la rareté sur le marché, de produire la cherté dans les années d'abondance, d'augmenter les anxiétés de la famine dans les années de disette, et de revendre à des prix exhorbitants les blés conservés en magasin et qu'on ne lançait que lentement et peu à peu dans le commerce. Le clergé et la noblesse avaient un double intérêt dans cette spoliation odieuse qui a reçu le nom de Pacte de famine, car ils percevaient leurs dîmes et redevances proportionnellement aux forces de la récolte et alors que les denrées étaient au plus bas, pour en revendre ensuite les fruits à des prix exorbitants lorsque la famine avait amené la hausse en triplant ou quadruplant leur valeur.

Jamais le génie du mal n'inspira aux ennemis du peuple une entreprise conduite avec un art plus infernal. Forcé de vendre aux époques inflexibles auxquelles ses maîtres exigent le payement de leurs redevances, le paysan ne put traiter qu'au comptant. Il fallait donc des capitaux énormes, on les eut en intéressant au succès de cette œuvre tous les détenteurs de la fortune sociale.

Les ministres, le roi lui-même prirent part à l'entreprise. Louis XV leur fit une avance de 10 millions, car il avait une cassette particulière avec laquelle il agiotait sur le prix des blés, se ventant à tout le monde du lucre infâme qu'il faisait sur ses sujets. Venait-on à se plaindre des accapareurs, on vous envoyait à la Bastille.

Le résultat dépassa les espérances des auteurs et des complices de ce pacte odieux. La famine ne quitta plus les campagnes.

Parcourez les correspondances administratives des trente dernières années qui précèdent la Révolution, cent indices vous révéleront une souffrance excessive, même lorsqu'elle ne se tourne pas en fureur. Visiblement, pour l'homme du peuple, paysan, artisan, ouvrier qui subsiste par le travail de ses bras, la vie est précaire ; il a juste le peu qu'il faut pour ne pas mourir de faim, et plus d'une fois ce peu lui manque.

Dans l'état d'Issoudun, en pays vignoble, chaque année les vignerons sont en grande partie réduits à mendier leur pain dans la saison morte.

L'intendant de Bourges marque qu'un grand nombre de métayers ont vendu leurs meubles, que des familles entières ont passé deux jours sans manger, que, dans plusieurs paroisses, les affamés restent au lit la plus grande partie du jour pour souffrir moins.

Sur les confins de la Marche et du Berry, tel domaine qui, en 1660, faisait vivre honorablement deux familles seigneuriales, n'est plus qu'une mince métairie improductive ; on voit encore la trace des sillons qu'imprimait autrefois le soc de la charrue sur toutes les bruyères des alentours.

Aussi bien, dans les sept huitièmes du royaume, il n'y a pas de fermiers, mais des métayers. Le paysan est trop pauvre pour devenir entrepreneur de culture ; il n'a point de capital agricole. Le propriétaire qui veut faire valoir sa terre ne trouve pour la cultiver que des malheureux qui n'ont que leurs bras ; il est obligé de faire à ses frais toutes les avances de la culture, bestiaux, instruments et semences, d'avancer même à ce métayer de quoi le nourrir jusqu'à la première récolte.

A Vatan, par exemple, dans le Berry, presque tous les ans les métayers empruntent du pain au propriétaire afin de pouvoir attendre la moisson. Il est très rare d'en trouver qui ne s'endettent pas envers leur maître d'au moins cent livres par an. Plusieurs fois celui-ci leur propose de leur laisser toute la récolte, à condition qu'ils ne lui demanderont rien de toute l'année ; ces misérables ont refusé ; livrés à eux seuls, ils ne seraient pas sûrs de vivre.

Malgré tous ses privilèges, écrit un gentilhomme en 1751, la noblesse se ruine, s'anéantit tous les jours, le tiers état s'empare des fortunes ; nombre de domaines passent ainsi par vente forcée ou volontaire entre les mains des financiers, des gens de plume, des négociants, des gros bourgeois. Mais avant, le seigneur obéré s'est résigné aux aliénations partielles ; le paysan quand il le peut se rend propriétaire.

La décadence de la culture et la dépopulation ont fait abandonner de grands espaces de terrain. Pour les remettre en valeur, il faut en céder la propriété ; nul autre moyen de rattacher l'homme à la terre. Et le gouvernement aide à l'opération : ne percevant plus rien sur le sol abandonné, il consent à retirer provisoirement sa main trop pesante. Par l'édit de 1761, une terre défrichée reste affranchie pour quinze ans de la taille d'exploitation, et là-dessus, dans 28 provinces, 400 000 arpents sont défrichés en trois ans.

Dans la terre de Blet, dont nous parlons plus loin, 22 parcelles sont aliénées en 1760.

Voilà, dit Taine, comment par degrés le domaine seigneurial s'émiette et s'amoindrit. Vers la fin, en quantité d'endroits, sauf le château et la petite ferme attenante qui rapporte deux ou trois mille francs par an, le seigneur n'a plus que ses droits féodaux; tout le reste du sol est au paysan.

Déjà, vers 1750, Forbonnais note que beaucoup de nobles et d'anoblis, réduits à une pauvreté extrême avec des titres de propriété immense, ont vendu au petit cultivateur à bas prix, souvent pour le montant de la taille.

Vers 1760, un quart du sol, dit-on, avait déjà passé aux mains des travailleurs agricoles.

Mais en acquérant le sol le petit cultivateur en prend pour lui les charges. Tant qu'il était simple journalier et n'avait que ses bras, l'impôt ne l'atteignait qu'à demi; où il n'y a rien le roi perd ses droits. Maintenant il a beau être pauvre et se dire encore plus pauvre, le fisc a prise sur lui par toute l'étendue de sa propriété nouvelle. Les collecteurs, paysans comme lui et jaloux à titre de voisins, savent ce que son bien au soleil lui a rapporté; c'est pourquoi on lui prend tout ce qu'on peut lui prendre. En vain il a travaillé avec une âpreté nouvelle : ses mains restent vides, et au bout de l'année il découvre que son champ n'a rien produit pour lui. Plus il acquiert et produit, plus ses charges deviennent lourdes. En 1715, la taille et la capitation qu'il paye seul ou presque seul étaient de 66 millions; elles sont de 93 en 1759, de 110 en 1789. En 1757, l'impôt était de 283 156 000 livres; en 1789, nous le verrons atteindre 476 294 000.

Sans doute, en théorie, par humanité et bon sens on veut le soulager; on a pitié de lui. Mais en pratique, par nécessité et routine, on le traite, selon le précepte du cardinal de Richelieu, comme une bête de somme, et l'on mesure l'avoine de peur qu'il ne soit trop fort et regimbe comme un mulet qui, étant accoutumé à la charge, se gâte plus par un long repos que par le travail.

Jusqu'ici l'agriculture n'avait guère préoccupé les gouvernements. Au xvii° siècle et pendant la plus grande partie du xviii°, elle ne figurait même pas dans la nomenclature administrative; cependant elle commençait à être à la mode.

« La nation, a dit Voltaire, rassasiée de vers, de tragédies, de comédies, de romans, d'opéras, d'histoires romanesques et de réflexions morales plus romanesques encore, s'aperçut un beau jour qu'on pouvait raisonner sur les blés, et se trouva tout heureuse de ce changement de régime ! » Il est permis d'attribuer cette évolution de l'esprit public à des causes un peu plus sérieuses.

De la révolution survenue dans l'opinion sortit l'école des physiocrates, qui proclamèrent que la terre est la seule industrie productive, c'est-à-dire capable d'ajouter à la somme des richesses, au lieu de se borner à la mettre en œuvre ou à en faciliter la circulation. C'est la théorie de Quesnay, formulée dès 1756 dans plusieurs articles de l'*Encyclopédie*. La société de la fin du xviii° siècle se prit d'une véritable passion pour la campagne.

Un certain nombre de grands propriétaires, comme le marquis de Turbilly, le duc d'Harcourt, le duc de Larochefoucauld-Liancourt, recommençaient à vivre sur leurs domaines; ils ne dédaignaient pas de se faire agronomes, de se mêler aux paysans, de consacrer leur fortune à l'amélioration des méthodes agricoles et du sort de leurs tenanciers.

Le plus bel exemple qui ait été fourni à cet égard est sans contredit celui d'un noble propriétaire du Berry, le duc de Béthune Charost, homme intelligent, instruit et libéral, qui donna dans l'arrondissement de Bourges, à Charost même, l'exemple de tous les progrès à accomplir. Dès 1765, il fit construire des routes; il supprima les corvées seigneuriales dans ses domaines; il fonda dans plusieurs communes des secours annuels pour les indigents.

A Charost, à Mareuil, il se chargea des enfants trouvés. A Roucy et à Meillant il établit des sages-femmes, des médecins, des pharmaciens pour les malades. A Charenton, il organisa des sociétés de secours contre la grêle, les inondations et les incendies.

Louis XV sut apprécier le dévouement sans bornes de Béthune Charost. Un jour qu'il se présentait devant lui, il fit son éloge en prononçant ces paroles : Regardez cet homme, il n'a pas beaucoup d'apparence, mais il vivifie trois de mes provinces : le Berry, la Bretagne et la Picardie.

Béthune Charost a encouragé les plantations faites sur les grandes routes, la culture du tabac, du colza, de la garance, etc., l'amélioration des laines, des abeilles et la propagation des mérinos.

A Meillant, il créa une société d'agriculture, établit une filature de laine, une fabrique de toile, afin d'écouler les produits qu'il avait fait naître en abondance. et, pour fournir du travail aux indigents, il employa des sommes considérables à la construction des routes et des canaux. C'est lui qui fit lever à ses frais le plan du canal de l'Allier et qui offrit les fonds nécessaires pour sa construction.

Un modeste obélisque de pierre a été érigé, en l'honneur de Béthune Charost, dans le jardin de l'archevêché à Bourges.

Louis XV approuva tout ce que le duc de Béthune Charost avait fait pour l'agriculture, et il montra lui-même qu'il portait grand intérêt à cette cause par les édits de 1761 et 1766 sur les desséchements et les défrichements, par les immunités accordées aux baux à long terme, par la libre circulation des grains à l'intérieur, par la liberté du commerce des vins, la suppression de la contrainte solidaire pour la taille, l'abolition de la mainmorte sur les domaines royaux, et la création des Sociétés d'agriculture dont l'aînée fut celle de Rennes (1757).

Le ministre Bertin s'associait à ce mouvement, qui grandissait chaque jour. Des lettres du conseil instituèrent en 1761 la Société royale d'agriculture de Paris.

Jamais réseau scientifique jeté sur la France, sur l'Europe, sur le monde, n'embrassa tant d'objets utiles, tant d'intérêts sociaux. Jamais plus vaste correspondance n'excita partout une plus vive et plus noble émulation. Nous ne quitterons pas l'histoire du Berry sous Louis XV sans dire quelques mots des rares intendants qui se rendirent utiles à cette province, quoique après la mort de Louis XIV ils se désintéressèrent la plupart de leur gouvernement, se faisant remplacer par les lieutenants du roi. Aussi, après s'être rendus impopulaires, ils parurent inutiles. Cependant l'histoire a fait exception dans le Berry en faveur de Dodart, qui est un de ceux dont le nom a été conservé comme souvenir d'intérêt public porté à la contrée. Préoccupé de renouveler dans la généralité de Bourges les sources de la richesse publique, Dodart voulut y favoriser la plantation des mûriers et la production de la soie. Il fit venir en 1735 des environs d'Avignon 2000 pieds de mûriers blancs qui furent plantés dans une terre de l'hôpital près de la ville et dans des jardins particuliers. Il organisa en 1762 une Société d'agriculture qui ne vécut pas longtemps; il protégea en 1751 et 1757 la création de deux établissements industriels à Châteauroux et à Bourges.

En 1751, un arrêt du conseil concéda le château royal du Parc, près de Châteauroux, et ses dépendances, à un fabricant de Lodève, Jean Voillé, chargé d'y établir une manufacture de draps et une fabrique de savon liquide. On lui donna la jouissance de ce château pendant vingt-cinq années et des subventions, et aussi le droit d'inscrire sur la porte : Manufacture royale du château du Parc; mais Jean Voillé échoua en 1755, et plusieurs autres après lui ne réussirent pas.

Quelques années après, une compagnie d'actionnaires à la tête de laquelle étaient plusieurs Anglais offrit d'élever à Bourges une manufacture d'étoffes où devaient entrer la laine, le chanvre, la soie et le coton diversement combinés, et qu'on n'avait pas jusque-là fabriquées dans le royaume.

Le conseil d'État accepta leurs propositions, et, par des arrêtés du mois de mars 1757, il leur assurait de grands avantages. Les associés s'engageaient à mettre sur pied 30 métiers battants et à les porter à soixante. Bourges devait fournir tous les bâtiments et terrains nécessaires. Le roi donnait une indemnité de 15 523 livres [1] pour les premiers frais d'établissement, une gratification annuelle de 2700 livres [2] aux ouvriers anglais, à la charge de former les ouvriers du pays, et 2 livres [3] par chaque pièce fabriquée de 20 à 22 aunes jusqu'à concurrence de 1500 pièces par an.

L'établissement fut créé au faubourg Saint-Sulpice, sur les bords de la rivière d'Yèvre; mais cette manufacture d'indiennes eut beaucoup de peine à prospérer; elle dut cent mille livres au roi; un arrêt du conseil du 30 mars 1775 lui fit remise de sa dette et promit une nouvelle subvention annuelle de 15 000 livres [4]. Ainsi la manufacture se soutint jusqu'à la Révolution. Elle employait un grand nombre d'ouvriers à Bourges, à Issoudun et dans les environs et versait dans le pays des sommes considérables en acquisitions de matières premières et en main-d'œuvre. Elle fut plus tard vendue comme propriété nationale, elle succomba pour ne plus se relever.

A Dodart succéda Dupré de Saint-Maur, qui s'occupa avec zèle des intérêts de la généralité et surtout de l'amélioration des chemins. En 1765, il essaya de convertir les corvées, qui imposaient plus de sacrifices qu'elles ne produisaient d'argent, en une cotisation tout à la fois moins onéreuse et plus productive; il avait fait adopter par Trudaine et approuver par le conseil un projet qui avait pour but de faire de Bourges un point central par la création de routes et un entrepôt pour le commerce du royaume; mais les efforts des intendants, comme le fait remarquer avec raison M. de Raynal, ne pouvaient suffire à rétablir la prospérité de la province. Le déplorable état des grandes voies de communication, en rendant toute exportation à peu près impossible, y laissait inutiles les richesses abondantes que produisait le sol et qu'aurait multipliées le travail. Malgré les ordres donnés par Colbert, les routes et les chemins étaient presque partout plus mauvais encore qu'ils ne l'avaient été au moyen âge.

D'ailleurs, sur d'autres points du royaume, de grands travaux de viabilité ou de canalisation avaient été accomplis sous le règne de Louis XIV, et tout ce qui attirait ailleurs le mouvement du commerce contribuait à l'éloigner de plus en plus du Berry. Aussi vers la moitié du XVIIIe siècle l'auteur de l'*Ami des hommes* pouvait-il sans trop d'exagération comparer le Berry aux landes de Gascogne, l'appeler la Sibérie de la France et dire qu'au lieu de conquérir des provinces étrangères, le roi devrait le réunir à son empire en s'occupant des moyens de le repeupler et de le vivifier.

A cette époque, en 1766, le duc de Charost se rendit acquéreur de la terre de Saint-Amand. On lui avait expressément vendu les droits de bourgeoisie et avoines de la ville. Autant et plus par esprit de régularité que par intérêt, il entendit faire déterminer, d'une

1. De 35 à 36 000 francs. — Nos évaluations approximatives doivent s'entendre de la monnaie considérée dans ses rapports avec le prix des denrées suivant la méthode exposée par M. Bertrand-Lacabane dans son *Histoire de Brétigny*.
2. De 6 à 7000 francs.
3. Environ 4 fr. 70.
4. Environ 19 500.

façon précise et définitive, quelles étaient à l'égard du seigneur les obligations personnelles qui incombent aux habitants de Saint-Amand.

Après maints pourparlers, tentatives infructueuses d'arbitrage, il assigne, à la date du 21 mars 1776, les maires et échevins aux requêtes du Palais, pour faire décider contre la communauté que tous les habitants de Saint-Amand seront tenus de lui consentir titre nouvel et reconnaissance pour les droits de corvées, guet et bourgeoisie. Il ne demande toutefois l'exécution des sentences obtenues par le duc de Sully qu'avec certaines restrictions ou modifications favorables aux bourgeois.

Aux uns et aux autres, il ne réclame que 3 boisseaux d'avoine, outre les 12 deniers tournois. Enfin, indice caractéristique du progrès des idées libérales, il ne conclut pas, contre les habitants lors établis à Saint-Amand, à la résolution du contrat d'affranchissement à défaut de l'aveu de bourgeoisie. Il admet que la déchéance résultant de l'inaccomplissement de la formalité ne doit s'appliquer qu'aux nouveaux venus.

De longues discussions eurent lieu entre les bourgeois de Saint-Amand et le duc de Charost; elles aboutirent à une sentence rendue en 1783 aux requêtes du Palais; cette sentence consacra les prétentions du duc de Charost et condamna les habitants à lui payer les redevances arriérées à partir de la Saint-Michel 1765.

Cet arrêt de 1783 intervint alors que le duc de Charost n'était plus propriétaire de de la terre de Saint-Amand. Il l'avait vendue le 17 décembre 1778 au comte de Fougières, en comprenant expressément dans la vente les droits de guet, bourgeoisie, usages et corvées.

Mais aucune condamnation n'avait été prononcée au profit du comte de Fougières, qui n'était pas intervenu dans la cause.

La sentence était attaquable par voie d'appel. Quelle suite convenait-il de donner à l'affaire?

Le duc de Charost avait en maintes circonstances manifesté sa grandeur d'âme et son esprit de désintéressement; aussi une partie des habitants, et parmi eux les plus éclairés d'entre les bourgeois, désespérant de faire admettre par le Parlement leurs critiques contre les décisions rendues dans la première affaire, étaient d'avis d'adhérer à la sentence du 4 août, tout en faisant appel à la générosité du duc de Charost pour obtenir un adoucissement aux condamnations relatives à l'arrivée.

Conformément aux conclusions du procureur du roi, la communauté adhéra à la sentence du 4 août, et, le 31 décembre suivant, un arrêt du Parlement donnant acte de l'abandon de l'appel mit fin à cette longue procédure.

Dans sa réponse à la députation des habitants de Saint-Amand, le duc de Charost s'était implicitement engagé pour le cas où les bourgeois ne persisteraient pas dans leur résistance à ne pas exiger l'intégralité des redevances arriérées. Il tint sa promesse, et voici dans quelle mesure. Antérieurement à son acquisition, les droits d'avenages étaient affermés; mais le bail avait pris fin depuis plusieurs années avant la vente consentie au comte de Fougières. Le duc de Charost, dans la disposition des arrérages échus pendant la période intermédiaire, supposant que l'expiration du bail n'avait précédé que de quatre années l'entrée en jouissance de son acquéreur, fait d'abord remise aux habitants de Saint-Amand de quatre années d'arrérages. Puis, ayant reconnu que le dernier bail d'avenages avait cessé d'avoir effet, non pas pour quatre ans, mais pour huit ans avant le 17 décembre 1778, il étendit sa remise aux arrérages de huit années.

Les habitants n'avaient donc à supporter aucune partie des redevances échues alors que le duc de Charost eût pu jouir directement des droits d'avenages. Restaient les dépenses considérables que le duc de Charost avait dû avancer pour une procédure de sept années suivie à Paris devant deux juridictions. Les dépens incombaient de droit aux habitants de Saint-Amand; mais le duc de Charost compléta sa libéralité: il tint ses anciens sujets quittes de ces frais comme des redevances.

Le comte de Fougières suivit le généreux exemple de son prédécesseur, et ce fut peut-être de sa part un sacrifice habile; car en droit il n'était pas certain que les décisions rendues depuis son acquisition pussent constituer un titre à son profit. Il déclara les habitants libérés envers lui pour les redevances arriérées.

Les concessions faites par les derniers seigneurs de Saint-Amand étaient importantes. En effet, en 1756 et 1757, les droits d'avenages étaient affermés moyennant une redevance annuelle de 1800 livres. Mais pour l'avenir, comme le fait observer M. Dumonteil, les habitants de Saint-Amand restent restreints, et de leur propre aveu, à des prestations reconnues d'origine servile. Ils ne peuvent donc, à la veille de la Révolution comme au début du procès contre Sully, se prétendre francs et libres à l'égard de leur seigneur. Leur véritable condition est celle d'affranchis.

LOUIS XVI

ASSEMBLÉE PROVINCIALE DU BERRY

Les impôts de l'agriculture. — L'avènement de Louis XVI au trône fut générale-ment bien accueilli dans toutes les provinces de France, et surtout en celle de Berry, dont il avait porté le nom dès l'enfance.

Le peuple fut émerveillé de voir le jeune roi renoncer au droit de joyeux avènement, affranchir les serfs de ses domaines, abolir la torture, rappeler les parlements exilés. Un brillant avenir se préparait pour l'agriculture. Notre savant compatriote Tessier, qui fit, dès le principe, partie de la Société royale d'agriculture, fut chargé par elle d'aller étudier en Sologne la maladie du seigle ergoté, et la description qu'il fit alors de cette province, qui comprenait une partie du département actuel du Cher, mérite d'être rapportée non seulement parce qu'elle rend fidèlement l'aspect, la situation de cette contrée à cette époque, mais aussi parce qu'en la comparant avec l'état actuel, on peut se rendre compte des transformations qui ont été réalisées et des progrès accomplis.

Tessier parcourut donc cette province, c'est-à-dire ce grand terrain plat, formé de cail-loutage et de sable, assis sur un vaste lit de glaise compacte, maigre, spongieux, abreuvé, enseveli six mois de l'année sous d'épais brouillards, couvert de bruyères et de genêts, coupé comme en petits cloîtres par de simples bordures que l'on prend de loin pour de hautes forêts, ou bien s'étendant en vastes prairies presque nues ou hérissées d'herbes grossières. Là, de loin en loin, quelques maisons de bois et de boue; là, peu de culture et peu d'habitants. Le seigle et le sarrasin y croissent comme à regret: le seigle à petits grains; le sarrasin qui ne mûrit pas ou que brûlent les vents du midi. Rarement du blé; point d'orge et point d'avoine. A côté du chêne et du châtaignier qui s'élèvent, grossis-sent et se développent avec peine quelques arbres à fruit qui, en peu d'années, vieillissent et meurent. L'homme lui-même, ainsi que les animaux, porte sur tout son être un cachet de misère et de souffrance. Il est petit, pâle et faible, languissant, paresseux comme le sang qui se traîne dans ses vaisseaux et qui ne bat que 55 et même 36 fois par minute. Nulle part ne s'est mieux vérifiée cette maxime que l'homme prend tous les caractères du sol qu'il habite. La seule richesse de cette contrée malheureuse consiste dans les troupeaux de moutons qu'elle nourrit en grand nombre, et qui, plus petits que ceux de la Beauce et plus gros que ceux du Berry, ont une laine courte, mais fine et fort estimée dans nos manufactures. Seulement, comme si la Sologne était de partout vulnérable, ces mêmes animaux, si précieux pour elle, ne sont que trop livrés à des maladies meurtrières qui les enlèvent avec une extrême rapidité.

Tel est l'abrégé du tableau que Tessier mit sous les yeux de l'Académie et exposa devant la Société le 13 décembre 1777. Le mémoire qu'il fit sur le seigle ergoté de la Sologne attira justement l'attention sur lui. Pendant son séjour dans cette province, il avait eu l'occasion de voir des moutons atteints de la maladie rouge. Cette maladie occasionna en 1778 et 1779 des pertes si considérables qu'un certain nombre de propriétaires de la Sologne prièrent le directeur général des finances de leur envoyer une personne disposée à faire des recherches convenables pour connaître les causes d'une mortalité si funeste à leur fortune.

Leur demande ayant été communiquée à la Société de médecine, cette Société choisit Tessier pour remplir cette importante mission. Notre zélé compatriote partit pour la Sologne et, après trois semaines d'une étude suivie dans le pays où l'épizootie était le plus considérable, il visita de proche en proche les différentes parties de la Sologne et du Berry en deçà du Cher, afin de s'assurer si la maladie était absolument la même dans tous les cantons. Les habitants du Berry placés au delà du Cher attribuaient, à cause du voisinage, à la maladie rouge les ravages que faisait le sang sur leurs bêtes à laine de tout âge, et Tessier cite un fermier de Foëcy en Berry qui a vu son troupeau composé de 155 bêtes diminuer de 98 tant par la pourriture que par la maladie rouge. Tessier avait remarqué que les ravages de cette maladie sont d'autant plus grands que les pâturages sont plus humides.

De deux fermes voisines situées dans le Berry, en deçà du Cher, l'une éprouvait d'une manière fâcheuse les effets de la maladie rouge, tandis que cette maladie se faisait à peine sentir dans l'autre. Cette différence ayant paru mériter quelque attention, Tessier en chercha la cause, et il découvrit que les bêtes à laine de la première étaient conduites aux champs par la femme ou les enfants de fermier intéressés à les conserver et reconnus pour des personnes soigneuses. Celles de la seconde, au contraire, y allaient sous la garde d'une bergère à gages qui les faisait paître souvent dans une prairie basse et humide commune aux deux fermes.

Tessier reconnut que la maladie rouge, cachexie aqueuse, était due, comme le seigle ergoté, à l'humidité du sol, et les excellents conseils qu'il donna pour prévenir ces maladies, consignés dans son ouvrage « Observations sur plusieurs maladies de bestiaux », furent aussi profitables au Berry qu'à la Sologne. Vers cette époque, en 1776, les duchés de Berry et de Châteauroux, le comté d'Argenton, réuni au domaine par un échange avec la famille d'Orléans, la seigneurie d'Henrichemont, que Louis XV avait acquise en 1766 de M. de Béthune, furent compris dans l'apanage du comte d'Artois.

Aussi lorsque le comte, en 1778, donna le titre de duc de Berry à son second fils, la joie publique fut d'autant plus grande qu'on y vit l'intention de sa part de ne point rester étranger à la province de ce nom. En effet, dès 1780, le comte d'Artois concéda à titre de cens et de rente seigneuriale au comte de Vandreuil le vaste marais de Contres, près de Dun-le-Roi, à la charge de le dessécher, de le mettre en valeur et d'y faire de vastes constructions. M. de Vandreuil devait surtout y cultiver le chanvre sur une vaste échelle, y élever des corderies et des fabriques de toile pour la marine; ces projets ne furent accomplis qu'à notre époque.

Cet intérêt particulier, si louable qu'il fut, ne suffisait pas aux aspirations des masses, qui voulaient des réformes d'abus, demandaient la régularité dans les finances et une part pour le contribuable dans l'administration et dans le vote des impôts.

Déjà Necker avait songé à établir dans un pays d'élections une assemblée qui, sans recevoir aucune attribution politique, pût au moins délibérer sur l'assiette de l'impôt et sur toutes les pensées d'amélioration qui fermentaient dans les têtes. Ce ne devait d'abord être qu'un essai. Le Berry fut choisi pour cette expérience. Apanage ordinaire des fils de France, c'était cependant une des provinces les plus négligées et les plus pauvres du royaume, et sa misère, dit M. de Raynal, était comme une accusation permanente contre ses augustes possesseurs. Louis XVI n'avait pu oublier qu'il avait été vingt ans duc de Berry; le comte d'Artois ne pouvait que favoriser une mesure si propre à augmenter ses revenus. D'ailleurs le Berry, province centrale, essentiellement monarchique, n'avait ni un parlement redoutable par cet esprit de corps héréditaire et vivace qui animait les grandes compagnies de magistrature, ni de récents souvenirs d'indépendance : il n'avait jamais eu d'états. Les esprits y étaient calmes, et on n'avait pas à craindre que l'institution d'une assemblée délibérante y devînt un signal d'agitations, de discussions animées, d'empiétements sur le pouvoir royal. Il avait souffert si longtemps, il était accablé sous le poids de tant de misères qu'un tel bienfait y devait exciter plus de reconnaissance que partout ailleurs.

Louis XVI donna donc à la province du Berry une preuve de sa bienveillance et de sa protection en y établissant (1778) le premier essai d'une administration provinciale composée de propriétaires. A cette époque la perception de la taille excitait beaucoup de récriminations. Elle représentait notre impôt foncier actuel avec des différences importantes cela va sans dire; c'était alors ce que nous appelons aujourd'hui un impôt de répartition qui pesait essentiellement sur les cultivateurs.

Le roi dans son conseil fixait chaque année le montant de la taille et de ses nombreux accessoires, il déterminait également par les arrêts de son conseil la somme que devait fournir chaque généralité. La décision qui fixait le montant de la taille était secrète, et le chiffre de cet impôt augmentait d'année en année à l'insu de tous.

Le collecteur chargé de recueillir l'impôt, manquant de bases sérieuses de répartition, agissait par estimations incohérentes et injustes; forcé de ménager ceux qu'il redoutait ou qu'il aimait, il devenait impitoyable pour le faible, parce qu'il était responsable de l'impôt sur ses biens et même passible de prison en cas de déficit.

Dans une étude intéressante sur l'impôt foncier, M. Zolla, professeur d'économie rurale à Grandjouan, a analysé les procès-verbaux des assemblées provinciales en ce qui concerne la malheureuse situation des collecteurs; il a fait connaître leur ignorance, leur défaut d'honorabilité et de justice.

En 1779, dans un procès-verbal de l'assemblée provinciale du Berry, on lit : « Comme tout le monde veut éviter la charge de collecteur, il faut que chacun la prenne à son tour. »

La levée de la taille est donc confiée, tous les ans, à un nouveau collecteur, sans égard à la capacité ou à l'honneur; aussi la confection des rôles se ressent-elle du caractère de celui qui les fait.

Le collecteur y imprime ses cruautés, ses faiblesses ou ses vices. Comment d'ailleurs y réussirait-il bien? Il agit dans les ténèbres, car qui sait au juste la richesse de son voisin et la proportion de cette richesse avec celle d'un autre? Cependant l'opinion du collecteur doit seule former la décision.

Au point de vue des intérêts agricoles, cet arbitraire avait une conséquence désastreuse, parce qu'il faisait fréquemment varier la somme d'impôts payée par le cultivateur ou le fermier. Aucun paysan ne pouvait prévoir à l'avance ce qu'il devrait donner l'année suivante.

Ce fait est parfaitement mis en lumière par Turgot.

« Quand le fermier, dit-il, passe son bail, il sait que la taille est à sa charge, et il fait son calcul en conséquence; aussi l'impôt, quand il est réglé et constant, n'affecte et ne peut affecter que le revenu des propriétaires sans entamer le capital des avances destinées aux entreprises d'agriculture.

« Il n'en est pas de même quand l'impôt assis sur le fermier est variable et sujet à des augmentations imprévues. Il est évident que jusqu'au moment où le fermier peut renouveler bail, le nouvel impôt est entièrement à sa charge.

« Il ne peut satisfaire à sa charge qu'en prenant sur son profit annuel, c'est-à-dire sur sa subsistance et celle de sa famille ou en entamant ses capitaux, ce qui, à la longue, le mettrait hors d'état de continuer ses entreprises. »

Quesnay, avant Turgot, avait dit, lui aussi: « Si les habitants des campagnes étaient délivrés de l'imposition arbitraire de la taille, ils vivraient dans la même sécurité que les habitants des grandes villes. Beaucoup de propriétaires iraient faire valoir eux-mêmes leurs biens ou n'abandonneraient plus la campagne : la richesse et la population s'y rétabliraient. »

Historiens, administrateurs, hommes d'État contemporains, tous sont d'accord sur ce point. Ce qui rend l'impôt écrasant, c'est que les plus capables de l'acquitter ont réussi à s'y soustraire.

Non seulement les nobles et les ecclésiastiques sont exempts de la taille pour les parcs, jardins, maisons ou hôtels, mais ils en sont exempts pour les domaines qu'ils exploitent par eux-mêmes ou par régisseurs.

La répartition équitable de la taille rencontrait deux obstacles : le premier, qui semblait invincible dans l'état des choses, était l'opposition avouée ou indirecte de la légion des privilégiés ; le second consistait dans l'imperfection des méthodes administratives. Turgot avait compris que des réformes, variables avec les localités et les besoins, devaient être sanctionnées *par des assemblées locales* où les opinions prendraient dans la discussion une grande force. Son projet d'organiser une série d'assemblées locales dans tout le royaume parut prématuré au roi. Necker, reprenant l'idée de Turgot, fit adopter un nouveau projet conçu dans un même esprit : la représentation des intérêts locaux.

Au mois de juillet 1778, l'assemblée provinciale du Berry fut instituée : elle devait servir d'exemple et comme de modèle à celles qui suivirent.

Dans le Berry, comme en beaucoup d'autres provinces, la taille était arbitraire. La commission ne se faisait aucune illusion sur l'étendue et la gravité du mal.

Dans un rapport du 3 novembre 1780, on lit : « La base de la répartition qui ne roule que sur l'opinion qu'on a des richesses personnelles était la source la plus considérable des inconvénients qui l'accompagnent; c'est de là qu'elle prend son nom d'arbitraire, parce qu'elle est à l'arbitraire des personnes qui la fixent suivant l'opinion vague qu'elles ont des facultés personnelles des contribuables. » Il est clair, comme le fait observer M. Zolla, que cette critique porte sur la méthode employée dans la province.

En face de tant de réformes à opérer, l'assemblée hésite. Enfin, dans un long rapport daté de 1783, l'assemblée du Berry propose trois moyens d'améliorer l'état des choses et recommande la méthode adoptée en haute Guyenne. « Son objet, dit le rapporteur, est de fixer le taux commun de la taille pour toutes les parties de la province. La manière proposée pour y parvenir serait de vérifier les biens et facultés de 24 paroisses, d'en balancer les produits avec la quantité de la taille qu'elles supportent et d'adopter, comme taux commun de la généralité, l'imposition moyenne dont elles se trouveraient grevées. Ce taux commun vous fournirait une règle nette et précise pour apprécier la justice ou l'injustice des plaintes qui vous seraient portées, pour comparer les différentes élections. »

La même année, l'assemblée du Berry adopte le principe que tous les économistes avaient déjà discuté et admis : L'impôt ne doit porter que sur le produit net des terres. On lit en effet dans un rapport du 5 novembre 1782 : « Le principe le plus juste et le plus universellement avoué paraît être que les produits ne soient estimés que déduction faite des charges; et nous vous proposons avec confiance de l'adopter. »

Ainsi la première déduction à faire, quant aux terres labourables, est celle des frais de culture.

Turgot avait signalé l'inconvénient qu'il avait trouvé à imposer les biens non pas tant dans le lieu de leur situation, mais au domicile du propriétaire.

L'assemblée du Berry constate le même défaut dans cette méthode et décide (6 novembre 1783) que l'imposition, pour raison des biens-fonds, se fera dans les paroisses ou collectes où ils sont situés, sous la clause cependant que le chef-lieu d'exploitation entraînera toutes ses dépendances pour être imposées collectivement dans la paroisse où il se trouve assis.

L'assemblée du Berry consacra avec la plus haute raison un excellent principe appliqué depuis, celui de l'action simultanée de l'administration et de l'assemblée locale par leurs mandataires pour la répartition de l'impôt entre les habitants, mais surtout entre les paroisses.

En ce qui concerne la réclamation des paroisses surtaxées, on lit dans un rapport : « Les contestations pour le taux commun doivent être jugées contradictoirement par un expert au choix des paroisses et un commissaire désigné par l'administration. »

L'opinion de l'assemblée se laisse voir bien plus clairement encore dans ce passage : « Le droit de répartir l'impôt dans l'intérieur d'une paroisse appartient assez naturellement aux propriétaires qui la composent, tant qu'ils opèrent sur des bases connues et que les réclamations ne se font pas entendre. Mais il faut soigneusement distinguer la vérification de la valeur des biens d'avec la répartition de l'impôt. Pour parvenir à l'équilibre général, il est juste que l'appréciation des biens soit faite pour des travaux concertés entre les paroisses et l'administration.

Les réformes dues à l'assemblée du Berry en matière d'impôt foncier étaient empreintes du plus grand sens pratique et du désir le plus sincère d'arriver à améliorer le sort des contribuables.

Les contemporains rendaient pleine justice à de pareilles tentatives et à de si honorables efforts. Dans le discours d'ouverture de l'assemblée provinciale de Picardie, l'intendant disait hautement :

« Les procès-verbaux des assemblées du Berry et de la haute Guyenne sont des *monu-*
ments de prudence et d'amour du bien public. »

Nul doute pour nous que ces sentiments d'amour du bien public que nous trouvons
dans les assemblées du Berry et confirmés par l'assemblée provinciale n'aient été inspirés
par le duc de Charost, ce Berrichon au cœur élevé qui était en même temps grand propriétaire dans le Berry et dans la Picardie.

LA COUTUME DU BERRY APPRÉCIÉE PAR L'ASSEMBLÉE PROVINCIALE

Nous avons trouvé une appréciation très intéressante de cette coutume par l'assemblée
provinciale du Berry en 1783.

Recherchant les causes de l'état de langueur de cette province, la commission, chargée
de l'agriculture, déclare que les anciens habitants, comme moyen le plus général de subsister, sans s'assujettir à aucun travail pénible, eurent l'habitude de se reposer sur leurs
troupeaux du soin de convertir à leur usage les bruyères, les ajoncs, les herbes plates qui
croissent dans les fonds, le brou des bois, l'herbe des jachères. Ils devinrent donc essentiellement un peuple pasteur, et ne furent cultivateurs que par nécessité, et aussi peu qu'il
leur fut possible. Et, jusque dans la manière dont ils soignèrent le bétail, ils s'épargnè-
rent autant de peine qu'ils purent, c'est-à-dire qu'ils le firent garder négligemment, le
plus souvent par des enfants; qu'ils ne lui donnèrent, en hiver, que peu ou point de fourrage, peu ou point de litière, qu'ils ne curèrent les étables qu'une ou deux fois l'année.
Le chaume fut la seule litière dont ils firent usage, parce que c'était celle qui leur coûtait
le moins à ramasser, et comme ils faisaient peu de blé, ils avaient peu de litière, et, par
conséquent, peu de fumier et d'autant moins que leur bétail était moins à l'étable, ce qui
était une raison toujours renaissante de faire peu de blé.

La commission ajoute : La coutume du Berry, rédigée par des hommes attachés aux
anciens usages et qui ne connaissaient rien de mieux, consacra tous ces abus lorsqu'il fut
statué par l'article XI du titre X « que les lieux cultivés qui sont en chaume, friches,
« bruyères et buissons, ne sont aucunement défensables en quelque temps que ce soit;
« toutefois, ajouta-t-on, pourra le seigneur y faire pâturer ses bêtes, si bon lui semble, et
« faire chasser les autres, sans préjudice du droit de saintre aux seigneurs qui en feront
« dûment apparoir. »

L'article XII du même titre, qui déclare les bois non défensables après trois ans et un
mois de mai, fut rédigé dans le même esprit et eut pour but d'assurer au bétail une subsistance telle quelle, sans que ses maîtres eussent besoin de se donner aucune peine pour
sa nourriture. Il en faut dire autant de l'article VIII, qui ne rendit les pâturaux défensables que depuis le 15e jour de mai jusqu'au 15e jour de juillet.

Les rédacteurs de la coutume parurent entrevoir de meilleurs principes lorsque, par
l'article VII du titre X, ils permirent à tout seigneur de pré de l'enclore et de le rendre
ainsi défensable en tout temps, et en fixant à 5 sous l'amende qui peut être infligée, sur
le serment du maître du pré, lorsqu'il y prend lui-même en dommage le bétail d'autrui.

Cette amende était celle de la moyenne justice ou du ban seigneurial depuis la fondation
de la monarchie, et quoique, lors de la rédaction de la coutume, elle eût diminué de valeur
dans la proportion de 17/18e environ, elle était encore équivalente, deux siècles après,
en 1783, à 4 livres 7 à 8 francs. Elle avait été si forte autrefois que, dans plusieurs cas,

on avait donné l'option aux coupables de payer cinq sous ou de perdre leurs oreilles.

Néanmoins, on comprend combien avec des fonds de terre, *tous pour ainsi dire communs*, les progrès de l'agriculture devaient être difficiles.

A quoi sert au propriétaire d'avoir un bois, un pré s'il ne peut le défendre, si le bétail d'autrui détruit les clôtures, l'appauvrit, lui fait perdre de sa valeur?

A quoi lui sert d'en extirper la bruyère, les ronces, la fougère, d'en faire un herbage, si c'est pour le voir pâturer par le bétail de ses voisins? A quoi sert d'avoir une terre labourable, de l'entourer de fossés, de haies vives, de la défendre, de l'assainir, si tout doit être foulé, mangé et détruit.

Le cultivateur peut, il est vrai, chasser le bétail d'autrui, réprimander le pâtre, le menacer et même le battre, voilà à quoi se réduit le droit du propriétaire, d'après l'étrange disposition de la coutume qui n'autorise que des voies de fait.

On comprend avec de telles dispositions législatives quels désordres existaient dans les campagnes, quelles raisons il y avait pour le propriétaire de n'y point rester.

Aussi on ne trouvait dans le Berry presque point de propriétaires cultivateurs. Le petit nombre qu'on y rencontre alors, se compose de malheureux qu'on écrase, ou de brigands qui pillent leurs voisins, ou d'hommes sans connaissances, sans courage et sans moyens, qui n'imaginent rien et ne peuvent rien. Le brigandage de la vaine pâture a forcé les bons propriétaires à déserter les campagnes; les moindres propriétaires, qui n'avaient pas le moyen de vivre ailleurs, ont été obligés d'abdiquer leurs propriétés. Voici comment cela est arrivé.

Un petit particulier qui n'avait qu'une métairie s'est trouvé entouré ou de propriétaires plus aisés, ou de métayers qu'on surchargeait de bétail. Il n'a pu se défendre contre ses voisins; une partie de son bétail a péri, il n'a pu le remplacer; le pain lui a manqué, il a eu recours aux cheptels étrangers; dès lors, il n'a plus été que métayer pour le bétail; chaque accident l'a endetté; enfin il n'a pas eu d'autre ressource que de vendre son patrimoine souvent à son bailleur de cheptel, et quelquefois en stipulant qu'il resterait métayer de la terre dont il avait été le propriétaire.

Ajoutez à ces causes de désertion la taille imposée arbitrairement sur les propriétaires campagnards, les misères de la collecte, les dégoûts des assemblées de paroisse pour l'assiette des tailles où les plus mauvais sujets sont toujours les plus forts, et on comprend toutes les causes qui ont contribué à éloigner les bons propriétaires de leurs propriétés.

Dans la coutume de Châteaumeillant, rédigée en 1648, il est dit que tous les hommes sont serfs, s'il n'appert du contraire. Ils sont taillables, trois fois l'an, selon leurs facultés, et mortaillables quand ils décèdent sans hoirs communs et demeurant ensemble.

A Châteauneuf en Berry, pays de servitude, les serfs sont encore beaucoup plus assujettis : ils devaient moudre leurs grains, fouler leurs draps, battre leurs écorces au moulin du châtelain, sous peine de 60 sols d'amende et de confiscation de bœufs, chevaux et charrettes.

Dans une partie du Berry, sur la terre du Châtelet, ils faisaient une corvée de bœufs et charrettes par quinzaine. Mais, quand l'excès de la misère amenait la dépopulation d'une contrée, alors le châtelain, pour la repeupler, accordait des privilèges à ceux qui viendraient s'y établir. C'est ainsi que depuis 1521 les serfs qui vinrent sur la terre du Châtelet ne payèrent point les tailles. Partout ailleurs régnait encore le servage personnel et une agriculture presque uniquement pastorale.

8

LES COMMUNAUTÉS APPRÉCIÉES PAR L'ASSEMBLÉE PROVINCIALE DU BERRY

La commission de l'agriculture et du commerce chargée par l'assemblée provinciale du Berry de rechercher les causes de la langueur de cette province a regardé comme une huitième cause l'établissement des communautés. Voici comment elle s'est exprimée à ce sujet :

« Le métier de pâtre est la dangereuse école dans laquelle se forme la plus grande partie de la classe qui devait être laborieuse en Berry ; c'est ainsi en vue de se fournir à elles-mêmes autant de pâtres qu'elles en ont besoin et les autres valets dont il faut un si grand nombre dans chaque métairie, que la plupart des familles s'amoncellent pour ainsi dire chacune dans une métairie et qu'il n'est pas rare de trouver en un seul ménage et dans une chaumière très étroite jusqu'à trois ou quatre femmes mariées et en âge d'avoir des enfants, dans quelques-unes même beaucoup davantage et tout cela vivant en communauté.

« Le prétexte de cette coutume est dans la cherté et l'insubordination des valets ; on aime mieux se faire servir par les siens que de louer des domestiques. »

Les membres de la commission ajoutèrent :

« Nous ne disons pas que cette réunion de tant de familles en une seule et dans un espace si réservé est nuisible à la population par les ravages plus grands des épidémies et par la contagion du mauvais air, lors même que les maladies ne sont pas épidémiques ; nous ne disons pas que la multitude des enfants les rend moins chers à la communauté et est cause qu'on les soigne moins bien ; nous nous bornons à exposer les inconvénients que nous avons cru remarquer dans les communautés.

« La communauté de biens entre mari et femme, étant due à leurs enfants de deux ou trois lits qui furent appelés à partager également avec leur père et mère, les profits de cette communauté exténuaient déjà tellement ses profits en les subdivisant à l'excès, que le courage des communs, capables de contribuer aux biens de la communauté, dût en être diminué. Mais à cette disposition les rédacteurs de la coutume ajoutèrent (titre VIII, art. X) celle de la communauté taisible entre frères et sœurs ou autres demeurant ensemble par demeurance et dépense commune avec des communications de gains, profits et pertes, et dès lors, cette communauté s'établissant d'elle-même, faute d'inventaire (art. XIX), et se continuant nécessairement aussi, faute d'inventaire, la négligence habituelle des hommes de cette classe introduisit autant de communautés qu'il y en aurait eu peu s'il avait fallu un acte exprès pour les établir. Et comme la communauté fut continuée (art. XX) entre les survivants et les héritiers des prédécédés en ligne directe et collatérale, majeurs ou mineurs, jusqu'à ce qu'il y eut inventaire fait par les survivants et partage ou offre de partage, etc., il résulte de ces dispositions ces continuations de communautés presque interminables et d'autant plus difficiles à faire cesser qu'elles avaient duré plus longtemps.

« Chaque communauté dut avoir un maître, suivant le vœu de l'article XXII, et, dans les formes mentionnées expressément en cet article, il dut y avoir une maîtresse ; l'usage est, du moins en quelques endroits, que le maître soit entre frères et sœurs celui qui est l'aîné, et la maîtresse la femme du frère cadet : voilà donc une république dans laquelle on a cherché à établir l'équilibre du pouvoir. Qu'on juge par là des dissensions que l'intérêt doit y produire, des fraudes que les associés peuvent se faire, de l'ardeur que chacun d'eux doit avoir pour se faire ses profits à part. Et de là qu'on imagine comment il peut arriver que la bourse commune soit pleine, quand chacun cherche à garnir la sienne.

« Il est donc très possible qu'il y ait de l'argent dans les caisses privées et qu'il n'y en ait point du tout dans la caisse publique ; aussi ne trouve-t-on presque jamais des moyens quand il en faudrait pour réparer les malheurs communs, ou faire le bien commun : on voit un des associés acheter pour son compte et placer du bétail pendant que le maître de la communauté n'a pas d'argent pour remplacer un bœuf mort ou estropié.

« Ce mal est déjà très grand, puisqu'au peu de volonté, commun à tous les fermiers et métayers de tous pays, de rien débourser pour des entreprises utiles, il ajoute une impuissance très réelle, quoiqu'elle ne résulte que de la constitution des petites républiques qui exploitaient nos terres, en sorte qu'ils n'ont presque jamais d'argent pour payer ce qu'ils doivent, ou faire les avances auxquelles ils sont tenus. »

Il existe en Berry un autre genre de communauté qui n'en a pas le nom, mais qui n'aurait pas de moindres inconvénients si elle était aussi générale. C'est l'indivision des héritages.

La coutume de Berry, différente en cela de presque toutes les autres coutumes, a établi l'égalité des partages avec très peu d'exceptions.

L'indivision par héritage, c'est la possession en commun par les cohéritiers de tous les immeubles ou de partie des immeubles d'une succession rustique. L'esprit de la coutume est que le partage soit favorisé et l'indivision évitée.

Plusieurs coutumes locales, notamment celles du Châtelet, de Linières, de Châteaumeillant, furent rédigées à la même époque, mais elles ne font guère que reproduire les anciennes chartes de concessions de franchises ou règles des droits particuliers des seigneurs. Il faut les lire cependant, de préférence même aux coutumes générales, si l'on veut comprendre à quelle condition étaient encore réduits au xvie siècle la plupart des habitants des campagnes ; car l'affranchissement n'avait pas été général, et, hors des bourgs et des villages, les bourgeoisies abonnées n'avaient embrassé le plus souvent que l'étroite banlieue limitée par la croix de franchise.

Ces petites républiques ressemblent déjà à beaucoup d'autres où l'État est pauvre quoiqu'il y ait des particuliers très riches et où il périrait, faute d'argent, avant que ces riches voulussent l'aider de leur trésor. Elles ressemblent encore aux grandes sociétés politiques par un autre endroit : c'est que chacun y a la prétention de profiter du bénéfice de l'association, lequel consiste à être logé, nourri, chauffé, habillé par la dépense commune et souvent aux dépens du propriétaire ; que chacun même tire le meilleur parti qu'il peut de sa position, et que tous rejettent autant qu'ils peuvent les uns sur les autres leur part des charges communes.

La principale et la plus odieuse de ces charges est le travail ; chacun en fait le moins qu'il peut ; s'il y a des tours de rôle, ils donnent lieu à des contestations ; si les rôles sont partagés, celui qui a sa tâche ne fait pas autre chose, lors même qu'elle lui laisse beaucoup de temps de reste. En un mot, le bien commun n'est l'intérêt de personne, il n'y a un peu d'ardeur que pour les intérêts particuliers, et le travail n'est animé que par un intérêt très peu senti, tandis que la répugnance au travail est telle, qu'il en résulte que le propriétaire nourrit beaucoup de monde, sans que sa propriété en soit en meilleure valeur, et avec beaucoup de bras, quoique plusieurs membres de la communauté aient, en effet, de l'argent ou de quoi en faire, mais le plus souvent à l'insu des uns des autres.

Aucun des communs, en effet, ne met en évidence les profits particuliers qu'il fait, aucun n'achète d'immeubles, et où ils ont des ruches et des bêtes à laine, il suffit qu'ils voient les affaires communes dans le délabrement, pour qu'ils cachent leurs effets mobiliers. Le propriétaire, cependant, n'exerce de contrainte personnelle que contre le maître, et quand il y aurait dans la bourse des communs deux fois plus d'argent qu'il n'en faudrait pour le payer, aucun n'en aiderait le maître, et lui-même ne s'aiderait pas de sa bourse particulière, quand elle serait suffisante pour l'acquitter, parce qu'il serait bien sûr de n'être pas indemnisé par ses communs.

L'action du propriétaire ne s'éteint, cependant, qu'au bout d'un long temps, contre le maître et les communs. Ainsi, ce sont plusieurs personnes qui, pendant tout ce temps, cachent ce qu'ils peuvent avoir, n'achètent aucun fonds et prennent l'habitude de ne rien posséder ; il se fait très peu d'ouvrage.

Ajoutez aux bras engourdis par la paresse et le défaut d'intérêt le nombre de bouches inutiles qui doivent se trouver où il y a trois ou quatre femmes avec des enfants, et on comprend alors comment, malgré la fertilité et l'étendue du labourage, la terre ne produit souvent en grains que ce qu'il faut pour nourrir le colon, et comment aussi il faut qu'un domaine donne des récoltes et des dépouilles valant 4000 à 5000 livres pour que le propriétaire ait un produit de 400 à 500 livres et quelquefois moins.

La commission a ajouté les remarques suivantes : Dans les républiques telles qu'elles ont été décrites ci-dessus, il doit régner une grande anarchie. Le maître y jouit cependant d'un assez grand pouvoir : il vend, il achète, brocante, va et vient autant et comme il veut ; c'est un homme perdu pour le travail, mais qui n'est pas nul pour la dépense. Il y a tel laboureur qui ne touche jamais le manche d'une charrue et ne fait pas même labourer. On dit que par son intelligence et son inspection il fait plus que les autres ; mais un inspecteur désœuvré, pour un atelier d'où il ne vient que 50 écus de rente, paraît être à bien peu de chose près une bouche inutile.

L'intelligence de cet homme cependant dispense des communs de penser et de réfléchir ; et de là la stupidité incroyable, dont il y a bien peu d'exemples ailleurs, d'un très grand nombre de paysans dans cette province ; de là, par conséquent, une non-valeur d'intelligence, de réflexion, d'industrie, d'activité spontanée dont la somme est immense. Enfin, où il y a beaucoup de loisir, il faut du passse-temps.

Le plaisir de ne rien faire est très doux, sans doute, pour des hommes tels qu'on vient de les décrire, mais il faut aussi des amusements pour charmer l'oisiveté d'une grande partie de la journée.

L'un a du goût pour la pêche, et il est pêcheur de la communauté ; un autre a du goût pour la chasse au fusil, et il en est le chasseur ; un troisième aime à tendre des collets ou à dresser des sauterelles, et il passe quatre ou cinq heures de la journée à les tendre et à les visiter : on le lui pardonne sans peine, pourvu qu'il rapporte de quoi faire bonne chère. Mais, en général, chacun exerce pour son compte celle de ces industries à laquelle il s'adonne, et il ne faut pas moins qu'on la lui pardonne, car il a aussi quelque chose à pardonner ; d'ailleurs, si on le réprimandait avec sévérité, il menacerait de s'en aller, de demander partage, et le maître ne redoute rien davantage, et à raison de la difficulté qu'il trouverait à remplacer le plus mauvais sujet, et parce que la demande d'un partage est toujours effrayant pour lui, et enfin parce que pareil partage est souvent ruineux.

C'est l'usage que le commun qui se sépare à la Toussaint emporte sa part de tous les blés de la dernière récolte, et l'article XXIII, titre VIII de la coutume de Berry autorise cette jurisprudence en l'étendant même aux fruits pendants par les racines. Il est cependant clair que les fruits d'une terre sont hypothéqués par privilège à la nourriture des colons, que c'est pour cela principalement que le maître leur en abandonne une part, et qu'ainsi, ce qui est nécessaire à la subsistance, pendant toute l'année, de tous les coopérateurs nécessaires, n'est pas profit de communauté, mais moyen nécessaire de culture, comme le fourrage qui nourrit les bestiaux.

Il faut dire, néanmoins, que l'article de la coutume cité ci-dessus ne parle point des fermiers et métayers, et que l'article qui le suit et qui est la continuation du même sujet paraît indiquer qu'en effet il n'est question, dans ces deux articles, que des cohéritiers de biens successifs et héréditaires. C'est donc une méprise de la jurisprudence d'avoir autorisé une injustice très nuisible aux bons colons et très dommageable aux propriétaires; car il n'est pas rare qu'un commun, emportant la moitié, le tiers ou le quart du blé qui devait nourrir la famille pendant toute l'année, le propriétaire soit obligé de remplir ce vide à crédit, et au risque de n'en être jamais remboursé.

Et en général, c'est un très grand mal d'avoir un colon collectif qui peut se démembrer et s'affaiblir de bras et de moyens, sans que le propriétaire puisse l'empêcher, ni exiger que les profits faits sur son bien pendant les bonnes années y restent jusqu'à la fin du bail comme moyen de supporter les mauvaises.

Enfin, ceci achève d'expliquer comment celui qui devrait être le maître est dans la dépendance de ces coopérateurs par l'inconvénient des communautés.

On a insisté dans le bureau de la commission de l'assemblée sur la nécessité qu'il y ait de pareilles communautés pour dispenser les maîtres d'avoir des domestiques qui les ruineraient. Mais on a fait observer :

1° Qu'en général les communs ne coûtent pas moins que les valets et coûtent souvent beaucoup plus, comme lorsqu'on n'acquiert ou on ne retient un commun qu'au moyen d'un mariage;

2° Qu'on espérait parvenir à avoir de meilleurs valets et que, alors, il serait sans comparaison plus avantageux d'avoir un valet que d'avoir un commun;

3° Que c'est en grande partie parce qu'il y a beaucoup d'hommes en communauté que les valets sont rares, et d'autant plus mauvais qu'ils sont plus rares;

4° Que l'usage des communautés entretient celui des mariages prématurés, qu'on peut regarder comme une des principales causes de la paresse et de la faiblesse des femmes et comme contribuant beaucoup à la dégradation de l'espèce humaine, qui est très sensible dans le Berry par comparaison surtout avec les pays où il est d'usage que les filles ne se marient qu'après leur vingtième année et les garçons à vingt-cinq ou trente ans.

Trois ans plus tard, le 31 octobre 1786, la commission pour l'agriculture et le commerce faisait observer qu'un des grands inconvénients des communautés était d'anéantir l'autorité paternelle et d'autoriser l'indiscipline domestique. Un père et surtout un beau-père, qui n'a peut-être pas à lui le quart de ce qu'il paraît posséder, ne peut ni rien promettre à ses enfants, ni les menacer de rien. Quand ils commencent à devenir grands, ils voient approcher le moment où leur père sera pour eux une partie adverse qu'ils auront le droit de molester et de dépouiller. Le père craint lui-même ses enfants au moment où il serait le plus à désirer qu'il en fût craint; et toute discipline est perdue; car la paternité et les droits sacrés qui en découlent sont un mystère auquel beaucoup d'enfants ne croient pas. Ils ne voient que la réalité de leurs droits actuels, et si le père de famille ne cache pas la meilleure partie de ce qu'il a, ou les enfants ne pensent pas que son pécule puisse leur échapper, ou la fragilité de ce pécule amortit en eux le désir d'en hériter un jour.

ÉTAT D'UN DOMAINE FÉODAL EN 1783

Il s'agit des terres de Blet et des Brosses. La terre et baronnie de Blet était située dans cette partie du Bourbonnais actuellement comprise dans le département du Cher, à deux lieues de Dun-le-Roi.

« Blet, dit un mémoire de l'administration des aides, est une bonne paroisse sans être d'objet ; bonnes terres, la plus grande partie en bois, foins et pacages, le surplus en terres labourables de froment, seigle et avoine. Chemins affreux à périr en hiver. Le commerce en faveur est celui des bêtes à cornes, il s'étend aussi sur les grains ; les bois pourrissent sur pied par leur éloignement des villes et leur difficile exploitation [1]. »

Cette terre, dit l'acte estimatif, est dans la mouvance du roi à cause de son château d'Ainay sous la dénomination de ville de Blet. La ville était fortifiée autrefois et son château fort subsiste encore. Elle fut jadis très peuplée, mais les guerres civiles du XVIᵉ siècle et surtout l'émigration des protestants l'ont rendue déserte au point que de 3000 habitants qu'elle renfermait, il s'en trouve actuellement à peine 300 [2] : c'est le sort de toutes les villes du pays. La terre de Blet, possédée pendant plusieurs siècles par la maison de Sully, passa, par mariage de l'héritière en 1363, à la maison de Saint-Quentin, où elle fut transmise en ligne directe jusqu'en 1748, date de la mort d'Alexandre II de Saint-Quentin, comte de Blet, gouverneur de Berg-op-Zoom, père de trois filles d'où sont nés les héritiers actuels. Ces héritiers sont le comte de Simiane, le chevalier de Simiane et les mineurs de Bercy, chacun pour un tiers, qui est de 97 667 livres sur la terre de Blet et de 20 408 livres sur la terre des Brosses. L'aîné, comte de Simiane, reçoit en outre, selon la coutume du Bourbonnais, un préciput, évalué à 15 000 livres, comprenant le château avec la ferme attenante et les droits seigneuriaux.

Le domaine entier, comprenant les deux terres, est évalué 369 227 livres. La terre de Blet comprend 1432 arpents exploités par 7 fermiers auxquels le propriétaire fournit des bestiaux estimés 13 718 livres. Ils payent ensemble au propriétaire 12 060 livres de fermage outre quelques redevances en poulets et corvées. Un seul a une grosse ferme et paye 7800 livres par an, les autres payent ensemble au propriétaire 1300, 740, 640, 240 livres par an.

La terre des Brosses comprend 515 arpents exploités par deux fermiers auxquels le propriétaire fournit des bestiaux estimés 3750 livres ; ils payent ensemble au propriétaire 2240 livres. En réalité les fermes de Blet et des Brosses ne rapportent presque rien au propriétaire, puisque les dîmes et le champart sont compris dans le prix des baux. Toutes ces métairies sont pauvres : une seule comprend deux chambres avec cheminées ; deux ou trois, une chambre avec une cheminée ; toutes les autres consistent en une cuisine avec four extérieur, étables et granges. Des réparations sont urgentes pour tous les corps de ferme sauf trois, l'entretien ayant été négligé depuis trente ans. « Il fau-

---

1. *Archives nationales.* État actuel de la direction de Bourges. Taine, *Les origines de la France contemporaines*, tome 1ᵉʳ, note.
2. Aujourd'hui Blet est une commune du canton de Nérondes, arrondissement de Saint-Amand-Mont-Rond, le recensement de 1886 lui attribue une population de 1552 individus, dont 655 agglomérés.

drait écurer le bié des moulins et la rivière dont les débordements gâtent la grande prairie, réparer les chaussées des deux étangs, réparer l'église, qui est à la charge du seigneur, et dont les couvertures notamment sont dans un état affreux (les eaux pénètrent à travers la voûte), réparer les chemins, qui sont aussi à la charge du seigneur et qui, pendant l'hiver, sont dans un état déplorable. « Il paraît qu'on ne s'est jamais occupé du rétablissement et réparation de ces chemins. »

Le sol de la terre de Blet est excellent, mais il faudrait des saignées et fossés pour l'écoulement des eaux, sans quoi les bas-fonds continueront à ne produire que de mauvaises herbes. La négligence et l'abandon ont laissé leur marque partout. Le château de Blet n'a pas été habité depuis 1748; aussi presque tous les meubles sont pourris et hors d'usage; ils valaient 7612 livres en 1748, ils ne sont plus estimés qu'à 1000 livres.

Le moulin à eau occasionne presque autant de dépense qu'il produit de revenu. « On ne connaît point l'usage de la chaux pour l'engrais des terres labourables », et pourtant « dans le pays la chaux est à vil prix ». La terre, humide et très bonne, produirait à volonté des haies vives; pourtant on clôt des champs avec des haies sèches contre les bestiaux, et cette charge, suivant le rapport des fermiers, est évaluée au tiers du produit du fonds. Ce domaine tel qu'on vient de le décrire est évalué comme il suit :

1° La terre de Blet, suivant l'usage du pays pour les terres nobles, est évaluée au denier 25, c'est-à-dire 376 060 livres, dont il faut défalquer un capital de 65 056 livres représentant les charges annuelles (portion congrue du curé, réparations, etc.), non compris les charges personnelles, comme le vingtième. Elle rapporte net par an 12 300 livres et vaut net 308 003 livres.

2° La terre des Brosses est, suivant l'usage du pays, évaluée au denier 22, car elle cesse d'être noble par le transport des droits de fief et justice à celle de Blet. Sur ce pied, elle vaut 73 583 livres, dont il faut défalquer un capital de 12 359 livres pour les charges réelles. Elle rapporte net par an 3140 livres et vaut net 61 224 livres.

Ces revenus ont les sources suivantes :

En premier lieu, les fermages ci-dessus énoncés ;

En second lieu, les droits féodaux qu'on va énumérer.

Droits utiles et honorifiques de la terre de Blet :

1° Droits de haute, basse et moyenne justice sur toute la terre de Blet et autres villages, les Brosses, Jalay. Le haut justicier, selon l'acte de notoriété donné au Châtelet le 29 avril 1702, connaît de toutes les matières réelles et personnelles, ou civiles et criminelles, même des actions des nobles et ecclésiastiques, des scellés et inventaires de meubles et effets, des tutelles, curatelles, administration des biens de mineurs, des domaines, droits et revenus usuels de la seigneurie.

2° Droit de gruierie (édit 1707). Le gruyer du seigneur juge de toutes les affaires concernant les eaux et forêts, usages, délits de pêche et de chasse.

3° Droit de voirie ou police des rues, chemins, édifices (sauf les grands chemins). Le seigneur nomme un bailli gruyer et voyer qui est M. Theurault (à Sagonne), un procureur fiscal, Baujard (à Blet); il peut les destituer, attendu qu'ils ne payaient pas de finance. Les droits de greffe étaient ci-devant affermés au profit du seigneur, mais actuellement qu'il est très difficile de rencontrer des personnes intelligentes dans le pays pour remplir cette charge, le seigneur abandonne ses droits à celui qu'il commet. Le seigneur paye 48 livres par an au bailli pour tenir ses audiences une fois par mois et 24 livres au procureur fiscal pour y assister.

Il perçoit les amendes et confiscations de bestiaux prononcées par ses officiers. Le profit, année moyenne, est de 8 livres.

Il doit entretenir une prison et un geôlier (on ne dit pas qu'il y en ait une). Il ne se trouve plus dans la seigneurie aucune marque extérieure de fourches patibulaires.

Il peut nommer 12 notaires; de fait, il n'y en a qu'un à Blet, encore n'est-il pas occupé : c'est Baujard, procureur fiscal. Cette commission lui est accordée gratuitement pour maintenir le droit; d'ailleurs il serait impossible de rencontrer une personne intelligente pour la remplir. Il nomme un sergent sur le lieu, mais depuis longtemps ce sergent ne paye ni fermage ni loyer.

4° Taille personnelle et réelle. En Bourbonnais jadis la taille était serve et les serfs mainmortables. Les seigneurs, qui ont encore droit de bordelage bien établi dans l'étendue de leurs fiefs et justices, sont encore aujourd'hui en possession de succéder à leurs vassaux dans tous les cas, même au préjudice de leurs enfants, si ceux-ci n'étaient résidants avec eux et n'habitaient le même toit; mais en 1275, Hodes de Sully, ayant donné une charte, renonça à ce droit de taille réelle et personnelle moyennant un droit de bourgeoisie, perçu encore aujourd'hui (voyez plus loin).

5° Droit d'épave sur les bestiaux, meubles, effets, essaims de mouches à miel perdus, trésors trouvés (depuis 20 ans profits nuls sur cet article).

6° Droit sur les biens des personnes décédées sans héritiers, des bâtards et aubains décédés, sur les biens des condamnés à mort, aux galères perpétuelles, des bannis, etc.; profits nuls.

7° Droit de chasse et de pêche; le second évalué 15 livres par an.

8° Droit de bourgeoisie (voy. art. IV) d'après les chartes de 1255 et le terrier de 1484. Les plus riches doivent payer, par an, chacun 12 boisseaux d'avoine de 40 livres et 12 deniers parisis; les moyens, 9 boisseaux et 9 deniers; tous les autres, 6 boisseaux et 6 deniers. Ces droits de bourgeoisie sont bien établis, énoncés dans tous les terriers et aveux rendus au roi et perpétués par une infinité de reconnaissances; on ne peut pénétrer les motifs qui ont engagé les anciens régisseurs ou fermiers de cette terre à en interrompre la perception. Quantité de seigneurs en Bourbonnais jouissent et font payer de pareils droits à leurs vassaux en vertu de titres qui pourraient être plus suspectés que ceux qui sont en la disposition des seigneurs de Blet.

9° Droit de guet du château de Blet. Édit du roi de 1497 fixant cette charge pour les habitants de Blet et tous ceux demeurant dans l'étendue de la justice, pour ceux de Charly, Boismarvier, etc., à 5 sous par feu et par an, ce qui fut exécuté.

Ce n'est que depuis peu qu'on en a cessé la perception, quoique, par les reconnaissances modernes, tous les habitants se soient reconnus sujets auxdits guet et garde du château.

10° Droit de péage pour toutes les marchandises et denrées qui passent par la ville de Blet, sauf les blés, grains, farines et légumes (affaire pendante devant le conseil d'État depuis 1727 jusqu'à 1745 et non terminée; la perception en a été interrompue dans ce même temps).

11° Droit de botage sur les vins vendus en détail à Blet, attribuant au seigneur 9 pintes de vin par tonneau; affermé en 1782 pour 6 ans, moyennant 60 livres par an.

12° Droit de boucherie, ou de prendre la langue de toutes les bêtes tuées dans la ville, plus la tête et les pieds de tous les veaux. Pas de boucher à Blet; cependant, dans le temps de la moisson et pendant le cours de chaque année, on massacre environ 12 bœufs. Ce droit est perçu pour le régisseur; il est évalué à 3 livres par an.

13° Droit sur les foires, marchés, aunage, poids, mesures, cinq foires par an et un marché par semaine, mais peu fréquenté; pas de halle; ce droit est évalué à 24 livres par an.

14° Corvées de charrois et à bras par droit du seigneur haut justicier sur 97 personnes à Blet (22 corvées de voitures et 75 corvées à bras), sur 26 personnes aux Brosses (5 corvées de voitures et 21 à bras). Le seigneur paye 6 sous de nourriture pour la corvée à bras et 12 sous de nourriture pour la corvée des voitures à 4 bœufs. Dans le nombre des corvéables, il s'en trouve la plus grande partie réduite presque à la mendicité et chargée d'une famille nombreuse, ce qui détermine souvent le seigneur à ne point les exiger à la rigueur. Valeur ainsi réduite des corvées, 49 livres 15 sols.

15° Banalité de moulins (sentence de 1736) condamnant Roy, laboureur, à moudre ses grains au moulin de Blet, et à l'amende pour avoir cessé d'y moudre depuis trois ans. Le meunier perçoit un seizième de la farine moulue. Le moulin banal ainsi que celui à vent, à 6 arpents adjoints, sont affermés 600 livres par an.

16° Banalité de four. Transaction de 1537 entre les seigneurs et ses vassaux : il leur accorde d'avoir dans leur maison un petit four de trois carreaux d'un demi-pied chacun, pour y cuire pâtés, galettes et tourteaux; d'autre part, ils se reconnaissent sujets à la banalité. Il peut percevoir un seizième de la pâte; ce droit pourrait rapporter 150 livres annuellement; mais, depuis quelques années, la maison du four est effondrée.

17° Droit de colombier. Il y en a un dans le parc du château.

18° Droit de bordelage. (Le seigneur est héritier, sauf lorsque les enfants du mort vivaient avec le mort au moment du décès.) Le seigneur de Blet a ce droit sur 48 arpents. Depuis vingt ans, par négligence ou autrement, il n'en a rien tiré.

19° Droit sur les terres incultes et désertes et sur les accrues par alluvion.

20° Droit purement honorifique de banc et sépulture au chœur, d'encens et de prière nominale, de litre et ceinture funèbre intérieure et extérieure.

21° Droit de lots et ventes sur les censitaires dû par l'acquéreur d'un immeuble censitaire au seigneur dans les quarante jours.

En Bourbonnais, les lots et ventes se perçoivent au 3e, au 4e, au 6e, 8e, 12e denier. Le seigneur de Blet et Brosses les perçoit au 6e denier. On estime que les ventes se font tous les quatre-vingts ans; ces droits portent sur 1356 arpents qui valent : les meilleurs, 192 livres l'arpent; les moyens, 110 livres; les mauvais, 75 livres. A ce taux, les 1350 arpents valent 162 750 livres. On fait remise aux acquéreurs du quart des lots et ventes. Rapport annuel de ce droit : 254 livres.

22° Droit de dîme et charnage. Le seigneur a acquis toutes les dîmes, sauf quelques-unes aux chanoines de Dun-le-Roi et au prieur de Chaumont. La dîme se levait à la 13e gerbe; elles sont comprises dans les baux.

23° Droit de terrage ou champart : c'est le droit de percevoir, après que les dîmes sont levées, une portion des fruits de la terre. En Bourbonnais, le terrage se perçoit de différentes manières à la 3e gerbe, à la 5e, 6e, 7e, et communément à la 4e; à Blet, c'est à la 12e. Le seigneur de Blet ne perçoit le terrage que sur un certain nombre de terres de sa seigneurie; par rapport aux Brosses, il paraît que tous les domaines possédés par les censitaires sont assujettis à ce droit. Ces droits de terrage sont compris dans les baux des fermes de Blet et des Brosses.

24° Cens, surcens et rentes dus par des immeubles de diverses sortes, maisons, champs, prés, etc., situés sur le territoire de sa seigneurie.

Sur la seigneurie de Blet, 810 arpents, divisés en 511 parcelles aux mains de 120 censitaires, sont dans ce cas, et leur cens total annuel consiste en 137 francs d'argent, 67 boisselées de froment, 3 d'orge, 159 d'avoine, 16 gelines, 130 poules, 6 coqs et chapons; le total est évalué 575 francs.

Sur la terre des Brosses, 85 arpents, divisés en 112 parcelles aux mains de 20 censitaires, sont dans ce cas, et leur cens total annuel est de 14 francs d'argent, 17 boisselées de froment, 33 d'orge, 26 gelines, 8 poules et un chapon. Le total est évalué 126 francs.

25° Droits sur les communaux, 124 arpents dans la terre de Blet, 164 dans la terre de Brosses.

Les vassaux n'ont sur les communaux qu'un droit d'usage. La presque totalité des fonds sur lesquels ils usent du droit de pâturage appartiennent en propriété aux seigneurs, fors ce droit d'usage dont ils sont grevés; encore n'est-il accordé qu'à quelques particuliers.

26° Droits sur les fiefs mouvants de la baronnie de Blet.

Les uns sont situés dans le Bourbonnais, et il y en a 19 dans ce cas. En Bourbonnais, les fiefs mêmes possédés par des roturiers ne doivent au seigneur, à chaque mutation, que la bouche et les mains. Jadis, le seigneur de Blet percevait, dans cette circonstance, le droit de rachapt; mais on l'a laissé tomber en désuétude.

Les autres sont situés dans le Berry, où s'exerce le droit de rachapt. Il n'y a qu'un fief dans le Berry, celui de Cornusse, à l'archevêque de Bourges, comprenant 87 arpents, outre une portion de dîmes et rapportant par an 2100 livres, ce qui, en admettant une mutation tous les vingt ans, donne annuellement au seigneur de Blet 105 livres.

Outre les charges indiquées, il y a les charges suivantes :

1° Au curé de Blet, sa portion congrue. D'après la déclaration du roi de 1686, elle devait être de 300 livres. Par transaction en 1692, le curé, voulant s'assurer cette portion congrue, céda aux seigneurs toutes les dîmes novales, etc.

L'édit de 1768 ayant fixé la portion congrue à 500 livres, le curé réclama cette somme par exploit. Les chanoines de Dun-le-Roi et le prieur de Chaumont, ayant des dîmes sur le territoire de Blet, devraient en payer une partie. Actuellement, elle est toute à la charge du seigneur de Blet.

2° Au garde, outre son logement, son chauffage et la jouissance de 3 arpents de friches, 200 livres.

3° Au régisseur pour garder les archives, veiller aux réparations, percevoir les lots et ventes, percevoir les amendes, 432 livres, outre la jouissance de 10 arpents de friches.

4° Au roi, l'impôt des vingtièmes. Précédemment, les terres de Blet et des Brosses payaient 810 livres pour les deux vingtièmes et les deux sous pour livre. Depuis l'établissement du troisième vingtième, elles payent 1216 livres.

REMÈDES AUX MAUX DU BERRY

Dans les critiques faites par l'assemblée provinciale du Berry à la coutume de cette province, nous avons vu à quelles causes la commission d'agriculture et du commerce attribuait l'état de langueur de ce pays. Pour remédier à cette situation, cette même commission proposa à l'assemblée provinciale de 1783 les moyens suivants :

Proscription de la vaine pâture, meilleure discipline des valets, restrictions de la communauté agricole. Entraver les possessions par indivis, vulgariser l'ouvrage du chevalier de la Merville sur les bêtes à laine, dont les principes pratiques pourraient être utiles à la bonne conduite des troupeaux, à leur augmentation et à l'amélioration des laines. Enquête confiée aux députés des 24 arrondissements pour prendre des renseignements sur l'état de l'agriculture et y joindre leurs observations sur les moyens qu'ils jugeront les plus propres à perfectionner l'agriculture dans leurs cantons.

Le rapporteur ajoutait : Ce sera d'après ces renseignements locaux que vous pourrez comparer vos sols entre eux et avec les sols des autres provinces et les divers genres de culture des uns et des autres. Connaissant ainsi les vices généraux qui ont retardé la prospérité du Berry et perpétué les imperfections des méthodes qu'emploient les cultivateurs, ainsi vous pourrez aisément former un plan de réformes et déterminer les essais que vous devrez encourager de préférence. On ne pouvait mieux penser.

La commission insiste sur la nécessité de multiplier les prairies artificielles, de rendre les bergeries plus propres, plus aérées, de prendre l'habitude du parcage, de perfectionner les laines par les procédés de Daubenton ; elle insiste sur l'exemple des succès de M. de Barbançois pour prouver le bien que les béliers de race feraient dans la généralité. Puis, elle proposa des prix pour les meilleurs mémoires relatifs à la perfection de la culture, de l'industrie, et aux moyens d'augmenter la population.

Prix concernant l'Agriculture. — Le Bureau de l'agriculture a exposé qu'il a été frappé des frais énormes qu'entraînent les moissons : la rareté des ouvriers, les querelles entre les journaliers et les propriétaires, l'imperfection des instruments qui y sont employés, tout concourt à diminuer le prix des récoltes.

Le Bureau a cru que le premier prix d'agriculture à donner devait être au meilleur mémoire qui indiquerait quels sont les moyens les plus propres à diminuer en Berry les frais de la moisson?

Il a pensé, en outre, employer les dons volontaires à l'encouragement et à la perfection de l'agriculture, et a demandé que l'assemblée provinciale encourageât l'établissement des prairies artificielles, les cultures nouvelles et les essais des méthodes utiles.

L'assemblée provinciale, après avoir entendu le rapport du Bureau de l'agriculture et du commerce sur l'emploi le plus utile à la province des dons volontaires, a voulu concilier les divers désirs des donateurs, rendre le fruit de ces dons plus salutaire et plus permanent et perpétuer par là l'existence du bienfait des citoyens qui les ont offerts avec une générosité véritablement patriotique. Elle a pensé qu'il fallait faire servir ces dons à soulager les malheureux par toutes les voies possibles, à régénérer la culture et ranimer l'industrie, et, par là, procurer des produits aux cultivateurs, des profits aux fabricants, du travail aux artisans et des salaires aux journaliers ; elle ne devait négliger aucunes ressources propres à mettre en activité les moyens naturels de prospérité de cette généralité.

L'assemblée a regardé encore, comme une chose avantageuse, de contribuer à la multiplication des prés naturels, à l'établissement des prairies artificielles, ainsi qu'à l'amélioration des troupeaux et des laines, et, en conséquence, elle a, d'après le rapport du Bureau d'agriculture et de commerce, arrêté :

1° Qu'il sera, d'ici à la prochaine assemblée, employé jusqu'à concurrence de 2000 livres environ 3900 francs en achats de diverses graines de prairies artificielles, principalement de trèfle, sainfoin et luzerne ;

2° Qu'il sera établi un dépôt desdites graines dans chacun des chefs-lieux des sept élections de la généralité, afin que tous les propriétaires et cultivateurs qui désireront s'en procurer, puissent en avoir aisément sans embarras ni frais de transport ;

3° Qu'il sera accordé, sur les dons volontaires, à tout propriétaire qui aura converti une terre labourable ou autre terrain en bon pré naturel, et l'aura clos de haies vives, avec ou sans fossés, une somme de 9 livres [1] par arpent commun de 100 perches, et ce, pendant les trois premières années qui suivront ce changement, sans que cet encouragement puisse être donné pour les prés au-dessus de 3 arpents, ni accordé pour les terrains qu'on est d'usage de mettre tour à tour en prés et terres labourables ;

4° Que Sa Majesté sera suppliée d'accorder à l'administration provinciale une somme destinée à donner des gratifications à tout propriétaire et cultivateur qui, sur une exploitation de terres labourables, aura converti le sixième du terrain en prés naturels ou artificiels ;

5° Qu'il sera formé à Mazières, près Issoudun, une école de bergers et de parcage où l'instruction sera donnée aux élèves bergers par un berger formé par M. Daubenton et sous ses yeux, et dont la direction sera confiée à M. Fouquet, l'un des délégués et correspondant de l'administration provinciale dans l'arrondissement d'Issoudun, sous l'inspection des députés de ladite administration les plus à portée d'y veiller ;

6° Que, pour commencer cette instruction sur une portion de la généralité, il sera affecté une somme de 4000 livres [2] pour quatre ans à raison de 1000 [3] livres par an, laquelle sera destinée à entretenir à ladite école de bergers et de parcage quatre élèves bergers pris dans les arrondissements de Bourges, Issoudun, Châteauroux et Levroux, qui, moyennant 250 livres pour chacun par an, seront instruits, habillés et nourris par l'école ;

7° Qu'il sera employé par l'administration provinciale une somme de 4800 livres [4], frais de conduite compris, à l'achat de béliers de race qui seront envoyés à ladite école, pour être distribués, d'après les ordres de la commission intermédiaire et les demandes des propriétaires et cultivateurs, à ceux à qui il pourra en être accordé ;

Que, d'ici à la première tenue, il en sera placé 10 dans chacun des arrondissements de Bourges, Issoudun, Châteauroux et Levroux et 4 dans chacun des 20 autres arrondissements ;

8° Que lesdits béliers seront donnés aux propriétaires et cultivateurs qui s'obligeront, sur le nombre de béliers que ces béliers provinciaux produiront, d'en rendre un bon et recevable à l'école, dont il leur sera donné des reçus dans la seconde année qui suivra l'envoi à eux fait ;

9° Que lesdits propriétaires et cultivateurs seront intéressés à instruire le directeur de l'école des succès de croisements de race qu'ils auront essayés de leurs troupeaux ;

10° Que la commission intermédiaire s'occupera d'établir dans la susdite école de bergers l'ordre le plus propre à assurer le succès que l'administration provinciale ose espérer de cet essai.

QUESTION DES LAINES — LE DUC DE CHAROST

Il ressort des délibérations de l'assemblée provinciale de 1783, qu'on se préoccupait beaucoup d'améliorer les troupeaux. Nous avons trouvé à ce sujet dans les *Procès-ver-*

1. 17 à 18 francs.
2. Environ 7800 francs.
3. Environ 950 francs.
4. Environ 9360 francs.

baux du comité d'administration de l'agriculture des discussions intéressantes. Ce comité créé, en 1785, avait été chargé d'examiner les mémoires adressés au contrôleur général pour le département de l'agriculture. Il était composé de Tillet, Darcet, Lavoisier, Dupont de Nemours et Poissonnier.

Lavoisier, en sa qualité de président, avait demandé qu'on rédigeât un procès-verbal des séances du comité, espérant qu'il deviendrait le dépôt des principes de l'agriculture nationale et qu'il pourrait servir de guide à ceux qui s'occuperaient à l'avenir des mêmes objets. MM. Pigeonneau et Foville ont eu la bonne pensée de publier ces procès-verbaux de 1785-1787.

Dans la séance du 15 décembre 1786, M. de Lazowski a lu un mémoire sur l'importance qu'il y a de multiplier les bestiaux et d'en perfectionner les races. Il a d'abord fait observer que, malgré les progrès des lumières et les ouvrages de quelques bons écrivains, on conservait encore les anciens préjugés sur le bénéfice de la balance du commerce; qu'on ne faisait pas attention que la nature des choses avait mis des bornes à ce bénéfice; qu'on ne pouvait commercer qu'avec des matières d'échange, et qu'il ne pouvait exister un commerce réglé qu'autant que ces matières se reproduisaient chaque année. Les bestiaux, dit M. de Lazowski, sont une des principales branches de reproduction, celle qui manque le plus à la France et qu'il est le plus important de rétablir.

Notre laine, à qualité égale, coûte le double des laines étrangères; nous n'avons point de laines à peigner, nous importons même des laines communes.

Non seulement les laines en Angleterre suffisent à l'entretien des manufactures, qui sont très nombreuses et très actives, mais il lui reste encore un excédent considérable qu'elle exporte. La France, au contraire, en tire pour 25 millions de l'étranger.

M. de Lazowski avait dit avec raison que non seulement la multiplication des bestiaux a une grande influence sur le commerce et sur l'industrie; il avait ajouté avec non moins de sens que cette multiplication entraînerait la nécessité de former des prairies artificielles, d'employer les turneps, les pommes de terre, les carottes et l'augmentation des fumiers, enfin la suppression des jachères.

Lavoisier faisait observer qu'un changement de système dans la culture d'une ferme exigeait des avances considérables, qui, presque toujours, étaient hors de la portée des cultivateurs, qu'il n'était pas même démontré qu'ils y trouvassent l'intérêt de leurs avances.

Pendant qu'on discutait sur la question, le duc de Charost se mettait à l'œuvre de progrès; il offrait un prix de 600 livres à l'Académie d'Amiens pour ouvrir, en 1787, un concours sur les moyens d'étendre et de développer la culture des prairies artificielles dans la généralité d'Amiens. Ce fut Gilbert, le jeune professeur de l'école vétérinaire de Charenton, plus tard victime de son dévouement à l'agriculture, qui obtint le prix. Il remporta la même année le prix proposé par la Société royale d'agriculture de France sur le même sujet : Quelles sont les espèces de prairies artificielles qu'on peut cultiver avec le plus d'avantages dans la généralité de Paris et quelle en est la meilleure culture?

Dufour, ancien conseiller général d'Amiens, à qui l'on doit la publication du mémoire de Gilbert, a tenu à honneur de prouver que c'était l'Académie d'Amiens qui avait la priorité d'initiative sur la Société d'agriculture de Paris. Et, à cet effet, il a publié cette intéressante lettre du duc de Charost au secrétaire perpétuel de l'Académie d'Amiens :

« Paris, 22 juin 1785.

« J'ai cru, monsieur, lorsque l'Académie m'a permis d'assurer un fonds destiné à un prix annuel au meilleur mémoire sur des objets relatifs à l'agriculture, au commerce, à l'industrie et au bien-être des habitants de la Picardie, que la fréquence des incendies devait attirer ses regards, comme un malheur qui demandait des remèdes pressants, et elle a daigné agréer mes vues à cet égard.

« J'ose encore, si elle n'en a point qui lui paraisse mériter une attention plus particulière, lui proposer le sujet du prix de 1786. La disette des fourrages a attiré les regards vigilants du gouverneur. C'est en s'occupant des grands objets d'utilité pratique que les Académies méritent, de plus en plus, la protection du souverain et l'affection des peuples.

« Ne serait-ce point le moment de rechercher si, dans la généralité, il existe entre les prés et les terres labourables une proportion suffisante?

« Si ce n'est pas à ce défaut de proportion qu'on peut attribuer le peu d'aisance des provinces abondantes en grains?

« Quels sont les moyens d'améliorer les prés naturels, de multiplier les prairies artificielles et d'encourager les cultivateurs à suivre une méthode à laquelle l'Angleterre doit la prospérité de sa culture?

« De telles vues, monsieur, m'ont paru dignes du zèle connu de l'Académie, et je vous prie de vouloir bien soumettre à ses lumières le programme ci-joint, en la priant de le rectifier, ou même de substituer un autre sujet à celui que je propose, si elle le juge convenable.

« En lui renouvelant l'hommage de mon attachement, soyez, je vous prie, en particulier persuadé de la sincérité avec laquelle je suis, monsieur, votre très humble et très obéissant serviteur.

« LE DUC DE CHAROST. »

Les excellentes idées du duc de Charost n'étaient pas seulement répandues dans la généralité d'Amiens, elles l'étaient, nous l'avons vu, dans le Berry; elles y faisaient leur chemin. Elles y trouvèrent un excellent interprète dans Heurtaut de Lamerville, qui, après avoir obtenu le grade d'officier de marine, fut chargé de l'administration de Dun-le-Roi, auquel se trouvait attachée, en 1773, la terre de la Périsse. Plus tard, en 1789, Heurtaut de Lamerville représenta aux États généraux le bailliage du Berry; puis devint successivement président de l'assemblée administrative du département du Cher, procureur syndic du même département.

Ayant renoncé à la carrière politique et administrative, il se retira à la Périsse et se voua entièrement aux progrès de l'agriculture du Berry, et surtout à l'acclimatation dans cette province de la race mérinos. Praticien instruit, il publia plusieurs écrits intéressants sur les bêtes à laine du Berry, sur les partages des bois communaux, sur la propagation de la race mérinos.

La Périsse devint une véritable ferme expérimentale; elle valut à son directeur, qui fut du reste un des collaborateurs du cours complet d'agriculture publié en 1809, d'être nommé membre associé dans la section d'économie rurale lors de la création de l'Institut.

ASSEMBLÉE PROVINCIALE DU BERRY EN 1786

Séance du 31 octobre.

En établissant l'assemblée provinciale du Berry, Louis XVI avait annoncé qu'il se réservait de modifier et de perfectionner dans tous les temps les règlements adoptés. Aussi, en 1786, le roi a pensé qu'en fixant d'une manière plus précise par un nouveau règlement la portion d'autorité que le commissaire départi doit exercer, en son nom, et celle qu'il voulait bien continuer à l'administration provinciale, il établirait sur des bases plus solides cet accord si nécessaire pour le bonheur des peuples.

L'assemblée provinciale ou la commission intermédiaire devait continuer, comme par le passé, à préparer les travaux les plus urgents. Voici, en ce qui concerne l'agriculture, ce que nous avons trouvé dans le rapport de la commission pour l'agriculture et le commerce. Il est dit qu'en sollicitant l'abolition de la vaine pâture sur les fonds possédés en propriété, la commission a voulu que le propriétaire fût vraiment et exclusivement propriétaire là où il peut l'être, qu'il ne vît point le bétail étranger dévorer une partie des produits de son fonds, combler ses fossés, ruiner ses clôtures, et que la cessation de ce brigandage, en mettant les uns dans la nécessité de mieux soigner ce qu'ils ont, en inspirant à d'autres le désir de posséder, donnât à tous le courage de travailler par l'espérance de jouir.

Qu'avez-vous demandé en suppliant le roi d'abolir les communautés taisibles, autres que celles de mari et femme mariés sans contrats de mariage et de déclarer toute communauté dissoute par séparation paisible d'an ci jour, sinon de créer la propriété des meubles, fruits et profits, où elle n'existe pas et de rétablir la discipline domestique où elle est énervée?

En sollicitant la diminution du nombre des vagabonds, vous avez aussi réclamé en faveur de la propriété qu'ils mettent au pillage, ou en sollicitant nos colons à la fraude, au larcin, par des achats secrets de ce qui ne devrait être vendu qu'au su et de l'aveu du propriétaire qui y a sa part.

En demandant des lois pour diminuer le nombre des possessions par indivis, vous avez encore plaidé pour la propriété, puisque, suivant la remarque d'un législateur romain, la chose de plusieurs n'est la chose de personne et périt tôt ou tard par l'incurie des intéressés.

Vous avez aussi demandé qu'on prît des mesures contre l'indiscipline des valets rustiques et le renchérissement de leurs gages, et quoi de plus étroitement lié avec la propriété, qui n'existe pour le propriétaire que dans le produit qui lui reste, toutes avances et toutes charges déduites? Si la cherté du travail rend les avances plus fortes que le produit, la propriété est abandonnée, c'est-à-dire qu'il n'en reste plus que le nom et un droit d'exclusion qui condamne les fonds à la stérilité. Combien, en effet, ne voyons-nous pas de terres incultes qui ne le sont que parce que les frais de culture en absorberaient les produits, tandis que tel autre fonds, moins bon peut-être, est cultivé dans un atelier voisin parce qu'on le fait valoir en sus d'une exploitation. Il est censé ne rien coûter, parce qu'on n'a besoin pour le faire valoir ni d'un valet ni d'un cheval de plus.

Ainsi, diminuer les frais de la culture, c'est l'étendre, c'est par conséquent augmenter la somme des propriétés.

Puis la commission examine l'état de la dernière classe du peuple dans le Berry. Elle s'occupe de sa condition, de sa distribution locale, de son éducation et de son emploi.

En ce qui concerne la condition des hommes de la dernière classe, journaliers, métayers et petits artisans épars dans les campagnes, il est dit : On ne donne plus rien qu'à terme très court, et même l'usage a prévalu en cette province de ne point faire de bail aux *manœuvres*, de faire aux métayers des baux de trois, six ou neuf années, ou, quand on leur fait des baux de neuf ans, d'en couper la durée pour une année de choix, c'est-à-dire qu'on peut mutuellement se quitter à l'expiration de la cinquième année. Le choix n'est, en effet, que pour le propriétaire ou fermier général qui ne veut pas se lier pour trop longtemps avec un homme dont il n'est pas sûr, pour ne pas dire que c'est une occasion de plus qu'on se ménage d'exiger un pot de vin, car ce n'est presque jamais le colon qui se prévaut d'une année de choix.

Quant aux manœuvres ou locataires, autres que ceux de Bourges, ce sont presque toujours des journaliers attitrés de qui le bailleur exige la préférence de leur travail et souvent à un prix convenu et très modique, mais sans s'obliger à les fournir de travail pendant toute l'année : et voilà en partie pourquoi on ne leur fait point de bail. Ce sont des valets externes qui peuvent être mauvais et indociles et qu'on veut pouvoir chasser au bout de l'année.

Il reste très peu de manœuvres propriétaires de leurs manœuvreries, et le nombre en diminue tous les jours, soit par l'effet des partages ou possession par indivis, soit par celui des mauvaises mœurs de cette classe.

Quelle qu'en soit la cause, le moment arrive tôt ou tard où le petit propriétaire d'une manœuvrerie, après en avoir longtemps négligé les réparations, se trouve hors d'état de la faire, et vend sa maison, s'il le peut, ou l'abandonne ou la laisse tomber.

Aujourd'hui, la plupart du petit nombre de manœuvreries qui restent debout appartiennent ou au propriétaire de la métairie voisine, ou à un étranger qui y met un locataire pour en tirer un loyer, et quelquefois pour y placer du bétail.

Beaucoup de manœuvreries de campagne ont été détruites, depuis que les propriétaires des métairies ont presque tous cessé de les faire valoir par eux-mêmes; et la raison en est facile à deviner, le métayer a moins fait travailler que n'avait fait le propriétaire, et, faute d'emploi, son valet externe s'en est allé chercher du pain ailleurs.

Ainsi il y a trois circonstances essentielles dans la condition des manœuvres et métayers :

La première est qu'ils n'ont rien en propre ;

La seconde, que leur domicile n'a qu'une stabilité très limitée ;

La troisième, qu'ils sont vraiment très justiciables du propriétaire ou de son fermier, qui peut leur infliger, sous forme de procès, deux peines très graves, la confiscation et le bannissement; c'est, en effet, une espèce de confiscation que l'acte par lequel on ôte à un homme tout ce qu'il paraît avoir, et c'est une sorte de bannissement qu'une expulsion par laquelle on force un homme à changer de domicile et souvent de patrie, car la paroisse d'un tel homme est souvent sa patrie. Comment ces hommes peuvent-ils concevoir la justice quand la loi est dix fois contre eux pour une fois qu'elle leur est favorable ?

De la distribution locale des hommes. — Il y a plus de bras que de travail à faire dans un canton, tandis que les bras manquent pour le travail dans un autre. Il ne s'agit pas de travaux passagers comme ceux de la récolte, mais des travaux ordinaires de culture et d'entretien. Il y a donc lieu de favoriser en quelques endroits l'établissement de nouvelles habitations et de ne le pas faire en d'autres.

Il y a des exemples d'hommes pécunieux qui ont spéculé sur les loyers comme sur le produit de la terre et ont bâti 15 ou 20 maisons dans un seul bourg pour s'en faire un revenu, sans avoir rien à offrir à leurs locataires que le couvert et quelques bêtes à cheptel qui, rassemblées en un énorme troupeau, dévorent tous les environs du bourg.

Il en est autrement lorsqu'un grand propriétaire, exploitant lui-même ou surveillant de près son exploitation, bâtit au milieu de sa propriété; car alors il s'engage à occuper ses locataires, ou il s'expose le premier aux dangers d'un mauvais voisinage.

Celui qui, en bâtissant, crée vraiment une place d'homme, parce qu'il joint à sa construction une exploitation, comme elle convient à un journalier ou à un fermier exploitant, et qu'il s'assure en même temps des travailleurs nécessaires, mérite beaucoup de faveur pour sa construction; si, de plus, il bâtit pour créer de nouvelles propriétés au profit de la classe dont on déplore le dénuement, son entreprise mérite toute sorte de faveurs.

Éducation des hommes de la dernière classe. — La commission déclare que l'éducation de cette multitude d'hommes qui habitent nos campagnes sera toujours mauvaise, tant qu'il y aura autant de pâtres pour garder les troupeaux.

Il y a bien peu d'enfants qui reçoivent dans l'éducation domestique la plus légère préparation à la vie sociale et religieuse. Ce sont des êtres brutes encore qui sont souvent déjà imbus de faux principes et ont pris de mauvaises habitudes. C'est un vœu que nous faisons, dit la commission, vœu que nous articulons bien formellement, que celui de voir *établir des écoles dans cette province*, sinon dans chaque paroisse, du moins tellement distribuées que tous les habitants soient à portée d'y envoyer leurs enfants.

L'emploi des hommes. — La commission a émis le vœu que, dans les ménages si nombreux où les longues nuits d'hiver engourdissent tant de bras, il s'introduise des fabrications semblables à celles qui enrichissent et soutiennent ailleurs tant de fermiers. Les fabrications qui s'allient avec la culture sont sans doute les plus utiles et par le supplément d'occupations et de profits qu'elles donnent aux cultivateurs et par leur bon marché; ce serait peut-être le meilleur moyen de rétablir la bonneterie, les filatures de laine et de chanvre. On parviendrait peut-être avec le temps à mettre les fermiers en état de payer leurs fermes avec le produit de leur fabrication, mais la commission fait observer qu'en Berry il n'y a presque point de fermiers exploitants et que l'industrie est difficile à établir tant que « nous aurons dans nos domaines ces misérables ateliers d'esclaves qui partagent tout avec nous, sont gênés dans tous les moments de leur vie, et n'ont ni le choix de leur culture, ni souvent la propriété d'aucune partie de ses produits ».

Il n'y aurait pas la même difficulté à introduire de petites fabrications chez les manœuvres. La filature du chanvre est déjà établie chez la plupart d'entre eux; il y en a cependant bien peu qui sachent donner à cette matière ses dernières préparations; mais du moins leurs femmes le filent et des tisserands établis la plupart dans les bourgs en font de la toile. Aussi la culture du chanvre est-elle considérée par la commission comme celle qui convient le mieux aux journaliers; mais elle leur prend beaucoup de temps et le produit en est très casuel, au moins dans certains cantons. Ainsi on ne peut regarder les chènevières que comme un fonds nécessaire à toute manœuvrerie et non comme un moyen de préserver les manœuvres du désœuvrement et de la détresse pendant la plus grande partie de l'année.

Le gouvernement a cherché un remède à ce mal et a cru le trouver dans les ateliers de charité.

La commission a fait observer que ce serait un inconvénient particulier de cette charité publique si, pour mieux soulager la classe à laquelle elle est destinée, elle laissait hausser les salaires et enlevait aux propriétaires les travailleurs dont ils ont besoin.

9

Il faut cependant respecter les intentions du gouvernement: il faut rendre justice à la sagesse de ses motifs; il faut faire mieux encore, il faut entrer dans ses vues et perfectionner un établissement devenu si nécessaire et qui continuera de l'être aussi longtemps que nous ne verrons point nos campagnes repeuplées de propriétaires, comme elles le furent avant le ministère du cardinal Mazarin, lorsque la taille qui était un impôt direct força les trois quarts des petits propriétaires à vendre leurs biens ou à se réfugier dans les villes en se substituant des métayers et des locataires dans des campagnes dévastées par les contraintes, les collectes et les solidités, et dans des maisons dont on avait enlevé les portes, les fenêtres, les tuiles et jusqu'aux chevrons.

C'est à dater de ce temps-là, de ce temps vraiment désastreux, que les terres ont été presque généralement livrées à des mercenaires et que le désordre a fait des progrès toujours plus rapides, jusqu'au commencement de ce siècle, puisqu'à cette dernière époque encore on continuait d'enlever les portes et les fenêtres des maisons. Mais le mal est fait, et il y a peu d'espérance qu'il puisse être réparé, malgré l'abolition des solidités et les restrictions apportées aux contraintes, tant que subsisteront, en matières de taille, la loi du domicile, la misère des collectes et la rigueur des lois sur la milice.

Par suite de ce désordre, deux maux qui s'aggravent l'un l'autre se sont réunis pour écraser la dernière classe du peuple.

En effet, c'est depuis que, par l'absence des propriétaires, le travail manque aux journaliers, que ces journaliers ne sont plus eux-mêmes pour la plupart que des locataires, c'est-à-dire qu'ils payent un impôt que ne payaient pas leurs aïeux, impôt énorme, quoiqu'il n'en ait pas le nom, le loyer de leurs humbles demeures.

Voilà le mal très grand, très réel et qui, en tenant cette partie du peuple dans un état très semblable à la servitude, lui en fait contracter tous les vices. Il s'agit d'y chercher un remède.

PROJETS ET MOYENS D'AMÉLIORATIONS

La commission de l'agriculture a fait ressortir qu'en dehors du vœu émis de créer des écoles, ce serait réunir tous les avantages qu'on peut espérer, de joindre à l'étude d'un traité de morale en forme de proverbe et d'un code rural mis à la portée des enfants, des exercices, propres à donner de la souplesse et de l'agilité au corps, et même quelque travail.

Il n'est pas moins nécessaire d'avoir une règle et quelque discipline se faisant vivement sentir partout.

Il faut former des pépinières pour ces nouvelles plantations. La grande difficulté de cette entreprise, c'est de trouver des sujets dont on puisse faire des maîtres d'école. L'ignorance est si générale dans les classes inférieures en cette province, le nombre de ceux qui apprennent quelque chose est si petit, que c'est, pour ainsi dire, une nouvelle espèce d'hommes à former.

Il faut assurer une occupation suffisante à la classe des manœuvres par *l'établissement universel d'ateliers de charité*. L'occupation principale et première de ces ateliers sera la confection des chemins vicinaux. Les salaires de l'atelier seront toujours moindres que les salaires ordinaires du pays : dans la belle saison, d'un cinquième; dans la mauvaise, d'un sixième. Puis, la commission fait connaître les taxes nécessaires pour fournir aux dépenses des ateliers de charité et aussi le projet d'une taxe qui, en sollicitant les propriétaires de simples locations à s'en défaire, les mettrait dans le cas soit de les vendre à de simples journaliers pour argent comptant ou rente constituée seulement, ou à des propriétaires voisins plus en état ou plus à portée d'en employer les locataires, soit de les abandonner faute de trouver des acquéreurs.

Privilèges à accorder aux nouvelles constructions. — La commission, s'occupant de la classe des métayers et des petits fermiers à qui l'occupation ne manque pas, mais qui manquent eux-mêmes à la terre par l'étendue excessive d'un grand nombre de métairies, a proposé d'encourager la construction de nouveaux domaines et une ou plusieurs manœuvreries; ce sera un encouragement à ces entreprises vraiment utiles, mais très coûteuses, de régler que la taille supportée ci-devant par un seul sera supportée par tous, dans la proportion qu'abritera le propriétaire, et plusieurs autres avantages dans le détail desquels nous n'entrerons pas.

Encourager la substitution des petites fermes aux métairies. — La commission, désirant encourager le mode d'exploitation par fermier, qui lui paraît de beaucoup préférable aux métairies, demande que si un propriétaire fait un bail de trois, six ou neuf années ou un bail à choix, en un mot un bail dont la durée absolue ne fût pas de neuf années, il devrait être sujet à la garantie. Il est conforme à l'équité et même aux principes de la jurisprudence que les maîtres, comme on appelle les propriétaires bailleurs, soient garants civilement des faits de leurs métayers et locataires, qu'ils le soient même de leurs fermiers à cheptel. Il est de l'intérêt de la province que les baux ne soient pas pour moins de neuf années, et que d'ailleurs un pareil bail donne au preneur un état dans lequel il offre encore une caution de sa conduite.

La commission demande la création d'une *caisse des propriétaires* sur le modèle des caisses de la noblesse que le roi de Prusse avait créées dans ses États. Là, tout gentilhomme trouve sur l'hypothèque de son bien telles sommes dont il a besoin pour faire des améliorations ou réparations majeures et le trouve à un intérêt modique de 2 ou 2 1/2 p. 100.

Enfin, elle émet le vœu que la province parvienne à se passer de cheptel volant et que l'espèce de petits fermiers exploitants, avec un mobilier à eux, s'y multiplie au point de devenir la seule espèce de cultivateurs à temps qui reste connue dans le Berry et de rendre les fermes générales aussi inutiles qu'elles ont été pernicieuses en plusieurs endroits.

Comme dernier remède, la commission a proposé d'avoir recours à ce qu'on appelait les fiefs, c'est-à-dire des arrentements à perpétuité. C'est un moyen de doubler la propriété, puisque la propriété reste dans la main du bailleur et y est représentée par une rente souvent égale au loyer qu'il aurait pu tirer de son fonds, et que, d'un autre côté, elle est aussi dans la main du preneur, qui, en détenteur incommutable, déploie sans crainte toute son industrie pour l'amélioration du fonds.

Un second rapport a été consacré aux mémoires qui ont concouru au prix proposé pour les moyens de vivifier le Berry. Des vingt-trois mémoires envoyés, trois seulement ont mérité l'attention de la commission.

Les causes invoquées pour expliquer l'état de langueur du Berry sont en partie celles qui ont été exposées dans les différents rapports de la commission : chute des anciennes manufactures du Berry, discrédit où sont tombées les laines de cette province par l'usage excessif des laines étrangères en France; propriétés trop étendues, absence des propriétaires qui n'exploitent plus, existence des communautés agricoles où se développent l'apathie et l'indolence.

Quant aux remèdes indiqués par les auteurs des mémoires, la plupart de ces remèdes sont également les mêmes que ceux indiqués par la commission. Néanmoins, nous en signalerons certains autres : Favoriser la substitution des fermiers exploitants avec leur propre atelier aux métayers et aux fermiers à cheptel de fer en obtenant du roi la remise d'une partie des impositions pour neuf ans, en faveur des nouveaux fermiers exploitants s'ils sont du pays; pour dix-huit ans, s'ils sont étrangers. Se faire autoriser à vendre les marais et les communs par petites portions pour multiplier les petits propriétaires. Perfectionner la race des chevaux, encourager les grands propriétaires à habiter davantage la province, substituer au blé dans les pays où il ne réussit pas d'autres productions. Couper le Berry du nord au midi par un canal de grande communication. Taxe sur les célibataires au profit des familles nombreuses, facilité des communications par les routes et les canaux, multiplication des écoles dans les campagnes, exercices gymnastiques pour faire perdre aux habitants leur lenteur indicible, culture de la navette, du blé de Turquie, du millet. Faire en sorte que les manœuvres soient propriétaires de leurs vaches pour les amener à la culture des prés artificiels.

A la séance du 10 novembre 1886, la commission a fait son rapport sur le questionnaire qu'elle avait résolu d'adresser dans les divers arrondissements pour connaître l'état de l'agriculture dans toutes les parties de la généralité. On espérait avoir ainsi un tableau complet de la situation du Berry, mais les arrondissements d'Aubigny et du Blanc, ceux d'Angle, Argenton, La Châtre, les Aix et Levroux n'avaient point envoyé leurs réponses.

D'après les renseignements reçus des autres arrondissements, la commission a fait observer que l'abondance des fourrages en 1786 avait refroidi les cultivateurs sur le besoin des prairies artificielles, que l'exploitation de terrains trop vastes, mal labourés, insuffisamment pourvus d'engrais est un des grands vices de la culture; que ce vice ne se détruira qu'à mesure que les communautés agraires seront restreintes.

La commission a déclaré qu'on n'aurait de bonnes cultures que si l'exemple, déjà donné par quelques grands propriétaires et quelques communautés religieuses qui ont substitué les fermiers exploitants à des métayers, s'étendait successivement; que si les communications par terre et par eau se multipliaient.

« Vos laines, ajoutait la commission, commencent à s'améliorer, mais on a cru remarquer, dans celle des moutons parqués de quelques cantons, des imperfections que vous vous occuperez à constater et à rectifier, imperfections qui ont pour cause la négligence des cultivateurs pour envoyer des élèves à l'école des bergers.

« Les troupeaux dans cette généralité sont confiés à un grand nombre de pâtres, les pâtres sont des enfants souvent tirés de ces communautés de culture et dont les gages sont trop modiques pour salarier des bergers plus chers et mieux instruits; vos cultivateurs devraient avoir de plus grands troupeaux et plus de bons pâturages. »

Après cet exposé, la commission d'agriculture et du commerce a proposé à l'assemblée provinciale d'arrêter :

1° Qu'il sera accordé à la prochaine assemblée une somme de 300 livres (environ 70 francs) à celui qui présentera à la commission intermédiaire, lors de la récolte de 1788, une faux ou trébuchet propre à la moisson, exempte du défaut d'égrener;

2° Que tout propriétaire qui, aux termes de la délibération de 1783, sera dans le cas de réclamer la gratification de 9 livres par arpent commun de 100 perches pour avoir converti une terre labourable ou autre terrain en bon pré naturel et l'aura clos de haies vives avec ou sans fossés pendant trois années consécutives, sera tenu de justifier aux députés de son arrondissement qu'il a rempli les conditions exigées;

3° Que Sa Majesté sera de nouveau suppliée d'accorder à l'administration provinciale une somme destinée à donner des gratifications à tout propriétaire et cultivateur qui, sur une exploitation de terres labourables, aurait converti le sixième du terrain exploité en prés naturels ou artificiels;

4° Que les propriétaires et cultivateurs qui désiraient obtenir des béliers de race seraient tenus d'adresser leurs demandes à la commission intermédiaire et que lesdits béliers seront remis par elle, et qu'il n'en sera donné aucun que sur des états visés et approuvés par elle;

5° Que les grands propriétaires ayant commencé des essais de parcage ou d'améliorations de race seront invités à entretenir une correspondance suivie à cet égard avec la commission intermédiaire et à lui adresser chaque année des échantillons de leur laine.

LES ÉTATS GÉNÉRAUX

La nuit du 4 août. — Après le renversement de Necker, les ministres qui lui succédèrent, loin de favoriser le développement des administrations provinciales, crurent devoir l'arrêter. Il n'y eut pas de convocation en 1781 ni en 1782, et lorsqu'une nouvelle réunion fut indiquée pour 1783, on s'empressa de rédiger un règlement qui enlevait à l'assemblée provinciale ses plus précieuses attributions. Ainsi on la soumit à une surveillance beaucoup plus assidue de la part de l'intendant, on lui enleva la correspondance immédiate avec le ministre, on lui enleva la juridiction contentieuse en matière d'impôt. Enfin, on donna à l'intendant seul le droit de délivrer les ordonnances comptables; aussi quelques-uns des membres les plus importants de l'assemblée, mécontents d'une telle mesure, envoyèrent leur démission.

A la réunion de 1786 on reçut encore de nombreuses démissions. Le découragement augmentait. Les attributions de l'assemblée étaient dorénavant trop restreintes pour lui permettre tout le bien qu'elle avait espéré dans l'origine. Seulement le bureau intermédiaire subsista jusqu'en 1789.

Le rapporteur de l'assemblée de 1786 dit :

« Nos journaliers, nos métayers, sont des esclaves qui se vendent à nous à court terme, mais que nous abandonnons à la misère du moment où ils cessent de nous être nécessaires, que nous punissons en leur ôtant le pain, du moment où nous en sommes mécontents; à qui nous laissons tout le fardeau de l'éducation de leurs enfants qui seront de même un jour nos esclaves. La plupart expient par une longue misère, souvent dans les prisons, quelquefois sur l'échafaud, le crime d'être nés de parents pauvres et incapables de leur donner aucune instruction. Ils sont libres cependant, ces hommes qu'on nomme citoyens; mais leur liberté n'est que celle de changer de maître.... Ils sont libres, mais c'est de travailler ou de mourir de faim; trop heureux encore si le travail ne leur manquait pas ou si on leur en faisait contracter l'habitude de bonne heure et qu'on ne leur laissât pas le temps de la perdre!... En Pologne, en Russie, cette condition de nos hommes libres paraîtrait sans doute très déplorable aux serfs que nous plaignons; et cependant que devient la terre toujours tenue précairement et à temps par des hommes qui ne voient dans les améliorations possibles que la certitude d'une augmentation de charge? »

Et cependant Turgot, ministre de Louis XVI, appartenant comme Bertin à l'école physiocrate, avait fait beaucoup pour l'agriculture pendant le peu de temps qu'il resta aux affaires. Il abolit la servitude personnelle, proclama le droit au travail, supprima les corvées, restreignit les droits de garenne et de colombier, encouragea l'éducation du bétail, organisa la police rurale. Ses successeurs furent loin de l'imiter; cependant ce fut sous le ministère Calonne que le mouton mérinos d'Espagne fut définitivement introduit en France.

Malgré les sages institutions de Turgot, au moment où la Révolution éclata, l'agriculture était loin d'être libre.

La propriété était enlacée dans un réseau de gènes inextricables résultant des substitutions des baux à cens, des rentes foncières et d'une infinité d'autres contrats entachés d'une origine féodale; l'exploitation du sol subissait de nombreuses entraves.

Des arrêts défendaient de faucher les céréales pour laisser le chaume aux pauvres; d'autres prescrivaient les jachères pour assurer l'exercice du droit de parcours; les uns réglaient l'ordre des assolements; d'autres défendaient d'employer les matières fécales comme engrais.

La noblesse ne pouvait prendre aucune ferme à terme. Le droit de chasse dont elle jouissait, en favorisant la propagation du gibier, portait atteinte aux récoltes. Les douanes intérieures, la dîme, l'inégalité de l'impôt, sa mauvaise assiette étaient autant d'entraves.

Arthur Young raconte que, dans le Berry, les métayers étaient obligés presque tous les ans d'emprunter leur pain aux seigneurs avant la moisson. Souvent le maître avait la faculté de les renvoyer comme il aurait fait des domestiques, mais il les gardait parce qu'ils étaient ses débiteurs pour des sommes plus ou moins fortes.

Que pouvait gagner à un tel contrat le métayer ou le maître? Où étaient les profits agricoles susceptibles d'être convertis en avances pour l'agriculture elle-même? Toutes ces observations furent présentées à l'assemblée provinciale du Berry en 1786 par le comité qu'elle avait nommé pour étudier la question, et elle la soumit à son tour au gouvernement.

Elle se plaignait aussi que les baux des métairies fussent alors, comme ceux des fermes, de trop courte durée, et elle demanda pour les métayers des garanties contre l'éviction, garanties analogues à celles qui étaient réclamées en même temps pour les fermiers, garanties d'autant plus nécessaires que les cultivateurs n'étaient plus des tenanciers héréditaires comme par le passé.

Cette assemblée provinciale compta un grand nombre d'hommes sages et éclairés : ainsi le comte de Buat, qui, après avoir longtemps rempli des fonctions diplomatiques en Allemagne, s'était retiré en 1776 à son château de Naucay, où il mourut en 1787; le duc de Charost, dont nous avons déjà parlé et que nous retrouverons dans l'assemblée des Notables; puis en 1787, M. de Phélippeaux, qui avait toujours présidé l'assemblée provinciale et avait toujours fait un généreux et excellent usage de sa fortune, mourut à Paris, laissant un legs de 40 000 francs en faveur de l'hôpital général de Bourges. M. François de Fontanges remplaça M. de Phélippeaux, mais il ne tarda pas à être appelé à un autre siège, et celui de Bourges fut donné à Jean-Auguste de Chastenet de Puységur, évêque de Carcassonne.

Malgré tous les efforts de l'assemblée provinciale pour tâcher d'améliorer la situation de la province, le mécontentement ne faisait qu'augmenter. De Calonne, espérant obtenir des privilégiés eux-mêmes la renonciation à leurs immunités, songea à les réunir dans une assemblée qui prit le nom d'assemblée des Notables. On n'appela du Berry que le duc de Charost, et le maire de Bourges, Clément de Beauvoir; mais de Calonne, dont l'administration laissait tant à désirer, se fit une telle illusion sur l'assemblée des Notables qu'il fut renversé par elle, et, au mois d'août 1788, Necker fut rappelé au pouvoir, et on demanda

^{la} convocation des États généraux. Une nouvelle assemblée de Notables s'ouvrit à Versailles le 8 novembre. A cet effet on y discuta le doublement du tiers.

Le 18 décembre 1788, une nombreuse assemblée des habitants de Bourges décida qu'on solliciterait de la bonté du roi « que le tiers état, qui compose à lui seul plus des 49 cinquantièmes de la nation et qui supporte injustement presque toutes les charges, soit et pour toujours représenté aux États généraux par un nombre de députés supérieur à celui du clergé et de la noblesse réunis, de manière que l'influence du tiers état soit au moins égale à celle des deux autres ordres ». Les habitants d'Issoudun, de la Châtre et de Châteauroux firent des vœux dans le même sens. Enfin le 24 janvier 1789 on adressa dans toutes les provinces une lettre du roi qui annonçait la mesure décisive si longtemps attendue. Elle prescrivait d'assembler les trois états de chaque bailliage ou sénéchaussée, pour conférer et communiquer ensemble tant des remontrances, plaintes et doléances que des moyens et avis qu'ils auraient à proposer en l'assemblée générale des États, et pour choisir des députés.

Avec cette lettre on reçut le règlement arrêté au conseil d'État pour les élections et la rédaction des cahiers.

Le lundi 16 mars 1789, à 10 heures du matin, les électeurs des trois ordres se réunirent dans l'église des Carmes, habituellement consacrée aux cérémonies religieuses qui intéressaient la communauté des habitants, sous la présidence du comte de la Châtre, assisté par Claude Bengy, Sr de Dames, lieutenant général au bailliage.

On procéda à l'appel des électeurs et à la vérification des pouvoirs.

Le duc de Charost répondit le premier dans l'ordre de la noblesse comme procureur du comte d'Artois, apanagiste de la province. Il prit la parole et se félicita d'avoir été choisi comme l'organe du prince en une occasion si solennelle. Il m'a expressément prescrit, ajouta-t-il, de témoigner à l'ordre dont il est membre et à tous les citoyens du Berry dont il aime à se regarder et à être regardé comme citoyen, combien il est éloigné de son cœur de vouloir que l'existence de son apanage puisse jamais servir de motif ou de prétexte à des exemptions d'impôt onéreux à la province, ou devenir, dans cet instant, un obstacle à son vif désir de partager les sentiments de justice et de désintéressement de la noblesse de Berry, le zèle et le patriotisme dont tous les ordres sont également animés !

Puis on continua l'appel de la noblesse et ensuite celui du tiers état. Cela dura près de trois jours.

Le mercredi 18, on se réunit de nouveau dans l'église des Carmes, M. de la Châtre prononça un discours plein de chaleur et de désintéressement, puis il reçut le serment de tous les membres des trois ordres et donna la parole à ceux qui avaient à faire des observations ou des demandes utiles au bien public.

Ensuite on arrêta que des commissaires de chaque ordre rassembleraient d'abord en deux cahiers les diverses demandes et se réuniraient ensuite pour en former, si cela était possible, un seul cahier.

La grande résolution que la noblesse craignait de voir compromise ou trop vite dévoilée, c'était le sacrifice de tous les privilèges en matière d'impôt.

Ce fut le 19 mars 1789, à la séance de l'après-midi, que le duc de Charost en fit la proposition. Il dit que la noblesse du Berry ne devait prendre pour guide de sa conduite dans les circonstances où il était question de l'intérêt public que le patriotisme et la générosité dont elle avait toujours donné l'exemple. Que l'ordre le plus distingué par la pureté et l'élévation de ses sentiments devait être disposé à faire tous les sacrifices qui, en manifestant son désintéressement, lui assureraient l'hommage, la confiance et la reconnaissance de cet ordre précieux qui gémit sous le poids des charges publiques ; que pour transmettre à la postérité et immortaliser à jamais des principes aussi conformes à la noblesse et à la dignité du second ordre de l'État, il croyait devoir présenter un vœu d'autant plus cher à son cœur que tout lui annonçait qu'il n'avait que le mérite d'avoir connu les sentiments particuliers de chacun des membres de l'assemblée et d'être en ce moment l'organe de l'ordre entier ; qu'il proposait, en conséquence, à l'assemblée, de faire connaître aux deux autres ordres ses intentions sur le sacrifice de ses intérêts pécuniaires.

Cette proposition fut adoptée, et MM. de Buzançais, de Maupas, de Charost et de Villeneuve furent chargés de porter la délibération au clergé et au tiers état.

Le clergé répondit qu'il ne resterait pas au-dessous d'un pareil exemple et qu'il ferait connaître plus particulièrement son vœu par une députation.

Pour donner une idée des sentiments du duc de Béthune-Charost, nous ne saurions mieux faire de rapporter les paroles qu'il prononça à l'assemblée du Tiers :

« Messieurs, accoutumé aux bontés de cette province, citoyen du Berry plus encore par mes sentiments que par mes propriétés, je me félicite de partager la mission flatteuse et honorable qui ramène au milieu de vous les députés de la noblesse.

« Nous vous disons aujourd'hui au nom de la noblesse ce que disait autrefois M. de Mesmes à la noblesse au nom du tiers état : Nous sommes tous frères ; mais plus heureux que lui, ce ne sera pas pour écarter une difficulté qui s'était élevée entre les deux ordres, mais pour vous peindre la douce émotion qu'ont éprouvée tous les membres du nôtre lorsque vos députés nous ont assurés de vos sentiments fraternels. Nous vous attestons de nouveau la fraternité des nôtres et chaque occasion de vous en assurer sera pour nous une nouvelle jouissance.

« Puisse l'union des trois ordres de cette province devenir le présage de celle qui régnera dans cette auguste assemblée nationale convoquée par un roi, père de ses sujets, sur laquelle les regards de l'Europe sont fixés et d'où vont dépendre pour ce moment et pour les siècles futurs le salut, la gloire et la prospérité de la France. »

Le président Bengy de Dames répondit en remerciant la noblesse au nom du tiers ; puis les deux députés furent reconduits par une foule d'électeurs jusqu'à leur voiture.

Jusque-là une grande union avait semblé régner entre les trois ordres ; mais quand le tiers eut rédigé le cahier de ses pétitions et de ses remontrances, quand les autres ordres surent que, parmi tous ses vœux, il sollicitait l'abolition des servitudes pures, personnelles, des droits de péage, de l'esclavage des nègres et de la traite, le remboursement facultatif des rentes foncières et seigneuriales, des banalités et servitudes réelles, la suppression des lois qui fermaient au tiers les grades civils et militaires et du tirage de la milice, le rétablissement des élections municipales, la vente des monastères vacants pour payer les dettes du clergé, etc. ; quand surtout on s'assembla pour réunir les cahiers des divers ordres en un seul, cet accord cessa. Dès le premier article, un dissentiment inconciliable s'éleva entre les commissaires, il était relatif au point capital du vote dans le sein des États généraux. La noblesse ou du moins ses commissaires voulaient que les suffrages y fussent recueillis par tête dans chaque ordre assemblé séparément et non par tête des trois ordres réunis. On fit d'inutiles efforts pour s'entendre. Dès lors, la rédaction d'un cahier commun aux trois ordres était impossible ; la pensée même en fut abandonnée. On envoya la question du vote aux États généraux : c'était de ce grand débat que la Révolution devait sortir.

Après ces résolutions, le tiers procéda à l'élection de ses députés ; quant à la noblesse, les réformes qu'elle sollicitait étaient libérales. Les garanties générales, les principes constitutionnels étaient les mêmes que ceux du tiers. Pour la province, elle réclamait, comme le tiers, des États provinciaux; elle réclamait un parlement à Bourges avec des places de conseillers d'honneur pour la noblesse du ressort; elle désirait qu'on rétablît les élections des officiers municipaux par les habitants ainsi qu'elles se pratiquaient avant l'édit de 1771.

On avait proposé, dans le titre des demandes relatives à l'ordre de la noblesse, d'exprimer le vœu qu'il fût permis à la noblesse de prendre des fermes sans déroger; cela plaisait fort aux gentilshommes pauvres et fiers de la Creuse; mais cet article n'eut qu'une faible majorité et ne fut pas inséré.

Une autre question allait être agitée. Frappé des inconvénients qu'entraînait l'éloignement presque continuel des propriétaires riches, quelques bons esprits voulaient qu'on ne pût être admis aux États provinciaux qu'autant qu'on passerait au moins trois mois chaque année dans la province. Les grands seigneurs de l'assemblée parvinrent à écarter cette proposition.

La noblesse nomma des députés parmi lesquels nous voyons figurer le comte de la Châtre et le marquis de Bouthillier, Bengy de Puyvallée, le marquis de la Roche Dragon et Heurtaut de Lamerville. Quant au duc de Charost, l'homme le plus influent de l'assemblée au moins par ses richesses et son amour du bien public, il ne fut pas désigné. Déclina-t-il un tel honneur? Son ordre le trouva-t-il trop favorable à la cause de la liberté?

Enfin la triste situation du peuple des campagnes était arrivée à son terme. L'Assemblée nationale, dans la nuit du 4 août 1789, décréta en principe :

L'abolition de la qualité de serf, de la mainmorte sous quelque dénomination qu'elle existe;

La faculté de rembourser les droits seigneuriaux;

L'abolition des juridictions seigneuriales;

La suppression du droit exclusif de la chasse, des colombiers, des garennes, la taxe en argent représentation de la dîme; le rachat possible de toutes les dîmes, de quelque espèce que ce soit;

L'abolition de tous les privilèges et immunités pécuniaires;

L'égalité des impôts, de quelque espèce que ce soit;

C'en était fait; l'émancipation définitive de la classe agricole était accomplie.

HISTOIRE AGRICOLE DU CHER

2e PARTIE

CRÉATION DU DÉPARTEMENT DU CHER

L'année suivante, le département du Cher fut formé d'une partie du Berry, 691,545 hectares, d'une partie du Bourbonnais, 21,800 hectares. Le Nivernais et une partie de l'Orléanais fournirent 6,598 hectares. Sa superficie est de 719,943 hectares, ce qui le place au quinzième rang comme étendue ; sa plus grande longueur, de Préveranges à Brinon-sur-Sauldre, est de 133 kilomètres ; sa plus grande largeur, de Gracy à la Loire, est de 95 kilomètres ; son pourtour est de 533 kilomètres. Le département du Cher est toujours considéré comme essentiellement berrichon. Et ce n'est pas sans raison que la ville de Bourges avait pris pour armes : trois moutons d'argent sur champ d'azur avec un pastoureau et une pastourelle pour support.

A cette époque, le Berry envoyait à Paris quatre sortes de moutons engraissés à l'herbe : les moutons de Faux, tous cornus, ayant la tête blanche et noire, nés dans les montagnes d'Auvergne, dans la Marche et le Limousin ; leur poids était de 30 à 34 livres, les Barrois pesant 24 à 30, les Bocagers 20 à 24 et les Valières de 24 à 30. Les dénominations de Bocagers et de Valières viennent de ce que les uns paissent dans les bois et les autres dans les vallées.

Et voici comment en 1791 on appréciait à Paris la valeur des moutons pour la boucherie. Ceux qu'on regardait comme les meilleurs, les plus agréables au goût, étaient d'abord ceux des environs de Langres, les Ardennois, les Solognots quand ils étaient châtrés par l'enlèvement des testicules, puis ceux du pays de Gâtine, les Gravelinois, les Lorrains-Allemands pouturés. Après eux venaient les moutons de Normandie ; puis les Barrois du Berry. Les moins bons étaient les moutons de Faux, les Valières, les Cholets et quelques autres. Ces moutons avaient la chair ferme et d'un mauvais goût, parce qu'aussi ils étaient mal castrés.

Si la viande des moutons du Berry n'était pas des plus estimées, leur laine était assez fine et leur peau était franche, c'est-à-dire se soutenant dans toutes ses parties.

Le Berry n'envoyait pas seulement ses moutons à Paris, il y expédiait aussi ses bœufs de moyenne race au poil blond, ils pesaient de 500 à 600 livres. Tous les bœufs dirigés vers la capitale n'étaient pas originaires de cette province. Les Berrichons en achetaient en Touraine, en Limousin, pour les engraisser à l'herbe en été et l'hiver au foin.

La *Convention* décréta la culture de la pomme de terre, l'enseignement agricole, le rétablissement des haras, puis le Directoire, qui sous l'administration de François de Neufchâteau reconstitua les Sociétés d'agriculture, un instant dissoutes par la Convention, fut pour l'industrie agricole une époque de renaissance ; c'est dans ses dernières années qu'on vit Parmentier, Tessier, Cels, Sylvestre, Huzard, François de Neufchâteau lui-même entreprendre une nouvelle édition des œuvres d'Olivier de Serres qu'ils annotèrent.

Sous le Consulat et l'Empire, quelques mesures d'intérêt agricole furent prises : le défrichement des bois fut soumis à des restrictions ; la législation des marais et des mines subit une refonte ; la plantation des dunes reçut une consécration législative ; le nombre des bergeries et des haras s'accrut ; la fabrication du sucre indigène donna une nouvelle impulsion à la culture de la betterave. Mais Napoléon Ier n'agit pas toujours avec le même discernement. En reconstituant l'instruction publique, il négligea, contrairement à l'avis de la Société d'agriculture du département de la Seine, d'y comprendre l'étude de l'économie rurale.

Pendant les guerres du premier Empire, il ne fut guère possible de continuer l'œuvre d'amélioration des troupeaux entreprise par l'assemblée provinciale et par l'intéressant ouvrage de Lamerville publié en 1786 et intitulé : *Observations pratiques sur les bêtes à laine dans la province du Berry*. Cet intelligent propriétaire terrien était convaincu que les bêtes à laine formaient la branche la plus essentielle du commerce du Berry, le meilleur moyen d'améliorer son sol et qu'elles constituaient sa première richesse, et ce n'est qu'après dix années d'expériences et de réflexions sur l'éducation, la nourriture et le gouvernement des bêtes à laine qu'il s'est décidé à livrer au public ses observations, quoique Daubenton eût déjà publié ses instructions pour les bergers et pour les propriétaires. Mais, comme l'a justement pensé de Lamerville, certains usages bons pour un pays peuvent être moins convenables pour un autre, et la coutume de faire parquer les bêtes à laine en tout temps et surtout les brebis n'est point propre au Berry.

« Puis, aux fureurs de la guerre se joignaient, dit Léonce de Lavergne, les mauvais effets de l'ignorance économique. Les lois du maximum furent renouvelées par un décret de mai 1812 qui défendait de faire du blé *un objet de spéculation* et le taxait à 33 francs l'hectolitre. Il en résulta nécessairement un surcroît de disette comme en 1793. »

Un autre monument de cette ignorance qui eut des conséquences moins graves, mais qui n'est pas moins caractéristique, est le décret du 8 mars 1811 pour l'amélioration des bêtes à laine. Il était interdit par ce décret à tout propriétaire d'un troupeau mérinos de *faire châtrer aucun bélier* sans l'autorisation d'un inspecteur, et il était ordonné à tout propriétaire de troupeau métis ou indigène de faire châtrer tous les siens, sous peine de confiscation des animaux et d'une amende de 100 à 1000 francs, et du double en cas de récidive. Comme de juste, ces prescriptions n'eurent d'autre effet que d'entraver le progrès des troupeaux.

« Si quelque chose a droit de nous étonner, ajoute Lavergne, c'est que la culture n'ait pas été plus abandonnée sous la République et sous l'Empire. Il faut que la race énergique des laboureurs soit douée d'un véritable acharnement pour avoir résisté à tant de causes de dispersion. Il est vrai que, au milieu de tous ces malheurs, la culture avait trouvé une compensation regrettable sans doute, mais efficace, dans le prix excessif des denrées agricoles, qui dépassa à plusieurs reprises le double et même le triple du prix normal. Disons aussi que les idées de 1789, proscrites à la surface, descendaient lentement dans les profondeurs nationales et y prenaient racine. »

Nous possédons sur l'état de l'agriculture à la fin de l'empire un document intéressant ; c'est l'ouvrage de Chaptal publié en 1818. D'après cet économiste, le total des produits de l'agriculture s'élevait, vers 1815, à 4 milliards 678 millions. Le commerce était considérablement diminué. La perte de nos plus belles colonies et de nos moyens d'échange avec l'étranger lui avait porté un coup terrible.

CRÉATION DE LA SOCIÉTÉ D'AGRICULTURE DU CHER, DU COMICE D'AUBIGNY

L'époque comprise entre 1815 et 1848 est une grande époque pour l'agriculture. C'est le temps où la France a joui le plus complètement de la paix intérieure et extérieure. Bien que l'empire ait laissé derrière lui de lourdes charges : un milliard à payer aux étrangers pour la guerre et un autre milliard d'arriéré à solder, la prospérité publique s'est accrue depuis 1815, sinon sans intermittence, du moins sans interruption prolongée et parfois avec de rapides et magnifiques élans. Le commerce extérieur a quintuplé, l'industrie a quadruplé ses produits, et l'agriculture, moins agile par sa masse, a presque doublé les siens.

L'école vétérinaire de Toulouse, l'école forestière de Nancy furent constituées : les Chambres votèrent un Code forestier et un Code de la pêche. Un ministre conçut l'idée du conseil général et des chambres consultatives. Mathieu de Dombasle établit l'école de Roville, et une société d'actionnaires fonda celle de Grignon.

L'élan se fit sentir dans le département du Cher; il fut surtout déterminé par la création, en 1818, de la Société d'agriculture du Cher, qui, dans le principe, composée seulement de 40 membres, fut obligée d'en accroître successivement le nombre. Ses membres, recrutés parmi les cultivateurs les plus éclairés du pays, ont constitué un centre très actif des progrès agricoles dans ce département. Les statuts de la Société du Cher ont été définitivement approuvés par un nouvel arrêté en date 12 janvier 1819.

Le premier président de cette Société a été M. Philippe-Jacques de Bengy-Puyvallée.

Dès sa fondation, elle a décidé qu'elle servirait les intérêts agricoles de deux manières différentes : 1° par des primes et des récompenses qu'elle accorderait à l'occasion des concours des divers comices agricoles du département, et par des concours spéciaux qu'elle organiserait lorsqu'elle le jugerait utile ; 2° par une étude approfondie des diverses questions agricoles intéressant l'agriculture du Cher, par la publication de rapports, mémoires, etc., sur ces questions, qui seraient portés à la connaissance des agriculteurs du département.

Nous devons à l'obligeance de M. L. Paszkiéwicz, vice-président de la Société d'agriculture du Cher, le résumé suivant des travaux les plus importants de cette Société, ainsi que les encouragements qu'elle a su donner.

Et d'abord signalons les achats d'instruments agricoles faits par la Société pour ensuite les prêter aux cultivateurs, leur en faire apprécier le mérite ou reconnaître les défauts, et en répandre l'usage lorsqu'ils étaient incontestablement utiles. Ce mode d'action, de propagande a été très utile. On ne l'a abandonné que quand les expositions de machines agricoles sont devenues assez fréquentes pour le rendre inutile.

La Société s'est occupée d'acheter des animaux reproducteurs pour les revendre aux agriculteurs du Cher. Ces achats ont surtout été faits à la bergerie de Grignon, qui a fourni d'excellents béliers, et aussi à la vacherie Durham de Corbon. Ce procédé a rendu de grands services aux cultivateurs du Cher, qui bientôt ne se sont plus contentés des animaux achetés par la Société; ils sont allés eux-mêmes acheter de bons animaux au lieu même de leur production. Ainsi le but utile que s'était proposé la Société du Cher a été atteint.

Puis sont venus les concours des machines à faucher et à moissonner, dont les premiers remontent à 1858 et qui ont été maintenus jusqu'au jour où ces machines ont été suffisamment répandues dans le département, et, pour ainsi dire, connues de tous; les encouragements à la culture de la vigne, primes en argent et médailles décernées chaque année pendant une assez longue période aux horticulteurs du département; enfin les concours d'animaux de boucherie aux expositions de reproducteurs et de machines agricoles. Ces concours, inaugurés en 1869, furent interrompus par la guerre. Repris en 1880, ils ont eu une importance de plus en plus grande.

Outre ces encouragements divers, la Société d'agriculture du Cher a publié d'excellents travaux : *Sur la culture des prairies artificielles*, par M. de Puyvallée, 1820, culture bien peu pratiquée et pour ainsi dire jusqu'ici inconnue dans le département du Cher; cette culture fut récompensée par des primes et des médailles, et la Société alla jusqu'à ouvrir un magasin de plâtre pour en répandre l'usage ;

Sur la destruction de l'alucite, question fort importante, puisque cet insecte faisait dans le centre de la France des ravages très considérables et qui n'ont cessé que depuis que le battage mécanique est devenu d'un usage général, par MM. Peneau, de Travanet, Fabre, Guérin, etc. ;

Sur la culture des arbres verts, dont une partie du département touchant à la Sologne a retiré de si grands bénéfices, par M. Torchon, 1833;

Sur la culture et la taille du pêcher, par M. de Bengy-Puyvallée, 1831 ; ce traité est un des plus estimés aujourd'hui parmi ceux qui ont été publiés sur cette matière ;

Sur l'amélioration des races chevaline, bovine et ovine, plusieurs mémoires par MM. Cacadier, C. Auclerc, de Coulogne, Gallas, 1843, sont remplis de faits intéressants et ont certainement contribué pour beaucoup aux améliorations que n'ont cessé d'obtenir, depuis cette époque, les éleveurs dans le choix de leurs reproducteurs et dans les qualités des races d'animaux de travail et de boucherie;

Sur la cachexie aqueuse, par MM. Godeau, de Romanet, baron Augier : grâce aux meilleurs soins conseillés par les membres de la Société du Cher, cette maladie est devenue moins fréquente;

Sur l'oïdium, par MM. Péneau, Berry, Hocherau.

Sur la culture des céréales, par M. Gallicher, 1867, étude très complète *sur les variétés cultivées* dans le Cher, sur les variétés à y introduire et aussi sur le choix des semences;

Sur la création des prairies temporaires à base de graminées, par M. Paszkiewicz,
Sur l'ensilage du maïs et des divers fourrages, par M. Péneau, 1880;
Sur les inoculations anti-charbonneuses, par M. Péneau;
Sur la rouille des céréales, par M. Paszkiewicz, 1882; étude sur le champignon qui produit la rouille, sur l'épine-vinette et son action, époques où se déclare la maladie, mesures préventives à prendre, labours, fumures, choix de variétés de blé;

Enquête sur l'emploi des engrais chimiques, par M. de Grossouvre, ingénieur des mines, 1885, travail sérieux où l'auteur fait preuve de connaissances géologiques approfondies.

La Société d'agriculture du Cher a aujourd'hui pour président M. Rousseau, homme qui par l'ensemble de ses connaissances est en mesure de diriger cette importante assemblée.

Nous n'aurions fait connaître qu'imparfaitement l'action de la Société d'agriculture du Cher si nous nous en tenions uniquement à ses actes. Il faut aussi voir les cultivateurs à l'œuvre, et se rendre compte de l'influence de leur exemple. C'est ainsi qu'en 1820 M. Louis Massé, dans la vallée de Germigny, se mit résolument à défricher, à drainer, à dessécher, à marner, à chauler, à fumer à haute dose, à supprimer la jachère et à inaugurer l'assolement quadriennal, puis à user de la stabulation.

Grâce à une intelligence hors ligue, à une persévérance énergique, il arriva à créer une étable de Charollais qui acquit bientôt une grande réputation et exerça une influence salutaire dans le département du Cher.

A côté de Louis Massé et dans le même canton de la Guerche, M. Constant Auclerc, à Allichamp, travaillait également à transformer sa culture, à améliorer son bétail par le sang charollais et ensuite par le sang durham.

Pendant ce temps survint la révolution de Juillet, qui fut le point de départ d'une ère excellente pour l'agriculture, non pas seulement en raison de la paix intérieure et extérieure, mais aussi à cause d'utiles institutions, de bonnes lois, parmi lesquelles il faut citer celle sur les vices redhibitoires, les chemins vicinaux, les justices de paix, les irrigations, et aussi la création de comices, de fermes écoles.

Plusieurs propositions de loi ont été également faites au point de vue de l'économie rurale sur le desséchement des marais, sur la vaine pâture, le reboisement, les chambres consultatives, sur la destruction des insectes nuisibles.

D'autres dispositions non moins importantes furent soumises aux Chambres : l'abaissement de l'impôt sur le sel, la perception du droit d'octroi au poids sur les bestiaux, la répression des falsifications, l'embrigadement des gardes champêtres, l'endiguement des rivières, sur les défrichements, sur le livret des ouvriers ruraux, etc. Toutefois Louis-Philippe se montra hostile aux sociétés agricoles, formées de grands propriétaires fidèles à l'ancien régime. Lorsque le Congrès central d'agriculture se constitua, il en fut très mécontent, et lorsque ce Congrès décida que ses sessions seraient régulières et annuelles, le roi entra dans une violente colère. Il fit venir le président, qui était le duc Decazes, et il lui dit entre autres choses : « Est-ce que vous croyez que je n'ai pas assez de deux Chambres et que j'éprouve le besoin d'en avoir une troisième? »

Sous ce règne nous voyons dans l'arrondissement de Sancerre un homme d'une grande activité et qui fut toute sa vie un apôtre du progrès agricole, un Solognot dévoué à son pays : c'est Alexis Soyer, né à Brinon; il fonda en 1832 le comice d'Aubigny, comprenant les cinq cantons d'Argent, Aubigny, Henrichemont, La Chapelle et Vailly.

En même temps, cet homme d'initiative donnait dans sa propriété de la Bertinerie l'exemple des transformations utiles et montrait, dans un pays relativement pauvre, ce qu'on peut obtenir d'une propriété improductive, marécageuse et stérile lorsqu'on sait irriguer des prés, les marner, leur faire produire de bons pâturages. Alexis Soyer fit de sa propriété un domaine productif. Malheureusement son esprit d'initiative, son cœur généreux l'entraînèrent au delà de ses ressources ; il perdit sa fortune, mais l'exemple qu'il avait donné devint utile aux autres.

Personne mieux que lui dans le Cher n'a compris l'importance des eaux, le profit qu'on en peut tirer. Que de fois nous l'avons entendu dire : « Il faut aménager les eaux, rendre utiles celles qui sont nuisibles. » Du reste, il était à une époque où l'on se préoccupait de suppléer à l'irrégularité et aux dangers de la navigation de la Loire. On avait, à cet effet, commencé en 1822 et ouvert en juillet 1838 le canal latéral à la Loire. Ce canal longe la rive gauche du fleuve depuis Roanne par Digoin jusqu'à Briare, entre dans le département du Cher en traversant l'Allier au Guetin, et en sort un peu au nord de Belleville. Sa longueur totale est de 197 014 mètres, sans compter les embranchements de Fourchambault et de Saint-Tibault.

Dans le département du Cher il traverse l'Aubois et la Vauvise, passe au pied de Sancerre et entre dans le Loiret.

Il sert au transport des minerais, houilles, fers, fontes, bois, pierres, chaux et vins.

On avait également compris que, pour améliorer les troupeaux du Cher, il fallait les mettre dans de meilleures conditions d'hygiène et d'alimentation.

Les statistiques du premier empire avaient évalué la superficie totale des étangs du département du Cher à 8400 hectares, dont près de 6000 pour le seul arrondissement de Saint-Amand.

Eh bien! si nous consultons, à quelques années de distance, le relevé du cadastre arrêté en 1834, le nombre d'hectares en étangs a diminué de plus de moitié.

Les marais du val d'Yèvre, les marais de Contres, les marais de Mehun et les marais de Chevrier ont été desséchés de 1830 à 1836. L'assèchement des marais d'Yèvre, d'une étendue de 465 hectares, a été opéré à l'aide d'un canal ayant 8150 mètres de longueur et de 27 400 mètres de rigoles secondaires. Et cependant la loi sur le desséchement, par ses imperfections, par les exigences et les formalités qu'elle impose, était un obstacle à la transformation; mais on avait déjà pu se convaincre que, quand les travaux de desséchement sont bien exécutés, quand les intéressés ont eu soin de les entretenir en bon état, on en retirait de grands avantages.

Le branle était donné dans le Cher, et la pratique vivifiante des prairies artificielles s'introduisait çà et là.

M. Constant Auclerc, de Bruère-Allichamp, produisit à cette occasion un mémoire très intéressant qui a été lu à la distribution des récompenses du Comice en 1836. Ce mémoire a valu à son auteur la médaille d'or; il n'a pas été imprimé, mais M. Auclerc fils a bien voulu nous communiquer ce travail, qui mérite d'être mentionné.

L'auteur établit trois grandes classes de terres dans l'arrondissement de Saint-Amand; il les désigne avec intention sous les noms connus dans les localités :

1° Les terres fromentales, dites fromentaux, de nature argilo-calcaire, qui composent presque toutes les bonnes communes : terres à froment;

2° Les terres calcaires, dites de cris, ou craies, ou crayasses, qu'on rencontre dans beaucoup de communes où il se trouve ordinairement des collines et presque toujours des carrières; dans cette classe on cultive habituellement aussi le froment;

3° Enfin terres varennes ou terres à seigle; ce sont des terres siliceuses ou à cailloux, terres de brandis, d'ajoncs ou de bruyères.

En 1834, le Comice agricole des cantons de la Guerche, Nérondes et Sancoins fut créé par les cultivateurs les plus distingués de la région, Chamard, Louis Massé et autres.

Celui de Saint-Amand se distingua en offrant une médaille d'or à l'auteur du meilleur mémoire destiné à faire connaître le moyen le plus économique de faire produire le plus possible aux mauvaises terres de l'arrondissement.

Nous aurions voulu pouvoir réunir tous les comptes rendus de ce Comice pour bien faire ressortir tout ce que l'agriculture du Cher doit à l'initiative, aux encouragements de cette Société; cela nous a été impossible; nous devons toutefois à l'obligeance de M. Auguste Massé, de Germigny, la collection de ces comptes rendus depuis 1849.

En 1840, la cherté des grains causa des troubles dans diverses communes du département du Cher : et d'abord à Aubigny, le jour du marché, le samedi 28 mars, le peuple s'empara des céréales, puis les distribua pour un certain prix. Pour le samedi suivant, le maire d'Aubigny demanda au préfet un détachement d'artillerie pour maintenir l'ordre au cas où il serait troublé. Tout se passa sans agitation. Mais le mois suivant, le lundi 13 avril, jour de foire et marché à Lignières, une émeute sérieuse éclata dans la ville, toujours pour le même sujet. Les révoltés se portèrent chez le maire, on l'insulta, on le frappa violemment et on ne put obtenir le calme au marché suivant que grâce à la force armée.

L'ordre fut encore gravement compromis le vendredi 1er mai à Châteaumeillant. Des scènes de violences eurent lieu sur la place du marché. Vers les 2 heures, le prix du blé était connu, mais un vendeur ayant eu l'imprudence de vouloir augmenter son seigle de cinq centimes par double décalitre, immédiatement il fut assailli, souffleté et battu. Dès ce moment, un tumulte épouvantable se fit entendre sur la place du marché et le soulèvement général commença; en vain les gendarmes, le maire et un détachement de 25 hommes du 33e régiment de ligne voulurent réprimer le mouvement, ils furent bousculés, hués et obligés d'aller chercher un refuge à la caserne de gendarmerie. Une fois retirés, le calme se rétablit.

CONGRÈS DES AGRICULTEURS DU CENTRE DE LA FRANCE A BOURGES (1846). Au mois d'avril, il y eut à Bourges un congrès des agriculteurs du centre de la France. Ce congrès, ouvert le 14 avril à midi, tint, y compris la séance d'installation, cinq séances publiques, ouvertes depuis midi jusqu'à 5 heures et même 6 heures du soir. M. Frémont nous dit que toutes les séances publiques furent occupées et suivies très exactement par une réunion de 120 à 150 personnes. Après les séances publiques et surtout le matin jusqu'à 10 et 11 heures, les membres du congrès se divisaient en commissions au nombre de six, déterminés par le programme même de convocation.

Les réunions publiques avaient lieu dans la grande salle du lycée; sur l'estrade était le Bureau, composé d'un président, deux vice-présidents et quatre secrétaires. Pour assister à ce congrès étaient venus M. Royer, inspecteur d'agriculture, M. Lucas, inspecteur général des prisons, des délégués des Sociétés d'agriculture des départements du Nord, un délégué de la Côte-d'Or et des délégués des Sociétés de Nevers et de Cosne.

Parmi les vœux émis par le congrès de Bourges, citons : la création d'un ministère spécial de l'agriculture et du commerce, la perception au poids des droits d'octroi sur les bestiaux, la réduction de l'impôt du sel, l'assainissement et la propreté des bourgs et villages, l'attention des pouvoirs publics sur la grave question du crédit agricole, la réforme et la diminution des droits d'octroi sur les bois, sur le charbon de bois, bestiaux et vins, l'attention des pouvoirs publics sur l'organisation des comices et sociétés agricoles, l'amélioration de la domesticité, les livrets, l'établissement d'une ferme modèle et surtout les encouragements agricoles, etc.

LA COLONIE AGRICOLE PÉNITENTIAIRE DU VAL D'YÈVRE (1847).

La création de la colonie agricole pénitentiaire du Val d'Yèvre a été un fait trop important dans le département du Cher pour le passer sous silence. Enlever aux prisons les jeunes détenus, utiliser leurs forces, développer leur santé au grand air, leur donner un milieu moral réconfortant, les ramener au bien en les relevant devant eux-mêmes, en affirmant leur sentiment de dignité, en favorisant l'expansion de leurs bons instincts au détriment des mauvais, telle fut l'heureuse pensée d'un homme généreux qui crut avec raison que le travail des champs était ce qui pouvait le mieux rétablir les forces physiques et morales des enfants.

Cette idée de l'amendement de l'enfant par la terre et de la terre par l'enfant appartient à M. Charles Lucas, avocat à la cour d'appel de Paris, habitant du Cher. Dès 1827, cet esprit essentiellement humanitaire avait adressé aux chambres de l'époque des pétitions dans lesquelles il demandait la création d'établissements spéciaux affectés aux jeunes détenus, pour détruire la criminalité dans son germe.

Les pétitions, renvoyées aux ministres compétents, furent les premiers chapitres d'un ouvrage sur le régime pénitentiaire en Europe et aux États-Unis, qui parut en 1829 et eut un grand retentissement.

Cette œuvre excellente mérita à son auteur le prix Montyon de l'Académie française et lui valut d'être nommé par M. Guizot, en 1830, inspecteur général des prisons départementales, chargé de s'enquérir des moyens de réformer les prisons, et de créer les établissements spéciaux de jeunes détenus dont il avait conçu l'idée.

Non content de poursuivre activement ce but, M. Lucas a créé des sociétés de patronage pour les jeunes libérés à Paris, à Lyon, à Besançon et à Saumur.

Puis, il proposa la colonisation agricole des jeunes détenus par l'État, et, grâce à lui, furent fondées les colonies agricoles annexées aux maisons centrales de Fontevrault, de Clairvaux, de Loos et de Gaillon.

Les idées de M. Lucas furent si bien goûtées que le gouvernement demanda l'application de la colonisation agricole aux défrichements sous la forme d'établissement privé et il décida M. Lucas à en créer un (août 1847) dans sa propriété des marais desséchés du Val d'Yèvre, près de Bourges, à sept kilomètres de cette ville, sur la droite de la route de Bourges à la Charité.

Cette propriété occupe une superficie totale de 329 hectares, dont 145 de marais et de prés bas et humides et 148 hectares de terres argilo-calcaires, y compris 7 hectares de vignes et 9 hectares de bois.

La colonie établie sur cette propriété fut réglée d'après les principes émis en 1846, dans les rapports de M. Lucas, à savoir :

1° Qu'il fallait donner à la colonie pénitentiaire une organisation essentiellement agricole, comme moyen efficace d'opérer la régénération des jeunes détenus et de combattre la désertion du travail agricole;

2° Que cette organisation devrait s'appliquer au défrichement, afin d'ajouter au but pénitentiaire, sans excédent de dépenses pour l'État, un accroissement de richesse agricole pour le pays;

3° Qu'une aptitude spéciale semblait plus particulièrement appeler la colonie pénitentiaire de jeune détenus au défrichement des marais;

4° Que la colonie pénitentiaire subventionnée par l'État devait laisser aux colonies d'orphelins et d'enfants trouvés les souscriptions et libéralités de la bienfaisance publique et privée et s'abstenir de recourir aux allocations des corps officiels, tels que les conseils généraux;

5° Que son application au défrichement devant nécessairement entraîner pour la colonie pénitentiaire, pendant un temps plus ou moins prolongé, sous le poids de frais considérables de construction et de premier établissement, un excédent des dépenses sur les recettes, il fallait prévoir, pour l'époque de l'excédent des récoltes sur les dépenses, l'emploi de cet excédent de récoltes comme fonds d'amortissement progressif du déficit de l'arriéré;

6° Qu'enfin c'était de la plus-value du sol défriché que le fondateur d'une colonie pénitentiaire devait attendre sa véritable rémunération.

Tel était l'excellent programme de la colonisation agricole des jeunes détenus, des enfants trouvés ou abandonnés au défrichement des marais.

Aussi, dans un rapport sur l'amélioration de la Sologne inséré à l'*Officiel* du 18 décembre 1847, M. Becquerel disait comment la France avait montré quel parti avantageux on peut tirer des colonies des orphelins et de jeunes délinquants pour la mise en culture des marais et des bruyères, et il citait à l'appui en première ligne la colonie du Val d'Yèvre.

La réputation de cet établissement fut telle qu'en 1849 les représentants de 43 conseils généraux, convoqués à Bourges par la haute cour de justice, voulurent le visiter.

Trois ans plus tard, le 15 septembre 1852, le Président de la République allant de Paris à Nevers tint à s'y arrêter. L'établissement comptait alors 200 colons, il était en pleine prospérité, les anciens marais autrefois couverts de roseaux étaient transformés en terres fertiles. Le Président admira ces résultats obtenus, et plus tard, dans un message-programme, il ne manqua pas de citer les travaux accomplis au Val d'Yèvre.

En 1862, lorsque la commission de la prime d'honneur fit sa tournée dans le Cher, elle se rendit au Val d'Yèvre. Le directeur, M. Lucas, exprima nettement le but de la colonie, il montra en quoi elle différait de la ferme-école, qui doit s'établir sur des terres déjà cultivées pour y enseigner les pratiques et les résultats d'un enseignement perfectionné. La ferme-école et la colonie pénitentiaire devaient, selon M. Lucas, poursuivre deux voies différentes, mais également utiles au développement de la richesse agricole de la France; toutes deux devaient l'accroître, la première par la culture améliorée, la seconde par le défrichement.

Mais la colonie pénitentiaire était également propre à toutes espèces de défrichement soit des landes, soit des bois, soit des marais. Sans prétendre qu'elle ne pût s'appliquer à ces divers défrichements, il sembla à M. Lucas qu'elle présentait une aptitude spéciale pour le défrichement des marais.

C'est ainsi que M. Lucas fut amené à associer l'idée pénitentiaire à l'idée agricole du défrichement des marais.

Mais cette idée devait soulever deux grosses objections, la première motivée sur les appréhensions qu'inspire naturellement l'insalubrité des marais ; la seconde, sur l'élévation considérable de frais de constructions et de premier établissement de ces colonies sur un sol nu et difficile.

En ce qui concerne la première objection, il ne pouvait venir à la pensée de M. Lucas d'appliquer les jeunes détenus aux opérations du desséchement des marais, ils devaient en temps opportun se livrer aux travaux ultérieurs du défrichement des terrains desséchés.

L'essai du Val d'Yèvre avait pour but de démontrer qu'en ne procédant qu'après les opérations du défrichement, à la fondation d'une colonie pénitentiaire, on pouvait, par une bonne combinaison des conditions d'hygiène et d'alimentation, écarter avec succès les appréhensions d'insalubrité.

En unissant à l'idée pénitentiaire celle du défrichement en général et plus particulièrement du défrichement des marais, le but de cette colonie d'essai était de permettre à l'État d'ajouter au résultat pénitentiaire un autre résultat important en plus, celui d'une création de richesses agricoles sans aucun excédent de dépenses pour le prix de la journée, de nourriture, et entretien, payé aux autres établissements de jeunes détenus, puisque sa combinaison consiste à demander, à la plus-value des terrains défrichés, le remboursement des frais et avances considérables de capitaux qu'entraîne le défrichement.

Ce programme financier comprenait la combinaison d'un fonds d'amortissement qui commencerait à fonctionner du moment où le rendement des terrains défrichés, procurant un excédent des recettes sur les dépenses, permettrait d'appliquer cet excédent à l'amortissement progressif du déficit de l'arriéré. Ce fonds d'amortissement aurait commencé à fonctionner utilement en 1860, si les travaux de défrichement n'avaient pas été interrompus par l'insuffisance de bras.

Nous devons faire observer en outre qu'en parlant d'appliquer la colonie pénitentiaire au défrichement des marais, M. Lucas ne pouvait avoir la pensée de lui interdire tout autre travail et tout autre sol.

D'abord, sous le point de vue professionnel, la colonie pénitentiaire aurait manqué son but si elle n'avait aspiré au contraire à imprimer une grande variété aux cultures pour élargir autant que possible l'apprentissage agricole ; ensuite, la constitution économique et financière de la colonie de défrichement des marais, plus spécialement propice aux cultures industrielles et maraîchères, exige nécessairement l'agrégation des terres à céréales ; mais ce qu'il importait, c'est que la pensée principale et dominante de la fondation fût celle du défrichement.

En résumé, bien que la colonie pénitentiaire du Val d'Yèvre eût encore, à l'époque de la tournée de prime d'honneur en 1862, près de 80 hectares à défricher, bien que plusieurs travaux de construction fussent en cours et en projet d'exécution pour l'accomplissement du plan d'ensemble et qu'aussi cet essai fût encore assez éloigné de son état normal, M. Lucas put fournir dès lors des indications pratiques suffisamment concluantes pour démontrer les ressources énormes que la France pourrait trouver dans l'assainissement et dans le défrichement de tant de milliers d'hectares de marais improductifs.

Du reste, la statistique officielle du ministère de l'Intérieur témoignait qu'au point de vue sanitaire, la colonie du Val d'Yèvre se plaçait au premier rang sous le rapport comparé de la proportion la moins élevée des maladies et des décès parmi les diverses colonies publiques et privées.

Le colonie du Val d'Yèvre réussissait si bien qu'elle fut l'objet d'une pétition adressée au Sénat par des agriculteurs, jardiniers et pépiniéristes de Bourges qui se plaignirent que la prospérité de la colonie de défrichement occasionnait par sa production une concurrence préjudiciable à leurs intérêts.

M. Charles Lucas répondit péremptoirement à cette pétition. Que diraient les pétitionnaires, si d'autres habitants de Bourges venaient à pétitionner, à leur tour, dans l'intérêt du consommateur et déclaraient au Sénat que les denrées alimentaires en général et les légumes en particulier sont d'un prix à Bourges comparativement élevé; qu'en ce qui concerne ces derniers, cela tient surtout à ce que la production horticole dans les marais de Bourges est trop restreinte et qu'il faut recourir à un rayon même assez éloigné, qui s'étend jusqu'à Issoudun, pour suppléer à l'insuffisance de la production locale.

L'exploitation agricole de la colonie embrasse :

La culture des céréales, dont le produit, bien insuffisant pour les besoins de sa consommation, l'oblige de recourir largement à cet égard au marché de Bourges ;

La culture des prés naturels, dont la récolte, ainsi que celle des prairies artificielles, ne sert qu'à l'alimentation du bétail ;

La culture des plantes oléagineuses, industrielles, fourragères et farineuses. Le produit des premières se vend habituellement à l'huilerie de Vierzon, qui n'a qu'à gagner à cette proximité. Quant aux carottes fourragères et aux betteraves, ce qui se cultive et se récolte en excédent des besoins alimentaires du bétail se vend, en ce qui concerne les premières, aux cultivateurs des environs, qui se plaignent que la production de la colonie soit insuffisante; en ce qui concerne les betteraves, cet excédent est livré à la sucrerie de Plagny, qui n'attend qu'une production plus étendue dans les environs de Bourges pour y fonder une succursale dont l'établissement serait si profitable à la population agricole du pays.

Il est incontestable que, par le fait direct de sa production horticole, la colonie n'a pu exercer la moindre influence sur le marché de Bourges. M. Lucas rappelait aussi que les marais du Val d'Yèvre qui appartenaient soit à des particuliers, soit aux deux communes de Saint-Germain-du-Puy et de Moulins-sur-Yèvre, comme ceux qu'il avait acquis de la compagnie générale de desséchement pour y jeter les fondements de la colonie du défrichement, étaient non seulement incultes, mais en grande partie inaccessibles au pacage même des bestiaux.

Les choses ont bien changé depuis : l'exemple donné par la colonie a porté ses fruits. En face des améliorations agricoles réalisées par les travaux, l'esprit d'imitation s'est propagé dans la vallée, et on a vu sur plusieurs points surgir successivement d'heureux essais de culture maraîchère, de jardinage et de pépinière qui ont déjà pris un accroissement important.

Les produits qui partent de tous ces points et viennent s'écouler sur le marché de Bourges ont dû nécessairement y marquer leur apparition. Mais ils n'ont pas jusqu'ici sensiblement influé sur le cours de ce marché, où les légumes se maintiennent à un prix comparativement élevé.

Nous trouvons dans la brochure de M. Lucas des renseignements très intéressants sur l'augmentation de valeur des terrains desséchés, ce qui prouve l'intérêt que présente le défrichement de la vallée d'Yèvre.

A l'époque de la fondation de la colonie, la commune de Saint-Germain-du-Puy, qui possédait une étendue considérable de marais compris dans le périmètre de desséchement, retirait à peine du prix du pacage la somme nécessaire au payement des impôts.

Elle n'avait ni église, ni presbytère, ni mairie, ni école ; elle en est dotée aujourd'hui. Tout cela s'est construit avec le prix inespéré de la vente de quelques-uns de ses marais et le fermage du plus grand nombre.

Le fermage de ces marais, qui atteignait à peine 22 francs par hectare avant l'établissement de la colonie, s'est élevé pour quelques-uns, en adjudication publique en 1862, jusqu'à 45 et 50 francs et en moyenne 34 francs.

Aucun de ces terrains n'avait reçu, depuis le desséchement, la moindre opération de défrichement. Le prix moyen eût été plus élevé encore si l'on n'avait créé des empêchements aux opérations de défrichement par la durée insuffisante du fermage, limité à neuf années.

Ainsi la commune voisine de Moulins-sur-Yèvre, mieux avisée en portant la durée du fermage à 18 ans, adjugeait-elle 45 hectares de marais contigus à la colonie, au prix moyen de 43 francs 25 cent. de location annuelle.

Plusieurs de ces marais non défrichés furent affermés 90 à 100 francs l'hectare et, quant à ceux ayant déjà quelques travaux de défrichement, ils trouvèrent des adjudicataires aux prix de fermage de 150 francs et jusqu'à 200 francs l'hectare.

La colonie d'essai, en pleine prospérité agricole et financière, était parvenue à l'époque productive où le défrichement rémunère des sacrifices qu'il a coûtés, lorsque le fondateur, frappé de cécité, dut en proposer la cession à l'État, pour assurer la continuation de la durée d'une fondation à laquelle il avait consacré 25 années de sa vie.

La transformation en colonie publique devait lui procurer la sécurité nécessaire au repos de sa vie et lui assurer ce qu'il ambitionnait le plus : la perpétuité de sa fondation.

Comme l'a dit M. Lucas dans sa brochure sur la transformation de la colonie privée en colonie publique :

« Les colonies privées fondées par des particuliers, soumises dans l'ordre moral aux conditions et aux vicissitudes de la vie humaine et dans l'ordre civil à la loi des partages, ne pouvaient présenter aucune garantie de durée et de stabilité. Ce n'était pas sur la fragile base de leur existence viagère que l'État pouvait donner aux établissements pénitentiaires, où la discipline ne peut progresser que par l'esprit de suite, l'enchaînement des expériences et l'autorité des traditions. »

Aussi, le 25 juin 1872, M. Victor Lefranc, ministre, notifia à M. Lucas sa décision du 15 juin relative à la transformation de la colonie du Val d'Yèvre en colonie publique dans les termes suivants :

« J'ai approuvé en principe par décision du 15 de ce mois, sous la réserve de quelques changements à apporter au bail, la transformation de la colonie de Val d'Yèvre en colonie publique, tout en regrettant que la situation des crédits budgétaires ne permette pas à l'État de se rendre dès à présent acquéreur de votre domaine. En présence de cette nécessité, j'ai dû accepter la proposition de prise en fermage. »

Le bail fut passé à Bourges le 7 septembre : il stipulait que le prix moyennant lequel l'État pourrait, en tout temps, faire cesser le bail en usant de la faculté d'achat qui lui est expressément réservée par l'article 2, sera de la somme de 562 500 francs, représentant le prix du fermage capitalisé à 4 pour 100.

Le prix représentatif du cheptel vif et mort de l'ensemble de l'exploitation rurale, du matériel et des valeurs mobilières se rattachant à la propriété en tant qu'établissement, et des récoltes en terre ainsi que des fumiers, sera ajouté au prix principal de 562 500 francs. Les inventaires estimatifs, commencés le 10 septembre et clos le 2 octobre, s'élèvent :

Pour le cheptel, matériel agricole, chemin de fer, mobilier, etc., à..   77 326 fr. 56
Et pour les valeurs mobilières se rattachant au service pénitentiaire.   47 424   38

En somme..   124 750 fr. 94
Cette somme, ajoutée au prix principal.........................   562 500   00

Faisait ainsi un total de................................   687 250 fr. 94

qui devait servir de base à la répartition des payements par annuités.

Ce prix ne représentait pas ce qu'avaient coûté les frais seuls d'acquisition des terres et de construction des bâtiments de la colonie.

A partir de cette époque, l'existence du Val d'Yèvre comme colonie publique comprend la période écoulée depuis le 1er octobre 1872, date de la prise de possession par l'État, jusqu'à la présentation du projet de loi d'acquisition, le 10 mars 1878.

L'administration pénitentiaire comprit parfaitement qu'il s'agissait de continuer et de perfectionner, mais non de changer les habitudes d'un établissement dont la bonne organisation se recommandait par une expérience de 25 années; elle mit une louable sollicitude à respecter l'autonomie de cet établissement par le choix du chef habile auquel on confia la direction et qu'elle appelait à conserver à la colonie publique les principes constitutifs, les traditions réglementaires et jusqu'à l'ensemble de tout le personnel des chefs de service et des agents secondaires auxquels la colonie privée avait dû son succès.

M. Lucas avait, avec raison, voulu associer les colons eux-mêmes à la surveillance, à l'intelligence, à l'action de la discipline de son établissement. C'était le moyen de la leur faire comprendre, de la leur faire aimer.

Avec sa grande expérience, M. Lucas savait qu'il y a bien des dangers de corruption mutuelle dans la réunion des condamnés, mais, avec son extrême bon sens, il comprit qu'il ne fallait pas se les exagérer au point de croire que le régime pénitentiaire est incompatible avec celui de la vie commune, qui, après tout, est pour l'homme innocent ou coupable la loi de la nature, qui est la vie d'où il vient quand il entre en prison et celle où il retourne quand il en sort, et qu'ainsi on ne pourrait sans inconséquence, pendant cette captivité temporaire, lui imposer un système d'isolement contre lequel protestent les besoins imprescriptibles de la sociabilité.

Où il y a une réunion d'individus, il se produit toujours un esprit de corps. C'est à une discipline intelligente à ne pas laisser à cet esprit de corps le soin de naître et de se développer de lui-même, mais à savoir prendre les devants, en s'attachant avec le plus grand soin à le former et à le diriger. La discipline qui sait créer l'esprit de corps de la réunion d'individus qu'elle est chargée de diriger, y trouve sa force. Mais, si elle ne sait pas s'approprier cet esprit de corps, du moment où elle ne l'a pas pour elle, elle l'a contre elle, et alors c'est son plus grand obstacle, et la cause de ses embarras et de ses échecs.

M. Lucas a voulu s'attacher à créer l'esprit de corps qui, dans la colonie du Val d'Yèvre, repose sur le principe de la surveillance de l'enfant par l'enfant, non pas qu'il voulût favoriser l'espionnage, car le règlement dit : Toute dénonciation secrète est prohibée et flétrie comme une lâcheté.

Des colons, sous le titre de surveillants, sont plus spécialement chargés de l'accomplissement du devoir imposé à tous les colons de se surveiller mutuellement, à l'effet de contribuer réciproquement au redressement de leurs mauvais penchants et à leur amélioration progressive.

M. Lucas rend aux colons cette justice qu'ils ont merveilleusement compris cette institution des colons-surveillants. Ils n'ignorent pas qu'ils sont arrivés à l'établissement avec de mauvais instincts qui s'aggraveraient encore par l'impunité et qui ne peuvent être extirpés que par l'action répressive de la punition, plus efficace encore que le stimulant de la récompense.

Les colons se sentent honorés eux-mêmes quand ils sont appelés par leur bonne conduite à mériter ces galons de surveillants, qui les associent à concourir à l'œuvre si méritoire de leur régénération. Aussi le surveillant est-il respecté parmi eux tant qu'il sait respecter lui-même ses galons. Mais il n'ignore pas que, s'il est leur surveillant, il est aussi leur surveillé, et qu'il faut que ce galon reste sans tache pour avoir le droit de continuer à le porter.

« J'ai adopté, dit M. Lucas, la maxime : Qui aime bien châtie bien. Mais j'aime aussi à récompenser et j'ai voulu même créer deux sortes de récompenses et introduire dans le régime rémunératoire une innovation dont l'expérience n'a fait que me confirmer la grande utilité.

« Le règlement rémunératoire mentionne la place que les récompenses collectives qui s'adressent dans cet établissement à la compagnie, occupent à côté de celles décernées à l'individu. J'attache une bien grande importance à cette coexistence des récompenses collectives et des récompenses individuelles. Cela tient à une conviction : c'est qu'on fait une part trop exclusive au stimulant de l'émulation individuelle dans notre système général d'éducation et d'enseignement. J'ai voulu atténuer dans ma discipline l'inconvénient de l'emploi exclusif de l'émulation individuelle par l'intervention du principe de la solidarité résultant de la récompense collective.

« Répartis en deux divisions et dans chaque division en plusieurs compagnies, les colons ne peuvent se renfermer dans l'égoïsme de la récompense décernée à l'émulation individuelle. Chaque détenu doit aspirer de plus à la récompense collective, et il ne le peut qu'en associant ses efforts à ceux des autres colons de sa compagnie pour mériter cette récompense collective.

« S'il se conduit bien, sa compagnie en profite, de même qu'il en profite à son tour ; s'il se conduit mal au contraire, il fait perdre des bons points à sa compagnie au lieu de lui en gagner, et il a à en souffrir lui-même. Ainsi s'établit pour le colon cette morale pratique qu'en faisant le bien, il en profite et les autres avec lui ; qu'en faisant le mal, il en souffre et les autres avec lui. »

Tout en respectant l'autonomie du Val d'Yèvre, il y avait naturellement pour l'administration pénitentiaire des décisions à prendre, pour déterminer dans quelles mesures et sous quels rapports se réaliserait l'assimilation relative de cet établissement privé à sa nouvelle destination, qui le rangeait au nombre des établissements publics.

Des appropriations de bâtiments durent être faites, elles furent ajournées, l'état provisoire se prolongea. On se borna à donner aux contremaîtres gardiens et aux colons du Val d'Yèvre l'uniforme des gardiens et le vêtement des colons des autres établissements publics. On introduisit la comptabilité matière et les règles de l'économat prescrites par les règlements de la comptabilité publique, et on donna un adjoint au greffier comptable.

C'est ainsi que le Val d'Yèvre conserva ses traditions publiques et les principes fondamentaux de son organisation, sauf un seul et l'un des plus essentiels, celui du principe de la solidarité.

Le jour où la gestion publique vint rayer du budget du Val d'Yèvre la dépense des récompenses collectives, qui n'étaient pas en usage dans les autres colonies publiques, en croyant supprimer une dépense inutile, elle ne s'imaginait pas, dit M. d'Olivercona, conseiller à la cour suprême de Suède, détruire un principe essentiel de l'organisation pénitentiaire de cet établissement, principe dont les récompenses collectives étaient la mise en action.

A part cette restriction, l'administration publique suivit tous les errements de la gestion privée, dans tous les services et principalement dans le service agricole.

Sous le rapport agricole, la fécondité des cultures et la vigueur des plantations attestaient la merveilleuse transformation opérée par les travaux de défrichement. Au moment où la colonie dut devenir un domaine public, des experts furent nommés par le ministre de l'intérieur et le propriétaire, pour constater l'état des terres et des bâtiments. Et voici quelle fut leur appréciation consignée dans le procès-verbal : « Quiconque a vu comme ce lieu était désolé avant la création de cet important établissement, ne peut s'empêcher d'admirer l'intelligence et la persévérance tenace qui ont présidé à sa métamorphose. En effet, ce terrain tourbeux sur lequel on ne pouvait rester debout sans courir le risque de s'y enfoncer, de l'état stérile où il était, est devenu fertile.

« Il doit sa fertilité aux assainissements qui y ont été établis comme point de départ, à l'intelligent et persévérant emploi du bêchage, mode de culture essentiellement propre à ce terrain, qui, par sa légèreté, convient au travail de l'enfant et permet d'utiliser avec avantage l'abondance de la main-d'œuvre des colons.

« L'état des cultures ne laisse rien à désirer, tout y est parfaitement ordonné et habilement conduit. »

Notre savant collègue, M. Boitel, inspecteur général de l'agriculture, a dans un remarquable rapport exposé la constitution culturale de la colonie, devant répondre, par la variété des terrains, des cultures et des produits, à tous les besoins de l'enseignement professionnel, de la progression du rendement agricole et d'une organisation des travaux qui permette d'utiliser lucrativement l'inégalité des âges et des forces des colons.

A la culture des céréales viennent se joindre celles de la grande culture maraîchère, de l'horticulture, de la viticulture et celle encore de l'arboriculture, dont les pépinières sont renommées dans le pays.

Mais le rôle le plus important de l'emploi et du produit de la main-d'œuvre des colons, c'est celui des améliorations foncières, parmi lesquelles on se bornera à citer la suivante, qui donnera une idée de la plus-value créée par le défrichement. Aux débuts, la colonie ne comptait que 166 hectares de marais desséchés, dont le sol était tourbeux ; le fondateur, répudiant la pratique traditionnelle de l'écobuage, qui, en fertilisant le terrain pour le présent, l'appauvrit pour l'avenir, imagina que le meilleur moyen de procurer à ce sol léger, humide et poreux une grande fécondité serait de le revêtir d'une couche de remblai qui lui donnerait plus de consistance et absorberait un excès d'humidité.

Sur le coteau sud était un vaste domaine dit de la Grande-Métairie, qui se prêtait merveilleusement à cette combinaison; il fut vendu à un prix modéré par l'abbé d'Aubilly. On exploita ce coteau, un chemin de fer mobile de plus de 1500 mètres fut établi pour transporter les terres devant servir à remblayer les marais, qui en reçurent 31 centimètres d'épaisseur.

M. Boitel a déclaré dans son rapport que l'expérience a démontré que ce procédé a donné à ce sol tourbeux toute la fertilité dont il est susceptible, et que cette opération a ajouté une plus-value au sol de 1500 francs par hectare.

Cette couche calcaire, a-t-il dit, fit merveille sur certaines essences forestières; le peuplier planté dans la tourbe resta stationnaire pendant plusieurs années. Dès qu'on vient le rechausser de terre, il sort de sa léthargie et pousse avec une vigueur qui en fait un arbre vendable au bout de 15 à 20 ans de plantation. Il est constaté que les peupliers qui croissent dans cette vallée rapportent environ 1 franc par an.

Le rapport de M. Boitel fait ressortir en outre les avantages de ce chantier d'extraction, de transport et de répartition des remblais pour utiliser en toute saison, et surtout en hiver, les chômages de l'agriculture d'une manière productive pour l'établissement et salubre pour l'enfant.

En résumé, dans sa sollicitude éclairée pour la réforme pénitentiaire, le gouvernement a compris le devoir qui s'imposait au nom de l'équité et de l'intérêt de l'État, et il l'a loyalement et successivement rempli, d'abord par la décision du 15 juin 1872, relative à la transformation de la colonie privée du Val d'Yèvre en colonie publique au profit de l'État locataire; ensuite par l'engagement, contracté dans l'article premier du bail notarié du 7 septembre 1872, d'assurer l'existence de cette colonie; enfin par la présentation de deux projets de loi d'acquisition, des 11 mars 1878 et 31 mai 1879, qui témoignent de la persévérante conviction du gouvernement dans les avantages que l'État doit retirer de cette acquisition.

Quelle est actuellement la situation de la colonie de Val d'Yèvre, voilà ce que nous avons voulu savoir. Nous nous sommes adressé à son directeur, N..., et voici ce qu'il nous a répondu :

« Fondée en 1847 par M. Charles Lucas, inspecteur général des prisons, la colonie du Val d'Yèvre a été cédée à l'État en 1872. Située à sept kilomètres de Bourges, sur la droite de la route de Bourges à la Charité, elle occupe une superficie totale de 329 hectares, dont 145 de marais et de prés bas et humides et 184 hectares de terres argilo-calcaires, y compris vignes, 7 hectares, et bois, 9 hectares.

« Le marais a été en quelque sorte conquis au début sur les fondrières de la vallée d'Yèvre dont un syndicat avait entrepris le desséchement. Au moyen de rigoles d'assainissement et surtout en rechargeant en calcaire cette partie première du domaine, M. Lucas obtint tout d'abord des récoltes abondantes en racines et même en fourrages. Mais peu à peu le calcaire a disparu sous la tourbe et le travail serait à refaire en grande partie.

« Les prairies sont envahies par les mauvaises herbes et il en est de même des parcelles cultivées (betteraves, carottes, oseraies, etc.), qui exigent une main-d'œuvre considérable. Dans ces conditions et en raison du faible effectif dont nous disposons, 240 enfants actuellement, tandis qu'il était autrefois de 500 et plus, il devient nécessaire de réduire progressivement les surfaces en culture et de faire de préférence de l'élevage de gros bétail, après avoir amélioré et même renouvelé les prairies.

« Le domaine de la Métairie, composé de terres argilo-calcaires, exige moins de main-d'œuvre et donne d'assez bonnes récoltes en céréales et en pommes de terre; les prairies artificielles, sainfoin, luzerne, y réussissent très bien, et c'est ce qui permet d'entretenir un troupeau de 250 à 300 têtes (berrichons croisés dishley). La betterave n'y réussit pas les années de sécheresse.

« Comme dans toute la région environnante, les blés cultivés sont le blé bleu de Noé et le gris de Saumur.

« Nous avons obtenu cette année 20 hectolitres à l'hectare, mais le blé gris n'a donné que 16 hectolitres.

« La colonie possède une bouverie composée de 15 charolais. Les bœufs sont employés au labour et engraissés après réforme, c'est-à-dire vers 8 ou 9 ans.

« La vacherie est également composée de charolais; son effectif actuel est de 10 vaches.

« Les chevaux, au nombre de 11, sont principalement employés aux transports.

« Le bénéfice net peut être évalué à 92 francs par hectare de la surface totale, et à 107 francs par hectare de la surface cultivée. »

Le gouvernement de la république de 1848 se montra extrêmement favorable à l'enseignement agricole. Tourret, devenu ministre de l'agriculture, propose à l'Assemblée constituante, qui l'adopta le 30 décembre 1848, un plan d'enseignement agricole qui comprenait la création de fermes écoles, d'écoles régionales d'agriculture et d'un Institut agronomique.

L'année suivante, M. Louis Massé, président du comité agricole des cantons de la Guerche, Nérondes et Sancoins, profita du concours tenu à la Guerche pour applaudir aux actes du gouvernement. Voici ce qu'il dit dans un passage de son discours :

« Lorsqu'il y a un an, à pareille époque, nous nous réunissions à Sancoins, nous nous étions tous rencontrés dans une pensée commune, dans une même espérance.

« Nous avions émis le vœu que, rompant l'uniformité imprimée à l'enseignement par la routine, le gouvernement fît dans les établissements d'instruction publique une part plus large et plus juste aux sciences qui se rattachent à l'agronomie et à l'éducation professionnelle des cultivateurs.

« La République n'est pas restée sourde à cet appel, répété sur tous les points de la France. Une des lois qui honoreront le plus l'Assemblée constituante et qui recommanderont à jamais à la reconnaissance publique le ministre qui l'a présentée, c'est sans contredit la constitution de l'enseignement agricole telle qu'elle a été conçue et formulée par M. Tourret, puis adoptée par le pouvoir législatif.

« L'Institut de Versailles, les fermes régionales, les fermes écoles de département présentent une heureuse combinaison qui assure le développement complet de tout ce que la théorie a de plus élevé, de tout ce qu'une pratique perfectionnée renferme de plus fécond. »

Puis M. Massé, avec un juste sentiment de prévoyance, ajoutait : « Négligés et dédaignés pendant longtemps, nos produits commencent à prendre place à côté de ceux de l'industrie manufacturière; les expositions nationales ne sont plus réservées exclusivement à cette dernière, et si la foule qu'attiraient ces solennités admirait autrefois la finesse des fers du Berry, elle peut se convaincre aujourd'hui, à la vue des beaux élèves que nos compatriotes ont envoyés, que l'agriculture de ce pays, elle aussi, a fait un pas immense. Cette nouvelle preuve d'intérêt de la part du gouvernement, ce nouveau stimulant donné à l'émulation des cultivateurs intelligents, viendra, n'en doutons pas, ajouter aux bons effets qu'avait déjà produits la création du concours de Poissy. Qu'il nous soit permis seulement de regretter que tous les départements ne soient pas à même de participer à ces exhibitions publiques. Pour quelques-uns l'éloignement de Paris est un obstacle insurmontable; on ne pourra remédier à cet inconvénient grave qu'en divisant la France en plusieurs zones dont chacune aurait périodiquement son exposition.

« Cette division serait un acte de justice : soyons certains qu'elle s'opérera quelque jour. »

Les vœux de M. Massé sont aujourd'hui réalisés.

A ce même concours, M. Joseph Cacadier, rapporteur de la Commission chargée de visiter les fermes, rendit justice à MM. Chamard et Louis Massé, qui, pour ne pas enlever de prix aux cultivateurs des cantons, n'avaient pas voulu concourir.

Vous connaissez tous, a-t-il dit, l'exploitation modèle de notre président; au point où il en est arrivé, ce ne sont plus quelques cantons, ce ne sont plus quelques départements, mais bien la France entière qu'il faudrait explorer pour lui trouver des rivaux sérieux.

Notre pays n'oubliera jamais que c'est à M. Chamard qu'il doit l'introduction sur son territoire de la race charollaise. Ce titre pouvait suffire à la réputation d'un homme, mais Chamard ne s'est pas contenté de nous avoir enrichi d'une race aussi précieuse et de l'avoir perfectionnée, il s'est en outre toujours tenu au premier rang parmi nos cultivateurs les plus avancés.

Ce Comice a jeté un tel éclat dans le pays que le département du Cher a depuis long-temps pris place au premier rang des départements où l'agriculture a fait le plus de progrès. A cette époque les comices de Saint-Amand et de Lignières ne fonctionnaient plus, mais l'exemple de celui de la Guerche stimula celui de Saint-Amand, qui comprend huit cantons autres que ceux de Sancoins, la Guerche et Nérondes; il se reconstitua.

RÉUNIONS SCIENTIFIQUES. Les 1er, 2, 3, 4, 5 et 6 octobre 1849, des réunions scientifiques se tinrent à Bourges, sous la direction de l'Institut des provinces et de la Société française pour la conservation des monuments. Le but de ces réunions, nous rapporte M. Frémont, était de rechercher, dans le Cher, quelles étaient les améliorations les plus désirables à adopter et les recherches les plus utiles à entreprendre sous le rapport moral et matériel. Les membres de ces réunions ont cherché à constater, au moyen d'une enquête, quels étaient : 1° l'état de l'agriculture en Berry; 2° l'état des études chimiques, minéralogiques, botaniques, statistiques, etc.; 3° la topographie médicale du pays; 4° l'état des études historiques en Berry; 5° l'état des beaux-arts dans le même pays. En même temps eut lieu à Bourges une exposition régionale de peinture, sculpture, des produits d'horticulture et d'agriculture, des produits de l'industrie, etc., pour le centre de la France.

Dans l'ancienne église des Carmes furent exposés tous les produits d'horticulture et d'agriculture.

Le 6 octobre, la *distribution* des récompenses eut lieu à 10 heures du matin, dans la grande salle du lycée.

L'année suivante, en 1850, M. Louis Massé se plaignait des souffrances de l'agriculture. « Jamais, disait-il, l'agriculture n'a lutté contre d'aussi grandes difficultés. Jamais la persévérance du cultivateur n'a été mise à d'aussi rudes épreuves, car la terre, par suite de l'avilissement du prix des denrées, ne produit plus de quoi payer les frais de main-d'œuvre qu'elle exige.

« Sans chercher les causes de cette crise, sachons en tirer un utile enseignement », et, avec une prévoyance admirable, M. Massé disait :

« Il ne faut pas nous le dissimuler, car tout autour de nous le présage : nous sommes à la veille d'une grande transformation agricole. Les cultivateurs en France commencent à comprendre que la culture exclusive des céréales n'est pas toujours pour eux un moyen certain de réussite et de prospérité; qu'au contraire, le sol exploité avec intelligence dans le principal but de l'élève et de l'engrais du bétail, non seulement produit une plus grande masse de substance en viande, mais encore, par les engrais supérieurs que fournit le bétail mieux alimenté, donne plus de céréales sur une moindre étendue superficielle.

« Ainsi ce que n'ont pu faire ni les conseils des théoriciens, ni les bons exemples des praticiens, ni les encouragements incessants de tous les amis de l'agronomie, la nécessité, la dure nécessité va l'opérer sans coup férir et dans un avenir prochain. Tout en déplorant l'état actuel de notre agriculture, nous y trouvons du moins cette compensation que nos propres désastres peuvent être, seront même très certainement, je n'hésite pas à le dire, l'occasion d'un immense progrès, la cause d'une ère de prospérité. »

Un aussi viril langage ne pouvait manquer de donner du courage aux cultivateurs des trois cantons et de les stimuler à de nouveaux progrès.

Du reste, la même année nous voyons se créer dans l'arrondissement de Sancerre le Comice agricole des cantons de Sancerre, Sancergues et Léré, Comice sur lequel M. de Vogué, président après M. Morot, a jeté un véritable éclat aussi bien par l'esprit distingué qui le caractérisait que par les connaissances pratiques qu'il avait su acquérir en agriculture.

On peut dire que le département du Cher était devenu une véritable arène où le conseil général, les présidents de comices, les agriculteurs, les représentants du gouvernement luttaient d'activité, d'intelligence et de dévouement pour pousser l'agriculture en avant.

En effet, en 1851, au Comice de Sancoins, la Guerche et Nérondes, le préfet du Cher disait : « Ceux qui ont mission de s'occuper des intérêts publics n'oublient pas les devoirs qu'ils ont à remplir envers l'agriculture.

« Vous avez vu le conseil général accroître dans ces derniers temps ses libéralités envers les comices afin de les mettre à même de mieux récompenser les cultivateurs dont les efforts méritent d'être distingués. Il ne dépendra pas du zèle de ses membres que la ferme école projetée depuis si longtemps ne vienne enfin ajouter ses moyens d'instruction à ceux que nous possédons déjà. En effet le conseil général du Cher avait maintenu à son budget une allocation de 6000 francs pour l'établissement d'une ferme école. Je m'efforce, de mon côté, de doter le pays d'un dépôt d'étalons qui assurerait l'amélioration de nos races chevalines en mettant à la portée des éleveurs les animaux régénérateurs dont ils sont privés.

« Je demande également la création d'une chaire d'agriculture dont le professeur irait faire entendre ses leçons, tantôt dans un lieu, tantôt dans un autre. Il me semble que les conseils d'un homme habile, adressés aux cultivateurs dans le pays même qu'ils habitent, ne pourraient manquer d'exciter les esprits et de les porter aux améliorations.

« Enfin l'autorité recommande partout aux instituteurs de mêler des notions d'agriculture aux autres objets de leur enseignement, et elle invite particulièrement ceux d'entre eux qui possèdent des jardins à donner à leurs élèves des leçons pratiques d'horticulture. Mon désir est que toute commune mette un jardin et même un champ d'une certaine étendue à la disposition de son instituteur, afin de généraliser cet enseignement, qui ne peut que profiter aux enfants de nos campagnes. »

L'année suivante, en 1852, l'espérance de M. Louis Massé se réalisa, une ferme école fut créée à Aubussay pour former aux véritables principes de l'agriculture et de l'horticulture un certain nombre d'élèves apprentis spécialement choisis parmi la population rurale. La durée des études était de 3 ans. En 1860 le nombre des élèves était de 22. M. Louis Massé constatait que l'amélioration du bétail avait fait un pas immense. Les éleveurs des cantons de Sancoins, la Guerche et Nérondes avaient, au concours général, occupé une place honorable au milieu des habiles éleveurs du Nivernais, naguère encore leurs modèles et leurs maîtres.

« Cette partie de l'économie rurale, disait M. Louis Massé, a depuis longtemps et avec juste raison été l'objet de vos études spéciales; l'avenir de l'agriculture tout entière se lie intimement à l'avenir de nos bestiaux. Là, le moindre progrès se traduit en chiffres considérables. Augmenter la valeur de nos bœufs, de nos moutons par le poids et la qualité, c'est, eu égard au nombre important des têtes de bétail que nous possédons, augmenter la fortune publique dans une proportion incalculable ; améliorer le bétail, c'est améliorer la terre ; en un mot, c'est donner à l'homme du pain d'une main et de la viande d'une autre.

« Mais pour que les améliorations agricoles se généralisent et prennent un nouvel essor, il est urgent de faciliter l'écoulement des capitaux vers les champs..... »

De son côté, le gouvernement comprenait de mieux en mieux l'importance des progrès agricoles, il les encourageait. Après la création de la Société d'agriculture, après celle des bergeries nationales vinrent les écoles d'agriculture, les fermes écoles, les comices, les concours d'animaux de boucherie, les concours régionaux, et enfin les primes d'honneur qui, fondées en 1856, étaient accordées à l'agriculteur du département dont l'exploitation, comparée aux autres domaines, est la mieux dirigée et a réalisé les améliorations les plus utiles et les plus propres à être offertes comme exemple. Dans le but d'encourager tous les efforts qui tendent aux progrès généraux de la culture, cette institution fut modifiée en 1869. On créa plusieurs catégories de prix culturaux, correspondant aux divers modes d'exploitation du sol les plus généralement en usage.

Au concours du 11 juin 1854, M. Gallicher a prononcé un discours dans lequel il a défini ainsi les comices : « Ils ont pour but d'améliorer moralement les classes laborieuses de nos campagnes, de porter au milieu d'eux pour la mise en relief de ce qui est beau, de ce qui est bien, par l'exemple et les encouragements, les lumières de l'expérience et la science agricole. Ils combattent le mal où il paraît ; ils recherchent le bien là où il se cache pour le signaler et le mettre en honneur. Entrons un peu dans le détail des procédés qu'ils emploient.

« Une des plaies les plus vives et les plus profondes de notre agriculture du Centre, c'est l'inconstance, l'amour du changement, l'absence de tout attachement de nos aides agricoles. Sous le plus léger prétexte, quelquefois sans autre motif que le besoin de changer de place, nos serviteurs nous abandonnent. Plus de dévouement pour le maître, plus de zèle pour le bien de l'exploitation, plus de soins assidus pour le bétail qui dépérit sous la main d'un serviteur brutal ou insouciant. C'est là, messieurs, un mal immense que les comices agricoles s'efforcent de combattre ou de détruire.

« Enfin les comices ont la mission de combattre partout où ils les rencontrent l'ignorance et la routine, ces deux fléaux dont la force d'inertie a enchaîné pendant tant d'années l'essor de l'agriculture.

« Il y a quarante ans à peine, le vaste plateau calcaire qui couvre sur plus de cent lieues carrées toute la partie centrale du Berry, nous offrait le spectacle de la plus pauvre, de la plus improductive des cultures. La plus grande partie des terres était en friche, le reste portait quelques maigres céréales bien souvent insuffisantes à nourrir la population de la ferme, le fourrage manquait à ses plaines ; sans lui point de bétail, et sans bétail point de culture.

« Quelques hommes intelligents et progressifs proclamaient bien, et par leur exemple et par leurs paroles, l'efficacité des prairies artificielles pour améliorer ce triste état de choses ; mais ils étaient le plus souvent accueillis par un sourire d'incrédulité et d'ironie, et il n'a pas fallu moins de trente ans de luttes et d'efforts pour briser le préjugé, vaincre le mauvais vouloir et l'inertie, pour accomplir une féconde transformation et couvrir nos plaines de ce riche manteau de verdure que nous admirons aujourd'hui. »

De 1852 à 1862, des travaux de la plus grande importance ont eu lieu dans le Berry.

Comme en Sologne, il y avait beaucoup de terres imbibées d'eau stagnante, où la végétation était languissante, où les tiges des plantes jaunissent longtemps avant la maturité, où après quelques mois de jachère la surface du sol se recouvre plus ou moins complètement d'une petite mousse, où les joncs, les prêles, les carex, les renoncules, la leiche, le colchique d'automne croissent abondamment, tandis qu'on pouvait y faire croître de bons prés.

C'est ce qui a été admirablement compris à cette époque. On a drainé dans le Berry 1220 hectares et assaini, à l'aide de rigoles à ciel ouvert, 1137 hectares, c'est-à-dire qu'on a rendu tous ces hectares à la fertilité, car l'eau qui imbibe le sol et qui est entraînée par les tuyaux est immédiatement remplacée par de l'air atmosphérique; une moindre évaporation a lieu à la surface du sol, par suite un accroissement notable de la chaleur de ce sol, une modification profonde de la constitution de la couche arable, d'où un développement plus considérable des plantes, une maturité plus complète et plus précoce des récoltes, d'où des conditions hygiéniques meilleures. La santé des bestiaux s'améliore rapidement sur les terrains drainés. La pourriture, la maladie rouge, dont nous connaissons les tristes effets, cesse d'attaquer les moutons. Tels ont été les effets de la loi du 17 juillet 1856 et des encouragements donnés par l'administration des travaux publics.

Pendant la même période, de 1852 à 1862, 400 hectares de marais et un grand nombre d'étangs ont été desséchés, 338 hectares de prairies naturelles ont été irrigués pour la première fois, 9235 hectares de landes ou autres terres incultes ont été défrichés. Aussi quelles merveilleuses transformations ont été obtenues.

Aux marais, aux étangs nuisibles à la richesse publique et à l'accroissement de la population par leur infertilité et leur insalubrité ont succédé des contrées où les fièvres paludéennes ont disparu, où la santé des habitants est devenue meilleure, où le seigle et l'avoine ont fait place au froment, où se sont montrées verdoyantes les prairies artificielles, où le trèfle s'est mis à croître sur des terrains autrefois en jachère permanente, où la culture des plantes sarclées a pris un très grand développement, où le sol a plus que doublé de valeur. Quoi d'étonnant! Qui ne sait que les marais bien desséchés convenablement exploités sont d'une richesse presque inépuisable? c'est ce qu'on peut voir dans la vallée de Germigny. Qui ne sait que l'eau d'irrigation, en passant sur les récoltes, leur cède toujours en quantité notable de l'ammoniaque et de l'acide carbonique que les plantes s'assimilent en partie et qui augmentent la force productive du sol, sans compter les matières limoneuses charriées en quantité très notable par certaines rivières, et qui sont très fertilisantes?

La Sologne surtout commençait à être l'objet de travaux utiles à l'agriculture. Ainsi le canal de la Sauldre, destiné à l'amélioration de la Sologne par l'emploi des amendements marneux, devant relier les gisements de marne de Blancafort au chemin de fer de Paris à Toulouse, était ouvert à la navigation en 1857. Ce canal, qui commence à Launay, commune de Blancafort, et s'arrête près de la Motte-Beuvron (Loir-et-Cher), contribua beaucoup à l'amélioration des communes traversées.

En 1860, des enquêtes furent ouvertes sur les projets d'amélioration de la Sologne. Ces projets s'appliquaient à un système d'ensemble composé de routes agricoles reliées transversalement par une voie de fer et une voie d'eau. Ces dernières voies, rattachées par leurs extrémités aux marnières et en leur milieu au chemin de fer du Centre, ne devaient laisser aux routes de terre que des transports à courtes distances, à partir de leur point d'intersection : d'une part, pour l'introduction du calcaire; d'autre part, pour les échanges avec l'intérieur par voie d'importation et d'exportation.

Les lignes transversales comprises dans ce système n'ont été proposées que pour remplacer avec moins de dépense un canal de grande navigation qu'on avait d'abord projeté d'ouvrir en prolongement du canal latéral à la Loire et qui, traversant la Sologne du nord-est au sud-ouest, aurait été retomber dans le Cher canalisé pour rejoindre la Loire à Tours. On s'était proposé dans le premier projet de satisfaire à la fois l'intérêt local et l'intérêt général en comblant la plus grande partie de la lacune que présente la navigation de la Loire entre Châtillon et Angers.

Cette solution avait en outre l'avantage de permettre d'effectuer d'abondantes irrigations en Sologne au moyen des eaux empruntées à la Loire.

L'objet principal de l'ensemble des travaux de canalisation qui devait couvrir toute la Sologne était d'arriver par le limonage ou colmatage à la transformation de cette stérile contrée. Soyer s'était fait l'apôtre de cette transformation.

En commençant, disait-il, par la dérivation de la grande Sauldre sur l'une des rives de cette rivière et atteignant, à peu de distance de la prise d'eau de Blancafort, la ligne de séparation du bassin de la Sauldre de celui de la rivière du Beuvron, il devra être formé un grand spécimen d'irrigation qui bientôt fera comprendre combien sera simple et facile la transformation de toute la Sologne.

Ensuite, disait ce brave Solognot dévoué aux intérêts de son pays, il conviendrait de donner au canal de la Sauldre une branche traversant sous Argent le vallon même de la Sauldre pour se diriger par une courbe de niveau (canal de ceinture) vers Neuvy-sous-Barangeon en traversant plusieurs communes des cantons d'Aubigny, la Chapelle-d'Angillon et Vierzon.

Dans cette hypothèse, le département du Cher, qui, par ses vœux et les votes de son conseil général, a pris de vieille date l'initiative pour l'amélioration et la transformation de la Sologne, se verrait à sa limite nord et nord-ouest enveloppé par une bande de verdoyantes et riches prairies en recueillant les eaux surabondantes des crues que lui fourniraient les riches cantons de Sancerre, Vailly et Henrichemont.

Le canal de la Sauldre, par l'extension ci-dessus, viendrait à se souder au canal de Berry et d'Argent. Il y a bien peu d'efforts à faire pour le porter à la Loire vers Gien ou Briare.

Toujours préoccupé des eaux fertilisantes dans le Cher, Alexis Soyer, après avoir signalé la Sauldre au nord, disait : il existe au sud du département un cours d'eau peut-être plus riche encore que la grande Sauldre, c'est l'Arnon, dont l'emploi des eaux serait une source de fertilité.

A diverses époques, il a été question de détacher de la rivière d'Allier de Moulins vers Sancoins une rigole pour l'alimentation du bief de partage du canal de Berry, et à deux époques peu éloignées, en 1846 après l'inondation, et en 1848 lorsque l'ingénieur en chef Darcy s'occupa des premières études sur la Sologne, ce savant ingénieur proposa de reprendre les études de la rigole de Moulins. Elles furent confiées aux soins de M. Machart.

A la suite de l'inondation du mois d'octobre 1846, le conseil général du Cher, en session extraordinaire, le 24 décembre même année, demandait, sur les renseignements fournis par l'inspecteur général Brière de Mondétour, qu'il fût ouvert une dérivation de l'Allier à partir de Moulins vers Sancoins.

Des études complètes ont été faites par les soins des ingénieurs. Les dossiers sont aux archives de la préfecture du Cher.

Les inondations de 1856 et 1866 ont donné un nouvel intérêt à ce projet.

Ce moyen de dégorger dans les grandes crues le lit de l'Allier donnerait une direction au trop-plein des eaux par les plaines du Berry et de la Sologne vers Tours et Blois.

Les limons des crues de l'Allier sont considérés comme un engrais des plus puissants, ce qui résulte du rang élevé qu'ils occupent sur un tableau des engrais dressé après ana-lyse et placé dans l'une des galeries du Conservatoire des arts et métiers de Paris.

Ainsi l'on enrichirait le Berry et la Sologne tout en procurant à chaque grande crue un des moyens les plus efficaces d'obvier à la rupture des levées de la Loire, notamment vers le lit de l'Allier, où le sinistre a été si affligeant.

On avait raison de se préoccuper d'améliorations utiles, car M. Frémont, dans son ouvrage sur le département du Cher, disait en 1861 : « L'industrie agricole n'est pas encore arrivée au degré de perfection qu'elle peut atteindre. Il reste des améliorations à introduire dans l'exploitation de nos terres, des innovations salutaires qu'il faut solliciter, des con-quêtes qu'il importe de demander et de vieilles routines qu'il faut absolument détruire.

« Le drainage, appelé à rendre de grands services, n'est pas même répandu comme il devrait l'être.

« Dans l'arrondissement de Sancerre, les fermiers métayers ou colons empruntent rare-ment, soit pour acheter des bestiaux ou des instruments, soit pour payer leurs fermages ; dans ces divers cas, leur banquier est plus généralement le propriétaire, qui leur prête sans intérêt et quelquefois à fonds perdu.

« Les petits propriétaires qui empruntent le font pour augmenter leur patrimoine, croyant pouvoir se libérer plus tard par leurs économies, ce qui pour eux est très souvent une cause de ruine. Leur seule ambition est de vivre comme vivaient leurs ancêtres, en faisant maigre chère et travaillant souvent le moins possible.

« Dans certaines parties de l'arrondissement, notamment dans les pays vignobles et le voisinage des villes, la propriété est morcelée et d'une culture plus avancée ; ailleurs, c'est la grande propriété qui domine, ce sont des corps de ferme.

« Quelques propriétaires exploitent eux-mêmes leurs fermes par domestiques, générale-ment ce sont des colons qui cultivent à moitié fruit, la plus petite portion se compose de fermiers à prix d'argent.

« Les baux ont ordinairement une durée de trois, six ou neuf années, quelquefois de neuf et douze années sans résiliation. »

D'un autre côté, le Bulletin de la chambre consultative d'agriculture de Saint-Amand dit que les petits propriétaires sont ceux qui empruntent le plus souvent ; ces prêts se font par l'intermédiaire des notaires ; les frais et les intérêts sont généralement onéreux à l'emprunteur, qui presque toujours est obligé de renouveler les emprunts. Quant aux métayers ou colons, ils reçoivent de leur propriétaire les avances dont ils ont besoin ; ces avances leur sont faites sans intérêt et sont remboursées sur les produits.

Dans quelques cantons la propriété est très morcelée ; dans quelques autres, elle l'est beaucoup moins ; en général, les exploitations sont de 60 à 120 hectares. Les fonds ruraux exploités par leurs propriétaires sont des exceptions ; les fermiers sont encore peu nom-breux ; le système ordinaire d'amodiation est le métayage ; les conditions générales d'amo-diation sont le partage par moitié des produits et du croît ; le terme ordinaire est de trois ans.

Ces renseignements sur les deux arrondissements de Sancerre et de Saint-Amand s'appliquent également à celui de Bourges. L'abaissement du prix des grains en 1848 et pendant les années suivantes mit obstacle aux baux à long terme dont l'usage commen-çait à s'établir ; mais depuis, la tranquillité étant revenue, les prix des grains ayant repris les cours normaux, les baux à long terme ont de nouveau été contractés.

M. Frémont constate que des fléaux se sont abattus sur les campagnes et ont entravé les

11

progrès de l'agriculture : ce sont les charançons, l'alucite, la maladie de la pomme de terre et de la vigne.

En même temps que ces importantes questions s'agitaient, l'institution de la prime d'honneur exerçait une heureuse influence sur les cultivateurs. Vivement stimulés par l'éclat des récompenses publiques et plus énergiquement excités encore par les résultats avantageux d'un élevage rationnel, leur activité a été tenue en éveil et les a fait marcher de l'avant.

LA PREMIÈRE PRIME D'HONNEUR DANS LE DÉPARTEMENT DU CHER EN 1862

En 1862, la première prime d'honneur dans le département du Cher fut méritée par M. Alfred Lalouël de Sourdeval, propriétaire-agriculteur à Laverdines, canton de Baugy, arrondissement de Bourges. Sur son domaine, composé de 870 hectares, M. de Sourdeval avait allié l'industrie à l'agriculture, il avait établi une usine pouvant transformer en sucre ou en alcool, suivant les convenances de la spéculation, 5 à 6 millions de kilogrammes de betteraves achetés 20 francs les 1000 kilos.

L'assolement adopté sur la ferme du château était un assolement de quatre ans, chaque sole affectait une étendue de 40 hectares. La première, défoncée à 30 centimètres et même 35, et fumée à la dose de 40 à 50 000 kilos de fumier par hectare, était exclusivement consacrée aux betteraves.

Une seconde sole recevait des céréales de printemps ; une troisième, du trèfle et autres fourrages fauchables ; et enfin la quatrième et dernière, du froment. Toutes ces récoltes, sous l'influence d'une forte fumure, donnaient des rendements très élevés qui atteignaient en moyenne 30 et 35 000 kilogrammes pour les betteraves, 5000 à 6000 kilogrammes pour le trèfle, 25 hectolitres pour le froment et 40 hectolitres pour l'avoine.

En dehors de l'assolement, des luzernes et de bons prés naturels ajoutaient aux ressources fourragères de l'exploitation, qui, avec les secours des pulpes de la sucrerie ou de la distillerie, ont permis d'entretenir une tête de gros bétail par hectare et de produire 2 millions de kilogrammes de fumier.

50 à 60 bœufs étaient livrés, chaque année, à la boucherie, et il y avait en outre sur le domaine une excellente vacherie et un nombreux troupeau de l'espèce ovine et déjà connu par ses succès dans les concours.

D'après l'inventaire dressé le 1er mai 1860, le capital d'exploitation de la ferme du château de Laverdines montait à la somme de 180 681 fr. 08, soit 830 francs par hectare.

A la fin de l'exercice 1860, la liquidation des comptes présentait un bénéfice de 28 759 fr., représentant environ 15 p. 100 du capital.

FERME ÉCOLE DE LAUMOY

En 1863, la ferme école du département du Cher fut transférée d'Aubussay, près de Vierzon, à Laumoy, sur les limites de Morlac et de Saint-Pierre-en-Bois, canton du Châtelet-en-Berry, arrondissement de Saint-Amand.

Cette propriété était à cette époque dans un triste état. Suivant les habitudes de la culture arriérée du centre de la France, une grande partie des terres étaient abandonnées à la jachère morte et à la production spontanée de l'herbe, en vue de l'entretien du bétail, qui ne trouvait dans ces pacages qu'une nourriture insuffisante. La culture proprement dite, déjà resserrée par ces pâturages incultes, était encore restreinte par d'épaisses haies conservées autour des champs pour la garde des bestiaux.

M. Poisson, le directeur, reconnut tout de suite qu'il y avait un meilleur parti à tirer des terres par un système de culture où la production des céréales, des racines et des fourrages marcherait de front avec l'élevage du bétail; il jugea ces haies et ces pacages inutiles et se réserva pour son bail la faculté de les défricher.

Après six années d'un travail continu et pénible, plus de 10 kilomètres de haies avaient disparu, des fossés ayant une longueur à peu près égale étaient comblés, près de 20 hectares de pacages défrichés. Par suite, la surface de l'exploitation, divisée dès le principe en 60 parcelles de terre, ne formait qu'une vingtaine de pièces toutes reliées par des chemins nouvellement tracés.

La transformation du sol par les défrichements opérés par M. Poisson ne pouvait être avantageuse sans l'emploi de la chaux, indispensable à la majeure partie des terres de la propriété, dépourvues de calcaire. Le chaulage et le marnage furent menés avec vigueur; la première opération a été effectuée sur 92 hectares au moyen d'application directe à la dose de 120 hectolitres pour une durée de douze ans et au moyen de composts formés de débris végétaux et animaux, où la chaux entre pour un dixième; le marnage a été pratiqué sur 23 hectares.

Le succès des améliorations faites par M. Poisson aurait pu être compromis dans beaucoup d'endroits par l'excès d'humidité du sol. Le drainage était indiqué et il a été exécuté sur 51 hectares 11 ares 20 centiares.

Le drainage a exigé l'ouverture de 31 688 mètres courants de tranchées, l'emploi de 104 323 tuyaux, la confection de 21 regards dont un à grandes dimensions, à section rectangulaire, exécuté en maçonnerie de briques doubles, de 3 bouches de collecteurs dont deux en rivière et enfin la pose de 43 bornes repères.

La dépense totale s'est élevée à 9784 fr. 38, soit 191 fr. 14 l'hectare.

Pour irriguer les prés, M. Poisson s'est efforcé de tirer le meilleur parti possible des eaux superficielles qui descendent de la côte sur les prés. Des rigoles de distribution ont été ouvertes sur toutes les parties élevées, où elles répartissent convenablement l'eau. Le reste des prés est submersible par les débordements de l'Arnon, qui sort de son lit plusieurs fois l'année.

ENQUÊTE AGRICOLE DE 1866 DANS LE CHER

En 1866, au moment de la grande enquête agricole ordonnée sous l'influence du bas prix des céréales, on constate que les défrichements des landes ont été importants dans le Cher et leurs résultats très satisfaisants. La commission d'enquête a fait observer avec raison que leur rendement considérable avait dû peser sur le cours des céréales.

Dans la portion siliceuse, principalement en Sologne, depuis l'emploi du noir animal et surtout des phosphates fossiles, cette opération, autrefois ruineuse, est devenue l'une des plus lucratives quand le défricheur est assez sage pour ne pas abuser de cette richesse d'un sol vierge.

La Société d'agriculture du Cher évaluait encore à 50 000 hectares l'étendue des landes et terres incultes de ce département.

La cause de cette situation était attribuée au manque de bras, de capitaux, à l'ignorance, à l'incurie de la plupart des cultivateurs. Il faut reconnaître cependant qu'il y a des landes qui ne sont pas défrichables en raison de la nature du sol. Et aujourd'hui, en raison de la cherté de la main-d'œuvre et du bas prix des céréales, il n'y a plus le même intérêt à défricher des terrains qui ne donneraient pas des récoltes suffisamment rémunératrices.

Le drainage laissait à désirer. On estimait à un tiers environ l'étendue des terres sur lesquelles cette opération pouvait être utilement appliquée. Le manque de capitaux et d'ouvriers, les nombreuses formalités de justification dont on entoure les emprunts destinés au drainage ont arrêté l'extension de cet excellent procédé d'assainissement des terres. La production des céréales avait augmenté depuis trente ans dans une forte proportion. Elle avait presque doublé pour le blé, qui, dans plusieurs cantons, a remplacé le seigle. Les causes de cette augmentation étaient particulièrement attribuées aux défrichements nombreux, à la pratique plus répandue des marnages et des chaulages, à un meilleur outillage agricole, à une meilleure culture en général. Non seulement la production du blé a augmenté, mais sa qualité est devenue meilleure par une culture mieux entendue et par un nettoyage plus parfait. L'accroissement en poids est plus contestable. Le rendement à l'hectare était évalué pour le blé à 15 hectolitres, pour le seigle à 14, pour l'avoine à 18, pour le sarrasin à 20 et pour l'orge à 15 par hectare.

L'alucite, qui est, après le charançon, un des insectes qui causent les plus grands dommages aux blés, avait, dès 1826, pénétré dans la partie méridionale du Cher, puis l'avait envahi complètement, faisant des ravages considérables sur les grains des épis de blé. Aussi voit-on les cultivateurs s'en plaindre au moment de l'enquête. Les dégâts causés par l'alucite diminuent singulièrement le rendement du blé à l'hectare. D'autres causes empêchent le rendement d'être plus élevé pour le blé comme pour les autres céréales. Les fumiers sont produits en quantité insuffisante, et on n'y supplée que dans des limites étroites par l'achat d'engrais du commerce. L'insuffisance du fumier, c'est le manque de bétail, c'est le manque de fourrage, c'est l'insuffisance de la culture.

Aussi les cultivateurs demandèrent-ils avec raison à l'enquête, pour pouvoir suppléer au défaut de fumier par des achats d'engrais artificiels, que le projet de loi sur la répression des fraudes fût voté le plus tôt possible; ils demandèrent aussi l'abaissement des tarifs des chemins de fer pour les transports de la chaux et de la marne, ils réclamèrent contre l'insuffisance des voies navigables. Mais il y avait encore d'autres raisons qui empêchaient le développement de la culture : c'était, chez le métayer où le fermier, le capital d'installation, qui atteignait à peine une année de fermage, et le capital de roulement, qui faisait presque défaut. A ce manque de ressources du métayer il faut ajouter l'esprit de routine, l'absence du propriétaire, qui, comme l'a fait observer judicieusement M. Guillaumin, ont mis obstacle aux résultats heureux que pourrait avoir cette association du capital, de l'intelligence et du travail. Néanmoins, en 1866, on constatait un retour au métayage dans la moyenne propriété, tandis que dans la petite dominait l'exploitation directe. Partout, heureusement, les fermiers généraux disparaissaient.

Malgré les desiderata signalés, la propriété avait doublé de valeur depuis trente ans, grâce à l'accroissement du numéraire, à l'amélioration des cultures, au développement des voies de communication, qui ont contribué aussi à l'augmentation du prix du loyer, qui, depuis trente ans, s'était élevé au moins à un tiers en plus. La valeur des propriétés est nécessairement très variable. Pour les terres elle était estimée de 500 à 1200 francs, de 2000 à 3000 pour les prés, de 3000 à 4000 pour les vignes.

En même temps que la propriété prenait de la valeur, que les revenus du propriétaire augmentaient, que son aisance devenait plus grande, on constatait avec satisfaction que la condition des ouvriers agricoles s'était beaucoup améliorée, tout en regrettant l'absence des sociétés de secours mutuels dans les campagnes, le manque d'hôpitaux, l'insuffisance de l'assistance. L'état moral des ouvriers est également devenu meilleur grâce sans doute à l'instruction, mais leurs relations avec leur maître sont moins faciles. Aussi n'a-t-on pas hésité à demander l'application de l'obligation du livret aux ouvriers agricoles, dont les salaires avaient augmenté; ils avaient doublé depuis trente ans en raison de la rareté de la main-d'œuvre, qui était attirée par le développement des travaux publics dans les villes. Sans compter aussi beaucoup d'habitants de la campagne qui, il y a trente ans étaient ouvriers chez les autres, sont devenus de petits propriétaires travaillant pour eux-mêmes.

C'est cette division de la propriété qui a été constatée dans l'enquête. Il a été reconnu que la grande propriété tendait à se fondre dans la moyenne et celle-ci à alimenter la petite, et que c'était là un bien social et qui devait, ce nous semble, être d'autant plus sensible que jadis la propriété était moins subdivisée dans le Cher que dans beaucoup d'autres départements. Ce qui avait fait dire à Léonce de Lavergne : « Ceux qui imputent à la division du sol l'état arriéré de l'agriculture française doivent avoir quelque peine à s'expliquer comment le Berry n'est pas plus avancé. Cette province est restée avec ses voisines le domaine principal de la grande propriété, la division ne s'étant faite pendant la révolution que là où s'était d'avance accumulée une grande population rurale. On y trouve au moins 100 terres de plus de 1000 hectares; quelques-unes en ont plusieurs milliers. »

En 1866, on estimait qu'au point de vue de la superficie la grande propriété comprenait six dixièmes, la moyenne trois dixièmes, la petite un dixième de la surface.

Relativement au nombre comparatif des propriétaires, les grands propriétaires figurent pour 1250 hectares, les moyens pour 7050 hectares, les petits pour 1850.

La superficie totale imposable du département était de 682 709 hectares.

Jardins et chènevières	8 303 hectares.
Terres labourables	409 039 —
Prés	74 313 —
Vignes	12 904 —
Bois	115 578 —
Landes	60 170 —
Cultures exceptionnelles	2 402 —
Total :	682 709 hectares.

Un hectare environ par domaine de 100 hectares est cultivé en plantes alimentaires, surtout en pommes de terre et haricots; cette dernière culture avait pris une grande extension.

L'enquête évalue de 330 à 350 francs les frais de culture d'un hectare de pommes de terre; le rendement, de 100 à 260 hectolitres, de 3 à 4 francs l'hectolitre, de 20 à 22 francs celui des haricots. Ces cultures, destinées à la nourriture de la ferme, ont peu varié en étendue, si ce n'est celle des pommes de terre, que la maladie avait fait restreindre.

La culture de la betterave n'occupait pas plus de 50 à 70 ares par domaine de 70 à 100 hectares. On constatait que la culture du colza prenait de l'extension, qu'elle était profitable sur défrichement; des essais étaient tentés pour la culture du lin.

Les frais de culture pour la betterave étaient évalués à 290 francs par hectare, le produit de 35 000 à 40 000 kilogrammes, le prix de 12 à 16 francs par 100 kilogrammes ; le rendement du colza de 10 à 20 hectolitres, son prix de 22 à 30 francs.

La *production du sucre* était sans importance dans le département du Cher. Il n'y avait en 1866 qu'une seule sucrerie et 12 distilleries.

La culture de la vigne s'est développée surtout dans les arrondissements de Bourges et de Saint-Amand. Les frais de culture d'un hectare sont évalués de 400 à 500 francs et jusqu'à 900 francs dans le Sancerrois. Le rendement, très variable, ressort en moyenne, d'après les dépositions, à 32 hectolitres. Le prix de vente, suivant les localités et les années, est de 17 francs, moyenne variant de 10 à 40 francs.

La culture des arbres à fruit est considérée comme très peu importante. Les noyers sont assez abondants dans les parties calcaires du département, les châtaigniers dans la partie siliceuse. On a fait observer dans l'enquête que ces cultures pourraient prendre une extension très utile.

On a également constaté que l'amélioration était des plus sensibles dans la quantité et la qualité des animaux, ce que nous avons déjà démontré et ce que nous prouverons encore plus loin d'une façon bien évidente. Le prix en était rémunérateur, mais les cultivateurs regrettaient qu'il n'en fût pas de même pour la laine. Le beurre, le lait, le fromage et la volaille donnaient une ressource importante, surtout dans les exploitations situées près des villes.

En ce qui concerne la législation civile et les mesures financières, voici en résumé ce qui a été demandé à l'enquête comme moyens les plus propres à améliorer la condition de l'agriculture :

Confection du code rural. Étude d'un système d'assurances générales s'appliquant à tous les risques qui menacent la production agricole et pouvant devenir l'un des éléments les plus puissants de crédit pour l'agriculture. Législation plus efficace et ne présentant pas d'équivoque dans son application à la répression des fraudes en matières d'engrais. Simplification des formalités des partages et licitations entre mineurs et incapables, et attribution de juridiction aux juges de paix au-dessous d'une limite à déterminer par la loi. Simplification de la procédure quant au nombre des actes, remaniement du tarif en prenant pour base des émoluments l'importance du litige et non la multiplicité des actes. Revision du cadastre comme moyen d'éviter les procès en assurant les limites des propriétés.

Étude et modification du régime des eaux au point de vue : 1° des irrigations ; 2° des desséchements ; 3° des transports ; 4° de l'utilisation des forces hydrauliques. Abrogation de la loi du 28 septembre 1791 interdisant la coupe des céréales en vert. Suppression de la vaine pâture. Assimilation des chambres consultatives d'agriculture aux chambres de commerce au point de vue de l'élection, des rapports entre elles et avec le ministre de l'agriculture. Gratuité de l'enseignement primaire.

Les désastres que les inondations de la Loire venaient de causer dans les départements avaient appelé la sollicitude de la commission. Des déposants ont signalé comme funeste le système de digues suivi jusqu'à ce jour ; d'autres ont demandé que toutes les levées fussent rendues submersibles, que le cours du fleuve ne fût plus gêné par des ponts insuffisants au débit, par la plantation de relais de sable, par l'accumulation dans le lit du fleuve de débris et résidus des usines qui rejettent le cours sur la rive opposée appartenant au département.

Nous ne terminerons pas ce résumé de la grande enquête de 1866, où la situation agricole du département du Cher se trouve clairement exposée, sans rappeler les sages réflexions présentées dans le mémoire adressé par M. Barrière, juge de paix, membre du conseil général du Cher, propriétaire à Henrichemont, arrondissement de Sancerre.

« Comparons le présent au passé, et pour commencer par le positivisme et la nécessité de la vie matérielle, comparons le pain d'une exploitation d'aujourd'hui avec le pain d'il y a 60, 50, 40, 30 ans même, quelle différence! Toute à l'avantage du présent, sans vouloir même parler de la Sologne.

« Comparons l'habitation du cultivateur d'aujourd'hui, ses vêtements, son linge, sa boisson, son mobilier, toutes les conditions enfin de l'existence hygiénique et matérielle avec ce qu'il en était voici cinquante ans! Que de différence encore et toujours à l'avantage du présent. Et maintenant si de la vie matérielle nous passons à la vie morale et sociale, que de changements et quelle révolution plus complète encore à ce second point de vue! Oui, même dans l'état actuel de ses souffrances, le remède est sous notre main, il est même, grâce aux enseignements des comices et aux bons exemples de quelques voisins, connu aujourd'hui de tous nos cultivateurs. Il consiste à créer ou augmenter nos prés, nos cultures fourragères, à avoir de bons bestiaux et à les nourrir largement.

« Jusqu'ici, en effet, dans notre action, nous avons généralement mal procédé, et de là nos souffrances. Nous avons défriché, toujours défriché, toujours cultivé presque exclusivement les graines céréales.

« Or défricher, c'est augmenter l'étendue des terres qui réclament du fumier; c'est, d'un autre côté, diminuer d'autant la pâture herbagère du bétail.

« C'est donc deux fois mal opérer si, avant de procéder ainsi, vous ne vous êtes pas assuré et les engrais nécessaires et les ressources fourragères sans lesquelles vous ne pouvez ni améliorer ni même entretenir vos bestiaux, ces machines vivantes si précieuses, dont le travail prépare la fécondité des terres et vous profite sous toutes les formes, dont le repos même s'utilise encore et devient un profit pour la ferme, par la fabrication du meilleur et du plus durable de tous les engrais, les fumiers d'étable.

« Le meilleur moyen de remédier aux souffrances de l'agriculture, c'est : 1° d'étendre, améliorer surtout les prés naturels, en créer de nouveaux, étendre, en tous sens, et toujours dans de bonnes conditions, les cultures fourragères; avoir de bons bestiaux, les bien nourrir, fumer richement les terres, substituer les baux de longue durée à ceux de trois, six ou neuf ans.

« Le premier moyen curatif dépend presque en totalité du propriétaire et de l'exploitant; mais l'État peut leur venir en aide, et son concours, sa libéralité sont indispensables par les moyens suivants.

« 2° L'agriculture supporte une large part d'impôts de toute nature. Il est vivement à désirer que l'État lui reverse à son tour une large part de cet impôt aussi considérable que possible pour créer, réparer, améliorer les chemins, surtout ceux de la petite vicinalité, de manière que chaque village ou hameau, chaque maison, chaque terrain, devienne abordable facilement et jouisse ainsi de tous ses avantages et de tous ses droits selon sa nature, sa qualité, enfin sa valeur intrinsèque.

« 3° Abaisser autant que possible les tarifs de droits d'entrée et de transport sur tous les produits destinés à l'agriculture.

« 4° Favoriser la création de banques ou de crédits au profit de l'agriculture.

« 5° Appliquer l'usage des livrets aux domestiques de l'agriculture. »

M. Barrière terminait son mémoire en disant : « Nous comptons sur des jours meilleurs, mais nous les attendons avec calme et confiance, sans découragement, sans faiblesse, sans accepter aucunement, soit les homélies larmoyantes, soit les déclamations furibondes. » Nous ne pouvons qu'applaudir à ce viril langage.

En 1868, M. Adolphe Massé, qui avait succédé à M. Louis Massé comme président du comité du comice de Sancoins, la Guerche et Nérondes, retraçait l'influence de la Société d'agriculture du Cher, qui était entrée résolument dans la voie du progrès pacifique et des améliorations par la culture intelligente du sol.

Limitée dans son personnel, mais composée d'hommes distingués, elle avait préconisé toutes les bonnes méthodes et vulgarisé tous les enseignements de l'agronomie. Mais pendant longtemps son action fut plus théorique que pratique.

Les nouvelles générations arrivèrent et avec elles se manifestèrent des aspirations d'un autre genre. Alors furent créés les comices, dont la tâche fut toute positive. Laissant de côté la science pure et abstraite, se préoccupant avant tout des résultats acquis, cherchant dans toutes les branches de l'art agricole les progrès accomplis dans leur circonscription, les comices ont introduit partout, dans toutes les classes agricoles, le goût et les saines notions de tout ce qui se rattache à l'agriculture progressive.

Les résultats de cette influence locale ont été considérables. M. Adolphe Massé insistait sur ce que dans l'avenir, tous les trois ans, chacun des arrondissements du Cher fut appelé à décerner à la ferme la mieux tenue, présentant le modèle le plus parfait pour la généralité des fermiers et propriétaires exploitant par eux-mêmes ou par métayers, une coupe d'honneur avec prime et d'autres récompenses de moindre valeur à ceux qui auraient le plus approché du but.

L'année suivante, 1869, M. A. Massé constatait avec plaisir qu'une grande partie des agriculteurs étaient entrés dans la voie des amendements au moyen du chaulage partout où la constitution du sol réclame par sa nature même l'emploi de la chaux comme moyen de fertilisation.

« Suivons, disait-il, l'exemple de nos voisins de l'Allier qui doivent au chaulage de voir de beaux et productifs froments sur de grandes étendues de terre qui n'avaient produit que des genêts. »

CONCOURS RÉGIONAL AGRICOLE A BOURGES EN 1870

SITUATION DU DÉPARTEMENT — PRIME D'HONNEUR ET PRIX CULTURAUX
PRIME D'HONNEUR DES FERMES-ÉCOLES

Lors du concours régional de 1870 à Bourges, on put se rendre compte de tous les progrès accomplis, et notre savant collègue M. Heuzé, inspecteur général de l'agriculture, dans ses beaux ouvrages sur les primes d'honneur, a donné sur la situation agricole du département du Cher une notice à laquelle nous empruntons des documents fort intéressants.

Et d'abord en ce qui concerne la population du Cher, nous voyons que de 1800 à 1866 elle a beaucoup augmenté, mais depuis elle a été moindre :

1800	207 541	habitants
1821	239 560	—
1831	256 059	—

```
1841............................................ 275 839  habitants
1851............................................ 306 261    —
1861............................................ 323 392    —
1866............................................ 336 643    —
1872............................................ 335 892    —
1885............................................ 351 375    —
```

Les trois arrondissements possédaient en 1841, 1866, 1872, 1885 la population ci-après :

	1841	1866	1872	1885
Bourges	108 438	135 352	137 371	148 619
Saint-Amand	96 413	119 388	116 795	119 326
Sancerre	70 988	81 873	81 236	83 430

On constatait encore en 1870 que la mortalité était très forte en Sologne aux environs de Bourges et dans les cantons de Sancerre, de Saulzais et de Lignières ; elle dépassait 32 p. 100 ; dans les autres parties qui sont plus saines, elle n'atteint pas 25 p. 100.

La population mâle adulte s'élevait en 1831 à 69 134 et en 1872 à 53 455. Savoir :

	1831	1872
Propriétaires agriculteurs	9 567	17 278
Fermiers	4 502	3 502
Métayers	11 592	3 031
Domestiques	13 527	11 593
Journaliers	29 946	18 051

La statistique de 1872 comprend au nombre des exploitants les veuves qui exercent réellement la profession de cultivateur. D'après les documents qu'elle a recueillis, 45 275 personnes vivent du travail et de la fortune des propriétaires-cultivateurs, des fermiers et des métayers.

Les 409 039 hectares de terres labourables appartiennent à 15 779 exploitations.

Les grandes exploitations ont plus de 60 hectares, l'étendue des moyennes propriétés varie de 20 à 60. Les petites exploitations ont moins de 20 hectares. Les premières existent dans la proportion de 6/10, les secondes 3/10 et les dernières 1/10.

Sur le plateau calcaire de Bourges et de la Sologne berrichonne il existe un certain nombre de propriétés qui ont plus de 200 hectares.

Les *exploitations* qu'on appelle domaines ou métairies possèdent au moins 40 hectares. Elles sont cultivées par des fermiers ou des métayers.

Les *locatures* sont de petites exploitations qui ont une étendue de 2 à 10 hectares. Ces petits domaines sont affermés à prix d'argent.

Les *manœuvreries* sont des habitations disséminées dans les villages et les hameaux, auxquelles sont attachés un jardin et un petit clos, et souvent quelques parcelles de terre ou de vigne. Ces manœuvreries sont cultivées à bras par leurs propriétaires ou par des fermiers.

La moyenne des parcelles est de 11 ares, et chaque cote foncière comprend en moyenne 6 hectares 11 ares. Les terres dans les pays vignobles sont très morcelées.

La valeur vénale des terres varie :

	1re CLASSE	2e CLASSE	3e CLASSE
Terres labourables........................	1 647f.	1 091f.	660f.
Prairies naturelles........................	3 116	2 172	1 322
Vignes...................................	3 259	2 625	1 705
Futaie....................................	3 086	1 981	1 389
Taillis sans futaie.	1 163	932	609
Taillis simples...........................	872	678	430

Les terres dans le val de la Loire et dans la vallée du Cher se vendent jusqu'à 3000 francs l'hectare. La valeur vénale des meilleures vignes atteint jusqu'à 4000 francs la même surface.

Les grands propriétaires exploitent directement, avec ou sans l'aide d'un régisseur ou d'un maître valet, ou ils louent leurs terres à des fermiers, ou ils les concèdent à des métayers.

Le métayage existe principalement dans les cantons qui sont à la fois bocagers et herbagers.

Les fermiers généraux sont aujourd'hui peu nombreux. Les terres arables et les prairies sont louées aux prix moyens ci-après :

	1re CLASSE	2e CLASSE	3e CLASSE
Terres labourables.........................	50f.	35f.	20f.
Prairies naturelles........................	140	100	55

Les terres en corps de fermes situées dans le val de la Loire, la vallée du Cher et la vallée de Germigny sont louées jusqu'à 100 francs l'hectare.

En général, les terres labourables situées dans l'arrondissement de Saint-Amand sont louées à un prix plus élevé que celles qui appartiennent au plateau calcaire de Bourges, parce que toujours une certaine étendue de prairies naturelles y est annexée et qu'elles sont favorables à la pousse de l'herbe. Celles qu'on loue au prix le plus bas sont situées dans la Sologne berrichonne et dans la zone granitique qui occupe la partie méridionale du département.

La durée des baux est de six, neuf ou douze années. Les baux de quinze à dix-huit ans sont encore peu nombreux. En général, les métayers ont la faculté de résilier de trois en trois ans à partir de la sixième année.

Dans la plupart des cas, le cheptel vivant est fourni par le propriétaire au colon ou métayer, ainsi que le capital de première installation. Dans diverses localités, le propriétaire fournit aussi le cheptel mort, que le fermier lui rend à sa sortie.

Le métayer est chargé de tous les travaux. Les récoltes et le bénéfice réalisé à l'aide du bétail sont partagés par moitié dans les arrondissements de Saint-Amand et de Sancerre; dans la plaine de Bourges, où les prairies naturelles sont rares, le métayer prend les deux tiers des récoltes, mais il n'a droit qu'à la moitié des profits du bétail.

Le colon est obligé de donner des faisances ou redevances au propriétaire et d'exécuter des charrois lorsque ce dernier l'exige.

Dans les localités où la terre est productive, il paye annuellement au propriétaire une contribution en argent qui est plus ou moins élevée; cette redevance est connue sous les noms d'impôt d'accense ou droit de cour. Le propriétaire paye les impôts.

Les propriétaires qui résident sur leurs domaines et qui dirigent la culture de leurs métayers ont augmenté notablement leur fortune et l'aisance de leurs colons.

L'entrée en ferme pour les fermiers a lieu ordinairement le jour de la Saint-Georges, 23 avril; les colons partiaires prennent possession des métairies à la Saint-Martin, 11 novembre.

Les bâtiments composant les fermes laissent beaucoup à désirer sous tous les rapports; non seulement les habitations sont souvent humides ou mal aérées; mais les vacheries, les écuries, etc., sont basses, étroites et malsaines. Parfois même les étables n'ont pas d'autre ouverture que la porte.

Les constructions édifiées depuis vingt ans se distinguent partout par de bonnes dispositions; plusieurs même peuvent être signalées comme d'excellents modèles.

L'outillage des exploitations du département du Cher s'est bien perfectionné depuis l'existence des concours régionaux. Presque partout on a adopté les herses modernes, les scarificateurs, le râteau à cheval, etc.

Le battage des grains s'opère généralement à l'aide de machines à battre fixes ou au moyen de machines à battre mobiles, mises en mouvement par un manège ou par une locomobile. Plusieurs exploitations possèdent des faucheuses et des moissonneuses mécaniques.

Les fabriques d'instruments de machines agricoles situées à Vierzon ont beaucoup contribué à la propagation des machines et instruments perfectionnés.

Les assolements suivis dans le Cher sont triennaux, quatriennaux et parfois quinquennaux.

L'assolement triennal (jachère, froment ou seigle, avoine ou orge) est encore en usage dans les terres fortes de quelques cantons situés au sud et à l'ouest.

L'assolement quatriennal le plus suivi, mais le plus mauvais, est combiné comme il suit :

1re année, jachère morte; 2e année, froment; 3e année, avoine ou orge; 4e année, trèfle. Cette succession de cultures comprend une sole hors de rotation qui est occupée par les prairies artificielles de plusieurs années de durée.

Les exploitations qui cultivent des racines placent ces plantes dans la jachère.

La culture semi-pastorale est en usage dans la Sologne berrichonne et sur divers points du Sancerrois.

Les 409 039 hectares de terres labourables présentaient en 1869 les cultures suivantes :

Céréales d'automne............................. .... 108 256 hectares
Plantes alimentaires de printemps.................... 106 805   —
Plantes fourragères............................ ..... 74 545   —
Plantes industrielles............. .... 2 810   —

Les céréales d'hiver se divisent comme il suit :

Blé d'hiver...... .... 89 478 hectares
Epeautre.. 297   —
Seigle.. 16 511   —
Méteil.. 1 970   —

Le froment est principalement cultivé dans les plaines calcaires.

Le blé le plus cultivé, parce qu'il est rustique, est désigné sous le nom de blé raclain ou blé de pays; son épi est jaunâtre, allongé, demi-serré; son grain est rougeâtre ou doré. On cultive aussi dans un grand nombre d'exploitations le blé bleu ou blé de Noé et le blé de Saint-Laud. Le seigle occupe encore des surfaces importantes dans la Sologne berrichonne et dans les parties granitiques qui sont situées dans la zone du sud. Ailleurs, on le cultive pour utiliser sa paille dans la mise en gerbe des autres céréales.

Les plantes alimentaires du printemps comprenaient : 2 316 hectares de blé de mars; 25 357 hectares d'orge; 64 275 hectares d'avoine; 2 hectares de maïs; 3 906 hectares de sarrasin; 8 355 hectares de pommes de terre; 2 014 hectares de haricots; 17 hectares de fèves; 8 hectares de lentilles; 555 hectares de pois.

Les orges cultivées sont l'escourgeon ou orge carrée d'hiver et l'orge de printemps ou marseiche. L'avoine d'hiver est principalement cultivée dans l'arrondissement de Saint-Amand.

Dans les contrées calcaires, on cultive de préférence l'avoine noire de Brie; l'avoine blanche n'est cultivée que dans les terres siliceuses du sud.

Le sarrasin ou blé noir n'a d'importance que dans la Sologne berrichonne. La culture des haricots est pratiquée en grand dans les cantons de Graçay et de Mehun.

Les plantes fourragères se divisent :

Plantes annuelles.	2 196	hectares
Plantes artificielles.	72 349	—

Le sainfoin réussit très bien dans les sols calcaires, secs et pierreux. Le trèfle est cultivé souvent sur des terres où la luzerne et le sainfoin ne réussissent pas. La culture de la betterave et du topinambour se propage chaque année davantage dans le département. Dans le canton d'Aubigny, on spécule très en grand sur la graine de ray-grass anglais.

Les plantes industrielles comprennent : 633 hectares de colza; 9 hectares de pavot œillette; 6 hectares de cameline; 1 456 hectares de chanvre; 706 hectares de betteraves à sucre.

LES ANIMAUX

Le département du Cher possède un assez grand nombre d'animaux domestiques. En 1862, 1866 et 1872, la statistique y a constaté les animaux ci-après :

	1862	1866	1872
Bêtes ovines	639 410	678 015	498 743
— bovines	121 935	134 446	121 639
— porcines	35 079	39 870	40 487
— chevalines	31 437	35 293	30 938
— mulassières	810	1 016	810
— asines	6 287	8 842	8 869
— caprines	21 673	22 188	27 014

Bêtes ovines. — Les bêtes à laine sont beaucoup plus nombreuses dans l'arrondissement de Bourges et surtout dans la Champagne que dans les autres arrondissements. L'arrondissement de Sancerre est celui qui en possède le moins.

Ces animaux, par suite de l'extension donnée depuis vingt ans au défrichement des terres incultes et par suite du morcellement du sol et de l'importance qu'ont prise l'élevage et l'engraissement des bêtes bovines, ont diminué depuis 1852 de 308 420 têtes. Le plus généralement ils vivent dans les plaines calcaires et les pacages, où ils pâturent dans les bruyères.

Les races les plus répandues sont : la race berrichonne, la race solognote, la race mérinos et la charmoise.

Les animaux désignés sous le nom de *Bryon* sont rustiques, mais ils sont exposés au mouroy ou sang de rate; leur laine est blanche et assez fine. L'agnelage a lieu en janvier. Le nom de Bryon signifie sans doute Berrichon; les variétés de la Champagne berrichonne se vendent aux foires de Levroux et de Bryon. Ils sont recherchés par les Nivernais, les Bourguignons, etc.

La race solognote ou race de bruyère est plus rustique et moins exigeante que la race bryone ou berrichonne; les jambes et la tête sont jaune roux. Cette race est surtout remarquable par sa rusticité, la facilité avec laquelle elle s'engraisse et l'excellence de sa chair; on la rencontre surtout dans les contrées pauvres de la Sologne.

La race mérinos a été introduite dans le département à Dun-le-Roi par Heurtaut de Lamerville. Le duc de Charost a créé une bergerie de mérinos à Charost.

Enfin, Busson de Villeneuve se livra aussi à Villeneuve, près de Dun-le-Roi, à l'élevage de la race espagnole, qu'on appelait aussi à cette époque race à laine fine.

La race de la Charmoise, créée par Malingié, est assez répandue dans le Sancerrois. On la croise avec la berrichonne.

Un grand nombre de moutons élevés dans le département sont achetés par les cultivateurs de la basse Bourgogne, du Nivernais, du Gâtinais qui les engraissent pour les vendre sur les marchés de Paris et de Lyon.

Les animaux d'un an sont désignés sous le nom d'agneaux blancs, ceux d'un à deux ans sont appelés vassivaux; les moutons ayant plus de deux ans sont désignés sous le nom de doublons. Nous aurons à revenir sur toutes ces races, pour examiner quelle est actuellement leur importance dans le pays.

Bêtes bovines. — Elles appartiennent à la race *charollaise*, à la *marchoise* et à la *parthenaise*.

La première est répandue dans les localités qui s'étendent de la Loire à Saint-Amand; elle est représentée par de magnifiques animaux dans la vallée de Germigny.

La deuxième vit principalement dans les cantons qui avoisinent le département de la Creuse. Quant à la troisième, elle est plus ou moins pure dans les parties situées sur les confins des départements de l'Indre et du Loir-et-Cher.

L'élevage de l'espèce bovine est très suivi dans les arrondissements de Saint-Amand et de Sancerre, mais c'est dans les cantons de la Guerche, Sancoins, Nérondes et Charenton qu'il est le mieux entendu, parce que ces localités sont regardées comme des pays de *nourriage* ou propres à l'engraissement du bétail. Ailleurs, les jeunes animaux sont généralement mal nourris; c'est pourquoi ils n'ont pas, quand ils sont adultes, le développement qu'ils auraient pris s'ils eussent reçu une alimentation abondante pendant leur allaitement et après leur sevrage.

La chétivité des bouvillons élevés dans les localités où la nourriture est distribuée avec parcimonie oblige un grand nombre de cultivateurs à acheter des bœufs limousins, parthenais ou salers, qui sont plus vigoureux, parce qu'ils ont été élevés par des agriculteurs intelligents et passionnés pour les bons animaux.

Les plateaux calcaires ne possèdent que des vaches laitières dérivées de la race parthenaise.

L'engraissement à l'herbe a lieu dans les embouchures de la vallée de Germigny depuis le mois d'avril jusqu'en septembre. Les bœufs qu'on engraisse à l'étable dans l'arrondissement de Saint-Amand sont vendus pendant les mois de février, mars et avril.

Les bêtes chevalines sont plus nombreuses dans l'arrondissement de Sancerre que dans les deux autres arrondissements, parce que c'est le Sancerrois qui est le centre le plus actif de l'industrie chevaline. Ces animaux appartiennent à diverses races.

Les chevaux du Sancerrois sont généralement issus du croisement des boulonnais et des percherons. On les estime comme de bons chevaux de trait.

Les chevaux qu'on rencontre dans l'arrondissement de Saint-Amand sont plus légers, ils sont excellents; on les appelle brandins et on pense qu'ils ont du sang de l'ancienne race limousine.

Il a été créé, dans ces dernières années, un établissement hippique à la Bande, entre Sancoins et Belet. Cet établissement a pour but de procurer aux éleveurs des étalons pur sang et demi-sang.

Les stations d'étalons, au nombre de cinq, sont situées à Sancoins, Nérondes, Lignières, Châteaumeillant et Vailly.

Les chèvres augmentent en nombre, leur lait sert à faire aux environs de Sancerre le fromage de Chevignol.

Les porcs en général sont hauts sur jambes et mal conformés, et proviennent pour la plupart de la race marchoise.

Les porcs de race anglaise commencent à être recherchés pour leur meilleure conformation, leur précocité et leur plus grande aptitude à l'engraissement.

Prime d'honneur. Prix culturaux. Prix de spécialités en 1870.

En 1870, la prime d'honneur du Cher a été décernée à M. le marquis de Vogué, propriétaire des terres d'Aubigny et de Boucard, d'une contenance totale de 5890 hectares.

M. de Vogué, pour donner l'exemple d'une exploitation bien dirigée, a cultivé dernièrement un de ses nombreux domaines, celui du Crotet. Là il a complètement changé la condition des terres et des personnes : il a amélioré 14 domaines, il a créé la plus grande étendue possible de prairies permanentes et irrigables, il a transformé 130 hectares de terres de bruyères ou de landes. Pour l'étude complète de l'œuvre importante de M. de Vogué, nous renvoyons à l'historique du canton d'Aubigny. Pour tous les autres cultivateurs qui, dans ce concours comme dans celui de 1886, auront obtenu des récompenses, nous ferons connaître au chapitre de leur arrondissement, de leur canton et de leur commune, les services qu'ils ont rendus à la cause agricole, car ces hommes intelligents et laborieux n'ont pas seulement servi la cause de l'agriculture, ils ont honoré leur pays, et nous trouvons qu'il est aussi utile de faire connaître la commune, le hameau témoins de leurs efforts et de leurs succès.

Prix cultural de la 1re catégorie.

A M. le vicomte Benoît d'Azy, propriétaire des Barres, pour avoir créé 62 hectares de prairies naturelles établies avec tous les soins désirables.

Médailles d'or grand modèle.

A M. le comte de Bar, propriétaire à Nohant-en-Graçay, pour la bonne tenue de son vignoble.

A M. Gohin, propriétaire à Châteaumeillant, pour la mise en valeur de terres pauvres par le reboisement et les irrigations.

A M. le baron Roger, propriétaire à Vouzeron, pour création de prairies irriguées et vacherie bien installée.

A M. Perrot, propriétaire à Vallenay, pour création de prairies et élevage de la race charollaise.

A M. le comte de Bonneval, propriétaire à Thaumiers, pour ses belles récoltes sur défrichements de bruyères.

A M. Constant Auclerc, propriétaire à Allichamp, pour sa vacherie durham.

A M. Auclerc père, à Allichamp, pour sa bonne organisation de métayage.

Médailles d'or.

A M. Dagincourt, propriétaire à Saint-Amand, pour son éducation de vers à soie.

A M. Adolphe Massé, propriétaire à Soye, pour sa création d'un vignoble de 30 hectares et collection de cépages.

A M. Chabaud-Latour, propriétaire à Thauvenay, pour son troupeau de race charmoise et sa comptabilité.

A M. de Lapparent, pour la bonne tenue de sa ferme et ses liens automatiques.

Médailles d'argent.

A M. Dagincourt, propriétaire à Reigny, pour fabrication d'engrais de ferme et essais d'engrais chimiques.

A M. Jullien, propriétaire à Sainte-Sollange, pour sa bonne disposition de magnanerie.

Prime d'honneur des fermes-écoles.

A côté de M. de Vogué, qui a obtenu la prime d'honneur, parmi les cultivateurs concurrents en 1870, nous devons placer M. Poisson, directeur de la ferme-école de Laumoy. Nous avons vu quelles transformations il avait entreprises lors de son installation à Laumoy. L'exemple qu'il a donné, les heureux résultats qu'il a obtenus, lui ont valu le prix d'honneur des fermes-écoles.

A cette époque, l'étendue de la ferme de Laumoy était de 253 hectares 74 ares 15 centiares. Nous avons vu quel était l'état de ces terres. Les bâtiments laissaient autant à désirer, ils manquaient d'espace, d'air et de lumière, ils furent transformés. L'outillage agricole fut établi avec les instruments les mieux établis et les plus perfectionnés.

Et quand le jury vint visiter la ferme-école, il trouva les terres et le bétail en bon état.

Le cheptel de l'espèce bovine était très beau : il se composait de croisements charollais nés pour la plupart à Laumoy et en parfait état. Les femelles étaient conservées pour la reproduction, les mâles étaient castrés à l'âge de deux mois et destinés au travail, mais à un travail modéré; à l'âge de six ou sept ans, ils étaient débarrassés du joug pour être livrés à l'engraissement. Le croisement charollais avec le durham donnait une plus grande aptitude à l'engraissement.

Des bœufs de trait étaient achetés pour exécuter les travaux, et ils étaient mis à l'engrais après les semailles d'automne.

En joignant à ces bœufs les jeunes animaux rendus accidentellement impropres au service, les vaches que l'âge oblige à réformer, M. Poisson était arrivé, certaines années, à engraisser 18 têtes de bêtes à cornes, pesant grasses de 500 à 700 kilogrammes selon le sexe.

L'engraissement s'est toujours fait à la stabulation. Il commence dans la première quinzaine de novembre pour finir dans le courant de février.

Le régime des animaux se composait d'un mélange haché de foin, de betteraves et de tourteaux, préparé vingt-quatre heures à l'avance.

L'élevage des bêtes ovines ne faisait que commencer lors de la visite du jury.

Le troupeau d'élevage datait de 1868. Avant cette époque, on se bornait à acheter des moutons qui étaient vendus après engraissement. M. Poisson a adopté la race de Crévant pour la croiser avec bélier dishley et southown.

La porcherie de Laumoy s'était acquis une réputation méritée, qui a été confirmée par l'appréciation du jury.

Les animaux sont livrés à la charcuterie à l'âge de 11 à 13 mois, au poids de 200 à 220 kilogrammes. La rapidité avec laquelle ils mettent à profit la nourriture est remarquable.

Des animaux croisés middlesex-yorkshire soumis à un pesage mensuel ont été trouvés prendre jusqu'à 40 kilogrammes de viande par mois, et encore était-ce au second mois de leur mise à l'engrais. La moyenne de l'accroissement pour tous pendant la période complète de l'engraissement a été de 25 kilogrammes par tête. Ils ne mettent ordinairement que trois mois et demi à quatre mois à atteindre les dernières limites de la graisse.

La vente des bêtes porcines s'est élevée à 12 700 fr. 20 en 1868. Les animaux étaient tenus avec la plus grande propreté : le lavage à grande eau de la porcherie et la bonne préparation des aliments sont des conditions hygiéniques qui éloignent les maladies.

Les volailles étaient choisies dans les bonnes espèces du pays. Les oies appartenaient à la variété de Toulouse. Il était élevé par an, à la basse-cour, 250 à 300 poules ou canards, une soixantaine de diodes et autant d'oies. Celles-ci pesaient grasses 6 à 7 kilogrammes et les dindes jusqu'à 10 kilogrammes.

Les plantes. — Le blé bleu est la variété qui a le mieux réussi à Laumoy et à laquelle M. Poisson s'est attaché de préférence. La variété préférable ensuite est le blé blanc anglais dit chiddam. Le blé hérisson était choisi pour les semailles de printemps.

L'avoine d'hiver était cultivée, ainsi que cela se pratique presque exclusivement dans la localité, mais l'avoine noire de Brie semée au printemps donnait de bons résultats.

Les cultures étaient soignées et parfaitement dirigées. Le jury a remarqué surtout des betteraves et des luzernes qui prouvaient jusqu'à quel point l'intelligence et l'activité peuvent transformer des terres jadis à peu près improductives.

Les récoltes obtenues ont été les suivantes :

	1867	1868	1869	1870
Blé d'hiver............	17ʰ,05	26ʰ,63	23ʰ,50	18ʰ
Avoine d'hiver.........	21 ,17	20 ,60	20 ,20	25
Avoine d'été...........	35	32	22	20,40
Orge d'été.............	25	30	19	18
Pommes de terre........	140	240	104	107
Prés naturels..........	3 000ᵏᵍ	3 790ᵏᵍ	3 500ᵏᵍ	1 200ᵏᵍ
Prairies artificielles..	4 500	3 850	3 950	1 750
Betteraves.............	45 000ᵏᵍ	54 000	42 000	45 000

Résultats financiers. — La clôture des comptes des exercices 1867, 1868, 1869 et 1870 a présenté les résultats ci-après :

			. NET	
	PROFITS	PERTES	PROFITS	PERTES
1867.................	9 332ᶠ,80	4 098ᶠ,01	5 234ᶠ,79	—
1868.................	6 229 ,43	898 ,09	5 331 ,34	—
1869.................	9 048 ,65	3 747 ,58	5 301 ,07	—
1870.................	3 313 ,39	20 411 ,08	.	17 097ᶠ,50

L'année 1870 a été désastreuse par suite de la sécheresse excessive et de la guerre.

Nous ne terminerons pas ce résumé du rapport de la prime d'honneur des fermes écoles sans rappeler cette mention toute spéciale : « Si l'exploitation de Laumoy est très bien conduite, le directeur de la ferme école est parfaitement secondé dans tous les détails intérieurs de son exploitation par Mme Poisson, à laquelle le jury est heureux de pouvoir rendre un témoignage public pour la part active qu'elle prend à cette belle entreprise. »

En 1872, dans les rapports sommaires sur les fermes écoles publiés par le ministère de l'agriculture, notre savant collègue M. Boitel, inspecteur général de l'agriculture, a rendu compte de la ferme école de Laumoy, en ces termes :

« L'exploitation actuelle répond exactement aux conditions imposées par la loi à toutes les fermes écoles. Elle est un modèle de bonne culture pour le pays. Tout est à imiter dans les opérations de la ferme. On y observe les bons effets du drainage, du chaulage, du marnage, des fortes fumures, des engrais commerciaux et des instruments perfectionnés. La comptabilité, tenue dans les formes réglementaires, est ouverte à ceux qui désirent la consulter et fait ressortir annuellement des bénéfices justifiés d'ailleurs par le bel aspect des récoltes et par la prospérité des troupeaux. Dans l'intérieur de la ferme, l'élevage et l'engraissement des bêtes à cornes, des moutons et des porcs sont d'un enseignement précieux pour les élèves et pour le public.

« L'enseignement théorique, quoique suffisant, n'est pas au même niveau que l'exploitation. Ce bel établissement est très apprécié par les agriculteurs du département. Le conseil général de la Société d'agriculture de Bourges donne tous les ans un témoignage d'intérêt au directeur et à ses élèves en offrant des médailles et des primes en argent à ceux d'entre eux qui se signalent par leur instruction et leur bonne conduite. »

En août 1882, M. Pallienne, homme d'initiative, cultivateur intelligent, a été nommé directeur de la ferme école de Laumoy en remplacement de M. Poisson, qui, à l'expiration de son bail, a tenu à se retirer.

12

C'est ainsi que, par l'enseignement aussi bien que par la pratique, l'agriculture a fait de grands progrès, surtout depuis un demi-siècle. Lors du concours d'Aubigny tenu le 26 mai 1876, M. de Bonnegens, vice-président du comice, dans le discours prononcé à l'occasion de cette solennité, se demandait précisément quels étaient, il y a un demi-siècle, la situation agricole, le rendement des terres, le profit du bétail, le revenu net d'un domaine de 100 hectares.

Et il répondait : « Si j'en crois de nombreux renseignements, le rendement moyen en céréales d'un hectare de terre, pris dans nos cinq cantons, variait en 1832 entre 8 et 10 hectolitres à l'hectare; le bénéfice du bétail, race ovine à part, était tout à fait restreint, et le revenu net de 100 hectares ne dépassait guère 1500 fr., soit 151 fr. l'hectare. »

Quant à la situation du laboureur, elle était très précaire ; il s'en fallait de beaucoup qu'il pût alors, comme aujourd'hui, se donner la poule au pot avec cette bonne roquille que nous sommes si heureux de lui voir avaler quand il n'en abuse pas; voilà pour le passé.

Il suffit d'ouvrir les yeux sur le présent pour constater que de tous côtés une grande et heureuse amélioration s'est produite, que partout des défrichements ont été opérés sur une vaste échelle, que la terre est mieux labourée, généralement amendée, moins parcimonieusement fumée, qu'une extension notable a été donnée à la culture fourragère et qu'enfin l'élevage des bestiaux, celui surtout de la race bovine, a fait un immense et salutaire progrès. Aujourd'hui la moyenne du rendement en céréales à l'hectare sur les cinq cantons est de 13 à 14 hectolitres, et le revenu net, malgré des charges ascendantes, de 28 fr. au minimum, de telle sorte qu'au lieu de 1500 fr., le domaine précité atteint aujourd'hui un revenu net de 2800 fr.

C'est que la science agricole est sortie du domaine de la théorie, qu'elle est venue confirmer, c'est que les agriculteurs apprennent tous les jours davantage à mieux connaître le terrain sur lequel ils opèrent, c'est que la grande question de la main-d'œuvre qui doit être bien rétribuée touche, grâce au profit d'une culture intensive et de l'outillage agricole, à une solution indispensable.

De toutes parts l'État, les départements, les communes, les associations diverses nous prodiguent l'instruction et les encouragements agricoles, et favorisent, ce qui vaut autant, l'impulsion donnée à l'établissement de nouvelles voies de transport.

« Ce que je puis dire, a ajouté M. de Bonnegens, c'est que nos produits à nous agriculteurs sont de nécessité première, que leur vente est assurée, que la demande deviendra chaque jour plus exigeante et par conséquent les prix plus rémunérateurs. Dès lors, il m'est bien permis de conclure, quels que soient les orages qu'on se plaise à entrevoir à l'horizon, il m'est bien permis de conclure qu'avec le lest que nous fournissent l'expérience et la science, avec ces grandes, ces petites, ces nombreuses voies de communication qui sont comme les artères et les veines du corps terrestre, avec cet aimant puissant : la consommation, qui décuple chaque jour ses forces attractives; avec ce sol généreux de France, il m'est bien permis de conclure que le vaisseau filera à pleines voiles sur le grand courant du véritable progrès. »

L'année suivante, M. G. Supplisson, reprenant la thèse de M. de Bonnegens, la complétait en démontrant que le progrès était plus frappant dans la région des cinq cantons nommé le pays faible et comprenant une partie de la Sologne que dans celle désignée sous le nom de pays fort. Il en atteste son expérience de quarante ans; il appelle l'attention sur les progrès des cultures : céréales, prairies artificielles, plantes sarclées, espèce chevaline, bovine et ovine en Sologne.

Il y a quarante ans le canton de Vailly était déjà renommé pour ses froments et ses trèfles qu'il devait à d'anciens marnages, tandis que la Sologne n'était qu'un pays misérable où le cultivateur se nourrissait de pain de blé noir et d'une maigre récolte de seigle.

Les prix des fermages ont pris un développement plus considérable dans cette contrée que dans le pays fort.

Les causes sont dans l'infériorité où étaient alors les cultivateurs de ce pays, sous le rapport du sol et du bétail, ce qui leur a servi de stimulant. Les divers gouvernements sont aussi venus en aide au développement de ce progrès assez rapide par la création des chemins vicinaux, des routes agricoles, du canal de Sauldre et du dégrèvement de la marne sur le chemin de fer du Centre. Ces divers travaux et avantages ont favorisé les marnages, qui se sont faits plus en grand; c'est alors que la culture des céréales et des prairies artificielles a pris une grande extension et a eu pour conséquence l'amélioration si notable des bestiaux. Un autre cause c'est d'avoir restreint les emblavures en semant et plantant en bois les plus mauvaises terres. Ce qui a augmenté le rendement des récoltes, c'est l'élevage plus en grand de toutes espèces de volaille, qui a donné un revenu plus considérable à toutes les fermes.

Une autre cause enfin est la découverte des amendements phosphatés à base de chaux; c'est à l'emploi des phosphates fossiles, des superphosphates et des divers engrais azotés que la Sologne doit sa révolution agricole.

M. G. Supplisson a fait remarquer qu'il y avait déjà trente ans que les premiers essais de phosphate sous forme de noir animal avaient été tentés sur le Grand Boulet d'Oison par M. de Vogué. M. Supplisson lui-même a défriché 20 hectares de bruyère qu'il n'a pas marnés, qu'il a traités, depuis cette époque, par les phosphates et les superphosphates, et, pour ne pas les épuiser, il les a soumis à un assolement régulier : seigle, avoine, avec pâture de ray-grass, pendant plusieurs années, puis il reprend en sarrasin, retourne au seigle et ainsi de suite. De cette façon, sa terre ne s'est point épuisée. Elle produit toujours depuis trente ans de belles récoltes en céréales et en paille qui viennent augmenter les fumures du domaine. M. Supplisson a conseillé l'emploi des phosphates sur les prés à la dose de 1500 kilogr. à l'hectare.

Aussi a-t-il vu doubler et tripler ses récoltes et de plus la nature de l'herbage a été tout à fait améliorée.

En 1878, M. Mingasson, qui venait d'être député, présida le comice d'Aubigny. Préoccupé des améliorations à introduire dans les cinq cantons de ce comice, il cherchait les moyens de faciliter le transport des marnes, soit par le canal de la Sauldre, soit par le chemin de fer, et il demandait au ministère de l'agriculture un dépôt d'étalons pour Aubigny.

De son côté, M. de Vogué, président du comice du canton de Sancerre, Sancergues et Léré, recommandait l'année suivante aux propriétaires de s'attacher à la terre, d'étendre le cercle du progrès par l'usage rationnel du métayage; c'est là, disait-il, la meilleure institution de crédit agricole, celle qui donne au laboureur, dans son propriétaire, un banquier bienveillant et cointéressé, qui réalise la meilleure association du capital et du travail réunis par les liens d'un commun intérêt et d'une mutuelle confiance; c'est enfin la seule combinaison qui permette au laboureur pauvre d'écus, mais riche de courage et d'enfants, de pouvoir s'élever dans l'échelle sociale, de conquérir l'indépendance et d'acquérir le capital à l'aide duquel il deviendra à son tour fermier, puis propriétaire.

D'un autre côté, la création d'un ministère spécial de l'agriculture allait donner un nouvel élan par le développement de l'enseignement agricole et par les récompenses accordées dans les concours. Ainsi au concours du comice d'Aubigny, en 1882, M. Mingasson a obtenu du ministère trois médailles à l'occasion du 50e anniversaire de ce comice. L'une de ces médailles, celle de vermeil, était destinée au propriétaire qui, dans la circonscription du comice, avait fait le plus de plantations en pins et bois de toute essence avant et depuis 1879.

Les deux médailles d'argent devaient être attribuées aux deux agriculteurs de la circonscription du comice dont l'exploitation présenterait l'ensemble le plus satisfaisant sous tous les rapports : culture, récoltes, prairies, entretien du bétail et de l'exploitation en général.

A la distribution de ces récompenses, M. Mingasson constatait en ces termes l'heureuse situation de l'agriculture :

« Les friches, cette plaie ancienne de nos contrées, ont disparu ; presque partout de bon bétail a remplacé nos troupeaux chétifs, et par suite l'aisance est arrivée et a gagné presque chaque foyer. Dans deux ans au plus une grande ligne de chemin de fer pourra emporter au loin vos produits et vous amener les productions qui vous font défaut à l'heure actuelle. Tous nos chefs-lieux de canton de la Sologne sancerroise vont être dotés de stations les reliant entre eux, et vous ne penserez pas avec quelques esprits chagrins que République est synonyme de destruction, de ruine, mais bien de conservation et de richesse. »

L'année suivante, dans les mêmes circonstances, il constate que les cultivateurs maraîchers font merveille, que les cultivateurs forestiers ne se sont pas laissés décourager par le fléau de la gelée dernière ; ils resèment leur terre, et M. le Ministre de l'agriculture décernait une médaille au propriétaire de la plus importante plantation de sapins.

De toutes parts on remarquait le travail continu, l'effort fructueux et le progrès sensible. Aussi l'agriculture de l'arrondissement de Sancerre était-elle à bon droit considérée comme essentiellement vivace. On disait que le canal prolongé de la Sauldre livrerait la marne en abondance aux cultivateurs, que le chemin de fer qui relierait presque tous les cantons du comice entre eux et avec Bourges et Gien permettrait des transports faciles peu coûteux et donnerait une nouvelle impulsion aux usines de la contrée et à ses forces productives.

Enfin en 1885 le nouveau président du comice d'Aubigny, M. Léon Chollet, a abordé la question de la crise agricole. « Nous sommes forcés, a-t-il dit, de reconnaître que l'agriculture subit une période difficile et malheureuse. » Il a démontré que cette situation n'est pas une crise, mais un conflit commercial entre l'Ancien et le Nouveau-Monde. Il a indiqué comment on doit lutter contre cette situation.

« Il faut, a-t-il dit avec raison, insister avec fermeté pour avoir des champs d'expériences annexés à chaque école communale, où les notions nouvelles seront exposées à nos élèves.

« Il faut que nos enfants, rendus familiers avec les données de la science, en tirent les résultats réalisables.

« Demandons, créons des syndicats pour l'achat des engrais purs de toute altération, pour les bonnes semences et pour l'outillage perfectionné nécessaire à la bonne culture. »

L'AGRICULTURE DU CHER

LE SOL

Comme le dit avec raison M. Tisserand dans son étude sur l'économie rurale de l'Alsace :

« L'agriculture s'appuie sur la connaissance intime du sol, de sa nature et de son relief, sur la connaissance du climat et sur l'appréciation de la qualité et du volume des eaux courantes. Pour apprécier la situation agricole d'une contrée, pour juger ses méthodes culturales et les améliorations dont elles sont susceptibles, une étude sur sa topographie, sa géologie, sa climatologie et son hydrographie, est donc utile sinon indispensable. »

Ce qu'affirmait il y a seize ans l'homme éminent qui est aujourd'hui directeur de l'agriculture est plus vrai que jamais. Pour suffire aux besoins de la consommation, pour lutter contre la concurrence étrangère, il importe essentiellement de bien connaître d'abord la géologie, car lorsque vous saurez d'où la terre vient, vous serez près de savoir ce qu'elle est.

Le département du Cher comprend trois arrondissements : *Bourges*, au centre et à l'ouest ; *Sancerre*, au nord et à l'est ; *Saint-Amand-Montrond*, au sud.

On trouve dans ces trois arrondissements presque toute la série des terrains géologiques, depuis les terrains primitifs jusqu'aux alluvions modernes. De même, on rencontre dans la constitution de son sol arable des variétés correspondantes.

Le *terrain primitif* se trouve à l'extrémité sud de l'arrondissement de Saint-Amand ; il constitue une région formée par des mamelons et coteaux granitiques qui se rattachent aux montagnes de l'Auvergne. Cette zone de terrain primitif embrasse une partie des cantons de Châteaumeillant, de Préveranges, Saint-Priest, Saint-Saturnin, Sidiailles, Culan, Vesdun, Saint-Christophe, Regny, Saint-Maur et Châteaumeillant.

Le terrain primitif est essentiellement formé de granit.

Le granit est composé : 1° de quartz ou silice pure ; 2° de mica, silicate d'alumine avec quelques traces de fer, de potasse et de magnésie ; 3° de feldspath, silicate d'alumine, et, quand il contient de la potasse, il prend le nom d'orthose, et celui d'albite quand il y a de la soude avec quelque peu de chaux et de fer.

Pour que les granits, ces roches si ténues, deviennent des terres cultivables, il a fallu les décomposer, ce qui n'a été produit que grâce à l'influence de l'air, à l'action constante de l'oxygène et de l'acide carbonique. Et malgré cela, le quartz, dont la dureté est très grande, reste ordinairement sur place à l'état de grain dont les eaux n'entraînent que les parties les plus fines.

Le feldspath, au contraire, sous l'action de l'eau et de l'acide carbonique de l'air, s'hydrate et se réduit en éléments d'une extrême ténuité, qui sont facilement enlevés par les eaux et peuvent être charriés au loin.

Les feldspaths abandonnent la presque totalité de leur potasse ou de leur soude et passent à l'état de kaolin ou d'argile pure.

Indépendamment de l'alcali éliminé, on remarque en outre que dans le kaolin la proportion d'*alumine* relativement à celle de silice est beaucoup plus grande que dans le feldspath non décomposé.

L'acide carbonique, qui a aidé à la décomposition, a formé des carbonates de potasse, de soude, de magnésie mi-solubles, qui ont été entraînés par les eaux.

La décomposition est d'autant plus rapide que les feldspaths contiennent moins de silice et plus de chaux et de protoxyde de fer. Ainsi l'oligoclase, qui renferme un peu de chaux, résiste moins que l'orthose et l'albite, dans lesquels l'alumine n'est accompagnée que de potasse et de soude.

Les feldspaths à base de chaux, décomposés plus facilement, se rapprochent de la nature de l'argile, et, comme ils contiennent de la chaux, les terres qui en dérivent sont beaucoup plus fertiles que les sols sablonneux et dénués de calcaire, de granit à orthose ou albite. Malheureusement ces derniers sont les plus abondants. C'est seulement quand les feldspaths à base de potasse sont accompagnés ou remplacés par un feldspath qui contient environ 3 p. 100 de chaux, et qu'on appelle oligoclase, que les granits peuvent donner des terres un peu moins pauvres en silicate ou carbonate de chaux.

Comme le font observer MM. Muntz et Girard, l'action désagrégeante ne s'exerce pas intégralement sur tous les grains cristallins qui constituent la roche, un certain nombre résistent, gardent leur composition primitive, tout en se transformant en particules plus ou moins fines, pouvant constituer un sol propre à la végétation. C'est même généralement ce qui arrive, et cet effet correspond à une simple division de roche. On voit ainsi, par la désagrégation des roches granitiques, se former des sables granitiques à des degrés de finesse très variés, outre les argiles entraînées au loin, et d'autant plus compactes qu'elles sont moins mélangées de parties sableuses.

Au point de vue physique, des différences très grandes existent entre ces deux natures de formation : leurs aptitudes à retenir l'eau et à se laisser travailler sont essentiellement différentes. Les unes forment des terres légères, perméables, telles que les landes; les autres des terres fortes, imperméables.

Le granit dans un même massif passe souvent au gneiss par une transition insensible. Le gneiss est un granit schisteux. En se décomposant, il se feuillette et fournit une terre qui a la même composition chimique que les terres dérivées du granit

Souvent et particulièrement à la limite des roches éruptives et des terrains de transition, par exemple sur le pourtour du plateau central de la France, le gneiss passe peu à peu au micaschiste.

Le micaschiste ou schiste micacé se compose de couches alternantes de quartz et de mica brillant, il diffère du gneiss en ce qu'il a perdu le feldspath, c'est-à-dire l'élément qui se décompose le plus facilement : c'est donc une roche plus dure que le granit, qui se transforme plus rapidement en terre arable.

Les micaschistes fournissent en général une terre légère, qui, ne contenant pas de chaux, ne convenait guère qu'à l'avoine, au seigle, au sarrasin et aux pommes de terre.

Quand le mica domine, la roche se décompose assez facilement et elle donne naissance à une terre argileuse mêlée de fragments de schiste, qui peut devenir assez productive en y mêlant des amendements calcaires. Quand c'est le quartz qui prédomine, la roche est très dure, elle ne se décompose que très difficilement et ne peut donner qu'un sol très aride.

Quand le mica disparaît, qu'il ne reste plus que des feldspaths et du quartz, c'est ce qu'on appelle de la pegmatite.

La pegmatite se désagrège facilement et forme un sol plus ou moins graveleux, mais qui renferme toujours une certaine proportion d'argile.

Les porphyres contiennent des feldspaths dans une pâte amorphe. Cette pâte est tantôt riche en silice, très dure, ne se décompose que très lentement; ailleurs elle est terreuse et fournit des sols assez fertiles, mais généralement ce sont des terres très ingrates. La série des roches à amphiboles forme des terres plus fertiles, parce qu'on y trouve du silicate de chaux. Comme on le voit, presque toutes les terres formées par les roches granitiques sont dépourvues de chaux, elles manquent également d'acide phosphorique; elles sont par conséquent mauvaises pour la production du blé.

Abandonnées à elles-mêmes, ces terres produisent une herbe peu abondante et peu nutritive. On les reconnaît à ces immenses étendues de landes peuplées de bruyères, de fougères, d'ajoncs, de genêts et de quelques graminées.

Les landes des terrains granitiques, dit M. Boitel, défrichées et d'abord traitées par le phosphate fossile, et ensuite par de forts marnages ou chaulages, sont aptes, après quelques années de culture, à se convertir en herbages permanents dont les produits seront plus ou moins considérables, suivant les soins dont ils seront l'objet.

Plus on met de chaux, plus les herbes deviennent abondantes et nutritives; ces herbages sont propres à l'élevage du bétail et à la production du lait, mais rarement favorables à l'engraissement des animaux. Les parties basses, les thalwegs des vallées granitiques sont généralement humides et mal assainis. Ils sont le réceptacle des sources nombreuses qui s'écoulent par mille endroits, à travers les fissures des roches granitiques. Ces vallées produisent plus de joncs que d'herbes, si l'on n'a pas soin par des drainages et par des assainissements bien entendus d'enlever l'humidité qui nuit à la végétation des bonnes espèces de plantes.

Dans le département du Cher, le terrain granitique n'occupe qu'une faible étendue; on ne le rencontre qu'à son extrémité méridionale, il constitue une région formée par des mamelons et coteaux granitiques qui se rattachent aux montagnes d'Auvergne.

Les communes de Vesdun, Culan, Saint-Saturnin, Sidiailles, Saint-Priest, Prévéranges reposent sur ce terrain. Cette zone de terrain embrasse encore une partie des cantons de Châteaumeillant, Culan, Saint-Christophe, Regny et Saint-Maur.

Les terrains granitiques sont presque exclusivement composés de micaschistes qui forment des couches très inclinées, se dirigeant du nord-est au sud-ouest.

Au milieu des couches de schistes, on trouve, dit Frémont, dans certains endroits du département d'autres couches contenant du fer oxydé qui semblent appartenir à la même époque que les prairies. Ce sont d'ordinaire des couches de quartz plus ou moins micacées imprégnées d'oxyde de fer.

Près du domaine de Lacour, à la limite des deux communes de Vesdun et de Culan, on en trouve une couche.

Dans la commune de Châteaumeillant, près du village de Beaumerle, on a découvert un filon renfermant de la galène et de la pyrite cuivreuse. Mais elle n'a pas une grande importance.

Les *terrains secondaires* comprennent un ensemble de couches qui ne reposent jamais que sur les terrains primitifs et qui peuvent être recouvertes par les terrains tertiaires et quaternaires. On estime que la terre ferme s'est accrue en France de 17 millions d'hectares pendant la période secondaire.

On les divise en trois terrains : 1° le *trias*, ainsi nommé parce qu'on y rencontre trois divisions très nettes; 2° le *terrain jurassique*, ainsi nommé parce qu'il forme une grande partie des montagnes du Jura; 3° le *terrain crétacé*, dans lequel la craie est particulièrement développée. Dans le trias, on trouve des grès bigarrés, nommés ainsi à cause de leurs couleurs variées formant quelquefois des poudingues; on trouve encore des couches d'argile et de calcaire.

Les grès sont formés par l'agglomération au moyen d'un ciment de grains du quartz plus ou moins gris, ils sont le résultat de dépôts de sable formés au sein des eaux et dont les grains ont été réunis par des substances agglutinantes, qui d'ailleurs n'existent qu'en très faible proportion; les grès peuvent donc être considérés comme constitués presque exclusivement de grains de quartz pur avec des traces seulement de substances étrangères. La chaux n'y entre guère que dans la proportion de 0,02 p. 100, l'acide phosphorique et la potasse ne sont pas en plus grande quantité. Les terrains formés par les sables sont absolument pauvres; ce sont des sables arides qui nécessiteraient des apports ruineux de tous les éléments fertilisants. Ils ne peuvent guère produire que dés pins sylvestres, des épicéas, des sapins argentés, dont les racines peuvent aller chercher au loin leur nourriture.

Les graminées herbacées se plaisent mieux dans ces terrains que les légumineuses, qui n'y trouvent pas la chaux dont elles sont si avides.

Quand on a de l'eau à sa disposition, ces terrains, grâce à leur perméabilité, peuvent être irrigués et fournir de bons pâturages.

Le trias, qui marque le début des terrains secondaires, s'étend de la vallée du Cher à celle de l'aliver et depuis le pied des massifs qui en occupent le centre jusqu'à la limite nord, où il disparaît. Au nord de la zone de terrains granitiques dont nous avons parlé et la séparant du plateau calcaire dont il sera question, le trias forme une large bande constituant une contrée assez accidentée, présentant un mélange d'argile et de grès; on remarque des dépôts de grès entre Culan et le Châtelet, entre le Châtelet et Ardenais, entre Loye et Épineuil.

Dans le Cher, les marnes irisées reposent directement sur le terrain primitif et forment ainsi les premières assises des terrains stratifiés. Elles sont recouvertes par les couches inférieures du lias.

Bien que se montrant en beaucoup de points complètement isolées les unes des autres, les marnes irisées se dirigent cependant, dit Frémont, en ligne droite de l'ouest-sud-ouest à l'est-nord-est dans la partie méridionale du Cher. On les observe dans les environs de Châteaumeillant, dans la vallée du Portefeuille depuis Saint-Maur jusqu'au Châtelet, dans celle de l'Arnon depuis Saint-Christophe-le-Chaudrier jusqu'à Ardenais, dans la forêt de Bornac, dans les environs de Saint-Amand et de Court près de Saint-Aignan, dans la vallée de Saint-Arnon, enfin entre Neuilley et Sancoins. C'est presque toujours dans les vallées ou sur le flanc des coteaux qu'on les rencontre.

A en juger par trois sondages opérés à Charenton, au Rhimbé et à Sancoins, on peut voir que les marnes irisées ont une épaisseur considérable; on y a rencontré quelques veines de sable, quelques gisements peu importants de gypse et des rognons d'oxyde de fer.

En général, cette masse puissante de terrain se compose d'argile de différentes sortes.

Les marnes irisées constituent des roches meubles, très aptes à se convertir en terres labourables; seulement elles sont d'une culture bien plus difficile que les terres siliceuses dérivées du grès vosgien ou du grès bigarré.

Les marnes irisées sont souvent très appréciées pour les cultures des céréales et des fourrages. Elles s'ameublissent mieux par l'effet des gelées que par l'action des instruments. Motteuses avant l'hiver, elles tombent en poussière après les gelées d'hiver. Elles restent meubles et friables tant que la récolte reste en terre. Cette propriété facilite la nitrification du sol et l'aération des racines, en même temps que la pénétration de la pluie dans toutes les parties du sol.

En coteau, les marnes irisées plaisent aux arbres fruitiers, aux pruniers, aux merisiers, à la vigne et à toutes sortes de culture. En vallée la prairie naturelle y donne de bons résultats, elle est riche en graminées et en légumineuses, s'il y a de la chaux. Les moins productives sont celles qui sont exclusivement argileuses (Boitel).

Terrains jurassiques. — Ces terrains, principalement développés dans la région du Jura, comprennent une longue et puissante série d'assises franchement marines composées principalement de marnes, d'argiles et de calcaires, c'est-à-dire de dépôts effectués dans des conditions particulières de calme au sein d'océans bien établis. On les distingue des précédents par la prédominance des racines calcaires qui affleurent à la surface du sol.

1° Le terrain *jurassique inférieur*, composé des étages du lias :

L'*infra lias*, comprenant les roches arénacées de la base, grès grossiers;

Le *lias inférieur*, représenté par un calcaire marneux en bancs minces, presque partout exploité pour chaux hydraulique;

Le *lias moyen*, composé généralement par des calcaires remplis de Bélemnites;

Le *lias supérieur*, où prédominent les marnes et les schistes argileux.

2° *Terrain jurassique moyen.* — Comprend trois étages : l'*oolithe*, l'*oxfordien* et le *corallien*.

L'*oolithe* se compose uniquement de calcaires et d'argiles; ces dernières n'occupent plus qu'une place restreinte dans la partie supérieure.

L'oolithe comprend deux divisions : *l'oolithe inférieure* ou *bajocien*, la *grande oolithe* ou *bathonien*.

L'étage *oxfordien* est composé principalement d'argiles brunes tenaces souvent ferrugineuses et de calcaire marneux.

L'*étage corallien* est principalement constitué par de puissantes assises de calcaires blancs massifs; calcaires lithographiques.

3° *Terrain jurassique supérieur.* — Composé de deux étages : l'*étage kimméridgien*, calcaires marneux au milieu d'argiles grumeleuses; puis, au-dessus, argiles noirâtres entremêlées de petits lits de calcaires marneux;

L'*étage portlandien*, composé surtout de calcaires compacts, disposés en bancs épais exploités, soit comme pierre de taille, soit pour le ciment hydraulique.

Les roches qui constituent les terrains jurassiques sont, dans l'ordre chronologique, les sables et les grès infraliasiques, les marnes du lias, les argiles du Kimmeridge et les calcaires si puissants des différents étages oolithiques. De toutes ces roches, les plus étendues, celles qui apparaissent le plus souvent à la surface, ce sont les roches calcaires; si elles varient peu au point de vue de la composition chimique, elles présentent, dit M. Boitel, des nuances infinies en ce qui concerne leur état de division et leur résistance à l'action des agents atmosphériques. Aussi les sols calcaires jurassiques sont-ils tour à tour rocheux et incultivables, pierreux, graveleux ou tout à fait meubles, en passant par tous les états intermédiaires et par les associations les plus diverses de parties meubles, plus ou moins mélangées à des rochers, des pierres ou des graviers.

Les calcaires jurassiques offrent une résistance très variable à l'action des agents atmosphériques. Il en est qui sont tellement durs et incultivables qu'il est impossible de trouver parmi les pierres qui encombrent la surface assez de parties meubles pour y permettre des cultures herbacées ou ligneuses.

Qui ne connaît, dit l'inspecteur général de l'agriculture, les plaines pierreuses du Cher et de l'Indre, où rien ne pousse, si ce n'est un maigre pâturage à moutons garni çà et là d'euphorbes et de genévriers? Un point à noter, ajoute le savant professeur de l'institut agronomique, c'est que la lande, si prompte à envahir les terrains anciens les plus mauvais, ne se développe jamais sur les surfaces pierreuses ou rocheuses du groupe jurassique.

Le genévrier et le buis sont les seuls arbustes qui triomphent de la sécheresse et de l'aridité de ces terrains.

Si les pierres diminuent de grosseur et sont associées à une certaine proportion de parties meubles, la vigne et les arbres fruitiers dans le Cher y donnent des produits moyennement abondants et de très bonne qualité; les terres les moins pierreuses dans le Cher produisent de l'orge d'hiver, du sainfoin et des pâturages peu abondants, mais sains et nutritifs. Il est à remarquer qu'aucun terrain ne donne des graminées et des légumineuses plus substantielles et plus profitables aux animaux.

Les alluvions jurassiques, heureusement composées de calcaires, d'argile et de sable siliceux et suffisamment fraîches et perméables en toute saison, ont été la base des herbages les plus renommés dans un département voisin du Cher, dans le Nivernais. Nulle part les bœufs n'engraissent mieux que dans le Nivernais. L'influence jurassique se reconnaît également sur les animaux d'élevage. Les meilleures herbes des régions jurassiques résultent des roches calcaires, meubles sans forme de débris détritiques dans les montagnes du Jura et de la Suisse et sous forme d'alluvions en Nivernais.

Dans le département du Cher, le *terrain jurassique* se rencontre sous forme de terrains argilo-calcaires, d'abord sous l'aspect de lias appartenant au jurassique inférieur.

Souvent dissimulé sous les argiles des terrains tertiaires, le sol jurassique occupe de beaucoup la plus grande partie du Cher, où il forme le vaste quadrilatère compris entre Saint-Janvrin, près de Châteaumeillant, l'entrée de la rivière du Cher dans le département, Savigny, canton de Léré, et Graçay. L'ensemble de ce terrain, appartenant au lias et aux trois étages oolithiques, se présente généralement sous la forme d'un plateau peu mouvementé, d'une hauteur de 140 à 200 mètres. Ce plateau central est borné, au nord, par les terrains tertiaires de la Sologne, qui occupent comme étendue la seconde place dans le département.

Le lias se trouve dans la vallée du Cher avec tous ses étages; on peut le voir le long du canal du Berry et de la vallée transversale de la Marmande au bois de Meillant, arrondissement de Saint-Amand. Dans son excellente étude sur les gisements de phosphates de chaux du centre de la France, M. de Grossouvre, ingénieur des mines, nous a donné des renseignements très intéressants sur le lias, qui, dit-il, occupe dans le Berry une bande de terrain dont les limites sont nettement accusées par la configuration du sol, d'un côté par la grande falaise que forment les argiles du lias supérieur, et de l'autre par les petits plateaux du calcaire infra-liasique, au delà desquels commence le sol le plus accidenté des marnes et des grès rhétiens et triasiques.

Le sol liasique constitue, au point de vue agricole, la région la plus riche du Berry, et la présence des divers niveaux phosphatés n'est pas sans influence sur cette fertilité. Il est à croire que si l'acide phosphorique est concentré par places en rognons et en couches, il est probablement aussi disséminé dans toute la masse avec une certaine abondance, et l'on sait que les sols qui en contiennent 1 à 2 millièmes en sont suffisamment pourvus; or, l'acide phosphorique étant un des éléments de fertilité qui manque le plus ordinairement, il est assez naturel de penser que la qualité du sol doit être attribuée en partie à cette cause.

La grande bande liasique vient buter à l'est contre la grande faille de Sancerre aux environs de la Guerche, Vereaux et Sancoins, puis elle se dirige vers Saint-Amand dans la direction S.-S.-O. en décrivant un arc de cercle dont la courbure diminue de plus en plus vers l'ouest. A partir de Saint-Amand, elle suit une direction sensiblement rectiligne, orientée à peu près E.-O., en passant par la Châtre (Indre).

Aux environs de la faille de Sancerre et entre celle-ci et Saint-Amand le lias subit de nombreuses dislocations, mais qui ne constituent pas, à proprement parler, des bassins d'affaissement; ce ne sont guère que des remplissages de poches.

L'un d'eux, au sud de Saint-Amand, sur le plateau de Pellevoisin, est formé par des marnes argileuses du lias inférieur et du lias moyen isolées au milieu du calcaire infra-liasique.

Le second, sur la rive gauche du Cher, un peu au-dessus du petit village de la Roche, est constitué par les marnes de la partie moyenne du lias inférieur enclavées également dans le calcaire infra-liasique.

Le type du lias de cette région est celui des environs de Saint-Amand, non parce qu'il existe quelque noyau phosphaté, mais parce que cette localité est devenue en quelque sorte classique par sa richesse en fossiles et par les travaux de d'Orbigny, qui en a tiré beaucoup de types de ses ammonites liasiques.

Aux environs de Saint-Amand, le lias repose sur l'étage rhétien ou grès infra-liasique.

Les assises de cet étage peuvent s'observer dans les tranchées du chemin de fer entre Saint-Amand et Ainay-le-Vieil, dans les carrières de la Groutte ou dans les anciennes exploitations de la côte de Pellevoisin, sur la route de Montluçon.

L'étage est formé de grès surmontés par une trentaine de mètres de calcaire exploité à Saint-Amand dans de nombreuses carrières pour la fabrication de la chaux et le pavage, d'où le nom qui lui a été donné depuis longtemps de calcaire pavé. Ces grès sont complètement azoïques; mais les calcaires contiennent de nombreuses petites huîtres (*Ostrea irregularis*) caractéristiques de la formation.

Le lias inférieur se compose de marnes et calcaires surbordonnés remplis de Gryphées.

L'étage liasien ou lias moyen offre, à Saint-Amand, un contraste frappant avec la faune de l'étage inférieur. Les brachiopodes s'y montrent beaucoup moins nombreux.

Les lamellibranches sont relativement rares; mais les céphalopodes, par leur abondance en espèces et en individus, lui donnent un caractère spécial.

Les bélemnites, qui ne sont représentés dans le lias inférieur que par une seule espèce, prennent dans cet étage un grand développement en espèces et en individus.

Les ammonites, très communes et bien conservées à l'état pyriteux, se répartissent sur toute la hauteur d'une manière très régulière et très constante.

On distingue dans l'étage liasien une série de zones qui, au point de vue des affinités paléontologiques, ont paru à M. Grossouvre pouvoir se grouper en deux sous-étages.

Dans le sous-étage inférieur, les ammonites du groupe des capricorni prennent un grand développement, tandis que le sous-étage supérieur est caractérisé principalement par des amalthei.

Dans les environs immédiats de Saint-Amand, les brachiopodes existent encore en plus ou moins grande abondance dans le sous-étage inférieur, mais ils font complètement défaut dans l'autre.

Les marnes de cet étage deviennent de plus en plus calcaires à mesure que leur niveau est plus élevé ; elles sont exploitées en un très grand nombre de points pour l'amendement des terres.

Le gisement des environs de Germigny. — Les couches du lias aux environs de Germigny ne diffèrent guère de celles de Saint-Amand.

Leur succession est seulement plus difficile à suivre, à cause de l'absence de bonnes coupes. Les prairies qui couvrent tout le sol de cette région masquent les affleurements et ne permettent pas l'observation des couches et des fossiles; toutefois, on peut reconnaître que les étages ont subi quelques modifications minéralogiques.

Au nord, une grande falaise formée par les argiles du lias supérieur et couronnée par le calcaire à entroques marque la limite des assises liasiques qui, vers l'est, viennent buter contre la faille de Sancerre ; de l'autre côté de celle-ci, on rencontre les couches calcaires et marneuses de l'oxfordien, du bathonien et du bajocien. La région ainsi délimitée est désignée sous le nom de vallée de Germigny ; elle est couverte de riches prairies, où s'élève un nombreux bétail.

Au sud-est de cette région herbagère apparaissent les plateaux calcaires du lias et de l'infra-lias, qui donnent de bonnes terres de culture, très favorables à la végétation des céréales et des prairies artificielles.

Les nodules phosphatés existent non seulement dans les assises liasiques, mais on les rencontre aussi disséminés plus ou moins régulièrement dans un limon argileux brun rougeâtre qui recouvre les plateaux calcaires; ce sont ces derniers nodules qui ont été exploités les premiers à Germigny, et c'est en poursuivant leur extraction qu'on a vu qu'ils se prolongeaient en couches enclavées dans les bancs liasiques.

Les nodules se présentent sous des aspects différents, suivant qu'ils proviennent des assises liasiques ou qu'ils ont été extraits du limon.

Dans le premier cas, ils sont généralement de couleur grise plus ou moins foncée, tandis que dans le second leur teinte est plus claire et d'ordinaire blanc jaunâtre avec taches ocreuses dues au limon ferrugineux qui les englobe.

Les nodules sont de grosseur variable, mais communément de la grosseur d'une noix; leur surface, irrégulièrement arrondie, est mamelonnée. Ils sont quelquefois aplatis en forme de galets ; ils sont tendres, à cassure terreuse.

L'oolithe inférieure ou *bajocien*, avec ses alternances de marnes et de calcaires, a environ 50 mètres d'épaisseur : cet étage est très fossilifère; il est riche en ammonites, bélemnites, pleurotomaires.

Les calcaires sont des calcaires à entroques, des calcaires jaune grisâtre, durs ou friables, remplis de petites oolithes ferrugineuses. Ces calcaires ont une grande analogie avec les meulières tertiaires et sont exploités pour les mêmes usages à Meillant. Le calcaire à entroques est exploité pour pierres de taille dans un grand nombre de localités. A sa partie inférieure, il devient plus ou moins marneux et se charge d'oolithe ferrugineuse.

Dans l'ouest du Berry, le *bathonien* est tout à fait calcaire ; sa partie supérieure fournit de belles pierres oolithiques que l'on exploite à la Celle-Bruères et à Lignières, canton de Saint-Amand, et dans d'autres localités. A la base de cet étage existe une couche très fossilifère qui se rencontre dans le Berry sous forme d'un calcaire gris à taches ferrugineuses, qui cesse vers la vallée du Cher, où tout l'ensemble de l'étage bathonien est représentée par des calcaires oolithiques.

Etage oxfordien. — M. Douvillé a signalé au nord de la Guerche, près du hameau

Le Foulon, l'apparition d'une couche argileuse où l'on trouve de nombreux moules d'ammonites très riches en phosphate (35 p. 100 d'acide phosphorique correspondant à 54,3 p. 100 de phosphate de chaux). Les mêmes couches se retrouvent sur la rive droite de la Loire, à la Loge.

Étage corallien. — Le corallien est de tous les étages jurassiques celui où les polypiers constructeurs de récifs ont pris le plus d'importance ; c'est ce qui lui a valu son nom. Il est formé de puissantes assises de calcaires blancs massifs formés de coraux, de calcaires oolithiques, de calcaires compacts à grain fin (calcaires lithographiques).

Le corallien prend un grand développement dans le Berry. Il y a 100 mètres d'épaisseur et forme à l'est de Bourges une seconde Champagne du Berry analogue à celle des environs de Châteauroux. Ce sont des calcaires lithographiques, plateaux arides et secs partout où ils ne sont pas recouverts par des dépôts limoneux. Les eaux de pluie se perdent dans leurs fissures et vont former des sources dans les rares vallées.

Le *séquanien*, ou calcaire à astartes, se développe en large bande à l'ouest de ces calcaires coralliens et particulièrement aux environs de Bourges. La pierre blanche de Bourges est un calcaire crayeux à oursins coralliens qui a 12 mètres d'épaisseur ; il est recouvert par des calcaires lithographiques au-dessus desquels se présentent des marnes et des calcaires oolithiques ou noduleux.

Le *Kimméridgien.* — Au N.-O. des plateaux calcaires ci-dessus indiqués, de Saint-Martin-d'Auxigny à Sancerre, et sur la rive droite de la Loire jusqu'au delà d'Entrain, on trouve le kimméridgien composé d'une argile verdâtre remplie de gryphées virgules, tantôt d'un calcaire gris assez compact et également pétri de gryphées. C'est une terre humide qui a besoin d'être drainée, mais elle est très riche et pourrait même être employée comme marne.

M. Risler fait remarquer que les coteaux de kimméridgien sont couverts de vignes quand leur exposition est favorable ; ailleurs, ce sont des terres renommées par les froments qu'elles donnent, mais elles sont difficiles à travailler, et le savant Directeur de l'Institut agronomique pense qu'il vaudrait mieux faire des prés de toutes celles qui ne sont pas en forte pente.

Une terre de vignes de Saint-Doulchard, canton de Mehun, et une terre de Bouy, toutes deux appartenant au kimméridgien, ont été analysées par MM. Peneau et Lecat. Voici ce qu'on y a trouvé :

	SAINT-DOULCHARD	BOUY
Pierres...	13	16
Sables...	37	50
Impalpables...	50	44
	100	110

	SAINT-DOULCHARD	BOUY
Acide phosphorique......................	0,150	0,157
Potasse....................................	0,068	0,141
Carbonate de chaux........................	21,600	26,017
Carbonate de magnésie....................	0,074	0,111
Oxyde de fer et alumine.................	6,713	4,171
Matières organiques......................	5,876	5,317
Résidu inattaquable......................	65,522	66,288

Terrains crétacés. — Les terrains crétacés se présentent en général sous forme de plateaux élevés constituant le plus souvent des plaines arides et sèches (la Champagne pouilleuse en est un exemple), ou des monticules aux pentes arrondies; ils forment presque partout des zones concentriques aux grandes bandes jurassiques. Ces terrains commencent par des calcaires, des sables et des argiles qui ont encore quelque analogie avec les sédiments jurassiques. C'est seulement dans les assises supérieures que se montre la craie, cette roche tendre et traçante qui a mérité de donner son nom à cette époque. On les divise en terrains crétacés supérieurs et inférieurs.

Les roches de ce groupe sont argileuses, sablonneuses, siliceuses ou calcaires; celles qui sont le moins anciennes sont tendres, facilement désagrégeables à l'air; ce sont des craies tachantes plus ou moins pures, plus ou moins marneuses, et, comme le fait remarquer M. Boitel, les détritus de ces craies constituent des terres d'une médiocre qualité. Les formations du gault et du grès vert tranchent sur les terres crayeuses par leur composition chimique et par leur remarquable imperméabilité.

Les sables n'y ont pas une grande puissance, ils s'y mélangent généralement des argiles d'une culture difficile. Les argiles du gault forment une bande étroite autour des terres crayeuses. Là, le cultivateur est obligé de se défendre contre l'effet nuisible des eaux pluviales par le drainage, l'usage des petits billons, les raies et les fossés d'écoulement.

Les prairies de cette formation ont une tendance à être envahies par les joncs et les carex. L'herbe et le foin sont peu nutritifs, à moins que le sol ne soit amélioré par le chaulage ou le marnage.

Les roches calcaires des terrains crétacés sont essentiellement fournies de carbonate de chaux, elles sont le résultat du dépôt produit au sein de l'eau du carbonate maintenu en dissolution par l'acide carbonique. On suppose qu'il y avait à l'origine une sorte de mer intérieure emprisonnée par les collines granitiques, et c'est dans cette mer que se sont déposées les couches calcaires qui peu à peu ont émergé et ont formé en se décomposant des couches arables riches en chaux.

Les roches calcaires sont de nature très diverse : les unes sont très dures, et ne se désagrègent sous l'action des agents physiques et chimiques qu'avec une lenteur extrême : tels sont les marbres et les calcaires métamorphiques, les calcaires compacts; d'autres sont moins durs : tels sont les calcaires jurassiques, qui constituent des massifs montagneux considérables, et les calcaires oolithiques.

Enfin, dans la formation crétacée, on trouve des calcaires friables et facilement attaquables qui constituent la craie. Suivant MM. Muntz et Girard, les roches calcaires sont formées par du carbonate de chaux, dans des proportions variant de 80 à 90 p. 100, et sont ordinairement accompagnées d'un peu de carbonate de magnésie, d'oxyde de fer, d'alumine; elles contiennent en général des quantités appréciables d'acide phosphorique et peu de potasse, c'est là leur caractéristique générale. Cependant il arrive quelquefois que les roches calcaires sont riches en potasse et pauvres en acide phosphorique : tels sont des calcaires tertiaires de la Touraine et de la Beauce cités par MM. Risler et Colomb-Pradel dans lesquels on trouve jusqu'à 0,5 p. 100 et au delà de potasse avec des quantités d'acide phosphorique ne dépassant pas sensiblement 0,01. Ce sont là des exceptions.

Voici, d'après MM. Muntz et Girard, les résultats de l'analyse rapportés à 100 de quelques-unes des roches calcaires les plus répandues :

	CALCAIRE DE L'OOLITHE		CALCAIRE jurassique.	CRAIE	CALCAIRE métamorphique.
	Moyenne.	Supérieure.			
Carbonate de chaux....	88,00	93,00	79,60	94,20	98,60
— de magnésie.	1,40	0,30	1,40	0,85	Traces.
Alumine..............	1,20	1,20	3,00		
Oxyde de fer.........	3,00	1,20	0,50		0,14
Potasse..............	0,12	0,01	0,03	0,03	»
Acide phosphorique....	0,80	0,85	0,95	0,04	0,46

Les terres qui dérivent de semblables roches manquent ordinairement de potasse.

A l'état naturel, elles sont presque stériles, et la fertilité ne s'y établit que lorsque l'argile et le sable s'y mêlent en proportion convenable ou bien lorsque le voisinage des villes, des villages permet d'y apporter la potasse et les matières organiques. Les engrais organiques ont en effet une rapidité d'action très grande à cause de la nitrification intense dont elles sont le siège : la potasse exploitée souvent sous forme de cendres produit ainsi des effets remarquables. Mais, comme le fait observer M. Boitel, les terres crayeuses ont des propriétés physiques et chimiques spéciales, elles veulent être fumées, souvent à petites doses.

La nitrification énergique dont elles sont le siège après la fumure, jointe à leur perméabilité naturelle, empêche les engrais d'y durer longtemps.

En vallée fraîche, ces terres sont aptes à porter des prairies et des herbages de bonne qualité.

En coteau et en plateau les terres crayeuses, pierreuses ou graveleuses ne donnent que des pâturages à moutons et des prés sylvestres.

Si la craie convenablement délitée fournit un sol meuble, exempt de pierres et de graviers, elle devient apte à produire, par la culture, des céréales, des fourrages, notamment du sainfoin, de la vesce, des pommes de terre et même des betteraves; sa perméabilité et sa prompte dessiccation en été ne permettent pas d'y développer l'herbage ou la prairie naturelle. La prairie artificielle, seule ou mélangée à des graminées, peut y donner temporairement de bons résultats.

Si la craie qui est à la surface du sol n'est pas une condition favorable aux cultures, lorsqu'au contraire elle l'est en sous-sol, elle joue un rôle bienfaisant, tel qu'on le voit dans le Nord.

La roche crayeuse, qui est à une faible profondeur, a permis d'incorporer à bon marché de forts marnages au diluvium des plateaux et de modifier ainsi ses propriétés physiques et chimiques à l'avantage de la betterave et des autres cultures.

Ceux de nos lecteurs qui voudront savoir tout ce qu'occupe le terrain crétacé dans le département du Cher n'auront qu'à consulter les études si précises de Frémont à ce sujet. Ils verront que dans le Cher le terrain crétacé recouvre le terrain jurassique en stratifications concordantes, en sorte qu'il semble qu'il y ait continuité entre ces deux formations. Il présente deux inclinaisons bien prononcées, l'une vers l'ouest, l'autre vers le nord. Il n'existe pas en son entier dans le Cher, on n'y observe que la partie inférieure : 1° terrain néocomien, grès et sables ferrugineux; 2° grès vert; 3° craie tuffeau.

Le *terrain néocomien* se trouve au pied de la colline de Sancerre près de la Loire, dans la vallée de la Sauldre près de Neuilly, et dans la vallée de la Salereine près de Subligny; enfin près du village de Morogues. Il se compose généralement de bancs de grès ferrugineux, passant souvent à des sables ou à des argiles ferrugineuses. Dans la contrée située à l'ouest de Vierzon, le grès est plus développé que dans le reste du département.

Les 2e et 3e groupes (grès verts et craie tuffeau) se confondent dans le département du Cher. Ils sont, dit Frémont, représentés par des calcaires marneux contenant seulement à la partie inférieure une portion plus considérable de parties sableuses et argileuses; on les rencontre le long de la vallée de la Sauldre, dans la vallée de la Petite-Sauldre et de la Néré, dans les vallées de la Loire près de Sancerre et dans les petites vallées de la Judelle et de la Balance. Ces terrains présentent deux inclinaisons : l'une se dirigeant de l'est à l'ouest, l'autre du sud au nord. Vers la partie ouest du département, les couches calcaires disparaissent complètement et font place à des grès et à des sables.

Les dernières études de M. de Grossouvre nous ont donné des renseignements pleins d'intérêt sur les assises crétacées qui constituent, dit-il, dans le nord du département du Cher, entre la plaine calcaire du Berry et la plaine argilo-sableuse de la Sologne, une région fertile et accidentée qui s'étend du sud-ouest au nord-est, entre Vierzon et Sancerre; la partie orientale est désignée plus spécialement sous le nom de Sancerrois.

Ce dernier pays est le plus élevé de toute la France occidentale : limité, comme nous venons de le dire, d'un côté par la plaine calcaire, dont la cote moyenne varie de 180 à 200 mètres, et de l'autre par la Sologne, dont l'altitude est encore bien moindre (170 mètres au maximum), il s'élève à la cote 434 à la Motte-d'Humbligny, et présente une série de mamelons dont les hauteurs varient de 350 à 370 mètres.

Les assises crétacées composées de marnes, de grès, de sables et d'argiles, se sont laissé facilement entamer par les courants diluviens; elles ont été découpées en une série de collines aux contours arrondis, séparées par de nombreux ruisseaux; l'alternance des couches perméables et imperméables a donné naissance à des nappes aquifères qui entretiennent dans le pays une verdure continuelle. La végétation forestière s'y développe admirablement, et les champs sont partout entrecoupés de haies et de beaux arbres.

Grâce à ce relief accidenté, l'étude de la succession des assises est singulièrement facilitée. M. de Grossouvre cite comme particulièrement favorables aux observations les divers sentiers qui descendent de Sancerre vers le nord; le Casse-Cou, le chemin de la Dame blanche, etc.

Les premières assises du système crétacé reposent sur le calcaire portlandien ; elles sont formées, sur une épaisseur de quelques mètres, par un calcaire marneux jaunâtre rempli d'oolithes ferrugineuses et très fossilifères; c'est le calcaire à spatangues de l'étage néocomien. On peut l'étudier au pied de la montagne de Sancerre, dans les fossés de la route de Saint-Satur à Fontenay, sur la route de Sancerre à Aubigny, un peu avant Menetou-Râtel dans les environs de Boucard.

Le calcaire néocomien est donc peu développé et il ne joue aucun rôle dans la constitution du pays; il disparaît, du reste, à une faible distance, à l'ouest de Sancerre, recouvert transgressivement par les dépôts supérieurs.

Cet étage fait partie du terrain crétacé ; il est caractérisé, à la partie inférieure de la craie, par une roche crayeuse, tenace, grise, marquée de petits grains verts qui sont dus à un hydro-silicate de fer glauconie.

Au sommet de la montagne de Sancerre, sous la porte de César, l'escarpement montre une glaise blanche, légère, compacte et sonore au choc.

A Vailly, on voit, au nord du village, les assises marneuses supérieures se charger de sable fin siliceux ; à la Motte-d'Humbligny, la transformation est complète. On trouve à la base une glaise marneuse superposée à l'argile du haut et surmontée par des sables avec plaquette gréseuse, qui sont l'équivalent des sables du Perche; au-dessus viennent les argiles vertes à ostracées.

Plus à l'ouest, à Vierzon, la base du cénomanien est formée par une glaise argileuse avec turritelles, bivalves, polypiers et spongiaires.

Telle est l'allure générale des couches crétacées du Berry; c'est dans l'étage du gault que se trouve le *gisement phosphaté* exploité dans le Sancerrois entre Vailly, Attigny, Lury et Bois.

Le gault débute par des sables grossiers qui passent souvent à l'état de grès ferrugineux, qu'on distingue assez facilement par leur grain plus grossier, et surtout par la présence de gros graviers de quartz blanc.

Ces assises ne contiennent, en général, aucun fossile, sauf quelques localités où elles renferment, au contraire, une faune très abondante, mais peu riche en espèces. M. de Grossouvre cite le plateau au-dessus de Crésancy, où l'on peut recueillir quelques ammonites.

Au-dessus de ces grès ferrugineux se montre, avec une épaisseur d'une trentaine de mètres environ, une argile noire ou gris bleuâtre, micacée; elle présente à sa base un grès verdâtre ou rougeâtre, excessivement fossilifère.

L'argile micacée ne renferme aucun fossile, sauf dans les nodules ferrugineux qu'on trouve à sa base, notamment dans la glaisière de la tuilerie de Saint-Satur; ils représentent probablement les grès verts, qui manquent en ce point.

L'argile micacée est exploitée tout le long de ses affleurements, soit pour la fabrication de la tuile, soit pour celle des poteries.

La conclusion des recherches géologiques de M. de Grossouvre, c'est que les gisements phosphatés sont très abondants dans la série des terrains sédimentaires. Si leur recherche était poursuivie avec méthode, on arriverait, sans aucun doute, à en trouver qui seraient susceptibles d'exploitation dans beaucoup de régions où l'on ne soupçonne même pas leur existence. Il y a une connexion, sinon absolue, du moins très générale, entre les gisements phosphatés et les horizons ferrugineux ou fossilifères. Les recherches doivent donc être dirigées de préférence sur les couches qui offrent l'un et l'autre de ces caractères.

La craie marneuse est très abondante dans la Touraine, elle constitue l'étage turonien. En effet, quand on se dirige dans la Touraine, on voit au-dessus de la craie marneuse une puissante masse calcaire encore crayeuse, mais jaunâtre et d'apparence sableuse, qui se développe sur une épaisseur de 40 à 50 mètres, c'est la craie tuffacée ou mieux le tuffau de Touraine. Ce tuffau forme sur la rive gauche du Cher, aux environs de Bourré, une haute falaise à pic.

Ce qu'on appelle la craie tuffacée à Bourri, contient une grande quantité de silice pulvérulente et fort peu de craie.

Terrains tertiaires. — Les terrains tertiaires occupent généralement les parties basses des continents. Dans les pays de plaine, leurs couches restées sensiblement horizontales, c'est-à-dire dans les conditions originelles de leur dépôt, se correspondent exactement dans les coteaux qui séparent les vallées.

Les roches qui les constituent ont beaucoup moins de consistance que celles des terrains plus anciens; ce sont des argiles molles et plastiques, des sables pulvérulents ordinairement très purs, parfois consolidés sous forme de grès. Les calcaires terreux généralement tendres, faciles à tailler, fournissent d'excellentes pierres à bâtir.

Les principales roches de ces terrains sont dans l'ordre chronologique : l'argile plastique, les sables de Fontainebleau, les sables de Mauchamps, les argiles à meulières. Au point de vue agrologique, ces roches constituent quatre catégories distinctes de terres : les argileuses, les calcaires, les marneuses et les sablonneuses siliceuses. Frémont nous dit que les terrains tertiaires se rencontrent assez irrégulièrement dans toute l'étendue du département. Il y a alors une espèce de lacune et on passe brusquement du terrain crétacé aux assises moyennes du terrain tertiaire.

Les terrains tertiaires sont tous, dans le département du Cher, de formation d'eau douce ayant plus ou moins le caractère diluvien.

Parmi ces terrains, les uns sont uniquement composés d'éléments siliceux; les autres, de masses calcaires importantes; il est rare que ces deux espèces de terrains se trouvent réunies dans une même localité.

Puisque les formations les plus anciennes des terrains tertiaires n'existent pas dans le Cher, les terrains tertiaires inférieurs doivent, d'après Frémont, correspondre à ceux qui forment ordinairement l'étage moyen, ou miocène; ces terrains occupent dans le Cher une certaine étendue. On en trouve d'abord des portions isolées dans la partie sud du département, aux environs de Culan, Vesdun, Épineuil, Saulzais-le-Potier, Faverdines, la Celette et la Perche; puis ils viennent couvrir un vaste espace entre les vallées du Cher et de Juron; ensuite ils se continuent vers la Chapelle-Saint-Ursin, Sainte-Thorette, Mehun, et jusqu'aux environs de Foëcy au confluent des deux vallées du Cher et de l'Yèvre; enfin on les voit aussi au nord de Mehun jusqu'à Vignoux-sur-Baranjon.

A l'est du département, ils forment une bande continue entre l'Auron et l'Avrain en commençant un peu au nord de Dun-le-Roi. On les voit encore : 1° parallèlement au cours de l'Aubois, au nord de Sancoins et depuis la Guerche jusqu'aux environs de Mineton-Couturne; 2° un peu au nord de Sanargue; 3° le long de la vallée de la Loire, depuis Bannay jusqu'au delà de Boulleret.

Ce terrain est très irrégulier dans son épaisseur; il se divise en deux assises : l'une inférieure, composée d'argiles contenant des gisements; l'assise supérieure, entièrement calcaire. L'assise argileuse ne contient point de fossiles, tandis qu'on en rencontre souvent en grande quantité dans les bancs calcaires.

Il arrive fréquemment que l'une ou l'autre de ces deux assises manque complètement. Les argiles ont des caractères très variables. D'autres fois, elles sont rougeâtres et contiennent alors des gisements de minerai de fer. L'abondance du minerai de fer en grains leur a fait donner le nom de sidérolithiques; ce terrain a laissé des traces importantes dans le Berry. Au centre de ses principaux affleurements, dans la vallée de l'Aubois comme aux abords de Bourges, à Saint-Florent et à la Chapelle-Saint-Ursin, il est constitué, dit M. S. de Lapparent, par de la limonite en grains pisiformes et concrétionnés, associée à une faible proportion d'argile et mélangée de quelques grains de quartz.

Souvent, dans le voisinage du minerai, on voit des marnes farineuses ou cristallines provenant du métamorphisme des calcaires jurassiques sous-jacents. En plusieurs points, le minerai pénètre en poche dans ces calcaires que les émanations ferrugineuses ont durcis et fortement rubéfiés au contact. Fréquemment le mélange du minerai en grains et de la marne est intime et donne lieu à une roche dite castillon ou castillard.

Sur le bord occidental du bassin, à Massay et dans la vallée du Baranjeon, la masse principale du dépôt est une argile dure, bariolée, imprégnée de conglomérats à silex sous-jacent. Dans ces argiles sont des nodules géodiques de limonite, passant latéralement au minerai en grains.

Quand les argiles sont plastiques, elles forment des terrains imperméables à l'eau, difficiles à travailler et mauvaises pour les cultures, les essences ligneuses et les espèces herbagères. Et plus les pacages sont envahis par les joncs et les leiches, plus on peut présumer que le terrain est stérile.

Les argiles renferment quelquefois quelques gisements considérables de plâtre, dont les plus importants sont celui qui se trouve dans la forêt de Parnay, près de la Croix-Maupion, et celui qui est à peu de distance du cours de l'Auron, près du village de Verneuil. Deux puits percés près du village d'Uzay-le-Venon en ont fait découvrir un autre gisement dont l'épaisseur est de 6 à 7 mètres. Ce plâtre est disséminé dans une argile verdâtre en blocs, le plus souvent cristallisé et quelquefois en grains irréguliers.

Ces terrains argilo-calcaires sont nécessairement peu fertiles et propres aussi bien à la culture des céréales qu'à celle des prairies.

Le calcaire lacustre du Berry est intimement lié aux dépôts de minerai de fer en grains qu'il recouvre. Ces minerais eux-mêmes sont subordonnés à des dépôts d'argile et de sables qui, remontant dans la vallée du Cher jusqu'au delà de Montluçon, se rattachent aux lambeaux de terrains tertiaires du Plateau central; ceux-ci à leur tour se relient vers le nord aux dépôts sidérolithiques de l'Indre, de la Vienne, vers l'ouest à ceux de la Charente, vers le sud à ceux du Périgord, c'est-à-dire aux sables granitiques avec minerais de fer et de manganèse de Thiviers et d'Excideuil.

Des lambeaux d'un calcaire lacustre analogue à celui de Saint-Florent et de l'Aubois se retrouvent dans la vallée de la Loire à Bannay, à Cosne, à Châtillon, à Briare. Ce sont des calcaires durs, en bancs puissants, fournissant une bonne pierre de taille. On peut les considérer comme le prolongement méridional du calcaire de Château-Landon. Le point extrême où on les observe au sud, est la localité de Biard, près de Decize.

De son côté, Gallicher fait remarquer que les déclivités, les plis, les anfractuosités de la grande couche de calcaire jurassique ont été remplis sur une foule de points et plus particulièrement dans le voisinage des vallées du Cher, de l'Arnon, de l'Auron et de l'Aubois et, parallèlement au cours de ces rivières, par des dépôts de terrain tertiaire dans la constitution duquel entre le minerai de fer, alternant avec des argiles et des marnes, et souvent recouvert par une couche épaisse de calcaire tertiaire.

Assez souvent cette couche de calcaire grossier arrive à une grande compacité, quelquefois même présente la structure cristalline.

Le calcaire grossier, dit M. Boitel, soumis à l'action des agents atmosphériques produit des terres meubles à sa surface et souvent rocheuses dans le sous-sol. Ces terres sont perméables, faciles à cultiver et très avides d'engrais, qu'elles consomment rapidement. Elles demandent de petites fumures souvent répétées. Les cultures y souffrent beaucoup des sécheresses prolongées.

Les arbres y viennent mal quand le sous-sol est rocheux, elles sont trop sèches pour la prairie naturelle, mais le sainfoin et toutes les légumineuses y végètent avec succès.

Le terrain d'argiles à silex couvre la plus grande partie du nord du département. Les argiles qu'on rencontre dans ce terrain sont généralement légères, quelquefois même un peu sablonneuses; quant aux silex, ils sont ordinairement d'un jaune pâle à l'intérieur et leur croûte superficielle est devenue blanche par suite des actions extérieures.

On trouve d'ailleurs fréquemment des fossiles qui montrent que ces silex doivent être rapportés à la période crétacée.

Le terrain d'argiles à silex se trouve : 1° au nord de Vierzon; 2° dans les environs de

Mery-ès-Bois, Stugny, Henrichemont, la Chapelle-d'Angillon, Aubigny, Argent-Blanca-fort, Villegenon et la Chapelotte; 3° entre Thou et Subligny et entre Sancerre et Boulleret.

Le mélange du sable à l'argile rend le terrain plus facile à cultiver, mais pour cela il faut que le sable soit extrêmement fin et semble être combiné avec elle. Il en résulte une nature de terre très compacte qui se bat facilement par la pluie, tend sans cesse à se *reprendre*, devient de plus en plus blanchâtre en se séchant, résiste à l'action des gelées, et exige une série de beaux jours pour être labourée avec avantage. Cette espèce de terrain, dont la culture est difficile, donne de belles récoltes de blé et de trèfle ; on la connaît sous le nom de terre blanche ou boulbène.

On désigne sous le nom de sables tertiaires supérieurs des terrains qui renferment, outre les parties sablonneuses, des masses considérables d'argile, mais la surface présente presque toujours les caractères des terrains sablonneux.

On remarque ces terrains dans un grand nombre de points du département du Cher. Ils s'étendent.

1° Dans la partie sud, sur les plateaux qui se trouvent au pied des montagnes granitiques ;

2° Sur la rive gauche de l'Arnon, à l'ouest et au nord de Lignières, jusqu'à la limite du département et sur les plateaux qui dominent la rive droite de cette rivière, vers Morlac et Touchay ;

3° Sur la rive gauche du Cher, près du bois de Castelnau et de Fontmoreau et près du confluent de cette rivière avec l'Arnon ;

4° Sur les plateaux qui bordent la rive gauche de la Loire, depuis la limite du département près de Nançay et au nord de Brinon et de Clément.

Le terrain tertiaire supérieur, dit Frémont, ne présente jamais le caractère d'une formation régulière, c'est un terrain de transport formé par l'action violente des eaux.

On voit un peu au sud de Saulzais-le Potier une argile blanche très réfractaire, qui forme une couche épaisse, formée de cailloux quartzeux blancs; cette argile sert à faire des briques réfractaires.

Dans les environs de Lignières, le terrain tertiaire supérieur se compose d'un sable siliceux coloré par un ciment ferrugineux.

Des sables, des argiles avec galets de quartz noirs et blancs, telle est la composition du terrain d'alluvion ancienne qui couvre les plateaux de la rive gauche de l'Allier et de la Loire.

Le terrain de la Sologne est formé de sables avec galets de quartz, plus souvent d'argiles compacts contenant des veines sablonneuses. Aux environs de Vierzon, on rencontre des grès siliceux rouges ou panachés formant des assises régulières au-dessous du terrain à silex

Les sols siliceux sablonneux présentent des caractères de perméabilité, de friabilité et d'inconsistance. Ces terres sont les plus faciles à travailler en tout temps, plus aptes à se dessécher et plus propres à la végétation forestière et arbustive. Ils conservent mal les engrais par suite de leur extrême perméabilité.

Le seigle, le sarrasin, la pomme de terre, le haricot, le trèfle incarnat s'y cultivent avec avantage.

Les sols siliceux sablonneux, très maigres de leur nature, sont aptes à produire immédiatement d'abondantes récoltes de graminées, quand on a le moyen de les saturer d'engrais immédiatement assimilables. Le foin y est toujours grossier, son prix de revient est élevé.

La prairie naturelle y est durable dans des situations exceptionnelles, dans les vallées basses où un plan d'eau voisin de la surface compense, par suite de la capillarité, les effets de l'évaporation toujours énergique dans ces sortes de terrains.

Dans le centre de la France, on en tire un bon parti en cultivant le pin maritime.

Au N. et au N.-O. du département du Cher se trouvent des plaines d'argile légère et de sables argileux présentant les caractères qui distinguent le sol de la Sologne.

On trouve des *argiles* au Briou, près de Vierzon ;

Des *grès* et des *sables analogues à ceux d'Étampes* à Thenioux, au-dessous de Vierzon, à Saint-Georges-sur-Moulon, Saint-Palais et Quantilly, canton de Saint-Martin ;

Des *meulières* dans la commune de Méry-ès-Bois, Meillant, de Preuilly, à Boisgisson, et à l'Orme-au-Loup, près de Sancerre ;

Des *calcaires siliceux*, entre Levet et Bruère, près de Goudron, Levet et Châteauneuf, près de Marigny, entre Bourges et Vierzon, près de Mehun ;

Calcaires d'eau douce à Boulleret, canton de Léré, à Châtillon-sur-Loire, entre Saint-Florent et Châteauneuf.

On trouve également : des *argiles smectiques* dans la commune du Châtelet et à la Bouchette, sur les limites de Saulzais-le-Potier et de Vesdun ;

De l'*argile plastique* à Culan, près de l'Étang-Neuf, près de Château-Meillant ;

Des *calcaires siliceux*, commune de la Cellette ;

Du *silex résinite* dans la commune du Perche.

Les terrains quaternaires. Diluviums. — Les terrains quaternaires sont formés par un ensemble de couches qui peuvent reposer sur les terrains primitifs, primaires, secondaires ou tertiaires, et qui ne sont jamais recouvertes par aucun de ces terrains.

L'époque quaternaire, dit M. de Lapparent, est encore très mystérieuse, elle soulève des problèmes dont plusieurs sont loin d'avoir reçu leur solution. Les dépôts qu'elle a laissés sont ordinairement juxtaposés plutôt que superposés et la succession en est parfois très obscure. Les mêmes variétés de roches, limons, graviers, argiles à blocaux s'y répètent à diverses hauteurs ; plusieurs de ces dépôts peuvent avoir été remaniés sans que rien le fasse pressentir.

Néanmoins, l'œuvre propre de l'époque quaternaire semble avoir été tantôt de combler, tantôt de déblayer des dépressions antérieurement constituées, et cela sous la double influence des mouvements du sol et des variations du régime hydrographique.

A la faveur de mouvements successifs du sol, les grands cours d'eau quaternaires ont eu à affouiller des lits plus ou moins encombrés de graviers et de sables.

En même temps, lors des inondations considérables auxquelles donnait lieu la fonte périodique des glaces, ils remaniaient ces alluvions à des hauteurs diverses, produisant sur plus d'un point le mélange de matériaux et de fossiles d'inégale ancienneté.

Les principales formations quaternaires sont les *argiles* à blocs ; le *diluvium*, qui constitue les différentes couches formant le terrain quaternaire.

On distingue deux sortes de diluvium :

Le *diluvium gris*, qui est en grande partie formé de limons, de sable, de graviers, de cailloux roulés et de fragments de roches arrachés aux formations préexistantes. Ces différentes couches, ces dépôts qui ne renferment que des fossiles d'eau douce ou terrestres ont beaucoup de rapports avec ceux qui se forment actuellement le long des rivières qui débordent.

Ce terrain présente dans sa constitution fort peu d'homogénéité. Dans le sud du département du Cher, il se trouve généralement à l'état de cailloux roulés de quartz noir et blanc ayant au plus la grosseur d'une noix, qui laissent parfois apercevoir un terrain tertiaire plus ancien qu'ils recouvrent le plus souvent et qui est composé d'un grès quartzeux.

Le diluvium rouge, caractérisé par sa couleur, se compose d'argile rouge, ferrugineuse, souvent sableuse; dans ces argiles on trouve beaucoup de cailloux non roulés, présentant des arêtes vives.

M. Boitel a fait remarquer qu'il n'est aucun groupe de terrain qui, au point de vue de l'agriculture, offre autant d'importance que celui des terrains quaternaires. Ils constituent de vastes plaines en Beauce, en Sologne, et ce sont toujours des terres meubles composées d'argile, de sable siliceux et de silice gélatineuse dans les proportions les plus variées. Elles contiennent peu de carbonates de chaux. Si elles en renferment une petite proportion de 1 à 3 p. 100, on les désigne alors sous le nom de lœss; elles prennent celui de lehm quand elles en sont complètement dépourvues.

Si le sable siliceux domine l'argile et communique au sol une friabilité et une perméabilité suffisantes, ces terres sont classées parmi les terres franches de bonne qualité, propres à la betterave et à toutes sortes de culture. On les désigne encore sous le nom d'alluvions anciennes ou de diluvium des plateaux et des terrasses.

On les distingue des alluvions modernes (qui ont parfois les mêmes propriétés physiques et chimiques) par leur situation au-dessus des vallées et du niveau de la mer.

Le diluvium des plateaux et des terrasses, base de nos meilleures terres arables, est de toutes les formations géologiques celle qui offre les meilleures conditions pour la bonne exploitation du sol.

Ces anciennes alluvions, en raison de leur épaisseur, permettent de donner au sol par des labours de défoncement toute la profondeur qu'exigent la betterave et les autres plantes pivotantes. M. Boitel fait observer que, dans la région du Nord, ces alluvions recouvrent une formation crayeuse d'une grande puissance, et il ajoute que cette circonstance est très heureuse à un double point de vue : la craie, surtout si elle n'est pas loin du sol, constitue par sa perméabilité un drainage naturel très favorable à l'assainissement du sol et du sous-sol; en second lieu, cette craie, extraite dans le champ même par des puits faciles à établir, sert à enrichir le sol du calcaire dont il était naturellement dépourvu. C'est là une des causes de la prospérité si remarquable des cultures du Nord.

Déposées par les eaux troubles et peu agitées, ces anciennes alluvions sont de véritables limons constitués par les parties les plus fines et les plus ténues des roches plus anciennes. Elles ont retenu de ces roches les substances les plus stables et les moins altérables, c'est-à-dire la silice et l'argile. Il en est résulté des terres argilo-siliceuses ou silico-argileuses, suivant que l'argile ou le sable siliceux apparaît comme l'élément dominant.

Les limons sont loin d'être homogènes même pour les localités qui ne sont pas éloignées les unes des autres. Les limons perméables par la prédominance du sable siliceux sont préférables aux limons imperméables par la prédominance de l'argile.

Ce qu'on reproche aux terres limoneuses, c'est de se durcir par la dessiccation et de se battre par la pluie. La communication du sol avec l'atmosphère est interceptée. Les racines en souffrent et le manque d'air diminue dans le sol la nitrification si nécessaire au développement des plantes. Les labours de défoncement, les forts marnages, les grosses fumures, les façons multipliées de la betterave les transforment très utilement.

En Beauce, le limon est généralement perméable et repose sur des craies marneuses.

En Sologne, les terres sont du même âge que le limon des plateaux. M. Boitel se demande à quelles causes on doit attribuer leur infériorité sur les terres franches de la Beauce. Il pense que la Loire et le Cher faisaient partie du même lac dont les atterrissements ont constitué la Sologne actuelle. Malheureusement, ajoute-il, ces dépôts terreux ne sont pas un mélange intime d'argile et de sable siliceux. La Sologne du Cher se distingue par l'état caillouteux de sa surface. Ce sont des cailloux siliceux peu propres à la culture, mais où les essences résineuses peuvent réussir.

Ce n'est pas en Sologne qu'il faut juger des anciennes alluvions pour en apprécier toute la valeur au point de vue des cultures et des productions herbagères. C'est dans les plaines de la Beauce, de la Brie et de l'Ile-de-France, etc.

Des sables, des argiles avec galets de quartz noirs et blancs ayant au plus la grosseur d'une noix, telle est la composition du terrain d'alluvions anciennes qui couvre les plateaux de la rive gauche de l'Allier et de la Loire. On y trouve aussi des galets de granit et de porphyre et des fragments de silex à l'état de meulière.

Le terrain de la Sologne est formé quelquefois avec galets de quartz, plus souvent d'argiles compactes contenant des veines sablonneuses. Aux environs de Vierzon, on rencontre des grès siliceux rouges ou panachés, formant des assises régulières au-dessous du terrain à silex.

Frémont rapporte à cette dernière formation les dépôts de graviers calcaires qu'on trouve en assez grand nombre dans les environs de Bourges et qui sont formés d'éléments provenant du terrain jurassique.

Les ALLUVIONS MODERNES sont de l'époque contemporaine, elles se forment par les cours d'eau actuels grossis par la fonte des neiges, ou par de fortes pluies qui ravinent les terrains supérieurs et en transportent les débris sur les deux rives de leur vallée.

La même rivière dépose sur ses rives des rochers, des cailloux roulés, des graviers ou des particules impalpables, suivant que la marche de l'eau est plus ou moins torrentueuse, suivant que sa vitesse est influencée par la pente du terrain ou par le rétrécissement de la vallée.

Les rivières paisibles, comme la Saône, dit M. Boitel, ne déposent que des particules ténues propres à la production des plantes herbacées, et il fait remarquer que c'est dans les vallées larges et faiblement inclinées que se sont développées naturellement les plus belles prairies de France. Ces vallées basses, fraîches et fertiles, réunissent toutes les conditions d'une abondante production herbagère. Grâce à leur situation basse et à l'existence d'un plan d'eau peu éloigné de la surface, elles jouissent en tout temps d'une fraîcheur favorable à la pousse de l'herbe. Par les crues suivies de débordements, elles reçoivent sous forme de limon les substances terreuses les plus fertiles enlevées aux terres cultivées.

Aussi elles se sont garnies naturellement de bonnes espèces de graminées et de légumineuses, n'ayant demandé d'autres soins que des travaux de nivellement, d'assainissement ou d'irrigation. Néanmoins la qualité et l'abondance de l'herbe varient avec la composition chimique de ces alluvions.

Les rivières des terrains granitiques produisent des alluvions crétacées, siliceuses, sablonneuses, dépourvues de calcaire; l'herbe a peu de valeur.

Les rivières des terrains jurassiques donnent des alluvions calcaires, les herbes qui poussent sur ces terrains sont plus nutritives.

Les meilleures de ces alluvions sont celles qui, provenant des régions les plus fertiles et les mieux cultivées, sont composées de matériaux meubles suffisamment pourvus de calcaire, perméables à l'eau et frais en toute saison par l'influence du climat et des nappes souterraines. Telles sont les conditions des meilleurs herbages du Nivernais, du Charolais et de la Normandie.

La vallée de la Loire, dont le sol est fertile et facile à cultiver, produit par les cultures de la vigne, du chanvre, des cérérales et des fourrages, plus de bénéfice que par la prairie naturelle.

Le département du Cher contient une bande très riche de terrains d'alluvions suivant toute la rive gauche de la Loire. Cette bande, d'une fertilité remarquable, a reçu le nom de Val et s'étend au pied des collines qui bordent le fleuve et qui devaient autrefois former sa limite.

On remarque encore des alluvions dans les vallées du Cher et de l'Arnon : celles-ci sont composées de sables très ténus, passant quelquefois à l'argile. On les exploite sur différents points comme terre à briques.

Les alluvions de l'Aubois et de l'Arnon sont généralement plus argileuses ; il en est de même de celles qu'on trouve dans la vallée d'Yèvre.

Terrains tourbeux. — Ces terrains sont aussi des plus modernes. Dans le fond des vallées, dans les anciens marais, dans les plaines basses facilement submergées, on trouve des amas plus ou moins considérables d'une substance noire compacte, charbonneuse, qu'on appelle tourbe. Cette substance par sa forme ressemble beaucoup à l'humus ou terreau ; comme lui, elle résulte de la décomposition des végétaux, mais, tandis que cette décomposition pour l'humus s'est faite sous l'influence de l'oxygène de l'air à la surface du globe, elle s'est pour la tourbe effectuée dans l'eau. C'est là, sans aucun doute, qu'il faut chercher la cause de la différence essentielle qui caractérise les deux substances sous le rapport des propriétés chimiques.

Autant en effet le terreau est fertile, autant la tourbe est impropre à la végétation. Les terrains qu'elle forme sont arides et peu favorables pour les bonnes espèces végétales. Abandonnés à eux-mêmes, on n'y trouve que des carex, des roseaux, des joncs et d'autres plantes inutilisables pour l'alimentation des animaux.

Pour en faire des herbages ou des prairies, il faut les assainir, y apporter des matières tertiaires et les désacidifier par l'emploi des phosphates fossiles et ensuite par les amendements calcaires. Ce n'est pas tout, il faut, dit avec instance M. Boitel, quelques années de culture destinées à aérer le sol et à le mélanger aux matières minérales apportées pour préparer l'établissement de la prairie ou de l'herbage.

Nous avons vu comment, à la colonie du Val d'Yèvre, près de Bourges, on avait su tirer partie des terrains tourbeux qu'on rencontre dans les vallées de l'Auron, de l'Yèvre et de l'Arnon.

On en trouve également dans un vaste terrain situé à peu de distance de Dun-le-Roi et connu sous le nom de marais de Contres.

Couches arables en rapport avec les masses minéralogiques sous-jacentes.

La connaissance géologique d'un département conduit naturellement à celle des sols.

Grâce à l'action chimique de l'oxygène, de l'acide carbonique et de la vapeur d'eau de l'atmosphère, à la puissance érosive des eaux et à l'action mécanique de la gelée et des alternances de sécheresse et d'humidité, les roches qui constituent les différents étages de la terre se sont émiettées et ont formé une couche meuble superficielle propre à la germination des plantes et à l'entretien de leur vie, c'est la couche végétale du sol arable.

La végétation qui s'empare de cette couche meuble y introduit à la longue un élément nouveau, l'humus. Le sol désagrégé ne devient guère un sol agricole que quand cet élément organique, produit de la transformation des débris des plantes, s'y trouve en quantité suffisante.

La génération du sol arable par la destruction lente des roches est un fait incontestable. Il nous amène à comprendre comment, à chaque groupe, à chaque étage géologique, correspond un groupe particulier de terrains agronomiques. Les études de M. Penceau nous permettent d'en faire l'application au département du Cher.

On constate que : 1° aux granites et aux micaschistes du sud; 2° aux marnes triasiques de la Marmande; 3° aux terrains jurassiques du centre; et 4° aux couches crétacées ou tertiaires du nord correspondent de grandes régions agricoles :

1° Les sables et les argiles micacés pauvres en chaux, riches en alcalis de Château-meillant et de Culan ;

2° Les argiles calcaires souvent phosphatés de Saint-Amand, Charenton, Sancoins, La Guerche et Germigny ;

3° Les terres argilo-siliceuses, pauvres en potasse, suffisamment riches en calcaire des plaines de Dun-le-Roi et de Bourges ;

4° Les terres légères siliceuses du flanc des coteaux du Sancerrois et de Vierzon;

5° Enfin les sols siliceux ou argilo-siliceux privés de chaux, pauvres en potasse et en acide phosphorique de la Sologne.

Si le sol restait juxtaposé à l'étage géologique duquel il dérive, il serait toujours semblable au sous-sol, au moins comme composition chimique, et une carte agronomique ne serait que la reproduction exacte de la carte géologique de la région.

Mais les débris des roches sont emportés plus ou moins loin au fur et à mesure de leur formation, soit par les vents ou les eaux courantes. Les sédiments qui résultent de ces transports se forment alors souvent sur des étages géologiques différents de ceux qui leur ont donné naissance. Alors on se trouve en présence d'un nouveau groupe de terrains à sous-sol de nature non identique à celle du sol.

Aussi M. Scipion Gras a-t-il proposé de donner aux premiers le nom de *sols autochtones;* il appelle les seconds *sols indépendants.* Ainsi, les sables et les argiles de la Sologne représentent dans le canton de Vierzon un sol autochtone; les alluvions du Val, du Cher et de l'Arnon, les éboulis des pentes appartiennent à la classe des sols indépendants.

Mais que de variétés dans ces sols! Les autochtones dépendant des sols géologiques sont variables comme eux et, de plus, variables par les réactions chimiques dans le même étage, et suivant la structure de la masse par la pulvérisation mécanique, par l'action dissolvante de l'eau.

Et quand il s'agit de terrain à sol indépendant, il faut tenir compte des données géologiques relatives à la couche décomposée, mais encore de toutes les circonstances locales : allure des cours d'eau, agent de transport, sources minéralisantes, remous des fleuves et nature de la roche sous-jacente.

A Vierzon par exemple, il faudrait, pour le classement géologique des alluvions, considérer :

1° Les éléments cristallins et les débris magnésiens des roches du sud roulés par le Cher et l'Arnon ; 2° les apports jurassiques de l'Yèvre ; 3° les sables et les argiles ou crétacés ou tertiaires du Barangeon.

En résumé, le sol arable est né des divers étages géologiques, il conserve surtout lorsqu'il s'agit de grandes périodes un certain ensemble de caractères généraux qui permet la formation de groupes agronomiques correspondant sensiblement aux groupes géologiques.

Mais si, par suite des modifications que nous venons d'indiquer, il est impossible, étant donnée la nature géologique d'une région, d'en conclure absolument à la nature agronomique du sol, il y a néanmoins des relations incontestables entre le sol et les étages géologiques.

CLIMAT

L'ensemble de tous les phénomènes météorologiques qui exercent une influence sur les êtres organisés constitue le climat d'une contrée. Trois agents principaux influent plus spécialement sur les climats : ce sont la chaleur, l'eau et la lumière.

On sait que les plantes ont besoin pour parcourir complètement toutes les phases de leur végétation d'un certain nombre de degrés de chaleur plus ou moins considérables. Quelques degrés de chaleur en plus ou en moins suffisent pour faire mûrir certains végétaux ou les faire périr par la gelée. Avec une température moyenne annuelle de 10 à 11 degrés, la vigne peut fleurir, mais pour que la maturité du raisin soit complète, il ne faut pas que la température descende au-dessous d'une certaine limite depuis la floraison jusqu'à celle de la vendange.

Dans nos climats, l'oranger redoute le froid plus que l'olivier, l'olivier plus que l'avoine, l'avoine plus que la vesce, la lentille, le colza, ces trois dernières plus que le froment et enfin le froment plus que le seigle. Certains végétaux tels que le chanvre, le sarrasin, le maïs ne peuvent supporter la plus faible gelée et exigent dans nos climats d'être semés au printemps après les derniers froids.

Les terrains changent de valeur suivant les climats. Les terrains argileux conviennent mieux dans les climats secs et les sols sablonneux dans les régions où les pluies sont fréquentes.

Un sol considéré dans un pays pluvieux comme le plus propre à la culture de blé serait jugé d'une manière tout à fait opposée dans une contrée où les pluies seraient moins fréquentes.

La fertilité des sols sablonneux est certainement en rapport avec le phénomène de la pluie et surtout avec la fréquence de ses retours.

L'irrigation supplée à la pluie. Et dans les contrées où les circonstances permettent d'y avoir recours, la question de la constitution du sol perd à peu près toute son importance.

Un sol sablonneux peu cohérent est d'autant mieux situé qu'il occupe les parties les moins élevées d'une contrée; alors il est moins exposé à la sécheresse.

Les terres fortes s'accommodent mieux au contraire des situations opposées. Une inclinaison, quand elle n'est pas exagérée, leur convient parfaitement; c'est pourquoi, dans le labour des sols argileux et plats, il est avantageux de former des sillons qui, en exhaussant, en bombant les pièces cultivées, rendent les eaux moins permanentes.

Les terrains très inclinés vers le nord reçoivent moins de chaleur et de lumière : ils restent plus longtemps humides et la végétation y fait moins de progrès que dans les sols tournés vers le midi; mais, en revanche, ces derniers sont plus exposés à souffrir de la sécheresse.

Néanmoins, il paraît bien constaté que les pentes qui descendent vers le nord sont réellement les plus productives quand elles ne sont pas trop abruptes. On explique cette sorte d'anomalie par la fréquence des dégels qui ont lieu bien plus souvent sur les versants méridionaux. La gelée, quand elle n'est pas très intense, dit M. Boussingault, est certainement moins nuisible aux végétaux qu'un dégel trop brusque, et on comprend que dans une station élevée, où, par le simple effet du rayonnement nocturne, les plantes, aux matinées de printemps, sont couvertes d'une couche de givre, le dégel ait lieu chaque jour aussitôt après l'apparition des premiers rayons du soleil. Au nord la gelée a lieu également; mais la cause qui la fait cesser ne se manifeste pas aussi subitement, la fusion de la glace étant produite par l'échauffement graduel de l'air ambiant.

Il est clair que les avantages ou les inconvénients de ces expositions diverses sont liés à la nature et à la constitution des sols. On peut en dire autant des abris qui les garantissent de l'action de vents régnants.

Le département du Cher appartient à la zone tempérée de la France. Sa situation à égale distance de l'Océan et des Alpes le met à l'abri de ces deux grandes influences météorologiques, mais il est exposé à des sécheresses persistantes et à des gelées tardives.

C'est ordinairement dans la dernière quinzaine de juillet et dans la première semaine d'août que se font sentir les plus grandes chaleurs; leur durée, ainsi que celle des grands froids, ne s'étend guère plus d'une quinzaine de jours, elles sont souvent tempérées par des orages qui rafraîchissent l'atmosphère pendant trois ou quatre jours.

La plus grande dilatation du mercure dans le thermomètre centigrade n'a pas encore été remarquée au delà de 35° et cette élévation de température ne persiste pas ordinairement plus de deux à trois jours dans les années ordinaires; le thermomètre ne dépasse plus 30°.

Quelquefois les premières semaines d'automne sont les plus régulièrement chaudes de l'année. Cette saison est aussi généralement la plus belle dans cette contrée, elle permet aux fruits de bien mûrir et d'acquérir les qualités qui les caractérisent. La chaleur est plus constante dans le courant d'une même journée sur les plaines calcaires et nues du centre du département que dans les parties montueuses.

M. H. Duchaussoy, professeur de physique au lycée de Bourges, a publié sur la climatologie du département du Cher une excellente étude que nous avons lue avec un grand intérêt, et de laquelle nous extrayons ce qui suit :

A Bourges, la température moyenne de l'année est de 11°,4, celle de l'hiver étant 3°,8, et celle de l'été 19°,3.

D'après M. Renou, la température moyenne trouvée à l'école normale de Bourges, serait un peu trop forte, le savant directeur de l'observatoire du parc Saint-Maur l'évaluant à 10°,2.

Les extrêmes de la température présentaient un écart de 61°. La température la plus forte est égale à + 39°, et a été observée le 19 juillet 1881 ; un froid de — 22° a eu lieu le 10 décembre 1879.

Le ciel du Berry est clair environ 66 jours par an et couvert 95 jours ; par hiver, on compte à peu près 33 jours de gelée forte et 12 jours de neige. Il y a environ 30 gelées blanches, 3 grésils, et rarement du verglas.

L'état hygrométrique moyen est 79,3. C'est en juillet que l'air a son maximum de sécheresse. En moyenne, on remarque à Bourges 30 brouillards, il y fait environ 30 orages et la grêle est heureusement rare.

Les vents dominants sont ceux du sud-ouest et de l'ouest ; depuis 1867, on a constaté annuellement 124 jours de pluie ayant donné une hauteur de 663^{mm},4.

Tels sont les principaux résultats qui se dégagent de l'étude de M. Duchaussoy, qui a publié dans son travail un tableau résumant les moyennes mensuelles de 1867 à 1881, et nous ne pouvons que féliciter la Commission centrale de météorologie du Cher, qui, rétablie par arrêté préfectoral du 20 octobre 1882 et présidée par M. de Lafont, ingénieur des ponts et chaussées, a créé un réseau pluviométrique complet et organisé le service des orages et rempli le programme qu'elle s'était imposé. Ces généralités connues, nous allons étudier avec détails l'atmosphère.

ATMOSPHÈRE

Pesanteur de l'air. — L'atmosphère est l'enveloppe gazeuse, la couche d'air qui, s'étendant autour de la terre, agit continuellement sur elle, sur les minéraux qui la constituent, sur les plantes qui s'y développent, sur les animaux qui l'habitent. Et comme l'agriculteur travaille la terre, cultive les plantes, élève les animaux, il lui importe de connaître l'action de l'atmosphère, l'action de l'air sur le sol. Déjà nous avons vu comment l'acide carbonique de l'air, l'oxygène, l'eau ont concouru à désagréger les roches, à former les sols qui, une fois constitués, ont encore besoin d'air pour être fertiles. Comme le dit notre ami Flammarion dans son beau livre sur l'atmosphère, sans l'air, les plantes ne respireraient pas et ne sauraient exister, même les plus inférieures ; sans l'air, la surface du sol ne pourrait recevoir le moindre tapis de mousse, ni le plus léger humus végétal ; la terre serait partout abrupte, stérile et dénudée ; sans l'air, les nuages ne sauraient se former ni se tenir suspendus au-dessus des campagnes ; sans l'air, il n'y aurait ni pluies, ni eau, ni humidité, ni vent, ni circulation. L'atmosphère s'affirme de quelque côté qu'on l'étudie comme la condition suprême et comme l'organisation permanente de la double vie végétale qui fonctionne sur cette planète. Les alternatives de froid et de chaud sont de puissants auxiliaires, ainsi que nous le verrons dans cette œuvre de vie et de destruction.

L'air, quoique invisible, parce qu'il est transparent, est néanmoins pesant. Si son poids spécifique est faible, son volume est considérable, en sorte que son poids est élevé ; on sait que la pression exercée par l'atmosphère à la surface du sol est mesurée par le baromètre.

On sait que l'action des variations barométriques sur la végétation peut être renfermée en certaines limites. La plupart des espèces végétales ne peuvent dépasser une certaine hauteur dans les régions montagneuses, mais cette limite est fixée par la température et non par la pression atmosphérique. Les céréales réussissent sur les hauts plateaux du

Mexique et de l'Amérique du Sud comme dans nos plaines de la zone tempérée, parce qu'elles y trouvent des conditions analogues de chaleur, de lumière et d'humidité.

Le baromètre est destiné à mesurer les variations de la pression atmosphérique. Et il y a longtemps que Pascal a reconnu l'utilité du baromètre pour la prévision du temps.

« La connaissance, a-t-il dit, de la hauteur du baromètre peut être très utile aux laboureurs et aux voyageurs pour reconnaître l'état présent du temps et le temps qui doit suivre immédiatement après, pour connaître celui qu'il fera dans trois semaines. »

Il est certain qu'il y a des relations entre les variations du baromètre et celles du temps. En général le temps tourne au beau lorsque le baromètre monte régulièrement, et inversement. De là les expressions de temps sec, beau temps, pluie, etc., marquées sur les baromètres.

Très sec	790	millim.
Beau fixe	780	—
Beau temps	770	—
Variable	760	—
Pluie ou vent	750	—
Grande pluie	740	—
Tempête	730	—

Dans son livre sur la pression du temps, dans la région centrale de la France, M. Raffard, directeur-fondateur de l'observatoire météorologique de Gien, dit :

« La baisse du baromètre accompagne le beau temps et prédit le mauvais temps prochain, et la hausse du baromètre accompagne le mauvais temps et prédit le retour du beau temps qui persiste, le plus ordinairement jusqu'à l'arrivée d'une nouvelle baisse. »

Ainsi très fréquemment pendant la journée où le soleil et la pluie se succèdent, on peut voir que le baromètre baisse au moment d'une éclaircie pendant tout le temps qu'elle dure, et que, dès qu'il est stationnaire ou cesse de descendre, le ciel se couvre de nouveau et la pluie recommence à tomber aussitôt qu'il remonte.

Une baisse lente, régulière et peu importante, 3 à 4 millimètres du baromètre, indique qu'une dépression passe au loin du lieu de l'observation et n'amènera pas de changement bien notable dans le temps.

Une baisse brusque, mais de faible importance, 2 ou 3 millimètres, nous annonce toujours qu'une dépression se forme près de nous. Elle occasionne presque toujours de forts coups de vent ou des averses fortes, mais de courte durée. Si la baisse brusque est considérable, 10 à 15 millimètres, elle nous prévient d'une tempête.

Une baisse importante lente et continue nous annonce généralement des mauvais temps de longue durée ; mauvais temps qui seront d'autant plus accentués que le baromètre sera parti de plus haut et descendra plus bas à l'échelle. Une hausse rapide nous annonce un beau temps de courte durée, mais, si la hausse est importante et considérable, on peut être certain qu'on aura plusieurs jours de beau temps.

Une hausse brusque du baromètre, quand celui-ci indique une pression voisine de la pression moyenne, environ 755 à 758 millimètres, et que le temps est beau, nous annonce toujours *l'arrivée très prochaine d'une dépression*, sous l'influence de laquelle le baromètre ne tarde pas à descendre.

Enfin, après une hausse considérable du baromètre au-dessus de la pression moyenne du lieu d'observation, le temps se met au beau fixe ; le baromètre, à partir de ce moment, continue à monter lentement, très lentement même pendant quelques jours et finit par atteindre un maximum qu'on reconnaît très facilement, peu de temps après qu'il s'est produit. De cette remarque, on peut en déduire le nombre de jours que durera encore le beau temps. Ce nombre de jours est à très peu de chose près le même que celui qui s'est écoulé entre la fin du mauvais temps précédent et le maximum barométrique. Cette prévision assez longtemps à l'avance est importante pour l'agriculture, au moment des récoltes.

Dans son excellente étude sur la climatologie du Cher, M. Duchaussoy a donné un tableau résumant les maxima et les minima barométriques depuis 1867 jusqu'à 1883. Le baromètre a varié à Bourges entre 717 mm. 7 et 770 mm. 8 depuis le 1ᵉʳ janvier 1887; c'est une oscillation totale de 53 mm. 1. Les deux pressions extrêmes ramenées au niveau de la mer sont : 731 mm. 78, le 29 mars 1878; 785 mm. 10, 16 janvier 1882.

On remarque que les maxima barométriques annuels ont eu lieu, depuis 17 ans, 7 fois en janvier, 5 en décembre, 3 en février, 1 en avril et 1 en mai, c'est-à-dire 15 fois en hiver et 2 fois au printemps; 10 minima se sont produits aussi en hiver, dont 4 en décembre et 2 en janvier.

De 1867 à 1883 la hauteur moyenne du baromètre a été à Bourges de 747 mm. 88, ce qui correspond à une pression atmosphérique de 762 mm. 58 mesurés au niveau de la mer. La pression normale est à Bourges de 745 mm. Cette valeur calculée d'après les tables d'Ottmans se rapproche beaucoup de la moyenne générale des observations faites depuis 1867.

La date des grands minima est malheureusement celle des tempêtes les plus violentes,

Tempête du 10 décembre 1872.......................... 723ᵐᵐ6
—   20 janvier 1873.......................... 749 8
Ouragan du 12 mars 1871.......................... 725 5
Tempête du 18 novembre 1880.......................... 724 6

Chaleur, lumière et froid. — La chaleur et la lumière exercent sur la végétation une influence très importante.

« Toutes les plantes, dit Charles Martins, n'entrent pas en végétation à la même température. Chez les unes la sève commence à se montrer lorsque le thermomètre est à quelques degrés seulement au-dessus de zéro; d'autre sont besoin d'une chaleur de 10 à 12 degrés; celles des pays chauds exigent une température de 15 à 20 degrés. En un mot, chaque plante a son thermomètre dont le zéro correspond au minimum de température où sa végétation est encore possible. Pour le blé à zéro, cette température initiale, comme on l'appelle également, est, d'après MM. de Candolle et Hervé-Mangon, d'environ 6 degrés. »

M. Risler rapporte qu'à Calèves, près de Nyon, sur les bords du lac de Genève, dans une ferme cultivée depuis 1857, il a suivi pendant plusieurs hivers avec attention le développement d'un certain nombre de plants de blé qu'il dessinait et mesurait de temps en temps. Il n'a jamais pu constater un accroissement quand la température de l'air à l'ombre n'avait pas été au moins pendant quelques jours de suite et chaque jour au moins pendant quelques heures à 6 degrés. Quelquefois, il est vrai, certaines variétés de blé montrent des traces de végétation pendant des jours d'hiver où la température moyenne n'arrive qu'à 5 degrés : par exemple dans la 1ʳᵉ moitié de janvier 1873, du blé bleu de Noé a poussé sa cinquième feuille et la quatrième s'est allongée de 0,007, bien qu'il n'y eut que trois jours où la moyenne ait atteint 5 degrés. C'est que ces moyennes provenaient de minima inférieurs à zéro et de maxima de 8, 9 degrés, quelquefois même de plus de 10 degrés.

Des journées de ce genre avec des alternances de gel pendant la nuit et de coups de soleil pendant le jour sont désastreuses pour le blé, dit M. Risler; malgré les traces de vitalité qu'il paraît reprendre pendant les heures les plus chaudes, il se déchausse; quelquefois les feuilles sont coupées par la glace qui se forme pendant la nuit à la surface du sol dégelé pendant le jour.

La température initiale de végétation du blé est donc 6 degrés; elle paraît même être plus élevée pour certaines variétés orginaires de l'Angleterre et pour le blé hybride-Galand.

D'après cela, pour déterminer la somme de degrés de température nécessaires pour la maturité du blé, M. Risler, suivant l'exemple de MM. A. de Candolle et Hervé-Mangon, a additionné les températures moyennes de 6 degrés depuis le jour de l'ensemencement jusqu'à la moisson.

Pour tenir compte aussi bien que possible de la chaleur directe du soleil, M. Risler a additionné pour les années 1872 à 1876 les moyennes de température du sol à 0 m. 10 de profondeur; il a trouvé *2315°,80* pour la période de végétation du blé.

Quand la température moyenne dépasse 10 degrés avec des maxima de plus de 15 degrés, le blé s'allonge, les feuilles se séparent et s'étagent les unes au-dessus des autres en faisant entre elles des intervalles de tiges de plus en plus longues. Le blé monte.

Les feuilles sont d'autant plus longues et plus larges que la lumière est plus abondante. En plein champ, leur surface atteint une moyenne de 76 à 77 centimètres carrés par tige. Pour l'épiage et la floraison, il faut encore 200 à 270 degrés de chaleur; enfin, pour la maturation, 780 à 840 degrés.

En résumé il faut :

Pour la levée..................	140 à 160°,	en moyenne,	150°
Pour former les feuilles........	810 à 1,080	—	945
Pour l'épiage et la floraison....	200 à 270	—	235
Pour la maturation.............	780 à 840	—	810
Total..................	1,930 à 2,350°,	en moyenne,	2,140°

Ainsi, dit M. Risler, la floraison et la maturité du blé surviennent quand la somme des températures moyennes atteint une valeur déterminée pour chacune de ces phases, et la quantité de matériaux qu'il s'assimile pour son travail d'organisation dépend, comme l'a montré M. Marié-Davy, de la somme de lumière que la plante reçoit. Ce n'est point, selon lui, la chaleur qui produit la transpiration des feuilles, leur action réductrice sur l'acide carbonique de l'air et tout le travail intérieur qu'on nomme assimilation. La source de ce travail est exclusivement dans les rayons solaires directs ou diffusés dans l'atmosphère. Le rendement, la récolte est fonction de la lumière. Une chaleur insuffisante ne fera que retarder l'épiage ou la floraison, mais, pendant toute la durée de cette phase préparatoire, la lumière plus ou moins vive continuera de frapper la plante et de favoriser son assimilation.

Une fois la floraison produite, la plante qui jusque-là avait préparé ses réserves travaille à les accroître encore, mais elle travaille surtout à les employer au développement du grain. Il est donc possible dès l'époque de la floraison du blé d'apprécier d'une manière approximative quelle sera la valeur finale de la lumière.

Une sécheresse trop grande du sol et une chaleur trop forte peuvent encore empêcher les matériaux qui se sont accumulés dans la tige de se concentrer dans l'épi et de nourrir le grain, mais en comparant les quantités de blé récoltées par hectare avec la somme de degrés de lumière reçus par le blé jusqu'à l'époque de la floraison.

M. Marié-Davy a constaté que l'abondance de la récolte correspond en général assez exactement à l'abondance de la lumière.

Il est certain que, dans les grandes plaines de Beauce par exemple où la lumière n'est arrêtée par aucun écran, les céréales non seulement peuvent produire plus abondamment, mais elles ont une uniformité de maturité qui fait rechercher les orges et les escourgeons de cette contrée pour la brasserie.

On conçoit que les diverses variétés de blé ne demandent pas toutes les mêmes proportions de chaleur et de lumière.

Pour la chaleur, à Bourges, nous avons des observations très intéressantes.

M. Duchaussoy a publié des tableaux qui donnent, de 1867 à 1881, les températures moyennes mensuelles, ainsi que les températures minima et maxima des 180 mois de la période étudiée.

Il a regardé, comme température moyenne d'un jour, la demi-somme des températures extrêmes observées dans la journée.

Les températures mensuelles ont été obtenues en faisant la moyenne des températures diverses du mois correspondant. La douzième partie des températures mensuelles donne la température moyenne de l'année.

Les températures moyennes mensuelles sont comparées à celles de Paris.

Les neuf premiers mois de l'année sont plus chauds à Bourges qu'à Paris; octobre, novembre et décembre font exception. Mais M. Duchaussoy pense que cette anomalie n'est qu'apparente et qu'elle disparaîtra lorsque les moyennes mensuelles du Berry seront basées sur un plus grand nombre d'années d'observations.

Quant aux températures moyenne des saisons, les trois mois les plus froids de l'année sont : janvier, février et décembre, et les trois mois les plus chauds : juin, juillet, août.

La température moyenne des saisons est, à Bourges, exprimée par les nombres suivants :

Printemps .... 11°,3
Été .... 19°,4
Automne.. 11°,2
Hiver.. 3°,8

Si, comme de Humboldt, on fait une carte des lieux d'égal été, la ligne isothère de Bourges sera marquée 19°,4; sa ligne isochimène ou d'égale hiver correspond à 3°,8.

Une seule fois la température moyenne de l'hiver a été inférieure à zéro, celle du grand hiver 1879-1880, où l'on a vu la température égale à 0°,8.

On remarquera qu'il y a une différence de 15°,6 entre la saison froide et la saison chaude. Bourges a donc, comme Paris et Londres, *un climat modéré variable* [1].

Températures moyennes annuelles. — M. Duchaussoy a donné les températures moyennes de l'année à Bourges de 1867 à 1881; il les a comparées aux températures

1. M. Laurent, professeur de physique au lycée de Bourges, démontre que les moyennes basées sur 22 ans d'observations, de 1867 à 1888, indiquent qu'octobre et décembre seuls sont plus froids qu'à Paris.
La température moyenne des saisons pour cette dernière période a été : hiver, 3°,9; printemps, 11°,1; été, 19°,2; automne, 11°,3.

annuelles de Paris déterminées de 1867 à 1871 inclusivement et à Montsouris de 1872 à 1881.

On voit dans ce tableau qu'en 1877 et 1878, la température annuelle de Bourges d'après les observations de l'École normale aura été légèrement plus petite qu'à Paris ; elle aurait été égale en 1880 et 1881, et supérieure pendant 11 ans.

De 1867 à 1881 la température moyenne a été à Bourges de 11°,4 et à Paris de 10°,7 ; c'est une différence de 0°,7 due à la latitude.

La différence entre les températures extrêmes varie entre 18°,5 et 23°,7, l'écart le plus petit ayant lieu en février.

Les températures les plus hautes observées à l'École normale de Bourges se correspondent 5 fois sur 15 à un jour près. De 1871 inclusivement ainsi qu'en 1878 et 1881 la température la plus haute de l'année a été plus forte à Bourges qu'à Paris.

Dans cette période le maximum thermométrique est égal à 39° et il a été observé le 19 juillet 1881. Trois fois dans le même mois on a noté une température de 38°.

Depuis cent ans le thermomètre a indiqué cinq années seulement une température supérieure à 37° :

16 juillet 1782...	38°,7
8 — 1793...	38°,5
8 août 1873...	37°,2
9 juillet 1874...	38°,4
11 — 1881...	37°,2

De ses observations, M. Duchaussoy croit devoir conclure qu'à Bourges la température n'a jamais dépassé 39° à l'ombre.

Les minima des températures diurnes ont lieu 8 fois sur 15, à la même date, le froid le plus intense ayant lieu généralement en décembre :

De 1699 à 1730...	— 7°,0
De 1731 à 1760...	— 9°,9
De 1761 à 1790...	— 11°,3
De 1791 à 1820...	— 10°,8
De 1821 à 1850...	— 10°,2
De 1851 à 1880...	— 9°,6

Dans un autre tableau on remarque surtout deux minima : celui du 10 décembre 1871, où l'on a eu 19°,5 à Bourges, et le froid du 10 décembre 1879, qui correspond à 22° centigrades au-dessous du zéro.

Il est probable qu'à Bourges comme à Paris la température la plus basse observée depuis 150 ans a eu lieu dans la nuit du 9 au 10 décembre 1879 ; le thermomètre est descendu à l'École normale à 22°, le froid ayant été certainement un peu plus fort dans les campagnes.

Cet hiver de 1879-1880 a été désastreux surtout dans le département du Cher, où le froid a fait périr des milliers d'arbres, dans les plantations de pins de la Sologne.

Les cultures *hivernales* : céréales, colza, navette, nos essences supportent ordinairement sans souffrir des froids secs de 10 et 15° au-dessous de zéro, ce qui prouve combien les parties aériennes de ces végétaux sont plus rustiques que les parties souterraines. Cette rusticité tient d'abord à ce que les diverses enveloppes de nos essences conduisent mal le calorique

14

et ensuite à ce que, pendant l'hiver, les tissus des végétaux renferment généralement peu d'eau, ce qui les met à l'abri de la désorganisation causée par la congélation de ce liquide. Mais dès que la végétation a repris son essor, que la circulation de la sève a commencé, les circonstances changent complètement et les froids produisent alors sur la végétation des effets d'autant plus désastreux qu'ils surviennent plus tardivement.

Vents. — Le vent, c'est, a-t-on dit, l'air qui se meut.

Les vents modérés sont utiles en agitant les plantes ; ils favorisent l'évaporation foliacée et la circulation de la sève ; ils semblent fortifier les fibres ; ils aident à la dispersion du pollen et la fécondation paraît plus complète que sur les plantes qui sont entièrement abritées.

M. de Gasparin pensait que les vents tendent aussi à enraciner plus fortement les végétaux. Il observa que dans un même champ les touffes de froments abritées du vent étaient moins nombreuses. M. Marié-Davy croit que tous ces bons effets ne sont point dus à une simple action mécanique du vent.

La plante s'alimente dans l'air, dit-il, par ses feuilles comme dans le sol par ses racines ; elle puise dans l'atmosphère le carbone de l'acide carbonique et l'azote de l'ammoniaque des acides azotiques et azoteux. Or ces produits y sont très peu abondants et seraient vite épuisés dans un air calme. Le renouvellement de l'air amène en même temps le renouvellement de la provision d'azote assimilable qui y est contenu. On ne saurait toutefois rien dire d'absolu à cet égard.

Quand dans un pays les vents soufflent habituellement d'une même direction et avec force, les plantes en sont gênées dans leur croissance ; elles se courbent sous le vent et conservent cette direction inclinée même dans les temps calmes. Les racines se trouvent du côté opposé comme pour mieux retenir au sol l'arbre penché.

Le même phénomène se produit pour les branches des arbres ; j'en ai la preuve par les arbres que je vois de mon cabinet, et dont les branches du côté du sud-ouest sont beaucoup plus développées que du côté du nord.

M. Marié-Davy se demande si le mouvement imprimé aux fibres des plantes est pour elles une cause de force ou s'il faut la chercher exclusivement dans une évaporation plus active des feuilles les plus directement frappées par le vent, ou mieux encore les plus exposées à l'action de la lumière par la position même que leur donne le vent. Il est des plantes qui, par leur organisation, ne peuvent guère supporter l'action des vents un peu forts et auxquelles il faut un abri. Il en est d'autres qui supportent difficilement le contact des poussières, des grains siliceux ou des matières salines que le vent enlève au sol ou à la mer.

On sait aussi les ravages que des vents violents peuvent exercer dans des récoltes arrivées à un certain degré de développement.

Les vents dominants dans le département du Cher sont, comme nous l'avons constaté, ceux du sud-ouest, où ils soufflent ordinairement non seulement des semaines, mais des mois entiers.

Les vents du sud, du sud-est, du nord-est, du nord et de l'est sont plus variables, cependant ceux du nord et de l'est soufflent quelquefois huit et quinze jours de suite.

Quand la saison d'été est belle, ce sont les vents du nord-est, du nord et de l'est qui soufflent le plus constamment.

De tous les vents, celui qui vient de l'ouest est toujours le plus violent ; ce sont ensuite le sud-ouest et le nord-ouest. Ce dernier est toujours froid et humide ; les deux autres sont plus humides que froids quand ils dominent en hiver, ce qui arrive souvent, ils diminuent beaucoup en rigueur dans cette saison.

M. Duchaussoy rappelle que les chroniqueurs du Berry nous ont conservé la date de quelques ouragans, et entre autres le grand vent du 17 mai 1540, qui renversa le clocher de Saint-Médard, et celui du 4 février 1645, qui a ruiné des forêts tout entières, abattu les clochers de la Sainte-Chapelle de Bourges et renversé une foule de cheminées. C'est à Carré et à M. Fabre qu'on doit les premières études sur la direction des vents dans chaque saison. En rapportant à 1000 les moyennes données par cet ingénieur, la fréquence relative du vent serait indiquée de la manière suivante :

N.	N.-O.	O.	S.-O.	S.	S.-E.	N.-E.
107	179	235	141	85	87	83

Les trois vents dominants seraient ainsi, d'après M. Fabre, ceux de l'ouest, du nord-ouest et du sud-ouest. D'après M. Duchaussoy, les quatre vents dominants de l'année sont ceux du sud-ouest, ouest, nord-est et nord. Les variations d'une année à l'autre proviennent des modifications dans la distribution des pressions à la surface de l'Europe [1].

Eau atmosphérique.

L'atmosphère contient des quantités très variables de vapeur d'eau. L'air n'en est jamais complétement dépourvu; il en est très rarement saturé. La vapeur d'eau provient de l'évaporation permanente qui se fait à la surface des mers, des lacs, des fleuves et des rivières. Par transpiration, les végétaux rejettent aussi dans l'atmosphère une grande quantité d'eau puisée dans le sol à l'aide des racines.

On nomme état hygrométrique d'un lieu, le rapport qui existe entre la quantité de vapeur d'eau contenue dans l'air et la quantité de vapeur qu'il y aurait dans l'atmosphère si l'air était saturé. Plus ce rapport est voisin de l'unité, plus l'air est humide. Les degrés hygrométriques sont les centièmes de l'état hygrométrique.

Il est reconnu que, si l'on refroidit graduellement l'air sans lui donner ni lui prendre de vapeur, son degré hygrométrique va monter par le seul fait de l'abaissement de température.

A la température de 8 degrés, il sera saturé puisqu'il ne peut contenir que 8 gr. 5 de vapeur d'eau; son degré hygrométrique sera 100. En descendant à une température plus basse, il sera sursaturé, c'est-à-dire qu'une portion de sa vapeur sera condensée en eau sous forme de rosée ou de brouillard. Le degré hygrométrique de l'air fait donc connaître sa fraction de saturation, mais ne donne pas directement la quantité de la vapeur qu'il renferme. Il faut connaître de plus la température de l'air.

L'air ne contient généralement pas plus de vapeur le soir ou le matin que durant le jour et très souvent il en contient moins, mais, comme il est plus froid, il est plus près de son point de saturation et paraît plus humide; le degré hygrométrique d'un lieu variera donc en général en sens inverse de la marche de la température. Il est à son maximum vers le lever du soleil, au moment le plus froid de la journée, il atteint son minimum vers deux ou trois heures à l'instant le plus chaud du jour. Les mêmes effets généraux se manifestent dans le cours de l'année.

1. M. Laurent a remarqué que l'orientation des vallées influe sensiblement sur la direction des vents.

Le degré hygrométrique est maximum en hiver, il est minimum en été, mais les faits particuliers sont fréquemment en contradiction avec cette règle sommaire, et ce sont ces anomalies journalières qui nous renseignent sur l'état probable du temps.

Le degré hygrométrique de l'air est assez uniforme à la surface des mers. L'air y est toujours très près du point de saturation. Il est très variable à la surface du sol où l'évaporation est en moyenne beaucoup moindre que sur l'eau. Il en résulte que la direction d'où le vent souffle en un lieu exerce une grande influence sur le degré d'humidité qu'on y trouve et sur la rapidité de l'évaporation qu'il produit. En France, la plus grande partie du territoire est directement sous le vent de l'Océan. Quand ce vent règne en hiver, l'air est tiède et humide et les pluies fréquentes; quand soufflent au contraire les vents d'est ou de N.-E., le temps est sec et froid; il devient froid et brumeux quand ces deux vents soufflent à une faible distance l'un de l'autre. Dans l'un et l'autre cas, l'évaporation est peu abondante durant l'hiver de nos climats. Elle peut cependant y être accrue notablement par la violence du vent.

Durant l'été, l'opposition des températures propres aux différents vents est moins marquée, les vents d'entre N. et N.-E. restent secs et sont encore chauds; ils produisent une évaporation très active.

M. Duchaussoy donne dans un tableau l'état hygrométrique moyen de 1867-1881. Les observations ont été faites 6 fois par jour, à 6 heures et 9 heures du matin, midi, 3 heures, 6 heures et à 9 heures du soir.

Pendant ces 15 années, l'année la plus sèche a été 1881, dont l'état hygrométrique moyen a été 63,4. L'année 1872 est la plus humide, ayant pour moyenne 87,8, l'état hygrométrique le plus élevé.

La moyenne de ces 15 années est égale à 79,3 degrés hygrométriques. Des moyennes mensuelles des 15 années 1867-1881, M. Duchaussoy a déduit l'état hygrométrique mensuel à Bourges. Il en a fait un tableau où il a joint la température mensuelle, la pression maximum de la vapeur pour la température correspondante, obtenue à l'aide des tables de Regnault; une colonne indique la pression moyenne de la vapeur dans l'air pour chaque mois à Bourges; enfin il a calculé le poids de vapeur contenue en moyenne dans un mètre cube d'air à la pression de 760 et à la température moyenne du mois.

Ce tableau permet de chercher l'état hygrométrique moyen des saisons.

```
Printemps.................................................. 78º,0
Été ...................................................... 73º,3
Automne................................................... 81º,7
Hiver..................................................... 84º,3
```

La saison la plus chaude est aussi la plus sèche, la plus froide est en même temps la plus humide.

Mais si l'état hygrométrique suit à peu près une marche inverse de cette température, on voit par l'examen de la dernière colonne du tableau que l'air contient d'autant plus d'eau qu'il fait plus chaud.

Ainsi en décembre et en janvier, où la température est la plus basse, un mètre cube d'air ne contient à Bourges que 5 grammes de vapeur d'eau environ; tandis qu'en août a lieu le maximum de température, il y a 13 grammes d'eau environ par mètre cube d'air.

MÉTÉORES AQUEUX

Vapeurs, rosées, gelées blanches.

La vapeur d'eau est invisible tant qu'elle conserve son état gazeux, mais elle prend divers aspects, soit qu'elle revienne à l'état liquide sous forme de globules très fins creux ou pleins, qu'on appelle vapeur vésiculaire, soit qu'elle passe à l'état solide sous forme de fines aiguilles de glace, qu'on confond d'ordinaire à distance avec le premier état.

La réunion de ces globules ou de ces aiguilles en masses diffuses et très peu denses forme ce qu'on nomme en langage ordinaire les vapeurs, qui jettent un voile blanchâtre sur le ciel quand la concentration est plus accentuée et qu'elle est vue à distance avec des nuages. Si l'on est placé au milieu de ces nuages, ils apparaissent sous forme de brouillards. Le nuage et le brouillard ne diffèrent en effet l'un de l'autre que par la distance d'où on l'observe, et, en s'élevant dans l'atmosphère, le brouillard qui nous enveloppait devient nuage sans changer en rien de nature. Que les globules de vapeur condensée se réunissent en goutte-lettes plus volumineuses, on a de la bruine ou de la pluie ; que les cristaux de glace prennent de l'extension ou se soudent entre eux, on a de la neige ; que les flocons de neige soient roulés par le vent, on a du grésil ; que les grains de grésil se forment dans une atmosphère chaude brusquement refroidie et brassée par une tempête orageuse, il se forme de la grêle ; que la condensation de la vapeur, au lieu de s'opérer dans le sein même de l'atmosphère, s'effectue à la surface des objets terrestres, nous aurons de la rosée par une température inférieure à 0° (Marié-Davy).

Plus l'air sera humide, moins le corps aura besoin d'être froid pour que la rosée s'y dépose. Mais, d'autre part, plus le ciel est clair et l'horizon étendu, plus les objets ter-restres se refroidissent par le rayonnement nocturne, et plus aussi le dépôt de rosée tend à devenir abondant, surtout si l'air, sans être très agité, n'est pas complètement en repos. Un peu d'agitation renouvelle autour du corps l'air qui y a déposé sa vapeur en excès, une agitation trop vive empêche les corps de se refroidir et enlèverait même la rosée qui s'y serait déposée.

Tout obstacle au rayonnement nocturne entrave le refroidissement des corps et retarde ou arrête le dépôt de rosée à leur surface. Une simple claie d'osier, cachant le ciel, amène ce résultat. Les nuages produisent le même effet par la même cause.

D'après de Gasparin, une tige de blé peut recevoir dans les fortes rosées du Midi 0 mm. 225 d'eau ; c'est encore là une imperceptible fraction de la quantité d'eau que donne la même tige par évaporation durant le jour, et il est très douteux même que les feuilles profitent directement de l'eau qu'elles reçoivent par cette voie, tout au moins la plus grande partie de cette eau s'évapore-t-elle aux premiers rayons du soleil levant. M. Marié-Davy pense qu'on exagère beaucoup sous ce rapport l'importance des rosées.

Si le refroidissement par rayonnement continue après le dépôt de rosée, la température du corps sur lequel s'est effectué ce dépôt peut s'abaisser au-dessous du zéro et il se pro-duit alors une gelée blanche.

Les *gelées blanches* du printemps, et particulièrement celles d'avril et de mai, compro-mettent souvent la récolte des fruits et détruisent en peu de temps les grappes naissantes des vignobles. Du 1er janvier 1867 au 31 décembre 1883, on a constaté à l'École normale de Bourges 316 gelées blanches, ainsi réparties :

Janvier 55, février 48, mars 47, avril 27, mai 10, juin 1, juillet 0, août 0, septembre 7, octobre 39, novembre 39, septembre 31.

On a eu ainsi, en dix-sept ans, 134 gelées blanches en hiver, 85 en automne, 84 au printemps et 1 seule en été; cette dernière a eu lieu le 17 juin 1874.

Le quart des gelées blanches a lieu au printemps, et ce sont là les plus dangereuses.

La moyenne annuelle est, à Bourges, de 19 environ. Cette moyenne est trop faible pour M. Duchaussoy, qui en a observé 36 en 1882 et 39 en 1883 [1].

Les *brouillards*, comme on sait, sont dus au refroidissement de l'air, puis ensuite à ce que l'eau moins refroidie donne des vapeurs qui se condensent à la surface de la terre.

Dans les lieux naturellement humides, des brouillards peuvent se former presque toutes les nuits; dans les endroits plus secs, ils n'apparaissent qu'aux époques où l'humidité est accrue par l'influence des vents ou de la saison; dans d'autres, ils ne se montrent qu'accidentellement.

Les vents d'entre sud et ouest sont favorables en France à la production des brouillards, parce que ces vents sont humides. Les vallées entourées de hauts plateaux sont plus fréquemment couvertes de brouillards que les vallées largement ouvertes.

Le refroidissement nocturne est rapide sur les lieux élevés, et l'air devenu plus dense par le froid glisse le long des pentes vers les lieux les plus bas. Dans ceux-ci, la température de l'air descend promptement au-dessous de la température du sol; et cet air est déjà saturé de vapeur que le sol lui en fournit encore. L'effet est surtout marqué dans les vallées arrosées par des cours d'eau.

Dans les pays où les brouillards sont fréquents et abondants, la culture pastorale mixte devient nécessaire, car elle présente de grands avantages. L'intensité de la radiation solaire étant considérablement affaiblie par la présence fréquente de ces écrans épais, la végétation des prairies artificielles et des pâturages peut devenir très luxuriante.

Dans d'autres régions, si les brouillards deviennent trop fréquents à certaines époques de l'année, ils peuvent exercer une action défavorable sur la végétation; c'est ainsi qu'ils peuvent altérer le pollen par excès d'humidité et nuire à la fécondation s'ils règnent plusieurs jours de suite à l'époque de la floraison des plantes.

On a divisé les brouillards en trois classes :

1o Les brouillards généraux, c'est-à-dire ceux qui couvrent les parties élevées en même temps que les parties basses d'une contrée aussi étendue que l'est le département du Cher;

2o Ceux qui couvrent seulement les parties basses et humides et semblent quelquefois dessiner, dans les larges vallons des grandes plaines, le passage d'anciens cours d'eau qui ont disparu de sa surface, où la présence de l'argile a une moindre profondeur que dans les parties élevées et qui retient les eaux de pluie;

3o Ceux du val, des grands cours d'eau, et ceux qu'on remarque si fréquemment matin et soir dans les gorges des parties montueuses du département du Cher.

D'après des observations faites pendant cinq années sur une plaine élevée, M. Franc a constaté que les brouillards de la première classe se montrent pendant 17 jours en moyenne, ceux de la deuxième classe présentent une moyenne de 74 jours. Les mois de mai, juin, juillet et août sont ceux dans lesquels on voit plus rarement les brouillards de la première classe. Les deux derniers mois d'automne en présentent plus fréquemment.

1. D'après M. Laurent, de 1882 à 1888 le nombre moyen des gelées blanches relevées sur les registres de l'École normale est de 38.

Les brouillards de la deuxième classe se répartissent assez ordinairement dans tous les mois de l'année, mais ils sont toujours moins fréquents de mai à septembre que dans les autres mois, et se manifestent toujours fréquemment dans les mois d'hiver, lorsque celui-ci est plus humide que froid.

Quant aux brouillards de la troisième classe, ils se manifestent toute l'année, excepté dans les grands froids. La raison en est facile à saisir, car l'évaporation qui se fait continuellement dans les vallées est rendue sensible matin et soir par la condensation qu'éprouve leur atmosphère en l'absence du soleil au-dessus de notre horizon.

Les brouillards fournissent aux plantes un contingent ammoniacal appréciable; on en peut juger souvent par la mauvaise odeur qu'ils répandent.

Depuis 1867 à 1881 inclusivement les brouillards et brumes observés à Bourges, ont donné une moyenne d'environ 28 brouillards par an.

La répartition mensuelle des brouillards observés de 1867 à 1881 a donné environ 3 à 4 brouillards par printemps et été, 10 en automne et 11 en hiver. On sait que les brouillards du printemps sont utiles aux viticulteurs et aux jardiniers, en empêchant partiellement les gelées blanches.

Neiges. Grésil. Verglas.

L'atmosphère étant plus humide que sèche dans le département du Cher, surtout pendant la saison froide, on conçoit qu'il doit y tomber communément peu de neige et qu'elle ne doit pas longtemps y couvrir le sol : c'est en décembre, janvier et février qu'elle tombe le plus ordinairement, quelquefois il en survient en novembre et en mars, mais elle disparaît promptement.

La neige, comme les brouillards, renferme de l'ammoniaque; on connaît le proverbe : Les brouillards et la neige qui durent engraissent la terre.

La neige protège les plantes annuelles, qui résistent à l'intensité du froid quand elles sont recouvertes par la neige, qui est à la fois une couverture et un écran : une couverture, parce que la neige étant peu conductrice s'oppose au passage de la chaleur et empêche la terre de se mettre rapidement en équilibre de température avec l'atmosphère; un écran, parce qu'en abritant le sol, elle le soustrait au refroidissement qu'il ne manquerait pas d'éprouver par rayonnement.

Ce sont ces refroidissements nocturnes qui font périr un grand nombre de plantes, de blés d'automne, quand le champ n'est pas abrité et malgré qu'on ait semé très dru.

Quand l'eau contenue dans le sol vient à se congeler, elle distend la terre et la soulève, lorsque le dégel arrive, la glace fond et il reste un petit espace vide; si la gelée et le dégel se reproduisent plusieurs fois pendant l'hiver, les racines finissent par être complètement soulevées, quelquefois brisées, et le blé déchaussé cesse de pousser. Aussi ces alternatives sont-elles plus redoutables à cette plante qu'une gelée beaucoup plus forte et même prolongée.

D'après les observations faites à Bourges du 1er janvier 1867 à la fin de décembre 1883, il y a eu 209 chutes de neige.

C'est en décembre qu'il y a eu le plus de neige : 13 fois en 17 ans sur un total de 209; c'est une moyenne de 30 p. 100 environ.

D'après le même tableau, on a 202 jours de neige répartis en 17 hivers. C'est une moyenne de 12 jours de neige par an.

Givre. Lorsque par suite d'une forte gelée les corps terrestres, herbes, arbrisseaux, arbres, etc., se trouvent fortement refroidis, l'humidité de l'air se congèle en se déposant sur ces objets sous forme de cristaux aiguillés de forme très déliée, réunis en masse floconneuse sur les parties supérieures des tiges feuillues. Ce dépôt se nomme givre, il est beaucoup augmenté par la présence des brouillards.

Le *grésil* résulte aussi de la congélation de la vapeur d'eau dans l'atmosphère, dont la température, pendant la saison froide, peut descendre facilement à zéro, même à une faible distance de la terre.

Dans la période de janvier 1867 à fin décembre 1883, on a observé 61 fois du grésil ainsi répartis :

29 grésils en hiver, 21 au printemps, 6 en été et 16 en automne. La moyenne est au moins de 4 grésils par an.

Verglas. Le verglas est produit par la congélation en masse d'une pluie peu abondante qui tombe sur le sol pendant qu'il est gelé à une très basse température. Le verglas est surtout dangereux pour les chevaux qui ont besoin d'être ferrés spécialement pour pouvoir se tenir sur le sol ainsi glacé. On se rappelle le verglas du 1er janvier 1875. Le verglas de 1879 a fait rompre quantité d'arbres dans les forêts. On a trouvé des feuilles chargées de 50 fois leur poids de glace ; une branche d'alaterne pesant 200 grammes avec le verglas et 78 seulement après la fusion de la couche de glace formée ; une branche de bouleau cassée par la charge pesait 29 kilogr. avec le verglas et ne pesait plus que 4 kilogr. après la fonte.

Orages et Grêle.

Tout le monde sait comment se forment les orages : c'est le résultat d'une condensation rapide de vapeur caractérisée par la production d'éclairs ou de coups de tonnerre, accompagnés d'une chute de pluie ou de grêle.

Les nuages orageux peuvent se former de deux manières :

1° Par l'ascension d'un courant d'air chaud et humide qui vient se condenser dans une région plus froide, comme cela a lieu principalement en été ;

2° Par la rencontre de deux courants d'air opposés, circonstance qui donne ordinairement naissance aux orages de la saison d'hiver.

Dans nos contrées tempérées, les orages sont beaucoup plus rares que dans les régions intertropicales et ne sont pas toujours accompagnés de pluie, mais, quand ils se forment, les conditions de leur formation sont à peu près les mêmes que dans le voisinage de l'équateur : c'est particulièrement sur le parcours du courant équatorial et lors du passage d'un mouvement tournant que les orages se produisent en Europe. Ces mouvements sont accompagnés d'une double circulation, horizontale à une certaine hauteur autour de l'axe, verticale et descendante dans les hautes parties de l'axe, ascendante au contraire dans les alentours de son extrémité inférieure.

Dans son mouvement ascensionnel ainsi favorisé par l'action du tourbillon, l'air se refroidit graduellement, sa vapeur se condense et l'on voit apparaître en cumulus de gros nuages à formes arrondies qui croissent rapidement sur place et deviennent des foyers d'orages. L'électricité dont ils sont chargés les attire vers la terre électrisée d'une manière inverse et les oblige souvent à descendre très bas et, depuis que M. Marié-Davy a commencé l'étude des orages à l'aide des documents recueillis simultanément sur toute la

France, il n'en a pas vu un seul un peu étendu se produire sans qu'un mouvement tournant apparût en même temps, et toujours les rapports sont restés les mêmes.

Plus la saison est chaude, moins il est nécessaire que les mouvements tournants soient intenses pour amener des orages, mais ces mouvements peuvent en produire même en hiver quand ils ont une certaine énergie.

Les orages à leur tour par la pluie qu'ils versent à la surface du sol, par les actions électriques intenses qu'ils déterminent entre eux et la terre peuvent engendrer des mouvements tournants secondaires très limités, mais très énergiques. Ce sont les trombes orageuses dont les effets destructeurs sont quelquefois si redoutables.

Gallicher fait remarquer que les orages obéissent à l'attraction des vallées ou cours d'eau, des forêts, et que leurs points de passage sont assez généralement les mêmes, surtout dans la même année. Ainsi la disposition des eaux et des collines rend les orages partiels plus fréquents dans la contrée du Sud, à la hauteur de Saint-Amand, que sur le plateau central du Cher.

Les faîtes boisés des collines du Nord sont également un point d'attraction pour les orages qui, en les suivant, vont aussi vers les parages du Sancerrois et les vallées de la Loire.

C'est, ajoute Gallicher, sur ces deux lignes qu'on rencontre les points les plus menacés par la grêle, et c'est la plaine calcaire plus sèche, plus uniforme qui échappe le mieux aux atteintes de ce fléau. D'après ses observations, la moyenne des jours d'orages serait de 28 par an pour le département du Cher.

Sur cinq années d'observations, deux mois seulement sont sans orage, février et novembre.

Juillet a eu...........................	7 jours en moyenne.	
Mai...................................	5,60	—
Août..................................	5	—
Juin..................................	4,80	—
Avril.................................	2,40	—
Septembre.............................	2,20	—

M. Duchaussoy fait remarquer que les observations des orages sont généralement défectueuses. Macario ne comptait que 12 orages à Sancergues; Fabre, 16 à Bourges; Gallicher, 28, tandis qu'à l'École normale de Bourges, de 1867 à 1881, on en a relevé 190.

D'après ce tableau, il n'y aurait à Bourges que 13 orages par an.

M. Duchaussoy en a observé 15 en 1882 et 22 en 1883. A la réserve, M. Lacord en note 27 en moyenne depuis 1880. M. Duchaussoy est persuadé que, quand des observations auront été faites sérieusement pendant plusieurs années, on trouvera en moyenne 20 à 25 orages dans chacune des stations du département.

La grêle précède ordinairement les pluies d'orage, elle les accompagne quelquefois, mais jamais ou presque jamais ne les suit.

Le mode de formation de la grêle est encore fort obscur. Pendant longtemps on admit, après Volta, qu'elle prenait naissance entre deux couches de nuages superposés électrisés de sens contraire, et donnant lieu à un va-et-vient rapide de grêlons, de l'un à l'autre. Mais des grêles redoutables se produisent même quand il n'existe qu'une seule couche de nuages. L'explication de Volta est donc insuffisante.

Par contre, dit M. Marié-Davy, il n'est pas de grêle qui ne soit accompagnée d'une violente agitation dans la masse nuageuse, et souvent elles marchent avec de véritables trombes dont l'axe descend jusqu'à la surface du sol; il est probable que ces trombes existent dans la région nuageuse alors même qu'elles ne se font pas sentir jusqu'à nous. Ces trombes, qui se produisent surtout quand la température décroît rapidement dans le sens de la hauteur, ont pour effet de mélanger brusquement les couches d'air d'inégales températures, d'accroître encore le froid par la confusion de l'air dans l'axe du tourbillon; de brasser violemment les grains de neige, de grésil ou de grêle, de les entrechoquer, de se souder les uns aux autres et d'augmenter ainsi leur volume par des condensations et congélations successives dans leur passage d'une couche plus froide à une couche plus chaude et inversement, enfin par des agglomérations de grêlons entre eux. Ce sont les chocs de grêlons les uns contre les autres qui produisent le bruit caractéristique qui précède les nuages à grêle.

M. Duchaussoy a dépouillé les documents qui se trouvent aux archives départementales et dans les bureaux de la Préfecture, relativement aux chutes de grêle.

Et d'abord voici la date des orages à grêle depuis 1852 :

1852. — 24, 28 et 29 mai; 17, 18, 19 et 23 juillet; 12 août.
1853. — 17 juillet et 4 août.
1854. — Néant.
1855. — Juin et nuit du 2 au 3 août.
1856. — 10 juin, 17 et 21 août.
1857. — 19 juin et juillet.
1858. — 20 juin, 30 août.
1859. — 1, 2, 6, 15 juin; 19, 20, 21 et 26 juillet.
1860. — 16 et 30 juillet.
1861. — 19 et 28 mai; 17, 19 et 22 juin; 6, 14, 15 et 28 juillet; 7 et 16 août.
1862. — 25 mai et 14 juillet.
1863. — 18 juin et 28 août.
1864. — 1er juin, 12 et 13 juillet, 25 août.
1865. — Avril, 9 mai, 29 juin, juillet, 25 août.
1866. — 12 juin, 24 juillet.
1867. — 14 et 30 mai, 23 juin, 22 et 25 juillet, 10 août.
1868. — 29 et 30 mai, 2 juin, 17, 22 et 26 juillet, 9, 15 et 16 août.
1869. — 25, 29-30 mai, 8 juin.
1870. — Néant.
1871. — 16 juin, 29-30 juillet, 4 septembre.
1872. — 19 juin, 24 juillet, 27-28 juillet, 7 août.
1873. — 22 juin et 25 août.
1874. — 6 et 18 juin, 7 juillet.
1875. — 17 juin.
1876. — 22 juin.
1877. — 22 mai, 8 et 13 juin, 1er juillet.
1878. — 30 avril, 15 mai, 3 août.
1879. — 8 juin, 26 juillet, 16 août.
1880. — 10 et 18 juin, 21 et 24 juillet, 8 septembre.
1881. — 25 mai.
1882. — 22 mai, 15 juillet, 9 septembre.
1883. — 2 et 11 juin, 3 juillet.

Ainsi, depuis trente-trois ans, il y a eu 107 orages ayant occasionné des pertes plus ou moins fortes; on en compte 31 en juin et 35 en juillet. Pendant cette période 197 communes ont été grêlées.

Les 20 communes qui ont été grêlées le plus souvent sont : Vesdun, Saulzais-le-Potier, Aubinges, Graçay, Saint-Bouize, Vinon, Massay, Thauvenay, Bourges, Corquoy, les Aix, Feux, Humbligny, Sainte-Montaine, Gardefort, Neuilly-en-Sancerre, Sautranges, Saint-Pierre-les-Étieux, Sancerre et Veaugues. Parmi ces communes 11 appartiennent à l'arrondissement de Sancerre.

Depuis 1852, 88 p. 100 des communes ont été grêlées dans l'arrondissement de Sancerre.

La grêle tombe surtout dans les cantons de Sancerre, Vierzon, les Aix-d'Angillon, Sancergues, Châteaumeillant, Saulzais-le-Potier, Henrichemont et Léré.

Au contraire, les orages à grêle sont beaucoup moins fréquents dans les cantons de Charost, Levet, Bourges, le Châtelet, Lignières, la Guerche et Nérondes.

De 1855 à 1882 inclusivement, il y a eu, dans le département du Cher, 97 orages ayant occasionné par la grêle des dégâts considérables.

Les pertes totales éprouvées par des habitants nécessiteux s'élèvent à près de six millions; 247,844 fr. 25 ont été distribués en secours, dont 79,564 fr. 65 en 1872, l'année la plus orageuse de la période.

A Bourges, on a compté 5 chutes de grêle et 23 orages.

Dans la nuit du 27 au 28 juillet 1872, 57 communes ont été grêlées : Morogues, Parassy, Neuilly-en-Sancerre, Crésancy, Bué, Saint-Beaujeu, Sancerre, Neuvy-aux-Clochers, Sury-en-Vaux, Ménetou-Ratel, Verdigny, ont été particulièrement frappés.

Pluies. Il est inutile d'insister sur les effets des pluies, relativement à la végétation; la plupart de ces effets sont connus de tout le monde. On sait que c'est en général par la pluie que la terre est abondamment pourvue de l'humidité nécessaire à la prospérité des plantes. Son abondance, sa répartition entre les différentes saisons de l'année, ses rapports avec l'humidité naturelle du sol, avec sa nature, avec son état de plus ou moins grande division, ses rapports enfin avec la température de l'atmosphère, toutes ces circonstances sont autant de causes qui modifient et compliquent l'étude des effets de la pluie, sans compter son influence dans la végétation, dans la nutrition des plantes.

Les eaux n'agissent pas seulement par elles-mêmes, elles contiennent aussi en dissolution divers produits minéraux dont le rôle en agriculture est loin d'être négligeable. Par contre, il n'y a pas de pluies sans nuages et les nuages interceptent les rayons solaires. Soit pour cette dernière cause, soit par l'évaporation du sol qu'elles ont mouillé, soit par suite de la direction des vents dont elles sont la conséquence, les pluies sont aussi généralement suivies d'un abaissement de température. Le sol, la saison, la plante, la phase de la végétation, sont, avec l'état général du ciel et la température, les circonstances les plus influentes sur le rôle des eaux dans la production végétale.

Mais, il ne faudrait pas croire qu'il suffise de donner de l'eau aux racines des plantes pour les faire vivre, il faut encore qu'elles aient une puissance d'absorption capable de pourvoir aux pertes effectuées par la surface des feuilles.

En ce qui concerne les plantes des cultures ordinaires de la France et les conditions générales qui leur conviennent, de Gasparin estimait que, pour maintenir des récoltes en très bon état, la terre ne devait pas, à la profondeur de 30 centimètres, retenir moins du dixième de la quantité d'eau qu'elle possède à l'état de saturation, et qu'elle ne devait pas non plus en renfermer plus de 23 centièmes de cette même quantité.

M. Marié-Davy reconnait que la première limite est assez généralement vraie. Une terre qui, à saturation, prend 50 pour 100 de son poids d'eau, étant réduite au dixième de cette provision et ne renfermant plus que 5 pour 100 de son poids d'eau, est incapable de nourrir la plupart des plantes qu'on lui confie, mais les diverses plantes ont, sous ce rapport, des aptitudes assez diverses.

La seconde limite posée par Gasparin à l'humidité du sol, pour rendre la végétation facile, ne paraît pas aussi exacte que la première.

Des blés semés dans des pots de verre ou de porcelaine et sans ouverture au fond ont prospéré dans une terre gorgée d'eau chaque soir.

Si les plantes périssent dans un sol trop humide et trop longtemps humide, ce n'est donc pas par l'action directe de l'eau, mais pour d'autres causes qui ne peuvent se manifester en présence d'un excès d'eau. L'eau aspirée par les racines doit apporter aux plantes certaines substances nécessaires à leur alimentation. Si ces substances sont diluées dans une trop grande masse de liquide, comme les racines ne peuvent pas absorber au delà d'un certain volume de ce dernier, elles manqueront des principes nutritifs sans lesquels elles ne peuvent prospérer. L'absence de l'air dans le sol y suspendra d'ailleurs la préparation de ces principes et deviendra un nouvel obstacle à l'alimentation de la plante.

D'après M. de Gasparin, l'humidité sensible produite par une pluie tombant sur un terrain sec, argilo-calcaire, en jachère, pénètre en un jour à une profondeur moyenne égale à 6 fois la hauteur de la couche d'eau tombée. Ainsi, une pluie de 10 millimètres pénétrerait en un jour à une profondeur de 60 millimètres. Ce n'est que par une lente imbibition et d'une manière insensible qu'elle fournit de l'humidité aux couches plus profondes. Les très fortes pluies tombant sur le sol plus rapidement que la terre ne peut les absorber ruissellent à sa surface et sont en partie perdues pour lui. Les pluies trop faibles en été mouillent seulement la surface et sont évaporées avant d'avoir pénétré jusqu'aux racines.

La plus grande partie de la surface du département du Cher est très humide, soit à cause des nombreux courants qui l'arrosent, des étangs qu'on y voit encore très multipliés, ou des forêts qui couvrent plus d'un septième de cette surface ; aussi le nombre des années humides surpasse de beaucoup le nombre des années sèches.

L'eau de pluie, comme celle qui vient des brouillards, de la neige et de la rosée, est l'eau météorique, résultant de la condensation de la vapeur aqueuse contenue dans l'air ; elle renferme naturellement les éléments d'air soluble dans l'eau, c'est-à-dire de l'acide carbonique, de l'ammoniaque, de l'acide nitrique, libres ou combinés, et différentes matières salines : des chlorures de sodium, de potassium, de magnésium ; des sulfates de soude, de potasse, de chaux, de magnésie ; des traces de phosphate de chaux.

On a calculé qu'en France la quantité d'eau qui tombe annuellement sur la surface d'un hectare est de 6000 mètres cubes ou 6 millions de kilogrammes. On a constaté que dans un million de kilogrammes d'eau on trouve de 22 à 26 kilogrammes de matières solides.

L'eau pluviale apporterait à la terre 28 kilogr. 6 d'ammoniaque par hectare et 23 kilogr. d'acide nitrique.

On comprend que la connaissance de la répartition des pluies non seulement suivant les saisons, mais suivant les divers mois de l'année, est un élément capital quand on veut se faire une idée exacte du climat agricole d'un pays.

Le climat sera d'autant plus favorable à la végétation, dit Gasparin, que les pluies tomberont à l'époque de la grande végétation herbacée des plantes, qu'elles s'arrêteront à l'époque de leur maturation et qu'elles reparaîtront de bonne heure après l'enlèvement des récoltes, pour permettre et favoriser de nouveaux semis.

Le succès des céréales dépend en grande partie des pluies du printemps arrivant dans le mois qui précède la floraison du blé.

Que ce mois soit trop sec, le blé réussit mal surtout si les terres sont naturellement sèches par elles-mêmes; que, dans les mois suivants, l'humidité soit trop forte, la récolte donnera beaucoup de paille et peu de grains.

Tandis que les pluies d'été offrent dans beaucoup de contrées septentrionales l'avantage de permettre de secondes semailles immédiatement après la moisson : sarrasin, raves, etc.

La pluie, non plus que la grêle et les orages, n'est point distribuée d'une manière uniforme sur toute la surface du Cher, ainsi que le déclare Gallicher, qui du reste appuie son opinion sur des observations recueillies par le docteur Lebas et Fabre; elles embrassent une période de vingt-deux ans, finissant en 1837; la moyenne des jours pluvieux était de 128 par an (observations recueillies à Bourges).

Gallicher donne ses propres observations appliquées aux années 1865, 1866, 1867, 1868, 1869; elles portent cette moyenne à 123 jours.

Mais deux années très sèches, 1868 et 1869, figurent dans cette série et ces observations ont été faites à Lissay sur le point culminant du plateau calcaire.

Suivant les observations recueillies par l'administration des ponts et chaussées, la moyenne de la période décennale de 1838 à 1860 inclusivement serait de 148 jours de pluie (observations faites à Bourges).

Dans cette même période la hauteur d'eau recueillie au pluviomètre a été en moyenne de 0 m. 663.

Suivant d'autres observations faites à La Chapelle-d'Angillon, au centre des forêts du nord, en pays accidenté et en sol argilo-siliceux, de 1855 à 1860 inclusivement, la quantité moyenne d'eau annuelle donnée par le pluviomètre a été de 0 m. 964.

On voit donc, dit Gallicher, que les résultats varient suivant les lieux et la période qu'on consulte. Frémont dit qu'on compte en moyenne 128 jours de pluie par an.

Les mois de mars, février, novembre, janvier, décembre, seraient ceux dans lesquels il y a de plus de jours pluvieux.

La plus grande hauteur d'eau de pluie recueillie dans un mois a été de 0 m. 127. Les mois les plus secs n'ont donné que de 0 m. 002 à 0 m. 005 de pluie. Tout ceci s'applique à la période décennale de 1857 à 1868.

M. Duchaussoy, dans son chapitre : Observations pluviométriques, nous a fourni à son tour des renseignements très intéressants sur la quantité de pluie par saison, le nombre de jours pluvieux par mois et par an; les hauteurs mensuelles et annuelles depuis 1867 à Bourges, et la répartition des pluies dans le département du Cher.

Il résulte de ces observations que, tous les mois, il tombe plus d'eau à Bourges qu'à Paris. Dans ces deux villes, le semestre le plus chaud est celui qui reçoit la plus grande quantité de pluie.

La hauteur moyenne annuelle de la pluie est de 482 mm. 8 à Paris et de 659 mm. à Bourges. Toutes les années de Paris sont moins pluvieuses que celles de Bourges.

De 1867 à 1882, la moyenne est à Bourges de 663 mm. 1, celle de Paris étant 547 mm. 3, soit une différence de 115 mm. 8.

Le maximum a lieu pour les deux villes en 1872, et le minimum en 1870.

D'après la carte de Delisse, c'est dans une partie du bassin de la Seine qu'il tombe le moins d'eau, puis vient celui de la Loire.

La répartition des pluies suivant les saisons offre un grand intérêt pour l'agriculture, c'est pourquoi nous avons relevé les observations de 1867 à 1882. On remarque, dans le tableau dressé à cet effet par M. Duchaussoy, que les étés de 1867 et de 1882, le printemps de 1877, l'automne de 1872 et celui de 1882, l'hiver de 1878 ont été des saisons pluvieuses ayant reçu plus de 250 millimètres d'eau.

Le printemps de 1876, l'été de 1869, l'automne de 1878, les hivers de 1873 et 1881 ont été au contraire des saisons sèches.

Nous avons vu que vingt-deux ans d'observations ont donné à MM. Favre et Lebas 128 jours de pluie par an. De 1858 à 1867 inclusivement, on a compté 148 jours de pluie, M. Duchaussoy n'en a trouvé que 121 de 1867 à 1881. En réunissant ces 47 années d'observations on obtient un total de 6,111 jours de pluie, soit une moyenne de 130 jours par an.

Des observations pluviométriques ont été faites par l'administration des ponts et chaussées sur plusieurs points du département; un premier pluviomètre a été installé en 1852 et des observations régulières ont été faites à La Chapelle-d'Angillon jusqu'à la fin de 1864. On a obtenu une moyenne annuelle de 1 m. 024 ; cette station a été remplacée par celle d'Aubigny. Depuis 1858 et 1859, des observations analogues ont été faites à Bourges, Saint-Amand, Épineuil, Culan, Bengy et Brinon.

La commission centrale de météorologie du Cher, rétablie par l'arrêté préfectoral du 20 octobre 1882, a installé dans le département un réseau complet de stations pluviométriques.

Des observations ont été faites sans interruption, du 1er avril 1883 au 31 mars 1884, dans 29 postes. Dans 8 autres communes, les observations n'ont été faites que pendant une partie de l'année. Un tableau a été dressé de la hauteur totale de pluie tombée en 12 mois avec l'altitude des stations. Cet ensemble d'observations régulières a permis à M. Duchaussoy de dresser la carte pluviométrique du département du Cher. On y remarque que la hauteur d'eau la plus grande est celle de Humbligny, point culminant du Sancerrois. A Préveranges et à Saint-Priest, la hauteur de pluie est aussi considérable. Le plateau de la Sologne, la vallée de l'Aubois, Culan, Sidiailles, Châteaumeillant viennent ensuite. La partie la plus sèche est formée par les cantons de Graçay, Lury, Charost et Levet.

Voici une note qui nous a été fournie par M. Laurent : Au cours des cinq dernières années d'observations pluviométriques faites dans le Cher, du 1er avril 1883 au 31 mars 1888, la hauteur d'eau moyenne a été annuellement de 747 mm. 9, correspondant à 131 jours de pluie. Les deux stations d'Humbligny et de la Réserve (forêt de Saint-Palais) reçoivent l'une 1087 mm. d'eau, l'autre 1034. Ce sont les moyennes annuelles les plus élevées; la plus basse, 581 mm. 7, est relative à Graçay. C'est à Vailly qu'il pleut le plus souvent; on y relève en moyenne 195 jours de pluie par an et 90 seulement à Charost; mais ce dernier chiffre paraît trop faible. En 1888, il a été relevé à la Réserve 1503 mm. 1, et à Léré on a compté 216 jours de pluie.

MÉTÉOROLOGIE APPLIQUÉE

D'après la statistique générale des récoltes de France, on a, pour ce qui concerne le département du Cher, les nombres suivants :

Années.	Surfaces ensemencées en froment.	Rendement total du Cher.	Cher.	Rendement moyen d'hectolitres par hectare.	
				Région du centre.	France entière.
1872	83 244 hectares	1 401 131 hectol.	15,7	17,1	17,4
1873	90 469	877 549	9,7	11,2	12,0
1874	94 164	1 738 082	8,5	18,7	19,4
1875	91 899	1 449 247	15,8	13,6	14,5
1876	97 647	1 392 446	14,0	15,0	13,9
1877	89 316	1 339 740	15,0	15,6	14,4
1878	92 730	1 298 220	14,0	15,5	13,9
1879	82 634	998 462	12,1	12,3	11,4
1880	98 448	817 118	8,3	13,9	14,6
1881	82 450	1 134 300	14,0	14,2	13,6

Aussi le rendement a varié depuis 10 ans de 8 hectol. 3 à 18,5 dans le Cher; de 11 hectol. à 18,7 dans la région du centre, et de 11,4 à 19 dans la France entière.

Le maximum de rendement a eu lieu en 1874 dans le Cher comme dans le reste de la France : la récolte a été aussi très bonne en 1872. L'année 1873 a été aussi mauvaise partout : 9 hectol. 7 dans le Cher, et 12 hectol. en France. Dans le Berry, la plus mauvaise année a eu lieu en 1880 : rendement total de 807 000 hectol., soit une moyenne de 8 hectol. 3 à l'hectare.

Ces variations dans le rendement prouvent l'influence climatérique sans aucun doute. Si en 1874 il y a eu dans toute la France un excellent rendement et en 1873 une mauvaise récolte en froment, il faut en chercher la cause dans les variations du temps.

Quatre fois sur 10, le rendement du Cher a été inférieur à celui du centre, l'année 1875 faisant seule exception. C'est une conséquence, dit M. Duchaussoy, des influences climatériques locales.

Le climat de Bourges étant sensiblement le même que celui du centre, il est naturel de voir pour le Cher un rendement moyen comparable à celui du centre de la France.

M. Duchaussoy, professeur de physique au lycée de Bourges, aujourd'hui à Amiens, a recherché aussi quelle influence ont eue dans le rendement du Cher les printemps et les étés de cette région.

Une donnée importante et qui manque absolument, c'est l'éclairement. Tout le monde sait que la nutrition des plantes a pour agent la lumière; car c'est sous l'influence de celle-ci que la chlorophylle décompose l'acide carbonique de l'air et amène l'assimilation du carbone.

Quant à la respiration, elle a lieu la nuit comme le jour, au soleil comme à l'ombre, dans les végétaux comme chez les animaux. Mais les rayons lumineux sont accompagnés de rayons calorifiques; de sorte que la mesure de ces derniers permet d'apprécier approximativement les autres radiations.

Dans le tableau suivant, M. Duchaussoy a réparti les dix années d'après l'ordre décroissant du rendement moyen en froment dans le département du Cher. Il indique en même temps les températures moyennes des printemps et des étés correspondants, ainsi que les hauteurs de pluie de chacune des deux saisons.

Au point de vue de l'agriculture, il serait bon de tenir compte de quelques phénomènes accidentels, des pluies abondantes ayant pu faire verser les grains, des orages ou des grêles pouvant détruire une partie de la moisson.

Il pense que l'influence dominante est celle de la température. La pluie n'a point le même effet, surtout au point de vue de la production de la graine.

Est-ce à dire que l'eau n'a pas d'action ? Au contraire, elle est indispensable même : n'est-ce pas le dissolvant des matières nutritives puisées dans le sol par les racines des plantes ?

Aussi beaucoup de lumière et beaucoup d'eau convenablement chargée de substances assimilables sont les conditions d'un gros rendement, pourvu qu'une chaleur suffisante accompagne la lumière (Marié-Davy).

Années.	Rendement moyen du Cher.	Température moyenne. Printemps.	Été.	Pluie. Printemps.	Pluie. Été.
	hectol.	degrés.	degrés.	mm.	mm.
1874	18,5	11,1	20,4	59,5	138,2
1875	15,8	12,0	19,7	88,2	160,3
1872	15,7	11,3	19,7	142,9	216,1
1877	15,0	9,4	18,4	255,8	149,1
1876	14,3	10,6	20,8	190,1	178,4
1878	14,0	10,8	18,3	223,2	204,9
1881	14,0	8,8	18,2	173,7	144,6
1879	12,1	7,1	17,6	221,4	226,5
1873	9,7	10,8	21,3	177,2	97,4
1880	8,3	8,5	18,1	136,8	209,2

En exceptant les années 1876 et 1873, l'influence de la température est manifeste; l'échelle descendante du rendement est à peu près celle de l'été. Cette influence se voit encore mieux si l'on dispose les années en série.

Première série.

			Température moyenne. Printemps.	Été.
1874 { 1875 { 1872 {	Rendement moyen.	16 hectol. 7.	11°,5	19°,3

Deuxième série.

1877 { 1876 { 1878 {	Rendement moyen.	14,4	10°,2	19°,2
1881 { 1879 { 1873 {	Rendement moyen.	14,9	8°,9	19°,0
1880	Rendement.	8,3	8.5	18°,1

Si l'on subdivise les 10 printemps et les 10 étés en 3 chauds, 4 moyens, et 3 froids, on obtient les résultats suivants :

I. Printemps et étés froids : 1879-80-81. Rendement moyen, 11,5.

II. Printemps moyens, étés chauds : 1873-76. Rendement moyen, 12.

III. Printemps et étés moyens : 1877-78. Rendement moyen, 14,5.

IV. Printemps chauds, étés moyens : 1872-75. Rendement moyen, 15,8.

V. Printemps chaud, été chaud : 1874. Rendement moyen : 18,5.

On remarque ces deux extrêmes : 1° une année à printemps et été froids a pour rendement moyen 11,5; 2° une année à printemps et été chauds a eu au contraire 18,5 de rendement.

Deux exceptions importantes, 1876 et 1873, ont été signalées plus haut. M. Duchaussoy en cherche la raison.

Pour l'année 1873, l'anomalie est frappante, la température vernale étant en effet 10°,8, la moyenne de l'été valant 21°,3; c'est même l'été le plus chaud de la période étudiée. D'où vient donc le faible rendement de l'année 1873? M. Duchaussoy l'attribue à la grande sécheresse de l'été. Pendant cette saison il tomba en moyenne à Bourges 170^{mm},8 d'eau; or en 1873 on n'a eu que 97^{mm},4, dont 25^{mm} seulement en juillet au lieu de 57 et 21^{mm} en août au lieu de 54.

L'année 1876, tout en ayant une température vernale et estivale supérieure à celle de 1877, a cependant un rendement inférieur. Si le mois de mars a été pluvieux, 110^{mm} au lieu de 39, mai a été sec, 25^{mm},9 au lieu de 48^{mm},9 et juillet très sec. Pendant ce dernier mois, il n'y a eu que 3 jours de pluie, ayant donné seulement 12^{mm},5 d'eau au lieu de 57. Cette sécheresse extrême a sans doute ralenti la végétation des plantes mourant de soif.

L'année 1880 présente le minimum de rendement. L'hiver si rigoureux de 1879-1880, la sécheresse de mars, 7^{mm},4, de mai, 15^{mm}, et de juillet, 24^{mm},7, ont contribué certainement à donner cette mauvaise récolte.

De tout ce qui précède, on peut conclure que la climatologie du printemps et des étés a une influence certaine sur le rendement moyen des terres emblavées de froment.

L'HYDROGRAPHIE DU CHER

Au point de vue hydrographique, le département du Cher est bien partagé, il est traversé par la Loire, l'Allier, le Cher, et arrosé par 8 grandes rivières, 39 petites et 292 ruisseaux, sans compter qu'il est doté de deux canaux de navigation : l'un qui sert à unir la haute Loire à la basse Loire et porte le nom de canal du Berry; l'autre qui longe les rives de la Loire et reçoit la dénomination de Canal latéral à la Loire; puis, un canal de la Sauldre pour les besoins de l'agriculture.

On comprend tout de suite quels avantages peuvent résulter pour le commerce, l'industrie et l'agriculture d'un département quand il a ainsi à sa disposition des fleuves, des rivières, pour le transport de ses marchandises, pour l'irrigation de ses prairies, pour sa culture potagère, etc. L'eau n'est-elle pas, en effet, un des agents les plus indispensables à la végétation? l'une des causes les plus puissantes de la prospérité agricole, quand par ses débordements ou sa stagnation elle ne devient pas nuisible?

C'est à l'intelligence de l'homme qu'il appartient de se servir de l'une et de corriger l'autre.

A partir du moment où l'on a pu connaître en France les grands résultats obtenus par un emploi intelligent des eaux dans l'intérêt de la production agricole comme l'Italie nous en a donné l'exemple, l'opinion publique a commencé à s'émouvoir, à réclamer; les ministres à se préoccuper de cette question et les Chambres à intervenir et à consacrer les dispositions qui semblaient alors nécessaires pour favoriser l'extension des usages des eaux en vue des intérêts généraux du pays.

15

Les ministres des travaux publics et de l'agriculture provoquèrent les avis des conseils généraux, qui furent unanimes à reconnaître les graves dommages que causent à l'agriculture les eaux torrentielles dévastant, chaque année, les terres les plus fertiles des vallées: ailleurs, les inconvénients qui résultent de l'insalubrité attachée au voisinage des marais, étangs ou terrains humides.

D'autre part on a fait ressortir les avantages attachés aux irrigations d'été, notamment dans les pays méridionaux, mais sans oublier de signaler les avantages non moins grands de l'emploi des eaux limoneuses, soit pour le colmatage des terrains stériles, soit pour opérer pendant la saison d'hiver des submersions fertilisantes sur les champs comme sur les prairies, dans le moment même où les eaux sont surabondantes et où leur emploi peut s'étendre sur de très grandes superficies.

En ce qui touche les desséchements et assainissements des terrains humides, plusieurs conseils généraux ont fait remarquer que cette opération était souvent plus importante que l'arrosage proprement dit; car le double intérêt de la salubrité publique et de la production agricole donne aux opérations de cette espèce un caractère qui manque aux travaux d'arrosage et dont l'autorité publique est obligée de tenir compte. En effet l'arrosage n'est jamais qu'une amélioration dont on attend un simple accroissement de produits, tandis que l'existence de certains marais pestilentiels est une question de vie ou de mort pour les populations environnantes.

C'est au gouvernement républicain de 1848 qu'on doit d'être entré résolument dans la voie des améliorations du régime des eaux. Dès le mois de mars 1848, le ministre des travaux publics institua une commission chargée de l'examen des questions se rattachant au meilleur mode d'utilisation des eaux courantes. Le ministre de l'agriculture et du commerce de son côté a exprimé à son collègue le désir de voir des représentants de l'intérêt agricole nommés sur sa proposition prendre part aux travaux de la commission. Ce qui fut accepté; et le ministre des travaux publics, dans sa remarquable lettre du 1er mars 1848, déclara que les intérêts directs de l'agriculture n'avaient pas eu jusqu'ici toute la part à laquelle ils avaient droit dans les préoccupations de l'administration des travaux publics.

La commission termina ses travaux en octobre 1848; elle proposa l'adoption des dispositions suivantes :

Après avoir considéré que le développement de l'industrie rurale constitue un des besoins les plus urgents de l'époque, et après avoir recherché quels sont les travaux d'intérêt agricole qui peuvent le mieux contribuer au développement de la richesse nationale, la commission a émis l'avis qu'il y avait lieu de comprendre parmi les entreprises d'utilité publique tous les grands travaux ayant pour but la conservation, la fertilisation ou l'accroissement du sol cultivable et en conséquence de classer comme tels :

1° Les travaux défensifs comprenant l'endiguement et la régularisation des cours d'eau, navigables ou non navigables;

2° Les desséchements des marais et l'assainissement des terrains rendus insalubres ou improductifs par la stagnation des eaux;

3° Les irrigations d'été;

4° Les entreprises de colmatage, de limonage et de submersions hivernales;

5° La conquête des lais de mer;

6° La création de grands barrages, d'aménagements ayant pour but de former des retenues, à l'effet d'atténuer autant que possible la marche des crues et de créer des ressources dont on puisse disposer à l'époque des sécheresses.

Pour réaliser ces travaux, le gouvernement créa un service hydraulique dans le corps des ingénieurs de l'État, l'institution d'un cours d'hydraulique agricole des Ponts-et-Chaussées, l'affectation d'un crédit spécial aux études applicables à cette nature de travaux et au payement des subventions à allouer en faveur des entreprises qui sembleraient les plus dignes d'être encouragées [1].

Avant de voir comment le département du Cher a suivi le mouvement des améliorations agricoles par un bon aménagement des eaux, nous allons décrire les bassins des cours d'eau qui traversent ce département, les canaux qui ont été établis pour les besoins de l'industrie, du commerce et de l'agriculture.

Cours d'eau. Bassins.

On sait que le bassin d'un cours d'eau est l'étendue de terrain qui lui fournit ses eaux. A proprement parler, le département du Cher appartient tout entier au grand bassin de la Loire, mais, comme toutes ses eaux ne viennent pas se réunir à ce fleuve dans la partie baignée par lui, on peut, en raison de la direction et de la division du cours d'eau, distinguer trois bassins particuliers : 1° le bassin de la Loire ; 2° le bassin du Cher ; 3° le bassin de la Sauldre.

Bassin de la Loire.

Le bassin de la Loire a une largeur qui dépasse à peine 20 kilomètres sur une longueur de 90 environ, il est limité à l'ouest et dans sa partie supérieure par une grande ligne orographique de terrains généralement siliceux, puis par les collines calcaires du Sancerrois.

Il comporte dans sa partie Est et parallèlement à la Loire une large bande de terrain d'alluvion qui constitue ce qu'on appelle le Val de Loire.

Les affluents principaux sont : l'Aubois, qui prend sa source à Augy, arrose Sancoins et va se jeter dans la Loire, près de Marseilles-lez-Aubigny, après avoir reçu les eaux de l'Arcueil, gros ruisseau qui a sa source dans l'Allier ; son cours est presque parallèle à celui de la Loire ; — la Vanvise, qui court aussi du nord au sud, prend sa source près de Nérondes et va se jeter dans la Loire, près de Sancerre, après avoir reçu les eaux du ruisseau de Précy.

Bassin du Cher.

Le Cher, qui a donné son nom au département, est le cours d'eau le plus important de la contrée. Il prend sa source dans la Creuse, à quelques lieues au-dessus d'Auzance, entre Chard et Meunchal, au pied des monts Jargeau et non loin des sources de la Vienne et de la Creuse, à une altitude de 33 m. 2.

Son cours total jusqu'au confluent de la Loire, à 35 kilomètres en aval de Tours, est d'environ 420 kilomètres ; sa pente générale serait de 0 m. 80 par kilomètre ; elle est de 0 m. 70 dans sa traversée du département ; elle diminue encore depuis sa sortie du département jusqu'à sa réunion avec la Loire, et c'est depuis sa source jusqu'à Montluçon

---

1. *Du concours de l'État dans les entreprises d'intérêt agricole*, par Nadault de Buffon.

que la nature accidentée de ses rives et la forte pente de son lit lui donnent cette allure de torrent capricieux qui le distingue dans tout son cours.

En effet, il suffit de quelques heures d'orage dans la contrée montagneuse où il prend sa source pour élever subitement de 4 à 5 mètres le niveau de ses eaux réduites à un mince filet jusqu'à Vierzon, dans la saison d'été, et pour causer les ravages qui affligent trop souvent ses bords.

Le Cher a pour affluents principaux dans la traversée du département qui porte son nom,

Sur la rive droite :

1° La *Marmande*, aux eaux calmes et contenues. — Elle a sa source au pied de la petite ville de Cérilly, reçoit le tribut des eaux de la vaste forêt de Troncais, que lui apporte la Sologne, arrose Charenton et la vallée de Saint-Pierre et vient tomber dans le Cher, au-dessous du pont de Saint-Amand ;

2° L'*Yèvre*, grande rivière formée de la réunion de l'Auron qui vient du Bourbonnais et arrose Dun-le-Roi, de l'Airin venant des environs de Nérondes, de l'Yèvre dont les eaux sont le tribut du plateau dont Baugy est le centre et de l'Yvette, du Collins, du Laugis et du Mouton et autres gros ruisseaux qui descendent des collines du nord.

Toutes ces eaux viennent se mêler aux environs de Bourges et ont dû y former autrefois un vaste cloaque d'où sont sortis ces admirables jardins maraîchers qui sont une fortune pour cette ville.

L'Yèvre va se réunir au Cher à Vierzon, après avoir recueilli les eaux du Barangeon qui descendait de la Sologne.

Sur la rive gauche :

1° La *Queugne*, le Pendu, les Coutards, le Trian, ruisseaux de peu d'importance ;

2° L'*Arnon*. — De tous les affluents que reçoit le Cher, celui-ci est de beaucoup le plus important.

Cette rivière a de nombreux points de ressemblance avec le Cher. Elle prend comme lui sa source dans les montagnes de la Creuse entre Boussac et Preveranges, recueille les eaux d'une grande quantité de ruisseaux fournis par cette contrée fortement accidentée et présente les mêmes allures torrentueuses et inconstantes.

A partir de Lignières la vallée de l'Arnon s'élargit, la rivière se calme et arrose de vastes prairies.

La *Théols*, qui vient de l'Indre, lui verse ses eaux à Rouilly, et lui-même se réunit au Cher à quelques kilomètres en aval de Vierzon, au moulin de la Beuvrière, après un cours total de 122 kilomètres.

La pente moyenne de l'Arnon est plus forte que celle du Cher. Elle est d'un peu plus d'un mètre par kilomètre.

De Châteauneuf à Vierzon, sur un parcours d'environ 46 kilomètres, le Cher traverse le plateau jurassique qui occupe le centre du département.

Dans cet espace, il ne reçoit aucun affluent de quelque importance et il est même probable que, dans cette partie de son cours, il perd une quantité notable de ses eaux absorbées dans les fissures de ce terrain perméable et crevassé. Il rencontre, à partir de Vierzon, des terrains moins perméables et grossis par les eaux de l'Yèvre et de l'Arnon, il devient une rivière importante utilisée pour la navigation.

Le bassin du Cher embrasse la plus grande partie du département ; celui de la Sauldre n'est que secondaire, puisque la Sauldre est elle-même un affluent du Cher.

Bassin de la Sauldre.

Le bassin de la Sauldre est limité au S. par cette chaîne de collines qui part de la forêt de Vierzon pour aller jusqu'à la Loire en passant par Humbligny; il renferme le Sancerrois, au milieu duquel prennent naissance les nombreux ruisseaux et les rivières qui l'arrosent.

La grande Sauldre est l'artère principale; elle a sa source près d'Humbligny; elle décrit un grand demi-cercle sur la circonférence duquel se trouvent Vailly, Argent, Salbris et va se jeter dans le Cher un peu au-dessous de Selles, après un parcours total d'environ 134 kilomètres, avec une pente de 0 m. 765 par kilomètre.

Les affluents de sa rive droite ont peu d'importance; le principal est la Salereine.

Les affluents de la rive gauche sont : l'Oisenotte, la Nère, la petite Sauldre et la Rère.

Toutes ces rivières coulent au milieu de terrains plus compacts que ceux traversés par les autres cours d'eau du département; elles emmagasinent plus d'eau et la conservent mieux, aussi sont-elles généralement plus régulières et plus constantes que celles du bassin du Cher.

On voit que la pente de toutes les rivières du Cher est assez considérable, elle a donné lieu à de nombreuses retenues dont les chutes sont utilisées par des usines, en majeure partie par des moulins à farine et quelques forges.

L'agriculture du Cher réclame avec juste raison un règlement général des chutes de ces usines, le maintien rigoureux des niveaux, le curage et l'élargissement du lit des rivières.

Le pays est peu riche en eaux et le régime des cours d'eau tend chaque jour à perdre de sa régularité. Le desséchement des étangs très nombreux et très importants autrefois dans le Cher, l'assainissement général des forêts, des landes, des marais, le drainage des terres arables, le défrichement des bois, l'exécution des chemins apportent chaque jour de profondes modifications dans la distribution et l'écoulement des eaux et imposent à ce département comme à tant d'autres des travaux qui, répondant à ce nouvel ordre de choses, puissent emmagasiner les eaux, les contenir dans leurs débordements et les fournir aux moteurs industriels au fur et à mesure de leurs besoins.

Presque toutes ces rivières ont leurs sources et leurs premiers affluents au milieu de gorges profondes, de vallées réservées, admirablement disposées pour la création de grands réservoirs qui permettraient un aménagement et une distribution rationnels des eaux que mille facilités d'écoulement versent aujourd'hui en flots destructeurs.

Déjà le Cher a l'exemple et l'expérience de l'effet de ces vastes retenues. Deux immenses réservoirs ont été créés à Valigny et à l'île Baudais (Allier), pour emmagasiner les eaux nécessaires à l'alimentation du canal du Berry. Ces retenues ont préservé d'une manière presque complète depuis leur création les vallées de l'Auron et de la Marmande des inondations répétées que subissent tant d'autres vallées fertiles de ce pays.

La différence considérable de niveau entre la partie supérieure du cours de ces rivières et les plateaux du centre du département faciliterait la création d'un grand système de rigoles de dérivation qui dans les crues atténueraient le volume qui s'écoule dans les vallées, concourraient aux irrigations et au limonage, donneraient dans tous les temps l'eau si rare dans les plaines et sur quelques points offriraient des moyens de transport faciles et économiques.

En attendant, on ne saurait trop préconiser le système des citernes pour réunir les eaux pluviales; c'est le meilleur moyen de combattre la pénurie des eaux superficielles que la perméabilité du sous-sol entraîne sur la plus grande partie de ce pays. Telles sont les réflexions du savant écrivain sur le Cher, M. Gallicher.

Étangs. — Le département possède encore un assez grand nombre d'étangs dont la plupart se trouvent dans les bassins de l'Aubois et de la Vanvise. On peut citer l'étang de Javoulet et celui de la Grogne.

Canaux. — Il y a trois canaux : celui du Berry, le canal latéral à la Loire et le canal de la Sauldre.

Le canal du Berry se compose essentiellement d'une branche principale qui part de la Loire un peu en aval de l'Allier et aboutit de nouveau à la Loire près du confluent du Cher. Cette branche fonctionne comme une grande dérivation destinée à éviter à la batellerie le long parcours, les lenteurs et les difficultés de la navigation du fleuve lui-même. Près du bief de partage vient s'embrancher sur la maîtresse ligne une voie secondaire qui, partant de Fontblisse près du rhimbé commune de Bannegon, aboutit sur le Cher à Montluçon. Le canal du Berry est alimenté par le Cher, la Queugne, l'Auron et l'Yèvre, par le réservoir de Marmande, celui de Valigny-le-Monial et celui des Étournaux. Ces réservoirs sont encore insuffisants et, pendant les grandes sécheresses, la batellerie est quelquefois interrompue. Parmi les divers projets proposés pour assurer l'alimentation du canal du Berry, le plus largement conçu consiste à dériver les eaux de l'Allier à Moulins et à les amener au bief de partage au moyen d'une rigole navigable longue de 50 kilomètres. La longueur du canal du Berry est de 322 kilomètres 30, dont 194 dans le département du Cher.

Canal latéral à la Loire. — Le canal fait suite à celui de Roanne à Digoin, dont la fonction est la même et a pour but de suppléer à l'insuffisance de navigabilité du fleuve. Il suit la rive gauche de la Loire, reçoit le canal du Centre qui franchit la Loire sur un pont-aqueduc, traverse l'Ouzance, la Lodde, le Roudon, la Bèbre, quitte le département de l'Allier pour entrer dans celui de la Nièvre, franchit l'Acolin, l'Abron, la Colatre, l'Allier sur un magnifique pont-aqueduc, entre dans le département du Cher, traverse l'Aubois et la Vanvise, passe au pied de Sancerre, entre en Loiret, traverse la Loire à Ousson, au-dessous de Châtillon, et se joint au canal de Briare.

Le canal latéral est alimenté par le canal de Roanne à Digoin, le canal du Centre, la Bèbre, l'Abron, la Colatre, l'Allier, le canal de Briare, etc. Son développement total est de 197 014 mètres, sans compter les embranchements de Fourchambault et de Saint-Thibault.

Le canal de la Sauldre. — Destiné à favoriser l'amélioration du sol de la Sologne par l'emploi des amendements marneux, relie les gisements de marne de Blancafort au chemin de fer de Paris à Toulouse près de La Motte-Beuvron. La longueur du canal est de 42 274 mètres. Il est alimenté par diverses prises d'eau faites dans la Sauldre et par l'étang du Puits [1].

Irrigations.

Nous avons vu comment, à l'aide de canaux navigables, on a facilité le transport des matériaux des diverses industries et aussi les produits de l'agriculture. Il est d'autres travaux qui, pour être plus personnels, plus modestes, n'en ont pas moins leur utilité; nous

1. Voir, pour plus de détails, la *Géographie du Cher,* par Ad. Joanne.

voulons parler des irrigations qui, dans le département du Cher, ont aidé à la transformation de l'agriculture en établissant dans maints endroits des prairies qui ont permis d'élever un bon bétail et aussi de faire d'utiles conquêtes sur des sols autrefois stériles. Mais cela ne se peut réaliser également partout, car la répartition des eaux dépend, comme celle des matières minérales, de la constitution géologique d'une contrée. En réglant leur aménagement suivant les besoins de l'alimentation et de la production agricole, on pourrait doubler la richesse de la France. Or la géologie peut nous indiquer la situation des dépôts de sable, de graviers ou de roches fissurées qui se laissent traverser par les eaux de pluie tombées à leur surface ou des couches d'argile et de roches imperméables qui les retiennent, ou les amènent à jour en sources plus ou moins volumineuses et plus ou moins régulières.

Non seulement la quantité des eaux, mais aussi leur qualité dépend des formations géologiques qu'elles ont traversées et dans lesquelles elles ont dissous plus ou moins de matières minérales ou organiques.

En général, les sources des terrains granitiques sont très pures, excellentes pour les besoins du ménage et de l'industrie. Au contraire, celles des terrains jurassiques sont trop chargées de carbonate de chaux; quelquefois, elles en contiennent tellement qu'elles ont des inconvénients pour l'alimentation du bétail et pour l'irrigation des prés.

Les eaux sont d'autant plus efficaces, qu'elles fournissent aux terrains qu'elles irriguent, comme les engrais complémentaires, les matières qui leur manquent.

Souvent des eaux souterraines apportent aux terrains dans lesquels elles s'épanchent, dans lesquels elles arrivent horizontalement ou par ascension capillaire, des sels de potasse ou de chaux qui contribuent à leur fertilité. Les récoltes contiennent alors des matières minérales que l'analyse du sol lui-même n'avait pas fait prévoir.

L'irrigation avec les eaux des terres cultivées ou avec celle des rivières donne d'assez bons résultats, surtout si les eaux sont un peu calcaires comme celles de la Sauldre, qui coule à son origine sur des formations marneuses, et nous avons donné, en étudiant la géologie du Cher, des indications précises sur la valeur des différentes eaux, et sur leur utilité pour les prairies.

Dans le Cher, les prairies sont de deux espèces :

1° Les prairies de rivage situées dans le fond des vallées et arrosées par submersion dans les débordements des rivières et des ruisseaux;

2° Les prairies des côtes qu'on appelle aussi prés chaumats, situés sur des points plus élevés, sur des collines susceptibles d'irrigation dans la plupart des cas. Nous en avons trouvé de très intéressants exemples lors de notre tournée de prime d'honneur dans le Cher.

Gallicher faisait observer il y a bientôt vingt ans que ces deux natures de prés laissaient encore beaucoup à désirer sous le rapport des soins, et aussi au point de vue de la quantité et de la qualité des produits.

Il disait avec raison : les premiers demandent un meilleur aménagement des eaux des rivières et des ruisseaux, une réglementation plus sévère des retenues des usines, le curage des biefs, un système de dérivations et de retenues qui permettrait de les submerger en temps et en saison convenables, et de les préserver de l'envasement des crues printanières. Le système pourrait être complété par des barrages qui donneraient le moyen de retenir les eaux pendant l'été à une hauteur convenable pour opérer l'accroissement par infiltration.

Gallicher espérait que ces améliorations pourraient se réaliser par la création de syndicats aidés du concours de l'État, mais rien encore n'a été entrepris dans ces conditions. L'abaissement du prix des céréales a néanmoins déterminé un certain nombre de cultivateurs à créer des prairies à l'aide des irrigations. Des prés en coteaux ont été établis par l'initiative privée et les desiderata de Gallicher ont été en partie atténués; des eaux de sources et des eaux pluviales ont été utilisées.

On verra plus loin quels progrès ont été accomplis dans chaque arrondissement et même dans chaque canton. Nous insisterons ici plus particulièrement sur le peu de souci que prennent encore beaucoup de cultivateurs du Cher, lorsqu'ils établissent ou renouvellent les prairies, de n'employer que des graines de foin résultant de fonds de grenier composés des espèces végétales les plus diverses et les plus variables, selon la situation ou la nature des terrains qui les produisent.

La plupart de ces espèces sont des plantes de valeur inférieure pour la production des fourrages, dont les unes sont toutes précoces et les autres tardives, quand la prairie a été récoltée à un degré très avancé de maturité.

Quelques-unes même ont des graines de plantes parasites très nuisibles, qui envahissent rapidement les prairies dont le rendement se trouve par ce fait compromis, tandis que des mélanges raisonnés peuvent être variés selon la nature et la composition du terrain et la durée plus ou moins longue qu'on désire obtenir. Aussi faut-il également se défier des mélanges plus ou moins fantaisistes de certains marchands de graines, comme le dit avec beaucoup de raison M. Boitel. Ces mélanges ont l'inconvénient de coûter fort cher et de ne pas garnir la prairie des espèces les plus recommandables pour l'abondance et la qualité de l'herbe.

N'est-il pas insensé de semer des bromes et de l'agrostis, qui sont une peste dans les prairies et qui y prennent la place des bonnes plantes? Est-il rationnel d'y semer de la flouve odorante dont tous les sols sont remplis, de la houlque laineuse et de la cretelle dans les terres siliceuses qui en sont littéralement infestées? Au lieu de prendre des espèces grossières, peu alimentaires et nuisibles aux bonnes plantes, M. Boitel dit qu'il est mieux de s'en tenir aux cinq ou six graminées reconnues les plus abondantes, les plus nutritives et les plus recherchées des animaux. Et le savant professeur de l'Institut agronomique indique le mélange des bons praticiens du Nivernais que nous conseillons également aux cultivateurs du Cher. C'est de choisir les quatre ou cinq bonnes graminées qui conviennent au pays et d'y associer du trèfle blanc en grande quantité, s'il s'agit d'un herbage.

Quand il s'agit d'une prairie à faucher, on emploie moins de trèfle blanc, qu'on remplace par du trèfle ordinaire (trifolium pratense), du trèfle hybride et de la minette.

Voici la formule pour la constitution d'un herbage en sol argilo-calcaire recommandé par M. Chamard :

Première formule.

SEMENCE PAR HECTARE

Ray-grass anglais	10 kilos.
Pâturin des prés	10 —
Fétuque des prés	10 —
Fléole	10 —
Trèfle blanc	10 —
	50 kilos.

Cette composition comprend les graminées les plus estimables au point de vue de l'abon-dance et de la qualité de l'herbe, elle accorde une place importante au trèfle blanc, qui est la base des meilleurs prés d'embouche.

Ces espèces ont une maturité successive qui commence par le pâturin des prés, le plus précoce de toutes, et qui se continue par le ray-grass, la fétuque et la fléole, cette dernière étant la plus tardive des quatre.

M. Boitel fait judicieusement observer que ces maturités diverses, avantageuses pour l'herbage, auraient, au contraire, des inconvénients pour les prés *à faucher*. Dans ce cas, on doit associer autant que possible des espèces de même maturité :

Le pâturin des prés sera remplacé par le pâturin commun, plus tardif que le premier ; la fléole trop tardive sera remplacée par le vulpin, d'une maturité moyenne, et par le dactyle, plante assez grossière, mais recherchée pour sa vigueur et son grand développement. Si le terrain n'est pas suffisamment frais, il sera encore avantageux de remplacer une partie de la fétuque par du fromental.

Quant au trèfle blanc, qui est très pâturable, mais peu fauchable, il faut en diminuer la dose de 8/10 et le remplacer par des quantités équivalentes de trèfle ordinaire, de trèfle hybride et de minette. La nouvelle formule se trouve alors modifiée comme il suit :

Deuxième formule.

SEMENCE PAR HECTARE

Ray-grass anglais	10 kilos.
Pâturin commun	10 —
Fétuque des prés	5 —
Dactyle	5 —
Vulpin des prés	5 —
Fromental	5 —
Trèfle ordinaire	4 —
Trèfle hybride	2 —
Trèfle blanc	2 —
Minette	2 —

Si le pré doit être tantôt fauché, tantôt pâturé, il n'y aura pas d'inconvénient à conserver la première formule.

Les espèces trop précoces, comme le pâturin des prés, sont trop mûres et desséchées à l'époque de la fauchaison, mais, pour la dépaissance, ce sont celles qui fournissent la pre-mière herbe au printemps. Quant aux espèces tardives comme la fléole, si elles sont peu développées, quand les autres sont bonnes à faucher, elles compensent ce désavantage en fournissant une herbe plus abondante et plus vigoureuse au regain, soit qu'on le récolte, soit qu'on en fasse une pâture.

Les formules ci-dessus sont d'une bonne application pour les terres qu'on rencontre généralement sur les deux rives des vallées.

S'il s'agissait des terres hautes manquant parfois de fraîcheur en été, il serait inutile d'y semer de la fétuque, de la fléole et du vulpin des prés, dont le succès est subordonné à la fertilité et au degré d'humidité du sol. Pour toutes ces questions, les cultivateurs liront avec beaucoup d'utilité l'ouvrage de M. Boitel intitulé *Herbages et prairies natu-relles*.

Il importe également d'acheter des semences contrôlées.

La plupart de nos graminées fourragères vivaces n'étant pas l'objet des cultures spéciales, on conçoit que leurs semences se distinguent par leur haute teneur en matières étrangères.

Récoltées prématurément, il est souvent difficile sinon impossible de se débarrasser de celles qui sont vides.

Dans un échantillon de vulpin des prés analysé par M. Schribaux, il a été trouvé 18, 49 p. 100 d'impuretés, représentées en partie par des anthères flétries. La faculté germinative était de 5 p. 100 seulement.

Dans les lots de houlque laineuse, il n'est pas rare non plus de trouver une foule d'épillets qui montrent leurs étamines.

Et l'on sait que dans les épillets de beaucoup de graminées les fruits terminaux sont stériles ; il est bien probable alors qu'on a été trompé.

Quant à la faculté germinative des légumineuses, M. Schribaux a fait observer qu'elles renferment des graines dures en assez grande proportion. On distingue ainsi tous les grains qui ne se gonflent pas pendant toute la durée de l'essai de germination. Aussi pour établir la faculté germinative des légumineuses, on admet dans la plupart des stations d'essais de semence, que la moitié des grains durs de luzerne, de trèfle des prés, de trèfle incarnat et de sainfoin, le tiers des autres espèces sont capables de germer.

En résumé, le cultivateur ne doit pas oublier qu'une bonne semence doit être bien mûre ; le volume n'a pas grande importance, mais il faut écarter celles qui sont mal conformées et ridées. Plus elles sont vieilles, moins elles germent facilement et moins les produits sont vigoureux.

Lorsqu'on doute de la faculté germinative des semences, il est toujours bon de les essayer. Nous avons cru devoir insister sur le choix des graines et sur leur valeur à une époque et dans un département où, comme nous le verrons, les pâturages se sont beaucoup développés dans ces dernières années, surtout dans les terres fraîches, profondes, d'une fertilité moyenne.

Étangs.

Il est depuis longtemps démontré que la multiplicité des étangs enlève à l'agriculture le terrain le plus précieux, diminue les récoltes de première nécessité, prive les animaux d'un pâturage fertile, sans compter l'insalubrité dont ils sont cause. Cependant il n'en a pas toujours été ainsi. Je ne sais plus quel auteur a dit : « Ce mode d'assolement convenait aux pays pauvres, il offrait un moyen de tirer parti du sol avec peu de travail et sans engrais. »

C'est à la Convention nationale que nous sommes redevables de la loi sur le desséchement des étangs. Cette loi ne s'exécuta pas facilement. La commission des subsistances, chargée alors de l'agriculture, proposa au Comité de salut public d'envoyer des agents dans les départements où il y avait le plus d'étangs pour en surveiller le desséchement et l'ensemencement, pour donner aux cultivateurs des conseils utiles, pour reconnaître et indiquer à la commission la nature du sol des étangs desséchés, les modes de culture, les graines qu'il était le plus avantageux d'ensemencer, pour prendre en même temps sur l'agriculture en général et sur l'économie rurale tous les renseignements propres à les faire fleurir.

Le Comité de salut public approuva cette mesure ainsi que les choix de six agents qui lui furent indiqués. Tous étaient ou avaient été cultivateurs. Elle assigna à chacun les départements où, par leurs connaissances locales, ils pouvaient opérer le plus grand bien.

Dans trente-quatre départements, l'exécution de la loi ne porta d'atteinte qu'à des ressources locales procurées par les étangs à des fermes, des hameaux et à des communes.

Dans douze départements, parmi lesquels se trouvaient le Cher et l'Indre, le Loiret et Loir-et-Cher, faisant partie jadis de la Sologne, il y a eu de vives réclamations, parce que, dans ces départements, le service continu des ruisseaux et de rivières pour la navigation, les usines et les flottages, semblait dépendre de l'existence d'un grand nombre d'étangs desséchés de par la loi.

L'agent envoyé en Sologne apprécia ainsi cette contrée : Le sol de la Sologne est maigre, ténu, peu profond. Le sous-sol n'est généralement qu'une argile compacte imperméable à l'eau. Il en résulte que, pendant l'hiver et le printemps, lorsque la couche sablonneuse est saturée d'eau, les terres doivent être humides, qu'il doit y avoir des stagnations d'eau multipliées sur la surface plate d'un pays où les coteaux sont rares et où les plaines sans pentes sensibles sont très communes. Une telle situation a dû porter beaucoup d'habitants à former des étangs en grand nombre soit pour dessécher des plaines, soit pour prévenir des inondations, soit enfin pour avoir des réservoirs d'eau pendant les étés et les sécheresses. La nature du sol, le défaut de pentes, les bruyères et broussailles qui entourent presque tous ces étangs indiquent assez que la vase ou terre végétale formée par les débris des végétaux doit y avoir une mince superficie et qu'ils offrent peu de ressources à la culture.

Il y a néanmoins des exceptions. Les étangs qui sont formés à l'extrémité des plaines dont la pente est plus rapide, dont le sol environnant est soumis à la culture, ou couvert de bois, produisent beaucoup de roseaux et herbes aquatiques. La décomposition annuelle de ces végétaux, jointe aux terres et débris que les eaux y entraînent, doit à la longue former une couche épaisse de vase qui, travaillée par l'écobuage et ensuite par l'incinération, peut donner de bonnes récoltes; mais, à cette époque, les bras malheureusement manquaient pour ces sortes de travaux.

Beaucoup d'étangs n'existaient que pour abreuver les bestiaux, les réserves d'eau étaient absolument nécessaires dans les plaines de 2, 3 et 4 lieues où il n'y avait ni ruisseaux, ni fontaines, ni rivières, et où l'aridité du sol pendant l'été en fait une nécessité pour les animaux.

D'autres étaient formées pour arroser des prés, irrigation considérée comme essentiellement utile dans ce pays pour former ce qu'on appelle des prés hauts.

On divisait alors les étangs de la Sologne en deux espèces principales : 1° les étangs purement sablonneux, et c'était le plus grand nombre; 2° les étangs couverts de joncs, roseaux et conséquemment d'une vase proportionnellement épaisse.

Les premiers étaient considérés comme n'étant propres à aucune culture.

Les seconds exigeaient des travaux longs et dispendieux. Les racines des joncs sont très volumineuses et enchevêtrées les unes dans les autres. On ne peut les ouvrir à la charrue ordinaire, il faut pour arriver à les cultiver les écobuer et incinérer, mais la population était impuissante pour exécuter de tels travaux.

L'agent de la commission disait qu'il en coûterait pour chaque arpent au moins 100 livres, ce qui constituait 3 000 francs pour un étang de 30 arpents. Et on savait par expérience qu'un étang ainsi travaillé ne pouvait donner que deux à trois bonnes récoltes. Pour lui, exiger le desséchement serait une opération très difficile dans quelques cantons et impossible en d'autres par défaut de bras. Ce serait forcer les propriétaires à une dépense qui excéderait beaucoup la valeur du fonds et qui enlèverait les bras aux autres travaux des champs. Il est évident que, dans un tel pays couvert d'eau en hiver et dans les saisons pluvieuses, les chaussées d'étangs servaient de communication entre les communes. Si l'on desséchait tous les étangs, il faudrait rompre beaucoup de chaussées d'étangs qui servaient de communication entre des communes, des grandes routes et des chemins vicinaux très importants pour les foires et marchés.

On faisait observer enfin que les étangs sont plus nécessaires en ce pays que dans d'autres où les pâturages sont abondants. Il y croît plusieurs sortes d'herbes que les bêtes à cornes et les chevaux recherchent avec avidité. Cette nourriture, disait-on, est un besoin indispensable sur un sol qui devient aride après quelques jours de beau temps, où les bestiaux forcés de paître la bruyère, les feuilles de bois, les broussailles éprouvent plus souvent la soif. La qualité de leur nourriture, réunie à la chaleur brûlante qui existe pendant l'été au milieu de ces sables, rend l'herbage des étangs indispensable pour la santé et la multiplication des bestiaux.

A ces réclamations il y avait des réponses sérieuses : on n'ignorait pas que les propriétaires, les colons, les nobles et les moines avaient excessivement multiplié les étangs, les uns pour échapper à la rapacité du fisc royal, les autres pour avoir abondamment une nourriture maigre. Mais la stérilité de ces étangs et leur insalubrité ne compensent pas ces avantages. A cette époque, dans la plus grande partie de la Sologne, les citoyens vivaient avec du pain de blé noir appelé carabin, ils ignoraient absolument l'art si nécessaire de la panification. Leur pain de seigle était presque aussi noir que celui de sarrasin; il était lourd et d'une digestion difficile, on ne pouvait obtenir de bonnes récoltes que par un travail incessant, dans un sol où il faut combattre la sécheresse et l'humidité. Cet excès de travail, réuni à la plus mauvaise nourriture, à la privation de viande, de cidre et de vin, causait à l'automne ces fièvres lentes qui consument et énervent.

Lorsque les eaux de pluie séjournaient sur les plaines de Sologne pendant les chaleurs, elles répandaient en l'air des vapeurs malfaisantes, elles créaient des foyers de putréfaction excessivement multipliés. Le débordement des petites rivières et ruisseaux formant les étangs était souvent encombré par la vase et obstrué par les joncs et les roseaux : à la moindre crue les eaux couvraient les prés et les pâturages, les herbes et les arbrisseaux étaient envahis par une sorte de rouille.

On considérait aussi que le pays était dépeuplé, les habitants pauvres ou malheureux; l'agriculture était misérable, l'industrie rurale presque inconnue. Des landes immenses, des bois taillis abandonnés occupaient plus des deux tiers du sol, et ce qui était cultivé suffisait à peine à la nourriture de ceux qui l'habitent et le fréquentent. Un peu de seigle, beaucoup de blé noir, quelques vignes près des chefs-lieux des canton ou district, le commerce des bêtes à laine et du poisson étaient toutes les ressources de la Sologne. Aussi la commission a parfaitement compris que la Sologne avait besoin de quelques étangs, et que son amélioration ne dépendait pas seulement de la suppression de ceux qui sont marécageux, mais encore d'autres travaux qui ne peuvent être isolés et partiels :

1° Et d'abord les rivières encombrées par les vases et les roseaux doivent être curées et le cours des eaux rendu plus libre;

2° Plusieurs moulins élèvent excessivement les eaux, causent des submersions ou des marais : ils doivent être détruits pour ne plus nuire;

3° Une police rurale publique exige que tout propriétaire inférieur ou contigu admette sur son terrain l'écoulement des eaux venant d'un terrain supérieur;

4° Que la République suive le même ordre sur les propriétés nationales et sur les chemins publics que ces eaux traverseront.

En prenant de telles mesures, l'agriculture se développera; un arrêté du Comité de salut public a ordonné des travaux préliminaires pour rendre cette contrée à la fertilité et à la salubrité.

Les habitants du Cher ne tardèrent pas à se convaincre de la nécessité de dessécher les étangs et les marais qui, en 1810, ne s'élevaient pas à moins de 8 400 hectares, dont près de 6 000 rien que pour l'arrondissement de Saint-Amand.

D'après la statistique de Butet en 1826, l'étendue est de 8 380 hectares.

Le cadastre terminé en 1836 n'accuse plus que 5 506 hectares.

La statistique de 1852 ne compte que 1 825 hectares 32 ares 70 centiares.

Parmi les principaux étangs assainis, il faut mettre en première ligne le vaste étang de Villiers, situé près de Lignières, qui comptait au moins 25 kilomètres de pourtour.

En 1862, M. Frémont dit que c'est encore dans l'arrondissement de Saint-Amand que les étangs offrent la plus vaste étendue; celui de Sancerre en présente aussi un assez grand nombre, à cause de sa partie ouest connue sous le nom de Sologne.

Étendue par arrondissement et par canton :

Arrondissement de Bourges, 305 hectares 63 ares 90 centiares;

Arrondissement de Saint-Amand, 1 683 hectares 34 ares;

Arrondissement de Sancerre, 836 hectares 34 ares 80 centiares.

Canton des Aix, 2 hectares 21 ares; — Baugy, 17 hectares 34 ares; — Bourges, 1 hectare 26 ares 60 centiares; — Charost, 37 ares; Graçay, 73 hectares 78 ares 30 centiares; — Livet, 3 hectares 13 ares; — Lury, 15 hectares 10 ares; — Mehun, 45 hectares 50 ares; — Saint-Martin d'Auxigny, 16 hectares 94 ares; — Vierzon, 120 hectares.

Canton de Charenton, 20 hectares; — Châteaumillant, 100 hectares; — Châteauneuf, 40 hectares; — Le Châtelet, 72 hectares; — Dun-le-Roi, 1 hectare; — La Guerche, 247 hectares 28 ares; — Lignière, 86 hectares 31 ares; — Nérondes, 193 hectares; — Saint-Amand, 48 hectares 74 ares; — Sancoins, 756 hectares 26 ares; — Saulzais-le-Potier, 118 hectares 75 ares.

Canton d'Argent, 613 hectares 45 ares 9 centiares; — Aubigny, 14 hectares 48 ares; — La Chapelle d'Angillon, 55 hectares 21 ares; — Henrichemont, 18 hectares; — Liré, 7 hectares; — Sancergues, 117 hectares 84 ares; — Sancerre, 2 hectares 40 ares; — Vailly, 7 hectares 95 ares 90 centiares.

D'après les renseignements recueillis en 1884, il n'y avait plus à cette date que 1 600 hectares environ d'étangs, répartis ainsi :

Bourges..	170 hectares.
Saint-Amand...	780 —
Sancerre..	650 —
	1 600 hectares.

A ces 1 600 hectares possédés par des particuliers, il faut ajouter trois grands réservoirs créés sur le périmètre du département pour emmagasiner les eaux nécessaires à l'alimentation des eaux de la Sauldre et du Berry.

Le desséchement a subi depuis quelques années un temps d'arrêt. M. Gallicher pensait qu'il n'irait pas plus loin, parce que l'hectare de terrain converti en étang donne un revenu à peu près égal à celui des terrains avoisinants. Il n'y a donc plus d'intérêt à dessécher l'étang pour le mettre en culture. Ajoutons que le desséchement a été appliqué à tous les fonds limoneux et fertiles qui pouvaient former des prés ou des embouches et que les étangs qui restent aujourd'hui sont situés sur des fonds d'une qualité bien inférieure.

Dans les cantons du sud-est, les étangs desséchés ont été convertis en magnifiques embouches.

Le desséchement d'un étang est une opération simple et lucrative quand le fond est vaseux et profond, et lorsque le terrain situé au delà de la chaussée est bien en contre-bas du fond qu'on veut assécher. Il suffit alors de lever la bonde et de procéder à la mise à sec. Cette première opération terminée, on ouvre un fossé dans le thalweg en ayant soin de l'élargir à mesure qu'on s'approche de la bonde du fond ou de la vanne d'écoulement.

Lorsque la vase près de la chaussée reste molle on parvient à l'égoutter en bordant le fossé évacuateur des eaux qui sourdent d'une rangée de piquets qu'on entretient avec des branches de saule ou d'aune, de manière à établir une espèce de clayonnage de chaque côté de son ouverture. Ces fascines en resserrant la vase lui permettent de s'égoutter et de prendre avec le temps la consistance qui caractérise les terrains argileux. Le desséchement d'un étang est facile quand la différence de niveau entre la queue et la bonde est sensible, lorsque la pente des versants vers le bief ou fossé creusé dans le thalweg du vallon est de 1 à 2 centimètres par mètre.

Nous n'avons pas à traiter ici du desséchement : il nous suffira de dire que, quand tous les travaux de desséchement sont terminés, on procède à l'assainissement du fonds en exécutant quelques fossés secondaires ou des drains plus ou moins nombreux et profonds, et ainsi on parvient à obtenir un sol limoneux suffisamment résistant et susceptible d'être labouré, de produire des plantes fourragères ou céréales ou d'être converti en prairie naturelle.

Marais.

Les marais sont, on le sait, des terrains couverts constamment ou temporairement par des eaux sans profondeur, n'ayant point ou peu d'écoulement naturel.

Suivant la nature de leurs eaux, les marais sont dits d'eau douce ou salée ; nous n'avons pas dans le département du Cher à nous occuper de ces derniers.

Les causes de la formation des marais sont de nature bien différente. Les dépressions relatives du sol et son imperméabilité, des sources qui ne trouvent pas d'écoulement, le manque de chute à un cours d'eau, etc., sont autant de conditions qui favorisent la formation des marais ; mais quelle que soit leur origine, sous tous les régimes, les marais ont été considérés comme devant être soumis à des dispositions spéciales ou exceptionnelles, parce que, bien que constituant dans un grand nombre de cas des propriétés privées, ils sont doublement nuisibles à la richesse publique et à l'accroissement de la population, tant par leur infertilité que par l'insalubrité qu'ils répandent dans le pays environnant.

C'est ce qui explique, dit Nadault de Buffon, comment, depuis trois siècles, les gouvernements ont cherché successivement les moyens d'arriver à leur suppression.

Si les divers modes appliqués jusqu'à ce jour n'ont permis de réaliser qu'une partie des améliorations qu'on doit vivement désirer de voir accomplir intégralement, c'est que la matière comporte de réelles difficultés ; et, très probablement, il faudra encore un certain temps avant qu'on soit parvenu à les résoudre toutes.

Le desséchement d'un marais est une opération qui demande des études préliminaires complètes et sérieuses. Il importe en effet avant de commencer tout travail de bien connaître les causes qui ont donné naissance au marais, de supputer aussi exactement que possible les dépenses qu'exigeront son assainissement et son entretien annuel, de bien examiner quelle est la nature des produits qu'on en pourra tirer quand il aura été desséché ou transformé en terres labourables. Il importe aussi de bien s'assurer si le terrain présente la pente voulue pour l'évacuation des eaux, s'il sera possible d'acquérir sans dépenses considérables les terrains que pourront traverser les principaux émissaires en dehors du terrain submergé et aussi comment devront être dirigés les canaux, etc., etc.

Dans le plus grand nombre des cas, le problème est complexe en ce sens que les seules opérations techniques concernant l'établissement des canaux et ouvrages accessoires ne pourraient suffire pour arriver à la cessation des dommages dont il s'agit. Il y a d'autres obstacles qui reposent principalement sur des questions administratives, contentieuses et financières; et ce sont ceux-là qui ont entravé les progrès des desséchements bien plus que les difficultés matérielles qu'on peut rencontrer dans leur exécution.

On n'a jamais connu d'une manière exacte l'étendue des marais existant sur le territoire français. De 1789 à 1792, l'Assemblée nationale s'est occupée plusieurs fois de cette question, soit dans ses commissions, soit par des enquêtes, soit par des projets de décret. — A cette époque, on considérait l'étendue totale des marais comme étant d'environ 400 000 hectares, en y comprenant ceux qui avaient été l'objet de desséchements restés sans résultat. Mais, en l'absence d'un cadastre régulier, cette indication ne pouvait être considérée que comme approximative.

Les travaux du même genre exécutés de 1789 à 1807 ont été à peu près nuls. Et quant aux entreprises postérieures à cette dernière date, elles s'étendraient, mais toujours d'après des indications approximatives, sur 100 000 hectares.

Partout où les travaux de desséchement ont été bien exécutés et où les intéressés ont eu soin de les entretenir en bon état, on en a retiré de grands avantages, parce que les terrains des marais, quand ils sont convenablement exploités, sont d'une richesse presque inépuisable.

Si l'on consulte la statistique officielle de 1852, l'étendue totale des marais susceptibles d'être desséchés dans le département du Cher était à cette époque de 1 192 hectares 22 ares 60 centiares. L'arrondissement de Bourges comptait 236 hectares 67 ares 60 centiares de terrains marécageux, celui de Saint-Amand 537 hectares et celui de Sancerre 418 hectares 55 ares.

Canton des Aix, 82 hectares; — Baugy, 19 hectares 45 ares; — Graçay, 64 hectares; — Lury, 21 hectares 22 ares 60 centiares; — Mehun, 23 hectares; — Saint-Martin d'Auxigny, 15 hectares; — Vierzon, 72 hectares.

Canton de Châteauneuf, 30 hectares; — Le Châtelet, 50 hectares; — La Guerche, 60 hectares; — Nérondes, 10 hectares; — Saint-Amand, 14 hectares; — Sancoins, 373 hectares.

Canton d'Argent, 170 hectares; — Aubigny, 6 hectares 20 ares; — Sancergues, 107 hectares 31 ares; — Sancerre, 135 hectares.

Dès le commencement du siècle des travaux importants de desséchement eurent lieu dans le département du Cher.

1° *Marais du Val d'Yèvre*. — Une ordonnance de 1830 concéda à la Société Thurminger et Compagnie l'entreprise du desséchement des marais du Val d'Yèvre sur les terrains des communes d'Osmoy, Saint-Germain du Puits, Moulins-sur-Yèvre et Bourges.

L'étendue de ces marais était de 485 hectares, partie en propriétés communales, partie en propriétés particulières. Le défaut d'écoulement des eaux et le peu d'encaissement des rivières entre lesquelles ces terrains sont situés, étaient les causes de l'inondation constante des marais de la vallée d'Yèvre.

Des herbes de mauvaise qualité, des joncs et des roseaux, tels étaient les seuls produits qu'on retirait des parties réputées les moins stériles, si l'on en excepte toutefois quelques terrains en nature de pré.

Les parties connues sous le nom de pales, palus, étaient plus que toutes les autres improductives et inabordables; c'étaient de très mauvais pâturages où les bestiaux dépérissaient promptement; presque toujours inondé, le sol était tellement détrempé que souvent les troupeaux s'y enfonçaient et ne pouvaient en être retirés qu'à l'aide de cordages.

Si l'on considère maintenant que les marais de la vallée d'Yèvre sont à la porte de Bourges; que jusqu'à cette époque ils avaient été regardés comme des terrains à peu près inutiles et que les exhalaisons fétides qui en provenaient étaient une cause d'insalubrité pour le pays, on ne peut s'empêcher de reconnaître que l'opération du desséchement a été un véritable bienfait.

Dès que la concession eut été accordée, la Compagnie se mit aussitôt à l'œuvre et l'entreprise fut conduite avec beaucoup d'activité. On fit un canal principal traversant le marais dans toute sa longueur et ayant un cours d'environ 8150 mètres, des rigoles, des fossés de déversion et des fossés de ceinture; ces travaux donnèrent lieu à des mouvements de terres considérables : 150 000 mètres cubes de déblais environ furent exécutés. Le développement des rigoles secondaires fut de 27 400 mètres.

La Compagnie fit faire aussi plusieurs ouvrages, dont cinq déversoirs; trois grands ponts et un petit; deux grands barrages en bois avec empierrement et trois gués empierrés. On éleva en outre un grand nombre de barrages en terre, destinés à endiguer et à encaisser la rivière d'Yevrette, qui perdait ses eaux par de grandes noues.

Tels furent en résumé tous les travaux de desséchement entrepris par la Compagnie. Le premier résultat obtenu (le desséchement), il restait à en obtenir un second, savoir : la mise en culture des terrains desséchés. La tâche de l'agriculteur devait alors commencer, il l'a compris et aussitôt les terrains ont été mis en valeur.

2° *Marais de Contres.* — Par une ordonnance royale du 4 juillet 1830, les communes de Dun-le-Roi et de Saint-Germain des Bois furent déclarées concessionnaires du desséchement des marais de Contres. Cette opération, qui a donné à l'agriculture une étendue considérable de terrains improductifs, était depuis longtemps désirée; elle importait surtout à la contrée de Dun-le-Roi, dont le territoire se trouve actuellement fort assaini.

L'entreprise, après avoir langui un peu, fut cependant conduite en partie à bonne fin. Il en reste encore quelques portions qui exigeraient des travaux de desséchement. Ces marais étaient beaucoup plus étendus que ceux du Val d'Yèvre, mais ils ont présenté pour les travaux de desséchement moins de difficultés naturelles.

Le canal principal présente un développement total de 5 280 mètres et les fossés secondaires ou latéraux une longueur de 17 436 mètres.

3° *Marais de Mehun.* — Un troisième marais, de bien moindre étendue que les deux premiers, situé dans la commune de Mehun, a été desséché vers 1836, en partie aux frais des propriétaires intéressés, en partie aux frais de l'administration du canal du Berry.

4° *Étang de Chevrier.* — A 3 ou 4 kilomètres de Châteauneuf, il y a dans la commune de Saint-Loup un vaste marais appelé l'étang de Chevrier.

Cette propriété, parsemée de sources abondantes, sert d'égout à toutes les terres environnantes qui lui sont supérieures. On tenta d'abord de dessécher ce marais ou du moins de l'assainir au moyen de larges et profonds fossés, mais cette opération ne produisit qu'un résultat très incomplet ; c'est à peine si l'on put cultiver quelques hectares, qui ne donnèrent que des récoltes très faibles.

Le reste du marécage resta couvert d'une eau stagnante pendant les deux tiers de l'année et il fut envahi par les plantes marécageuses de nulle valeur et impropres à la nourriture du bétail. Pendant les années 1853 et 1854, les propriétaires décidèrent de le faire drainer ; les travaux, conduits avec intelligence et activité, présentèrent dans le cours de leur exécution certaines difficultés qui toutes furent vaincues avec cette persistance qui seule conduit au succès.

Plusieurs parties du département du Cher ont encore été desséchées, mais leur importance est beaucoup moins grande. Néanmoins les terrains situés sur le territoire de Châteauneuf qui autrefois étaient le plus souvent mouillés et même inondés sont aujourd'hui en pleine culture.

En résumé, comme nous l'avons dit plus haut, pendant la période de 1852 à 1862, 400 hectares de marais ont été desséchés. Ce sont autant de terrains qui ont été rendus à l'agriculture. Possédés presque tous par les communes et livrés au pacage commun, ces marais étaient restés en grande partie dans un état complet d'abandon. Assainis et livrés à la culture, ils se couvrent aujourd'hui de belles récoltes, fournissent une bonne nourriture aux animaux et contribuent ainsi à donner à l'homme un air plus sain et une alimentation meilleure.

Nous ne saurions mieux terminer cette intéressante question des marais qu'en rappelant à la mémoire des cultivateurs l'édit du bon roi Henri IV, en date du 8 avril 1599, et qui eut pour but le desséchement des marais de l'État et des particuliers. Cet édit, rendu sous la sage et prévoyante administration de Sully, fut un bienfait pour la France à une époque où une grande partie du territoire était envahie par des marais aussi improductifs qu'insalubres, où l'agriculture était extrêmement arriérée et où de fréquentes famines désolaient le pays.

A notre époque, on a simplifié les formalités exigées par la loi du 16 septembre 1807 pour le desséchement des marais. La loi du 21 juin 1865 dit qu'il sera statué à l'avenir par le conseil de préfecture sur les contestations qui devaient être jugées antérieurement par une commission spéciale.

De plus le conseil d'État consulté fut d'avis qu'il y aurait tout avantage à donner au Préfet les quelques attributions des commissions spéciales, d'autant qu'il était déjà investi par l'article 11 de la loi du 16 septembre 1807 de l'approbation du classement. Le conseil d'État était également d'avis qu'il conviendrait aussi de profiter de l'occasion pour fixer le délai du recours contre le classement, soit contre le procès-verbal d'estimation par classe ; la lacune qui existe à cet égard a donné lieu à plusieurs difficultés.

On peut, par la statistique faite par le préfet du Cher en 1861, se rendre compte des résultats obtenus dans ce département.

Sur les 290 communes du département, on voit que quatre seulement possèdent des marais proprement dits, qui exigeraient des travaux spéciaux d'assainissement : ce sont les communes de Lantan, Osmery, Saint-Denis-de-Palin, canton de Dun-le-Roi. Ces terrains ont une contenance totale de 32 hectares 14 ares.

PISCICULTURE

Il existe dans le département du Cher une Société de pisciculture autorisée par arrêté de M. le préfet en date du 24 octobre 1883. Déjà avant la création de cette société, un rapport sur la pisciculture dans ce département avait été fait par M. Franc, le professeur d'agriculture. Ce rapport est la réponse au questionnaire de M. Chabot-Karlin, pisciculteur délégué du ministre pour des études spéciales.

La première question était celle-ci : Y a-t-il eu des essais de pisciculture dans le département, et quels sont les résultats obtenus?

M. Franc a répondu qu'en 1855 et 1856 quelques essais de pisciculture eurent lieu dans les eaux de la région, particulièrement près de Bourges. Le poisson choisi fut l'anguille. Les jeunes anguilles versées dans les rivières de l'Auron, de l'Yèvre et dans le canal du Berry s'y développèrent avec une grande rapidité. Les eaux et le terrain ne pouvaient leur être plus favorables.

Cette expérience eut un effet désastreux. La rapacité de l'anguille s'exerçant sur le frai des poissons et sur les écrevisses amena un dépeuplement complet.

Les eaux de Bourges ne se sont pas relevées de ce désastre, elles sont restées à peu près stériles depuis cette époque. Plusieurs affluents de l'Arnon et de l'Yèvre ont subi le même sort sur un long parcours. Les écrevisses surtout ont disparu.

Les eaux sont devenues moins étendues. Autrefois le département du Cher renfermait un grand nombre d'étangs. Au commencement du siècle, leur superficie totale dépassait 8 000 hectares. Depuis une trentaine d'années, cette surface est considérablement diminuée et diminue tous les ans par suite des travaux de desséchement faits par l'État, les communes et les particuliers. Néanmoins, il y a encore dans le Cher environ 2 550 hectares d'étangs.

Ces étangs sont surtout situés en Sologne. Quelques particuliers repeuplent leurs étangs de temps à autre, tous les deux ou trois ans, en y jetant un millier de jeunes carpes par hectare de surface. Ces poissons pèsent alors de 40 à 50 grammes et, après trois ou quatre ans, ils arrivent en moyenne au poids de 1 kilogr. 250 à 1 kilogr. 500, suivant la nature du sol et des étangs.

Les rivières navigables et flottables comprises dans le département forment une longueur totale de 126 kilom. 120 mètres.

La longueur totale des canaux dans le département du Cher est de 334 kilom. 138 mètres.

Consommation. — Presque tout le poisson pêché dans les cours d'eau et les étangs du département est consommé dans la région.

La quantité mise en vente annuellement sur les principaux marchés de la contrée est approximativement de 9 500 kilogr. pour le marché de Bourges, de 5 500 pour celui de Saint-Amand ; de 5 500 pour celui de Sancerre et de 5 250 pour celui de Vierzon.

La quantité vendue sur les autres marchés ou directement dans les maisons particulières et les hôtels, ou consommée par les pêcheurs mêmes, peut être évaluée à 8 000 kilogr. Le produit annuel de la pêche du poisson serait donc 33 800 kilogr.

Quant aux écrevisses, on peut estimer à 2 500 kgr. la quantité moyenne pêchée par an.

Le prix ordinaire du poisson varie de 7 à 8 francs le kilogr. pour le saumon, de 4 à 5 francs le kilogr. pour la truite ; de 1 fr. 50 à 2 fr. 25 le kilogr. pour toutes les autres espèces.

Deux ans après l'intéressant rapport de M. Franc, la Société départementale du Cher publiait les résultats d'une enquête de pisciculture dirigée dans l'arrondissement de Bourges par M. Ancillon, dans celui de Saint-Amand par M. Gallicher, et dans celui de Sancerre par M. Franc.

Le rapport de cette enquête fut confié à M. Gallicher. Nous y avons noté certains faits intéressants. Ce qui caractérise particulièrement la pêche du Cher, c'est la présence dans ses eaux, à certaine époque de l'année, de quelques espèces de poissons de mer : saumon, alose, lamproie, plie, qui ajoutent un contingent précieux à ses propres ressources. Selon ce rapport, l'étendue des étangs était, comme nous l'avons vu plus haut, d'après la statistique de Butet, en 1826 de 8 380 hectares dans le Cher.

Le cadastre terminé en 1836 n'accuse plus que 5 506 hectares, et d'après les renseignements recueillis en 1884 il n'y aurait plus que 1 600 hectares environ, ainsi répartis entre les 3 arrondissements :

Bourges...	170	hectares.
Saint-Amand	780	—
Sancerre	650	—
	1 600	hectares.

Le desséchement a subi un temps d'arrêt, M. Gallicher pense qu'il n'ira pas plus loin, parce que l'hectare en étang donne un revenu à peu près égal à celui des terrains avoisinants ; il n'y a donc plus d'intérêt à dessécher l'étang pour le mettre en culture. Ajoutons que le desséchement s'est appliqué à tous les fonds limoneux et fertiles qui pouvaient former des prés ou des embouches et que les étangs qui restent aujourd'hui sont situés sur des fonds d'une qualité bien inférieure.

Il y a toute chance de conserver ce qui reste d'eaux captives. L'enquête est d'accord pour reconnaître la manière intelligente et fructueuse avec laquelle sont administrés ces étangs.

Aux 1 600 hectares d'étangs possédés par des particuliers, il faut ajouter trois grands réservoirs créés sur le périmètre du département pour emmagasiner les eaux nécessaires à l'alimentation des canaux de la Sauldre et du Berry.

Après avoir indiqué toutes les causes de la destruction du poisson, M. Gallicher pense que le mal n'est pas irréparable.

Toutes nos rivières, dit-il, ont leurs sources et coulent au milieu de terrains accidentés, de ravins profonds qui peuvent être appliqués, comme on l'a fait pour l'Auron et la Marmande, à la création de réservoirs qui emmagasineront les eaux dans la saison des pluies, en assureront l'écoulement régulier, neutraliseront les crues, donneront aux usines une force normale, permettront l'irrigation et offriront à la pisciculture un magnifique champ d'exploitation.

C'est dans ce but que les études exécutées par l'ingénieur Courtois sur les ordres du ministre des travaux publics ont démontré la possibilité d'établir en amont de Culan, dans les gorges de Sidiailles, deux réservoirs : le premier de 23 hectares, emmagasinant 917 000 mètres cubes d'eau ; le second de 68 hectares, permettant d'emmagasiner 4 346 000 mètres cubes alimentés par l'Arnon et la Joyeuse.

Ce projet ne réclame pas des dépenses considérables. Elles seraient couvertes et au delà par les forces motrices créées par ces retenues, par l'eau livrée régulièrement à 39 usines étayées sur l'Arnon (de Saint-Christophe à la Beuvrière, sur le Cher), par l'irrigation de 1 200 hectares de terrains et par les produits de la pêche sur 91 hectares d'eaux claires, fraîches, profondes, sortant des terrains granitiques, et admirablement propres à l'éducation des salmonides.

D'autres réservoirs pourraient encore être créés, on pourrait enfin, comme dans la

Sarthe et comme on l'a pratiqué dans le Beuvron et le Barangeon, remplacer la pente uniforme des cours d'eau par des biefs étagés au moyen de barrages fixes ou mobiles, de façon à conserver l'eau, même pendant la saison sèche.

Ces travaux, réclamés par tous les petits cours d'eau à pentes rapides, sont préconisés par la science et la pratique, et intéressent l'agriculture bien plus encore que l'aquiculture.

La Société de pisciculture a pour président M. Ancillon. Cette Société a tenu, le 20 novembre 1885, une réunion intéressante dans laquelle il a été dit qu'un empoissonnement de 60 000 carpes et carpillons a été fait au commencement de cette année par la Société dans les cours d'eau des environs de Bourges.

M. Ancillon a fait une conférence sur la pisciculture d'autrefois et sur les ressources qu'on peut en tirer. M. Ancillon estime que le poisson d'eau douce ne procure aujourd'hui à la France qu'un revenu de 50 millions et qu'on pourrait le porter aisément à 350 millions, si l'on repeuplait les cours et les réservoirs d'eau.

La Société de pisciculture du Cher a décidé d'employer une somme de 1 000 francs à réempoissonner les rivières du Cher. Elle s'est engagé à payer :

1° Des primes de 5 à 20 francs aux agents des ponts et chaussées, gardiens de pêche, gardes champêtres, à tous les agents autorisés pour les procès-verbaux qu'ils dresseront contre tous les délinquants en matière de pêche ;

2° Des primes de 50 à 200 francs aux instituteurs qui organiseront des syndicats piscicoles de police répressive contre les maraudeurs.

Le 22 mars 1887, la Société a adressé au Sénat une pétition dans laquelle, appelant l'attention des sénateurs sur l'état de nos rivières, elle les priait de prendre toutes les mesures législatives nécessaires pour arriver au repeuplement des eaux, organiser leur surveillance et rendre ainsi à la France des centaines de millions de revenu qu'elle perd par le dépeuplement et le défaut de surveillance de nos rivières. A la séance du 18 mars 1888, il a pris cette demande en considération, et, après avoir entendu le rapport de M. Louis Lacaze, il a renvoyé la pétition au ministre de l'agriculture en la recommandant à son attention en mars 1888.

Dès le 16 juillet de l'année précédente, la Société avait adressé au sujet du Cher une pétition, dans laquelle elle exposait son projet de créer un établissement de pisciculture, atelier de fécondation, éclosion et alvinage, se proposant ainsi de propager dans tout le département les espèces nouvelles, surtout des salmonides, pour repeupler les rivières, étangs et eaux vives de la Sologne. Un terrain était choisi dans le jardin de l'école normale des instituteurs ; un plan et un devis étaient dressés par M. Pascault, architecte départemental. La dépense devait s'élever à 4 500 fr. ; cette école de pisciculture pouvait servir de modèle pour répandre le goût de cette industrie dans les campagnes.

Cette pétition, communiquée à l'Ingénieur en chef du département, a été transmise au conseil municipal de Bourges et au conseil général du Cher, et pour avoir plus de chances de réussite la dépense a été réduite à 3 200 francs. La Société s'engageait à donner 827 fr. ; l'État donnant 1 000 fr., il ne restait plus pour le conseil municipal et le conseil général qu'à fournir 1 373 fr. ; total 3 200 fr.

Le conseil municipal de Bourges saisi de la question par M. le préfet n'a pas répondu.

Le conseil général a dit que, malgré tout l'intérêt qu'il porte à la pisciculture, il avait le regret, vu les nécessités budgétaires, de ne pouvoir donner une réponse favorable à la demande de subvention. Espérons que l'assemblée départementale reviendra sur sa décision et qu'elle voudra contribuer à la création d'un établissement dont l'utilité est incontestable.

LES CÉRÉALES

LE BLÉ

Depuis que les blés étrangers sont venus faire concurrence à nos blés, alors que le prix des fermages était très élevé, la main-d'œuvre chère, les impôts devenus plus lourds, les dépenses de la vie plus grandes, l'économie des ménages moins sévère, et souvent les moissons moins abondantes par suite d'intempéries consécutives, il s'est produit de grandes difficultés pour obtenir des récoltes suffisamment rémunératrices. Alors les cultivateurs ont demandé au Gouvernement de leur venir en aide pour lutter utilement contre la concurrence étrangère.

La question était délicate, nous étions sous le régime du libre-échange déterminé par les transports rapides, par le besoin d'échanges réciproques, par la nécessité, pour nos industries, d'avoir du dehors des matières que notre production indigène est insuffisante à fournir.

Les cultivateurs demandèrent à être traités sur le même pied d'égalité que l'industrie, ils voulurent être protégés, disant que si l'industrie agricole, la plus importante en France, ne pouvait plus subsister, le commerce, les salaires dans les départements, seraient cruellement atteints. Les agriculteurs crurent que le remède le plus sûr à leurs maux était les droits de douane imposés aux blés étrangers.

Les économistes redoutaient les représailles dangereuses pour nos produits; ils étaient préoccupés du prix du pain. Ils trouvaient regrettable de frapper de droits les éléments les plus nécessaires à la vie.

Les savants pensaient que la meilleure protection était d'augmenter la production à l'hectare par une méthode culturale mieux comprise, des semences mieux choisies, mieux répandues, des engrais mieux connus, plus rationnellement appliqués, en un mot, par une culture plus scientifique, nécessitant un enseignement agricole vulgarisé dans toutes les classes de cultivateurs, allant depuis l'Institut agronomique jusque dans la plus humble école de village, depuis les théories scientifiques les plus élevées jusqu'au champ de démonstration le plus modeste, de façon que chacun fût suffisamment préparé pour la lutte que le Nouveau Monde engage contre l'Ancien, pour que la transformation nécessaire de nos méthodes culturales s'opérât dans le sens d'une production plus élevée sur une surface plus restreinte. Comme le fait remarquer M. Lecouteux, si l'on démontre que notre récolte de froment est produite à meilleur marché sur une surface de 4 200 000 hectares à 25 hectolitres que sur une surface de 7 000 000 d'hectares à 15 hectolitres seulement, il sera démontré aussi que nous devons diminuer la surface d'ensemencement du blé et nous élever de 15 hectolitres à 25, 30 hectolitres et même 40 sur nos meilleures terres, de telle sorte aussi que nous n'ayons ni une élévation ni un abaissement excessif du prix du blé. Telle a été la préoccupation des gouvernements qui, aux différentes époques de notre histoire, se sont occupés d'appliquer au commerce international du blé, une législation douanière qui, dans leur espoir, devait empêcher, par la mobilité des droits d'entrée et de sortie, les trop fortes hausses de prix qui auraient porté préjudice aux consommateurs, et la trop forte baisse qui aurait porté préjudice à l'agriculture nationale.

Ce régime de droits variables a reçu le nom d'échelle mobile. Il a régi le commerce français de 1819 à 1861 ; on l'a remplacé de 1861 à 1885 par un droit fixe de 60 centimes par quintal de blé importé, droit purement fiscal qui a fait place, en 1885, à un droit de 3 francs auquel, depuis 1887, a succédé un droit de 5 francs.

Aujourd'hui, tout le monde semble heureusement d'accord pour laisser fonctionner le système actuel, afin de se rendre compte des résultats sérieux qu'il pourra donner. Tout le monde est convaincu que les prix de disette sont devenus impossibles avec ce que peut fournir l'étranger. De plus, le prix des fermages est abaissé, la main-d'œuvre est moins chère, les engrais chimiques sont plus employés, et les cultivateurs cherchent, à l'aide de meilleurs instruments, à mieux labourer, ensemencer, biner et moissonner. Nul doute pour nous que la culture française n'atteigne les rendements moyens de l'Angleterre, de la Belgique, de la Hollande, du Danemark et de la Norvège. Nous sommes particulièrement persuadé que les cultivateurs du Cher arriveront aux grands rendements. Il nous suffit pour cela d'examiner les progrès qu'ils ont réalisés jusqu'à ce jour.

Dès le commencement de ce siècle, nous voyons un homme d'une grande intelligence, Béthune-Charost, fonder à Meillant une Société d'agriculture et d'économie rurale, et exposer ses vues et ses premiers travaux à la Société d'agriculture du département de la Seine, le 16 pluviôse an VII de la république (1798). Il explique que la Société de Meillant a cru devoir commencer par des expériences comparatives sur les instruments aratoires. Elle a prouvé aux laboureurs que la charrue connue sous le nom de charrue de Brie, en renversant la terre et en la labourant, au double de sa profondeur, tandis que l'araire ne fait que l'effleurer et représenter toujours la même couche à l'influence de l'atmosphère, procurait en même temps l'économie de deux bœufs sur six dans les terres fortes, et sur quatre dans les terres légères.

La Société se proposait aussi de faire des essais comparatifs, non dans des terres fortes où le bœuf seul a le droit de labourer, mais dans des terres légères, entre les labours avec des bœufs ou avec des chevaux.

Des *essais de semences* ont été faits par elle relativement aux quantités et qualités.

La Société d'agriculture de Meillant a recueilli un fait qui mérite d'être consigné : c'est que, dans la commune de Meillant même, on a éprouvé pendant près de vingt ans, qu'une semence choisie, à la vérité, mais prise de la récolte du même domaine, avait constamment donné des grains exempts de carie, malgré une opinion assez répandue dans les campagnes de la nécessité de se servir de semences externes. Ce fait a déterminé la Société d'agriculture de Meillant à faire des essais comparatifs de semences de la même exploitation avec d'autres provenant d'autres sols. Le *chaulage* était usité dans les cantons de l'arrondissement, et la Société n'a eu que les diverses méthodes à faire connaître, mais qui différaient peu de celles déjà suivies.

Ses membres mêmes, avant sa pleine activité, avaient porté leurs regards sur les maladies des grains et répandu des instructions puisées dans les ouvrages des citoyens Tillet, Tessier et la *Feuille du cultivateur*.

Des grains rachitiques, envoyés à l'école de Bourges, ont été examinés par le citoyen Sigaud-Lafond, l'un de ses professeurs, qui, vu ses occupations, s'était adjoint le citoyen Bezove, bibliothécaire de la même école, amateur des sciences, et, à l'aide du microscope de Dellebarre, ils ont non seulement vu les anguilles aperçues par Neidham, mais encore découvert les œufs de ces animalcules [1]. On voit que le programme de la Société d'agriculture et d'économie de Meillant était absolument scientifique.

1. Bibliothèque de Bourges, E, 1388.

Quelques années plus tard, nous trouvons des renseignements sur la culture des céréales dans la description faite du département du Cher en l'an X (1801-1802), par le citoyen Lucay, préfet de ce département. Il nous dit que les grains qu'on y cultive sont : le froment, le seigle, la marsèche ou orge et l'avoine. Il y croît aussi un peu de blé ou sarrasin, qui se plaît dans les mauvaises terres légèrement sablonneuses.

La quantité de blés récoltés suffit, année commune, aux besoins du département, elle devrait laisser un excédent considérable, si la culture était plus soignée; mais le Préfet trouve qu'on donne en général beaucoup trop d'étendue à des labours superficiels et qu'on néglige les moyens de procurer à la terre les engrais et les fumiers qui la rendraient féconde; il fait observer que l'araire, espèce de charrue en usage dans ce département, et qui ne fait qu'effleurer la terre, ne convient pas à son sol compact. Il ajoute : Le citoyen Béthune-Charost y substitua avec succès la charrue de la Brie et, pour en répandre l'usage, il en a donné plusieurs comme récompenses à divers cultivateurs.

Le département du Cher doit, en effet, beaucoup de reconnaissance à cet homme éclairé, qui cherchait à faire progresser l'agriculture dans sa Société par la science, dans sa ferme modèle par la pratique, et dans tout son canton par sa générosité.

Sous le premier Empire, le système de l'échelle mobile commençait à s'établir. De 1806 à 1810, l'Empereur autorisait ou défendait l'exportation des céréales sur divers points de la frontière. En 1810, 1812 et 1813, les droits à la sortie furent doublés; des prohibitions partielles d'abord, puis étendues à tout l'Empire, furent prononcées.

Les blés de la Russie méridionale écartés de nos marchés, soit par la fermeture des détroits, soit par le blocus de nos ports, se montrèrent tout à coup à Toulon, à Marseille : ce fut un véritable secours, au moment de la disette qui suivit la deuxième invasion. Le Gouvernement, par une ordonnance du 22 novembre 1816, accorda aux négociants français ou étrangers une prime d'importation réglée à raison de 5 francs par quintal métrique de froment ou de farine de froment, de 3 fr. 50 par quintal métrique de seigle ou de farine de seigle, et de 2 fr. 50 par quintal métrique d'orge ou de farine d'orge.

L'année 1816 fut mauvaise, les blés furent avariés par les pluies persistantes, le bétail des fermes fut décimé par les épizooties et une crise des subsistances sévit cruellement sur la France. On crut trouver dans le système de l'échelle mobile un remède aux maux de l'agriculture : le 19 juillet 1819 parut la loi déterminant le régime des droits variables sur l'entrée et la sortie des grains. Mais ce qui protégea réellement l'agriculture ce fut la paix.

De son côté, la Société d'agriculture du Cher fondée en 1818 faisait de sérieux efforts pour hâter les progrès agricoles, elle reprenait les traditions de son aînée créée en 1762. En effet, dès cette époque, un certain nombre de cultivateurs s'étaient réunis pour améliorer l'agriculture, pour encourager par leur exemple à défricher les terres incultes, à acquérir de nouveaux genres de culture, à perfectionner les différentes méthodes de cultiver les terres en valeur, et pour s'éclairer entre eux de leurs conseils et de leurs observations. L'action de la seconde Société d'agriculture du département du Cher était d'autant plus nécessaire que le département, isolé au milieu du royaume, dépourvu de communications, privé de débouchés pour le débit de ses denrées, était resté en arrière. La plupart des habitants des campagnes, toujours aux prises avec la misère et le besoin, étaient sans énergie et sans activité.

La Société avait compris, dès le principe, que le département du Cher est tout à la fois un pays boisé, agricole et pastoral, que la diversité de ses productions le mettait presque dans le cas de pouvoir se suffire à lui-même pour tous les objets de première nécessité ; néanmoins, elle reconnaissait qu'avec des ressources territoriales multipliées, le département était pauvre, et toutes les branches de culture faibles et languissantes.

Ainsi, dans les communes de la plaine où de grandes masses de terre étaient ensemencées en céréales de toute espèce, on ne récoltait pas de foin pour l'entretien et la nourriture des bestiaux qui servaient au labourage.

Dans les communes, au contraire, où il se trouvait pendant l'été des pâturages excellents pour la nourriture des bêtes à laine, on manquait de prairies ou de fourrages pour les élever et les nourrir pendant l'hiver.

Dans les pays de vignobles, on récoltait peu de blé et point de foin, et par conséquent on ne pouvait que très difficilement y élever et nourrir des bestiaux ; dans les cantons propres à l'éducation et à l'engrais des gros bestiaux, la culture des blés était médiocre et la récolte incertaine.

Ces différents cantons n'avaient pas même la ressource de pouvoir s'entr'aider pour l'échange de leurs produits, parce que les chemins vicinaux étaient dans un état déplorable et que les communications étaient impraticables pendant six mois de l'année ; c'est ainsi que le département du Cher, qui est à la fois un pays boisé, agricole et pastoral, ne brillait ni par son abondance ni par sa fertilité. La Société d'agriculture pensait avec raison que la prospérité d'un tel pays devait absolument reposer sur l'abondance des fourrages : elle s'occupa sérieusement, comme nous le verrons, des prairies artificielles ; en même temps, elle recherchait avec ardeur les moyens de combattre les maladies des grains et surtout les ravages causés par l'alucite, qui réduisait souvent de plus d'un tiers la récolte des céréales ; elle décida qu'un prix de 1 000 francs (1827) serait décerné au meilleur procédé pour détruire la chenille du blé.

A peu de temps de là, un ouvrage posthume intitulé : *Statistique du département du Cher*, par Butet, publié en 1829, nous donne des renseignements très intéressants sur le mode de culture et les produits agricoles du département du Cher.

En général, les terres labourables sont cultivées à la charrue ou à l'araire vulgairement appelé arriau.

Depuis quelque temps, sur divers points du département, on a introduit la charrue de la Beauce, qu'on a modifiée suivant la nature des localités et la profondeur plus ou moins considérable de la terre végétale.

Les terres qui avoisinent les principales villes du département et qu'on cultive en blé ou en gros légumes, les marais de Bourges, de Mehun et autres qui s'ensemencent en chanvres, les jardins et les chenevières, reçoivent leur première façon à la bêche ; la deuxième se donne au fessoir.

Les charrues sont attelées de bœufs et de chevaux. Dans quelques parties du Sancerrois, dans les locatures, on emploie des ânes. Un homme dirige la charrue ; un autre (le plus souvent un enfant) guide les animaux. On les attelle de 2 à 4 chevaux, de 4 à 6 bœufs, suivant la force des animaux et les difficultés que présente le terrain.

L'assolement le plus général des terres est de 3 ans. On sème la 1er année du froment, du méteil ou du seigle, des menus grains, et la 2e et la 3e les terres restent en jachère.

Quelques propriétaires étendent leur assolement et le portent à 4 ans. Par ce moyen, ils ensemencent moins de terres, mais elles sont mieux cultivées, elles reçoivent une quantité plus considérable d'engrais, donnent avec moins de frais de culture et de récolte un produit aussi considérable que si leur assolement était de 3 ans et offrent, en outre, plus de facilité pour le parcours des bestiaux, puisque la quantité de terres en jachère est plus considérable. La mauvaise qualité des terres de Sologne et la grande quantité qui est attachée à chaque domaine ne permettent que d'en cultiver une faible partie : aussi leur assolement est-il de 7 à 8 ans, dont 6 de repos.

Pendant les années de jachère, les terres se couvrent de genêts et de bruyères et servent au parcours des moutons ; quand on veut les cultiver, on arrache les plantes qui les couvrent et on les brûle.

Ces terres sont fumées avec les engrais provenant des domaines. Dans quelques endroits, on se sert de marne. Le marnage se renouvelle tous les vingt ans.

On donne ordinairement trois façons aux terres qu'on sème en froment, et seulement une ou quelquefois deux à celles qui reçoivent des menus grains, on herse, et on roule ces terres pour casser les mottes.

Les froments se scient à la faucille ; les menus grains se coupent à la faux.

La moisson se fait, en grande partie, par les habitants des villes et des campagnes qui s'occupent de la culture de la vigne, dont les travaux sont suspendus à l'époque où commencent ceux de la moisson.

Les moissonneurs sont à la journée, au grain, ou à l'entreprise. On paye pour les menus grains moitié environ de ce qu'on donne pour les froments.

Ce sont communément les ouvriers qui ont fait la moisson qui battent la récolte.

La battaison est au prix d'argent ou au grain, c'est-à-dire qu'on donne au batteur un boisseau de blé pour un certain nombre de ceux qu'il bat et qui est 1 pour 13 à 18, suivant la qualité du blé et l'usage des cantons, qui varie d'une manière sensible.

Butet reproche aux cultivateurs berrichons leur apathie, leur attachement opiniâtre aux vieilles habitudes, quelque préjudiciables qu'elles puissent être. Au milieu d'un mouvement général, d'une tendance universelle à l'amélioration et au perfectionnement, l'agriculture dans le département du Cher est restée presque immobile ; cependant, il est vrai de dire que, depuis quelques années, beaucoup de propriétaires ont quitté l'ornière de la routine et ont apporté de grandes modifications à l'ancienne culture.

L'apathie que Butet reproche au cultivateur berrichon, c'est sa paresse morale ; autrement il reconnaît qu'il est, au contraire, laborieux, assidu à l'ouvrage ; tous ses moments sont péniblement employés, et si ses champs ne sont pas annuellement couverts de riches moissons, ce n'est pas faute de les arroser de ses sueurs.

Le peu de rapport des terres ne peut être nullement imputé à la négligence du cultivateur, mais au mauvais système de culture suivi jusqu'à ce jour.

La méthode si avantageuse et qui influe tant sur le produit des terres, la méthode d'alterner, de changer très fréquemment la nature de l'emblavement, est pour ainsi dire inconnue dans ce département.

La même terre, depuis un temps immémorial, a produit successivement une année de froment ou de seigle, l'année suivante de l'orge, de l'avoine ou de l'ingrain, et ensuite est restée en jachère plus ou moins longtemps, suivant sa qualité, et l'usage du canton. Aucun changement n'est survenu dans cette marche, qui est si régulière. qu'on pourrait savoir aujourd'hui, d'après l'espèce de blé dont un champ est couvert, celui qu'on y a récolté il y a deux siècles.

Butet fait observer qu'en semant toujours la même nature de grains, on épuise promptement la substance qui lui est propre, que la terre s'appauvrit en apparence, devient stérile et ne produit qu'à force d'engrais, qu'il est d'autant plus difficile de se procurer qu'il n'est, en quelque sorte, lui-même, que le résultat de la fertilité de la terre.

L'usage d'alterner, dit-il, pare à ces inconvénients et donne des récoltes qui trompent rarement l'espérance du propriétaire. Il appuie cette idée sur la conformation des racines à pivot des légumineuses, et sur les racines chevelues des céréales. Après le trèfle, la luzerne et le sainfoin, si l'on sème du froment ou d'autres céréales, les racines des premières n'ayant absorbé les sucs nutritifs de la terre qu'à une profondeur bien plus considérable que celle où pénétreront les racines de blé, celles-ci trouveront dans la partie supérieure, qui a conservé ses éléments de nutrition, une nourriture abondante ; de même, après une culture en blé qui n'aurait enlevé que les sucs situés dans la partie supérieure de la terre, les plantes à pivot trouveront à s'alimenter abondamment dans ceux que renferme la partie inférieure.

Butet invoque une autre cause qui contribue encore au peu de rapport des terres, c'est la grande quantité qu'on en cultive annuellement dans chaque domaine. Appauvries déjà par la méthode vicieuse de leur donner toujours le même ensemencement, ces terres demanderaient un engrais abondant qui vînt réparer les pertes qu'elles ont éprouvées, et leur rendre l'humus dont elles ont été dépouillées, mais cet engrais est trop rare pour pouvoir couvrir toutes les terres qui ont été mises en culture. Privées des sucs nutritifs, les plantes s'élèvent mal et donnent une faible récolte qui est bien loin d'offrir au laboureur découragé le dédommagement de ses peines. Aussi conseille-t-il aux cultivateurs berrichons, ce qu'on pourrait conseiller à beaucoup d'autres, de renoncer à cette manie si préjudiciable de cultiver plus de terre qu'on n'en peut amender ; il leur conseille d'alterner la culture des plantes : alors ces mêmes terres, qui semblent frappées de stérilité, se couvriront de riches moissons, de fourrages abondants.

Butet nous a laissé un tableau d'utiles renseignements sur la production des grains ensemencés, sur leur produit, leur valeur et les quantités consommées ou exportées, les sommes que leur exportation fait entrer dans le département du Cher. Il a déterminé la quantité de céréales employée à la nourriture des habitants d'après une population de 223 409 individus, en supposant que chacun d'eux consomme par jour un litre de céréales.

Quant à la proportion dans laquelle chaque céréale entre dans la consommation générale, elle a été déterminée, d'après les localités, en prenant pour bases la population des communes (telles que les villes) où l'on ne mange guère que du pain de froment, et celle des communes rurales où la consommation dominante est en seigle, etc., etc.

Outre qu'ils servent à la nourriture des hommes, l'orge et le sarrasin sont employés à différents autres usages. L'orge sert dans les brasseries, et le résidu est donné comme nourriture aux animaux.

Il en est de même du sarrasin, qui, de plus, principalement en Sologne, est consacré en grande partie à entretenir la basse-cour.

L'ingrain est également consommé par les animaux.

La colonne d'exportation présente des résultats plus faibles que ceux que contiennent les différentes statistiques faites jusqu'à ce jour, qui, ayant atténué la consommation, ont donné lieu de croire à une exportation de produits, et, par conséquent, à une importation de numéraire au-dessus de ce qu'elles sont réellement.

Butet nous fait connaître qu'à cette époque, les blés provenant des communes à proximité de la Loire étaient embarqués sur cette rivière pour différentes destinations ou conduits aux marchés de Cosne, de la Charité et autres villes du département de la Nièvre.

Ceux de l'arrondissement de Bourges étaient conduits à Orléans par Vierzon et ceux de l'arrondissement de Saint-Amand vendus pour les départements qui l'avoisinent. Enfin l'auteur de la statistique indique les maladies auxquelles les céréales sont exposées : la carie, la lavure ou nielluro, l'ergot. Voici un résultat statistique de la production du blé en 1827 emprunté au tableau de Butet :

ARRONDISSEMENTS	SUPERFICIE CULTIVÉE	QUANTITÉ DE SEMENCE	PRODUIT PAR HECTARE	QUANTITÉ TOTALE EMPLOYÉE A LA NOURRITURE DES HABITANTS	PRIX MOYEN
	Hectares.	Hectolitres.	Hectolitres.	Hectolitres.	Fr. c.
Bourges.............	22.000	2	8 1/2	341.954.404[1].	14,40
Sancerre.............	14.000	2	8 1/2		
Saint-Amand........	25.000	2	8 1/2		
	61.000				

1. Il y a évidemment une erreur dans le tableau de Butet ; il faut lire 341,954 hectolitres, et il est bien entendu que ce chiffre s'applique à tout le département.

Ce tableau nous indique qu'en 1827 il n'y avait dans le Cher que 61 000 hectares ensemencés en froment ; on ne récoltait que 8 hectolitres 1/2 à l'hectare, au prix moyen de 14 fr. 40.

La production totale de froment était 496 500 hectolitres.

Statistique 1834-1835-1836. — Le département du Cher présente alors en terres labourables 375 000 hectares, dont 70 000 au plus sont ensemencés annuellement en froment et qui produisent, terme moyen, 600 000 hectolitres.

Les états administratifs portent 598 000 pour 1834 et 664 000 pour 1835, et ces deux années ont été des années d'abondance.

L'année 1836 ne devait pas produire 500 000 hectolitres, peut-être pas 400 000, tant la récolte s'annonçait mauvaise. Avant l'invasion de l'alucite ou chenille des grains, le tiers de la récolte du froment à peu près était exporté ; mais, depuis une dizaine d'années, cet insecte avait détruit au moins le quart du froment récolté et détérioré sensiblement les trois autres.

L'exportation a donc diminué. Cette diminution, jointe à celle du prix qui devait être de 18 francs l'hectolitre pour que l'agriculteur fût indemnisé de ses avances, a causé au département une perte annuelle de 2 millions.

En portant l'hectolitre à 15 francs on allait au delà du prix moyen qui n'avait été, depuis plusieurs années, que de 11 à 14 francs ; mais il faut considérer que ce n'était que le plus beau froment qui s'exportait et que le blutage, auquel on commençait à se livrer dans le département, ajoutait à la valeur et conséquemment au prix du blé.

La partie Est du département, qui comprend le val de la Loire où sont les terres les plus fertiles, exportait la majeure partie de ses récoltes. La faiblesse de la récolte de 1836 ne devait permettre bien probablement aucune exportation.

En 1837, M. Henri Torchon, président de la Société d'agriculture du Cher, en rendant compte des principaux travaux de cette Société depuis son établissement, protestait contre la libre entrée des bestiaux et des laines de l'étranger sur nos marchés; il la considérait comme un obstacle aux améliorations agricoles.

Il faisait observer que les blés de Crimée ne se vendaient ordinairement sur les lieux que 5 à 6 francs l'hectolitre et ne revenaient qu'à 8 francs au plus rendus en France. Il faisait la même observation pour les bœufs et les moutons venant l'Allemagne. Et il tenait exactement le même raisonnement fait aujourd'hui par nos cultivateurs. S'ensuit-il que chez nous où la division des propriétés est extrême, où l'impôt enlève à la reproduction une partie essentielle de ses ressources, où la journée de l'ouvrier est beaucoup plus chère que dans ces contrées, s'ensuit-il, disait M. Torchon, que notre agriculture puisse être mise en contact avec une semblable concurrence pour ses blés, ses laines, ses bestiaux, lorsqu'il est démontré que le prix de revient est pour elle sensiblement plus élevé?

« S'il pouvait arriver que les barrières fussent ouvertes aux produits agricoles de l'étranger, si une forte protection était refusée, il est évident que la culture de nos champs serait abandonnée ou du moins demeurerait languissante. »

Si de la statistique de 1834 nous arrivons à celle de 1840, nous voyons que de 70 000 hectares cultivés en froment nous montons à 75 000, et la récolte du blé de 600 000 atteint 779 499 hectolitres, ainsi qu'on peut le voir par le tableau ci-dessous :

1840. — I. Cultures. — 1° CÉRÉALES (FROMENT).

ARRONDISSEMENTS	SUPERFICIE CULTIVÉE	QUANTITÉ DE SEMENCE PAR HECTARE	PRODUCTION		VALEUR	
			MOYENNE PAR HECTARE	TOTALE DU GRAIN	MOYENNE DE L'HECTOLITRE	TOTALE DU GRAIN
	Hectares.	Hectolitres.	Hectolitres.	Hectolitres.	Fr. c.	Francs.
Bourges............	29.911,99	2,04	10,38	310.358	14,40	4.469.185
Sancerre..........	16.922,31	1,89	10,84	183.350	15 »	2.750.250
Saint-Amand	28.247,09	2,08	10,12	285.791	15 »	4.286.865
Totaux et moyennes.	75.081,39	2,02	10,38	779.499	14,75	11.506.270

Ainsi de 1828 à 1840, c'est-à-dire après douze ans, au lieu de 61 000 hectares ensemencés en froment, nous en trouvons 75 081, soit 14 000 hectares de plus.

La quantité de semence est la même.

Le produit à l'hectare est augmenté de 1 hectol. 88.

Le prix de l'hectolitre est sensiblement le même.

La production totale s'est donc élevée de 282 949 hectolitres, puisqu'elle a monté à 779 499 hectolitres.

Quelques cultivateurs sortis de nos écoles d'agriculture comprenaient bien quels progrès il fallait réaliser.

Un des membres de la Société d'agriculture du Cher, M. Joseph Cacadier, ancien élève de Grignon, communiquait en 1843 à la Société un intéressant travail sur les assolements qui pouvaient le mieux convenir à la plaine du Berry. M. Cacadier reprochait au triennal absolu de donner des récoltes de céréales de plus en plus chétives, de plus en plus fautives, et cela par leur retour trop fréquent sur le même terrain et le manque d'engrais : ces deux causes tendaient évidemment à l'appauvrissement progressif du sol, d'autant plus que les céréales sont reconnues très épuisantes, qu'elles reviennent sans les engrais nécessaires pour réparer les pertes qu'elles ont fait essuyer précédemment à la terre. De plus, le cultivateur ayant généralement peu de foins naturels ou artificiels, se trouvait réduit presque exclusivement à la paille pour la nourriture de son bétail pendant la moitié de l'année et au parcours le plus maigre. De plus, il n'avait point de fumier pour celui de tous les assolements qui en demande le plus, puisqu'il doit en fournir chaque année au tiers de ses terres.

M. Cacadier conseillait un assolement de six ans avec réserve des prairies durables pour la plaine du Berry; ces six années devaient être occupées par des récoltes se succédant dans le système alterne, dans lequel une plante améliorante et fourragère doit toujours, autant que possible, précéder une plante épuisante cultivée pour la vente.

On comprenait que l'assolement triennal pouvait être naturel, il y a un siècle, dans les provinces du Centre surtout, où d'immenses pâturages communs, de vastes forêts et beaucoup de pacages particuliers permettaient d'entretenir sans frais de nombreux bestiaux de rente.

Les populations étaient clairsemées, elles n'éprouvaient pas le besoin d'une culture de céréales bien importante, d'autant plus que la vente en était circonscrite par le défaut de routes et de débouchés aussi bien que par les barrières de province à province. Le bétail, au contraire, se transportait de lui-même; c'est pourquoi on lui donnait la préférence.

A cette époque aussi, les gages et les salaires étaient moins élevés, la terre était moins épuisée, et, quand elle l'était, on l'abandonnait aux friches pour en cultiver une autre qui était reposée.

Néanmoins les anciennes conditions de l'assolement triennal commençaient à changer : les pâturages-communaux et particuliers se défrichaient de tous côtés, le pâturage dans les forêts était interdit, la valeur des laines commençait à baisser, les bestiaux devenaient plus rares, les engrais moins abondants, les prairies artificielles étaient négligées, les ressources du laboureur devenaient moindres et d'autant plus qu'il avait augmenté sa culture de céréales.

Les cultivateurs instruits et intelligents comprenaient qu'il fallait à ce système appauvrissant en substituer un meilleur.

En même temps que M. Cacadier, un ancien élève de Roville, M. Lauchère, démontrait que l'assolement triennal, dans un grand nombre de terres du département du Cher, était ruineux.

Ainsi un hectare de terre maigre fumé tous les six ans, comme la production des pailles le permettait dans l'assolement triennal, coûtait :

```
1° 3 labours et hersages................................  60 francs.
2° Main-d'œuvre pour fumiers..........................  12   —
3° 9 doubles-décalitres semence.......................  36   —
4° Récolte ............................................  24   —
5° Battage ............................................  10   —
6° Frais généraux.....................................   5   —
                                                       ———
                                                       147   —
2 années loyer minimum...............................  15   —
                                                       ———
                   Total des frais....................  162 francs.
      Produit brut, 8 hectolitres à 16 francs .........  128   —
                                                       ———
                       Perte..........................  34 francs.
```

C'est pourquoi M. Lanchère conseillait la culture avec fortes fumures et l'emploi en grand des prairies artificielles à faucher et surtout à faire consommer sur place par le pâturage et diminution des terres en labour. Il réclamait des baux plus longs, des fermages modérés, l'amélioration du sol compté au fermier. Il conseillait l'usage des troupeaux mérinos dans la pensée d'étendre la culture de la luzerne, du sainfoin, du trèfle, des pois et des vesces dans la jachère, de façon à bien nourrir le troupeau et à laisser reposer la terre ainsi que celle des engrais concentrés. L'alucite des grains était vigoureusement combattue par les procédés de Doyère, par la machine insecticide de Terrasse-Desbillons et celle d'Haranguier. Les défrichements se continuaient, favorisés par le noir animal. Les irrigations étaient l'objet d'études importantes par M. Machard, ingénieur du service hydraulique, qui recherchait les quantités d'eau nécessaires aux irrigations, et par M. Maréchal, ingénieur ordinaire.

La Société s'adressait à l'Assemblée nationale et au ministre de l'Agriculture pour demander qu'on ne diminuât pas les droits d'entrée sur les céréales, question discutée alors au conseil d'État. Le préfet du Cher avait eu *la bonne pensée de créer un cours ambulant d'agriculture*. Le conseil général, auquel la proposition fut soumise, ne crut pas devoir l'accueillir, parce qu'il était occupé à fonder une ferme-école dans la commune de Brinay, au lieu appelé Aubussay, appartenant à M. Combarel de Leyval.

Sous l'influence de tous ces efforts pour le progrès de l'agriculture, on peut voir par la statistique de 1852 quels résultats ont été obtenus :

I. — Cultures. — 1° Céréales (froment).

ARRONDISSE-MENTS	SUPERFICIE CULTIVÉE	QUANTITÉ DE SEMENCE PAR HECTARE	PRODUCTION				VALEUR			
			MOYENNE PAR HECTARE		TOTALE		MOYENNE		TOTALE	
			en grain.	en paille.	du grain.	de la paille.	de l'hectol. de grain.	du quintal de paille.	du grain.	de la paille.
	Hectares.	Hectol.	Hectol.	Quint.	Hectolitres.	Quintaux.	Fr. c.	Fr. c.	Francs.	Francs.
Bourges	35.633	1,95	11,66	10,90	415.481	388.400	13,20	2,25	5.484.349	873.900
Sancerre.....	27.551	1,86	11,35	8,74	312.704	240.796	13,79	2,37	4.312.188	570.686
Saint-Amand.	26.697	2,12	12,28	14,10	327.838	376.428	13,85	2,29	4.540.556	862.020
Totaux et moyennes.	89.884	1,98	11,75	11,19	1.056.023	1.005.624	13,58	2,29	14.337.093	2.306.606

De 1840 à 1852 :

Au lieu de 75 081 hectares ensemencés, il y en a 89 881 : c'est au moins 14 000 hectares ensemencés en plus.

La quantité de semences ne varie guère.

Le produit à l'hectare est monté de 10 hectolitres 38 à 11 hectolitres 75, soit un peu plus d'un hectolitre.

Le prix moyen à l'hectolitre est descendu de 14 fr. 75 à 13 fr. 58.

La production totale s'est élevée à 1 056 023 hectolitres : on a gagné 276 524 hectolitres.

Pour la culture des céréales, M. Lanchère avait compris que la transformation de la culture pastorale en culture intensive ne pouvait pas se faire immédiatement. Il fallait d'abord faire prospérer la prairie artificielle avant tout et pendant un temps d'autant plus long que la terre était plus épuisée.

Malgré cela, la transformation ne pouvait pas se produire aussi rapidement que les hommes de progrès l'eussent voulu, il fallait aussi le concours du propriétaire. Il avait bien profité des défrichements et de l'extension donnée à la culture des céréales, parce qu'il prélevait son fermage en nature et que sa propriété foncière augmentait de valeur. Mais les métayers voyaient leurs charges devenir plus lourdes par le prix de la main-d'œuvre, par le bas prix des laines et surtout par le manque de récoltes.

La nature du sol devait être surtout consultée. Au nord-est du département sont les terres argilo-siliceuses froides, qui exigent l'emploi des amendements calcaires; elles sont comprises entre les villes d'Henrichemont, Sens-Beaujeu, Léré, Argent et la Chapelle-d'Angillon.

Au commencement du siècle cette partie du Berry était encore presque entièrement couverte de bruyères et passait pour impropre à une culture active des céréales. Depuis la Révolution, l'usage de la marne s'y était très étendu, la bruyère était devenue l'exception et la terre arable la règle; on avait usé et abusé du marnage pour demander au sol des récoltes successives de grain : il en est résulté qu'après les défrichements successifs des bruyères et de très belles récoltes, le sol a été généralement épuisé, quoique les marnes fussent très calcaires et continssent jusqu'à 80 pour 100 de chaux. D'après la remarque des cultivateurs, après l'assolement, jachère fumée à 12 000 ou 15 000 kilogrammes par hectare, froment, orge et avoine suivi pendant 25 ou 30 ans, une bruyère marnée est épuisée, elle pousse en abondance : chardons, moutardes, coquelicots. Alors, il est nécessaire de l'abandonner pendant 10 à 15 ans au repos, il faut employer un nouveau marnage, mais moins abondant que le premier, 25 à 60 mètres par hectare au prix moyen de 3 francs rendu, suivant la froideur du sol, puis on y recommence le même assolement détériorant. Cette contrée, on le comprend, ne pouvait que gagner en s'attachant aux produits animaux et en adoptant des assolements avec prairies et pâturages bien appropriés.

L'année 1853 eut le malheur d'inaugurer la série de trois récoltes insuffisantes, 1853, 1854 et 1855, et l'on ne peut nier que ce déficit n'ait contribué beaucoup à amener la réforme de 1861. On voit par le tableau suivant relevé par M. Mauguin quelle était pour la France la situation :

ANNÉES	RÉCOLTES EN HECTOLITRES	IMPORTATION	PRIX PAR HECTOLITRE POUR TOUTE L'ANNÉE AGRICOLE		
			Maximum.	Minimum.	Moyenne.
1853.....	63.709.038	3.720.763	Juin 1854... 32^{fr},08	Août 1853... 23^{fr},49	29^{fr},47
1854.....	97.494.271	5.494.271	— 1855... 29 29	Sept. 1854.. 24 85	26 75
1855.....	72.936.726	3.502.473	Déc. 1855... 38 27	Avril 1856.. 27 82	31 47
1856.....	85.308.158	8.677.143	Août 1856... 32 74	Juillet 1857. 24 12	28 85
1857.....	100.426.462	3.478.193	— 1857... 24 96	Mai 1858.... 16 00	18 26
1858.....	109.986.747	»	Mai 1859... 17 03	Mars 1859... 15 58	16 12

L'insuffisance de la récolte de 1853 amena le décret du 29 novembre 1854, qui prohiba l'exportation des grains, et celui qui interdit la distillation des céréales et autres farineux alimentaires. Au milieu de la crise alimentaire qui sévissait sur toute l'Europe, M. Rouher n'en conçut pas moins l'idée de l'Exposition universelle de 1855 qui, en montrant les progrès accomplis dans l'agriculture, fit voir ceux qui restaient à réaliser.

M. Lauchère, après avoir exploré le département, a établi ainsi qu'il suit les produits des terres suivant leur qualité :

1° Terres d'un produit moyen de 20 hectolitres par hectare donnant du bénéfice à l'exploitant : 3 vingtièmes ;

2° Terres d'un produit moyen de 15 hectolitres donnant peu de bénéfice : 5 vingtièmes ;

3° Terres produisant en moyenne de 8 à 12 hectolitres par hectare et maintenant le laboureur dans la misère : 12 vingtièmes.

Quelque faible que soit le produit brut de ces 12 derniers vingtièmes, quelque misérable que soit la culture, les préparations des terres à mettre en blé et en mars n'exigent pas moins à peu près les mêmes frais que dans les mauvaises terres [1].

Aussi les cultivateurs intelligents comprenaient que l'assolement triennal dans les mauvaises terres devait être abandonné et, que dans les bonnes terres, la culture des céréales devait être perfectionnée. De son côté, M. de Quincerot, membre de la Société, communiquait une note sur la profondeur à laquelle le blé doit être semé. La profondeur la plus favorable est de 27 à 28 millimètres, de 1 pouce à 3 pouces.

Les expériences de Boussingault et de M. Risler ont montré depuis qu'il faut recouvrir les semences pour qu'elles ne soient pas exposées à être dévorées par les oiseaux ou à manquer de l'humidité nécessaire à leur germination, et semer le froment à une trop grande profondeur est plus à redouter que le semer à une trop faible profondeur. Dans les terres fortes, cette profondeur peut varier de 2 à 5 ou 6 centimètres; dans les terres légères, elle peut aller jusqu'à 10 ou 12 centimètres. On peut semer les grosses graines un peu plus profondément que les petites. Mais, pour chaque sorte de graine, comme pour chaque qualité de terre, il y a une limite qu'il est dangereux de dépasser.

1. Tome V, 1844. Bulletins de la Société d'agriculture du Cher.

Pour que les semences soient à la profondeur qui leur convient le mieux, il faut non seulement une terre bien préparée, mais des semis faits avec beaucoup de régularité.

Souvent on s'imagine, dit M. Risler, que les semences se trouvent réellement à la profondeur de 4 à 5 centimètres qu'on a voulu leur donner. On se trompe, et si l'on pouvait entr'ouvrir les entrailles de la terre, on en trouverait la plus grande partie cachée à 10, à 15 centimètres, quelquefois plus et cherchant en vain à pointer à travers la couche trop épaisse qui pèse sur elle.

Pourquoi? Parce que la terre n'était pas bien rassise au moment où le semis a été fait, parce qu'elle était creuse ou soufflée, comme disent les cultivateurs du Nord. En faisant ses expériences, M. Risler est arrivé à se rendre compte de la funeste influence que la terre trop meuble et surtout la terre creuse peut souvent avoir sur la culture du blé. Lorsqu'on sème le blé sur un labour trop frais, même quand ce labour a bien émietté la terre, il y a perte d'une partie des semences parce qu'elles tombent à une trop grande profondeur, tandis que d'autres semences sont exposées au déchaussement.

Les cultivateurs du Cher s'occupaient donc de tous les progrès à réaliser dans la culture du froment, mais une autre question allait appeler leur attention, c'était la trop grande étendue de terre consacrée au blé. Lors du Congrès général des agriculteurs du centre de la France tenu à Aubigny les 24, 25 et 26 mai 1845, le président de l'assemblée, le vicomte de Duranty, dans son discours d'inauguration, disait que la chose la plus importante à faire comprendre aux cultivateurs dont l'unique but est la production des céréales, c'est qu'ils ensemencent une trop grande étendue de terre en proportion des engrais dont ils peuvent disposer; en répandant leurs engrais sur une moindre étendue, ils obtiendraient plus de grain; et par cette marche dont le succès est confirmé et par les siècles passés et par ce qui existait alors dans les pays les mieux cultivés, ils amélioreraient leur sol, ils pourraient en consacrer une plus grande partie à la production des fourrages qui vaudront mieux; de là, plus d'engrais et une fertilité toujours croissante.

Le savant mémoire de Dezemeris à l'Académie des sciences mettait ce résultat hors de doute à l'aide des faits les plus avérés.

La Société d'agriculture du Cher, pendant les années 1850 et 1851, s'est occupée activement du drainage qui, dans certaines terres, devait faciliter la culture du blé. Deux rapports bien étudiés sur ce sujet furent lus à la Société par M. Macnab, propriétaire à Vierzon, et par M. Lupin, membre de la société. Un secours demandé au gouvernement par le préfet et par M. de Vogué, représentant à l'Assemblée nationale, a été accordé. Le ministre de l'agriculture et du commerce a mis 2500 francs à la disposition de la Société pour encourager la propagation du drainage dans le département. Des machines à fabriquer des tuyaux ont été établies dans le Cher, et le drainage s'est heureusement appliqué dans les endroits où il était nécessaire.

L'alucite continuait à faire ses ravages, et la Société s'occupait toujours des moyens de détruire ce terrible ravageur de nos moissons.

La Société prenait note des expériences faites à Grignon sur les semis de blés, elle préconisait les semis clairs dans les terres riches, 150 litres par hectare, au lieu de 300. Elle se préoccupait des avantages des machines à battre, et aussi des moyens de conserver le blé en silos.

Elle ouvrait un concours de machines à battre portatives en février 1854 et M. Gérard, de Vierzon, obtenait la prime accordée par la Société pour l'ensemble de ses machines et plus particulièrement pour celle à plan incliné.

17

M. Lotz obtint une médaille d'or, et plusieurs autres constructeurs des médailles d'argent.

La Société a préconisé les avantages des moyettes, elle a signalé la présence de la rouille dans les céréales. Néanmoins, la récolte de 1854 a été pour les céréales meilleure que celle de 1853.

L'année 1855 est une date importante dans l'histoire agricole du Cher, c'est l'année du concours régional tenu à Bourges. Mais malgré tous les encouragements donnés à l'agriculture par l'État, le conseil général du Cher et la Société d'agriculture, on ne pouvait empêcher les récoltes d'être insuffisantes et, dans ce département comme dans tous les autres, l'augmentation du prix des céréales préoccupait vivement les esprits et d'autant plus que le prix des denrées alimentaires et celui de la viande en particulier étaient aussi beaucoup augmentés. Les agriculteurs comprirent qu'il fallait s'occuper des moyens d'accroître les récoltes, ils songèrent à faire des expériences sur le rendement des blés étrangers. Ainsi M. Berry, membre de la Société, expérimenta 19 variétés de blés étrangers : Lammor, blanc d'Essex, Brodie [1], Arnauter, Touzelle Anôme, Frister, Dean Blood red, Hardy White, d'Écosse, de Hongrie, Clowen, Hopetown, Wellington, Devonshire, Spalding prolific, Silver Drop, Rex Bridge, Album Densum [2].

Les résultats de ces expériences ont été comparés aux blés ordinaires récoltés par M. Berry. Les blés étrangers ont donné un rendement à peu près égal, mais leur poids a été beaucoup plus avantageux. Pas un n'a été inférieur à 750 grammes par litre. Ils ont été aussi plus avantageux sur le rapport de la qualité, leur enveloppe était beaucoup plus mince et devait sans doute contenir plus de farine relativement à leur poids.

D'autre part, la Société a signalé les blés qui sont moins exposés à la verse : le blé rouge d'Écosse, le blé blanc de Saumur, le blé blanc sans barbe à paille pleine et courte, blé bleu. En présence d'une récolte insuffisante, elle répétait que les moyens d'augmenter la production du froment, c'est de faire un choix plus judicieux dans les variétés de semence. Elle disait : voulez-vous avoir de belles récoltes de froment, ayez de bonnes semences. Faites comme lorsque vous voulez avoir de beaux taureaux, de belles génisses. Choisissez avec le plus grand soin vos types reproducteurs. Quelques expériences bien faites vous apprendront bientôt à reconnaître les espèces qui conviennent le mieux au terrain que vous cultivez. Vous n'aurez qu'à ouvrir les yeux et à comparer. Vous serez véritablement étonnés ensuite de l'excédant du produit de vos récoltes. Puis son président, M. de Bengy-Puyvallée, faisait connaître le compte rendu d'expériences faites sur 50 variétés de céréales et sur les principaux engrais du commerce à l'école municipale supérieure d'Orléans pendant l'année 1856 par M. Demond, directeur de cette école. Ces blés venaient des belles variétés de l'Exposition universelle de 1855.

Le but était de propager les meilleures et les plus belles espèces inconnues jusqu'ici dans nos départements. Ces expériences ont montré que le rendement des blés récoltés en Angleterre est plus grand que celui des blés cultivés en France.

Une question d'une haute importance en raison du prix des céréales a préoccupé la Société, le prix de revient du froment en 1857. D'après les renseignements pris sur divers points du département, il est résulté que le prix de revient des froments était au minimum de 15 fr. 25 et au maximum de 22 francs.

1. Le blé Brodie, d'après M. Heuzé est synonyme de blé blanc d'Essex.
2. Bulletins de la Société d'agriculture du Cher, tome IX.

Les années 1857 et 1858 ayant été abondantes, le prix du blé qu'on avait vu à 38 francs en 1855 et 32 francs en 1856 tomba en 1857 à 21 francs, en 1858 à 17 francs.

Aussi la Société d'agriculture du Cher considérant la position dans laquelle se trouvaient les agriculteurs du Cher par suite du bas prix des céréales, qui est au-dessous du prix de revient, adressa au ministre de l'agriculture de respectueuses observations (4 décembre 1858) sur les dangers qui pouvaient surgir de cet état de choses. Elle faisait observer que si l'avilissement des prix continuait, les ensemencements deviendraient inférieurs à ceux des années ordinaires, et que alors, s'il survenait une mauvaise récolte, cela suffirait pour donner lieu à une disette. Et elle émettait le vœu que l'exportation du froment fût exempte de droits lorsque le prix moyen régulateur ne dépasserait pas 20 francs l'hectolitre, prix que la Société considérait comme indispensable à la prospérité de l'agriculture.

L'année suivante, M. Gallicher faisait un rapport sur la question des droits d'entrée sur les céréales dans lequel il demandait une protection sérieuse efficace et le rejet de la liberté illimitée. Cette protection, disait-il, ne peut être exercée que par la perception d'un droit qui puisse équilibrer le prix de revient du blé français avec celui des pays plus favorablement constitués, culturalement parlant.

Les recherches auxquelles M. Gallicher s'est livré, lui ont permis d'établir le prix de revient de l'hectolitre de froment dans le département du Cher à 16 francs.

D'après lui, le prix du blé ne devait pas être inférieur à 20 francs. Dans ces limites, producteurs et consommateurs y trouveraient leur compte, c'est sur cette base qu'il pensait que devait être calculée l'échelle mobile destinée à maintenir le prix du froment.

Le Gouvernement faisait ce qu'il pouvait pour faciliter la production agricole et atténuer les désastres des inondations de 1856. Il avait obtenu un crédit de 100 millions pour le drainage, il avait organisé un concours universel d'animaux de boucherie à Poissy, il avait fondé la prime d'honneur à décerner dans les concours régionaux où l'examen des récoltes devait entrer en sérieuse considération pour les récompenses à décerner.

Le Gouvernement venait aussi en aide à l'agriculture de la Sologne, de la Brenne par l'ouverture de routes agricoles, par des curages de cours d'eau, des transports de marnes à prix réduits sur les chemins de fer, par la loi sur la mise en valeur des marais et des terres incultes communales. En même temps, les libertés économiques étaient à l'ordre du jour et, le 10 mars 1860, M. Rouher signait le traité de commerce anglo-français qui servit de préliminaires à la réforme commerciale de 1861.

En même temps, la Société d'agriculture du Cher adressait une lettre au ministre de l'agriculture dans laquelle elle demandait protection pour les laines, pour le sucre, pour les graines oléagineuses, pour les alcools français et un droit variable sur les céréales.

Dans sa réponse à la Société, le Ministre déclara que les céréales n'étaient point comprises dans le traité, que les choses restaient donc dans l'état où elles se trouvaient et qu'il n'y avait pas lieu de s'alarmer.

En cette même année 1861. M. Gallicher présenta à la Société un mémoire fort intéressant intitulé : Notes et renseignements pour servir à la statistique du département du Cher.

En ce qui concerne la culture des céréales, les renseignements fournis par M. Gallicher ont été empruntés aux documents recueillis en 1857.

A cette époque, la culture du froment dans le Cher occupait 81 757 hectares dont 32 760 pour l'arrondissement de Bourges, 25 376 pour l'arrondissement de Saint-Amand 23 621 pour celui de Sancerre.

C'est une diminution de 8 124 hectares sur la statistique de 1852, due sans doute aux mauvaises années et ensuite à l'avilissement du prix du blé.

En 1861, la production du froment d'hiver et de mars s'élevait à 86 000 hectares et le rendement moyen était de 12 hectolitres 1/2 à l'hectare.

L'année suivante, 1862, l'enquête officielle donnait les résultats suivants :

Superficie cultivée en froment, 92 091 hectares, tandis qu'en 1852 elle n'était que de 89 881.

La production du blé était de 14 hectolitres 13 à l'hectare, tandis qu'en 1852 elle n'était que de 11,75.

En 1812, le prix moyen du blé était de 19 fr. 72, et en 1852 de 13 fr. 58.

La quantité de semences à l'hectare était de 1 hectolitre 81. En 1852, elle était de 1 hectolitre 98.

Le produit de la paille à l'hectare était de 13 quintaux 86; en 1852, 11 quintaux 19. Le prix moyen de la paille était 4 fr. 21 le quintal; en 1852, de 2 fr. 29.

Ainsi en dix ans la superficie en froment était augmentée de 3211 hectares, la production moyenne à l'hectare était augmentée de 2 hectolitres 38.

Quant à la production totale du froment elle était en 1862 de 1 301 697, tandis qu'en 1852 elle n'était que de 1 056 023.

La production totale de la paille était en 1862 de 1 276 968, tandis qu'en 1852 elle n'était que de 1 005 624.

La valeur totale du grain en 1862 était de 25 775 152 francs, tandis qu'en 1852 elle n'était que de 14 337 093 francs.

La valeur totale de la paille était en 1862 de 53 74 515 francs, tandis qu'elle n'était en 1852 que de 2 306 606 francs.

Cette même année, 1862, eut lieu, comme nous l'avons vu, dans le département du Cher, le premier concours pour la prime d'honneur. Elle fut accordée à M. Lalouel de Souderval dont la culture était très remarquable. Il avait adopté l'assolement quadriennal avec labours profonds, fortes fumures, ce qui lui donnait 25 hectolitres de froment à l'hectare. C'était là un bon exemple qui devait porter ses fruits dans le département.

Le régime de liberté d'entrée et de sortie des grains proclamé en 1861 produisait pour premier effet le développement considérable de la production des grains en Russie et en Amérique.

Avant 1860, l'exportation totale des blés et farines des États-Unis n'arrivait pas au milliard de francs par période de cinq ans. Pour la période de 1860 à 1865, elle arrivait à 1 621 500 000 francs. Un autre effet produit, et qui avait été un des objectifs des traités de 1860, ce fut la progression momentanée de nos exportations agricoles en Angleterre auxquelles l'Amérique ne tarda pas à venir faire une rude concurrence. Et bientôt, on entendit les plaintes de l'agriculture. La Société d'agriculture du Cher, par l'organe de son Président, déclarait que, depuis la suppression des droits d'entrée et notamment depuis 1864 et 1865, le prix des céréales n'était plus rémunérateur, qu'il était même inférieur au prix de revient, que les blés étrangers étaient plus favorisés que les nôtres sur le marché français, qu'il serait juste d'établir au moins un équilibre entre le blé national et le blé étranger puisqu'on ne voulait plus de protection.

Une commission fut nommée pour étudier cette importante question. M. Gallicher en fut le rapporteur, et, à la séance du 3 février 1866, il exposa que le conseil général du

Cher, à l'unanimité moins une voix, s'était prononcé en faveur de l'élévation du droit d'entrée sur les blés étrangers et demanda que les résultats de la loi du 15 juin 1861 fussent soumis à une sérieuse enquête; il fit ressortir l'augmentation des souffrances de l'agriculture du Cher par la mauvaise récolte de 1865 : la rouille, une maturité trop rapide, les intempéries de la moisson avaient altéré la qualité des grains et atténué le rendement. L'alucite était de nouveau venue ajouter ses ravages aux défectuosités de la récolte, et, sous l'influence de ces circonstances, les prix s'étaient encore avilis.

Le prix moyen de l'hectolitre avait été en août :

            A Bourges, de .... 14^{fr},70
            A Issoudun.. 11^{fr},45

Il était descendu en décembre :

            A Bourges, à... 13^{fr},81
            A Issoudun.. 13^{fr},55

Si l'on se reporte à l'exposé des motifs et à la discussion de la loi du 15 juin 1861, on voit, disait M. Gallicher, que le législateur a surtout été dominé par l'espoir de voir se développer sur une grande échelle l'exportation de nos grains.

L'Angleterre notre voisine, qui consomme environ 40 millions d'hectolitres de froment et qui en produit à peine la moitié, avait semblé nous offrir un débouché trop naturel, pour qu'on ne dût pas compter que l'excédant de nos récoltes trouverait toujours à s'y déverser; et l'économie générale de la loi a été moins dirigée contre l'envahissement de notre marché par les grains étrangers ou contre l'influence de leur cours sur celui du nôtre que vers les mesures propres à développper un puissant mouvement commercial qui, équilibrant les importations par les exportations, aurait créé, dans notre pays, un grand réservoir, où se seraient régularisés et nivelés les prix des céréales. Les faits sont venus démentir ces espérances.

En acceptant sans conteste les chiffres accusés par l'administration, M. Gallicher disait que, dans ces dernières années, nos exportations avaient été à peu près nulles et en complète disproportion avec les excédants attribués par les statistiques de 1863 et 1864.

A la vérité, ajoutait-il, un fait nouveau et anormal s'est produit en 1865. Tandis que pour les années 1863 et 1864 avec un excédant de récolte évalué à près de 50 millions d'hectolitres et avec un stock d'importation de 1862 qui avait considérablement dépassé le déficit des récoltes précédentes, nos exportations étaient restées à un chiffre infime qui, en 1864, oscille vers 1 million d'hectolitres; en 1865, avec une récolte que l'exposé de la situation de l'Empire évalue être de 10 pour 100 au-dessous d'une récolte ordinaire, les prix, qui s'étaient soutenus en 1864 à une moyenne de 22 fr. 90 le quintal métrique, sont descendus à 21 fr. 05, et, à la faveur de cette baisse, l'exportation s'est élevée au chiffre approximatif de 3 700 000 hectolitres.

L'agriculture française a payé par une perte de 3 francs au moins par hectolitre, soit de 280 ou 300 millions, le triste avantage d'avoir fourni à l'Angleterre environ 3 millions et demi d'hectolitres de grains à un prix ruineux. Telles étaient les conclusions de M. Gallicher. Ainsi, disait-il, l'exportation française et la lutte de notre blé sur le marché anglais avec des blés de provenance étrangère ne sont possibles que quand notre propre marché est avili sous les efforts triomphants de la concurrence et de la spéculation.

Le rapport se terminait par plusieurs résolutions relatives à l'enquête à faire sur la situation agricole des départements, sur la nécessité d'un droit compensateur, et il émettait la proposition suivante :

En attendant les résultats de l'enquête, la Société d'agriculture du Cher considère comme un devoir de constater que de tous les renseignements qu'elle a recueillis auprès des cultivateurs les plus autorisés et sur tous les points du département, il résulte que, pour alléger les souffrances de l'agriculture, il est urgent et indispensable de rendre la concurrence moins onéreuse entre la production nationale et la production étrangère des céréales par l'établissement d'un droit fixe compensateur de 3 francs au minimum par hectolitre, 4 francs par quintal métrique à l'importation des blés étrangers par navire français, laissant à l'administration le soin de fixer les surtaxes pour l'introduction par navires étrangers.

Puis la Société s'occupa du questionnaire de l'enquête agricole qui devait avoir lieu dans le cours de l'année 1864. Et cette enquête terminée, elle apprécia ainsi le rendement moyen du froment par hectare depuis dix ans :

1° Dans les plaines et sur les plateaux calcaires, plateaux argileux et autres terres de qualité ordinaire formant 75 pour 100 de la superficie des terres arables du département, le rendement était estimé être de 11 hectolitres à l'hectare;

2° Dans les bonnes terres et surtout dans celles fraîchement marnées formant 10 pour 100 des terres arables, il était de 16 hectolitres;

3° Sur les terres de culture progressive en bon état d'amélioration formant encore 10 pour 100 des terres en culture, le rendement était de 18 hectolitres par hectare.

L'enquête officielle a donné un chiffre moyen plus élevé : 15 hectolitres. Gallicher pense qu'il faut tenir compte de l'influence des idées optimistes du moment, et il n'accepte que sous toute réserve les chiffres de l'enquête administrative.

Les nombreux renseignements qu'il a recueillis à cet égard, ses observations personnelles l'ont porté à regarder le chiffre de rendement accusé par les sociétés d'agriculture comme bien plus rapproché de la vérité que celui de l'enquête administrative de 1866.

L'intervention des engrais du commerce, ajoute-t-il, qui suppléait dans la bonne pratique à l'insuffisance du fumier, l'emploi plus général de la chaux et de la marne, ont sans doute un peu élevé la moyenne de 12 hectolitres 60 que la Société d'agriculture appliquait aux dix années qui ont précédé 1866. Et il estimait, comme exprimant très approximativement la vérité, le rendement moyen de 14 hectolitres.

Gallicher avait remarqué que les prix des blés dans le Cher sont toujours inférieurs à ceux des autres marchés, il s'était demandé à quoi tenait cette infériorité. Après s'être renseigné, il a pensé qu'elle provient d'une infériorité correspondante dans la qualité des blés du Berry. Et il a prié la Société d'agriculture d'examiner quelles seraient les meilleures espèces de froment à cultiver, quant au rendement et à la qualité. Cela lui paraissait d'autant plus nécessaire que le blé raclain qui est l'espèce du pays est surtout le blé de la petite culture; ce blé est très rustique, mais son grain est petit et donne peu au rendement; son poids est aussi inférieur aux autres espèces. Il faisait, en outre, observer que le blé bleu ou de Noé a l'inconvénient de geler. Il rappelait qu'en 1864, après un long hiver, il a causé de grandes déceptions aux agriculteurs.

Les blés anglais fort employés, bien qu'avec des rendements supérieurs dans les terrains calcaires, restent verts et mûrissent difficilement; cependant l'infériorité du rendement et du poids des blés du Berry était un fait incontestable.

Il fut décidé qu'une commission serait nommée pour l'examen de cette question, qu'un questionnaire serait adressé à ses membres et correspondants. Gallicher fut nommé secrétaire et, dans son rapport (1867), il constate : 1° que la moyenne du rendement par hectare, d'après la statistique du département, atteindrait à peine 13 hectolitres; 2° que les blés du Cher en général donnent des farines d'une qualité et surtout d'une blancheur inférieures à celles obtenues avec les blés des départements voisins, et qu'ils ne peuvent concourir que dans une faible proportion à la fabrication des farines d'exportation pour lesquelles les conditions de blancheur sont particulièrement exigées.

Quant aux rendements, ils ne semblent pas inférieurs à ceux des contrées voisines; ils seraient même supérieurs aux blés de la Beauce à cet égard.

Les défectuosités du blé du Cher étaient attribuées au sol et au climat, aux influences d'une culture négligée encore sur bien des points, à l'incurie et à l'indifférence dans le soin et le choix des semences.

Quant à l'appréciation sur le blé du pays, les opinions étaient différentes suivant qu'elles étaient fournies par les cultivateurs appartenant à la plaine calcaire sèche et perméable ou aux contrées siliceuses à sous-sol argileux.

Pour les premiers, le blé de pays répond à tous les besoins de leur culture ; les plantes comme les animaux qui dominent sur un sol, sont la résultante nécessaire de l'influence séculaire du milieu dans lequel ils ont été produits : le blé raclain, comme le mouton de la plaine centrale du Berry, est l'expression naturelle, le produit normal des forces végétales de ce sol et de l'influence de ce climat. Ils sont là chez eux, à leur place, dans leur centre ; et si vous les transportez sur les sols plus humides et plus fertiles des contrées siliceuses, excités par les calcaires ou les phosphates, l'un y versera, l'autre y succombera bientôt à la pléthore ou à la cachexie aqueuse.

Pour les cultivateurs des terres fertiles ou fortement fumées, le blé raclain a le défaut de verser par les étés humides. En somme, ce blé est préférable pour toute culture s'exerçant sur un sol pauvre et calcaire, où, de tous les blés, ils donnent les résultats les plus satisfaisants.

Mais on devra avoir recours à d'autres variétés plus productives et plus résistantes pour leur paille dans les terrains de formation siliceuse, marnés, chaulés ou phosphatés et dans toute culture intensive où la fertilité du sol, jointe à une grande accumulation d'engrais, permet de demander de hauts rendements sans avoir à redouter la verse.

Pour les terrains argilo-calcaires, on choisira les blés français suivants :

1° Blé bleu, blé de l'île de Noé ;

2° Blé de Saumur ou gris Saint-Laud ;

3° Blé du Ménil-Saint-Firmin ;

4° Blé de Flandres, blé de Bergues ;

5° Blé hérisson.

Pour les terres fraîches, siliceuses, chaulées, marnées ou phosphatées, on prendra :

1° Le Blood red, blé rouge d'Écosse ;

2° Victoria blanc, blé glorieux ;

3° Le blé généalogique de Hallett ;

4° Le haigh's wath prolific ;

5° Le chiddam d'automne ;

6° Le spalding prolific.

On peut y ajouter les blés de Hongrie blanc et rouge; le red chaff Dantzick, le blé blanc de l'Australie, le richelle de Naples.

Ces blés avaient été expérimentés.

On espérait que le blé bleu, qui réussissoit bien dans les terres les plus fertiles, finirait par s'acclimater complètement et braverait les gelées de nos hivers.

Le blé hérisson, plus récemment expérimenté dans le Cher et particulièrement comme blé de mars, avait donné dans les cantons de Dun-le-Roi et Châteauneuf, où il s'était répandu, d'excellents résultats.

Le blé d'Écosse était reconnu comme excellent dans toutes les contrées où l'on s'est livré au défrichement des bruyères; à la ferme de Bois-Habert, commune de Morlac, il a donné un rendement de 20 à 22 hectolitres à l'hectare.

On a remarqué que les froments anglais en sol calcaire conservent leur végétation au delà du terme de la maturation habituelle des blés du pays; ils sont verts encore, quand ces derniers commencent à tomber sous la faux, mais quelques jours de chaleur extrême brûlent la plante, quand elle aurait encore eu besoin d'une température douce et modérée pour accomplir sa période de fructification.

L'enquête a généralement signalé la dégénérescence pour tous les blés importés dans le Cher. Il faut donc aller puiser à la souche même du produit importé pour régénérer de temps en temps la race défigurée par l'action des agents locaux.

Quant aux blés du pays, il importe de les sélectionner.

En ce qui concerne les mélanges, il a été reconnu qu'on peut employer deux blés dont les défauts de l'un seront corrigés par les qualités de l'autre.

Ainsi, le blé raclain est sujet à verser; mélangé avec le blé bleu, il sera soutenu par ce dernier dont la paille est trapue et rigide. Si la gelée atteint le blé bleu qui y est encore sensible, les vides qu'elle aura faits seront comblés par les tallages du blé de pays.

Dans tous les cas, il faudra réunir des variétés très rapprochées par leur nature et leur origine : les blés de pays de Saumur et de Noé, mélangés par parties égales, ont donné dans le Cher un résultat satisfaisant.

L'enquête a été unanime pour préconiser le choix le plus scrupuleux de la semence et le renouvellement fréquent de cette semence venant d'un pays moins fertile et d'un sol d'une nature géologique différente.

Ainsi il y a toujours avantage pour les pays calcaires à aller chercher leurs semences dans les pays silicieux et *vice versa*.

L'enquête a signalé une autre cause à l'infériorité des blés du Cher, c'est la culture de cette céréale sur une prairie artificielle rompue.

On a remarqué que les blés semés sur trèfle ont donné depuis quelques années les plus tristes résultats. Faits tardivement et conservant longtemps leur végétation, ils ont subi plus fortement que les autres les atteintes de la rouille.

Aussi, est-il utile d'abandonner les blés d'hiver dits de trèfle; mieux vaut employer l'avoine qui donnera toujours des résultats plus satisfaisants que le blé. On peut encore utiliser des blés de printemps qui doivent être semés d'aussi bonne heure que possible.

Les essais de la culture des blés de mars sur les terres siliceuses froides, humides, même chaulées et marnées, ont toujours été peu satisfaisants; cette culture est spécialement praticable et avantageuse sur les terres calcaires et argilo-calcaires à sous-sol perméable.

L'année suivante, M. Gallicher rendait compte des expériences qu'il avait faites sur 12 variétés de blés :

Blé de Bergues, Chiddam d'hiver blanc, blé de Noé, de Hayht-Watt, blé de Noé Vilmorin, Spalding généalogique de Hallett, rouge de Hongrie, blé Racquin, blés blancs de Hongrie, Prince-Albert.

Ce sont les blés français de Bergues, de Noé et Racquin qui ont donné les meilleurs résultats.

Ainsi, on le voit, il est peu de départements, surtout dans la région du centre, où l'étude du blé ait été poussée avec plus d'ardeur et avec un plus sincère désir d'arriver à un rendement plus élevé, qui ne tardera pas à s'affirmer d'autant que le bel ouvrage de M. de Vilmorin sur les meilleures variétés de blé, l'excellent petit traité de M. Risler sur la culture du blé, ont depuis apporté aux cultivateurs de précieux enseignements.

On sait qu'il est bon d'avoir dans toutes les grandes cultures plusieurs variétés de blé. Si les unes doivent être semées et moissonnées plus tôt que les autres, la répartition des travaux devient plus facile et l'on peut avec le même nombre d'attelages et d'ouvriers cultiver une plus grande surface. De plus, ces variétés ne sont pas toutes également sensibles aux accidents météorologiques qui surviennent dans l'année. Tantôt, c'est l'un d'eux qui donne le plus; tantôt, c'est l'autre. Il se produit une sorte d'assurance mutuelle entre elles.

On obtient également cette répartition des chances favorables ou défavorables lorsque dans le même champ on sème au lieu d'une seule variété plusieurs variétés de blé. Ordinairement ces variétés ne fleurissent pas en même temps. Or c'est la phase la plus dangereuse pour la végétation, il suffit d'une pluie froide pour la compromettre. Si cette pluie fait couler les fleurs d'une des variétés, les autres se tirent d'affaire; toutes ne sont pas frappées à la fois.

Quant à la maturation, elle n'en arrive pas moins à peu près à la même époque pour toutes ces variétés.

Dans tous les cas, il y a si peu de différence que l'on peut sans aucune crainte couper le blé dès que l'une d'elles est mûre; les autres achèvent parfaitement leur maturité en tas ou en moyettes. L'essentiel, c'est de choisir des variétés qui aiment à être semées à la même époque.

Le mélange de deux variétés distinctes de blé donne presque constamment un rendement en grain plus considérable que celui qu'on aurait obtenu de l'une ou de l'autre de ces variétés cultivée seule. C'est pourquoi grand nombre de cultivateurs ensemencent leurs terres avec des blés mélangés.

On a dit avec raison en critiquant les semis trop serrés que la mauvaise herbe la plus redoutable pour le blé, c'est le blé lui-même: cela est vrai surtout si tous les pieds qui se trouvent en lutte et en concurrence appartiennent à la même variété, car la racine de chacun se trouvera constamment en contact avec les racines d'autres plantes qui, au même moment et à la même profondeur, rechercheront dans le sol précisément les mêmes aliments. Si deux variétés différentes ont été ensemencées conjointement, on peut s'imaginer facilement que la compétition ne sera pas aussi complète ni aussi acharnée.

De 1867 à 1870, la culture du blé continue à s'améliorer au point de vue des hauts rendements. La Société d'agriculture, les comices du Cher encouragent les fermes les mieux tenues, les cultures les plus soignées, les plus productives. L'exposition de 1867 montre les progrès réalisés dans le Cher.

La Société des agriculteurs de France se crée, elle se met en rapport avec les sociétés agricoles des départements, elle leur adresse un questionnaire. Parmi les différentes questions posées aux sociétés, nous notons la deuxième : La production et le commerce des céréales rencontrent-ils des obstacles sur lesquels il y ait lieu d'appeler l'attention du législateur?

Dans la séance du 8 janvier 1870, la discussion ayant été appelée sur ce questionnaire, M. de Vogué, président de la Société du Cher, déclara que la réponse à la deuxième question était difficile à faire dans la situation actuelle. Il y a seulement à craindre, dit-il, de grandes invasions de blés étrangers qui viendraient profiter de notre marché, même dans les années d'abondance. Il est certain que chez nous, ajoutait-il, en prenant une moyenne de cinquante ans par périodes décennales, le prix des céréales est resté le même. Se maintiendra-t-il dans l'avenir? Telle est la question. Lorsque l'Angleterre fit sa réforme, ce fut avec l'intention de produire la baisse des céréales, et la baisse s'en est suivie. Voici la réponse qui fut proposée : l'obstacle qui pourrait s'opposer à la production des céréales serait la baisse définitive de leur valeur moyenne, non seulement dans les années de faible produit, mais aussi dans les années d'abondance que rien ne garantit contre l'envahissement et les bas prix des grains étrangers également abondants.

Un autre membre de la Société d'agriculture du Cher a soutenu que le prix des céréales produit par un domaine étant resté le même, il est impossible, en présence de l'augmentation des salaires, des impôts, de la diminution du signe numéraire, que les bénéfices aient augmenté, ou même soient restés les mêmes.

La réponse a été acceptée telle qu'elle avait été proposée par le Président.

En même temps que se faisait l'enquête de la Société des agriculteurs de France, avait lieu l'enquête parlementaire : elle a donné lieu à une réclamation de la part de M. Gallicher, qui trouva le chiffre du rendement de 15 hectolitres de blé à l'hectare trop élevé.

La plus triste des réponses à l'enquête fut la guerre qui survint, désastreuse pour l'agriculture, car elle fut aggravée par un froid excessif qui compromit les récoltes en terre, par le manque de semences pour les mars, par le typhus des bêtes bovines.

Dans certains cantons du Cher, les avoines et les orges d'hiver étaient complètement perdues, les blés bleus entièrement détruits, les blés raclains au tiers. Ailleurs le désastre était moins grand, mais partout la récolte était compromise. Le gouvernement interrogea les Sociétés d'agriculture sur l'étendue du mal. Les pertes furent estimées dans le Cher à trois septièmes pour le froment. Elles furent presque complètes pour les escourgeons et les avoines d'hiver.

Les blés bleus, blancs de Saumur et toutes les variétés étrangères ont le plus souffert. Les blés raclains sont ceux qui ont le mieux supporté l'hiver.

D'après la statistique, la quantité de terres labourables étant de 400 000 hectares environ, les blés devaient occuper une sole de 100 000 hectares dont il fallait réensemencer les trois septièmes, soit 42 000 hectares, pour lesquels il était nécessaire de semer 2 hectolitres par hectare, soit 84 000 hectolitres de blés.

Une Commission fut nommée pour s'occuper de la distribution des grains de semence aux cultivateurs nécessiteux.

M. Ancillon a fait le rapport des distributions qui ont eu lieu.

La Commission a reçu en nature du département de la Charente-Inférieure, des Alpes-Maritimes, de l'Allier, de la Corrèze, de la Creuse, de l'Isère, du Puy-de-Dôme une quantité totale de 53 738 kilogr. de tous grains.

Elle a acheté et fait venir notamment de la Rochelle, de Marseille, de Gaunat, de

Moulins-sur-Allier, de Marsac, de Limoges, une quantité de 40 152 kilogr. de haricots, pommes de terre, sarrasin et autres graines, soit 93 890 kilogr.

Ces quantités ont été distribuées aux cultivateurs nécessiteux de 112 communes du département.

La Commission a également reçu en argent 16 284 fr. 45 centimes. Elle a évalué à 34 587 francs la valeur des grains qui ont été distribués.

En admettant une production de 10 au grain, on calculait que d'après les distributions faites il y aurait une augmentation de production pour le Cher d'environ 345 000 francs.

Le Ministre de l'agriculture, de son côté, donnait une allocation de 10 000 francs au département aussi pour des achats de blés de semence; ces fonds étaient pris sur la suppression des concours régionaux ou agricoles qui n'eurent pas lieu à cause de la guerre. Cette somme était surtout destinée à venir en aide à la petite culture.

Heureusement les magnifiques récoltes de 1872 et de 1874, qui fournirent plus de 120 et 123 millions d'hectolitres de blé, vinrent nous aider à supporter les maux causés par la guerre.

L'Exposition universelle de 1878 fut l'occasion pour le département du Cher d'exposer ses plus beaux échantillons de céréales.

Dans un rapport sur les apparences de la récolte en 1878, nous constatons qu'en cette année, la quantité d'hectares ensemencés en blé s'élève à 85 500 hectares ainsi répartis :

Blé raclain ou raquin du pays........................	40.550 hectares.
Blé bleu dit de Noé................................	25.350 —
Blé de Saumur.....................................	13.250 —
Blé hérisson......................................	1.350 —

La revision du tarif des douanes préoccupait les agriculteurs. Le tarif général d'autrefois était tombé en désuétude, on l'avait, à partir de 1860, remplacé en partie par des tarifs conventionnels, conclus avec l'Angleterre d'abord, avec la Belgique, l'Italie et successivement avec d'autres pays. Ces nouveaux traités étaient conclus pour dix ans; ils expiraient à des dates qui ne coïncidaient pas; ils furent prorogés, mais, un jour arriva où il fallut se décider à une revision de notre tarif général, afin que ce tarif, révisé par les pouvoirs législatifs, devînt la base de négociations pour nos traités de commerce. La Commission, chargée par la Société d'agriculture du Cher de s'occuper de cette question, exposa que, jusqu'en 1860, le chiffre de nos exportations s'élevait d'année en année plus que celui de nos importations.

Depuis cette époque, et peu à peu, c'est le rapport inverse qui s'est établi; si bien qu'en 1877, nos importations dépassent nos exportations de 239 millions, et en 1878, cet écart atteint 1 milliard 91 millions. Aussi, les réclamations s'élèvent-elles vivement contre le régime économique du libre-échange.

Néanmoins, le département du Cher est encore un des moins atteints, et cependant, de 1866 à 1877, la moyenne du prix de l'hectolitre de froment, relevée sur des comptes d'agriculture tenus avec soin, ne dépasse pas 22 francs. Et, malgré l'insuffisance de la récolte en 1878, le prix de l'hectolitre de froment n'est que de 20 à 20 fr. 50.

La Commission a tenu à se rendre compte du prix de revient de l'hectolitre de froment pour le cultivateur du Cher.

Deux états ont été produits :

1ᵉʳ ÉTAT. — Frais de culture d'un hectare de blé.

3 labours à 2 chevaux..		90
3 hersages et roulages...		20
Fumure : 65 mètres à 3,50............	227,50	
Conduite et chargement..............	18	
Épandage........................	5,20	
	250,70 dont les 2/3 font......	167,12
2 loyers, moins 10 francs (pâturage)...............................		70,00
		347,12
Semence, 2 hectolitres...		50
Intérêt à 5 p. 100 de labours, fumure, loyer, semences de 374 francs..		18,70
Semeur..		60
Frais généraux de deux années, dont 1/2...........................		20
L'autre moitié applicable au profit des bestiaux....................		
Moisson...		40
Semage et mise en grange..		6
Battage...		30
Conduite chez l'acheteur..		2
Impôt et prestation (2 ans)......................................		2
		516,42
Paille à déduire..		80
Production : 20 hectolitres à 21 fr. 82 = 436 fr. 40.................		436,42

2ᵉ ÉTAT.

Loyer...		40
Fumure : 40 mètres à l'hectare à 4 francs...........................		160
3 labours à 30 francs...		90
Hersages et roulages..		20
Conduite du fumier à 0,60 c. le mètre cube........................		24
		334
Chargement du fumier..		6
Épandage du fumier..		6
Semence : 10 doubles-décalitres à 5 francs..........................		50
Chaulage et semage...		2,50
Moissonnage...		40
Rentrée et mise en meule..		12
Battage...		20
Nettoyage...		5
Mesurage et conduite à destination................................		6
Assurance contre la grêle..		6
Assurance contre l'incendie......................................		2
		489,50
A déduire 2,500 k. paille à 32 francs............	80	
1/3 du fumier pour la récolte suivante..........	40	
	120	120
		369,50

Rendement : 16 hectolitres à 23 fr. 06 centimes == 368 fr. 96 centimes.

La différence qui existe entre les deux résultats provient principalement de ce que la fumure supposée est plus forte ainsi que le rendement dans le premier état que dans le second. Quoi qu'il en soit, il ressort de ces observations que le cultivateur vend son blé en perte cette année et en moyenne sans aucun bénéfice.

On nous objectera, disait le rapporteur, M. Edme Corbin, que le cultivateur trouvera une compensation dans la vente du bétail; cela a été vrai en partie pour les sept ou huit dernières années pendant lesquelles le bétail a obtenu des prix rémunérateurs. Mais, déjà, la baisse se fait sentir, on a commencé des importations considérables, soit d'animaux vivants, soit de viandes conservées par divers moyens, et il ne craignait pas de dire : Le jour où l'introduction de cette viande à bas prix se sera généralisée, et ce jour est très prochain, la culture n'aura plus de ressource. Il ajoutait :

On nous dit volontiers : La culture changera ses produits comme l'industrie a changé son outillage. Sans examiner même si cela est désirable, il est certain que cela est commencé depuis longtemps. N'avons-nous pas vu mettre en herbages, en prés artificiels ou naturels, toutes les terres qui comportaient cette culture ? N'a-t-on pas allongé l'assolement et par conséquent diminué l'emblavure annuelle en froment ? N'a-t-on pas retiré à la culture du blé de vastes territoires, pour les transformer en vignes ?

Mais d'abord, ces modifications ont été faites en partie aux dépens des jachères. D'ailleurs tout cela est fort limité ; il reste et restera toujours dans le département du Cher de vastes plaines propres au blé, exclusivement propres à sa culture. Bien oublieux de l'intérêt du pays serait celui qui s'en plaindrait. Et puis, nous avons passé en revue l'état de tous les produits agricoles : céréales, viandes, textiles, oléagineux, plantes industrielles ; tous sont en souffrance, aucun n'est rémunérateur.

A supposer donc que la nature du terrain se prêtât à n'importe quelle culture, l'embarras serait le même. Mais pour le département du Cher, il ne peut fonder de sérieuses espérances que sur les céréales et le bétail.

La crise actuelle n'a pas le même caractère que toutes celles que les agriculteurs ont supportées avec tant de patience. Nous assistons à une véritable révolution dans les conditions économiques de l'agriculture, et l'abaissement exagéré de nos tarifs, qui a eu pour résultat d'ouvrir notre marché à toutes les nations, n'y est certainement pas étranger.

Les vœux suivants ont été émis :

1° Que le nouveau tarif général soit établi pour un temps déterminé ;

2° Que les traités de commerce ne soient point renouvelés ;

3° Que le tarif général édicte à l'importation sur tous les produits similaires à ceux de la France et notamment sur les céréales et les bestiaux, des droits peu élevés, mais de nature à servir à la fois de compensation aux lourdes charges qui pèsent sur la production française, et à fournir à l'État une nouvelle source de revenus ;

4° Que les revenus nouveaux créés par ce tarif soient appliqués exclusivement à des dégrèvements dans lesquels l'agriculture sera comprise pour une part proportionnée à son importance comme industrie.

On comprend que le besoin d'une enquête capable de donner des renseignements plus récents et comparables à ceux qu'avaient fournis les statistiques de 1840, 1852 et 1862 dût se faire sentir vivement, lors des discussions économiques de 1879 et de 1880 soulevées au Parlement et dans la presse.

Ce fut pour répondre à cet impérieux besoin que le Ministre de l'agriculture à peine institué se préoccupa aussitôt des moyens de dresser une grande statistique décennale, et que, pour renouer la périodicité interrompue, il choisit l'année 1882 comme correspondant aux périodes décennales de 1852 et 1862.

Le Ministre de l'agriculture, M. Devès, confia à M. Tisserand, l'éminent directeur de l'agriculture, le soin d'une vaste enquête qui fut dirigée avec une véritable méthode scientifique. On établit d'abord qu'en 1882, la culture des céréales y occupait un peu plus du quart de la superficie totale du territoire et que la valeur totale de leurs produits atteignait la somme de 5 milliards 375 millions, dont 4 milliards 81 millions pour les grains, et 1 milliard 294 millions pour la paille.

La superficie totale du territoire de la France est de 52 857 199 hectares avec une population de 37 672 048 habitants (1881). La surface du territoire agricole s'élevait en 1882 à 50 560 716 hectares exploités et cultivés par 6 913 504 cultivateurs, faisant valoir des exploitations pour leur compte ou pour le compte d'autrui.

La superficie des terres labourables était de 26 017 582 hectares.

Dans le tableau dressé suivant la répartition des céréales par espèces, au point de vue de leur surface, de leur rendement et de la valeur de leurs produits, nous trouvons pour le froment dans toute la France :

NOMBRE D'HECTARES CULTIVÉS	PRODUCTION TOTALE		VALEUR TOTALE GRAINS ET PAILLE	PROPORTION p. 100.	
	EN GRAINS	EN PAILLE		DE LA SUPERFICIE	DES VALEURS
Froment. 7.191.149	129.338.676	181.754.605	3.156.800.497	47,64	58,73

Ce tableau, qui contient aussi le seigle, l'orge, le méteil, l'avoine, le maïs, le sarrasin et le millet, permet de calculer l'importance de la culture des céréales en France et de mesurer l'intensité de leur production.

En France, l'importance de la culture des céréales est variable d'un département à l'autre, et dans les tableaux donnant le classement des départements par ordre d'importance *d'après les superficies respectives cultivées en céréales*, on voit que :

Pour 100 hectares du territoire total, le Cher est classé 35e avec 32 hectares de céréales.
— 100   —   du territoire agricole,   —   38e — 33   —
— 100   —   des terres labourables,   —   75e — 52   —

Dans le tableau indiquant le nombre d'hectares cultivés en céréales pour 100 habitants :

Pour 100 habitants de la population totale, le Cher est classé 16e avec 66 hectares.
— 100 de la population des cultivateurs,   —   31e — 232   —

Les départements qui cultivent le plus de céréales sont l'Ille-et-Vilaine pour la moitié de son territoire, Eure-et-Loir pour 49 p. 100, la Somme, le Pas-de-Calais, l'Aisne, l'Oise, la Manche, les Côtes-du-Nord, etc., pour 40 à 48 p. 100.

Puis viennent avec 30 à 40 p. 100 un certain nombre de départements dans lesquels se trouve le Cher.

Sous le rapport *de la superficie en céréales comparée à celle des terres labourables* le Cher se trouve dans les 27 départements du deuxième classement, qui ont en céréales de 50 à 58 p. 100. Il a le chiffre de 52. L'auteur de la statistique décennale fait remarquer que le froment proprement dit est de toutes les céréales la plus importante, la plus riche en matières nutritives et celle qui a la valeur la plus élevée; c'est aussi celle qui se cultive le plus en France.

La superficie qui lui est consacrée est de 47,64 p. 100 de la surface totale des céréales, son grain et sa paille représentent les 58 centièmes de leur valeur. Dans cette appréciation, l'épeautre est confondu avec le froment, d'autant mieux que l'épeautre ne compte que pour une infime quantité, il se cultive de moins en moins.

Le froment à peu près exclusivement cultivé en France est le froment d'hiver; le blé de mars ne l'est que par exception.

Si, maintenant, on cherche les rapports de la superficie cultivée en froment relativement à la superficie totale du territoire de chaque département, à celle de son territoire agricole et de ses terres labourables ainsi qu'aux diverses catégories de population, on voit que

Relativement à 100 hectares du territoire total, le Cher cultive 14 hectares en froment.
—   100   —   du territoire agricole   —   15   —
—   100   —   des terres labourables   —   23   —
—   100 habitants de la population totale,   —   29   —
—   100   —   de la popul. des cultivateurs, —   143   —

Ce dernier chiffre fait ressortir le rôle plus ou moins grand de la culture du froment dans l'ensemble des occupations des cultivateurs du sol. C'est dans la Meuse que les agriculteurs exploitent relativement le plus de terres en blé, puisque chaque cultivateur y fait en moyenne 2 hectares 84 de froment.

Quant au rendement par hectare cultivé en froment qui donne la mesure productive du cultivateur, la France avec son rendement actuel est après les États-Unis le pays le plus grand producteur de froment du globe entier.

Si considérant qu'à toutes les conditions de culture nécessaires pour une bonne production, il faut encore tenir compte de l'influence de la lumière et de la chaleur aussi bien que d'une certaine dose d'humidité pendant toute la période de la végétation, on voit que ces dernières conditions se trouvent surtout réunies dans le nord de la France, mais elles le sont de moins en moins, quand, après avoir franchi la Loire, on descend vers le sud où la chaleur ne manque pas, mais où l'humidité, nécessaire aux fonctions physiologiques de la plante, fait trop souvent défaut, car les sécheresses s'y prolongent souvent à l'excès, ce qui amène des arrêts dans le développement du végétal et dans la formation du grain. De là, toutes choses étant égales d'ailleurs, des diminutions de rendement. Si, continue le savant auteur de l'enquête décennale de 1882, par une ligne perpendiculaire au méridien de Paris, on partage la France en deux parties, à peu près égales, on trouve que celle qui est au nord présente toujours, année moyenne, un rendement supérieur de 3 à 4 hectolitres par hectare, à celui de la partie méridionale. En effet, dans la partie nord, le rendement a été de 17,6 hectolitres en 1883; dans l'autre, de 13,3 hectolitres. L'année 1883 représentait bien une année moyenne. Si, revenant à la récolte de 1882, on cherche comment se répartit la production du froment, dans les différents départements: on reconnaît, 1° que 28 départements fournissent chacun près de 2 millions d'hectolitres; 2° 29 départements de 1 à 2 millions et 30 départements moins de 1 million.

Pour mesurer l'intensité de la production du froment dans chaque département, on a recherché dans un tableau quelle est la quantité de blé produit: par rapport

A 100 hectares du territoire total, le Cher produit   253 hectolitres.
A 100   —   du territoire agricole,   —   264   —
A 100   —   des terres labourables,   —   411   —
A 100 habitants de la population totale,   —   518   —
A 100   —   de la population des cultivateurs, —   2,539   —

Le plus grand producteur de froment, par rapport à la superficie totale de son territoire, c'est le Nord qui, pour 100 hectares de son territoire, fournit 603 hectolitres de froment, puis l'Eure-et-Loir qui en produit 513. La Savoie n'en produit que 74.

Ce qu'il importe maintenant de dégager, c'est le rendement par hectare cultivé en froment, car le chiffre donne la mesure de la puissance productive du cultivateur, de ses progrès et des soins qu'il apporte à sa culture. C'est ce que M. Tisserand a résumé dans un tableau.

Le premier département sous ce rapport est celui de la Seine, qui produit 28 hectolitres 51 ; le dernier, la Corse, qui ne produit que 10 hectolitres 16.

Le Cher se trouve dans les départements dont le rendement est de 17 hectolitres, et qui sont en majeure partie autour de la région centrale du froment. Le rendement du Cher à l'hectare est de 17 hectolitres 55.

Si l'on compare les cultures de céréales et leurs produits en 1882 avec les résultats des enquêtes antérieures, on constate que, de 1840 à 1862, il y a eu augmentation considérable dans la superficie du territoire consacrée au froment en France, mais qu'il y a eu diminution, au contraire, de 1862 à 1882. Cette diminution correspond à un triple mouvement d'augmentation pour 31 départements, d'immobilité pour 17, et de diminution pour 37, Meurthe-et-Moselle et Belfort restant en dehors du calcul.

Le Cher se trouve parmi les départements qui ont augmenté leur superficie cultivée en blé de 1862 à 1882.

En 1862, le Cher avait 91 794 hectares en blé ; en 1882, il en avait 103 726, soit une augmentation de 11 932.

Le prix de l'hectolitre de froment a été relevé, dans l'enquête de 1882, depuis 1756 jusqu'en 1885.

On voit, dans ce tableau, que de 1756 à 1800, le prix du blé, à part une baisse très légère de 1776 à 1785, a graduellement monté, malgré les oscillations annuelles.

Les huit périodes de 1800 à 1880, toutes décennales, se groupent immédiatement en deux catégories distinctes, embrassant chacune quarante ans. Quatre périodes présentent des écarts considérables. Ce sont d'abord 1801-1810, 1811-1820. C'est là que se rencontrent les années 1812 (33 francs), 1816 (28 fr. 31), et surtout 1817 (36 fr. 16), le prix le plus élevé du siècle. Puis à vingt ans de distance, 1841-1850, avec l'année 1847 (29 fr. 01) et 1851-1860 avec les trois années de cherté successive, 1854, 1855 et 1856 (25 fr. 82, 29 fr. 32 et 30 fr. 75).

Les quatre autres périodes, 1821-1830, 1831-1840, 1861-1870 et 1871-1880, offrent au contraire des écarts bien moindres.

Sur ces quatre périodes, 1841-1850, 1851-1860, 1861-1870, 1871-1880, les deux premières, qui coïncident avec l'application de l'échelle mobile, présentent des écarts de prix maxima, tandis que les deux dernières, qui ont vu fonctionner le régime de la liberté, offrent des écarts moindres. En d'autres termes, il s'est produit un nivellement des prix.

Nous avons trouvé, dans la Chronique de la châtellenie de Lury, des prix du blé depuis 1503 jusqu'à 1791.

En 1503, le blé était à 10 sous le setier [1].
— 1540, il montait à 2 sous 2 deniers le boisseau.
— 1640 — 4 — —
— 1691 — 9 — —
— 1709 — 13 — —
— 1786 — 27 — —
— 1791 — 30 — —

C'est une progression lente, mais continue, qui, on le voit, ne prit de développement rapide qu'à la fin du xviiie siècle, époque à laquelle tous les produits du sol doublèrent presque subitement.

Le gouvernement de la République, également préoccupé des intérêts des agriculteurs et des consommateurs, désirant voir le blé à un prix suffisamment rémunérateur pour celui qui le produit, mais aussi à un prix pas trop élevé pour le plus grand consommateur, le peuple, qui en fait la principale base de son alimentation, fut convaincu que le moyen le plus sûr d'arriver à ce résultat, c'était d'augmenter la production à l'hectare. Il pensait que si, en France, la production du blé n'est guère que de 77 hectolitres par laboureur et par an, tandis que, dans les pays voisins, elle atteint 86 hectolitres, il était facile de combler cet écart de 11 p. 100.

A cet effet, M. Gomot, ministre de l'agriculture, adressa, le 19 décembre 1885, aux professeurs départementaux d'agriculture une circulaire pour les engager à établir des champs de démonstration, afin de prouver que, dans tous les départements, on pouvait obtenir un rendement supérieur, un accroissement de 11 p. 100, en obtenant un hectolitre et demi de plus à l'hectare, ce qui donnerait une plus-value énorme, puisque, pour le froment seul, elle équivaudrait à une augmentation de rendement de 11 millions d'hectolitres, valant 150 ou 160 millions de francs, au cours actuel. Sur la production totale en grains de toutes les céréales, 11 p. 100 représenteraient 28 millions d'hectolitres.

« Ces considérations vous expliquent pourquoi j'attache, disait le Ministre, une sérieuse importance à la diffusion du progrès jusque dans les coins les plus reculés des campagnes. Il importe pour cela de donner des exemples, de manière à frapper l'esprit du cultivateur et à lui faire toucher du doigt ce qu'on peut attendre de l'application des découvertes aujourd'hui pleinement sanctionnées par la pratique. Voilà pourquoi je vous invite, après vous être bien pénétré des conditions propres à la culture de chaque district agricole de votre département, à organiser des champs de démonstration où vous ferez voir les résultats des améliorations que vous nous proposerez d'accomplir. Ces champs de démonstration devront être accessibles et aussi en vue que possible.

« Ils seront établis dans le voisinage des localités, sur le bord des chemins les plus fréquentés, et seront signalés par des écriteaux mentionnant la nature des essais, de façon que les cultivateurs puissent les avoir continuellement sous les yeux, et soient à même de se rendre compte, par eux-mêmes et sans effort, des avantages que les moyens mis en œuvre leur offrent. »

Le Ministre terminait sa circulaire en disant qu'il viendrait en aide à l'établissement des champs de démonstration soit pour des semences à acquérir ou des engrais commerciaux à appliquer. A la date du 24 novembre de la même année, M. Gomot adressa une autre circulaire aux Préfets dans laquelle il ajoutait : « J'espère qu'il sera facile aux professeurs

---

[1]. Mesure de Lury, soit moins d'un sou par boisseau.

départementaux de trouver, sans frais, des cultivateurs de bonne volonté disposés à offrir quelques parcelles de terre pour créer des champs de démonstration. Mais, ajoutait-il, ce n'est pas trop du zèle de tous pour assurer le succès, et je vous serai obligé d'aider de tout votre pouvoir les professeurs départementaux à obtenir le concours des particuliers ainsi que des associations agricoles de votre département.

« Les risques sont d'ailleurs bien faibles, et ceux qui offriront un champ n'auront qu'à bénéficier de plus-values résultant des améliorations dont on veut faire la démonstration, améliorations n'offrant rien de chanceux, puisque le professeur ne devra, dans ce cas, faire que des applications de faits certains, de découvertes contrôlées.

« Si les cultivateurs offrant leurs champs refusent de faire certains frais, tels que ceux de semences particulières, d'acquisition d'engrais, les sociétés locales pourraient y pourvoir et, au besoin, mon administration ne se refuserait pas à y contribuer.

« A côté de ces champs de démonstration qui doivent être aussi nombreux que possible, je désire que dans les départements où il n'existe pas encore de station agronomique, il soit établi un champ d'expériences et de recherches; c'est dans ces champs que se feraient les études des améliorations qu'il y aurait lieu d'analyser avec soin pour reconnaître celles qui sont applicables au pays et qui peuvent être ensuite transportées dans les champs de démonstration. » Quant au budget annuel, le Ministre estimait qu'il suffirait d'une somme variant de 4000 à 8000 francs, suivant les besoins locaux. La moitié serait à la charge de l'État et l'autre à la charge du département.

Le laboratoire peut être installé dans une maison ordinaire moyennant des appropriations peu coûteuses; on peut se contenter d'un champ de 1 à 2 hectares à prendre à location ou à acheter. Le Ministre demandait aux Préfets de saisir de la question les conseils généraux pour obtenir leur appui.

Cette circulaire fut communiquée à tous les conseils généraux. Un certain nombre comprirent l'importance de ce nouvel enseignement pratique et ils se mirent aussitôt à le patronner.

Le conseil général du Cher hésita d'abord, mais, à sa session d'août 1886, il se décida à créer des champs de démonstration.

M. Franc, le zélé professeur départemental d'agriculture du Cher, fut chargé de les établir. Il présenta à cet effet un rapport pour la session d'avril 1887 du conseil général.

Dans ce rapport, le professeur a dit comment il comprenait la tâche qui lui était confiée. Il voulait s'inspirer des besoins de la culture de chaque contrée, des moyens d'élever la production, d'améliorer la nature des produits et de réduire les prix de revient. Il désirait s'attacher aussi à faire connaître les avantages des instruments perfectionnés et à propager les procédés de culture ayant pour résultat d'accroître la puissance productive du sol ou de favoriser l'évolution parfaite des végétaux cultivés, l'élaboration des principes utiles pour lesquels ils sont recherchés.

C'est par une bonne répartition des forces appliquées à la culture, c'est par des efforts combinés et persévérants pour réaliser toutes les améliorations dont le sol est susceptible que l'industrie agricole arrivera à triompher des difficultés de la situation présente.

La solution ne se trouve pas dans tel ou tel procédé isolé, elle est plutôt dans la résultante de tous les moyens propres à favoriser l'évolution agricole. Dans cette circonstance plus qu'en toute autre connaissance, l'instruction doit jouer le principal rôle.

Dans sa session de mai 1886, le conseil général avait voté le modeste crédit de 400 francs destinés à la création et à l'entretien du champ de démonstration. Le Ministre a accordé au département une somme égale pour le même but.

La Société d'agriculture du Cher a voté 200 francs.

Beaucoup de propriétaires, désirant que les démonstrations eussent lieu chez eux, ont même offert spontanément des terres ; mais les fonds destinés à l'établissement des champs de démonstration n'étant que de 1000 francs, il n'a pu être établi pour l'année 1886-87 que 10 champs au plus. M. le professeur départemental a pensé avec raison que l'exploitation de ces champs ne devait être confiée qu'à des agriculteurs réunissant certaines conditions, c'est-à-dire étant de bons praticiens, ayant des terres en bon état, étant habitués à surveiller toutes les opérations culturales, depuis les premiers travaux d'ameublissement donnés au sol jusqu'à la récolte dont les divers produits doivent être soigneusement pesés, et pouvant aussi prendre des notes sur toutes les phases de la végétation et sur ce qui peut se produire d'anormal.

Telles sont les considérations qui ont guidé le professeur départemental du Cher dans l'établissement des champs de démonstration.

Après avoir visité les terrains qui lui ont été proposés et choisi ceux qui, par leur nature et leur situation, réunissent au plus haut degré les conditions qu'il convient de rechercher pour que les démonstrations soient aussi profitables que possible, M. Franc a fait adresser aux propriétaires de ces terrains les espèces de blé qui lui ont paru devoir donner les meilleurs résultats, eu égard à la nature du sol et au climat du Cher.

Ces champs ont été établis dans les localités et chez les propriétaires dont les noms suivent :

1° A Aubigny, chez M. Auger-Bedu, au champ des Dix Arpents, à 300 mètres de la ville et situé sur la route de Salbris ;

2° A Bourges, chez Bardary, à 500 mètres de la ville, sur la route de Lazenay ;

3° A Farges-en-Septaine, chez M. Rousseau, au champ de la Vigne, sur le bord du champ d'intérêt commun n° 3, à 2 kilomètres de Farges ;

4° A Germiny-l'Exempt, chez M. Auguste Massé, aux Aubrais, à 100 mètres du village, sur le chemin d'intérêt commun n° 40 ;

5° A Graçay, chez M. Souriou, sur un champ situé sur le bord de la route de cette localité et Saint-Outrille ;

6° A Herry, chez M. Duvergier de Hauranne, au champ des Gravats, sur le bord du chemin d'intérêt commun n° 59, à 150 mètres environ du bourg ;

7° A Laumoy, chez M. Pallienne, au champ du Regard n° 2, sur la route du Châtelet au Coudron, à 2 kilomètres de Morlac et à 3 de Saint-Pierre-du-Bois ;

8° A Lignières, chez M. Porcheron, aux champs de la Garenne et de la Chaume, sur la route très fréquentée de Lignières au Châtelet, à 5 mètres de la Maison-Rouge ;

9° A Saint-Germain-du-Puits, chez M. Thirot, au champ Pointu, à 1500 mètres du bourg, sur le domaine du Jacquelin ;

10° A Vornay, chez M. Brisson, dans un champ situé à 200 mètres de la ferme.

Comme on le voit, les champs de démonstration sont répartis dans des régions différentes et sont situés, autant que possible, dans le voisinage des localités et sur les routes les plus fréquentées, afin que les cultivateurs puissent les visiter facilement.

L'étendue de chaque champ varie de 50 ares à un hectare.

Les propriétaires et fermiers chez lesquels les champs de démonstration sont établis pour la campagne de 1886-87, se sont engagés :

1° A fournir le terrain gratuitement ;

2° A fumer convenablement avec du fumier de ferme tout le champ ou une partie déterminée ;

3° A exécuter tous les travaux nécessaires pour que la préparation du sol, l'ensemencement, l'entretien de la culture pendant la végétation, la récolte, le battage et le pesage ne laissent rien à désirer.

Le département prit à sa charge :

1° L'achat des semences ;

2° L'achat des engrais de commerce (s'il doit en être employé) ;

3° Les frais de transport des semences et des engrais, de chez le fournisseur à la gare la plus voisine du champ de démonstration, et les menues dépenses.

Le propriétaire bénéficie de tous les produits du champ.

Dans cette campagne, M. Franc a pensé que la propagation des blés dits améliorés ou à rendements élevés et l'emploi de certains engrais industriels, seraient les démonstrations les plus utiles. Il a fait semer, en effet, dans les différents champs, les espèces suivantes :

A Aubigny, le blé seigle, le Browick et le Hallett rouge ;

A Bourges, le Dattel ;

A Farges, le Victoria blanc ;

A Germiny-l'Exempt, l'inversable de Bordeaux ;

A Graçay, le Dattel, le Kissengland, le rouge d'Écosse et de Chiddam d'automne ;

A Herry, l'inversable de Bordeaux, le Victoria d'automne rouge, le Lamed et le Shiriff ou épi carré ;

A Laumoy, le blanc de Flandre, le Victoria d'automne, l'inversable de Bordeaux, le Hallett et le Shiriff ;

A Lignières, le blanc de Flandre, le Victoria blanc, l'inversable de Bordeaux, le Goldendrop, le Lamed et le Shiriff ;

A Saint-Germain-du-Puy, le Dattel, le Goldendrop et le Shiriff ;

A Vornay, le blanc de Flandre, le Hallett, le Lamed, le Victoria blanc, le Victoria d'automne, l'inversable de Bordeaux et le Shiriff.

Les essais porteront, comme on le voit par cette liste, sur treize blés différents.

Sur certains champs, quelques engrais commerciaux ont été répandus avant les semailles. Sur d'autres, l'emploi de ces engrais a été fait en couverture.

Les substances fertilisantes qui ont été ou seront employées sont : les superphosphates de chaux, le phosphate de déphosphoration des fontes, le sulfate d'ammoniaque, le nitrate de soude, etc.

M. le Professeur départemental a demandé aux propriétaires des champs de démonstration de vouloir bien répondre aux questions suivantes :

1° Quel est le nom de la terre où se trouve établi le champ de démonstration ?

2° A quelle distance est-elle des routes et des localités habitées les plus voisines ?

3° Quelle est la nature du sol et du sous-sol ?

4° Depuis combien d'années la terre a-t-elle été chaulée ou marnée ?

5° Quelle quantité de chaux ou de marne a-t-elle reçue ?

6° A-t-elle été drainée ?

7° L'analyse chimique de la terre a-t-elle été faite ? (Dans le cas de l'affirmative, faire connaître le résultat de cette analyse.)

8° Quelle quantité de fumier avez-vous fait donner à la terre ?

9° Avez-vous employé des engrais industriels ?

10° Quelle quantité à l'hectare ?

11° Dans quel état d'ameublissement se trouvait la terre au moment de l'ensemencement ?

Depuis, le directeur de la ferme-école de Laumoy, M. Pallienne, a publié dans le *Journal de l'Agriculture* les résultats obtenus. Il a fait connaître que jusqu'ici les variétés de blé cultivées dans le Cher se réduisaient à deux : le froment commun d'hiver à épi jaunâtre, appelé blé de pays, dit Raclin ou Raquin, et le blé bleu de Noé, dit aussi blé de Saumur ou Saint-Laud. Ce dernier est un peu moins productif que le premier, mais plus précoce ; on le sème presque toujours un peu plus tardivement.

Quelques variétés ont bien été introduites çà et là par quelques grands cultivateurs qui en ont bien vite reconnu la supériorité sur les deux précédentes ; mais le petit cultivateur, de son naturel routinier, est resté réfractaire et ne les a encore jamais mises en pratique. Il était donc utile et de toute nécessité de lui montrer tout ce que l'on pouvait attendre de ces *blés étrangers*, comme il les appelle.

Le champ de démonstration, qui a été établi à la ferme-école de Laumoy, occupait, dans le champ du Regard n° 2, une surface de 1 hectare 35 ares, limitrophe à la route du Châtelet à Coudron.

Cette partie du champ, d'une longueur de 307 mètres et d'une largeur de 44 mètres, est à une distance de 400 mètres environ de la ferme-école de Laumoy ; l'emplacement du champ de démonstration a donc bien été choisi pour servir, non seulement à l'instruction des élèves, mais encore à celle des cultivateurs voyageant dans la localité.

Le sol, de nature argilo-siliceuse, provient des argiles de Sologne, bouleversées pendant la formation des terrains tertiaires. Il repose sur un sous-sol formé par des poudings de quartz blanc roulé, aggloméré par un ciment ferrugineux, ce qui rend le champ, quoique drainé, très humide, surtout dans les années pluvieuses. Dans le pays, cette sorte de roche, qui a tous les caractères du béton, est appelée *bouchot*. Une application de chaux a été faite il y a quatre ans, à la dose de 100 hectolitres à l'hectare, ce qui indique que le champ était encore assez pourvu de calcaire pour la culture du blé.

L'assolement suivi pour ce champ a été celui-ci : 1ᵣᵉ année, betteraves ; 2°, blé ; 3° et 4°, trèfle ; 5°, avoine ; 6°, pommes de terre, betteraves ; 7°, blé.

Une fois l'emplacement déterminé, et après avoir fait nettoyer très soigneusement la surface des fanes de pommes de terre qui l'encombraient, il a été donné, le 18 octobre, un seul labour pour l'ensemencement ; la terre étant parfaitement propre et très ameublie par l'arrachage des pommes de terre, on s'est dispensé de labourer une seconde fois.

Les pommes de terre qui avaient précédé l'ensemencement du froment ayant été fumées énergiquement, on a cru devoir se dispenser de fumer à nouveau.

Deux jours après le labour, c'est-à-dire le 29 octobre, le champ a été divisé, dans le sens de sa longueur, en huit parties, séparées les unes des autres par un passage large d'un mètre, et destiné à la circulation et à empêcher le mélange des variétés entre elles.

Chaque parcelle avait une surface égale de 17 ares, sauf cependant le n° 8, dont la superficie n'a été que de 15 ares.

Le 20 octobre au soir, les variétés suivantes ont été semées :

N° 1, blé Roseau ; 2, Hallett pedigree rouge ; 3, Lamed ; 4, Victoria d'automne ; 5, Shiriff square head ; 6, Blanc de Flandre ou de Bergues ; 7, Rouge inversable de Bordeaux ; 8, Chiddam blanc d'automne.

Tous ces blés ont été, au préalable, sulfatés au sulfate de cuivre et semés ensuite sur le labour à la volée. La quantité de graines semées sur les sept premières parcelles a été de 25 kilog. par parcelle. Le numéro 8 n'en a reçu que 20.

Après le semis, trois hersages en long et en travers ont recouvert les grains. Le lendemain, des rigoles d'écoulement et d'assainissement ont été ouvertes, et le travail de la germination a commencé à se faire.

La levée s'est faite assez régulièrement; cependant le blé rouge de Bordeaux et le blé Shiriff sont apparus un peu avant les autres : le 16 novembre, on remarquait déjà leur petite tigelle sortir de terre, tandis que les autres variétés n'ont montré leurs jeunes petites feuilles que le 18.

A partir de ce moment, la végétation a été assez active et semblait promettre de très beaux résultats; malheureusement, des effets accidentels très fâcheux sont venus simultanément détruire en partie ces espérances.

D'abord, l'humidité constante du printemps a fait développer, dans toutes les variétés, et principalement dans les portions occupées par le blé de Bergues et le blé de Shiriff, une quantité assez considérable de pieds de renoncule (*Ranunculus arvensis*), très nuisible, comme on le sait, dans les champs de céréales.

De plus, dans le courant d'avril, la larve du taupin (*Elater obscurus*) a détruit une quantité assez notable de jeunes plants, en les coupant au-dessous des racines coronales qui, à cette époque, n'étaient pas suffisamment développées pour maintenir la plante en terre.

Mais le contretemps le plus fâcheux que ces blés ont eu à subir est sans contredit la sécheresse persistante des mois de juin et de juillet. En effet, la paille a été arrêtée dans sa croissance et les épis n'ont pas atteint leur entier développement. Aussi en est-il résulté une faiblesse générale dans le poids de l'hectolitre.

Cependant, comme nous le verrons plus tard, et malgré tous ces contretemps, la récolte a accusé des rendements assez considérables. Cela tient peut-être à la bonne composition du sol et à la parfaite qualité des grains semés.

Le 15 juin, le blé de Bordeaux et le Shiriff ont montré leurs épis; le 18, c'étaient le Roseau, le Hallett, le Chiddam, le blanc de Bergues et le Lamed, et le 19 le Victoria. Ils sont entrés en fleur à peu près dans le même ordre, du 24 au 28 juin.

Le 27 juillet, les six variétés suivantes : blés Roseau, Hallett, Shiriff, rouge de Bordeaux, de Bergues et le Chiddam, étaient mûres et ont été coupées à la faux. Le blé Victoria et le Lamed ne l'ont été que le 29. La moisson s'est faite dans de très bonnes conditions; aucun mauvais temps n'est venu déranger la main-d'œuvre.

Le lendemain du coupage, les javelles ont été ramassées deux à deux et liées de manière à en faire des gerbes d'un poids à peu près uniforme de 7 à 8 kilog. Une fois le blé tout lié, on a dressé des dizeaux non couverts qui sont restés dans le champ jusqu'au battage, qui a commencé le 3 août.

Voici les résultats obtenus pour chacune des variétés semées :

NOMS DES BLÉS	GERBES RÉCOLTÉES		RENDEMENT EN GRAIN	POIDS DE L'HECTOLITRE	RENDEMENT EN PAILLE	RAPPORT DE LA PAILLE AU GRAIN	POIDS DES DÉCHETS APRÈS BATTAGE ET NETTOYAGE
	Nombre.	Poids.					
		Quintaux.	Quintaux.	Kilogr.	Quintaux.	Quintaux.	Kilogr.
Roseau.......	144	11,76	3,64	76	7,66	2,10	65
Hallett	144	11,57	3,58	78	7,35	2,03	62
Lamed........	135	11,82	3,74	78	7,48	2	58
Shiriff	153	11,47	3,60	75	7,20	2	67
Victoria......	180	11,10	3,87	77,5	7,68	1,98	60
Bergues......	144	11	3,18	75	7,35	2,30	45
Bordeaux	144	12,52	3,94	77,5	7,87	2,10	70
Chiddam	126	10,45	3,06	76,5	6,88	2,25	50

Tous les chiffres relatifs aux rendements en grains, en paille, les poids des déchets, de l'hectolitre de grains, ont été pris après le complet nettoyage au tarare de toute la récolte.

Si nous ramenons ces chiffres à l'hectare, nous trouverons que les rendements auraient été, pour les variétés ci-dessous, les suivants :

NOMS DES BLÉS	RENDEMENTS		
	GRAIN		Paille.
	Hectolitres.	Quintaux.	Quintaux.
Roseau	28,2	21,4	45
Hallett......................	27	21	43
Lamed.......................	28	21,84	43,68
Shiriff......................	28	21	42
Victoria	29,5	22,7	45
Bergues	25	18,75	43,10
Bordeaux.....................	31	24	50,4
Chiddam......................	26	19,65	44

Si nous jetons un coup d'œil sur les tableaux ci-dessus, nous remarquons que le plus haut rendement, tant en grain qu'en paille, a été atteint par le blé rouge de Bordeaux, qui a donné une moyenne de 31 hectolitres à l'hectare et 50,4 quintaux de paille; le rendement le plus faible par celui de Bergues, qui n'a fourni qu'une moyenne de 25 hectolitres à l'hectare et 43,10 quintaux de paille.

D'après ces résultats les quatre blés le plus à conseiller dans ce rayon sont : le rouge inversable de Bordeaux, le Victoria, le Roseau, le Lamed.

M. Duvergnier de Hauranne, dans son rapport sur les champs d'expériences créés à Herry, nous a signalé les résultats obtenus pour les blés bleus, les Dattel, les blés rouges d'Écosse, le Shiriff à rangs. C'est ce dernier blé et le Lamed qui ont donné les meilleurs résultats.

L'étude que nous venons de faire sur la culture du blé dans le département du Cher depuis le commencement de ce siècle, nous prouve que ce département n'a cessé d'étendre et d'améliorer cette culture. Dès les premières années nous voyons le préfet, M. de Luçay, conseiller d'ensemencer de moins grands espaces afin de mieux fumer d'augmenter l'abondance des pâturages de façon à entretenir plus de bétail, et à obtenir plus de fumier. La Société d'agriculture du Cher, formée de praticiens distingués, ne cesse aussi de donner d'excellents conseils pour les assolements, elle condamne l'assolement triennal qui est épuisant, elle conseille l'assolement quadriennal ou celui de six ans avec fortes fumures, prairies artificielles et troupeaux de mérinos. Elle s'occupe ardemment des maladies des céréales, de la destruction de l'alucite, qui a causé tant de ravages dans le Cher. Elle insiste sur la nécessité de bien connaître le sol qu'on cultive, sur la nécessité du drainage et des irrigations, sur l'avantage de mettre la récolte de blé en moyettes, sur l'utilité de connaître les meilleures variétés de blé pour les différents sols du département, sur les mélanges avantageux qu'on en peut faire, sur le renouvellement des semences d'origine étrangère, sur l'amélioration des blés de pays, sur le prix de revient de la production de l'hectolitre de blé, sur le prix de vente et sur les moyens de lutter contre la concurrence des blés étrangers.

Après tous les excellents conseils et les encouragements donnés par la Société d'agriculture, les bons exemples fournis par les agriculteurs distingués du Cher, après l'excellent enseignement du professeur d'agriculture, que peut-il bien nous rester à dire qui n'ait point été dit et répété? Peu de choses sans doute, mais les visites que nous avons faites chez les concurrents à la prime d'honneur de 1886, et ce que nous avons vu chez les particuliers nous ont convaincu que les cultivateurs du Cher ont encore des progrès à réaliser pour la fabrication des fumiers et l'utile application des engrais chimiques, à la culture du blé.

On se rappelle que dans les frais de production du blé à l'hectare fourni par M. Corbin,

Le fumier est estimé dans l'un des comptes à...................... 227^f,50
Sans compter la conduite et le chargement qu'on peut évaluer à.... 18 00
                                                                   ─────────
                                                                   245^f,50
Dans l'autre, le fumier est estimé à............................... 160 00
Chargement, conduite et épuisage................................... 36 00
                                                                   ─────────
                                                                   196^f,00

Il s'agit actuellement de trouver le moyen de diminuer la somme à dépenser pour fumer, ou de mieux faire le fumier et de produire davantage à l'hectare, c'est-à-dire au lieu de 15 hectolitres d'en obtenir 25 à 30.

Un premier moyen d'économiser le fumier, c'est d'accumuler le plus possible dans le sol l'azote si nécessaire aux champs par la rotation la plus répétée possible dans l'assolement des plantes légumineuses telles que luzernes, trèfle, sainfoin, qui n'ont pas besoin d'apport d'azote, puisqu'elles le tirent soit directement de l'atmosphère, soit par l'intermédiaire des nitrates qui se forment naturellement dans le sol et qui, même, laissent à la terre un excès d'azote après leur défrichement.

Ainsi, augmenter la sole des prairies artificielles, c'est apporter de l'azote au sol, c'est aussi donner aux animaux une alimentation meilleure et leur faire produire des engrais plus intensifs.

L'économie la plus désirable à réaliser, c'est la confection de bons fumiers, car il est vraiment triste de voir encore aujourd'hui le purin perdu, le fumier de ferme négligé, être exposé à être desséché par le soleil, lavé par les pluies, mal pressé, envahi par le blanc, etc. Tant et si bien qu'il perd les trois quarts de sa productivité, tandis que le cultivateur intelligent, au lieu de laisser perdre ce purin, s'en sert pour arroser le fumier, et lui donner ainsi des éléments d'engrais d'une haute valeur. L'urine renferme tout l'azote dont l'être vivant ne peut plus faire usage pour l'entretien de ses organes.

Mais tandis que la chair musculaire, le sang, les os contiennent l'azote à l'état d'albumine, de fibrine, de gélatine absolument impropres à nourrir les végétaux, dans l'urine on ne rencontre plus aucune de ces substances; leur azote a pris des formes nouvelles qui se rapprochent beaucoup de l'état minéral : tels l'urée, les acides uriques et hippuriques, la créatine, etc. Produits de décomposition des principes immédiats azotés de tous les tissus de l'animal, ces corps n'attendent pour se transformer en sels ammoniacaux et en nitrates aptes à nourrir les végétaux que l'action d'un des nombreux ferments répandus dans l'atmosphère ou dans le sol.

Le fumier de ferme nitrifie donc beaucoup plus vite que les os ou le cuir, et, suivant les quantités d'excréments liquides qui entrent dans sa composition, il manifeste plus ou moins énergiquement son action fertilisante.

L'urine n'est plus seulement riche en azote, elle est encore très riche en phosphates, au même état de dissolution, c'est-à-dire immédiatement nitrifiables et assimilables.

Il y a plus de trente ans, Malaguti dans sa chimie agricole disait :

L'usage le plus considérable qu'on puisse faire de l'urine serait incontestablement celui d'engrais. Malheureusement on ne se préoccupe pas assez de l'emploi de l'urine. Et cependant chaque kilogramme d'urine renferme à peu près la même quantité d'azote qu'un kilogramme de froment, un homme adulte en émet en moyenne 400 litres par an. On est étonné d'une pareille insouciance, d'autant moins excusable que c'est déjà un fait acquis à l'art agricole; l'urine ne fertilise pas seulement par son azote, mais aussi par ses matières fixes et spécialement par ses phosphates. L'urine doit donc être recueillie avec soin, c'est le moyen économique de faire de la culture intensive, d'obtenir de hauts rendements, surtout si on la met à l'abri de l'influence atmosphérique, ce qui évitera en outre de mouiller, souiller et empester les animaux. D'une vache et d'un bœuf de corpulence moyenne et en stabulation permanente, la récolte quotidienne d'urine est indiquée de 18 à 20 litres, soit pendant un an environ 70 hectolitres, soit, ainsi qu'il vient d'être dit, 30 kilogrammes 800 grammes d'azote.

Or 30 kilogrammes d'azote à l'état assimilable, c'est-à-dire pouvant immédiatement nitrifier, représentent la quantité d'azote que tirent du sol 14 hectolitres de froment, plus la récolte de paille qui lui correspond. Le cheval peut fournir pendant un an 22 hectolitres, soit 34 kilogrammes d'azote, soit la quantité d'azote que tirent du sol 16 hectolitres de froment.

On sait aujourd'hui que le fumier le mieux confectionné, bien arrosé avec le purin, n'est pas un engrais complet. Seul, il est insuffisant pour donner au sol ce qui lui manque. Outre l'azote, la terre doit contenir 1 pour 1000 d'acide phosphorique et autant de potasse soluble dans l'acide nitrique avec des proportions convenables de chaux, magnésie, fer, acide sulfurique. Si ces éléments minéraux font défaut, le sol est incomplet et non seulement les récoltes n'y trouvent pas tout ce dont elles ont besoin, mais les matières organiques ne se nitrifient pas assez rapidement.

Dans les terrains acides et surtout dans les terrains tourbeux, l'azote est abondant, mais il est inerte et ne se transforme pas en nitrates.

Le fumier ne peut donner que ce qu'il a reçu, il ne peut rendre au sol incomplet ce que ce sol n'a pu lui céder. Il ne faut donc pas compter sur le fumier de ferme pour compléter une terre où l'un ou l'autre des éléments essentiels fait défaut ; il faut, dit M. Risler, compléter à la fois la terre et le fumier par une importation de l'extérieur.

M. Risler fait observer avec raison que le fumier est un engrais capricieux qui, tantôt fournit trop d'azote au blé, tantôt trop peu. Il en contient plus ou moins de 4 à 8 pour 1000, suivant les animaux dont il provient, suivant la manière dont ils ont été nourris et la litière qu'on leur a donnée, suivant qu'il est plus ou moins décomposé.

On a constaté que le fumier de mouton est celui qui contient le plus d'azote, 4,33 d'azote pour 1 d'acide phosphorique. Le fumier de bœuf, est celui qui en contient le moins, 1,5 d'azote pour 1 d'acide phosphorique ; celui de vache, 2 d'azote pour 1 d'acide phosphorique.

Pour obtenir un bon blé, il faut une proportion convenable entre l'azote et l'acide phosphorique contenu dans le grain et la paille. D'après M. Joulie, le rapport doit être de 1 d'acide phosphorique pour 2,48 d'azote.

Il n'est pas besoin de fournir au blé comme engrais la proportion d'azote indiquée par l'analyse de la récolte : si on la lui donnait, il serait exposé à la verse et à l'échaudage, mais il faut lui fournir exactement la quantité d'acide phosphorique enlevée à la récolte.

On se rappelle que, dans l'enquête, on a signalé que les blés semés sur trèfle ont donné depuis quelques années de tristes résultats, ils conservent plus longtemps leur végétation, mûrissent moins bien et sont plus exposés à la rouille.

Il arrive en effet que les blés faits sur trèfle, sainfoin ou récent défrichement de luzerne trouvent dans le sol un excès d'azote, qui donne lieu à un excès de végétation herbacée. Il y a lieu alors de corriger cet excès d'azote par une addition de 500 à 600 kilogrammes de superphosphate à l'hectare.

Les cultivateurs savent, d'autre part, qu'après une récolte de betteraves ou de pommes de terre fortement fumée, on obtient un blé mûrissant bien et n'étant exposé ni à la verse ni à l'échaudage ; c'est que la récolte de betteraves, de pommes de terre enlève l'excès d'azote nuisible au blé et quelquefois même n'en laisse pas une quantité suffisante. Alors il devient nécessaire d'ajouter au blé un engrais complémentaire, un engrais plus ou moins riche, en raison inverse de la richesse en azote du fumier précédemment employé, par exemple 300 kilogrammes de superphosphate et 100 à 150 kilogrammes de sulfate d'ammoniaque à l'hectare.

Du reste Morel de Vindé et d'autres agronomes avaient déjà blâmé la succession du froment après un trèfle. Selon Morel de Vindé, cette succession serait vicieuse parce que les débris du trèfle soulevant trop la terre, la rendent creuse, et qu'aux moindres alternatives de gel et de dégel, le froment est déchaussé et exposé à périr. Voilà pourquoi il disait, en 1823, que cette méthode dangereuse l'avait conduit à conserver son trèfle pendant trente mois pour le faire suivre par une avoine. M. Heuzé constate que cette observation est pleine de vérité, quand le défrichement du trèfle a lieu très tardivement, c'est-à-dire la veille pour ainsi dire de la semaille de froment, mais elle n'est pas juste si la prairie artificielle a été rompue assez à temps, vers la fin de l'été, pour que la terre se tasse et ait toute l'assiette voulue avant le moment de commencer les emblavures d'automne. Aussi est-ce pour plomber la couche arable, lui donner toute la consistance qu'elle doit avoir que les Anglais emploient le land-presser, quand le trèfle violet dans l'assolement quadriennal ou quinquennal a été rompu très tardivement.

On s'est demandé quelle est la proportion d'azote du fumier qui se nitrifie dans un temps donné. Les recherches de MM. Schloesing et Muntz n'ont pu la préciser, elle varie suivant la nature des terres où le fumier est enfoui, suivant les circonstances de température, d'humidité, d'aération qu'il trouve. Tantôt la nitrification marchera très rapidement, au point qu'il y aura lieu de craindre la verse, tantôt elle sera très lente et l'action du fumier très faible.

Dans les anciens assolements, où le blé suivait une jachère, on appliquait le fumier à la fin de cette jachère, mais en général assez tôt pour qu'il eût le temps de commencer à se décomposer et à fournir un peu de nitrate au jeune blé. Mais, dans les assolements alternes, il est de règle de ne pas mettre le froment sur du fumier frais, et cette règle a sa raison d'être parce qu'une fumure assez copieuse pour avoir la durée et l'efficacité qu'exige la succession des cultures risque d'amener la verse des céréales, mais ne peut pas avoir le même inconvénient pour les racines.

L'assolement a eu une influence importante sur la production des céréales. L'assolement primitif a été triennal, jachère alternant avec blé, puis absolument triennal : jachère blé d'automne et céréales de printemps. Est venue ensuite l'introduction des fourrages artificiels dans les assolements, la culture alterne, l'assolement quadriennal : 1° Turneps, betteraves, pommes de terre, etc. ; 2° céréales d'été ; 3° trèfle et graminée ; 4° blé d'hiver. Les règles des assolements ont pu nous apprendre à mieux utiliser les ressources de notre sol, mais elles ne pouvaient, comme le fait observer M. Risler, lui donner ni l'acide phosphorique, ni la potasse qui lui font quelquefois défaut. Grâce aux progrès récents de la chimie, on est arrivé aujourd'hui à compléter ces règles et à augmenter encore le rendement des céréales, soit en mêlant au fumier de ferme les substances qu'il ne contient pas en quantités suffisantes, soit en les appliquant directement sur les champs et les récoltes. L'alternat le plus intensif ne pourrait pas dépasser certains rendements, par exemple 25 hectolitres de blé à l'hectare en moyenne, s'il n'avait à sa disposition que les fumiers qu'il produirait lui-même. En y ajoutant des engrais chimiques à la fois bien appropriés aux besoins des terres et des plantes, on peut aller plus loin encore.

La chimie ne s'est pas bornée à compléter l'alternat. Elle a permis de s'en passer, si les propriétés physiques du sol et les circonstances économiques s'y prêtent. Autrefois, on était obligé de conserver le fumier de ferme parce qu'on n'aurait pas su comment le remplacer. Aujourd'hui, la chimie lui a arraché tous ses secrets ; elle peut souvent avec ses sels obtenir tous les résultats que donne le fumier ; et si l'on continue à employer ce fumier, c'est qu'on y trouve un avantage économique, surtout si on lui adjoint les engrais chimiques.

Ainsi on sait que 50 000 kilogrammes à l'hectare de fumier de ferme, employés pour les racines formant la première sole, suffisent ordinairement pour fournir tout l'azote dont a besoin la rotation de quatre ans dans laquelle les céréales sont séparées par un mélange de trèfle et de graminées (racines, blé ou céréale de printemps, trèfle, blé).

Mais il arrive que la quantité d'azote est insuffisante; alors on a recours au nitrate de soude, au sulfate d'ammoniaque employés au printemps en couverture. Nous n'insisterons pas sur l'usage de ces engrais heureusement connus. Nous préférons nous arrêter maintenant à l'acide phosphorique et aux scories de déphosphoration, dont l'emploi est moins généralisé.

On sait qu'une récolte de 25 quintaux de blé à l'hectare enlève au sol, paille comprise, environ 35 kilogrammes d'acide phosphorique. Dans les sols de qualité moyenne contenant 0,10 à 0,15 p. 100 de cette substance, l'addition de 250 à 300 kilogrammes d'engrais renfermant 14 à 15 p. 100 d'acide phosphorique suffit pour obtenir un rendement de 25 quintaux.

Il importe de savoir sous quelle forme il est préférable d'introduire l'acide phosphorique dans le sol. Est-ce à l'état de superphosphates solubles ou à l'état de phosphates naturels insolubles?

Jusque dans ces derniers temps on a cru que les phosphates insolubles ne pouvaient être absorbés par les plantes. M. Grandeau a démontré que, malgré cette insolubilité, les végétaux, grâce à l'acidité des sucs intérieurs qui circulent dans les racines, assimilent l'acide phosphorique en le dissolvant au travers de l'enveloppe de leurs radicelles. Mais la poudre d'os, dont la matière organique se décompose très lentement dans le sol, a une valeur fertilisante moindre que celle du superphosphate du phosphate précipité; son infériorité est de 17, 5 p. 100.

Dans les engrais phosphatés, l'acide phosphorique soluble dans l'eau et l'acide phosphorique précipité ont la même valeur agricole et doivent être payés au même prix.

Les phosphates en poudre ont une valeur agricole de 5 p. 100 au plus inférieure à celle des deux autres, mais, le prix commercial étant beaucoup plus bas, M. Grandeau est d'avis qu'il faut leur donner la préférence dans un très grand nombre de cas, et notamment dans les sols riches en matières organiques.

L'association des phosphates naturels au fumier de ferme à la dose de 100 grammes environ par tête de bétail et par jour est une excellente pratique, le mélange se fait plus intimement par l'épandage du phosphate sur la litière : on enrichit ainsi le fumier de l'un des principes les plus importants pour la végétation.

Les phosphates naturels ayant un titre assez variable en acide phosphorique, 15 à 25 p. 100, il faut toujours les acheter sur titre garanti et proportionner la quantité à employer à leur richesse; 500 à 800 kilogrammes de phosphate naturel en poudre par hectare constituent une bonne fumure phosphatée pour les blés, elle laissera dans le sol après la récolte du froment une réserve importante en acide phosphorique sur les cultures qui suivront.

Les phosphates français des Ardennes, de la Meuse, des Vosges, du Pas-de-Calais, etc., peuvent être substitués avec une économie d'environ 10 p. 100 à l'emploi des superphosphates.

Une autre source à bon marché de phosphates sont les scories de déphosphoration. La fonte, comme on sait, renferme toujours une certaine quantité de phosphore qui doit disparaître lorsqu'il s'agit d'employer le métal à l'état d'acier ou de fer forgé. Une proportion de 1/4 p. 100 de phosphore suffit à rendre le fer cassant à froid.

Jusqu'en 1879, le procédé Bessemer était le plus perfectionné pour la transformation de la fonte en acier. A cette époque, il fut modifié par deux jeunes ingénieurs anglais, MM. Gilchrist et Thomas. Les parois du convertisseur sont revêtues d'une couche de chaux. On ajoute en outre, dans la masse en fusion où circule l'air atmosphérique violemment chassé par une tuyère placée à la partie inférieure de l'appareil, 20 kilogrammes de chaux vive pour 100 de fonte. Sous l'influence d'une haute température, le manganèse s'oxyde, la silice passe à l'état d'acide silicique et le carbone se transforme en acide carbonique.

Quant au phosphore, il fournit de l'acide phosphorique qui se combine à la chaux pour former un phosphate, auquel se joignent l'oxyde de manganèse, l'acide silicique, le peroxyde et le protoxyde de fer. Le mélange monte à la surface et y constitue le laitier. Celui-ci s'écoule lorsqu'on fait pivoter le convertisseur sur son axe; on le reçoit alors dans des wagonnets spéciaux où il se solidifie. Le premier laitier obtenu est plus riche en chaux et plus pauvre en acide phosphorique que celui qui lui succède. Il se délite aussi beaucoup plus rapidement à l'air.

Les scories de déphosphoration se présentent sous la forme de fragments noirâtres plus ou moins volumineux, poreux, parsemés de paillettes d'acier, d'une grande densité. Ces scories sont livrées au commerce après broyage et séparation de la majeure partie du métal. Des criblages successifs permettent de les diviser en plusieurs catégories.

D'après de nombreuses expériences, on a pu constater que 50 kilogrammes d'acide phosphorique de scories fines équivalent à 30 kilogrammes environ d'acide phosphorique de superphosphate dès la première année de leur emploi.

En chiffres ronds et d'une façon plus claire : 2 kilogrammes d'acide phosphorique des scories fines produisent, dès le premier été, les mêmes résultats que 1 kilogramme d'acide phosphorique de superphosphate. En comptant le superphosphate à 50 centimes ou même 45 centimes le kilogramme, on peut le remplacer par 2 kilogrammes d'acide de scories qui coûtent 20 centimes le kilogramme, en tout 40. Il y a donc un réel bénéfice à tirer de l'emploi des scories, d'autant plus qu'une part de l'élément fertilisant reste disponible pour les récoltes suivantes.

Le kilogramme d'acide phosphorique des phosphates fossiles vaut au lieu d'origine 30 centimes environ, parfois un peu moins; or il ne coûte que 20 centimes dans les scories finement pulvérisées, et il produit un effet plus intense. Il ne revient même qu'à 10 centimes dans les scories délitées à l'air et tamisées, ce qui permet d'en employer, pour le même prix de 30 centimes, une dose triple. Il est vrai qu'il faut tenir compte de la distance des lieux de production. Les scories de déphosphoration viennent aujourd'hui d'un assez grand nombre de points : du Creusot, des usines de Jœuf, Hayange et Mont-Saint-Martin (Meurthe-et-Moselle), Stenay et Commercy (Meuse), Denain et Brith-Saint-Léger (Nord).

En Belgique, en Allemagne et en Angleterre, on en produit de grandes quantités. Celles qui viennent d'Allemagne entrent en France par Neunkirchen.

Le prix de transport pour un chargement de 100 kilogrammes est d'environ 1 franc pour Belfort, 1 fr. 40 pour Beaune, 1 fr. 70 pour Lyon et 2 fr. 40 pour Montpellier.

Dans sa conférence faite au 2e congrès commercial et industriel des grains et farines, le 20 septembre 1888, M. Grandeau, a indiqué, comme engrais à bon marché et devant augmenter d'une façon importante la production du blé à l'hectare, l'emploi des scories de déphosphoration.

Dans un sol bien ameubli, dit-il, vous répandrez avant le dernier labour, soit sous forme de scories de déphosphoration de la fonte, soit à l'état de phosphate minéral en poudre fine, environ 100 kilogrammes d'acide phosphorique réel à l'hectare, c'est-à-dire 600 à 800 kilogrammes de scories ou 500 kilogrammes de phosphate minéral. Répandu avant le dernier labour, réparti aussi également que possible, afin que sa dissémination permette à la racine du blé d'en rencontrer dans tous les points du champ, le phosphate produira son effet dès la première année. Il faudra herser et rouler si c'est nécessaire. Quand viendra le printemps, vous répandrez sur votre sol 150 à 250 kilogrammes de nitrate de soude.

Avec ces seuls engrais, scories de déphosphoration, ou phosphate et nitrate aux doses indiquées, vous assurerez un excédent de rendement de 6 à 10 quintaux ou plus, suivant l'année, par hectare, sur la récolte qu'obtiendra votre voisin avec le seul emploi du fumier.

Quelle est la dépense occasionnée à l'hectare par l'emploi de cette fumure? Cela est facile à calculer : 600 kilogrammes de scories à 6 fr. 25, et dans l'Est elles vous coûteront moins cher, cela représente 37 fr. 50 pour la fumure d'automne; fumure de nitrate de soude au printemps, 250 kilogrammes à 28 francs, soit 70 francs. Total 107 francs.

Nous avons donc une économie importante sur les 245 francs ou les 196 francs de fumier à l'hectare dans le Cher.

Et encore ne peut-on répondre de la valeur du fumier, tandis qu'on sait exactement celle des engrais chimiques.

L'économie de 138 francs à 89 francs sur la fumure peut être encore augmentée d'un demi-hectolitre au moins si l'on sème avec le semoir, avec un écartement de 18 à 20 centimètres entre les lignes : ce qui donnera un tallage considérable du blé, qui multipliera les tiges, les épis et les grains.

Comme exemple de la plus-value qu'on peut obtenir par l'espacement des semailles, nous citerons les expériences faites à Tomblaine par M. Grandeau.

La plantation a été faite à 25 centimètres de distance. Sur 250 mètres de terre, on a planté une quantité de grain qui, rapportée à l'hectare, correspond à 160 000 grains au lieu de 3 400 000 grains qu'on jette à la volée dans la culture ordinaire. Ces 160 000 grains à l'hectare ont donné 41 quintaux de blé, c'est-à-dire une multiplication moyenne qui, suivant la nature du terrain, a varié de 300 à 800 et a atteint parfois 900 fois le poids de la semence employée.

M. Grandeau fait observer qu'en grande culture, M. Hallett sème 36 litres seulement à l'hectare, à l'aide d'un semoir spécial qui espace chaque grain à 0 m. 22 en tous sens. Il récolte en moyenne 36 hectolitres, c'est-à-dire 100 fois la semence. Un tel résultat est merveilleux.

L'espacement du blé semé au semoir a un autre très grand avantage, malheureusement peu mis en pratique : c'est de pouvoir sarcler mécaniquement les blés et de détruire ainsi les plantes parasites qui diminuent encore considérablement la récolte.

Nous avons vu par les expériences faites dans le Cher combien le choix de la semence, le mélange des variétés de blés, peuvent aussi augmenter le rendement. Nous n'avons pas à insister sur ces avantages, prouvés également par les champs de démonstration, ni sur les soins à donner aux semences pour les défendre contre les insectes nuisibles parasites qui abaissent encore beaucoup le rendement.

Les cultivateurs savent aussi comment, à l'aide des moyettes, on peut préserver la récolte contre les intempéries.

C'est en observant autant que possible tous les enseignements fournis par la science et la pratique agricole que les cultivateurs du Cher, comme ceux des autres départements, pourront lutter contre la concurrence des blés étrangers, aujourd'hui surtout qu'un grand nombre ont renouvelé leurs baux avec des conditions plus avantageuses, alors que la main-d'œuvre tend à devenir moins chère, que des syndicats s'organisent partout pour obtenir des engrais bien dosés, à meilleur marché, que le gouvernement ne marchande ni ses encouragements ni ses subventions, ni ses récompenses, ni sa protection, et que l'enseignement agricole, obligatoire dans nos écoles primaires, habitue, dès l'enfance, les jeunes paysans à aimer les choses des champs, et à savoir lire dans le grand livre de la nature aussi bien que dans les traités d'agriculture.

Mieux ils cultiveront le sol de la patrie, plus ils l'aimeront, plus ils y seront attachés, mieux ils sauront la défendre.

Nous devons tous travailler à cette œuvre essentiellement nationale. Et c'est la consolation, l'espoir de la France au milieu de tant de désastres causés par la guerre, par les insectes nuisibles, par les intempéries, de voir l'énergique persévérance du paysan, l'intervention intelligente du propriétaire, de voir en un mot toutes les forces vives de la nation travailler au relèvement de l'agriculture, à sa plus grande production, à son affranchissement en face de la production étrangère. Aussi croyons-nous sincèrement, sans rêver des résultats impossibles, que le département du Cher dont les progrès dans la culture du blé ont été incessants, continuera sa marche ascendante de production, arrivera rapidement, par l'application des méthodes scientifiques, à la pratique culturale, à obtenir, à l'hectare, un rendement encore plus élevé. Il suffit pour s'en convaincre de jeter les yeux sur le tableau suivant, qui résume la quantité d'hectolitres récoltés depuis 1823 :

FROMENT.

Années.	Hectares.	Hectolitres.	Hectolitres à l'hectare.
1823..............................	61.000	496.500	8,00
1852..............................	89.000	1.045.750	11,75
1862..............................	91.794	1.297.685	13,60
1866..............................	85.594	1.283.910	15,00
1870..............................	95.300	1.330.000	14,00
1878..............................	81.899	1.449.357	15,77
1882..............................	103.726	1.820.391	17,55

Dans sa remarquable conférence au Congrès de la meunerie, tenu du 18 septembre au 20 septembre 1888, M. Grandeau a démontré qu'en France, pays importateur de froment, on pourrait, avec un léger effort, devenir pays exportateur; il suffirait pour cela de choisir de bonnes semences et de compléter les fumures par des engrais chimiques.

De 1881 à 1888, a-t-il dit, la production a atteint 15 hectolitres 77 par hectare; il faudrait pour les besoins actuels du pays un rendement moyen de 17 hectolitres 1, correspondant à une récolte de 120 millions d'hectolitres; cette production devrait être portée à 150 millions d'hectolitres, soit 21 hectolitres à l'hectare, pour que tous les travailleurs des villes et des campagnes puissent manger du pain de froment; et si la récolte atteignait un rendement moyen de 25 hectolitres par hectare, la France pourrait alors approvisionner l'Angleterre, dont la production moyenne vient de tomber de 29 à 27 hectolitres et semble en déclin.

AVOINE

L'avoine est, après le froment, la céréale de beaucoup la plus importante qui soit cultivée en France. Elle occupe presque le quart de l'étendue des céréales et 6,83 p. 100 du territoire total. Sa production correspond à 171 hectolitres 80 de grains par 100 hectares du territoire. Sa valeur, grain et paille, d'après l'enquête agricole de 1882, s'est élevée à près d'un milliard de francs.

La distribution géographique de cette culture est à peu près la même que celle du froment, avec cette différence toutefois que l'avoine, convenant plus aux régions froides et redoutant plus que le froment la sécheresse, disparaît à peu près dans les départements méridionaux pour se concentrer et se développer dans le Centre et surtout dans l'Ouest.

L'avoine est aussi, dans le Cher, la céréale après le froment dont la culture est la plus étendue.

D'après la statistique de Butet, on comptait dans le Cher, en 1823, 38 000 hectares ensemencés en avoine, produisant 335 000 hectolitres, soit 8 hectolitres 90 par hectare.

Voici par arrondissement la quantité d'hectares ensemencés :

Bourges..	14.000 hectares.
Sancerre..	10.000 —
Saint-Amand	14.000 —
	38.000 hectares.

Chaque arrondissement semait 1 hectolitre et demi à l'hectare. Sancerre récoltait 9 hectolitres, Bourges 8 hectolitres 1/2, Saint-Amand 9 hectolitres 1/2.

Les trois arrondissements avaient la production moyenne ci-après :

Bourges	112.000 hectolitres.
Sancerre..	90.000 —
Saint-Amand	133.000 —
Production totale..........................	335.000 hectolitres.
Semence déduite..........................	57.000 —
Reste.............................	278.000 hectolitres.

La quantité employée pour la nourriture des animaux était de 237 600 hectolitres. Il restait pour l'exportation 40 400, au prix moyen de 5 francs l'hectolitre.

Le montant total de l'exportation était de 202 000 francs

En 1836, dans l'état approximatif des recettes ou exportations du département du Cher, il est dit que le département produit de 3 à 400 000 hectolitres d'avoine. On fait observer que l'humidité ou la sécheresse de la fin du printemps augmente ou diminue considérablement la récolte de ce grain. On estimait que cette récolte serait tellement médiocre en 1836 que l'exportation serait nulle [1].

En 1840, nous voyons que la quantité d'avoine ensemencée est plus grande de 8000 hectares 995 ares 57. C'est dans l'arrondissement de Bourges que l'ensemencement s'est surtout élevé : de 14 000 hectares on est monté à 20 499,34 ; les arrondissements de Bourges, Sancerre et Saint-Amand ont un léger abaissement.

Le tableau suivant fait connaître la production de l'avoine en 1840.

1. T. II, *Bulletins de la Société d'agriculture du Cher.*

ARRONDISSEMENTS	SUPERFICIE CULTIVÉE	SEMENCE A L'HECTARE	RENDEMENT A L'HECTARE	PRODUCTION TOTALE	VALEUR	
					MOYENNE A L'HECTARE	TOTALE
	Hectares.	Hectolitres.	Hectolitres.	Hectolitres.	Fr. C.	Francs.
Bourges..........	20.499.34	1,88	12,75	261.437	6,20	1.620.909
Sancerre..........	13.386.58	1,92	11,65	155.900	6,00	935.400
Saint-Amand.......	13.109.65	2,15	15,31	200.717	6,15	1.234.410
Totaux et moyennes.	46.995.57	1,96	13,15	618.054	6,13	3.790.719

La quantité de semence est devenue plus grande dans chaque arrondissement et la quantité moyenne, au lieu d'être 1 hectolitre 1/2, est devenue 1 hectolitre 96. Le produit moyen à l'hectare a sensiblement monté de plusieurs hectolitres dans chaque arrondissement, et de 8 hectolitres à 9 hectolitres 1/2 il est arrivé à 13 hectolitres 15. Le prix de 1 hectolitre, qui était de 5 francs, est monté à 6 fr. 15.

Douze ans plus tard, en 1852, l'augmentation est encore beaucoup plus sensible :

ARRONDISSE-MENTS	SUPERFICIE CULTIVÉE		RENDEMENT A L'HECTARE		PRODUCTION TOTALE		VALEUR			
	Hectares.	Semence à l'hectare.	Grain.	Paille.	Grain.	Paille.	MOYENNE		TOTALE	
							Grain.	Paille.	Grain.	Paille.
		Hectolitres.	Hectolit.	Quint.	Hectolit.	Quintal.	Fr. C.	Fr. C.	Francs.	Francs.
Bourges.....	25.649	1,94	13,72	7,58	351.904	194.419	4,54	2,01	1.597.644	390.782
Sancerre	18.624	1,95	13,10	6,13	243.974	114.165	4,87	2,41	1.188.153	275.138
Saint-Amand.	17.949	2,24	16,13	9,59	289.517	172.131	4,86	1,65	1.407.053	284.016
Totaux et moyennes.	62.222	2,04	14,23	7,73	885.395	480.715	4,74	1,98	4.192.850	949.936

La quantité d'hectares ensemencés monte de 46 995,57 à 62 222, la production à l'hectare a gagné 1 hectolitre, le prix a baissé de plus d'un franc.

En 1862, la quantité d'hectares ensemencés est encore augmentée de 2000 hectares, la production moyenne à l'hectare atteint le chiffre de 18 hectolitres 37, le prix a presque doublé.

Gallicher a publié en 1862 des notes et renseignements pour servir à la statistique agricole du département du Cher.

Au lieu de 62 222 hectares en avoine, il n'en compte que 59 027, ainsi répartis :

Bourges.. 24.902 hectares.
Sancerre... 16.386   —
Saint-Amand... 17.739   —
                                                        59.027 hectares.

Il admettait, pour 1862, 62 000 hectares ensemencés et comme production moyenne à l'hectare 15 hectolitres. La production totale était de 930 000 hectolitres : 400,000 hectolitres pour la nourriture des chevaux; 120,000 pour l'ensemencement.

Années.	Hectares.	Hectolitres.	Hectolitres à l'hectare.
1866	63.375	1.040.750	18,00
1870	70.000	1.260.000	18,00
1878 ...., ..	66.100	822.284	12,44
1882	81.804	1.659.253	20,65

D'après la statistique de 1882, le prix de l'hectolitre d'avoine est de 7 fr. 85, ce qui représenterait une valeur de 13 260 633 francs.

C'est là incontestablement un résultat important et qui prouve que la culture de l'avoine a pris une grande extension dans le Cher. L'avoine d'hiver exige surtout des terres saines, elle résiste mal à une humidité abondante et lorsque les terres ne sont pas perméables, il est nécessaire de les disposer en billons. Elle a l'avantage d'être précoce, de mûrir son grain avant les avoines de mars. Quand elle réussit, elle donne un grain gris jaunâtre. Quoique souvent détruite par les gelées dans le Cher, elle a fini par s'y acclimater, aujourd'hui elle résiste mieux, elle donne dans les terres fortes de belles récoltes, surtout dans l'arrondissement de Saint-Amand où elle est principalement cultivée.

Dans tout le pays calcaire, c'est l'avoine noire de Brie qui est cultivée de préférence malgré ses défauts. Elle est tardive et s'égrène facilement. Quand elle est mûre, elle supporte mal les grandes chaleurs, elle est sujette à s'échauder quand elle est cultivée sur des terres un peu légères, mais son grain est très estimé parce qu'il est farineux et qu'il a une écorce peu épaisse; et comme elle est très recherchée à Paris, sa culture a pris du développement dans le Cher qui l'envoie sur la capitale.

Dans les cantons du Sud et sur les terrains siliceux, on voit les avoines grises et les avoines blanches. L'avoine blanche cultivée dans le Cher est surtout l'avoine de Hongrie; elle est tardive, vigoureuse et produit une paille qui est forte et élevée, sa panicule est resserrée et ses épillets retombent tous du même côté. Son grain est moyen, très effilé, légèrement renflé et de qualité secondaire à cause de l'épaisseur de son écorce.

Cette avoine demande un sol riche, une terre argileuse, des étangs desséchés; sur de tels sols elle est très productive et ne s'égrène pas facilement.

Les avoines grises et blanches des cantons Sud sont vendues pour Limoges et Montluçon.

ORGE

L'orge n'est pas beaucoup cultivée dans le Cher. En 1823, la statistique de Butet indique qu'il y a 32 000 hectares ensemencés en orge et marseche, ainsi répartis :

Bourges	14.000 hectares.
Sancerre	8.000 —
Saint-Amand	10.000 —
	32.000 hectares.

On semait 1 hectolitre 1/2 à l'hectare. On récoltait 8 hectolitres à Sancerre et à Saint-Amand et 7 1/2 à Bourges.

Voici quelle était la production :

Bourges	105.000 hectolitres.
Sancerre	64.000 —
Saint-Amand	80.000 —
Production totale...........................	249.000 hectolitres.
Semence déduite........................	48.000 —
Reste pour la consommation et le commerce.	201.000 hectolitres.

158 764 hectolitres étaient employés à la nourriture des habitants, 32 000 pour les bestiaux et les autres usages. Le total de la consommation était de 190 764 hectolitres : restait donc pour l'exportation 10 235 585. Le prix moyen de l'hectolitre était de 6 fr. 60 et le montant de l'exportation s'élevait à 67 664 86 francs.

Butet fait observer que la bière, soit comme boisson rafraîchissante, soit comme boisson de fantaisie, est devenue d'un usage général.

Avant la Révolution, on ne buvait de la bière que dans nos provinces septentrionales et dans les nôtres seulement pendant les chaleurs de l'été ; elle était presque entièrement inconnue des habitants de nos campagnes. Depuis, sa consommation s'est étendue peu à peu, et maintenant il n'est pas de ville qui n'ait sa brasserie, pas de simple bourg où on ne vende de la bière au détail.

Il n'existait autrefois à Bourges qu'une seule brasserie, qui non seulement fournissait à la province entière, mais encore faisait des envois dans les provinces environnantes ; et aujourd'hui que le département du Cher ne se compose que d'un faible démembrement de l'ancien Berry, les trois brasseries qu'il possède sont insuffisantes, et une partie des villes et des bourgs situés sur la lisière du département tirent la bière qu'ils consomment des brasseries existant dans les départements limitrophes.

Cette plus grande consommation de la bière devait nécessairement amener une plus grande culture de l'orge. En effet, en 1840, nous voyons qu'il y a 38 729 hectares 98 ares ensemencés en orge.

ARRONDISSEMENTS	SUPERFICIE CULTIVÉE	QUANTITÉ DE SEMENCE A L'HECTARE	PRODUCTION		VALEUR	
			MOYENNE PAR HECTARE	TOTALE	MOYENNE	TOTALE
	Hect. ares.	Hectolitres.	Hectolitres.	Hectolitres.	Francs.	Francs.
Bourges	18.120,95	1,73	10,16	184.103	8,50	1.564.876
Sancerre	12.123 »	1,93	10,01	121.351	8,00	970.808
Saint-Amand..........	8.486,03	2,13	12,09	102.575	8,50	871.888
Totaux et moyennes...	38.729,98	1,88	10,55	408.029	8,35	3.407.572

Douze ans plus tard, en 1852, la quantité d'hectares ensemencés en orge est moins importante : de 38 729 hectares 98 ares, nous tombons à 25 405 hectares. Voir le tableau ci-après.

ARRONDISSE-MENTS	SUPERFICIE CULTIVÉE	SEMENCE A L'HECTARE	PRODUCTION MOYENNE DE L'HECTARE		PRODUCTION TOTALE		VALEUR MOYENNE		VALEUR TOTALE	
			Grain.	Paille.	Grain.	Paille.	Grain.	Paille.	Grain.	Paille.
	Hectares.	Hectol.	Hectol.	Quint.	Hectol.	Quint.	Hectol.	Quint.	Francs.	Francs.
Bourges	14.055	1,85	10,36	6,69	148.420	94.028	7fr.60	1fr,93	1.127.992	181.474
Sancerre	8.133	1,82	10,11	5,02	82.225	40.828	7 35	2 17	604.354	88.597
Saint-Amand.	3.247	1,96	12,06	7,64	38.797	24.578	7 79	1 31	302.228	32.197
Totaux et moyennes.	25.405	1,88	10,61	6,28	269.442	159.434	7fr,55	1f,89	2.034.574	302.268

Le produit à l'hectare est le même qu'en 1840 et le prix de l'hectolitre légèrement moins élevé.

En 1862, la quantité d'hectares ensemencés est sensiblement la même, mais la production plus élevée.

Orge......| 25,357 | 1,83 | 15,38| 9,14| 389.823 | 231.843 | 9,67 | 3,84 |3.768.387|889.723

Dans sa statistique de 1870, Gallicher donne un chiffre d'ensemencement encore moins élevé, il n'y a plus que 24 000 hectares ensemencés en orge d'hiver et de printemps au lieu de 25 357. Il n'estime le rendement moyen à l'hectare qu'à 14 hectolitres. La production totale est évaluée à 336 000 hectolitres, ainsi répartis :

Semences pour 24 000 hectares...................... 50.000 hectolitres.
Alimentation des hommes et des animaux........... 150.000 —
Reste pour l'exportation................. .... 136 000 —
                                                    _____
                                                    336.000 hectolitres.

La statistique de 1882 ne nous donne plus que 19 749 hectares d'orge. Le produit moyen à l'hectare est de 16 hectolitres 96. La production totale est de 334 943 hectolitres évalués à 3 490 100 francs pour le grain et à 928 709 pour la paille.

La production totale de cette culture est pour un département moyen de 221 339 hectolitres.

On cultive dans le Cher l'orge d'hiver et l'orge d'été. L'orge ne peut être semée en automne que dans des terres perméables et de consistance moyenne. C'est à l'influence d'un climat trop rigoureux qu'il faut attribuer l'insuccès d'un grand nombre de tentatives faites dans le nord-est de l'Allemagne pour cultiver l'orge d'hiver. L'orge de printemps, qui végète sur des terres saines et de consistance moyenne, supporte très bien sans souffrir des froids secs et tardifs.

L'orge est une plante qui se plaît surtout dans les terres argilo-siliceuses, silico-calcaires ou calcaires-argileuses, c'est-à-dire de consistance moyenne. Celles qui lui conviennent le mieux sont celles qui tiennent le milieu entre les terres à seigle et les terres à froment.

L'escourgeon ou orge d'hiver s'accommode plus facilement de terres médiocres ; il réussit très bien sur les terres les plus médiocres de Beauce et aussi dans celles du Cher. Il est important qu'il ne souffre pas d'un excès d'humidité pendant l'automne et l'hiver.

Lorsque l'escourgeon végète sur des terrains à sous-sols peu perméables, l'humidité excessive de la couche arable en détruit beaucoup.

Les débouchés ouverts par le Nord à l'escourgeon ont ramené dans le Cher sa culture longtemps abandonnée ; il est aujourd'hui cultivé avec avantage sur tous les terrains calcaires de la plaine centrale.

Dans son rapport sur la culture de l'orge, M. Tisserand a dit avec beaucoup de raison :

« Les belles orges sont de plus en plus recherchées ; les orges inférieures seules sont délaissées et voient leurs prix s'avilir ; le prix des orges de qualité moyenne est de *70 à 75 pour 100* de celui du froment ; les orges de choix propres à la brasserie atteignent fréquemment, par quintal, *presque le prix du blé*. Comme toutes choses étant égales d'ailleurs (soins, travaux, fumures, etc.), le rendement de l'orge dépasse en moyenne, dans une culture soignée, celui du blé *d'un tiers*, il s'ensuit que cette céréale peut donner aujourd'hui de beaux bénéfices ; aussi avons-nous appelé, dans l'introduction de la statistique de 1882, l'attention des agriculteurs français sur ce point particulier. L'orge est une culture de progrès qu'il importe de développer. Elle permet, en outre, de tirer un excellent parti des terres crayeuses et calcaires.

« Les améliorations à réaliser sont faciles : il faut semer les variétés les plus améliorées ; il faut appliquer au sol les engrais convenables de façon à accroître le rendement et à fournir au commerce les orges ayant les qualités de richesse et de finesse recherchées par la *brasserie*.

« Il faut alors abandonner les semences communes et abâtardies. L'agriculture ne doit jamais perdre de vue que, pas plus que les autres industries, elle ne peut se soustraire aux exigences croissantes du marché. A mesure que le cercle d'approvisionnement augmente de rayon, l'acheteur trouvant sur le marché la marchandise en plus grande abondance, devient plus difficile dans son choix ; il veut, à son tour, que la matière première qu'il achète lui permette d'obtenir plus de produit pour la même quantité de grain, et des produits plus estimés. De là, la nécessité pour l'agriculture moderne, non seulement de produire des quantités de plus en plus grandes, mais de s'attacher à développer la qualité des grains ; car, sur les marchés encombrés, la qualité seule non seulement est recherchée, mais se paye : ainsi, par exemple, le quintal d'orge de brasserie de qualité supérieure se vend toujours aussi facilement de *3 à 5 francs* de plus que la même qualité d'*orge ordinaire* [1].

« De plus, c'est à la qualité que s'attache la réputation d'une denrée, et sur les marchés européens celle-ci sera d'autant plus recherchée et achetée qu'elle sera plus renommée ; c'est ce qui fait que les orges de Bohême, d'Esclavonie et de *Moravie* [2] sont

---

1. Cette année, notamment, les orges de brasserie de Saint-Germain-Lembron se sont vendues à un prix relativement élevé.
2. Cette sorte a bien réussi dans nos divers champs de démonstration.

toujours demandées et obtiennent les cours les plus élevés, et il ne s'en produit jamais assez.

« Ce que les soins, la sélection des semences, la bonne culture, les engrais judicieusement employés ont réalisé en Bohême et en Moravie, nous pouvons l'obtenir en France en procédant des mêmes méthodes, de ces méthodes qui nous ont permis de relever notre production betteravière et nos cultures de froment.

« Le succès de la culture de l'orge est d'autant plus assuré en France que la consommation intérieure prend de plus en plus d'extension par suite de la fabrication de la bière, et le dernier concours de brasserie a démontré que nous pouvons produire des bières qui ne le cèdent en rien aux bières les plus estimées de l'étranger. »

Nous avons à nos portes les plus grands débouchés qui existent. L'Angleterre, pour soutenir sa production annuelle de 45 à 50 millions d'hectolitres de bière, est obligée de demander à l'étranger 7 millions de quintaux d'orge.

L'Allemagne elle-même ne suffit pas à ses besoins : pour 30 à 40 millions d'hectolitres de bière, elle importe annuellement à peu près 5 millions de quintaux métriques d'orge de brasserie.

La Belgique et la Suisse ont elles-mêmes besoin d'orges étrangères : la première en achète au dehors 1 200 000 quintaux ; la deuxième près de 200 000 quintaux.

Pour les régions méridionales, nous avons l'Algérie en état de pourvoir par son évolution normale aux insuffisances des récoltes.

Il appartient à l'État de favoriser ce développement de la culture de l'orge. Déjà l'administration de l'agriculture appelle l'attention des stations agronomiques et des professeurs départementaux sur l'urgence d'étudier et de signaler les variétés d'élite, les fumures à employer et les procédés de culture à préconiser ; elle suscite des recherches par des encouragements et des subsides libéralement donnés aux champs d'expériences et de démonstration. De toutes parts elle stimule le zèle des chercheurs.

Nous approuvons d'autant plus les idées de l'éminent Directeur de l'agriculture que nous avons été le premier à faire tout ce qu'il était possible en France pour augmenter notre débouché sur l'Angleterre. En 1873, j'ai engagé M. Topham Richardson à venir s'établir chez moi à Angerville pour y déterminer une plus grande production de l'orge.

Tout ce qu'on put acheter d'orge aux cultivateurs beaucerons fut passé aux trieurs, expédié sur l'Angleterre, ce qui fit monter le prix de cette céréale de plusieurs francs par sac.

En même temps M. Topham Richardson encourageait la culture de l'orge Chevalier en s'engageant à acheter les récoltes de cette orge à un prix plus élevé que les autres orges, soit 2 francs par sac au moins en plus. Il organisa même des concours et distribua des récompenses aux cultivateurs beaucerons qui obtinrent les meilleurs résultats.

D'Angerville, il alla s'établir à Chartres, où la compagnie des chemins de fer de l'Ouest lui concéda un terrain communiquant avec la gare des marchandises. Cette situation valut une économie importante pour le transport des orges de France en Angleterre.

Le père de M. Topham, M. Gibson Richardson, dans un mémoire lu à la Société centrale d'agriculture de France, le 8 janvier 1873, s'exprimait ainsi au sujet de l'orge qui méritait le mieux d'être cultivée :

« L'espèce d'orge qui a la plus grande réputation chez nous autres Anglais et qui donne le profit le plus satisfaisant aussi bien pour la culture que pour la brasserie, l'orge Chevalier, était, dans l'origine, la production d'un choix de semences fait grain par grain parmi les mieux formés.

« Nos agriculteurs donnent le plus grand soin au choix de leurs semences. Ils cherchent continuellement un changement de sol et de climat. Ils ne s'arrêtent pas au surcroît de prix pour avoir ce qu'ils peuvent trouver de plus parfait, et c'est par ces soins persévérants que nos plus grands et plus intelligents cultivateurs parviennent, dans les pays où le terrain est convenable pour l'orge, à obtenir des résultats qui leur sont en tous points plus profitables que ceux qu'ils feraient en froment sur le même terrain.

« Vous avez en France des terrains qui ne le cèdent en rien à nos meilleures terres, vous avez un climat qui est supérieur au nôtre, vous pouvez faire vos récoltes quelques semaines avant les nôtres, et arriver ainsi sur nos marchés avant que les orges anglaises puissent vous faire concurrence ; vous avez ainsi un débouché prompt, certain et avantageux. Vous avez de l'énergie et de l'intelligence, et la production du sol de la France a toujours été son salut.

« Pour une grande partie de votre territoire, on peut appliquer la remarque qui a été faite autrefois à propos des îles Fortunées : « Chatouillez-les avec une sarclette, elles riront « une récolte. »

« Je vous prie de ne pas vous méprendre sur la demande que je fais à l'agriculture française ; ce n'est pas le moins du monde qu'elle change son ordre de culture, qu'elle sème de l'orge au lieu de froment ou autres plantes, mais seulement que plus ou moins de soins soient donnés à l'orge ensemencée.

« En France, il y a chaque année plus d'un million d'hectares sous orge dont 600 000 dans les départements sont évidemment convenables à cette céréale.

« Je vous ai donné les preuves de l'estime que nos consommateurs font de l'orge française.

« Il m'a semblé que l'orge n'a pas pris le rang qui lui est dû parmi nos récoltes et ce serait pour moi une très grande satisfaction si je puis par mes efforts, si modestes qu'ils soient, ajouter une richesse de plus aux productions déjà si belles d'un pays qui attire et attirera toujours les sympathies et les affections du monde entier. »

Quatre ans plus tard, M. Topham Richardson publiait une note de quelques pages sur l'importance de la culture de l'orge en France dans laquelle on lisait :

« L'Angleterre ne peut produire une quantité d'orge propre au maltage supérieure à celle qu'elle produit à présent. Il en résulte qu'elle est obligée de chercher hors de chez elle le complément de ce qu'il lui faut. Il est à peine nécessaire d'indiquer qu'elle achètera dans le pays qui lui offrira la meilleure orge au meilleur marché, et c'est indubitablement la France qui est destinée à lui fournir la plus grande partie du déficit à combler, surtout lorsqu'il est avéré que l'orge française est, d'après les analyses scientifiques, préférée aux autres orges continentales.

« Nous en trouvons une preuve dans ce fait que, malgré sa récente hausse de prix, l'orge française de première qualité a pu maintenir sa place sur notre marché et a été même préférée par quelques brasseurs à l'orge anglaise lorsque les deux étaient offertes au même prix. Ce fait seul tend à nous démontrer que le point de départ du commerce de France avec l'Angleterre n'est pas seulement déterminé par l'insuffisance de la récolte anglaise, mais parce que l'orge française sera dorénavant employée à cause de sa qualité et tiendra sa place dans la consommation de nos brasseries...

« Tout ce que nous recommandons aux cultivateurs qui sèment de l'orge c'est de se procurer la meilleure semence possible, sans regarder à une petite différence de prix dont la rémunération est certaine.

« L'un des grands avantages résultant de l'emploi de l'orge anglaise au lieu de l'orge française vient surtout de la forme particulière du grain qui obtiendra toujours un bon prix sur nos marchés, fût-il même quelque peu endommagé par un temps défavorable lors de la récolte ; tandis que l'orge française, une fois que sa couleur, sa principale beauté, est endommagée, se trouve dépréciée de 25 pour 100.

« Ce grain bien rond, bien rempli, à peau fine, est absolument nécessaire à nos brasseries anglaises parce qu'ayant à payer l'impôt du malt sur la masse du grain trempé, elles trouvent plus à leur convenance d'avoir la matière contractible contenue dans une forme aussi concentrée que possible. »

SEIGLE

La richesse d'un pays à céréales est, a-t-on dit, en raison inverse de l'étendue cultivée en seigle. Ainsi en Angleterre on ne fait plus de seigle, on n'y produit que du blé.

En France, le seigle n'occupe que 10 p. 100 de la surface cultivée en céréales. Voyons quelle a été l'importance de la culture du seigle dans le Cher depuis le commencement de ce siècle.

D'après la statistique de Butet de 1823, on comptait dans le département du Cher 38 000 hectares ensemencés en seigle, produisant 311 000 hectolitres.

L'arrondissement de Sancerre ensemençait	12.000	hectares.
— de Bourges	12.000	—
— de Saint-Amand	14.000	—
	38.000	hectares.

Chaque arrondissement semait 2 hectolitres à l'hectare. Les arrondissements de Sancerre et de Saint-Amand récoltaient 8 hectolitres et demi ; celui de Bourges, 7 hectolitres et demi. La production approximative par arrondissement était la suivante :

Arrondissement de Sancerre	102.000	hectolitres.
— de Bourges	90.000	—
— de Saint-Amand	119.000	—
Production totale	311.000	hectolitres.
A déduire pour la semence	76.000	—
Reste pour la consommation et le commerce	235.000	hectolitres.

La quantité employée à la nourriture des habitants était de 203 244 hectolitres.

Il n'en était point employé pour les animaux.

Il restait donc pour l'exportation 31 456 hectolitres.

Le prix moyen de l'hectolitre était de 9 fr. 10, ce qui donnait pour l'exportation une valeur de 286 249 fr. 60.

Dans l'état approximatif des récoltes du département du Cher en 1836, il est dit qu'il se récolte annuellement dans le département 300 000 hectolitres de seigle ; la grande majeure partie s'y consomme.

Le seigle fait avec l'orge, dont la récolte est insuffisante pour la consommation, la base de la nourriture de la campagne avec la partie inférieure du froment. S'il s'en exporte du côté de la Nièvre, il s'en importe du côté de l'Indre. Les terres à seigle de la Sologne en produisent peu et il s'y en consomme une certaine quantité provenant des autres parties du département.

En 1840, nous voyons, d'après la statistique de cette époque comparativement à celle de 1823, que la quantité d'hectares ensemencés en seigle a diminué; au lieu de 38 000 hectares, elle n'est plus que de 30 575 hectares 96.

ARRONDISSEMENTS	SUPERFICIE CULTIVÉE	SEMENCE A L'HECTARE	PRODUCTION		VALEUR	
			MOYENNE	TOTALE	MOYENNE DE L'HECTOLITRE	TOTALE
	Hect. are.	Hectolitres.	Hectolitres.	Hectolitres.	Francs.	Francs.
Bourges	5.847,36	1,89	10,82	63.289	10,40	658.206
Sancerre	7.534,50	1,03	8,84	66.646	11 »	733.106
Saint-Amand	17.194,10	2,40	9,59	164.865	10,80	1.780.542
Totaux et moyennes.	30.575,96	2,11	9,64	294.800	10,75	3.171.854

La statistique de 1852 nous donne les résultats suivants.

Il y a une diminution de plus de moitié sur le nombre d'hectares ensemencés en 1852. Au lieu de 30 575 hectares, il n'y en a plus que 19 205.

ARRONDISSE-MENTS	SUPERFICIE CULTIVÉE	QUANTITÉ DE SEMENCE A L'HECTARE	PRODUCTION MOYENNE A L'HECTARE		PRODUCTION TOTALE		VALEUR MOYENNE		VALEUR TOTALE	
			Grain.	Paille.	Grain.	Paille.	De l'hect. de grain.	Du quint. de paille.	Grain.	Paille.
	Hect.	Hectol.	Hectol.	Quintal.	Hectol.	Quintal.	Francs.	Francs.	Francs.	Francs.
Bourges	5.883	1,63	10,22	15,27	60.125	89.834	10.00	2,70	601.250	242.552.
Sancerre	4.281	1,74	9,05	12,96	38.743	55.482	10,02	3,04	388.205	168.665
Saint-Amand .	9.041	1,94	11,14	13,80	100.717	124.766	9 53	2,22	959.833	276.931
Totaux et moyennes.	19.205	1,76	10,39	14,06	199.585	270.082	9fr,77	2fr,55	1.949.288	688.498f.

En 1862, la statistique constate une nouvelle diminution dans l'ensemencement :

Seigle. . . . |16.511 | 1,80 | 13,05 | 14,63 |215.620 |241.607 | 12,73 | 5,77 |2.744.530 |4.395.188

En 1866, 15 000 hectares produisent 13 hectolitres à l'hectare.

En 1870, Gallicher dit que le seigle a presque complètement disparu des cultures du Cher, qu'on ne le sème plus guère que pour la paille devant servir à lier les gerbes; toutefois, ajoute-t-il, son emploi pour la distillation et l'écoulement qu'il a depuis quelques années vers le Nord l'ont fait semer dans une proportion plus forte. C'est sans doute pourquoi nous trouvons en 1878 un peu plus grand nombre d'hectares ensemencés en seigle, soit 17 123 hectares, produisant 265 748 hectolitres, avec une moyenne de 15 hectolitres 52 à l'hectare.

D'après la statistique de 1882, le seigle n'occupe que 10 pour 100 de la surface cultivée en céréales, 6,7 pour 100 de la surface du territoire des terres labourables, 3, 3 pour 100 de la superficie totale du territoire.

Dans le département du Cher, on trouve 16 751 hectares ensemencés en seigle, rendement : 16 hectolitres 76 à l'hectare ; 22 quintaux 81 de paille, formant un total de 280 747 hectolitres de grain, et 382 090 quintaux de paille.

Le poids moyen de l'hectolitre de grain était de 72 kilogrammes. Le prix moyen de l'hectolitre était de 11 fr. 75 ; celui du quintal de paille, 4 fr. 85. La production totale donnait une valeur totale : en grain, de 3 298 774 francs ; en paille, de 1 853 138 francs.

Le rendement moyen par hectare était, année moyenne, de 14 hectolitres 79 de grain et 19 quintaux de paille.

L'exportation allait en diminuant : 357 514 quintaux en 1885 contre 267 614 en 1886 et 159 216 en 1887.

D'autre part, l'importation grossissait énormément. En 1887, nous importions 164 980 quintaux contre 9 000 en 1886. Ce mouvement s'est continué en 1888, mais il a été arrêté en 1889 par la promulgation de la loi du 16 avril qui, frappant d'un droit de cinq francs le quintal de farine de seigle a eu pour effet de restreindre ce mouvement ascendant.

Le seigle se plaît surtout dans les terres légères, sablonneuses, granitiques et schisteuses; il vient également sur les terres crayeuses et les sols volcaniques pauvres; et, mieux que le froment, il s'accommode des terres acides, des terres de lande, des sols de bruyère, et des terrains tourbeux.

En général on le cultive sur les terres qui sont trop légères ou trop peu profondes pour être ensemencées en froment. Tous ces terrains sont désignés sous le nom de terre à seigle ou ségalas.

MÉTEIL

Le méteil (mélange de froment et de seigle en quantité à peu près égale) est encore moins cultivé en France que le seigle. La surface qui lui est attribuée se restreint de plus en plus comme celle du seigle, à mesure que les terres s'améliorent pour une culture mieux entendue et plus productive en froment.

Voici depuis un siècle quelle a été la production du méteil dans le département du Cher. La statistique de Butel en 1823 nous indique l'ensemencement en méteil :

Arrondissement de Sancerre......................	3.000	hectares.
— Bourges........................	5.000	—
— Saint-Amand.....................	6.000	—
	14.000	hectares.

La quantité de semence à l'hectare était de 2 hectolitres dans chaque arrondissement.

Le produit à l'hectare était de 8 hectolitres et demi dans l'arrondissement de Sancerre et dans celui de Saint-Amand, de 7 hectolitres et demi dans l'arrondissement de Bourges.

La production totale était de 114 000 hectolitres ainsi répartis :

Arrondissement de Sancerre	23.500 hectolitres.
— Bourges.....................	37.500 —
— Saint-Amand	51.000 —
	114.000 hectolitres.
A déduire pour la semence.....................	28.000 hectolitres.
Reste pour consommation et commerce......	86.000 hectolitres.

La proportion dans laquelle le méteil entrait pour la nourriture des habitants est de 19 pour 200.

La quantité employée à la nourriture des habitants était de 77 346 hectolitres.

Il restait pour l'exportation 8 653 hectolitres.

Le prix moyen de l'hectolitre : 11 fr. 50.

Le montant de l'exportation était de 99 511 francs.

La statistique de 1840 n'accuse plus que 7 671 hectares ensemencés en méteil, ainsi répartis :

ARRONDISSEMENTS	SUPERFICIE CULTIVÉE	SEMENCE A L'HECTARE	PRODUCTION MOYENNE A L'HECTARE	PRODUCTION TOTALE	VALEUR MOYENNE DE L'HECTOLITRE	VALEUR TOTALE
	Hectares.	Hectol.	Hectolitres.	Hectolitres.	Francs.	Francs.
Bourges	3.071,56	1,93	11,54	35.439	11,85	419.952
Sancerre	3.788 »	1,90	11,75	44.498	12 »	533.976
Saint-Amand	812,10	1,72	9,38	7.614	11,60	88.322
Totaux et moyennes.	7.671,66	1,89	11,41	87.531	11,90	1.042.250

La statistique de 1852 constate qu'il n'y a plus que 2 173 hectares cultivés en seigle ainsi répartis :

ARRONDISSE-MENTS	SUPERFICIE CULTIVÉE	QUANTITÉ DE SEMENCE A L'HECTARE	PRODUCTION MOYENNE A L'HECTARE		PRODUCTION TOTALE		VALEUR MOYENNE		VALEUR TOTALE	
			Grain.	Paille.	Grain.	Paille.	Grain.	Paille.	Grain.	Paille.
	Hectares.	Hectol.	Hectol.	Quint.	Hectol.	Quint.	Hectol.	Quint.	Francs.	Francs.
Bourges	1.317	1,76	10,49	11,72	13.815	15.435	10fr,65	2fr,40	147.130.	37.044.
Sancerre	789	1,85	10,68	9,46	8.427	7.464	11 63	2 32	98.006	17.316
Saint-Amand.	67	1,97	15,52	13,87	1.040	929	11 42	1 70	11.877	1.579
Totaux et moyennes.	2.173	1,86	10,73	10,97	23.282	23.828	11fr,04	2fr,35	257.013.	55.939.

La statistique de 1862 accuse une nouvelle diminution, il n'y a plus que 1 970 hectares ensemencés en méteil.

Méteil....| 1.970 | 1,75 | 14,09| 12,62| 27.758| 24.960| 14,89| 4,37 | 413.468 | 113.215

En 1866, nous trouvons 2 070 hectares ensemencés en méteil.

En 1870, 2 000 hectares.

En 1878, 1 417 hectares ensemencés en méteil donnent 20 637 hectolitres, soit 14 hectolitres 56 à l'hectare.

En 1882, 2 409 hectares ensemencés en méteil donnent 38 183 hectolitres, soit 15 hectolitres à l'hectare.

Le Cher est un des départements qui produisent le moins de méteil.

En 1882, le poids moyen de l'hectolitre était de 73 kilogr. 45.

Le prix était de 14 fr. 54 l'hectolitre de grain, et de 4 fr. 60 le quintal de paille.

On a été amené à produire du méteil parce qu'on a remarqué que, dans les prés naturels et dans les forêts, les espèces végétales ont tendance à croître et à se multiplier plutôt en mélange qu'isolées. De même l'expérience a prouvé que plusieurs de nos plantes agricoles ont, lorsqu'on les sème deux à deux, plus de force et présentent ensuite plus d'épaisseur que si on les cultive séparément; que, dès lors, certaines associations permettent de tirer du sol des récoltes particulièrement abondantes. Le méteil est un de ces mélanges les plus usités.

Des cultivateurs ont souvent observé que, sur des terrains médiocres, le froment associé au seigle est sensiblement plus vigoureux que lorsqu'il se trouve pur; aussi toutes les fois que la fertilité n'est pas assez grande pour assurer la beauté du froment cultivé seul, il faut nécessairement préférer un semis de méteil. Le grain produit par cette récolte se vend facilement à un cours intermédiaire entre le prix des deux céréales. Le pain qu'il procure est un peu moins blanc, mais plus savoureux et moins prompt à dessécher que celui du blé pur. Nous ne croyons pas qu'on puisse adopter sans réserve les idées qui ont cours sur tous les avantages du méteil, car il ne faut pas oublier que ces deux grains ne mûrissent pas ensemble. Le seigle mûrit quinze jours avant le blé.

SARRASIN

Le sarrasin, comme le seigle, est une culture des terres pauvres et l'indice d'une culture peu avancée. Il n'occupe que 2,6 pour 100 des terres labourables.

Dans les départements comme la Corrèze, la Creuse et autres, il sert à la nourriture de l'homme, il est une ressource pour les abeilles. Il peut être employé partout en culture dérobée après toute récolte dont le champ se trouve dépouillé en juin ou juillet, après le seigle et l'escourgeon.

Voici depuis le commencement de ce siècle la production du sarrasin dans le Cher.

En 1823, Butet déclare qu'il y a 7 000 hectares en sarrasin, ainsi répartis :

Arrondissement de Sancerre....................... 3.000 hectares.
　　　　—　　　　Bourges......................... 3.000　　—
　　　　—　　　　Saint-Amand.................... 1.000　　—
　　　　　　　　　　　　　　　　　　　　　　　　 7.000 hectares

La quantité de semence employée à l'hectare dans les trois arrondissements est de 1 hectolitre et demi.

Le produit est de 8 hectolitres à l'hectare.

La production par arrondissement est :

Sancerre	24.000 hectolitres.
Bourges	24.000 —
Saint-Amand	8.000 —
Production totale..........................	56.000 hectolitres.
A déduire pour les semences.................	10.500 —
Reste pour la consommation et le commerce...	45.500 hectolitres.

La quantité employée pour la nourriture des habitants est de 32 867 hectolitres; pour les animaux, 10 932.

La consommation totale est de 43 800 hectolitres.

Reste pour l'exportation : 2 000 hectolitres.

Le prix moyen de l'hectolitre était de 5 francs.

L'exportation s'élevait à 10 000 francs.

La statistique de 1840 nous déclare 4 239 hect. 43 ensemencés en sarrasin.

ARRONDISSEMENTS	SUPERFICIE CULTIVÉE	SEMENCE A L'HECTARE	PRODUCTION		VALEUR	
			MOYENNE A L'HECTARE	TOTALE	MOYENNE DE L'HECTOLITRE	TOTALE
	Hect. ares.	Hectolitres.	Hectolitres.	Hectolitres.	Fr. C.	Francs.
Bourges	1.726,43	0,98	6,21	10.719	5,79	63.242
Sancerre	1.945 »	0,83	6,67	12.978	5,50	71.379
Saint-Amand	568	0,77	13,75	7.812	6,15	48.044
Totaux et moyennes.	4.239,43	0,88	7,43	31.509	5,80	182.665

La statistique de 1852 nous donne 4 443 hectares ensemencés en sarrasin et répartis ainsi qu'il suit :

ARRONDISSE-MENTS	SUPERFICIE CULTIVÉE	QUANTITÉ DE SEMENCE A L'HECTARE	PRODUCTION MOYENNE A L'HECTARE		PRODUCTION TOTALE		VALEUR MOYENNE		VALEUR TOTALE	
			Grain.	Paille.	Grain.	Paille.	Grain.	Paille.	Grain.	Paille.
	Hectares.	Hectol.	Hectol.	Quint.	Hectol.	Quint.	Hectol.	Quint.	Francs.	Francs.
Bourges	1.752	0,93	7,32	4,01	12.825	7.026	5fr,27	0fr,61	67.588	4.286
Sancerre.....	2.283	0,74	7,47	6,12	17.054	13.972	5 09	0 50	85.423	6.986
Saint-Amand.	378	0,74	9,95	6,14	3.761	2.321	5 46	0 53	20.535	1.230
Totaux et moyennes.	4.413	0,80	7,62	5,28	33.640	23.319	5fr,16	0fr,54	173.546	12.502

La statistique de 1862 n'accuse plus que 3 906 hectares en sarrasin.

Sarrasin...| 3.906 | 0,76 |18,47 | 0,23 | 72.151| 24.344| 8,30 | 1,06 | 599.267 |25.911

Dans une autre statistique de 1862, la culture du sarrasin emploie 4 413 hectares, ainsi répartis :

Arrondissement de Bourges	1.752 hectares.
— de Saint-Amand	378 —
— de Sancerre	2.283 —
	4,413 hectares.

La quantité de semence employée par hectare est de 80 litres. Le produit moyen par hectare est de 7 hectolitres 62 ; en paille, 5 quintaux 28 kilos.

La quantité totale produite dans une année ordinaire est de 36 055 hectolitres en grain, et en paille de 22 988 quintaux.

Le prix moyen d'un hectolitre est de 5 fr. 16.

La valeur totale de la production est de 173 546 francs en grain et de 12 502 francs pour la paille. Pour les deux : 186,048 francs.

En 1866	5.200 hectares.	20	hectolitres à l'hectare.
1870	4.000 —	14	—
1878	5.002 —	16,52	—
1882	5.755 —	15,83	—

En 1882, la récolte totale s'élève à 91 102 hectolitres de grain ; celle de la paille à 71 737 quintaux.

Le poids moyen de l'hectolitre de sarrasin est de 64 kilogrammes.

Le prix moyen est de 8 fr. 66 l'hectolitre ; celui du quintal de paille, 1 fr. 60.

La valeur totale de la récolte s'élève : en grain à 788 943 francs ; en paille, à 115 099 francs.

Pour une année moyenne, le rendement en grain est de 14 hectol. 76, et en paille de 9 quintaux 66.

On a parfois conseillé pour double récolte dérobée un semis mêlé de sarrasin et de navets. La céréale enlevée, le navet grossit pour être lui-même consommé à l'automne et pendant l'hiver. On ne met dans ce cas que demi-semence tant de sarrasin que de navet.

C'est surtout dans la Sologne du Cher que cette plante est récoltée. Ce produit est consommé sur place.

Nous recommandons aux cultivateurs du Cher l'emploi du sarrasin de Tartarie comme engrais vert. On peut, dans ce cas, le semer jusqu'au mois d'août, par conséquent après la moisson des blés. Il n'existe pas d'engrais végétal plus économique.

MAÏS

Le maïs a été jusqu'ici peu cultivé dans le Cher. C'est seulement dans l'enquête de 1862 que nous trouvons quelques traces de culture de cette plante dans l'arrondissement de Saint-Amand : on y cultivait 4 hectares. On semait 50 litres à l'hectare; la récolte était de 25 hectolitres à l'hectare; elle donnait 2 quintaux 50 de paille. La valeur était de 12 fr. 50 l'hectolitre.

En 1870, Gallicher constate qu'il ne fait qu'apparaître. Il n'est guère employé que comme fourrage vert. Cependant, ajoute-t-il, presque toutes les variétés y mûrissent parfaitement leur grain.

Dans l'*Annuaire statistique de la France* en 1878, on trouve dans le Cher 56 hectares ensemencés en maïs et millet.

L'enquête décennale de 1882 nous donne des renseignements distincts et plus complets.

On constate que 173 hectares donnent en moyenne 12 hectolitres par hectare et 10 quintaux de paille.

Le rendement total en grain s'élève à 2 076 hectolitres; celui de la paille à 1 730 hectolitres.

Le poids moyen de l'hectolitre de grain est de 69 kilogrammes.

L'hectolitre de grain vaut 9 fr. 55; le quintal de paille, 4 fr. 50.

Valeur totale en grain : 19 826 francs; valeur totale en paille : 7 785 francs.

Le rendement d'une année moyenne est de 10 hectolitres de grain et de 8 quintaux de paille.

On voit avec satisfaction que la culture du maïs s'est développée dans le département du Cher.

Toutes les terres à froment (sols argilo-siliceux, argilo-calcaires, profonds et frais) sont celles qui lui conviennent le mieux. Les terres calcaires lui sont très favorables. C'est une plante exigeante qui ne réussit bien que sur les terres appartenant à la période céréale.

MALADIES DES CÉRÉALES

Lors de l'enquête agricole, les cultivateurs du Cher se sont plaints des ravages de l'alucite qui, à maintes reprises, a fait de sérieux ravages dans les moissons, ainsi qu'on peut s'en convaincre dans les *Bulletins* de la Société d'agriculture du Cher. Nous avons, dans notre ouvrage sur les insectes nuisibles à l'agriculture, consacré un chapitre spécial à ce lépidoptère, et nous avons indiqué les moyens de le combattre. On les trouvera également dans les Bulletins de la Société d'agriculture du Cher; nous y renvoyons le lecteur pour insister sur la rouille des blés qui, depuis quelques années, cause des pertes sérieuses à l'agriculture. Cette maladie a été le sujet d'un travail très consciencieux de la part de M. Paszkiewicz, vice-président de la Société d'agriculture du Cher; qui a été lu dans les séances des 12 janvier et 13 février 1883. Au début de cette communication, M. le Vice-Président a déclaré que la rouille sévit depuis quelques années dans le département du Cher avec une telle violence qu'elle est devenue un véritable fléau. Ce n'est du reste pas seulement dans le Cher, mais en Seine-et-Marne et en Seine-et-Oise, etc., que cette maladie s'est montrée avec intensité depuis plusieurs années. La Société nationale d'agriculture a été saisie de cette question, et, dans les séances des 6 et 31 août 1887, M. Maxime Cornu a entretenu ses collègues du champignon, *Uredo linearis*, qui caractérise la rouille. Voici résumés, d'après M. Cornu, les symptômes et l'évolution de la rouille :

Il y a d'abord la rouille rouge, *Uredo linearis*, caractérisée par un champignon à filaments ténus, renflés en massue, avec spores ovoïdes dont le contenu est couleur orangée.

Au bout d'un certain temps, on voit des spores plus foncées, nées sur le même mycélium sans être parasites de ce mycélium. A mesure que la petite tache devient plus âgée, les spores se disséminent; de nouvelles naissent à côté des premières, et on les voit souvent revêtir en même temps une teinte de plus en plus foncée. Le microscope montre que ce changement de teinte est dû à la formation d'une seconde forme de spores véritablement nées sur le même mycélium sans être parasites sur ce mycélium. Elles sont foncées brunes, presque noires, ovales allongées, munies d'un pied assez long et partagées en deux par une cloison. La membrane est épaisse et brune; mais cette fructification est tardive, généralement bien plus rare, relativement; parfois elle se rencontre toute seule sans être accompagnée de l'*Uredo* rouge. Pour la voir, il faut souvent attendre l'arrière-saison et observer les organes atteints les premiers.

On avait désigné autrefois cette forme sous le nom de rouille noire (par opposition à la rouille rouge); on lui avait donné un nom spécial : *Puccinia graminis*.

On croyait que c'était une forme distincte d'uredinée. La preuve du contraire a été faite par l'ensemencement de l'*Uredo linearis* seul et très pur et qui, finalement, a reproduit la spore noire. La *rouille noire* est donc la forme ultime de la rouille rouge.

Les spores de l'*Uredo linearis*, rouille rouge, germent aisément dans l'eau en émettant un filament, germe qui pénètre sans perforation dans les stomates des feuilles et des tiges du blé.

Après 10 à 20 jours, apparaît une tache orangée d'*Uredo* semblable à celle qui lui a donné naissance. On en conclut qu'avec le temps humide, les pluies prolongées au printemps, la propagation est très active.

Les spores nées de l'*Uredo linearis* ne germent qu'au retour du printemps ou même après plusieurs années. Cette germination se retrouve dans le développement des ustilaginées ou charbons. Ces spores ne pénètrent pas dans les feuilles du blé et par conséquent ne les contaminent pas. Mais ses germes perforent l'épiderme des feuilles de l'épine-vinette et, après 15 à 20 jours, donnent une autre forme d'uredinée, l'*OEcidium Berberidis*. Les spores de cet *OEcidium* ne contaminent point l'épine-vinette, mais semées sur le blé et diverses graminées, elles déterminent la rouille rouge.

Nous empruntons au travail de M. le Vice-Président de la Société d'agriculture du Cher les considérations suivantes sur les causes de la rouille, et sur les moyens de l'éviter.

1° Un air humide est nécessaire au développement du cryptogame, et si cet état hygrométrique de l'air coïncide avec un refroidissement tel qu'il s'en produit souvent dans le mois de juin, à la suite de puissants orages consécutifs, les ravages de la maladie sont toujours beaucoup plus considérables.

2° La présence de l'épine-vinette, diverses espèces de chardons, plusieurs graminées, entre autres le chiendent (*Triticum repens*), les ronces, le buis lorsqu'il croît dans des terrains humides, peut-être aussi certains arbres forestiers, parmi lesquels il est probable qu'on pourrait ranger l'érable champêtre.

La destruction de l'une des plantes incriminées ne peut donc pas produire tout l'effet que trop souvent on a cru pouvoir en attendre; il est certain cependant, dit M. Paszkiewicz, que quand, par une culture soignée, le sol est purgé des diverses plantes nuisibles qu'il produit naturellement, on diminue dans une certaine mesure une des causes premières de la maladie.

D'autre part, il est très important d'avoir des blés vigoureusement constitués lors de l'époque à laquelle l'apparition de la rouille est le plus à craindre et la nécessité d'une bonne culture du sol ne pourra être mise en doute par personne. Un certain nombre d'observations tendent à prouver que les blés sur trèfle sont souvent plus fortement atteints que les autres. Cela tient sans doute à ce que ces blés ont le plus souvent une végétation plus tardive et plus prolongée et qu'ils se trouvent par conséquent, lors de l'apparition de la rouille, en pleine sève, c'est-à-dire dans les conditions les plus favorables au développement du parasite.

Les labours tardifs sont à éviter; le plombage du sol au contraire peut faciliter notablement la résistance à la rouille.

Les sols argileux et tourbeux sont ceux où la maladie fait les plus grands ravages; ils doivent être le moins souvent possible ensemencés en blé.

Quant aux variétés de blé, il importe de donner la préférence aux variétés hâtives et robustes, possédant une paille ferme et résistante et dont les feuilles, plutôt étroites que larges, présentent un parenchyme peu étendu et peu spongieux.

L'emploi des phosphates ou des superphosphates dans les terres sujettes à la rouille est vivement recommandé par M. le Vice-Président de la Société d'agriculture du Cher.

PLANTES LÉGUMINEUSES, POTAGÈRES ET POMMES DE TERRE

Les grains alimentaires, dit M. Tisserand, autres que les céréales, appartiennent pour la plupart à la famille des légumineuses; ce sont les fèves et les féveroles, les haricots, les pois, les lentilles, les vesces, les lentillons et autres. Ces grains, ordinairement désignés sous le nom de légumes secs dans le commerce, sont cultivés à la charrue pour la plus grande masse et servent soit à l'alimentation de l'homme (haricots, pois et lentilles), soit à l'entretien des animaux (vesces, lentillons et féveroles, etc.). Dans les jardins potagers et maraîchers on ne cultive guère ces mêmes plantes que pour leurs produits à l'état vert; tels sont les petits pois, les fèves et les haricots verts. Mais, indépendamment de ces produits, la culture potagère et maraîchère fournit à l'alimentation les denrées les plus variées.

La superficie consacrée à la production des grains formés par les plantes légumineuses est en France de 344 000 hectares en nombre rond, lesquels ont fourni des produits évalués à 147 570 264 francs.

La surface des jardins potagers et maraîchers est de 429 701 hectares, qui fournissent annuellement pour près d'un milliard de produits. En ce qui concerne le département du Cher, si nous consultons les renseignements fournis par les statistiques officielles et d'abord celle de 1840, voici les chiffres de production :

ARRONDISSEMENTS	SUPERFICIE CULTIVÉE	QUANTITÉ DE SEMENCE PAR HECTARE	PRODUCTION		VALEUR	
			MOYENNE PAR HECTARE	TOTALE	MOYENNE DE L'HECTOLITRE	TOTALE
Légumes secs.						
	Hectares.	Hectolitres.	Hectolitres.	Hectolitres.	Francs.	Francs.
Bourges.............	1.027,68	1,85	12,39	12.728	15 »	190.920
Sancerre...........	272,07	1,70	11,29	3.070	15 »	46.050
Saint-Amand.........	437 »	2,51	18.90	8.258	15 »	123.870
Totaux et moyennes...	1.736,75	2 »	13,85	24.056	15 »	360.840
Pommes de terre.						
Bourges.............	1.686,05	8,40	64,85	109.343	2,35	256.956
Sancerre...........	1.286,88	12,60	85,36	109.849	1,95	244.206
Saint-Amand.........	2.815,54	8,59	58,09	163.557	1,75	286.225
Totaux et moyennes...	5.788,47	9,42	66,13	382.749	1,90	757.387

Statistique de 1852.

ARRONDISSEMENTS	SUPERFICIE ENSEMENCÉE	QUANTITÉ DE SEMENCE PAR HECTARE	PRODUCTION		VALEUR	
			MOYENNE PAR HECTARE	TOTALE	MOYENNE DE L'HECTOLITRE	TOTALE
Légumes secs (haricots, pois, lentilles, etc.).						
	Hectares.	Hectolitres.	Hectolitres.	Hectolitres.	Francs.	Francs.
Bourges.............	1.746	—	11,85	20.688	14,38	297.493
Saint-Amand.........	503	—	12,60	6.338	14,75	93.519
Sancerre.............	596	—	13,84	8.249	14 »	115.480
Totaux et moyennes...	2.845	—	12,40	35.275	14,36	506.498
Pommes de terre.						
Bourges.............	1.510	19 »	107,06	161.669	2,63	425.194
Saint-Amand.........	964	16,27	83,77	80.658	2,72	220.955
Sancerre.............	1.584	15,95	99,73	157.975	2,15	339.309
Totaux et moyennes...	4.058	17,07	98,64	400.302	2,46	985.458

A. Légumes secs.

En 1862, Frémont dit que 2 845 hectares sont employés à la culture des légumes secs, haricots, pois, vesces, lentilles, etc., répartis ainsi :

Arrondissement de Bourges	1.746 hectares.	
— de Saint-Amand	596	—
— de Sancerre	503	—

Le produit moyen par hectare est de 12 hectolitres 40 litres. La quantité totale produite dans une année ordinaire est de 36 427 hectolitres, représentant une valeur (année ordinaire) de 522 884 francs.

En 1870, M. Heuzé (prime d'honneur du Cher) estime qu'il y a 2 599 hectares de légumes secs, ainsi décomposés :

2 014 hectares de haricots, 17 hectares de fèves, 8 hectares de lentilles, 555 hectares de pois.

En 1882, les légumes secs comptaient, dans le Cher, 1 763 hectares, se décomposant ainsi : 20 hectares en fèves et féveroles, 1 541 en haricots, 198 en pois et 4 en lentilles.

La statistique générale constate par la comparaison des relevés de 1882 avec ceux des enquêtes antérieures que la culture potagère et maraîchère a réalisé de grands progrès pendant les vingt dernières années. Ces progrès sont attribués principalement aux voies de communication qui ont facilité le transport des fruits et légumes aux marchés de communication et à l'accroissement du bien-être général.

Les *fèves et féveroles* en 1882 comptaient 20 hectares.

Le rendement moyen était de 20 hectolitres à l'hectare ; la production totale, de 400 hectolitres ; le prix moyen, de 24 francs l'hectolitre ; la valeur totale, 9 000 francs.

En 1882, il y avait 1 541 hectares ensemencés en *haricots* ; rendement moyen à l'hectare, 14 hectolitres 10, soit :

Rendement total	21.728 hectolitres.	
Valeur moyenne de l'hectolitre		37 fr. 04
Valeur totale	804.805 francs.	

À l'enquête agricole de 1866, il est dit qu'on fait quelques haricots dont la culture a reçu depuis assez longtemps un développement considérable dans les cantons de Graçay et de Mehun.

En 1882, le département comprenait 198 hectares ensemencés en *pois* ; rendement, 15 hectolitres 60 à l'hectare ; rendement total, 3 089 hectolitres.

Valeur moyenne de l'hectolitre		42 fr. 20.
Valeur totale de la production	130.356 francs.	

En 1882, 4 hectares seulement de *lentilles*.

Rendement moyen à l'hectolitre	15 hectolitres.	
Rendement total	60 hectolitres.	
Valeur moyenne de l'hectolitre		16 francs.
Valeur totale	960	—

L'étude statistique que nous venons de faire nous montre comment la culture des légumes s'est développée de plus en plus, et si l'on veut se convaincre des progrès qui ont été réalisés sous ce rapport il nous suffira de rappeler ce que l'intendant de la généralité de Bourges, en 1762, fait observer dans son mémoire lu à la Société d'agriculture : « Nos gens de la campagne, suivant toujours la même routine et ne connaissant que la culture des blés, négligent trop d'autres moyens faciles de vivre et de vivre mieux. C'est une chose rare de voir dans les villages quelques cultures de légumes et celles qu'on y voit marquent mieux encore, s'il est possible, le défaut d'émulation, de travail et d'industrie. Il y a très peu de villes où les environs fassent voir des jardinages. Il y en a où on n'en trouve point du tout. La plupart même des seigneurs négligent extrêmement cette partie; l'exemple qu'ils en donneraient, une distribution gratuite de graines des légumes les plus communs à leurs tenanciers et quelques encouragements suffiraient pour étendre cette partie si utile et si agréable de l'agriculture. »

Soixante ans plus tard, Butet, dans sa Statistique du Cher, dit : « Ce département produit tous les légumes qui viennent dans le centre de la France; mais, comme les arbres fruitiers, on ne les cultive qu'aux approches des villes et à la campagne dans les jardins dépendant des maisons bourgeoises. La plupart des simples cultivateurs n'ont pas l'apparence d'un jardin et, par suite de cette apathie inconcevable, sont obligés d'acheter le chou ou le navet dont ils ont besoin et qu'il leur serait si facile de se procurer. »

B. Plantes potagères.

Une grande partie des marais de Bourges sont parfaitement cultivés en toute espèce de légumes; ces marais qui ont été primitivement ensemencés en chanvre, lorsque celui-ci a été arraché, reçoivent un second ensemencement de navets.

Les approches de Mehun, de Vierzon et de Saint-Amand rivalisent avec ceux de Bourges pour l'excellente culture des terres consacrées aux légumes.

Les haricots sont cultivés en grand dans les champs qui avoisinent Graçay et Mehun.

La commune de Saint-Bonin, canton de Sancerre, est renommée pour ses belles asperges et surtout pour ses melons dont elle fournit les marchés de Bourges, Sancerre, La Charité et Cosne; ils viennent en plein champ sans soins extraordinaires et sont d'une bonne qualité.

Quelques maraîchers de Bourges, mais en bien moindre quantité qu'autrefois, conduisent des légumes à La Charité et au marché de Dun-le-Roi.

En 1801, le préfet du Cher dit que les légumes de toute espèce abondent dans le département, surtout aux environs de Bourges, où l'on trouve une grande quantité de marais bien cultivés.

Gallicher, tout en reconnaissant que les jardins offrent toujours à la consommation de la ville de Bourges une masse énorme de légumes verts, ajoute que pourtant ces légumes sont aqueux et de médiocre qualité.

Si laborieux et si intelligents que soient les maraîchers de Bourges, ils se sont, dit-il, un peu endormis dans les pratiques de leurs pères; ils sont en arrière aujourd'hui des progrès accomplis dans l'horticulture. Leurs légumes ont vieilli; ils ne sont pas assez variés; d'un autre côté, l'humidité de leur sol n'exclut pas l'engrais. Donné avec plus de libéralité, le fumier apporterait, dit Gallicher, à ces jardins, de nouveaux éléments de végélation et de fertilité et les légumes qu'on y cultive y puiseraient une précocité et une saveur qui leur manquent.

Nous avons pu constater par nous-même combien la culture des légumes s'est développée, améliorée dans le département du Cher. Nous pouvons du reste nous en rapporter à ce que dit M. Ancillon dans la réponse au questionnaire de la Société des agriculteurs de France relatif aux plantes maraîchères de grande culture en 1883.

Chaque cultivateur fait des légumes dans les *cassailles* de la ferme, dans la mesure de ce qui lui est nécessaire pour la consommation des gens et du bétail.

Exceptionnellement, il se fait dans le val de la Loire une culture en grand de melons. Depuis quelques années, la culture de l'asperge se développe dans la commune d'Herry, canton de Sancergues, et aussi dans le val de Vierzon.

Les autres cultures potagères se font, non en grande culture, mais dans le jardin de la ferme qui est plus ou moins étendu, suivant l'importance du domaine.

Les légumes sont généralement vendus sur les marchés de Bourges et sur les marchés de deux ou trois autres localités du département, en semaine ou les dimanches.

Ils sont achetés pour les besoins de la consommation locale, à Bourges pour les besoins de la garnison.

Il en est très peu envoyé à Paris.

M. Ancillon pense que les agriculteurs du département, pour la plupart des légumes maraîchers, doivent s'en tenir à la culture dans le jardin de la ferme.

Pour consommer beaucoup de légumes de choix, les grands centres manquent dans le Cher.

Bourges et les autres localités où il y a des marchés sont suffisamment approvisionnés par la culture des marais d'Yèvre à Bourges, du val d'Yèvre à Vierzon, des marais de Contres près de Dun-le-Roi et du val de la Loire.

Pour expédier des légumes sur Paris les frais de transport absorberaient les bénéfices qu'on pourrait y faire.

Les légumes produits par la grande culture n'auraient, du reste, ni la précocité, ni la perfection nécessaires pour atteindre les hauts prix.

La grande culture a bien plus d'intérêt à produire les légumes communs qui servent à l'élevage des bestiaux et à la nourriture d'hiver des gens de la ferme, que de faire de la culture maraîchère et des primeurs qui, la plupart du temps, réussiraient mal et n'auraient pas d'écoulement lucratif, surtout quand la main-d'œuvre est chère.

Aussi bien, nous n'insisterons point sur la culture des haricots, des pois, des lentilles, connue; nous nous arrêterons à celle de la pomme de terre, qui a été l'objet d'études toutes spéciales.

C. Pommes de terre.

La pomme de terre a dû être introduite dans le Cher par Béthune-Charost, cet homme instruit, au courant de tous les progrès agricoles, de toutes les expériences utiles.

Dans sa statistique du département du Cher, Bulet fait remarquer que le haut prix du blé et sa rareté aux différentes époques de notre révolution, ont forcé les habitants de la campagne à s'adonner à la culture des pommes de terre presque inconnue, dit-il, y a trente ans dans ce département, ou du moins qui ne figurait dans les jardins que comme légume. On a senti les avantages sans nombre que présente ce précieux tubercule qui se cultive maintenant en grand.

Dès 1844, la culture de la pomme de terre s'est tellement étendue qu'elle occupait en France plus d'un million d'hectares et produisait au moins 150 millions d'hectolitres. On finit par croire que la disette n'était plus possible. En effet, sur les 150 millions d'hectolitres récoltés, 43 millions seulement servaient aux semences et à la nourriture humaine. Le reste, c'est-à-dire près de 100 millions d'hectolitres, passait au bétail, aux distilleries, aux féculeries, et pouvait en cas de pénurie être appliqué à l'alimentation en comblant un déficit de 20 millions d'hectolitres de blé.

Mais en 1845 une maladie peu connue jusqu'ici enleva les trois quarts de la récolte. Les années suivantes, le mal reparut avec une grande intensité, ce qui réduisit de plus de moitié l'étendue des champs plantés; il en résulta pour la France une crise alimentaire. Ce ne fut qu'après plusieurs années que, la maladie étant disparue, la culture reprit de l'extension.

En 1852, la statistique donne dans le Cher 4 058 hectares ensemencés en pommes de terre avec un rendement de 98 hectolitres 64 à l'hectare.

En 1862, d'après Frémont, la pomme de terre est cultivée sur une étendue totale de 4 058 hectares répartis ainsi par arrondissement : Bourges, 1 510 hectares; Saint-Amand, 1 584 hectares, et Sancerre, 964 hectares.

La quantité semée par hectare est de 17 hectolitres 7 litres, qui donnent un produit moyen de 98 hectolitres 64 litres.

La quantité totale produite dans une année ordinaire est de 514 396 hectolitres, qui représentent une année ordinaire de 1 097 995 francs.

D'après l'enquête agricole de 1866, dans un domaine de 100 hectares, on rencontre ordinairement 1 hectare cultivé en plantes alimentaires, notamment en pommes de terre.

Les frais de culture d'un hectare de terre ensemencé en pommes de terre étaient évalués à 330-350 francs, établis dans de bonnes conditions.

Labour profond donné avant l'hiver............................	30 francs.
Un bon hersage au printemps.................................	6 —
Fumure de 40 mètres cubes, dont moitié au compte des pommes de terre...	100 —
Un labour pour la plantation, main-d'œuvre et semence...........	80 —
Un hersage en long et en travers lors de la levée..............	6 —
Un sarclage à la herse à cheval, complété par le travail de l'homme.	15 —
Un buttage avec l'instrument à cheval........................	8 —
Arrachage, ramassage et conduite à la ferme...................	70 —
Loyer de terre...	35 —
Total....................................	350 francs.

Le rendement des pommes de terre était évalué à 150 ou 200 hectolitres au plus par hectare. A cette époque, les pommes de terre valaient de 3 à 4 francs l'hectolitre comble.

Quant à la production, on a fait observer à l'enquête que la production des cultures alimentaires autres que le grain étant destinée à la consommation locale a peu varié, si ce n'est celle de la pomme de terre, dont on restreint la culture lorsque la maladie dont elle est atteinte se fait sentir plus fortement.

En 1878, l'annuaire statistique de la France constate qu'il y a 7 342 hectares, ayant produit 916 750 hectolitres : 125 hectolitres à l'hectare.

En 1882, l'enquête constate 8 351 hectares cultivés en pommes de terre avec une moyenne de 108 quintaux par hectare, soit une production totale de 901 908 quintaux, au prix moyen de 5 fr. 23 le quintal, donnant un produit en argent de 4 716 979 francs.

De 1862 à 1882, la culture de la pomme de terre a plus que doublé dans le Cher.

Lorsqu'en 1883 M. Ancillon, membre de la Société d'agriculture du Cher, eut lu son rapport en réponse au questionnaire de la Société des agriculteurs de France relatif aux plantes maraîchères de grande culture, M. Dagincourt (de Saint-Amand) fit remarquer que dans le val de Saint-Amand la culture maraîchère s'était profondément modifiée depuis quelques années. Autrefois on y cultivait beaucoup de chanvre; mais, depuis la concurrence que font à nos chanvres ceux de Russie, cette culture a été remplacée très avantageusement par celle de la pomme de terre. Ces légumes sont achetés et expédiés sur Paris. Cette culture est très rémunératrice même en domaines. Toutes les variétés ainsi cultivées sont achetées pour Paris. La variété la plus recherchée était la pomme de terre chardon. M. Dagincourt pensait qu'il fallait encourager cette culture, espérant que le débouché sur Paris serait de plus en plus avantageux.

M. Tisserand fait observer, dans l'enquête de 1882, que la production suffit à nos besoins présents, que même elle la dépasse de quelque peu, puisque l'excédent de nos exportations sur nos importations en 1882 s'élèverait à 1 511 789 quintaux. Quels que soient les progrès accomplis par la culture française, il reste encore beaucoup à faire.

L'intensité de cette production comparée à celle d'autres pays n'est pas ce qu'elle devrait être. La pomme de terre, qui est un des aliments les plus économiques, pourrait contribuer dans une proportion plus large à l'entretien des familles. On ne l'utilise pas assez dans les pays dénués de toute industrie pour la mise en valeur et l'amélioration des terres pauvres. D'autre part, nos exportations, au lieu d'augmenter ou même de se maintenir, vont en diminuant comme celles des produits de notre culture maraîchère.

En 1848, la Société d'agriculture du Cher, en présence de la maladie de la pomme de terre, s'est occupée de la culture par semis de graine et par plantation de tubercules de première année. Elle a expérimenté des graines envoyées par le ministère de l'Agriculture. Il a été démontré que le choix des espèces ou variétés exerce peu d'influence sur la maladie et que la principale cause doit être attribuée à certaines circonstances atmosphériques ou à la nature du terrain. La Société a été saisie des avantages de la plantation automnale préconisée par Leroy Mabille. Des expériences de culture faites à l'abri de l'air, l'enlèvement des fanes à la moindre tache, l'emploi des pommes de terre hâtives, évitant la maladie qui sévit surtout de la fin de juillet à la fin d'août, ont été expérimentés. On trouvera dans les huitième et neuvième volumes des Bulletins de la Société d'agriculture du Cher le compte rendu ainsi qu'un certain nombre de remèdes contre la maladie des pommes de terre.

La Société, ayant eu connaissance d'un rapport fait au ministre par M. Rendu, inspecteur de l'Agriculture, en 1856, sur la grande production de la pomme de terre chardon, a publié ce rapport au tome X de ses Bulletins et a décidé, après quelques essais douteux, d'en faire venir 12 hectolitres pour être distribués aux personnes qui ont demandé à expérimenter cette pomme de terre.

Les expériences, au point de vue de la production, n'ont point été aussi concluantes que celles faites dans la Sarthe et dont M. Rendu a exposé les résultats. Plusieurs échantillons sont arrivés gâtés, et il a été généralement reconnu par les expérimentateurs du Cher que la pomme de terre chardon était surtout destinée aux animaux. Et, du moment qu'elle est une pomme de terre tardive, elle ne pouvait guère échapper à la maladie.

PLANTES FOURRAGÈRES

On comprend sous la rubrique de *fourrages* : les racines servant à l'alimentation des animaux, les plantes fourragères annuelles, les prairies artificielles, les prés temporaires, enfin les prés naturels permanents et les herbages pâturés.

Si nous consultons les statistiques officielles établies sur la production fourragère dans le département du Cher, nous pourrons voir quels progrès ont été accomplis sous ce rapport. Voici d'abord ce que nous donne la statistique de 1840 :

ARRONDISSEMENTS	SUPERFICIE CULTIVÉE	QUANTITÉ DE SEMENCE A L'HECTARE	PRODUCTION		VALEUR	
			MOYENNE PAR HECTARE	TOTALE	MOYENNE DU QUINTAL	TOTALE
Betteraves.						
	Hectares.	Kilogrammes.	Quint. mét.	Quintaux.	Francs.	Francs.
Bourges..............	189 »	7 »	253 »	47.832	2 »	95.664
Sancerre.............	268,25	7 »	237 »	63.430	2 »	126.900
Saint-Amand	225,45	8 »	283 »	63.860	1,65	105.369
Totaux et moyennes...	682,70	7 »	257 »	175.142	1,85	327.933
Prairies artificielles.						
Bourges..............	6.690,46	15 »	29,36	196.426	3,75	736.598
Sancerre	7.649,53	10 »	20,08	153.633	3,50	537.716
Saint-Amand	6.852,16	12 »	24,57	168.358	3,30	555.581
Totaux et moyennes...	21.192,15	12 »	24,46	518.417	3,50	1.829.895
Prairies naturelles.						
Bourges..............	13.585,02	—	26,40	358.608	4 »	1.434.432
Sancerre	20.417,01	—	15,43	315.034	4 »	1.260.136
Saint-Amand	35.320,06	—	20,81	735.055	4 »	2.940.220
Totaux et moyennes...	69.322,09	—	20,32	1.408.697	4 »	5.634.788

Statistique de 1852.

ARRONDISSEMENTS	SUPERFICIE CULTIVÉE	QUANTITÉ DE SEMENCE A L'HECTARE	PRODUCTION		VALEUR	
			MOYENNE PAR HECTARE	TOTALE	MOYENNE DU QUINTAL	TOTALE

Betteraves.

	Hectares.	Kilogrammes.	Quint. mét.	Quintaux.	Francs.	Francs.
Bourges	184	—	298,26	51.574	1,54	79.424
Sancerre	576	—	258,09	147.630	1,53	225.874
Saint-Amand	360	—	298,33	107.421	1,58	169.726
Totaux et moyennes...	1.120	—	273,77	306.625	1,55	475.024

Racines et légumes divers (carottes, navets, etc.).

Bourges	180	—	127,78	23.000	2,27	52.324
Sancerre	177	—	109 »	19.293	2,23	43.122
Saint-Amand	360	—	118,08	42.509	1,92	81.668
Totaux et moyennes...	717	—	118,27	84.802	2,09	177.114

Prairies artificielles (trèfle, luzerne, sainfoin et mélanges).

Bourges	22.143	—	19,03	421.381	
Sancerre	19.312	—	18,92	337.647	La valeur n'a pas été
Saint-Amand	28.439	—	26,30	747.903	relevée en 1852.
Totaux et moyennes...	69.894	--	21,56	1.506.931	

ARRONDISSEMENTS	SUPERFICIE TOTALE DES PRÉS NATURELS	NOMBRE D'HECTARES IRRIGUÉS	PRODUCTION			VALEUR	
			MOYENNE PAR HECTARE DES PRÉS		TOTALE DU FOIN ET DU REGAIN	MOYENNE DU QUINTAL MÉTRIQUE	TOTALE
			non irrigués.	irrigués.			

Prés naturels.

	Hectares.	Hectares.	Quintaux.	Quintaux.	Quintaux.	Francs.	Francs
Bourges	35.299	3.031	22,94	28,08	827.156	4,72	3.904.176
Sancerre	32.162	4.387	16,20	23,93	548.935	4,40	2.415.314
Saint-Amand	63.069	4.980	20,93	26,51	1.347.822	4,13	5.566.505
Totaux et moyennes..	130.530	12.398	20,32	26,13	2.723.913	4,42	11.885.995

Statistique de 1862.

DÉSIGNATION DES CULTURES	SUPERFICIE CULTIVÉE	PRODUCTION		VALEUR	
		MOYENNE PAR HECTARE	TOTALE	MOYENNE DU QUINTAL MÉTRIQUE	TOTALE
	Hectares.	Quint. mét.	Quint. mét.	Francs.	Francs.
Choux	740	243 »	179.900	10,91	1.963.357
Carottes, navets, panais......	577	257 »	148.425	5,05	749.324
Citrouilles et courges.........	89	322 »	28.718	3,90	112.029
Melons et pastèques..........	15	256 »	3.836	17,18	65.910
Artichauts	17	155 »	2.640	32 »	84.420
Asperges	12	38 »	452	63 »	28.480
Salades de toute nature.......	126	223 »	28.102	12,43	349.270
Autres légumes..............	64	—	8.258	—	42.374
Fourrages verts (féveroles, hivernaches, autres fourrages, racines, navets, rutabaga, betterave à vache, etc).........	2.196	—	410.641	—	1.087.876
Prairies artificielles (trèfle, luzerne, sainfoin, raygrass et mélanges)...............	72.349	29,98	2.169.620	6,82	14.802.477
Prés naturels { secs	112.117	24,73	2.772.653	8,51	23.595.277
{ irrigués	16.316	31,24	509.222	9,32	4.745.949
{ vergers	271	20,04	5.431	8,51	46.218

Il résulte de ces trois statistiques officielles que, *en 1840*, on comptait dans le Cher : 21 192,15 hectares de prairies artificielles, donnant une production totale de 518 447 quintaux.

69 322,09 hectares de prairies naturelles, donnant une production totale de 1 408 697 quintaux.

682 hectares 70 de betteraves, donnant une production totale de 175 142 quintaux.

En 1852, le chiffre d'hectares des prairies artificielles est beaucoup augmenté : de 21 000 hectares nous arrivons à plus de 69 694.

Les prés naturels de 69 000 hectares arrivent à 130 520.

En 1862, les prairies artificielles de 69 000 ont monté à 72 000.

Les prairies naturelles sont restées à peu près au même chiffre.

Dans sa statistique de 1882, M. Tisserand fait observer qu'en France, les prés naturels, puis les prairies artificielles tiennent la tête des cultures fourragères comme contenance et valeur des produits récoltés. Si les racines fourragères occupent une superficie restreinte, 5,20 p. 100, leurs produits représentent une valeur proportionnelle élevée : 13,42 p. 100 du total.

Les herbages pâturés sont relativement plus étendus, 16,34 p. 100, mais la valeur de leur production est bien plus faible.

Quant à la valeur des produits à l'hectare, les racines fourragères prennent le premier rang avec un produit de 582 francs.

Les fourrages annuels viennent ensuite pour 270 francs; ils sont suivis de près par les prairies artificielles avec une valeur de 263 francs par hectare. Les prés naturels occupent avec 213 francs le quatrième rang et les prés temporaires le cinquième.

Les herbages pâturés, qui assurément ne comprennent en grande partie que des sortes de pacages et de parcours et très rarement des herbages comme ceux de Normandie, tombent au bas de l'échelle avec une valeur moyenne de 93 francs par hectare; le produit minimum descend même à 43 francs.

Voilà les intéressants documents qui nous sont fournis par l'enquête de 1882.

Si nous consultons la statistique de cette année, la superficie du Cher occupée par les cultures fourragères comprenant les betteraves et autres racines, prairies artificielles et fourrages annuels, prés temporaires, prés naturels et herbages pâturés, s'élève à 166 426 hectares. Le département du Cher est classé parmi ceux qui en ont le plus dans le groupe du Plateau central embrassant le Puy-de-Dôme, le Cantal, l'Allier, la Nièvre, la Saône-et-Loire et la Creuse.

Un des moyens pour apprécier exactement l'importance des cultures fourragères dans les départements, c'est d'établir le rapport des surfaces à la superficie territoriale, à l'étendue des terres labourées et à la population.

Eh bien, le département du Cher occupe en cultures fourragères 23 p. 100 du territoire total, 24 p. 100 du territoire agricole, 48 p. 100 de la population totale.

FOURRAGES

Voici, d'après l'enquête de 1882, la superficie ensemencée en France pour chacun de ces fourrages :

Racines fourragères	553.714	hectares.
Plantes fourragères annuelles	843.292	—
Prairies artificielles	2.844.635	—
Prés temporaires	408.424	—
Prés naturels	4.115.424	—
Herbages pâturés	1.711.116	—
Total	10.476.605	hectares.

M. Tisserand fait observer que si l'on comprenait, comme on l'a fait en 1882, les landes, les pacages, les pâtis et les bruyères, on arriverait à un total de plus de 16 millions d'hectares.

La totalité des surfaces indiquées représente 20 p. 100 de la surface totale du territoire français, 21 p. 100 de la surface du territoire agricole et 40 p. 100 des terres labourables. C'est par rapport à 100 habitants de la population totale une proportion de 28 hectares et par rapport à 100 cultivateurs une proportion de 152 hectares.

Voici les plantes fourragères qu'on cultive dans le département du Cher.

Racines fourragères. — Betteraves, carottes, panais, navets, raves, turneps, rutabagas, topinambours.

Fourrages annuels. — Vesces ou dravières, trèfle incarnat, maïs-fourrage, seigle en vert, escourgeon en vert, choux-fourrages.

Prairies artificielles. — Trèfles, luzerne, sainfoin, mélanges de légumineuses.

Prés temporaires. — Mélanges de plantes se rapprochant de celles des prairies naturelles.

Prairies naturelles. — Irriguées naturellement, irriguées à l'aide de canaux, non irriguées. *Herbages pâturés.*

1° Racines fourragères.

Betteraves fourragères pour l'amélioration du bétail, carottes, panais, navets, raves, turneps, rutabagas, topinambours, etc.

A. Les betteraves fourragères destinées à l'alimentation du bétail occupent en France, d'après l'enquête de 1882, une superficie de 296 759 hectares, donnant une production totale de 81 825 785 quintaux, soit 272 quintaux par hectare. Cette production représente une valeur de 191 030 253 francs, au prix de 2 fr. 35 le quintal, et une valeur brute à l'hectare de 645 francs.

Les betteraves rendent donc 272 quintaux en moyenne par hectare ; leur prix au quintal étant inférieur à celui des carottes, il en résulte que, pour une valeur brute à l'hectare, la betterave fourragère ne vient qu'en seconde ligne. Les navets, raves, etc., dont la production est la plus abondante après celle des betteraves, présentent des rendements en poids et des prix moyens minima ; néanmoins leur valeur est encore très élevée, 437 quintaux à l'hectare. Les panais tiennent le milieu comme prix et rendement entre les carottes et les navets. En 1852, on comptait dans le Cher 1 120 hectares ensemencés en betteraves.

Frémont, en 1862, dit que la culture de la betterave dans le Cher a lieu sur une étendue de 1 120 hectares, dont 184 dans l'arrondissement de Bourges, 360 dans l'arrondissement de Saint-Amand, 576 dans l'arrondissement de Sancerre.

Le produit moyen par hectare est de 273 quintaux 77 kilogrammes et la quantité totale produite dans une année ordinaire est de 84 880 quintaux, qui représentent une valeur année ordinaire de 176 739 francs. La distinction en betteraves fourragères et betteraves à sucre n'est pas faite.

En 1866, au moment de l'enquête agricole, on constate que la culture de la betterave commence à s'introduire dans les rares exploitations améliorées. La commission a estimé le rendement à 25 000 kilogrammes à l'hectare et les frais de 300 à 400 francs.

En 1870, Gallicher constatait que la culture des racines a longtemps été dédaignée par les cultivateurs du Cher, et encore aujourd'hui le plus grand nombre de nos domaines en métayage la repoussent complètement.

Nous sommes, disait-il, à la limite extrême de cette vieille résistance des paysans cultivateurs à entrer largement dans la production des racines, ancre de salut de l'agriculture de ce pays, et avant peu nos métayers sèmeront des betteraves et des carottes et planteront des topinambours avec l'ardeur qu'ils apportent à chauler ou à marner leurs terres.

Aujourd'hui, la culture des racines pour l'alimentation du bétail est encore limitée aux exploitations conduites avec l'entente du progrès.

L'essor de cette culture a été retardée par la rareté des bras, par la répugnance des femmes à y prendre part, par le haut prix des façons.

La progression que suit la valeur du bétail parallèlement à l'abaissement successif de celle du froment, la création de quelques distilleries et d'une sucrerie à la Guerche poussent au développement de la production des racines et aideront à vaincre les entraves que nous venons de signaler.

En effet, si la betterave, cultivée uniquement en vue de l'alimentation du bétail, demande des avances et des frais de main-d'œuvre dont la rentrée lointaine arrête le cultivateur sans capital, il n'en est plus ainsi quand ces avances sont remboursées par la vente immédiate de cette récolte à un distillateur. La pulpe reste en bénéfice certain à l'exploitation et au sol.

Les vœux de Gallicher se réalisent; la betterave fourragère est entrée pour une grande part dans l'alimentation du bétail, la pulpe des distilleries a également déterminé une plus grande consommation de cette racine.

Parmi les principales variétés fourragères nous citerons les cinq suivantes :

1° La betterave disette, betterave champêtre, à racine volumineuse, à chair blanche ou veinée de rose.

2° La betterave rouge jaune dont la racine de couleur jaune est presque sphérique, avec une chair blanche et ferme. Elle est très répandue dans les cultures de même que la betterave jaune ovoïde des Barres obtenue par Vilmorin, plus volumineuse, plus riche en sucre et qui présente l'avantage d'un rendement plus considérable.

3° La betterave jaune grosse, à racine cylindrique, avec une chair jaune pâle.

4° La betterave rouge ovoïde, à racine assez effilée, atteignant une longueur de 30 à 35 centimètres avec un diamètre de 15 à 18 centimètres; la chair en est blanche; c'est une variété assez généralement répandue.

5° La betterave rouge globe, qui présente à peu près les mêmes caractères que la précédente, mais s'en distingue par la forme sphérique de sa racine; c'est une variété remarquable par sa maturité hâtive.

Nous ne nous arrêterons pas ici sur la culture de cette racine bien connue aujourd'hui, mais nous rappellerons que la betterave peut succéder sans inconvénient à toutes les récoltes, pourvu que le sol soit profondément ameubli et bien fumé. Néanmoins, comme elle exige de nombreuses façons pendant sa végétation, façons qui concourent à purger le sol des plantes nuisibles, on devra dans l'assolement triennal lui faire occuper la place de la jachère et lui appliquer la plus grande partie de la fumure qui doit fertiliser le sol pendant toute la rotation. Il en sera de même pour l'assolement quadriennal.

Les engrais les plus convenables à la betterave sont ceux qui sont riches en potasse, cela est indiqué d'après la nature des cendres. Les fumiers de cour, les fumiers consommés plutôt que les fumiers longs, devront être préférés.

La betterave est devenue une excellente ressource alimentaire pour le bétail pendant l'hiver. Conservée dans des silos, puis coupée en tranches et mise en fermentation avec de la menue paille, elle constitue un aliment excellent pour les vaches laitières, les brebis nourrices; elle a beaucoup contribué en Beauce à diminuer la maladie du sang en prévenant la constipation et les pléthores déterminées par un excès de paille et de foin.

La culture de la betterave a donné naissance à deux grandes industries agricoles : la sucrerie et la distillerie. Elle a permis d'accroître considérablement la production du bétail en fournissant un énorme supplément de nourriture par les pulpes qui sont les résidus de ces industries. Par les soins de culture qu'elle exige, elle a été le véritable porte-progrès agricole, et, en même temps qu'elle était une corne d'abondance, elle augmentait considérablement la fertilité du sol.

En 1882, on voit dans l'enquête la betterave fourragère occuper une surface importante :

La superficie ensemencée est de 6 131 hectares.

La quantité de graine est de 7 kilogrammes 3 par hectare.

Le rendement moyen par hectare est de 320 quintaux.

Le prix moyen par quintal est de 1 franc 94.

La valeur totale est de 3 806 125 francs.

Le rendement par hectare, année moyenne, est de 281 quintaux.

B. La carotte, considérée comme récolte fourragère, est la plus importante des récoltes de racines; aucune ne l'égale en qualité pour la nourriture du bétail.

Connue depuis bien longtemps, c'est vers le milieu du xviiie siècle seulement qu'on a commencé à la cultiver en grand.

Rozier, Yvart, Tessier, notre compatriote, l'ont propagée en France. En 1791, Tessier lui a consacré un excellent article dans l'Encyclopédie méthodique. Il a conseillé de la cultiver pour alterner les cultures et remplir le vide des jachères, parce qu'elle offre le moyen de nourrir les bestiaux en hiver avec une racine agréable, saine, aqueuse et substantielle.

En 1763, on ne connaissait que trois variétés de carottes : la rouge, la jaune et la blanche. La culture ne commença à se généraliser qu'à dater de 1825. A ce moment, Vilmorin père introduisit de Belgique la variété connue sous le nom de carotte blanche à collet vert. Aujourd'hui, nous en avons au moins 10 variétés.

En 1844, M. de Quincerot, membre de la Société d'agriculture du Cher, a lu à cette Société une instruction abrégée sur la culture de la carotte; il a rappelé que, suivant Mathieu de Dombasle, la carotte est un des aliments les plus nutritifs et les plus sains qu'on puisse donner à toute espèce de bétail. Les chevaux de travail s'entretiennent très bien avec 15 ou 20 litres de carottes par jour et une faible ration d'avoine s'ils travaillent fort. Cette racine a de plus l'avantage de se conserver avec toutes ses qualités jusqu'au mois de février et même plus.

Young a constaté la supériorité de la carotte sur le grain et sur les pommes de terre pour l'engraissement des cochons, pourvu, toutefois, qu'on ait soin de les faire cuire.

Pourquoi dans notre département du Cher, se demandait M. de Quincerot, ne ferait-on pas l'essai de cette culture dans les terrains qui présentent une assurance de réussite? La carotte destinée à remplacer le fourrage doit être cultivée en plein champ. Puis M. de Quincerot donne des renseignements sur la culture de cette racine.

Cette plante bisannuelle végète à peu près comme la betterave, mais est plus exigeante; elle ne peut réussir en pleine culture dans nos régions méridionales, mais elle vient bien dans le nord, le nord-ouest, le nord-est et l'ouest.

Les cultivateurs ne doivent jamais la semer en terrain pauvre; elle est cependant moins difficile que la betterave, et elle n'exige ni la présence du calcaire, ni une grande abondance de sels azotés et phosphorés, mais plutôt une certaine richesse en humus ancien.

Aussi la cultive-t-on avec succès dans les terrains défrichés depuis quelques années seulement. D'un autre côté, tandis que la betterave s'accommode de terrains compacts, la carotte s'y trouve comme étranglée, et elle se bifurque en sols pierreux. Ainsi, ce sont les champs légers ou peu consistants et sans pierre qui lui conviennent [1].

Les variétés les plus productives comme plantes fourragères sont :

La blanche, la blanche à collet vert, la blanche des Vosges, la blanche de Breteuil, et aussi la rouge pâle de Flandre, moins volumineuse que les précédentes, mais de qualité supérieure.

1. Tome IV des *Bulletins de la Société d'agriculture du Cher.*

Ces variétés donnent de 25 000 à 50 000 kilogrammes à l'hectare, équivalant au tiers de ce poids, en meilleur foin.

La carotte peut être cultivée en récolte principale et en récolte dérobée.

Dans le premier cas, qui est aussi le plus usité, on prépare la terre par plusieurs labours : les labours de défoncement à l'aide d'une charrue qui fouille le fond du sillon sans le ramener à la surface, sont fort avantageux pour cette plante éminemment pivotante.

Cultivées en récolte dérobée, les carottes se sèment dans une céréale.

Les carottes semées dans une céréale supportent très bien l'action de la herse; cette première façon économique doit être le plus souvent complétée par un binage aussitôt après la moisson.

Les carottes remplacent économiquement l'avoine pour les chevaux qui ne travaillent pas en hiver; elles constituent une excellente nourriture pour les vaches et brebis portières.

Les vaches qui en consomment ont un lait excellent avec lequel on fait du beurre bien coloré et de bon goût.

Les feuilles de carotte nourrissent aussi très bien les animaux; elles plaisent beaucoup aux bêtes bovines et aux bêtes à laine.

D'après l'enquête de 1882, pour le département du Cher, la superficie ensemencée en carotte est de 899 hectares.

```
Rendement moyen par hectare..........    288 quintaux.
Rendement total.......................  258.912    —
Prix moyen du quintal.................................    2 fr. 32
Valeur totale........................................  600.676 francs.
```

C. Le panais est très peu cultivé dans le Cher. L'enquête de 1882 constate qu'il n'y a que 3 hectares consacrés à cette culture. Le rendement moyen par hectare est de 250 quintaux, le rendement total 750 quintaux.

La valeur moyenne du quintal est de 2 francs; la valeur totale, 1 500 francs; le rendement moyen par hectare, année moyenne, est de 250 quintaux.

Le panais est plus exigeant que la carotte; il lui faut une terre très profonde, un peu argileuse, meuble, fraîche et contenant des sels alcalins; il exige un climat doux et humide; de plus, il n'est pas très facile à arracher; ces différentes exigences sont sans doute un obstacle à l'extension de sa culture dans le Cher, et elle est très répandue dans le Finistère.

Cette racine a certains avantages importants : elle supporte sans souffrir le froid; sa racine peut rester en terre pendant la plus grande partie de l'hiver sans être atteinte par la gelée, ce qui permet aussi d'utiliser pendant plus longtemps ses feuilles.

Les Bretons font grand cas de sa racine pour les chevaux, les bêtes bovines et les cochons.

On donne ses racines crues ou cuites.

Crues, on les divise en petites tranches, au moyen de coupe-racines. Elles remplacent avantageusement à cet état l'avoine qu'on donne aux chevaux des fermes qui fatiguent beaucoup.

D. Les navets occupaient dans le Cher, en 1882, 441 hectares. Le rendement moyen par hectare était de 206 quintaux. Le rendement total était de 90 846 quintaux, au prix de 1 fr. 92 le quintal, ce qui représentait une valeur de 174 424 francs.

Le rendement moyen par hectare, année moyenne, était de 203 quintaux.

On a chanté les fleurs du printemps, les moissons de l'été, les fruits de l'automne, l'hiver n'aurait-il rien à nous offrir?

L'hiver, s'écrie le fermier anglais, est une saison très productive. Alors grossissent les racines aimées des moutons, ces précieux navets qui sont la base de nos assolements et dont la propagation immortalise le nom de lord Townsend.

Ces deux circonstances, été frais, hiver doux, se trouvent réunies en Angleterre. De là l'immense profit que les Iles-Britanniques tirent des navets; l'extension de cette culture enrichirait de même nos régions occidentales.

Les navets doivent être cultivés sur des terres légères, sablonneuses, argilo-siliceuses, schisteuses, granitiques ou silico-calcaires. Les terrains trop argileux ou trop calcaires ne leur conviennent pas.

En général, il faut un sol meuble sans être sec, mais sans être humide. Les Anglais disent terrain sec, ciel humide. Cette condition ne trouve d'application que dans les localités que baignent la Manche et l'Océan et dans les montagnes du centre. Ils réussissent très bien sur les terrains volcaniques et granitiques du Mezenc et de l'Auvergne.

Les navets conviennent spécialement aux bêtes à laine et aux bêtes à cornes. Donnés aux bœufs à l'engrais, ils les rafraîchissent et commencent très bien leur engraissement. Toutefois, c'est à tort, dit M. Heuzé, qu'on voudrait baser un engraissement complet sur l'emploi de ces racines.

Ces aliments ont une action nutritive trop faible pour qu'on songe à terminer un engraissement avec profit lorsqu'on les administre seuls.

En Angleterre et dans le Limousin et la Vendée, on les associe toujours au foin et on ne les donne que pendant les deux premières périodes de l'engraissement. Lorsque les animaux sont bien en chair, on les supprime peu à peu pour les remplacer par du foin de première qualité et des substances farineuses.

Les navets conviennent aussi aux bœufs de travail et aux vaches laitières. Les bêtes à laine s'en accommodent très bien : leur chair est ferme, abondante et de bonne qualité.

On donne ordinairement très peu de navets aux chevaux.

Les navets cuits servent aussi très bien à l'engraissement des porcs et des volailles, parce que la cuisson enlève leur principe âcre et les rend plus sucrés.

Tous les ruminants mangent avec avidité les feuilles de navet; elles rendent la sécrétion du lait plus abondante chez les vaches et les brebis.

En 1878, M. Lecat a recommandé à la Société d'agriculture du Cher une variété de navet cultivée en Alsace, connue sous le nom de navet long à collet rose ou *navet rose du Palatinat*. La récolte atteint en moyenne et pour la racine seule un poids de 35 000 à 40 000 kilogrammes à l'hectare. Les feuilles peuvent être utilisées comme fourrage vert.

Si le navet n'est pas consommé immédiatement, il peut être conservé en fosses jusqu'en février. Pour cela, il faut les mettre en silos très étroits en ne laissant aucune feuille; il faut les couvrir de paille et de 20 centimètres de terre; ils supportent facilement ainsi les petites gelées; on les donne au bétail seuls ou mieux mélangés à la pulpe des betteraves ou à des tourteaux; ils augmentent notablement la production du lait et poussent à l'engraissement [1].

1. Tome XIX des *Bulletins de la Société d'agriculture du Cher*, p. 302.

E. Topinambour. Parmentier avait dit : « Le topinambour est destiné à devenir une grande source de richesses pour notre pays et pour presque toute l'Europe. »

A notre époque, Gallicher était convaincu que le topinambour est appelé à jouer dans la culture du Berry un rôle salutaire. Il s'accommode, disait-il, aussi bien des terrains siliceux du sud et du nord du département que du sol le plus calcaire de la plaine et il paye partout généreusement les soins trop rares qu'on lui donne.

Tous les bestiaux le mangent avec avidité : il peut être économiquement consommé sur place par les porcs et les moutons. Il est plus riche en alcool que la betterave; quel est donc le préjugé qui arrête l'extension de sa culture?

Voici la réponse qu'on peut faire à Gallicher : La propriété qu'il a de se reproduire par ses plus petits tubercules et par suite la difficulté de l'intercaler dans les assolements est la cause qui a empêché son extension et la fait abandonner en beaucoup d'endroits.

2° Fourrages annuels.

Sous le titre de fourrages annuels, on comprend toutes les plantes servant à l'alimentation du bétail et n'occupant le sol que pendant un temps relativement court, jamais plus de huit à dix mois. Leur culture ayant pris depuis vingt ans un développement notable, M. Tisserand a cru avec raison devoir en faire relever pour la première fois les détails dans l'enquête de 1882.

Le trèfle incarnat, les vesces, puis les choux-fourrages sont au point de vue des étendues ensemencées les plus importants des fourrages annuels.

La superficie couverte par ces trois sortes de fourrages représente plus des trois quarts du total. Mais les rendements et les prix sont très différents.

Les choux-fourrages, par exemple, donnent 120 quintaux à l'hectare contre 41 et 40 quintaux pour les vesces et le trèfle incarnat, tandis que le prix du quintal de ces derniers est de 5 fr. 42 et 4 fr. 41 contre 2 fr. 93 pour les choux.

A. Dravière, *dragée*, *hivernage*, *verdure*, *mélarde* ou *bargelarde* est employé pour caractériser un *mélange de vesce et de pois gris ou de fève, ou de seigle*, cultivé pour l'alimentation du bétail ou pour enfouir comme engrais vert. La vesce dans les Ardennes est désignée souvent sous le nom de dravière. A Cambrai, on appelle dravière un mélange d'avoine, de vesce et de pois qu'on sème ensemble pour les bestiaux.

Quelles que soient les plantes associées aux vesces, elles n'ont pas grande importance comme fourrage; elles ont pour but de faciliter les vesces à s'élever en leur permettant de s'attacher aux tiges de ces plantes culmifères à l'aide de leurs vrilles.

Semées seules, les vesces s'élèvent bien pendant quelque temps, mais, bientôt, surtout quand leur végétation est luxuriante, elles se renversent sur le sol, jaunissent et pourrissent.

Il y a, comme on sait, deux sortes de vesces, celle d'hiver et celle de printemps.

Celle d'hiver qu'on sème en automne s'allie surtout à l'avoine d'hiver ou à l'escourgeon. Ces plantes sont préférables au seigle, qui végète et durcit très promptement au printemps. En effet, cette céréale épie en avril, et elle n'est plus alimentaire quand sa floraison est terminée.

Il n'en est plus ainsi de l'avoine, qui ne développe sa panicule que quand les fleurs des vesces sont complètement épanouies. A cette époque, cette céréale est verte, très

21

nutritive, et les animaux la consomment plus volontiers que le seigle. On ne doit donc préférer le seigle que si le climat et la nature des terres l'exigent.

La quantité de semences ici est importante à observer; il ne faut qu'un dixième ou quinzième, ou un vingtième au plus d'avoine. Si l'on faisait l'inverse, l'avoine au printemps anéantirait les vesces.

L'avoine, l'orge ou le seigle ne peut atteindre 40 ou 50 p. 100 que si le sol est peu fertile ou si la vesce y redoute l'influence des gels, des dégels ou des sécheresses.

En 1882, la superficie cultivée en vesces dans le département du Cher s'élève à 3 860 hectares.

La quantité de semence employée est de 216 kilogrammes à l'hectare. Mais nous devons faire observer que cette quantité de semence doit varier suivant la nature du sol et le climat. Il est bon de faire les semis un peu drus, afin que la vesce soit moins exposée aux chances défavorables de l'hiver.

La vesce de printemps se répand dans une proportion un peu plus faible, mais qui varie également selon la nature du sol.

Quand ce terrain est calcaire, siliceux ou argilo-siliceux, il faut moins de semence. Le rendement a été de 33 quintaux 40 par hectare.

Le produit total a été de 128 924 quintaux.

Le prix moyen du quintal étant estimé à 6 francs 22, la valeur totale a été de 801 907 francs.

On a estimé le rendement moyen à 36 quintaux 60.

L'enquête n'a pas fait la distinction des vesces d'hiver et des vesces d'été.

Les cultivateurs du Cher ont donc compris l'avantage de la culture des vesces. La vesce d'hiver est un peu plus difficile que celle de printemps sur la nature du sol. Elle redoute l'humidité; on devra la semer sur des terres plutôt siliceuses qu'argileuses; plutôt légères que compactes.

Les terres calcaires argileuses, calcaires siliceuses du Cher à sous-sols perméables, sont les terrains sur lesquels elle acquiert au printemps le plus de vigueur.

Les vesces de printemps ne demandent pas des terres aussi légères, aussi perméables ou sèches que la vesce d'hiver; les terres argileuses, argilo-calcaires, argilo-siliceuses, sont les seules qui conviennent à ces légumineuses.

Les vesces fournissent trois produits qui diffèrent l'un de l'autre par leur valeur nutritive.

Les tiges vertes sont un bon aliment; elles favorisent la sécrétion du lait chez les vaches et les brebis; elles sont utilement employées pour les élèves ou les animaux qu'on engraisse, elles nourrissent et rafraîchissent. Mais il faut les donner prudemment, car elles produisent la météorisation.

Les cultivateurs du Cher comme ceux de la Beauce et de la Brie trouveront un grand avantage pour leurs troupeaux à faire consommer sur place des vesces en fleur.

Terminons en rappelant que les vesces de printemps ont des avantages que ne possèdent pas celles d'hiver; elles suppléent au trèfle ordinaire, au trèfle incarnat et à la vesce d'hiver, quand ces légumineuses ont été détruites par les gelées ou par les pluies d'automne ou d'hiver. Elles peuvent aussi former la base de la nourriture des animaux soumis à la stabulation depuis le mois de juin jusque dans le courant de septembre.

B. Le trèfle incarnat ou farouch, trèfle du Roussillon, trèfle d'Espagne, est une plante de la famille des légumineuses qui est aujourd'hui très répandue en raison de sa végétation très précoce; il est bon à faucher en vert dès la première quinzaine de mai dans le centre de la France; il précède la première coupe de luzerne et permet de commencer plus tôt le régime vert et forme au printemps une précieuse ressource dans les années de disette fourragère.

On connaît aujourd'hui deux variétés précieuses : l'une tardive à fleurs rouges, qui donne son fourrage 15 à 20 jours plus tard que l'espèce commune et durcit moins vite ; l'autre espèce, plus tardive encore de 8 à 10 jours, est à fleurs blanches. Toutes deux sont aussi productives que le trèfle incarnat ordinaire et permettent, en les cultivant simultanément, d'entretenir les animaux au vert pendant tout le mois de mai au moins et jusqu'à la coupe du trèfle lorsque les luzernes font défaut.

Un autre avantage du trèfle incarnat c'est qu'il rend le sol libre de bonne heure et permet d'y semer ensuite d'autres fourrages comme le sorgho, le millet, le sarrasin, ou d'y repiquer des betteraves, des choux, des rutabagas, ou semer des navets.

D'après la statistique de 1882, dans le département du Cher, la superficie cultivée en trèfle incarnat est 3 262 hectares.

Quantité de semence par hectare : 18 kilogrammes 9.

Rendement moyen par hectare.............	28 quintaux.	
Rendement total.........................	91.336 —	
Valeur moyenne du quintal................................		5 fr. 60
Valeur totale..		511.482 francs.

Rendement moyen, année moyenne : 29 quintaux 80.

C. Maïs-fourrage. — L'enquête de 1882 a donné pour la culture du maïs-fourrage dans le Cher les résultats suivants :

Superficie cultivée........................	1.898 hectares.	
Quantité de semence par hectare........	196 kilos.	
Rendement moyen par hectare...........	64 quintaux.	
Rendement total.........................	117.578 —	
Valeur moyenne du quintal................................		5 fr. 54
Valeur totale..		651.382 francs.

Rendement moyen par hectare, année moyenne : 68 quintaux.

Le maïs-fourrage peut être cultivé avantageusement dans le Cher sur les terres siliceuses tourbeuses et de bruyères. Comme toutes les plantes cultivées en lignes, il n'aime pas les terres rocheuses et pierreuses qui entravent la marche des instruments.

L'introduction du maïs, dit de Gasparin, a renouvelé, enrichi l'agriculture du pays où l'on ne cultivait de temps immémorial que des céréales sur jachère. Sans préjudice de son rôle accidentel de récolte dérobée, de récolte étouffante, de récolte semée à la volée, le maïs-fourrage tel qu'il se présente aux pays privés de fourrages-racines, doit, selon M. Lecouteux, avoir pour rôle principal de servir de plante sarclée, de plante préparatoire à la culture des céréales, mais il ne faut pas oublier que les plantes sarclées sont épuisantes, et que leur alternance prolongée avec les céréales peut être très mauvaise, si l'on n'emploie pas les engrais à haute dose. Le maïs-fourrage mangé en vert doit pouvoir donner une alimentation susceptible de durer quelque temps; on obtient ce résultat par la culture combinée de diverses espèces fourragères semées à plusieurs époques différentes, pour pouvoir suffire successivement aux besoins de l'approvisionnement.

Comme nourriture d'hiver, le maïs ensilé fournit un excellent aliment.

M. Lecouteux fait remarquer avec raison que le maïs placé au premier rang parmi les fourrages à grand produit ne figure pas comme la betterave parmi les plantes à haute main-d'œuvre. C'est là, en présence de la cherté et de l'insuffisance des bras, en beaucoup de pays, un fait économique à prendre en sérieuse considération. Ce qu'il faut surtout au maïs, c'est du travail d'attelage, car sa semaille, ses binages et buttages s'exécutent avec des instruments à cheval.

Un autre facteur du prix de revient du maïs, c'est l'engrais qu'il convient de ne pas lui épargner, car c'est une plante à haut rendement. Les phosphates lui sont très favorables.

Dans les bonnes terres fraîches et profondes de la Sologne comme dans celles du Cher, les frais de culture, de récolte et d'ensilage du maïs géant, variété Caragua, montent, d'après M. Lecouteux, de 16 à 18 francs par 1 000 kilogrammes obtenus par hectare, rendant 50 000 à 60 000 kilogrammes poids brut à l'état vert non séché.

C'est à peu près le prix de revient de la betterave dans les bonnes terres du Nord qui sont grevées d'un loyer de 100 à 120 francs l'hectare. Si donc, ajoute le savant professeur de l'Institut agronomique, on tient compte de ce fait que les terres à maïs de la Sologne sont des terres à 600 ou 1 000 francs valeur foncière, ou 15 à 25 francs valeur locative, on reconnaîtra que d'autres contrées à sol de fertilité moyenne peuvent aussi s'enrichir par le maïs adopté comme tête de rotation. A différentes reprises la Société d'agriculture du Cher s'est occupée de l'ensilage du maïs. En 1876, une commission composée de MM. Gallicher, de Grossouvre, Léon Girard, Auclerc, Poisson, Migon et Proux, fut nommée pour recueillir tous les renseignements sur les procédés d'ensilage de tous les fourrages, sur l'utilité qu'on peut tirer de ces procédés pour l'augmentation de la nourriture d'hiver si précieuse dans tout le département du Cher.

La commission a constaté l'opportunité du développement dans le Cher de la culture du maïs, les avantages qu'on peut retirer du procédé qui permet d'en appliquer les produits à la nourriture d'hiver du bétail.

Quant à la nécessité de transformer l'économie rurale du Cher et de substituer même sur la plaine calcaire l'éducation et l'engraissement du bétail à la spécialité séculaire de la culture des céréales, cette nécessité est incontestable, et si elle n'a pas reçu une plus prompte et plus générale application, il ne faut l'attribuer qu'à la difficulté d'approvisionner les fermes d'une manière régulière et permanente de substances alimentaires propres à y entretenir un nombreux bétail en état de prospérité.

Le département du Cher, en effet, est situé en dehors de cette heureuse contrée fourragère du Nord-Ouest où un équilibre convenable de température, une humidité suffisante de l'atmosphère assurent aux herbages une végétation constante et régulière. Il participe au contraire par son sol, par son climat, de la nature méridionale; il est soumis surtout au printemps à de longues intermittences de sécheresse et d'humidité, puis aux chaleurs estivales, et le caprice des saisons y fait succéder à une année féconde en ressources fourragères une autre année où tout fait défaut pour l'alimentation du bétail.

Mais voici venir le maïs. Il appartient par excellence au climat méridional; il brave la sécheresse. La période de son ensemencement dure du commencement de mai à la fin de juillet, il est entré déjà dans l'économie agricole de notre contrée.

Qui de nous, dit le rapporteur, M. Gallicher, n'en a tiré d'immenses services comme nourriture en vert pendant la saison d'automne? Qui de nous n'a songé aux services plus grands encore que nous rendrait sa puissante végétation, s'il était possible de conserver pour la consommation d'hiver, avec toutes ses propriétés de fourrage vert, cette merveilleuse abondance de produits.

L'ensilage a résolu le problème, et avec lui le maïs, qui brave toutes les vicissitudes de température qui si souvent atténuent ou enlèvent nos récoltes de prairies artificielles et de racines, nous fournira le moyen de pourvoir nos fermes d'une manière normale, régulière, méthodique, de toute la provision alimentaire que réclame le bétail dont elles sont peuplées.

Le rapporteur s'est avec raison inspiré pour son travail des ouvrages de M. Lecouteux : il a cité différentes fermes où l'ensilage était très utilement pratiqué ; lui-même l'a pratiqué sur sa *réserve* et s'en est bien trouvé.

Nous voulons simplement ici appeler l'attention des cultivateurs du Cher sur les améliorations qu'ils peuvent apporter à leur culture. Il est évident que la culture du maïs, son ensilage ainsi que celui des autres fourrages verts, a une importance que la Société d'agriculture a reconnu ; nous n'avons plus maintenant qu'à recommander aux cultivateurs berrichons la lecture de l'ouvrage de M. Lecouteux sur le maïs ; nous appelons également leur attention sur la conservation à l'air libre.

Les silos maçonnés ont l'inconvénient d'exiger une dépense assez élevée, attendu que les constructions doivent être exécutées avec soin et qu'elles nécessitent des matériaux de choix. M. J. Cornouls Moulès, en 1884, a signalé un nouveau procédé de conservation des fourrages verts qui se faisait remarquer par l'absence de toute construction, de tout terrassement.

Une surface plane sur laquelle on entasse le fourrage à conserver de façon à former un tas à parois verticales ; sur cette masse une charge uniforme atteignant 1 000 à 1 300 kilogrammes par mètre carré : telles sont les circonstances à réaliser.

La partie supérieure, les parois latérales s'altèrent sur une faible épaisseur, et sous cette couche décomposée le fourrage se présente dans un état convenable de conservation.

Quand on songe à tout ce que font perdre à l'agriculture les caprices de l'atmosphère, on ne saurait négliger aucun des procédés qui permettent de les déjouer.

Aussi la Société royale d'Angleterre a-t-elle établi un important concours en 1886 pour le meilleur silo et aussi pour la meilleure meule ou autre système pour obtenir l'ensilage sans silo.

Comme résultat de leur inspection, les juges sont arrivés à cette conclusion que le système de meules pressées pour conserver le fourrage vert vient d'être pratiqué avec succès et que ce système est susceptible de prendre une grande extension, en raison de sa grande économie et de l'excellence des résultats obtenus.

Il est certain que, sous le climat du Centre, le maïs-fourrage ne peut acquérir une réelle importance sans l'adoption de l'ensilage ; les regains gagneraient beaucoup à être ensilés.

En dehors de ces cas spéciaux qui seuls suffiraient à donner à ce système de conserves une sérieuse valeur, le problème se pose d'une manière générale entre le fanage et l'ensilage. Quand on considère les frais de main-d'œuvre et de logement, les opinions sont divisées et on peut au moins en conclure que la différence est faible et variable suivant la situation et les moyens employés.

Au point de vue alimentaire, la perte en *silos* est compensée par une plus forte valeur alimentaire, tandis qu'avec le fanage la diminution du coefficient de digestibilité qui est la conséquence de la transformation d'un fourrage vert en foin sec, n'empêche nullement les pertes inévitables qui se produisent pendant la conservation en meules ou en fenils.

Il est donc à désirer que l'ensilage, en pénétrant de plus en plus dans les habitudes des cultivateurs, assure aux animaux d'une manière permanente les avantages de l'alimentation en vert.

D. La culture du *chou-fourrage* est une culture très localisée. Trois départements récoltent à eux seuls près des deux tiers de la production entière; ce sont : Maine-et-Loire, 36 258 hectares, produisant 7 940 502 quintaux; la Vendée, 33 462 hectares et 7 830 108 quintaux; la Loire-Inférieure, 28 746 hectares et 4 771 836 quintaux. Viennent ensuite les autres départements bretons, les Deux-Sèvres, l'Indre-et-Loire et la Mayenne. Cette culture tend à se développer de plus en plus dans le Centre. Néanmoins le Cher est un département où cette culture est le moins étendue.

La superficie cultivée n'est, d'après l'enquête de 1882, que de 10 hectares.

Quantité de semence par hectare.....................	2 kilogr.	
Rendement moyen par hectare...............	120 quintaux.	
Rendement total.............................	1.200 —	
Valeur moyenne du quintal..................................		6 francs.
Valeur totale..	7.200 —	

Rendement moyen par hectare, année moyenne : 120 quintaux.

Les choux non pommés ou choux à vaches, proprement dits *choux verts*, *choux sans tête*, *grands choux de Bretagne*, forment deux variétés : 1° le *chou branchu* ou *du Poitou* et le *chou moellier*, qui sont tous les deux à feuilles lisses; 2° les choux à feuilles frisées.

Ils exigent les mêmes terrains et les mêmes préparations que les choux pommés.

La quantité de feuilles de choux branchus ou moelliers récoltée par hectare est considérable.

Chaque pied de chou produit en moyenne dans l'année 40 à 60 feuilles et 1 hectare, 800 000 à 1 200 000 ; mais, comme il en tombe environ un tiers sur le sol, on ne récolte guère au delà de 600 000 à 900 000 feuilles, du poids moyen de 60 grammes.

En Vendée, on compte environ 20 000 pieds par hectare. Rappelons qu'on ne doit pas nourrir les bêtes à cornes qu'avec des feuilles ou des tiges de choux. C'est alliées au foin des prairies naturelles ou artificielles qu'on peut les regarder à la fois comme un aliment rafraîchissant et substantiel.

Il y a aujourd'hui beaucoup de variétés de choux pommés, mais la race la plus productive, la plus volumineuse, celle qu'il faut cultiver de préférence à toute autre comme plante fourragère, appartient à la classe du chou cabus ; on le connaît sous les noms de *chou quintal*, *choux d'Alsace*, *gros chou d'Allemagne*, *chou de Strasbourg*, *gros chou cabus blanc*, *chou blanc à tête plate*.

Le chou quintal peut être cultivé avec succès dans les terres argileuses, argilo-calcaires ou argilo-siliceuses et aussi sur les terres d'alluvion, les fonds d'étangs desséchés et les sols tourbeux assainis du Cher.

Le rendement est important ; il varie ordinairement de 70 000 à 100 000 kilogrammes à l'hectare.

Il faut 41 kilogrammes de choux pour équivaloir à 10 kilogrammes de foin.

Les feuilles de choux sont réservées pour les vaches et les brebis, chez lesquelles elles augmentent beaucoup la production du lait.

E. Le *seigle* fauché avant la formation de ses épis est une bonne nourriture rafraîchissante, qui favorise la production du lait et est également très bonne pour les chevaux.

Le département du Cher doit à M. de Bengy-Puyvallée, président de la Société d'agriculture, un mémoire fort intéressant sur l'emploi du seigle fauché en herbe pour suppléer à la rareté des fourrages au printemps [1].

M. le président de la Société a exposé que l'absence de fourrages nécessaires aux besoins de chaque ferme est la plaie de l'agriculture. Il est, a-t-il dit, une saison de l'année où la disette de fourrages se fait particulièrement sentir. C'est depuis la fin de l'hiver jusqu'au moment où les prairies artificielles sont en état d'être fauchées.

Dans cet intervalle de temps, qui comprend plus de deux mois, presque toujours les fourrages de toute espèce sont épuisés et la paille même à laquelle on est obligé d'avoir recours manque assez souvent, de même que les autres substances destinées à la nourriture des bestiaux : c'est alors que les animaux tombent dans un état de maigreur qui nuit au développement des élèves, qui enlève aux vaches laitières le lait si nécessaire à la ferme, qui ôte leurs forces aux bœufs et aux chevaux. Pour remédier à ce mal, M. de Bengy-Puyvallée conseille d'imiter les cultivateurs beaucerons, de semer à l'automne, sur des jachères, du seigle qu'on fauche en vert au printemps, pour être donné en fourrage aux bêtes à cornes et aux chevaux. Ayant expérimenté le seigle en vert, le président de la Société d'agriculture a déclaré que ce procédé avait été pour lui l'occasion d'un bénéfice réel.

Quant au champ où le seigle avait été récolté, il a été labouré immédiatement, puis fumé et semé à l'automne; ainsi le seigle récolté en vert ne nuit pas à une récolte de céréales.

Le seigle cultivé comme fourrage vert fauché avant la formation de ses épis est une bonne nourriture rafraîchissante; il favorise la production du lait et réussit également bien pour les chevaux, mais il est nécessaire de le faucher de bonne heure parce qu'il durcit promptement après son épiaison.

L'enquête de 1882 constate que, dans le département du Cher, la superficie cultivée est de 33 hectares.

        Quantité de semence par hectare.......... 125 kilogrammes.
        Rendement moyen........................ 62,50 quint. mét.
        Rendement total........................ 2.063   —
        Valeur moyenne du quintal................................ 4 fr. 33
        Valeur totale.. 8.974 francs.

Rendement moyen par hectare, année moyenne : 60 quintaux 20.

Les autres fourrages annuels non dénommés, cultivés dans le Cher, occupent 248 hectares.

3° **Prairies temporaires.**

L'engazonnement périodique des terres arables se pratique depuis très longtemps en Angleterre, en Allemagne, dans le nord et l'ouest de la France. Ce mode de culture répond à deux nécessités qui s'imposent au cultivateur :

1° Réduire la main-d'œuvre;

2° Produire le plus de viande possible dans le moindre temps.

1. *Bulletins de la Société d'agriculture du Cher*, t. IV, p. 316.

En Angleterre, les prairies temporaires sont surtout formées de plantes telles que le ray-grass, la fléole des prés et autres herbes dont les graines mûrissent en épis. Mais ces graminées durcissent plus vite en France qu'en Angleterre, tandis que les légumineuses réussissent mieux sous notre climat plus doux.

Il y a donc avantage en France à mêler les deux familles de plantes qui s'allient très bien, les unes étant traçantes par leurs racines, les autres pivotantes.

Ces prés temporaires formés par des mélanges de plantes d'une composition plus ou moins rapprochée de celles qui constituent le fonds des prairies naturelles, diffèrent de celles-ci en ce qu'ils n'occupent le sol que pendant un temps limité, un an, deux ans, trois ans, rarement plus. C'est à cause de cette différence que M. Tisserand n'a pas compris dans l'enquête de 1882 les prés temporaires dans les prés naturels permanents, et qu'ils ont été relevés à côté des prairies artificielles.

Les prés temporaires remplacent les prairies artificielles dans les localités où celles-ci ne peuvent se maintenir; ils ont pris, depuis quelques années, un certain développement dans les pays relativement secs; ils occupent par département des superficies très variables depuis 500 jusqu'à plus de 30 000 hectares. Les départements qui en ont le plus sont : l'Allier, 29 221 hectares; le Cher, 13 292 hectares.

C'est qu'en effet beaucoup de terrains, comme le dit M. Boitel, ne remplissent pas les conditions suffisantes pour des prairies permanentes. Beaucoup de terrains se fatiguent et s'épuisent, quoi qu'on fasse pour obtenir la permanence et la durée de la prairie. Au bout de quelques années, les bonnes plantes disparaissent et sont remplacées par des espèces spontanées de médiocre valeur. Dès lors, on est forcé de recourir au défrichement de la prairie usée et épuisée et de la faire rentrer dans la catégorie des terres cultivées.

Les terres calcaires pierreuses des régions jurassiques, certaines terres argileuses et schisteuses ou silico-argileuses, si communes dans les anciennes alluvions et autres, se prêtent bien difficilement à la formation de prairies permanentes.

Il est plus prudent de se contenter des prairies temporaires qui, suivant les qualités du sol, donnent pendant deux, trois et quatre ans, des produits satisfaisants.

Il n'y a, on le comprend, aucun avantage à donner aux prairies temporaires la préférence sur les prairies artificielles quand on est dans un pays où la luzerne, le trèfle et le sainfoin fournissent des récoltes abondantes.

Mais, dans les contrées où l'on a fait abus des prairies artificielles, où le sol ne veut plus en porter, on est bien forcé de recourir aux prairies temporaires, en les composant des plantes qui conviennent le mieux au sol et au climat.

Les prairies et les pâturages temporaires, à l'exemple des prairies naturelles, n'utilisent que des graminées ou des légumineuses.

Quand on veut établir une prairie temporaire, on doit consulter les aptitudes spéciales du sol pour les diverses graminées et se rappeler que les contrées pauvres en calcaire se trouvent bien de la prédominance du ray-grass.

Dans les terrains calcaires ou silico-argileux, les trèfles réussissent parfaitement.

Les chevaux, les vaches et les moutons paissent avec plaisir dans ces pâturages à l'automne de la première année du semis, pendant toute la seconde année avec une interruption pendant l'hiver, et pendant un mois ou deux du printemps de la troisième année.

L'espèce porcine en est très friande, l'engraissement des divers animaux très rapide.

Les vaches donnent immédiatement plus de lait lorsqu'elles mangent de ces herbes, et en produisent moins aussitôt qu'on les en prive.

Dans les pays où existent des prés naturels, la création des prairies temporaires assure le bénéfice de la dépaisance printanière et permet de respecter les prés irrigués au moment le plus critique de leur végétation.

De telles pâtures sèches sont pour les bêtes à laine plus saines que les prairies irriguées. Ainsi nourris convenablement, les agneaux sont vendables à un an, grâce à leur précocité.

D'autre part, il est incontestable que ce mode de culture favorise l'envahissement du sol par les plantes parasites dont la graine légère se transporte aisément au vent. Mais, comme le fait observer Vidalin, lorsque la faux passe l'année même de la semence et revient deux fois l'année suivante, elle moissonne de détestables végétations, telles que la ravenelle, la crête-de-coq, etc. Elle paralyse ainsi la germination de ces plantes qui ont trouvé moyen de s'adapter à la culture biennale et de faire bon ménage avec elle.

Malgré les avantages que présentent les prairies temporaires, leur extension est arrêtée parce que souvent les petits cultivateurs ne peuvent guère les loger ; les verdures annuelles venant à la dérobée ou qui donnent de plus gros rendements sont préférées.

La place toute naturelle des prairies temporaires se trouve dans le Cher, surtout dans les exploitations d'une certaine étendue, dans celles qui sont à métayage ou à fermage, quand il y a plus de terrain que de bras. Mais craignant de faire au sol sous forme de travail ou de fumier une avance qui ne soit pas immédiatement payée par la cueillette de quelques épis, le colon résiste dans le centre de la France à de pareils engazonnements.

L'intervention des propriétaires est évidemment indispensable pour cette innovation, ils doivent prêcher d'exemple en cultivant ces pâturages dans leurs réserves. A eux d'encourager les colons et fermiers par la fourniture de graines et de plâtre. Ils s'en trouveront bien, car les prairies temporaires, comme les prairies permanentes, enrichissent le sol d'azote, surtout si elles sont utilisées par le pâturage.

Lorsqu'on les retourne, on obtient à leur suite de très belles récoltes de céréales, et cela fort économiquement, puisqu'il n'est presque pas nécessaire de leur donner des engrais azotés. Les prairies temporaires rendent donc dans l'économie générale des assolements les mêmes services que les luzernières.

On sait que l'amélioration du sol, au point de vue de l'azote, est surtout marquée lorsque la consommation du fourrage a lieu sur place par les animaux. L'animal au pâturage, restituant par ses déjections la plus grande partie des substances minérales et azotées consommées dans la nourriture, laisse le sol beaucoup moins épuisé que quand la récolte a été fauchée et emportée.

Dans ce dernier cas, dit Joulie, les éléments utiles contenus dans le fourrage sont entièrement perdus pour le sol qui sera appauvri d'autant, si on ne lui en fait une restitution convenable par des apports d'engrais. Ces apports devront surtout consister en éléments minéraux (acide phosphorique, potasse, chaux et magnésie), car le sol en prairie s'enrichit toujours de matières azotées, alors même que le foin est enlevé.

Une dernière observation : le nivellement du sol a beaucoup moins d'importance pour les herbages temporaires, qui ne sont généralement fauchés qu'une seule fois et ensuite livrés au pâturage, que pour les prairies permanentes.

Voici, d'après l'enquête de 1882, les résultats obtenus dans le Cher. La superficie cultivée en prairies temporaires est de 13 292 hectares.

Rendement moyen par hectare............   16 quint. 10
Rendement total......................   214.001 —
Prix moyen du quintal...   6 fr. 60
Valeur totale...   1.412.407 francs.

Rendement moyen par hectare, année moyenne : 17 quintaux 70.

4° **Prairies artificielles.**

Les prairies artificielles sont des prairies temporaires puisqu'elles ne durent qu'un certain nombre d'années, mais elles diffèrent des prairies temporaires proprement dites en ce qu'elles ne sont formées que de plantes légumineuses.

C'est au commencement de notre siècle seulement que ces prairies artificielles ont été mises sérieusement en honneur dans l'agriculture française. Et un des plus actifs et des plus influents propagateurs de leur extension fut Béthune-Charost, l'éminent agriculteur du Cher, qui fut lieutenant général de la Picardie, gouverneur de Calais et membre honoraire de l'Académie d'Amiens. A cette époque, les idées s'étaient reportées vers l'agriculture. On vit naître l'École des économistes qui comptait Parmentier, Yvart, Silvestre, Tessier, l'abbé Rozier et autres. Ces éminents agronomes étaient pénétrés de l'impérieuse nécessité d'entretenir dans les fermes un nombreux bétail pour rendre aux terres par l'engrais les principes fertilisants que leur enlève la récolte. On se préoccupait avant tout des besoins d'alimenter le bétail; c'est alors que surgit, sous la bienfaisante inspiration des économistes, une véritable propagande pour étendre les prairies artificielles et développer en France la richesse nationale.

La nouvelle doctrine, qui s'appuyait avec raison sur la production du sol pour enrichir l'État, se répandit comme un mot d'ordre dans les provinces, et les Académies, dont la plupart venaient de se fonder, rivalisèrent de zèle et d'initiative pour l'appliquer dans leurs circonscriptions.

Dès l'année 1785, 25 août, nous voyons le duc de Charost offrir à l'Académie d'Amiens un prix de 600 livres en faveur d'un mémoire qui répondrait le mieux au programme tracé par ce bienfaiteur concernant la culture des prairies artificielles dans la généralité d'Amiens.

L'année suivante, la Société royale d'agriculture de France proposa pour sujet d'un prix de 1 000 livres et d'un jeton en or de la valeur de 100 livres la question suivante :

Quelles sont les espèces de prairies artificielles qu'on peut cultiver avec le plus d'avantages dans la généralité de Paris et quelle en est la meilleure culture?

Le prix fut décerné à François Gilbert, professeur à l'école vétérinaire d'Alfort, qui remporta aussi la médaille de 500 livres au concours ouvert en 1786 par l'Académie d'Arras sur un sujet analogue :

Indiquer la meilleure méthode à employer pour faire des pâturages propres à multiplier les bestiaux en Artois.

Le prix de l'Académie d'Amiens ne devait être décerné qu'en 1787; ce fut encore Gilbert qui l'emporta. On lui doit un traité remarquable des prairies artificielles dans la généralité de Paris. Cet ouvrage renferme de nombreux travaux où se trouve résumé par colonne le rendement des plantes fourragères, cultivées dans chaque élection.

Voici ce que dans son mémoire pour l'Académie d'Amiens, Gilbert dit au sujet des prairies artificielles :

« Si de nombreux troupeaux sont l'âme de l'agriculture, si l'engrais qu'ils fournissent est le premier aliment des végétaux, l'agent le plus puissant de la reproduction, une vérité non moins incontestable c'est que de riches prairies naturelles ou artificielles sont partout nécessaires à l'entretien et à l'éducation de nombreux troupeaux.

« Une troisième vérité, qui ne peut pas admettre plus de contradiction que ces deux premières, c'est que le défaut de prairies, de bestiaux et conséquemment d'engrais est la première cause, l'unique cause peut-être, de l'état désastreux où se trouve notre agriculture. »

Dans un autre passage de son mémoire, Gilbert dit : « Tout le monde sait que les céréales ont la funeste propriété d'épuiser en peu de temps les sols les plus fertiles et qu'ils seraient bientôt frappés de stérilité, si on ne leur rendait et par des engrais et par du repos les principes qu'ils ont perdus. Il est un troisième moyen bien connu, et depuis très longtemps, mais malheureusement tombé presque en désuétude parmi nous, il consiste à alterner les semences qu'on confie à la terre, à y faire succéder sans cesse des végétaux qui aient une manière différente de se nourrir, ceux dont les racines s'enfoncent dans les couches inférieures.

« Or la plupart des plantes propres à former des herbages sont précisément celles qui, par leur manière de se nourrir et de végéter, peuvent occuper avec le plus d'avantages les terres altérées par des récoltes en grains.

« Tandis que leurs racines brisent, atténuent, tamisent, en quelque sorte, les particules terreuses des lits inférieurs dans lesquels elles pénètrent à une très grande profondeur, leurs feuilles, leurs tiges, soutirent de l'atmosphère et déposent à la surface du sol l'engrais météorique qui le féconde et le dispose à la production des céréales.

« Il n'est pas un agriculteur qui ne sache combien sont fertiles en général tous les terrains nouvellement défrichés ; le plus grand inconvénient qu'ils présentent, c'est même de l'être trop. Il faut les épuiser par des récoltes d'avoine. »

A ces avantages, Gilbert ajoute qu'en général les herbages naturels ou artificiels ont beaucoup moins d'ennemis à craindre que les céréales, qu'ils sont beaucoup moins exposés aux effets de l'intempérie des saisons, à la grêle, qu'ils n'ont pas le même besoin d'être fumés et ne courent pas le risque de l'être trop, que la récolte en est bien moins dispendieuse et la conservation plus facile, qu'ils produisent tous les ans et même plusieurs récoltes chaque année.

Gilbert termine en disant : la conversion des herbages en terres à blé et des terres à blé en herbages nous paraît offrir la méthode de culture la plus parfaite, celle qui est la plus propre à conserver à la terre une fertilité constante et durable.

Puis il indique quelles plantes peuvent servir à former des prairies artificielles, la proportion dans laquelle les prairies doivent être avec les terres labourables de chaque exploitation, eu égard au besoin plus ou moins grand de bestiaux déterminé par le besoin d'engrais, dépendant lui-même de la valeur des terres et des ressources locales. Gilbert décrit le sainfoin, la luzerne et le trèfle.

Malgré cet élan donné à la culture des prairies artificielles, leur développement ne se fait guère sentir dans le département du Cher. Legendre de Luçay, préfet du Cher en l'an X (1801-1802), dit qu'on trouve à peine à de longues distances quelques champs de trèfle ou de luzerne, mais d'une si petite étendue, qu'ils offrent plutôt l'idée d'un essai que l'espérance d'une ressource. Ce n'est guère que dans les environs de Sancerre que l'usage du sainfoin est un peu étendu. Et cependant le préfet n'oublie pas de signaler tous ses efforts pour cette culture, il ne cesse de rappeler à tous les propriétaires les avantages des prairies artificielles, d'exciter leur intérêt, de parler à leur amour-propre, de mettre en un mot tout en œuvre pour multiplier les essais de ce genre; mais, ajoute-t-il, on n'a encore obtenu que des promesses vagues et qui ne se réalisent point. Ce qui arrête les propriétaires, c'est d'abord la liberté de parcours qui entraîne la dépense des clôtures, et ensuite les frais de semence à ajouter à ceux-ci. Le préfet convient qu'il résulte de la liberté de parcours des inconvénients que la surveillance la plus active ne peut empêcher et qui sont destructifs de la culture; il reconnaît aussi que le grand nombre de chèvres cause dans les propriétés des ravages incalculables; il serait digne de la sollicitude du gouvernement de réprimer ces deux abus par des dispositions limitatives.

Quant à l'objection relative aux frais de semence, elle devrait, selon Legendre de Lucay, être sans force aux yeux des cultivateurs, vu la modicité de ces frais qui n'existent que pour la première année et ils en seraient dédommagés avec usure par les produits; mais, à l'exception d'un petit nombre, on doit désespérer en général, en matière d'innovation, de les convaincre par du raisonnement. Il faut pour les déterminer à des essais que ces tentatives, loin d'être contrariées, soient commandées par la considération toute-puissante de l'intérêt présent.

Le moyen le plus sûr de multiplier les prairies soit de trèfle, de luzerne et de sainfoin, soit de toute autre plante graminée d'un produit non moins avantageux, serait d'établir au chef-lieu du département un dépôt de ces différentes graines; un fonds de 3 000 francs fait par le gouvernement serait suffisant; les graines seraient distribuées à titre d'encouragement aux propriétaires qui voudraient faire des essais et à peine l'exemple des prairies artificielles aurait été donné par une trentaine d'entre eux, qu'il serait généralement suivi. C'est là, comme nous l'avons vu, une des propositions faites à l'assemblée provinciale du Berry.

En 1806, Yvart disait : La multiplication des bêtes à laine superfine ou améliorée, qui s'est étendue depuis plusieurs années déjà d'une façon rapide, a contribué efficacement à l'extension de la culture des prairies artificielles, et il concluait que le département du Cher, comme celui de l'Indre où il y a toujours eu de tout temps de nombreux troupeaux de moutons, devait, le terrain s'y prêtant, avoir beaucoup créé de prairies artificielles. D'autant plus, ajoutait-il, que le duc de Charost y poursuit vigoureusement ce but.

Sans avoir marché aussi vite que l'aurait voulu le préfet du Cher, il faut croire néanmoins que l'impulsion du duc de Charost n'est pas restée sans résultat. En effet, le premier rapport de la Société d'agriculture du Cher inséré dans son premier bulletin est un rapport sur les prairies artificielles lu à la séance du 19 février 1826, par M. de Puyvallée fils aîné.

Le rapporteur expose qu'une culture, pratiquée de temps immémorial dans le nord de la France et préconisée bien à tort dans ces derniers temps comme une découverte faite parmi les cultivateurs anglais, s'est depuis un certain nombre d'années répandue dans nos départements. Partout où elle a été admise, elle a opéré les plus étonnants, comme les plus heureux changements. Les fourrages et avec eux les bestiaux, les engrais et les récoltes de tout genre ont augmenté dans une telle progression que bientôt la misère a disparu, le prix des fermes a presque doublé et la classe laborieuse s'est enrichie en même temps que la classe des propriétaires; cette culture est celle des prairies artificielles.

Les agriculteurs romains ont dit : *Primo pascere*. Mais si les fourrages sont la base de toute bonne culture, que penser de la culture d'un pays où les bêtes bovines, même lorsqu'elles travaillent, n'ont pour pâturages que l'herbe des champs, où quelquefois, au printemps, on voit cette même herbe pacagée par les chevaux de labour, où enfin, pendant l'hiver, tous les bestiaux ne connaissent presque pas d'autre nourriture que la paille. Ce pays c'est le nôtre, dit M. de Puyvallée, et comme la rareté des fourrages y est un malheur, commun peut-être à d'autres pays, néanmoins il existe dans le département du Cher une extrême disproportion pour les fourrages entre les ressources de la belle saison et celles de la saison des frimas et des pluies. Cultivez les prairies artificielles et ces inconvénients disparaîtront.

Les fourrages des prairies artificielles étant sur les terres du domaine à la portée du laboureur, cette proximité est déjà un gain réel pour lui, gain qui résulte de la facilité dans la surveillance, dans le choix de l'époque du fauchage et dans toutes les opérations qui l'accompagnent ou le suivent.

L'époque de la récolte présente un autre avantage non moins précieux sous le rapport de l'économie. Les prés naturels sont ordinairement fauchés dans un moment où la moisson occupe les hommes comme ouvriers et les femmes comme glaneuses. La main-d'œuvre est à un plus haut prix.

La récolte des prairies artificielles, au contraire, précède toutes les récoltes de grains. C'est l'époque de la plus grande rareté d'ouvrage. C'est donc le moment où toutes les opérations de fauchage et du fanage peuvent se faire au plus bas prix.

Le fourrage des prairies naturelles est souvent inégalement bon, et il est souvent mélangé de plantes nuisibles.

Les produits des prairies artificielles sont beaucoup plus homogènes. M. Puyvallée citait l'exemple de plusieurs propriétaires éclairés du canton de Dun-le-Roi qui avaient cultivé avec le plus grand profit les prairies artificielles. Avec ces ressources, ajoutait le rapporteur, nous ne craindrons plus les rigueurs prolongées de l'hiver. Nos bestiaux seront mieux nourris. Les laboureurs cultiveront mieux nos terres, ils nous donneront des produits plus sûrs et évidemment plus considérables, puisqu'il nous sera permis d'en augmenter le nombre pendant l'hiver. Puis il répondait à l'objection que les prairies artificielles restreindront le parcours au printemps : Avec les produits des sainfoins, du trèfle ou de la luzerne, les bestiaux seront plus abondamment, plus sainement nourris, non seulement pendant le printemps, mais encore pendant toute l'année. Ensuite, M. Puyvallée montrait comment les prairies artificielles facilitent et augmentent l'ameublissement que la charrue donne à la terre.

L'épaisse végétation des prairies artificielles empêche les terres argileuses de se croûter par l'effort de la chaleur et entretient dans les terres légères une humidité convenable, établit dans toutes un état d'ameublissement tellement favorable aux ensemencements que plusieurs de nos laboureurs aiment mieux semer sur le chaume de vesce que de mettre un labour entre la récolte de cette plante et l'ensemencement du froment.

De plus, les prairies artificielles engraissent le sol. Leurs nombreux débris restent sur la terre qu'ils fécondent, et cet engrais se trouve très également répandu sur la terre.

Leur épaisse et prompte végétation s'empare vite du terrain et y étouffe les mauvaises herbes qui y auraient levé avec celle de la prairie artificielle. C'est là un nettoiement dont il faut tenir compte.

Quant aux voies et moyens, le rapporteur a proposé à la Société de charger sa deuxième commission de rédiger une instruction détaillée sur la culture des prairies artificielles pour la distribuer aux cultivateurs, puis de donner des encouragements et récompenses à ceux qui cultiveraient les prairies artificielles.

La difficulté de se procurer des graines ayant été reconnue comme un premier obstacle à la propagation des prairies artificielles, le rapporteur a proposé l'établissement d'un marché public pour ces graines. De même aussi, le plâtre étant reconnu comme l'engrais le plus puissant des prairies artificielles, on décida qu'une demande serait faite d'un dépôt de plâtre à Bourges.

La Société d'agriculture du Cher, suivant la pensée du rapporteur, a rédigé une instruction complète pour la culture des prairies artificielles. Cette instruction est très intéressante et nous engageons les cultivateurs du Berry à la lire [1].

De plus, la Société, par son arrêté du 14 avril 1821 a statué qu'à compter de l'année 1822, il serait offert, tous les ans, au concours de tous les cultivateurs du département, 12 médailles consacrées à l'encouragement de la culture des prairies artificielles, et que cesdites primes d'encouragement seraient distribuées dans chaque arrondissement eu égard à son étendue et à sa population, à son importance relative et dans la proportion suivante :

Bourges, 5; Saint-Amand, 4; Sancerre, 3.

Les efforts qui ont été développés par plusieurs cultivateurs de l'arrondissement de Saint-Amand ont déterminé la Société à accorder à cet arrondissement une prime d'encouragement de plus que la quantité fixée par son arrêté du 14 avril 1821.

Voici les noms des cultivateurs qui ont été récompensés.

ARRONDISSEMENT DE BOURGES. — Canton de Bourges : Vilna, à Bourges.

Canton de Baugy : Crolat, fermier à Baugy.

Canton de Charost : Manau, laboureur à Charost.

Canton de Levet : Perreau, fermier à Lochy.

Canton de Saint-Martin : Nicolet, fermier à Quantilly.

ARRONDISSEMENT DE SAINT-AMAND. — Canton de Saint-Amand : Delacorde, cultivateur à Orval.

Canton de Saint-Amand : Aucler, cultivateur à la Celle-Bruère.

Canton de Châteauneuf : Séjournet, cultivateur à Châteauneuf.

Canton de Dun-le-Roi : Bourgoing, laboureur à Osmery.

Canton de Dun-le-Roi : Buchet, cultivateur à Saint-Denis de Palain.

ARRONDISSEMENT DE SANCERRE. — Canton de Sancerre : Frelat, laboureur à Thauvenay.

Canton de Sancergues : Jean-Paul Morin, fermier à Groise.

Canton de Sancergues : Charpentier, cultivateur à Saint-Léger.

Après le mémoire de M. Puyvallée sur les prairies artificielles, la Société en eut communication d'un autre sur le même sujet et sur l'emploi du plâtre par M. Ballard, associé correspondant. L'auteur, après avoir fait ressortir les avantages des prairies artificielles, insiste sur la culture de la pimprenelle, qui lui a très bien réussi.

Lorsque les sainfoins sont usés, dit-il, on les défriche et on fait produire au terrain

----

1. Tome I des *Bulletins de la Société.*

pendant trois ans des céréales. Il ne serait pas prudent, après un si court intervalle de semer de nouveau du sainfoin, alors on y sème de la pimprenelle, qui est un fourrage précieux dans un pays où l'usage destructeur du parcours ne permet pas d'établir des prairies artificielles sur des terres éloignées des habitations.

Notons, enfin, comme un des premiers cultivateurs de prairies artificielles, le sieur Chamard, fermier au lieu de la Maison-Rouge, commune de Germigny, qui, au mois de mars 1819, a ensemencé un champ de bonne terre de la contenance de cinq arpents, en avoine et en trèfle. Il a récolté beaucoup d'avoine; à la suite de cette récolte, le trèfle y est devenu tellement beau qu'on aurait pu le faucher à la fin du mois de septembre 1819.

Au mois de mars 1820, le trèfle, quoiqu'il n'eût pas été plâtré, a fait l'admiration de tous les cultivateurs voisins, même des étrangers qui sont venus le voir par curiosité. La récolte des graines a été également très abondante.

M. Massé, maire de la commune de Germigny, a signalé le fait à la Société d'agriculture du Cher en disant : « Cet exemple a donné une telle émulation dans notre canton que plusieurs propriétaires et fermiers de notre commune et des environs ont fait des achats considérables de graines de trèfle, qu'ils vont semer avec leurs menus grains dans le courant de ce printemps. »

La Société d'agriculture du Cher a décerné en 1821 un prix d'encouragement d'agriculture pratique à M. Chamard. Ce qui n'empêche pas, quelques années plus tard, Bulet de trouver que la culture des prairies artificielles se propage lentement et de rappeler à ses concitoyens du Cher les enseignements de l'abbé Rozier, qui regarde l'introduction des prairies artificielles comme devant produire en France la révolution la plus heureuse. Bulet appelle de tous ses vœux l'instant où, grâce à elles, il n'existera plus de jachère.

Il s'écrie : De longtemps on ne verra dans le département du Cher l'accomplissement des vœux de Charost, cet illustre et infortuné agronome, du moins si l'on doit en juger par l'état actuel des choses ; car les prairies artificielles y sont rares et les jachères communes. Les terres, qui n'ont pas été ensemencées en blé quelconque, demeurent en général sans recevoir aucun autre ensemencement, ne produisent que quelques herbes qui offrent aux faibles bestiaux qu'on y conduit une nourriture rare et peu substantielle, ne peuvent être engraissées par les débris des plantes dont elles sont privées, et après être restées un ou deux ans sans être d'aucun rapport pour le propriétaire, sont semées en blé qui, trouvant une terre maigre, sans sucs nutritifs, vient mal et donne une récolte qui est bien loin de payer le laboureur de ses peines.

Quelle différence si, à l'usage si pernicieux des jachères, on substituait celui des prairies artificielles!

Ces champs qui affligent maintenant, par leur stérile nudité, l'œil qui les parcourt, offriraient de verts pâturages.

Ces terres sans rapport pour le propriétaire fourniraient un fourrage abondant; ce sol, appauvri par l'absence presque totale de plantes, s'enrichirait des nombreux débris de celles qui la couvriraient et, lorsqu'on l'alternerait en blé, récompenserait par de riches moissons le cultivateur industrieux.

A peine rencontre-t-on à de grandes distances quelques champs de luzerne, de trèfle, de sainfoin, et cependant il est peu de départements où elles seraient plus nécessaires.

Des communes entières, telles que celles d'Arçay, Trouy, et un grand nombre d'autres qui ne possèdent aucun pré, trouveraient dans les prairies artificielles, auxquelles la bonne qualité de leurs terres est très propice, les fourrages qu'elles sont obligées d'aller acheter au loin à grands frais; mais tel est le funeste ascendant des anciens usages qu'on se refuse à en adopter de nouveaux malgré toute l'utilité qu'on en retirerait.

Néanmoins, au milieu de cette obstination et de cette insouciance générale, quelques propriétaires mieux éclairés et entendant mieux leurs intérêts se sont livrés à la culture en grand des prairies artificielles. Butet cite : Busson de Villeneuve; Dupré de Saint-Maur, qui, dans ses propriétés du canton d'Argent, a donné la plus grande extension à cette branche si importante de l'agriculture; Balard, percepteur des contributions, propriétaire dans la commune de Bourges; Chamard, propriétaire à Germigny. Après ces initiateurs il en vint d'autres, comme M. de Rivière, qui fait des expériences sur le plâtrage des prairies artificielles et qui croit qu'au lieu de plâtrer les sainfoins et les trèfles au mois d'août, il serait plus avantageux de plâtrer de bonne heure, en décembre, janvier ou février au plus tard, lorsque la terre est favorable. Il cite à l'appui de cette opinion les expériences faites par M. Bugeaud, qui plâtrait avec succès au commencement de l'hiver et même pendant l'hiver, avec du plâtre écrasé sans être cuit. M. de Rivière cite comme expériences personnelles celles qu'il a faites sur une prairie artificielle de 10 hectares établie sur un terrain calcaire très maigre, qui n'avait reçu encore comme amélioration qu'une seule fumure pour porter un blé; c'est à la fin de janvier qu'il a fait plâtrer et le résultat a été magnifique malgré la sécheresse. La seconde coupe même a été bonne. Une luzerne plâtrée huit ou dix jours plus tard a donné trois coupes en 1858 et n'en avait donné que deux l'année précédente. Les labours des fermiers qui ont plâtré six semaines plus tard n'ont eu que très peu de fourrage.

L'année suivante, M. Baguenault de Vieville, membre de la Société d'agriculture du Loiret et correspondant de celle du Cher, faisait hommage d'un exemplaire du rapport par lui fait sur les mémoires envoyés au concours pour le prix proposé par la Société académique d'Orléans, sur la dégénérescence des prairies artificielles et les moyens d'y obvier.

Ainsi c'est à peine si les prairies artificielles s'étaient répandues qu'elles étaient atteintes de dégénérescence.

En 1862, l'étendue totale des prairies artificielles, luzerne, sainfoin, trèfle, mélanges divers, s'élevait à 69 905 hectares ainsi répartis :

Arrondissement de Bourges.............................. 22.143 hectares.
     —   de Saint-Amand......................... 28.449   —
     —   de Sancerre............................. 19.313   —

Le produit moyen par culture en foin est de 21 quintaux 36 kilos et le produit total, année ordinaire, de 1 527 823 quintaux.

Lors de l'enquête de 1866 dans le Cher, à la question posée : Quelle est l'étendue des terres cultivées en prairies artificielles? il a été répondu : Cette étendue est très variable suivant les cantons, on peut néanmoins l'estimer approximativement au sixième de l'étendue totale des propriétés.

Les frais de culture de ces prairies à l'hectare sont estimés :

Pour la luzerne... 25 francs.
  — le sainfoin... 45   —
  — le trèfle... 45   —

En 1870, Gallicher déclare que la culture des prairies artificielles est venue donner un auxiliaire indispensable aux exploitations rurales du plateau calcaire. Là, en effet, les prés font presque complètement défaut et le peu qui existe est de mauvaise qualité.

Leur culture, ajoute Gallicher, est généralement bien faite, ces plantes donnent des produits considérables.

Peut-être serait-il temps de les semer avec plus de mesure, de les varier un peu plus, de remplacer surtout le trèfle aux racines superficielles, par la luzerne qui va chercher jusque dans les profondeurs du sol les éléments de sa féconde et admirable végétation.

Le tableau de l'enquête de 1882 pour les prairies artificielles donne les résultats suivants dans le département du Cher :

Trèfle.

Superficie ensemencée................... 26.428 hectares.
Quantité de semence employée.......... 14 kilogrammes.
Rendement moyen par hectare.......... 35 quintaux 50.
Rendement total....................... 938.194 quintaux.
Prix moyen du quintal.................................... 6 fr. 33
Valeur totale.. 5.938.768 francs.

Rendement moyen par hectare, année moyenne : 39 quintaux.

Luzerne.

Superficie cultivée..................... 13.700 hectares.
Quantité de semence par hectare....... 16 kilogrammes.
Rendement moyen par hectare.......... 44 quintaux 70.
Rendement total.... .... 612.390 quintaux.
Prix moyen du quintal.................................... 7 fr. 80
Valeur totale.. 4.776.642 francs.

Rendement moyen par hectare, année moyenne : 50 quintaux.

Sainfoin.

Superficie cultivée..................... 13.811 hectares.
Quantité de semence par hectare....... 96 kilogrammes.
Rendement moyen par hectare.......... 28 quint. 80.
Rendement total....................... 397.757 quintaux.
Prix moyen du quintal.......... .... 7 f. 95
Valeur totale.. 3.162.168 francs.

Rendement moyen par hectare, année moyenne : 31 quintaux 90.

A. LUZERNE. — La luzerne paraît être une des premières plantes qui aient été cultivées en prairies artificielles. Tous les auteurs géoponiques anciens lui donnent les éloges les plus magnifiques.

« Sed ex iis quæ placent, eximia est herba medica quod cum semel seritur, decem annis durat » (Columelle, liv. II, chap. x), dont voici la traduction : « De toutes les espèces de fourrages la luzerne est sans contredit la meilleure, parce que, une fois semée, elle dure dix ans. »

Varron, Caton, comme Columelle, en parlent avec enthousiasme ; notre Olivier de Serres, qui l'appelle sainfoin, lui consacre un long chapitre et la qualifie du nom de *merveille du ménage*, à raison de sa prodigieuse fécondité et des nombreux moyens de prospérité qu'elle offre aux cultivateurs.

Avant d'indiquer quels terrains peuvent, dans le Cher, convenir à la culture de la luzerne, il faut d'abord rappeler que les racines de cette plante, de la famille des légumineuses, peuvent acquérir jusqu'à 20 mètres de long ; elles ont besoin, pour se développer, d'abord d'un sous-sol perméable jusqu'à une grande profondeur. Ces longues racines, presque dépourvues de ramifications latérales, sont terminées par un certain nombre de radicelles douées de fonctions absorbantes et ont bientôt épuisé les sucs nutritifs environnants ; mais comme elles continuent de s'allonger à mesure qu'elles s'enfoncent, elles pénètrent successivement dans de nouvelles couches non encore épuisées. Si cet allongement est arrêté par un sous-sol imperméable, la plante devient languissante et sa durée est compromise ; c'est donc la qualité du sous-sol qui importe le plus pour la bonne venue de la luzerne, tandis que pour le trèfle, c'est surtout la nature de la couche superficielle.

Il faut, pour la luzerne, un sous-sol perméable et frais sans être humide. Les tufs calcaires friables, les sables frais et profonds, les sous-sols de roches qui présentent de nombreux interstices ou failles lui conviennent bien ; mais elle redoute, avant tout, l'humidité et l'acidité ; à cela près, elle s'accommode très bien des terrains d'alluvion limoneux, argilo-calcaires, argilo-siliceux ou calcaires siliceux, mais elle redoute les sols compacts et humides, les terrains tourbeux et marécageux.

La luzerne, quoique empruntant beaucoup au sol, est cependant une plante améliorante, elle abandonne une certaine quantité de feuilles, mais c'est surtout par les racines qu'elle laisse dans le sol qu'elle est utile, elles sont d'autant plus abondantes que la luzerne a végété sur un sol profond et sous un climat plus méridional. Sur un hectare de luzerne dans le département de Vaucluse, Gasparin a recueilli 37 000 kilogrammes de racine ; or, on sait que ces racines contiennent 0,95 p. 100 d'azote.

Si l'on multiplie 37 000 kilogrammes par 0,95 on obtient 351 kilogrammes d'azote par hectare laissés dans le sol.

Cette fertilité explique pourquoi, après le défrichement des luzernières, on peut demander au sol plusieurs récoltes consécutives.

La luzerne mérite toujours une place importante dans la culture du Cher où manquent des prairies naturelles. Elle engraisse le sol, ne nécessite presque aucun frais, et elle est une précieuse ressource, elle fournit trois produits alimentaires :

1° La luzerne verte qui convient si bien aux vaches laitières parce qu'elle est à la fois nutritive et rafraîchissante ; 2° le foin de luzerne, plus nutritif que le bon foin des prairies naturelles quand il a été bien fané ; il est recherché des chevaux, des vaches et des bêtes à laine, il rend le lait plus butyreux, entretient les animaux en bonne santé et favorise l'engraissement des bêtes bovines et des moutons ; 3° le regain de luzerne bien récolté, ayant une belle couleur verte, est plus nutritif que le foin de cette légumineuse ; il est mangé avec avidité par les brebis et les agneaux.

Un des avantages de la luzerne, *c'est qu'ayant son collet sous terre, elle peut être pâturée par tous les animaux domestiques;* c'est ordinairement la dernière pousse qu'on fait ainsi pâturer sur place.

Le foin de prairie naturelle revient à un prix moindre que celui de luzerne, mais il n'a pas une valeur alimentaire aussi grande.

Nous recommandons surtout aux cultivateurs du Cher de ne point prendre la graine de luzerne sur de vieilles luzernières destinées à être rompues, ni sur la seconde ni même la troisième recoupe.

Un cultivateur qui veut réussir dans la culture de la luzerne doit consacrer un champ plus ou moins grand, semé en luzerne dans une bonne terre pour obtenir sa graine et ne la prendre que sur la *première coupe*, qui est généralement la meilleure.

Dans l'instruction qui a été rédigée par la Société d'agriculture du Cher, il est dit que le terrain destiné à être semé en luzerne doit avoir été labouré profondément et fortement hersé et roulé après le dernier labour, il doit être parfaitement ameubli et aplani au moment où il reçoit la semence.

Plus le plant sera épais, mieux il étouffera les plantes nuisibles. Il est utile de sarcler la luzerne pendant le printemps de sa première année de fauche.

Dans le département du Cher, la luzerne donne trois coupes. La durée des luzernières varie beaucoup; on en a vu donner des produits avantageux jusqu'à trente ans; d'autres se dégarnissent au bout de trois à quatre ans. La nature du sol, les soins préparatoires de culture qu'il a reçus, l'abondance des engrais et surtout l'attention continue d'en écarter les bestiaux, contribuent à prolonger l'existence de la luzerne.

Quand une luzerne commence à perdre de sa vigueur, il faut la herser à la herse de fer; cette opération se fait immédiatement après la dernière coupe, puis une deuxième fois à la fin de l'hiver avant que la végétation se ranime.

Tous les cultivateurs savent qu'un des fléaux de la luzerne, c'est la cuscute, plante parasite de la famille des convolvulacées.

La Société d'agriculture du Cher s'est beaucoup occupée des moyens de détruire cette plante parasite.

M. Cacadier a signalé un moyen dont il a usé avec succès et qui consiste simplement à mélanger la graine de luzerne avec de la graine de sainfoin. M. Cacadier et M. de La Mardière ont affirmé que la cuscute n'attaque pas le sainfoin. M. Poisson, qui avait semé à Aubussay des mélanges de ces fourrages, n'a pas constaté l'innocuité de la cuscute. M. de Saint-Maurice a vu aussi la cuscute se propager même dans le sainfoin.

M. Laîné a préconisé le moyen suivant : faire faucher le plus près possible les parties atteintes par le fléau en étendant la coupe à un périmètre un peu plus grand que la surface envahie, bien ramasser le chevelu de la cuscute, y répandre de la paille, et faire brûler le tout sur place et arroser immédiatement après tout l'espace fauché avec du purin.

Un autre procédé consiste, au lieu de brûler de la paille, à l'endroit occupé par la cuscute, de répandre sur le sol une couche de tannée de 4 à 5 centimètres d'épaisseur, en ayant soin de couvrir exactement toutes les parties attaquées et même au delà de leurs limites, pour être certain que rien ne pourra échapper à l'agent destructeur.

M. Merceret a présenté en 1871 à la Société un peigne-râteau destiné à détruire la cuscute. Voici un dernier procédé : une fois la place occupée par la cuscute nettoyée, c'est de répandre en cet endroit une dissolution de couperose verte ou sulfate de fer, 4 à 5 kilogrammes pour 100 litres d'eau; sous l'action de cette solution vitriolique les fragments de tiges qui sont encore enroulés aux collets de la luzerne ou qui existent sur le sol prennent une teinte brune et perdent leur vitalité.

B. Sainfoin. — Des plantes qui servent à former des prairies artificielles, le sainfoin est celle qui est la moins délicate sur la nature des terrains. On le sème : 1° de préférence dans le Cher sur les terres calcaires si nombreuses connues sous les noms de craies, criats, griottes, gravodes, grouailles, etc. ; 2° sur les terrains sablonneux non humides.

En général, les terrains en pente lui conviennent mieux que ceux qui sont unis et que les vallées. Dans les terres calcaires très fertiles, il donne des produits plus abondants, mais il dure moins longtemps que dans les terres calcaires qui sont moins fertiles.

Le sainfoin est le seul fourrage qui puisse donner des récoltes satisfaisantes dans les terrains exposés dès le printemps à la sécheresse et c'est depuis l'introduction de cette plante que des contrées entières, jusque-là déshéritées, ont pu entretenir assez de bestiaux pour adopter une culture profitable.

Même sur les craies, dit Gilbert, qui ne sont pas les terres qui lui conviennent le mieux, il trouve les sucs nécessaires à sa végétation par l'avantage qu'il a de braver l'intempérie des saisons et surtout la sécheresse qui dévore toutes les autres plantes, de n'exiger que peu de soins, de dépenses et d'engrais, de fertiliser plus qu'aucune autre le sol qui l'a porté.

Parmi les recommandations faites dans l'instruction de la Société d'agriculture du Cher au sujet du sainfoin, notons celles qui sont faites à l'endroit de la graine :

La bonne graine doit être d'un gris roussâtre. Quand elle a été cueillie avant sa parfaite maturité, elle est blanche et rétrécie. Quand elle a été mouillée ou qu'elle s'est échauffée, elle est noire et ridée.

Dans le choix de la semence qu'on achète, il faut surtout éviter qu'elle soit mélangée de certaines graines aussi longues et plus minces que celles de l'avoine qui produisent une plante connue, dans le Cher, sous le nom d'*herbe grainée* et dont le véritable nom est brome stérile, plante qui est le fléau du sainfoin et qui fait le tourment des bestiaux qui en consomment.

Aujourd'hui, nous avons d'excellents trieurs, à l'aide desquels la séparation du brome stérile est facile.

Une opération que recommande la Société d'agriculture du Cher, c'est, quand les sainfoins commencent à vieillir, de les herser avant l'hiver et une fois après avec la herse à dents de fer. La herse ne détruit pas les pieds de sainfoin, mais seulement les plantes nuisibles qui infestent la prairie. Quelques cultivateurs répandent ensuite de la chaux en poudre.

Il convient, après le hersage du printemps, de passer le rouleau, et après le roulage d'épierrer le champ s'il est nécessaire.

D'après les instructions de la Société d'agriculture du Cher, la graine ne doit pas se récolter sur des sainfoins qui aient moins de trois années d'existence, celle de l'ensemencement comprise.

Pour récolter la graine de sainfoin, il ne faut pas oublier que les graines se développent successivement sur les tiges en commençant par le bas. Ainsi, il ne faut pas avoir égard à celles du sommet, mais couper quand les inférieures, qui sont les meilleures, sont mûres.

Quelques personnes dans le Cher choisissent pour la récolte un beau jour, elles font battre les tiges dans le champ sur des draps et par la grande chaleur. Elles ont seulement le soin de ne faire faucher le matin que ce qu'elles peuvent faire battre le même jour ; ce procédé est un des plus suivis.

D'autres personnes, quand l'année est pluvieuse, font récolter la graine avant de faire faucher et se servent pour cela de femmes qui effilent à la main toutes les tiges, faisant, à chaque poignée, tomber la graine effilée dans leur tablier, opération longue et dispendieuse, mais qui, pour la récolte des graines, donne les produits les plus sûrs, les plus abondants et les plus nets.

La graine de sainfoin est très prompte à germer quand elle est surprise dans le champ par la pluie.

La graine battue est très susceptible de s'échauffer dans le grenier. Elle doit y être étendue en couche peu épaisse et souvent remuée pendant plusieurs jours, après quoi on peut la mettre en tas comme le blé dans un lieu qui ne soit pas humide.

La graine de sainfoin se conserve bonne à semer pendant deux ans.

Le sainfoin est considéré avec raison comme le plus sain et le meilleur de tous les fourrages; il nourrit au moins aussi bien et peut-être mieux que la luzerne et surtout que le trèfle, il n'expose pas les animaux à la météorisation comme le trèfle : ses tiges ne deviennent pas ligneuses comme celles de la luzerne, même à l'état de pleine floraison. Comme il est peu aqueux, on peut en donner moins et nourrir mieux, mais plus on en peut donner pendant la fenaison, et mieux cela vaut pour les animaux. Distribué aux vaches, il augmente sensiblement la quantité du lait sans lui communiquer d'odeur désagréable.

La seconde pousse du sainfoin est presque toujours donnée à pâturer, mais il est bon de ne point la faire paître par les moutons, leur dent est mortelle parce qu'elle ronge le collet de cette plante, ce que ne font pas les bêtes à cornes; la dépaissance par les bêtes à laine n'est possible que si le sainfoin doit être défriché.

Le sainfoin se fane plus facilement que la luzerne et le trèfle parce que ses tiges contiennent moins d'eau.

A l'état sec, le sainfoin forme encore un excellent fourrage qui ne le cède en rien à la luzerne si justement appréciée. Schwertz dit qu'on nourrit moins bien un cheval avec de l'avoine et du foin médiocre de prairies naturelles qu'avec du foin d'esparcette seul.

Les cultivateurs du Cher savent qu'il ne faut pas attendre pour le faucher que les fleurs soient complètement fanées ou tombées, car les tiges fournissent alors un foin dur et de qualité très secondaire; que le foin de sainfoin doit être conservé dans des locaux sains, autrement il devient poudreux; quand il a été fané à l'extrême, il perd une grande partie de ses feuilles, il blanchit et perd son odeur.

C. TRÈFLE. — Une des grandes ressources apportées au siècle dernier pour l'agriculture est le trèfle, qui a beaucoup contribué à supprimer la jachère. Le trèfle est très cultivé dans le département du Cher.

Les sables frais et gras, puis les terres argileuses, les terres connues dans le département sous le nom de bouloises et enfin les terres dites varennes qui ne sont point arides lui conviennent.

Le trèfle se sème au printemps avec les blés de mars, marsèche, avoine, froment ou seigle de mars. La terre destinée à le recevoir devra être fumée, si elle ne l'a pas été lors de son ensemencement en blés d'automne.

Le trèfle peut se contenter d'un seul labour donné ordinairement aux menus blés; mais ceux qui voudront s'assurer d'abondantes récoltes donneront un premier labour en automne. Si la terre était trop humide, il conviendrait avant l'hiver de la labourer en billons pour égoutter l'eau.

Dans les instructions données par la Société d'agriculture du Cher, il est dit que des propriétaires ont semé le trèfle sur des froments semés l'automne précédent, mais dans des pays où les blés d'automne se sèment par larges planches. Les auteurs des instructions ajoutent : Dans notre département, où ils se sèment par billons de deux pieds qui forment une raie creuse, le trèfle réussira également bien, mais le fauchage, le fanage et le ratelage seront plus difficiles.

En semant le trèfle, on pourra sans nuire au blé y faire passer la herse à dents de bois, et si on roule, il faudra que le rouleau soit promené dans le sens opposé à celui des billons.

L'habitude seule peut faire connaître la bonne qualité de la graine, qui doit être grosse, pesante, luisante et d'une couleur mélangée de jaune et de violet.

Des expériences comparatives faites dans le département du Cher ont prouvé que la graine de l'avant-dernière récolte était aussi bonne que celle de la dernière.

En général, une livre de graine suffit pour ensemencer cent toises carrées de terrain, environ 4 ares. Ainsi, il faut deux livres pour semer une boiselée de Bourges, qui contient 200 toises carrées. On sème moins fort dans les terrains très fertiles où les graines lèvent plus sûrement, et où, quand elles sont levées, le plan offre une plus belle végétation et occupe plus de place.

Généralement on sème de 15 à 20 kilogrammes à l'hectare.

L'année qui suit celle de l'ensemencement est celle qui convient pour plâtrer.

La deuxième année de l'existence du trèfle est celle de la plus grande abondance de ses produits. On le fauche ordinairement deux fois et rarement trois dans le département du Cher, où la température est moins humide que dans le nord de la France. Il est même dangereux de faucher la troisième coupe quand cette coupe ne peut se faire que tardivement et que la saison ne permet pas au trèfle de repousser. L'expérience a appris que le trèfle ainsi fauché était plus sensible aux gelées de l'hiver.

Quand le trèfle a été mouillé par la pluie, ses feuilles se détachent, ses tiges se noircissent, mais il est bien essentiel que le cultivateur sache que, dans cet état, le trèfle est loin d'être perdu pour lui.

Des expériences positives faites dans le département du Cher en 1816 et répétées en 1819 ont constaté que ce trèfle, après avoir été ainsi lavé par la pluie et avoir ensuite été serré bien sec, avait été mangé avec le même plaisir, la même avidité que le trèfle non mouillé, et ce non seulement par les vaches et les juments, mais encore par les bêtes à laine. Cela ne veut pas dire qu'il n'a pas perdu de sa valeur nutritive.

La graine de trèfle se récolte sur la deuxième coupe de la deuxième année de l'existence du trèfle. Il faut réserver pour cet objet la partie du champ la plus aérée. Il est utile alors, mais non absolument nécessaire, de récolter à la première coupe cette partie du champ, avant la floraison et par conséquent plus tôt que le reste de la récolte.

Quant à la deuxième coupe qui doit donner la graine, lorsque les tiges seront non seulement défleuries, mais noires et desséchées, on fauchera, non pas à la faux nue ou simple dard, mais à la faux garnie; et dans les terres où le trèfle acquiert une grande hauteur, on moissonnera à la faucille. Si le temps est beau, on peut couper aussi bas que possible, mais si les temps sont contraires, on fera bien de couper haut, le chaume élevé empêchera que les andains ou les javelles ne soient collées contre terre et facilitera leur dessiccation.

Un charroi de tiges de trèfle pesant environ 1 200 livres doit, dans les bonnes localités et les bonnes années, donner plus de 300 livres de graine.

On fait observer que le trèfle du département du Cher fournit ordinairement beaucoup plus de graine que dans le nord de la France.

Il faut profiter d'un beau jour pour enlever le trèfle destiné à rendre de la graine, le battre aussitôt, soit à la grange, soit, ce qui vaut mieux, dehors à la grande ardeur du soleil; cette première battaison n'a pour but que de séparer les bubons des tiges. Si l'on n'a pas le temps de battre ces bubons tout de suite, on les monte au grenier et on les laisse jusqu'à l'hiver, pendant lequel on profite d'un temps de fortes gelées pour finir la battaison; elle est bien plus longue que celle du blé.

L'époque où l'on défriche une tréflière dépend de l'assolement adopté par le cultivateur, mais, passé la deuxième année de son existence, le trèfle donne de moindres récoltes, et passé la troisième année, ses produits sont ordinairement presque nuls.

Quelle que soit l'époque où on le détruit, il convient de laisser, entre la dernière récolte et le labourage, un intervalle suffisant pour que la plante ait fait des pousses d'au moins un demi-pied de hauteur. Ces pousses enterrées par la charrue font, ainsi que les racines, un engrais des plus utiles.

Aux instructions générales pratiques fournies par la Société d'agriculture du Cher, nous ajouterons quelques observations sur les variétés de trèfle. Tournefort en a décrit 54. Une cinquantaine d'espèces naissent spontanément en France, les unes dans le Midi seulement, les autres exclusivement sur les montagnes.

Trois variétés ont été adoptées pour la grande culture : le trèfle des prés, le trèfle incarnat et le trèfle blanc.

Le trèfle des prés indigène en Europe, où on le rencontre spontanément dans la plupart des prairies, est cultivé pour former des prairies artificielles.

Le *trèfle violet* est une variété perfectionnée du trèfle des prés, espèce qui se reconnaît facilement à son feuillage trifolié et à ses fleurs papillonacées d'un violet clair, réunies en tête de la grosseur d'une noix ; ces têtes noircissent en mûrissant.

M. Heuzé rapporte que, suivant John Gerard, le trèfle rouge formait en Italie dès 1597 d'excellentes prairies artificielles. Sa culture a pris naissance en Flandre il y a près de deux siècles, et c'est de cette province qu'elle s'est répandue sur les bords du Rhin, dans le Palatinat, en Angleterre et en France. Elle fut, en effet, introduite en Angleterre par Richard Weston, qui l'avait trouvé cultivé dans les Flandres; il publia un ouvrage intitulé *Travels in Flanders*. Schubart, de Saxe, en fut le propagateur en Allemagne vers 1740 : pour le récompenser, l'empereur Joseph II lui donna des lettres de noblesse, il le fit baron de Klecfeld (champ de trèfle). L'Alsace, dit Schwertz, en dut les premières semences en 1760 à Schrœder, père de l'écrivain de ce nom.

Gilbert, en 1786, l'a trouvé cultivé en Picardie, dans le Ponthieu, dans le Boulonnais et le Calaisis, où l'on rendait par la marne propres à la culture du trèfle les terres manquant de calcaire.

Il est certain pour nous que le duc de Charost a été le promoteur de la culture du trèfle dans le département du Cher.

Son adoption d'une manière un peu générale par la grande culture française ne remonte guère à plus de soixante et quelques années, mais il est surtout la plante fourragère du Nord comme la luzerne est celle du Midi ; le trèfle, en effet, redoute la sécheresse qui rend sa réussite et son produit très irréguliers, et la luzerne craint les gelées de printemps qui détruisent ses pousses.

Voici ce que disait Gilbert des avantages de cette culture :

« Nous ne craignons pas d'assurer qu'elle offre le moyen le plus sûr d'obtenir les récoltes les plus abondantes sans épuiser les terres ; le trèfle n'étant que trisannuel ne dérange point l'ordre des soles. On le sème sur les terres qu'on laisserait reposer. Quelques mois après avoir été semé, il donne déjà une récolte, et, l'année suivante, il en donne jusqu'à quatre dans quelques cantons, mais souvent deux. On peut encore le conserver un an et il donne un très bon produit la troisième année. Mais on trouve plus avantageux presque partout de le rompre à la seconde pour préparer la terre à recevoir du blé, qui y vient souvent mieux que sur les terres en jachère et fumées.

« Il n'est peut-être point de culture qui favorise autant l'accroissement et l'engraissement des cochons que celle du trèfle; on a soin seulement d'en écarter les truies pleines, l'expérience ayant prouvé que cette nourriture les faisait avorter.

« On ne voit en aucun pays les bœufs aussi beaux, des vaches aussi abondantes en lait que dans les cantons où fleurit la culture du trèfle. Les chevaux même s'accommodent très bien de cette nourriture.

« Nous avons vu en Alsace des chevaux de poste qui, pendant tout l'été, n'étaient nourris que de trèfle vert, et faisaient un service très violent et continu. »

Il nous paraît même plus avantageux de consommer ainsi le trèfle en vert que de le faire faner. La quantité d'eau que contiennent ses tiges s'oppose à ce que la dessiccation s'en fasse promptement, ce qui entraîne souvent les plus grands inconvénients.

Il est vrai que les bestiaux qui le consomment en vert contractent très souvent des maladies très dangereuses comme des météorisations, des tympanites, des tranchées venteuses, mais ces accidents peuvent être très facilement évités.

Le trèfle vert renferme	....	28,13	p. 100	de potasse.
en foin —	....	27,10	—	—
— vert —	....	31,70	—	de chaux et magnésie.
— sec —	....	30,90	—	—
Le trèfle fauché avant sa fleur renferme	.....	0,42	—	d'azote.
— au moment de sa floraison.		0,50	—	—
— après fanage	....	1,70	—	—

Si donc on prend une récolte moyenne de 4 000 kilogrammes de foin de trèfle correspondant à 14 000 kilogrammes de fourrage vert, on trouve que ce produit a emprunté au sol 68 kilogrammes d'azote, 54 kilogrammes 200 de soude et de potasse et 61 kilogrammes 800 de chaux et de magnésie.

Ce produit de 4 000 kilogrammes de foin de trèfle correspond en moyenne à 2 000 kilogrammes environ de racines qui restent dans le sol et contiennent à l'état frais, d'après M. Lecorbellier, 67 p. 100 d'eau, 0,97 d'azote, 5,37 de cendres.

De ces données, il est facile de conclure que le trèfle exige un terrain riche surtout en chaux et en potasse et qui se trouvera bien de tous les engrais, amendements ou stimulants de même nature, comme les cendres, le plâtre, la chaux ou la marne.

La culture du trèfle est donc considérée comme améliorante, mais il ne faut pas oublier aussi que les racines pénètrent à plus de 50 centimètres dans le sol et ne laissent pas de l'appauvrir, si bien que, quand le retour de la plante dans le même terrain est trop fréquent, les récoltes diminuent progressivement.

De ce mode de végétation on peut encore conclure que le trèfle exige une terre profonde, non acide, mais exempte d'humidité en hiver, riche en outre en matières organiques assimilables.

Nous rappellerons aux cultivateurs du Cher que le trèfle vert qu'on destine au bétail ne doit être fauché que lorsque ses fleurs vont s'épanouir. Avant, il nourrit mal et peut météoriser les animaux, surtout s'il est donné en grande quantité. Fauché après la floraison, il est dur et moins appétissant.

La récolte en vert peut se faire au piquet; alors la consommation a lieu sur place à peu de frais. En général, on fauche la première coupe et on fait pâturer la seconde.

Sa conversion en foin est assez difficile, parce qu'il faut atteindre sans le dépasser un certain degré de dessiccation. En deçà, il se conserve mal, noircit, devient poussiéreux. Au delà il se brise, ses feuilles et ses fleurs se détachent pendant le bottelage et le transport. Lorsque, pendant le fanage, il a reçu de la pluie, il devient complètement noir et perd une grande partie de sa valeur alimentaire.

Il ne faut pas oublier que la sécheresse influe beaucoup plus défavorablement sur les produits de cette culture que sur ceux de la luzerne, dont les racines profondes savent trouver la fraîcheur nécessaire dans le sous-sol.

Dans ces dernières années, des cultivateurs ont produit la graine de trèfle avec profit. Pour obtenir un bon résultat il convient de choisir pour porte-graines un champ bien garni dont la seconde coupe soit bien nette et précoce, sur un sol ni trop sec, ni exposé à l'humidité de l'automne, non exposé à la verse; on laisse défleurir et brunir les fleurs et, au mois d'août en général, on coupe à la faucille ou à la faux; on laisse sécher en andains qu'on retourne deux ou trois fois, puis on bat dans le champ sur une bâche. Le produit moyen par hectare est de 1 000 kilogrammes de gousses en bourre qui fournissent 300 kilogrammes de graines mondées ou 3 hectolitres 80 du poids chacun de 75 kilogrammes.

Le trèfle semé au printemps, fauché en juin et août de l'année suivante et défriché deux ou trois mois après, occupe donc le sol pendant 5 à 6 mois en même temps que la céréale qui l'abrite, puis seul pendant les 10 à 11 mois qui suivent. Dans le système pastoral, on prolonge la durée d'une année encore pour le pâturage.

La meilleure place à lui donner pour en tirer tous les avantages possibles, c'est de le semer dans la céréale qu'on fait succéder à une culture sarclée et fumée, ou même à la jachère. La terre est encore nette, elle conserve une suffisante quantité d'engrais et peut donner une bonne récolte, puis on peut à la suite semer une nouvelle céréale : froment, orge ou avoine.

Le défrichement se fait ordinairement par un seul labour assez profond en renversant autant que possible la bande à plat, puis par deux ou trois hersages sur lesquels on sème le froment.

Dans les terres argileuses, on se contente d'abord d'un labour superficiel de pelage qui renverse la bande sens dessus dessous, mais on l'enterre ensuite par un second labour profond.

Si l'on fait succéder une avoine de printemps, on défriche en novembre par un profond labour qui laisse la terre exposée aux gelées jusqu'en janvier; puis on achève de la préparer par un ou deux labours moyens.

Prairies naturelles et herbages permanents.

Les prairies naturelles irriguées et non irriguées occupent en France, statistique de 1882, une superficie de 4 113 424 hectares, donnant une production totale de 142 859 060 quintaux, un rendement moyen de 34 quintaux 73 par hectare, représentant une valeur de 879 830 739 francs.

Prix moyen du quintal : 6 francs 14. Valeur brute à l'hectare : 213 francs.

Les prairies naturelles se rencontrent dans tous les départements, mais surtout dans l'Ouest, dans les plaines du Plateau central et dans certains départements de l'Est et du Midi.

Les prairies naturelles irriguées par les crues des rivières se rencontrent surtout dans la région du Centre, de l'Ouest et aussi un peu dans l'Est.

En 1827, Butet constate qu'il existe dans le département du Cher environ 34 000 hectares de prés.

Le produit moyen de l'hectare est estimé à 5 000 livres, ce qui donne un produit total de 175 000 000 de livres de foin, quantité qui ne suffit pas à la consommation. On y supplée en faisant manger aux différents bestiaux des pailles destinées à la litière des animaux. En arrachant les pailles à leur destination ordinaire, on diminue la masse des engrais si nécessaires dans un pays où les terres sont épuisées par cette longue continuité d'une même espèce de culture et, par conséquent, on n'obtient que des récoltes médiocres.

Butet range tous les prés du département en deux classes qui reçoivent la dénomination vulgaire de prés sécherons et de prés marais.

Les premiers produisent une herbe rare, mais de bonne qualité.

Les autres donnent un produit considérable en herbe, mais qui, étant mêlée de joncs et de roseaux, n'offre qu'une nourriture médiocre ou mauvaise.

Le produit peu considérable des prés sécherons dont le nom seul indique la nature dépend du peu d'humidité de leur sol.

La mauvaise qualité des herbes des prés marais tient à l'abondance des eaux, à leur stagnation, à leur superficie faute d'écoulement. Dans les années humides, il arrive quelquefois que, dans une assez grande quantité de prés marais, l'herbe reste sur pied sans pouvoir être fauchée.

Butet indique quels moyens on pourrait employer pour remédier à ces inconvénients.

D'abord, dit-il, si parmi les prés sécherons il en est qui, à raison de leur position, ne peuvent pas être corrigés et dont l'acidité est la cause essentielle de leur peu de produit, il est constant que beaucoup d'autres pourraient être améliorés et auxquels on pourrait faire produire une herbe aussi nourrissante qu'abondante, par un moyen usité dans beaucoup de pays et presque *entièrement inconnu dans le nôtre*, par l'irrigation.

Après avoir fait ressortir tous les avantages des irrigations, Butet reconnaît que tous les prés sécherons ne sont pas susceptibles d'être arrosés; mais combien en est-il dont les produits seraient plus que facilement doublés, si leurs possesseurs, profitant de leur situation à l'égard des eaux, leur procuraient les avantages de l'irrigation ?

L'apathie des habitants du Berry, la crainte de la dépense et l'esclavage des vieilles habitudes, s'opposent à toute innovation, quelle que soit son utilité : *Il faudra se donner une peine peut-être inutile, faire des frais infructueux; c'était ainsi du temps de nos pères.* Telles sont les puissantes considérations qui font repousser tout système d'amélioration.

On trouve bien dans le Sancerrois et sur plusieurs autres points du département quelques prés arrosés; mais ils sont d'un si petit nombre qu'on n'a pas cru devoir en parler, et d'ailleurs leur arrosement était naturel et facile.

Les inconvénients qu'éprouvent les prés marais proviennent de causes générales et particulières. Les causes générales sont le peu de soin qu'on apporte au curage des rivières et à l'exécution des lois et règlements sur la police des moulins et autres usines mus par l'eau.

Par le défaut de curage, le lit des rivières s'encombre et s'embarrasse; les joncs qui y poussent en abondance arrêtent les mauvaises herbes qu'on y jette et que le courant, trop faible, ne peut entraîner. Des îlots sans nombre se forment; l'eau n'a pas d'écoulement; elle reflue et inonde les prairies environnantes qu'elle rend pour la plupart improductives et impraticables.

Les meuniers maintiennent parfois les eaux à deux ou trois pieds au-dessus du niveau des terrains environnants. Beaucoup de rivières, jadis navigables, ont cessé de l'être et se sont couvertes de joncs inutiles, et ont converti en marais fangeux des terres autrefois fertiles.

Les prairies de Luzenay et une partie de celles de Gevaudins sont presque continuellement ensevelies sous l'eau, et ne produisent qu'un foin mêlé de joncs et de mauvaise qualité.

Cependant elles seraient par leur nature susceptibles de donner en abondance d'excellent fourrage, si l'on procurait de l'écoulement aux eaux qui les couvrent et les détériorent.

Quant aux causes particulières qui influent sur le peu de produit des prés marais, elles sont dues à l'incurie des propriétaires qui négligent de faire creuser les rigoles et saignées nécessaires pour l'écoulement des eaux; les agricultures sont arrêtés par la dépense de la confection de nombreux fossés nécessaires à l'assainissement des prés.

Quant au défaut de produit résultant de la trop longue durée d'une même espèce de culture, Butet conseille, quand le fourrage est devenu peu abondant, qu'il est envahi par la mousse et les plantes parasites, de le labourer et de semer des chanvres ou autres gros ou menus grains.

Près de vingt ans plus tard, en 1848, par une circulaire en date du 17 novembre, l'administration fit connaître l'intention où elle était de créer dans chaque département un service spécial destiné à centraliser : toutes les études relatives au régime des cours d'eau; la réglementation des usines hydrauliques, la rédaction des projets de dessèchements, d'irrigations, de colmatages, de réservoirs ou de tous autres ouvrages destinés à utiliser les eaux pluviales et à créer des ressources pour les époques de sécheresse; l'organisation et la surveillance des associations formées en vue de l'exécution de travaux publics intéressant l'agriculture; enfin l'examen et la proposition de toutes les mesures propres à assurer le bon emploi des eaux et leur équitable répartition entre l'agriculture et l'industrie.

Ce service pour le département du Cher a reçu un commencement d'organisation par une décision du 31 décembre qui a désigné les ingénieurs qui en devaient être chargés, mais les réductions opérées sur le budget du ministère des travaux publics furent malheureusement telles que les travaux à exécuter furent insignifiants.

L'année suivante, répondant à la quatorzième question du programme du Congrès scientifique tenu à Bourges en octobre 1849 et ainsi conçu : « L'irrigation a-t-elle été pratiquée en grand dans le Berry? » M. Maréchal, ingénieur ordinaire du département, a produit un mémoire dans lequel il constate qu'on ne rencontre guère les prés proprement dits que dans la zone de terrain que les eaux peuvent atteindre. C'est donc, selon lui, le plus souvent sur les alluvions occupant le fond des vallées, qu'on doit les rechercher; cependant les marnes du lias, les marnes irisées, les formations siliceuses peu puissantes qui se trouvent à la base du terrain crétacé, les terrains primitifs en décomposition se montrent éminemment propres à la création des prairies et remplacent généralement dans ces dernières les terrains d'alluvions, lorsque ceux-ci viennent à manquer.

Les alluvions où l'on rencontre les meilleurs prés composent toute la partie dite le Val, longeant la Loire sur toute la longueur où elle limite le département, contrée extrêmement fertile, quoique souvent ravagée par les crues du fleuve que les digues établies le long de son cours, ne peuvent pas toujours contenir : la terrible inondation du 19 et 20 décembre 1846 en est un triste exemple. Ces alluvions se trouvent aussi dans les vallées du Cher, de l'Arnon, de l'Yèvre, de l'Auron et du Sagonin.

Les marnes du lias se montrent dans l'espace compris entre l'Aubois et la grande chaîne partant de Bannegon et se dirigeant vers Chaumont, s'étendant à Germigny, La Guerche, Nérondes, Sancoins, etc.

On trouve les marnes irisées entre le Sagonin et l'Aubois.

En tirant une ligne par Luzenay, Sainte-Thiorette, Bourges, Baugy, Saint-Hilaire-de-Gondilly, Menetou-Couture, Saint-Germain-sur-Aubois, les terrains de marnes du lias et de marnes irisées se trouvent tous au-dessous de cette ligne.

Le terrain siliceux situé à la base du terrain crétacé se rencontre au nord du département, au-dessus de la ligne que nous venons d'indiquer.

Les terrains primitifs, le micaschiste et le granite se rencontrent dans la partie la plus méridionale des cantons de Châteaumeillant, Saint-Saturnin, Saint-Priest, Prévéranges, Saint-Maur, Reigny, Culan, Verdun.

Sans admettre complètement la division adoptée par Butet de prés sécherons et de prés marais, M. Maréchal reconnaît que, dans la majorité des cas, cette division repose sur des faits exacts : excès de sécheresse ou d'humidité. A ces deux causes nuisibles pour les prés, M. Maréchal en ajoute une troisième, l'épuisement du sol occasionné par la trop longue durée d'une même espèce de culture.

On peut combattre avec succès les deux premières par des irrigations convenablement conduites et par un aménagement bien entendu des eaux : le règlement des usines conciliant les intérêts de l'agriculture et ceux de l'industrie ; le curage fait avec soin et l'amélioration du lit des rivières et ruisseaux, lacs ou étangs, et la disposition des eaux permettant de profiter du niveau pour élever des eaux, pour les amener sur les terrains inférieurs. On peut transformer en prés par une irrigation facile et peu dispendieuse. Par cette opération, les sécherons seront amenés à produire une herbe fine et serrée.

Quant aux prés qui pèchent par un excès d'humidité, qu'on appelle prés de marais et dont la cause première réside dans le mauvais état des rivières et ruisseaux, l'irrigation, après un assainissement convenable, concourra puissamment à changer leur nature, et le foin de médiocre qualité, rempli de joncs et de plantes marécageuses, sera remplacé par un fourrage procurant aux animaux une nourriture saine et abondante.

A défaut de rivières, ruisseaux, lacs ou étangs, M. Maréchal conseillait aux propriétaires d'établir à la partie supérieure de leurs domaines des réservoirs destinés à recueillir les eaux pluviales qu'ils dirigeraient ensuite selon les besoins. Cette ressource, pendant les grandes sécheresses de l'été, aux jours où les plantes languissent faute d'humidité, ranimerait la végétation et sauverait souvent des récoltes compromises. Pour remédier à la troisième cause déterminant le défaut ou l'appauvrissement par la trop longue durée d'une même espèce de culture, M. Maréchal indiquait l'alternance ; il conseillait de rompre les prés, de les soumettre à l'assolement adopté pour les reconstituer en prés, après une rotation convenable, pour la nourriture du bétail, par des semis de graines judicieusement choisies. L'ingénieur cite les noms de plusieurs cultivateurs qui, dans le département, s'étaient occupés avec succès d'irrigations et d'abord M. Alexis Soyer, dans sa propriété de la Bertinerie, commune d'Argent, MM. de Vogüé, Guillaumin, Lanchère, Lupin, etc.

En 1849, M. Maréchal constate que la surface cultivée en prés est de 54 229 hectares, donnant un produit de 135 750 000 kilogrammes. C'était sur la statistique de 1827, c'est-à-dire en dix-huit ans, un accroissement de 19 300 hectares dans la culture des prés, qui représentait une augmentation en poids de fourrage de 48 350 000 kilogrammes.

M. Maréchal avait bien compris que pour faire utilement des travaux d'assainissement, d'irrigation et de perfectionnement des prés et des terres sur lesquelles on peut amener des eaux d'une manière quelconque, il fallait étudier :

1° L'étendue approximative des cours d'eau dans le département et pour chacun des trois arrondissements qui le composent ;

2° La superficie des terrains susceptibles d'amélioration par suite de travaux d'assainissement ;

3° La superficie des terrains susceptibles d'amélioration par suite de travaux d'irrigation ;

4° La valeur moyenne de la plus-value par hectare résultant de ces travaux, plus-value moyenne par arrondissement et pour le département tout entier.

La Loire, qui longe le département du Cher sur une longueur de 72 548 mètres, reçoit toutes les eaux de ce département ; de cette grande artère se détachent comme troncs principaux l'Allier, le Cher, l'Indre, qui reçoivent eux-mêmes toutes ces rivières et ruisseaux, à l'exception de dix-neuf qui sont des affluents directs de la Loire.

M. Maréchal comptait qu'il y avait 84 cours d'eau comme les seuls à peu près dont les vallées exigeraient des travaux d'assainissement.

De ces 84 affluents qui ont paru mériter une attention spéciale le plus étendu, l'Arnon, a une longueur de 113 574 mètres. Tous les autres, au nombre de 254, ont tous un cours de beaucoup moindre longueur qui, pour les derniers, atteint à peine un kilomètre.

Or ces 84 rivières présentent un développement total de 1 391 436 mètres, non compris le Cher, pour lequel des travaux de cette nature sont inutiles.

Si l'on parcourt un certain nombre de vallées, telles que celles de l'Arnon, de l'Yèvre, de l'Auron, de la Petite-Sauldre, du Barenjon, etc., on reconnaît qu'il y a plus ou moins à faire sur chacune d'elles ; que si elles n'offrent partout de marais nettement caractérisés on trouve cependant en un très grand nombre de points des traces évidentes du séjour trop prolongé des eaux.

M. Maréchal estime que la surface totale occupée par les rivières et ruisseaux est dans le Cher de 6 334 hectares 12 centiares.

Arrondissement de Bourges	1.434,29
— de Saint-Amand	1.975,20
— de Sancerre	2.924,63
	6.334,12

On peut sans exagération supposer une surface triple à assainir.

De plus la culture des prés dans le département s'étend sur 54 234 hectares 99 centiares.

Arrondissement de Bourges	13.566,77
— de Saint-Amand	27.114,20
— de Sancerre	13.554,02
	54.234,99

En examinant la nature de ces prés, il n'y a pas lieu de s'étonner que le tiers environ de leur surface demande à être amélioré par des travaux dont l'effet serait d'empêcher la stagnation en certaines saisons.

On peut donc admettre le chiffre de 191 098 hectares. Outre ces terrains, il en est d'autres pour lesquels l'assainissement serait un bienfait; ce sont ceux qui sont couverts à peu près d'une manière continue par les eaux. Cette surface serait de 4 505 hectares 40 centiares.

Il n'y a pas d'exagération à penser que la moitié de ces terrains actuellement improductifs puisse être livrée à l'agriculture par le desséchement.

Ainsi on peut résumer les résultats à obtenir :

Surface des terrains actuellement improductifs et qui pourraient être
rendus à la culture par des travaux de desséchement.............. 2.253
Surface des terrains susceptibles d'améliorations par des travaux
d'assainissement... 19.098
                                                   21.351

La surface totale du département est de 719 933 hectares 87 centiares. Les canaux, étangs et marais, les rivières et ruisseaux, les chemins, routes et places, les bâtiments, les édifices publics ou de l'État, les forêts nationales, les bois, les vignes et autres terrains sur lesquels l'irrigation est inutile, forment une étendue de 170 434 hectares 49.

Il reste alors pour prés et pâturages, terres labourables, bruyères, et terres saines, vergers, jardins, chènevières et autres cultures auxquelles l'irrigation peut être appliquée avec avantage : 549 499 hectares 38. Si l'on adoptait ce dernier chiffre, en se reportant à la longueur totale, 1 992 008, trouvée pour les cours d'eau du département, on voit que la surface à irriguer formerait par rapport à chacun d'eux une zone de 2 758 mètres de largeur, ce qui est évidemment beaucoup trop. Il faut d'ailleurs remarquer qu'il y a nombre de points que leur position empêche de profiter du bienfait de l'irrigation, à cause de la difficulté d'y faire parvenir les eaux.

En ne prenant que la moitié du nombre ci-dessus, soit 274 749 hectares 69 centiares, M. Maréchal pense être dans des conditions admissibles.

Voici donc 274 749 hectares 69 centiares de terre sur lesquels l'irrigation pourrait être appliquée avec avantage; reste à savoir s'il est possible de fournir à cette surface l'eau nécessaire.

D'après les calculs auxquels il s'est livré, il est arrivé à un chiffre de 14 mètres environ par seconde pour tout le volume des eaux courantes à utiliser pour l'irrigation ; les 14 mètres pourraient s'appliquer à l'arrosage de 25 000 hectares.

M. Maréchal convient que cette évaluation est faible, mais cette surface arrosée par les eaux courantes actuelles peut encore être augmentée en supposant des travaux exécutés dans la partie élevée des vallées, pour la conservation des eaux dans des réservoirs.

La surface de 60 000 hectares, comparée à la longueur totale de 1 992 008 mètres des cours d'eaux du département, correspondrait à une largeur moyenne de vallée de 300 mètres.

En résumé les surfaces sur lesquelles peuvent s'exécuter l'assainissement et l'irrigation sont :

Pour la première opération....... .... 21.351 hectares.
Pour la deuxième opération...................... 60.000   —

Quels avantages peut-on en retirer et quelles dépenses sont à faire?

En ce qui concerne l'assainissement, il y a deux sortes de terrains : ceux actuellement improductifs à amener à la culture, ceux qui sont susceptibles d'amélioration.

Les premiers valent actuellement peu de chose. En supposant qu'on les amène seulement à faire de mauvais prés, ils acquerront, dit M. Maréchal, immédiatement une valeur de 2 000 francs l'hectare. Supposons que les travaux à faire coûtent 500 francs par hectare ; reste un bénéfice net de 1 500 francs par hectare ; en prenant le chiffre le plus élevé on trouve encore pour augmentation de la valeur moyenne au moins 1 000 à 1 200 francs par hectare en cotant au plus bas. En prenant ce chiffre minimum, nous aurons :

Plus-value de 1 000 francs sur 20 000 hectares = 20 000 000 de francs.

Pour les 40 000 hectares restant qui sont indiqués comme pâturages, terres vaines ou bruyères, à mettre en culture, en terres labourables à améliorer, les dépenses seront un peu plus considérables et les avantages proportionnels moindres.

Admettons, tout compte fait, une valeur de plus de 600 francs, on aura encore une somme totale de 24 000 000 de francs.

Pour répartir maintenant ces plus-values dans les trois arrondissements, il suffirait de partager les nombres ci-dessus trouvés.

Pour l'assainissement : proportionnellement aux longueurs totales des cours d'eau pour chacun d'eux.

Pour le desséchement : proportionnellement aux surfaces respectives d'eaux stagnantes données par la statistique.

Et pour l'irrigation : proportionnellement aux surfaces de prés dont l'ensemble forme 54 224 hectares 99 pour le département entier.

M. Hervé-Mangon avait déjà fait des études à cet égard. Les limites extrêmes ont été fournies par les irrigations des prairies des Vosges et par les irrigations de Provence. D'après les expériences de M. Mangon, deux prairies des Vosges ont reçu pendant une année :

La première, à Saint-Dié, 1 548 661 mètres cubes d'eau ;

La seconde, à Habeaurupt, 4 483 722 mètres cubes.

D'autre part, deux prairies du département de Vaucluse ont reçu en une année : la première, aux Taillades, 16 383 mètres cubes d'eau ; la seconde, à l'Isle, 5 402 mètres cubes. L'arrosage de cette dernière prairie n'emploie qu'une couche d'eau de 0 m. 54 d'épaisseur, tandis que l'eau versée sur la prairie de Habeaurupt couvrirait le sol d'une couche d'eau de près de 400 mètres d'épaisseur, si elle y était réunie à un moment donné ; la différence entre les deux est énorme, puisque dans le deuxième cas la quantité est 740 fois plus considérable que dans le premier cas. Entre ces deux extrêmes, il y a une foule de quantités intermédiaires.

On doit à M. Belgrand des recherches sur les quantités d'eau employées aux irrigations dans le bassin de la Seine.

Il a constaté dans le département de l'Yonne qu'un pré recevait pendant 4 mois d'irrigation de printemps et d'été 1 583 mètres cubes d'eau, qui correspondent à une couche totale de 0 m. 158.

Dans la vallée de l'Avre (Eure), M. Belgrand a constaté une consommation de 17 820 mètres cubes par hectare, ce qui correspond à une hauteur d'eau totale de 1 m. 70 pour 44 arrosages pendant une saison.

D'après le même auteur, dans le centre de la France, les conditions ordinaires sont les suivantes : dans les prairies *à sous-sol argileux*, on pratique en moyenne six arrosages qui absorbent ensemble 4 000 mètres cubes d'eau.

Dans les sols granitiques et dans les prairies à sous-sol perméable, le nombre des arrosages est trois fois plus considérable et le volume total d'eau employée est de 9 600 mètres cubes.

A la même époque, M. Machart, ingénieur en chef du service hydraulique du département du Cher, faisait des recherches sur les quantités d'eau nécessaires aux irrigations.

M. Machart s'est demandé quel est le volume d'eau nécessaire pour arroser un hectare de terre. Les différences sont énormes. Cela s'explique par la différence des irrigations qui se font pendant l'hiver et l'automne de celles qui ont lieu pendant le printemps et l'été.

Il a insisté sur les faits suivants :

Plus un pré est incliné, plus les effets de l'irrigation y sont marqués et moins il faut d'eau pour les obtenir.

La pente manque-t-elle, ce ne sera qu'en augmentant à chaque arrosage l'épaisseur de la couche d'eau qu'on pourra y remédier; encore ce ne sera qu'imparfaitement.

Si la vertu bienfaisante de l'eau augmente avec la vitesse que lui imprime une pente prononcée, elle diminue rapidement à mesure que croît l'espace parcouru.

Cependant elle reprend ses vertus fertilisantes, si on la réunit dans une nouvelle rigole et qu'on l'y fasse quelque temps couler au contact de l'atmosphère.

Il en sera de même pour des eaux qui auraient croupi dans des mares ou des fossés.

On augmentera infiniment l'action fertilisante de l'eau en la réunissant dans un réservoir et y transportant les eaux de la ferme et les urines des étables.

Tous ces faits s'expliquent pour M. Machart en admettant que l'action de l'eau sur les plantes est due au moins en grande partie à l'oxygène de l'air qu'elle tient en dissolution, et il admet que dans l'eau d'arrosage une des parties est absorbée par le sol pour y entretenir l'humidité nécessaire; l'autre doit seulement dans son passage livrer aux plantes le gaz dont elle est chargée.

La première de ces deux parties sera seule proportionnelle à la surface du sol, en supposant sa nature connue. L'autre, destinée à se perdre en colatures, variera suivant les dispositions qui auront été adoptées pour l'établissement des rigoles et la préparation du terrain irrigable.

Pour M. Machart, une terre est fraîche quand elle contient toujours une quantité d'eau comprise entre 15 et 36 p. 100 pour son volume. Il est facile de connaître la quantité d'eau qui, à chaque arrosage, peut être absorbée par le sol. Si l'on doit commencer à irriguer lorsque la terre ne contient plus en moyenne que 0 m. 16 de son volume d'eau, et si l'on doit cesser lorsqu'elle en contient 0 m. 36, la quantité d'eau à donner sera la différence : 20 p. 100, ou un cinquième du volume du terrain. Mais on sait que les plantes utiles des prairies n'enfoncent pas leurs racines à une profondeur de 0 m. 12 dans le sol et par suite l'épaisseur de la couche d'eau à donner ne doit pas dépasser le cinquième de 0 m. 12, soit 0 m. 024, ce qui, sur une étendue d'un hectare, produit un volume de 240 mètres cubes. Ce volume doit être considéré comme un maximum. La nature du sol a une influence des plus marquées sur l'intervalle qui doit séparer deux arrosages successifs, et par conséquent sur le volume total d'eau qui devra être employée pendant toute la durée d'une saison.

La nécessité d'un nouvel arrosage se fera sentir quand l'humidité aura été réduite à une proportion déterminée. La perte a lieu de deux manières : par l'évaporation d'abord, puis par l'infiltration dans les couches inférieures du sol. D'après les calculs auxquels M. Machart s'est livré, la perte moyenne éprouvée par la portion active du sol se trouve portée par les calculs à 240 m. 50 par hectare. Il prend également en considération l'influence que peut exercer un climat plus ou moins chaud. Cette influence est presque nulle pour les terrains fortement sablonneux, auxquels l'évaporation n'enlève que moins du tiers de l'eau absorbée, tandis qu'elle doit s'exercer d'une manière beaucoup plus prononcée sur les terrains argileux, dans lesquels cette même cause occasionne près de 9/10e de la perte totale.

Il faut aussi tenir compte de la quantité de pluie qui vient en aide aux arrosages.

« Dans le midi de la France, la couche d'eau tombée dans les cinq mois les plus chauds, de mai à septembre, s'élève moyennement à une hauteur de 0 m. 2855 et représente par hectare un volume de 2 855 mètres, équivalant à peu près à celui qui serait utilement absorbé en 12 arrosages. Une terre qui doit être irriguée tous les 15 jours, c'est-à-dire 10 fois en cinq mois, reçoit donc réellement vingt-deux fois le volume d'eau calculé.

« D'après la pratique des irrigations de Siegen, la moindre quantité d'eau avec laquelle on puisse arroser doit couler sur le sol en couche de 0,003 d'épaisseur avec une vitesse de 0,005 par seconde. Ce résultat sera obtenu sur un terrain en pente de 0,03 par mètre. Si la pente est moindre, la couche devra être plus épaisse; elle pourra être moindre sur une inclinaison plus forte.

« Or une couche d'eau de 0.003 d'épaisseur coulant avec 0,005 de vitesse produit, par seconde et par mètre de longueur, 0 litre 015. Si l'on suppose que l'arrosage dure six heures de suite, ce sera par mètre courant 324 litres.

« Cette quantité étant un minimum on commencera par un volume d'eau plus considérable, et quand, par l'effet de l'imbibition, ce volume sera réduit à ne plus dépasser cette limite, l'irrigation cessera, l'eau désormais insuffisante devra être rendue à la rivière ou réunie à d'autres produits de colatures dans un nouveau réservoir. M. Machart examine le cas où le terrain est fortement incliné, puis celui où la prairie est horizontale, disposée en ados ou en planches de 4 mètres de largeur. »

Puis, il étudie les conséquences importantes pour la pratique résultant de la quantité d'eau absorbée et de celle du passage sur des terrains de même nature et ayant même inclinaison ou sur un terrain de forme spéciale. Ainsi un terrain long et étroit perdra bien moins d'eau qu'un terrain large et court.

La quantité d'eau est proportionnelle à la durée de l'arrosage, d'où la nécessité d'interrompre l'écoulement dès que le terrain est imbibé à une profondeur suffisante.

Ce n'est pas qu'on puisse affirmer que l'eau qui pénétrerait au delà de la couche active du terrain serait entièrement inutile.

En humectant les parties inférieures elle diminuerait sans doute la filtration, et retarderait le desséchement de la surface, mais il ne faudrait pas estimer cet avantage au delà de sa juste valeur.

Les expériences faites sur le desséchement graduel d'une masse de terre saturée d'eau prouvent que l'évaporation d'abord assez rapide ne tarde pas à se réduire à une quantité très faible et qui demeure sensiblement constante pour chaque jour. On doit conclure de là que l'évaporation se fait par couche; or, dans un terrain régulièrement arrosé, les couches superficielles devant toujours être loin d'un assèchement complet, il s'ensuit que le

23

sous-sol n'éprouvera jamais d'évaporation, et puisqu'il reçoit sans cesse des infiltrations, il doit toujours finir pour arriver à saturation, sans qu'il soit besoin de rien faire pour lui donner directement de l'eau. Une fois qu'il sera parvenu à cet état, l'eau en excès devra s'échapper soit en continuant de s'enfoncer dans la profondeur de la terre, si on la suppose indéfiniment perméable, soit par un écoulement latéral, si elle rencontre une couche qu'elle ne puisse traverser. En donnant plus d'eau qu'il n'en faut à la surface du sol, on ne fera guère qu'avancer cet écoulement et le rendre plus abondant.

M. Machart conclut que la nature du sous-sol ne paraît pas devoir exercer d'influence bien marquée sur des irrigations bien dirigées qui n'emploient que la quantité d'eau strictement nécessaire ; mais il en sera tout autrement si l'on arrose trop abondamment. Alors, dit-il, un sous-sol laissera facilement échapper l'excès d'humidité. On perdra, il est vrai, une partie de l'eau, mais si les bienfaits de l'irrigation sont restreints à une étendue moindre, du moins ne seront-ils pas perdus. Supposons, au contraire, qu'une couche imperméable se trouve à peu de profondeur au-dessous de la surface : dans ce cas, la quantité d'eau retenue au-dessus allant toujours en augmentant, les plantes finiront par se trouver plongées dans une sorte de bain où elles ne pourront que dépérir, et ce sera par des opérations de desséchement qu'il faudra remédier à l'abus de l'irrigation.

Nous ajouterons que les différences dans les quantités d'eau employées aux irrigations se retrouvent dans les méthodes adoptées pour l'emploi de ces eaux.

Dans les herbages du centre de la France qui sont soumis à l'irrigation, les arrosages d'automne se pratiquent depuis le mois de novembre jusqu'aux grandes gelées.

Les arrosages d'hiver durent en moyenne un mois en février : on opère ceux du printemps au commencement d'avril et on les suspend quelques jours avant de mettre le bétail à l'herbe.

Les prairies humides profitent largement des irrigations d'hiver, mais on doit ne donner qu'avec précaution à ces prairies des arrosages au printemps et en été. Dans beaucoup de cas, il est bon d'éviter de fournir l'eau dès que l'herbe entre en sève ; c'est le moyen d'arrêter la croissance des joncs dont le développement résulte bien plus de la stagnation des eaux de l'été que de celles de l'hiver.

Les cultivateurs intelligents, dit Vidalin, en parlant des prairies du centre de la France, arrosent à foison les parties humides durant le froid et ils les égouttent énergiquement dès le printemps. Ils ont ensuite le soin de faucher les parties humides au début de la fauchaison, vers la fin de mai ; ils parviennent à récolter ainsi un foin assez tendre et nourrissant, là où les gens négligents qui laissent séjourner les eaux tout l'été et qui ne fauchent qu'à l'arrière-saison obtiennent un fourrage détestable, sentant la vase et donnant un mauvais poil au bétail.

6° Prairies naturelles.

Dans son ouvrage, *le Département du Cher en 1862*, Auguste Frémont dit que les prairies naturelles occupent une étendue de 130 530 hectares, ainsi répartis :

Arrondissement de Bourges	35.299 hectares.
— de Saint-Amand.........................	63.069 —
— de Sancerre.............................	32.162 —
	130.530 hectares.

Le nombre d'hectares irrigués est de 12 398.

Le produit total en foin et regain dans une année ordinaire est de 2 746 537 quintaux métriques.

M. Heuzé, dans son ouvrage sur les primes d'honneur en 1870, constate que les prairies naturelles occupent 128 704 hectares, savoir :

Prés secs..	112.117 hectares.
— irrigués...	16.316 —
— vergers	271 —

Il ajoute que les *prés situés sur les collines*, et qui, pour la plupart, sont susceptibles d'être arrosés, sont désignés sous le nom de prés chaumats ou prés de côtes ; ces prés sont mal nivelés et mal arrosés.

Les *prés situés sur le bord des cours d'eau* sont plus productifs, mais souvent les inondations pendant les grandes crues les couvrent d'un limon sableux qui diminue parfois la valeur nutritive de l'herbe.

Les jolies fleurs teintées de lilas de la cardamine des prés que les eaux courantes ne cessent d'agiter indiquent bien, au printemps, que les prairies réclament des travaux d'assainissement.

Les *prés dans les vallées de Germigny* reposent presque toujours sur un sous-sol argilo-calcaire peu perméable. Les prairies à végétation presque permanente sont désignées sous le nom d'embouches ; l'herbe qu'elles produisent, comme nous l'avons déjà dit, nourrit très bien le bétail. Nous avons vu, au chapitre des irrigations, ce que Gallicher pensait des prés du Cher.

Il a insisté sur l'ignorance où l'on était de la science de l'irrigation et sur notre inhabileté à nous approprier les eaux pluviales ou les eaux de sources qui pourraient nous aider à les améliorer.

On ignore également, dans le Berry, que le pré paye bien plus généreusement que la terre les soins et les engrais que nous pouvons lui donner.

Dans la partie sud du département et dans le Sancerrois, il y aurait un grand et excellent parti à tirer, pour la création de nouveaux prés et pour l'irrigation de ceux qui existent, de la dérivation des nombreux ruisseaux qui sillonnent ces deux régions.

Nous avons déjà fait connaître, au chapitre des irrigations, comment les cultivateurs du Cher devaient établir ou reconstituer leurs prairies, quelles plantes ils devaient surtout employer ; nous avons donné plusieurs formules indiquant les quantités de semences à employer par hectare. Ces plantes de choix, ces formules ont été empruntées à l'excellent ouvrage de M. Boitel, *Herbages et prairies naturelles*, auquel nous ne saurions mieux faire que de renvoyer les cultivateurs ; ils y trouveront de précieux enseignements. Aussi bien nous leur conseillons la lecture du livre de M. Joulie, intitulé *la Production fourragère par les engrais*, auquel nous empruntons les considérations suivantes sur la nécessité d'entretenir les prairies par des apports d'engrais correspondant aux prélèvements des récoltes suivant que la prairie a été soumise au fauchage et au pâturage.

Si la prairie est régulièrement fauchée, elle perd à chaque coupe la totalité des éléments essentiels contenus dans le foin et, pour en connaître exactement l'importance, il faut peser chaque coupe et soumettre à l'analyse un échantillon moyen du foin obtenu.

Si, au lieu d'être fauchée, la prairie est pâturée, les conditions de l'épuisement sont très différentes.

1° Parce que l'herbe est constamment mangée à mesure qu'elle repousse, ce qui correspond à une série de coupes d'herbe jeune.

2° Parce que les animaux restituent à la prairie les éléments de fertilité contenus dans les déjections.

A la suite d'expériences rigoureuses, M. Joulie est arrivé à cette conclusion finale que les animaux d'élevage ou les femelles pleines doivent restituer à l'herbage qui les nourrit par leurs déjections les quantités suivantes d'éléments utiles :

	Par les bouses.	Par les urines.	En totalité.
Azote....................	25,62	25,22	50,84
Acide phosphorique........	59,79	0,98	60,77
Chaux...........	66,04	2,68	68,72
Magnésie.................	33,79	33,99	67,78
Potasse	30,97	29,76	60,73

Il est facile, au moyen des données numériques qui précèdent, de faire le compte des déperditions qu'éprouve l'herbage qui nourrit des vaches pleines ou des hôtes d'élevage.

Pour nourrir une tête de gros bétail pesant en moyenne 800 kilogrammes, il faut environ 25 kilogrammes par jour de foin normal sec, soit par an 9 125 kilogrammes. On a admis, à propos de vaches laitières, qu'un hectare de bon pâturage peut nourrir 4200 kilogrammes de poids vif dans l'année. C'est à dire qu'il produit l'équivalent de 42 687 kilogrammes de foin normal sec. Cette quantité pourra paraître forte. Mais il ne faut pas oublier que la plupart des foins, surtout ceux qui sont fréquemment coupés, ont une puissance nutritive beaucoup plus grande que celle du foin normal.

Beaucoup de prairies sont soumises à une exploitation mixte, consistant à enlever la première pousse du printemps pour en faire du foin et à livrer les regains au pâturage.

Pour faire le compte de l'épuisement que ce mode d'exploitation leur fait subir, on peut admettre, d'une manière générale, que la première coupe représente les 2/3 de la récolte totale.

Puis M. Joulie indique la restitution qui doit être faite aux prairies. Si la prairie est simplement fauchée et non irriguée, il faut lui restituer tous les éléments minéraux emportés par les récoltes : acide phosphorique, 5 kilogr. 8; potasse, 20 kilogr. 60; chaux, 14 kilogr. 20; magnésie, 2 kilogr. 65.

Quant à l'azote, on sait que la culture des herbages a pour effet d'en enrichir le sol bien au delà des besoins et même au point d'amener, par les matières organiques qu'ils contiennent, de sérieuses difficultés lorsque les prairies sont anciennes et arrivent à en être surchargées; il semblerait donc que tout l'apport d'azote doit être inutile.

Mais les matières organiques qui s'accumulent dans le sol des prairies sont plus ou moins acides, ne se décomposent que fort lentement et d'autant plus lentement que leur acidité est plus élevée et leur masse plus grande. Il peut donc arriver que l'azote assimilable fasse défaut à la végétation, précisément dans les prairies dont le sol est le plus chargé de matières organiques azotées.

Ce défaut se reconnaît aisément :

1° A la teinte pâle de l'herbage ; 2° à la prédominance des légumineuses sur les graminées ; 3° à l'apparition des plantes des terres acides, à la condition toutefois que la terre ne manque d'aucun des éléments minéraux nécessaires.

Il convient donc en tout cas de commencer par donner à la prairie un engrais exclusivement minéral (sans azote), afin d'assurer la présence des éléments minéraux assimilables. Si cet engrais ne fournit pas des résultats satisfaisants et laisse se manifester les caractères qui viennent d'être signalés, c'est alors qu'il est nécessaire de s'occuper de l'enrichissement du sol en azote assimilable.

Il y a pour cela deux voies différentes :

La plus expéditive et souvent la moins dispendieuse consiste à répandre sur la prairie, au printemps, 100 kilogrammes environ par hectare de nitrate de soude, soit seul, soit en mélange avec les engrais minéraux nécessaires. On donne ainsi 15 à 16 kilogrammes d'azote très assimilable, qui excitent fortement la végétation des graminées et suffit, avec l'azote que le sol peut fournir, à assurer une bonne récolte, si toutefois les matières organiques ne s'y trouvent pas en quantité excessive.

Le second moyen consiste à rendre assimilable par des travaux convenables une partie de l'azote même contenu dans le sol, et on peut recourir dans ce but à 3 méthodes diversement efficaces :

1° Les travaux mécaniques à l'aide d'instruments appropriés ;

2° Le chaulage ;

3° Le terrage.

Travaux mécaniques. — Les travaux mécaniques consistent à gratter la surface du sol au printemps, au moyen de herses qu'on promène en long et en travers, sans trop se préoccuper de l'herbe qu'elles arrachent.

Le tallage de celle qui reste a bientôt remplacé celle qui a été détruite.

Plus la prairie est ancienne, et plus il est nécessaire de recourir à ces hersages énergiques qui ouvrent le sol, dans la mesure du possible, à l'action de l'oxygène atmosphérique, et favorisent par conséquent la combustion lente des matières organiques et leur nitrification.

Quelles que soient l'utilité et l'efficacité du travail mécanique, il ne suffit généralement pas à déterminer une active nitrification et à maintenir dans de justes limites l'accumulation des matières organiques, surtout si le calcaire fait défaut dans la composition du sol. Il est alors nécessaire de combiner le chaulage avec le travail mécanique.

Chaulage. — Le chaulage des prairies est indispensable sur toutes les terres d'herbages qui donnent à l'analyse moins de 5 p. 100 de chaux. Il doit être pratiqué annuellement à l'automne, à raison de 1 000 kilogrammes de chaux par hectare, répandus au semoir au moment où l'herbe cesse de pousser.

Si l'on n'a pas de semoir, il faut mélanger la chaux avec deux ou trois fois son poids de terre et répandre le tout le plus également possible.

Pour les terres qui contiennent 5 pour 100 de chaux et plus, le chaulage n'est pas nécessaire pendant les premières années. Mais au bout d'un temps variable suivant la richesse du sol en calcaire, le chaulage annuel peut devenir utile, même sur des terres relativement très calcaires.

La masse de matière organique qui se produit chaque année à la surface de la prairie finit, en effet, par former une couche assez épaisse pour devenir acide et s'opposer à la nitrification, alors même qu'elle repose sur un fond calcaire ; on en a la preuve dans l'apparition et le développement sur ces sortes de prairies des plantes appartenant à la flore des prairies acides.

Il est bon de ne pas attendre jusque-là pour recourir au chaulage annuel, qui maintiendra l'accumulation des matières organiques dans de justes limites.

Terrage. — Enfin dans les vieilles prairies qui n'ont jamais reçu les soins nécessaires ou qui ne les ont reçus qu'incomplètement, où la proportion des matières organiques existant dans la couche supérieure est arrivée à un taux élevé, l'aération et le chaulage ne peuvent suffire à la ramener à des proportions convenables, c'est-à-dire à l'apport chaque année d'une mince couche de terre qui, venant se mélanger à la couche supérieure de la prairie, y diminue le taux des matières organiques.

Fumier de ferme. — Le fumier de ferme ne donne toute sa puissance fertilisante que quand il peut être enterré à la charrue et mêlé à une couche arable d'une certaine épaisseur.

Mis en couverture sur les prairies, il se décompose à leur surface sans grand profit pour les racines qui végètent dans une couche où il ne peut arriver. Les seuls produits qui lui parviennent sont les éléments solubles du fumier que les eaux pluviales leur apportent après l'avoir traversé; mais on sait que ces éléments solubles ne se trouvent dans le fumier qu'en très faible proportion. Par contre, la partie insoluble dans l'eau reste à la surface du sol qui devient d'autant plus organique et d'autant moins dense, défaut qu'il faut par-dessus tout éviter.

Le fumier, d'ailleurs, ne cède peu à peu aux plantes de la prairie que ses éléments minéraux qui ne peuvent se dissiper dans l'atmosphère n'étant pas volatils. Mais l'azote qui forme la partie la plus importante de la valeur du fumier est, en grande partie, perdu pour la prairie, car la décomposition des matières organiques azotées du fumier et leur nitrification ne s'opèrent que très lentement et très difficilement lorsqu'il est simplement déposé sur le sol.

L'emploi du fumier revient donc à très peu près à celui d'un engrais minéral d'une action très lente, avec l'inconvénient d'apporter une quantité importante de matières organiques [1].

Cet aperçu sur l'entretien des prairies et herbages suffira, je pense, pour engager les cultivateurs à lire l'excellent ouvrage de M. Joulie.

Nous compléterons cette étude sur les prairies dans le Cher par l'exposé des résultats qui nous sont fournis par l'enquête de 1882.

Pour les prairies irriguées, nous avons une superficie de 29 918 hectares.

> Rendement moyen par hectare............ 24 quintaux 70
> Prix moyen du quintal....................................... 9 fr. 36
> Valeur totale... 6.916.806 francs.

Rendement par hectare, année moyenne, 32 quintaux 60.
Durée de la saison du pâturage, cinq mois.

Prairies irriguées à l'aide de canaux d'irrigation ou de travaux spéciaux.

L'enquête de 1882 indique pour le Cher :

> Superficie cultivée...................... 11.448 hectares.
> Rendement moyen par hectare.......... 25 quintaux 73.
> Rendement total....................... 294.557 quintaux.
> Valeur moyenne du quintal............................... 9 fr. 45
> Valeur totale.. 2.783.564 francs.

Rendement par hectare, année moyenne, 29 quintaux 27.
Durée de la saison du pâturage, cinq mois.

1. *La Production fourragère par les engrais*, par H. Joulie.

Prairies non irriguées.

Superficie cultivée...................... 21.263 hectares.
Rendement moyen par hectare.......... 22 quintaux 80.
Rendement total...................... 484.796 quintaux.
Prix moyen du quintal................................. 8 fr. 55
Valeur totale des quintaux......................... 4.145.006 francs.

Rendement par hectare, année moyenne, 24 quintaux 03.
Durée de la saison du pâturage, quatre mois quinze jours.

Herbages pâturés de plaines.

Superficie cultivée...................... 6.523 hectares.
Rendement moyen par hectare........... 18 quintaux 03.
Rendement total...................... 117.610 quintaux.
Prix moyen du quintal................................. 7 fr. 83
Valeur totale des quintaux......................... 920.886 francs.

Rendement par hectare, année moyenne, 20 quintaux 03.
Durée de la saison du pâturage, six mois.

En 1862, Frémont constate que l'étendue des pâturages ou prés non fauchables s'élève à 15 850 hectares, mais il comprend les landes, les bruyères et les pâtis.

Ces 15 850 hectares sont ainsi répartis :

Arrondissement de Bourges............................... 3.509 hectares.
  — de Saint-Amand......................... 2.990 —
  — de Sancerre............................. 9.351 —

Le nombre de quintaux de foin produits par ces pâturages est de 62 328. La valeur totale de cette production est de 159 692 francs.

Étendue des jachères mortes : 114 695 hectares.

CULTURES INDUSTRIELLES

Cultures oléagineuses : graines, colza, œillette.
Textiles et oléagineuses : chanvre, lin.
Betterave à sucre.
Culture arborescente : oléagineuse : noyer.
Culture arborescente : pommiers, poiriers, pêchers et abricotiers, châtaigniers.

Graines oléagineuses.

La superficie cultivée en graines oléagineuses : colza, navettte, œillette et caméline, est en France de 136 816 hectares ; la production totale en graines est de 2 007 729 hecto-litres.

Plus des 9/10 de la superficie en plantes oléagineuses appartiennent à la culture du colza et de l'œillette.

Le prix de l'huile est habituellement en rapport constant avec le prix de la graine et la quantité des grains nécessaire pour faire un hectolitre d'huile.

Pour le colza et l'œillette, le prix de la graine est sensiblement le 1/4 de celui de l'huile ; pour la navette, il est un peu plus du 1/5 et pour la cameline le 1/5 seulement. Les tourteaux d'œillette sont recherchés ; ils valent 19 francs en moyenne les 100 kilogrammes, les autres tourteaux valent 2 francs de moins.

C'est presque exclusivement dans les régions du Nord, de l'Ouest et de l'Est que les plantes oléagineuses sont cultivées un peu en grand.

Si nous consultons la statistique officielle de 1840, voici les produits des plantes oléagineuses que nous trouvons pour chaque arrondissement du Cher :

ARRONDISSEMENTS	SUPERFICIE ENSEMENCÉE	QUANTITÉ DE SEMENCE A L'HECTARE	PRODUCTION		VALEUR	
			MOYENNE PAR HECTARE	TOTALE	MOYENNE DE L'HECTOLITRE	TOTALE
Colza, navette. (Graines.)						
	Hectares.	Hectolitres.	Hectolitres.	Hectolitres.	Francs.	Francs.
Bourges............,......	33	0,12	10,63	351	18 »	6.318
Sancerre.............	105	0,08	9,13	958	18 »	17.244
Saint-Amand.........	119	0,12	12,43	1.479	22,75	33.647
Totaux et moyennes...	257	0,10	10,85	2.788	20,50	37.209

D'après la statistique officielle de 1852, voici la production des plantes oléagineuses et textiles indiquée dans chaque arrondissement du Cher :

ARRONDISSEMENTS	SUPERFICIE ENSEMENCÉE	QUANTITÉ DE SEMENCE PAR HECTARE	PRODUCTION		VALEUR	
			MOYENNE PAR HECTARE	TOTALE	MOYENNE DE L'HECTOLITRE	TOTALE
Colza, navette, œillette. (Graines.)						
	Hectares.	Hectolitres.	Hectolitres.	Hectolitres.	Francs.	Francs.
Bourges..............	61	0,07	17,31	1.056	19,33	20.413
Sancerre.............	647	0,12	13,91	8.999	18,29	164.592
Saint-Amand.........	181	0,10	14,90	2.704	18,50	49.924
Totaux et moyennes...	889	0,10	14,35	12.759	18,41	234.929

ARRONDISSE-MENTS	SUPERFICIE ENSEMENCÉE	QUANTITÉ DE SEMENCE PAR HECTARE	PRODUCTION				VALEUR			
			MOYENNE PAR HECTARE		TOTALE		MOYENNE		TOTALE	
			En filasse.	En grains.	En filasse.	En grains.	D'un quintal de filasse.	D'un hectol. de grains.	De la filasse.	De la graine.

Chanvre.

	Hectares.	Hectol.	Quint.	Hectol.	Quintaux.	Hectol.	Francs.	Francs.	Francs.	Francs.
Bourges	762	2,61	5,42	8,49	4.130	6.469	78,07	12,07	322.429	78.081
Sancerre	677	2,69	3,51	8,18	2.375	5.534	77,50	13,07	184.063	72.883
Saint-Amand.	505	2.46	5,48	8,58	2.770	4.335	75,90	10,18	210.243	44.130
Totaux et moyennes.	1.944	2,59	4,77	8,30	9.275	16.338	77,28	11,94	716.735	195.094

Lin.

Bourges	»	»	»	»	»	»	»	»	»	»
Sancerre	»	»	»	»	»	»	»	»	»	»
Saint-Amand.	»	»	»	»	»	»	»	»	»	»
	»	»	»	»	»	»	»	»	»	»

Dix ans après, nous avons la statistique établie par Frémont dans son histoire du Cher et la statistique officielle. Voici ce que nous donne la première :

En 1862, les graines oléagineuses dans le Cher occupent d'après Frémont une étendue de 889 hectares, répartis ainsi :

Arrondissement de Bourges........................... 61 hectares.
—   de Saint-Amand........................... 181   —
—   de Sancerre 647   —

La quantité totale produite dans une année ordinaire est de 12 491 hectolitres, représentant une valeur, année ordinaire, de 230 424 francs.

Voici maintenant la statistique officielle relative à l'ensemble du département :

DÉSIGNATION DES CULTURES	SUPERFICIE CULTIVÉE	QUANTITÉ DE SEMENCE PAR HECTARE	PRODUCTION		VALEUR	
			MOYENNE PAR HECTARE	TOTALE	MOYENNE DE L'HECTOLITRE	TOTALE
	Hectares.	Litres.	Hectolitres.	Hectolitres.	Francs.	Francs.
Colza	633	6,95	12,84	8.133	26,44	214.998
OEillette	9	3,67	14,33	129	23 »	3.210
Cameline	6	5 »	13 »	78	25 »	1.950
Navette	»	»	»	»	»	»

CULTURES	SUPERFICIE ENSEMENCÉE	QUANTITÉ DE SEMENCE PAR HECTARE	PRODUCTION				VALEUR			
			MOYENNE PAR HECTARE		TOTALE		MOYENNE		TOTALE	
			En graine.	En filasse.	Grains.	Filasse.	De l'hectol. de graine.	Du kilogr. de filasse.	De la graine.	De la filasse.
	Hectares.	Hectol.	Hectol.	Kilogr.	Hectol.	Kilogr.	Francs.	Francs.	Francs.	Francs.
Chanvre	1.496	2,60	10,08	669	15.084	1.000.615	17,61	0,79	265.754	795.000
Lin	»	»	»	»	»	»	»	»	»	»

Ces principales statistiques connues, nous allons nous occuper de la culture spéciale des plantes industrielles, et d'abord du colza.

Colza. — Le colza a été l'objet d'une étude particulière dans le Cher. M. Turin, membre de la Société d'agriculture de ce département, en a fait l'objet d'un mémoire important lu à cette Société dans la séance du 5 juin 1847. A cette époque, M. Turin cultivait le colza depuis dix ans dans le Berry. Il avait étendu cette culture et en avait fait la base de ses assolements, dans lesquels elle entrait annuellement et régulièrement sur une étendue de 10 à 14 hectares; elle lui avait toujours donné des résultats avantageux.

Les considérations que M. Turin a fait valoir en faveur de la culture du colza sont les suivantes. Selon lui, toute terre à froment peut produire du colza et donner sur une étendue égale plus d'hectolitres qu'en froment, et un résultat net en argent plus considérable.

Le colza, loin de nuire à la production du blé, la favorise en quantité et en qualité. Cette culture fait comprendre aux cultivateurs qui l'entreprennent la nécessité de produire beaucoup de fumier tout en leur en facilitant les moyens et les entraîne nécessairement à changer l'assolement triennal en assolement alterne.

La culture du colza présente des avantages réels; non seulement la première récolte produit un argent réalisable dans le courant de juillet, mais elle procure des pailles en abondance, à une époque de l'année où elles manquent presque toujours dans nos contrées, pour l'entretien des animaux.

La récolte du colza, qui commence dans les premiers jours de juin, emploie un nombre considérable de bras au moment où les travaux des champs sont ordinairement rares.

Le colza produit de la paille et des balles en abondance. Il est reconnu, par tous les praticiens, que cette paille est parfaitement bonne pour litière, qu'elle absorbe mieux les déjections animales et que ses propriétés fertilisantes sont plus considérables que dans les pailles de céréales.

100 kilogrammes de graine de colza produisent 30 à 34 kilogrammes d'huile et de 50 à 55 kilogrammes de tourteaux.

M. Turin soutenait en outre que le colza rend beaucoup d'engrais de toute nature; que la culture de cette plante fait disparaître en grande partie la jachère triennale; qu'elle est la base des bons et productifs assolements et le premier pas de l'agriculture perfectionnée.

M. Turin trouvait que les produits du colza étaient plus avantageux que celui du froment.

Les sols qui produisaient de 25 à 26 hectolitres de froment par hectare, lui donnaient 36 hectolitres de colza, et il faudrait que l'année fût bien contraire pour ne pas obtenir 24 à 25 hectolitres de colza, sur une terre de fertilité ordinaire qui ne produirait, année moyenne, que de 14 à 15 hectolitres en froment.

Il ajoutait : depuis dix ans le prix moyen du colza est beaucoup plus élevé que celui du froment, mais ne fût-il qu'égal, fût-il même inférieur, la culture de cette plante offrirait encore des avantages d'autant plus importants qu'elle ne doit jamais occuper la place du froment et que, loin de lui être nuisible, elle lui est, au contraire, profitable; elle en rend même la culture moins dispendieuse, puisque, après le colza, un seul labour suffit toujours pour obtenir un froment beaucoup plus beau, plus pesant et plus propre que lors même qu'il est précédé d'une jachère.

C'est après une expérience de douze années de travaux sur sa terre de Cornusse que M. Turin a exprimé ses idées sur la culture du colza. Elles ont trouvé un contradicteur dans un autre membre de la Société, M. Sabathier, qui à la séance du 3 juillet suivant a soutenu que les plantes commerciales ne sont point faites pour les plaines du Berry. Du foin, des bestiaux, du fumier, voilà les trois indispensables conditions d'un bon avenir pour elles.

Le mode de culture proposé par M. Turin a paru à M. Sabathier dangereux à généraliser en Berry; il a cité l'opinion de Schewerz, le savant agronome allemand, sur la culture du colza et autres plantes commerciales.

L'état des terres, les ressources d'engrais et les circonstances locales sont les trois puissances qui doivent décider si l'agriculteur cultivera ces plantes. Pour qu'elles viennent bien, il faut cette fertilité de terroir, cette vieille force, qu'une bonne culture suivie depuis longtemps peut seule amener.

Le fumier est toujours le grand principe.

Il n'est permis qu'à celui qui en a beaucoup d'employer son excédent à fumer des plantes qui rapportent, il est vrai, de l'argent, mais peu ou point d'engrais.

Cette culture est la récompense d'une exploitation progressive, et la meilleure raison qui doive empêcher de l'entreprendre, en commençant une exploitation, est que celle-ci n'a encore aucun droit à cette récompense.

Ce n'est pas tout, disait M. Sabathier, d'obtenir un succès isolé, il faut, pour le bien juger, le voir dans l'ensemble des produits de la ferme, dans ses rapports d'influence avec les bestiaux; enfin réduire les résultats généraux de l'entreprise agricole en bénéfices nets. Les succès de M. Turin étaient dus à une exception heureuse produite par son intelligence unie à la haute fertilité de son sol.

M. Turin a répondu à M. Sabathier, non seulement par des autorités agricoles scientifiques et pratiques en faveur de la culture du colza; il a cité les noms des cultivateurs du Cher qui cultivaient alors le colza avec succès : MM. Billot, Belleville, à Cornusse, Paultre, à Blet; Armand Legay, à Azières; Bouard, à Allardes, près de Givardon; Caumoy, à Laverdines; Defoulnay, à Bannegon, l'un des premiers engraisseurs; Bureaux, à Sancoins; Terrasse des Billons et Auguste Massé, à Raimond; Potelleret, près de Nérondes; Chenu, à Argenvières. Le canton de Dun-le-Roi, celui de Saint-Martin dans quelques parties, ceux de Saint-Amand, de Charenton, de Sancergues, la commune d'Asnières, celle de Lauroy et beaucoup d'autres encore sur un grand nombre de points du département produisent du colza. M. Turin s'est aussi appuyé sur les encouragements donnés à cette culture par les comices agricoles de Sancoins, la Guerche et Nérondes, qui depuis six ou sept ans accordent les primes les plus importantes dont ils peuvent disposer.

La culture du colza avait pris un tel essor qu'une fabrique d'huile de colza s'était établie à Sancoins.

M. Turin terminait son second mémoire en disant : « Ce que j'ai voulu recommander et favoriser par le mode de culture du colza, c'est la production du foin, des bestiaux et du fumier, comme aussi l'amélioration progressive du sol par l'alternat des cultures et la bonne préparation donnée à la terre. Ce que j'ai voulu prouver, c'est que ce mode de culture est lucratif et améliorant sous tous les rapports, par le renversement des conditions ordinaires si déplorables des exploitations du pays qui ne produisent que peu de foin, peu de fumier, peu de bestiaux et peu d'argent. »

La discussion avec M. Sabathier s'est prolongée encore pendant plusieurs séances. La Société a pris en considération les mémoires de M. Turin, les résultats pratiques qui y étaient consignés et les instructions précises données sur la culture du colza; elle a décidé l'impression de ces mémoires. Nous engageons les cultivateurs à les lire; ils les trouveront dans le tome VI des Bulletins de la Société.

Lors de l'enquête agricole du Cher, en 1866, on constate que la culture du colza tend à prendre du développement surtout dans les pays de défrichement récent. Elle donne des produits avantageux, qui indemnisent souvent le propriétaire de la modicité du prix des céréales.

Les colzas se vendaient à cette époque de 22 à 30 francs l'hectolitre du poids de 65 à 66 kilogrammes.

Gallicher a fait observer que si le prix du colza était resté plus rémunérateur, la culture se serait répandue dans le Cher, plus qu'elle ne l'est surtout sur les brandes défrichées. Avec nos printemps secs, ajoute-t-il, les récoltes sont peu sûres et la culture du colza a semblé se restreindre chaque jour au lieu de se développer.

En effet : en 1852 il y avait............................ 889 hectares ensemencés.
        —   1862 il n'y en avait plus que.............. 633   —
        —   1878   —   320   —
        —   1882   —   289   —

Ces 289 hectares de colza donnaient un rendement moyen par hectare de 14 hectolitres 73 et un produit total de 4 257 hectolitres, au prix moyen de 23, 25 l'hectolitre et faisant une somme totale de 98 975 francs.

La quantité totale des graines converties en huile était de 1 518 hectolitres, qui donnaient 304 hectolitres d'huile, et 455 quintaux de tourteaux.

Le prix de l'hectolitre d'huile était de 85 francs.

Le kilogramme de tourteaux, 40 centimes.

La valeur totale en huile 25 840 francs, en tourteaux 18 200 francs.

Ainsi on voit exactement par la statistique combien la culture du colza a diminué dans le Cher. C'est du reste un fait général par suite de l'emploi du pétrole et de l'importation croissante de graines de sésame, d'arachide, de ravison provenant de l'Inde, du Sénégal, etc.

Œillette.

Le pavot œillette ou œliette appartient à la famille des papavéracées; sa culture, comme plante oléagineuse, s'est répandue en Artois, en Lorraine; ses grains donnent 30 pour 100 d'une huile blanche inodore, d'une saveur douce, agréable, surtout lorsqu'elle est obtenue à froid : aussi est-elle réservée pour l'alimentation dans le nord de la France : partout ailleurs, on la mélange à l'huile d'olive soit pour la table, soit pour la fabrication du savon.

Les tourteaux peuvent entrer en concurrence avec ceux du colza pour la nourriture du bétail et la fertilisation du sol. Les tiges, quand elles sont sèches, sont employées pour faire des pieds et des couvertures aux meules de grains ou de fourrages, on les étale sur le plancher des granges, après quoi elles vont augmenter la masse des fumiers. Il y a deux sortes de pavots : le pavot à graines grises, à fleurs rouges ou lilas, à capsules globuleuses percées d'opercules par où se répand la graine à la maturité.

Le pavot aveugle, à fleurs variables du blanc au lilas et au rouge, mais ceux à capsules plus volumineuses et sans opercules sont généralement les variétés les plus cultivées pour l'huile.

L'enquête de 1882 ne donne pour le Cher que 14 hectares de terres cultivées en pavot, avec un rendement moyen de 18 hectolitres à l'hectare, et une production totale de 250 hectolitres, au prix moyen de 22 francs l'hectolitre, donnant une valeur totale de 5 632 fr. On estime qu'il y a 206 hectolitres de graines convertis en huile, formant 45 hectolitres d'huile et 82 quintaux de tourteaux. L'hectolitre d'huile vaut 100 francs; le kilogramme de tourteau, 10 cent. C'est une valeur totale en huile de 4 500 francs et de 820 francs en tourteaux.

Chanvre.

Le chanvre est, comme on sait, une plante textile filamenteuse, annuelle, de la famille des urticées. Elle est dioïque, c'est-à-dire ayant des pieds portant des fleurs mâles, d'autres n'ayant que des fleurs femelles. Cette plante vient surtout bien dans les terrains d'alluvion, dans les vallées de la Loire, de la Limagne, de la Garonne, de l'Isère, de la Saône, du Rhin, de l'Oise, etc.

L'Intendant de la généralité de Bourges en 1762 disait à la Société d'agriculture :

« On ne peut que gémir sur le peu d'utilité que retire la province d'une de ses plus précieuses productions, les chanvres. Dans la plupart des cantons où ils se cultivent, on se contente de les recueillir et de les vendre bruts, déjà assez mal purgés de chènevottes. On pourrait employer les femmes à leur donner les dernières préparations et à les filer au degré de finesse dont ils sont susceptibles. Les hommes pourraient en faire de la toile aux jours et aux heures où les travaux de la campagne sont terminés et comme on fait dans toutes les provinces où l'on en recueille.

« Il serait aussi à souhaiter que les seigneurs de paroisses, les curés et les bourgeois aussi engageassent les habitants à se donner à ce travail et les y aidassent ; ils en retireraient eux-mêmes de l'utilité par le fil et la toile qu'ils auraient à bon marché et dont ils pourraient faire un commerce.

« L'Intendant déclare qu'il a fait, pour sa part, tout ce qu'il était possible pour faire naître cette branche d'industrie. Par des imprimés distribués dans les paroisses des élections où l'on cultive le chanvre il a promis des prix pour les meilleures fileuses, outre le prix des fils qui lui seraient présentés et qui approcheraient de la finesse dont les chanvres sont susceptibles. Ses désirs et ses offres ont été inutiles, et il a eu la douleur de voir qu'il ne lui a pas été présenté un seul écheveau de fil bien ou mal travaillé. Après une telle expérience, on ne peut, dit-il, que déplorer l'engourdissement et le défaut d'émulation des gens de cette province ; on pourrait espérer cependant, que si les gens aisés et chacun dans son canton prenait à cœur ce genre de travail, on pourrait par des soins et des secours immédiats faire ce qu'il n'a pu par des offres dont l'effet, quoique sûr, était plus éloigné. »

Dans un mémoire contenant une réponse aux questions proposées par l'administration provinciale du Berry dans la Gazette du 12 mars 1786, il est dit que le prix du chanvre est si considérable, que les terres qui le produisent sont inappréciables. Quel dommage, ajoute l'auteur du mémoire, que jusqu'à ce jour on se soit privé d'en cultiver, non seulement sur les bords de l'Yèvre, mais sur les bords de la Vanvize, mais à Beaugy, mais à Villequiers et dans plusieurs paroisses de ce canton [1].

Dans sa description du Cher en 1802, Legendre de Lucay confirme cette opinion et il déclare que les chanvres sont un des articles les plus importants des richesses productives du département. Tous les cantons et particulièrement les marais de Bourges et les environs de Mehun présentent des terrains propres à leur culture. Dans quelques endroits, ils s'élèvent jusqu'à un mètre et demi de hauteur ; leur longueur ordinaire est d'environ un mètre ; c'est celle que le citoyen Rougier la Bergerie, dans ses excellentes observations sur la culture du chanvre, reconnaît être préférable, en ce qu'un tel brin donne ordinairement un chanvre plus souple, plus fin et plus élastique ; et comme il est reconnu, dit-il, que plus les chanvres sont affinés plus ils sont forts, il faut en conclure que ceux de Bourges et de la vallée d'Auron qu'on peut soumettre à un haut degré de finesse sont excellents pour le service des plus fortes manœuvres de la marine. Dans quelles circonstances plus décisives le gouvernement peut-il s'occuper de faire fleurir cette branche si essentielle de l'agriculture ?

N'est-il pas temps, s'écrie Legendre de Lucay, de ne devoir qu'à nous-mêmes des approvisionnements considérables que nous allons chercher au fond du Nord à grands frais, et qui, d'après le soin que prend l'Angleterre d'en enlever l'élite, n'égalent pas en qualité ceux que nous pouvions retirer de notre propre sol.

Dans son discours d'économie rurale théorique et pratique prononcé le 7 novembre 1806 à l'École d'Alfort, Yvart, parlant de la culture du chanvre et du lin, dit que des expériences

---

1. Archives de Bourges, série C, art. 319.

authentiques ont fait reconnaître que les départements de Lot-et-Garonne, de la Vendée, *du Cher* et d'autres produisent du chanvre d'une qualité supérieure à ceux du Nord.

Butet, dans sa statistique, donne des renseignements sur la façon de traiter le chanvre. A Bourges, Asnières, Saint-Amand, Léré et généralement dans tout le département, on sépare le filament du chanvre de l'écorce en le teillant, c'est-à-dire en rompant l'extrémité d'un brin de chanvre et en tirant d'un bout à l'autre l'écorce qui est autour, opération très longue, il est vrai, mais qui donne un chanvre bien net et n'altère que sa qualité.

A Mehun, on le broie avec une espèce de machine en bois. De cette manière, ajoute Butet, on réduit en quelque sorte en poussière le corps du chanvre qu'on nomme chènevotte et le fil s'en détache facilement. Comme on n'opère pas sur un brin de chanvre, mais sur tout ce qu'un homme peut tenir dans la main, on avance plus qu'en teillant, avantage qui est bien balancé par la malpropreté du chanvre, qui n'est jamais parfaitement dégagé des petites chènevottes et par la diminution de force qui résulte du broiement.

Butet exprime le désir que dans le département du Cher, où la culture du chanvre est assez étendue, on renonce à faire rouir dans les rivières et qu'on adopte la méthode du rouissage à la vapeur d'eau bouillante, qui n'a aucun des inconvénients de l'ancien rouissage et qu'on emploie avec succès dans différents départements. Mais, ajoute-t-il, le nôtre n'est pas assez partisan des innovations, quelque utiles qu'elles soient, pour que nous puissions voir le rouissage à vapeur s'y introduire avant quelque temps.

Le chanvre, comme on sait, présente différentes nuances dans les qualités et dans les prix, suivant les lieux d'où il provient; celui qu'on recueille à Bourges et dans les environs est très estimé.

Une partie de la récolte en chanvre qui excède annuellement 1 500 000 livres reste dans le département. Elle y est convertie en cordes de diverses dimensions, en fils, en toiles qui servent pour la consommation du pays. Les habitants de la Nièvre viennent chercher, mais en petite quantité, ces deux derniers articles dans le Sancerrois.

Les chanvres qui sortent du département sont vendus pour Orléans, la Palisse et autres lieux. Leur exportation annuelle et moyenne peut monter environ à 900 000 livres, au prix commun de 45 francs le quintal. Ainsi les chanvres entrent dans l'exportation du numéraire pour 405 000 francs.

Frémont, à la date de 1862, dit que le chanvre est un des principaux articles du commerce du département du Cher.

Les principaux lieux de transactions commerciales dont il est l'objet sont Bourges, Saint-Amand, etc.

Une année ordinaire rapporte 9 750 quintaux de chanvre en filasse, dont on exporte des quantités considérables.

Dans l'enquête agricole de 1866, il n'est nullement question de la culture du chanvre dans le département du Cher. Douze années après, dans l'annuaire statistique de la France en 1878, nous trouvons qu'il y a 1 635 hectares ensemencés en chanvre, rendant 7 quintaux 70 par hectare, donnant une production totale de 12 500 quintaux et 70 081 kilogrammes d'huile de chènevis.

Pour Gallicher, le chanvre est le lot de la petite culture dans le département du Cher; sa graine ne donne lieu à aucun commerce, l'excédent des quantités réclamées par la semence est converti sur place en huile à brûler que consomment les petits ménages.

En 1882, la surface ensemencée a diminué, elle n'est plus que de 1 072 hectares, avec un rendement moyen de 8 quintaux 63 par hectare, et une production totale de filasse de 9 251 quintaux, au prix moyen de 1 fr. 06 le kilogramme, donnant une valeur totale de 980 606 francs.

La production des graines est évaluée à 10 hectolitres 41 par hectare, avec une production totale de 11 160 hectolitres, au prix de 17 fr. 06 l'hectolitre, formant une valeur totale de 190 390 francs.

Quant à la production en huile, 2 209 hectolitres de graines sont converties en huile: un hectolitre de graines produit en moyenne 0 hect. 21 en huile, 0 quint. 41 en tourteaux.

La production totale en huile est de 464 hectolitres et 884 quintaux de tourteaux. L'hectolitre d'huile est estimé 117 francs, le kilogramme de tourteau 24 centimes. La valeur totale en huile de chènevis est de 54 288 francs et en tourteaux 18 564 francs.

Lin.

Dans le mémoire lu par l'intendant de la généralité de Bourges à la Société d'agriculture en 1762, il est dit qu'il a été fait par les ordres du roi un essai de culture près de cette ville et qu'il en sera fait un second dans le cours de cette année dans le canton de Sancerre. On ne peut guère juger du succès de celui qui a crû dans la prairie de Saint-Sulpice, sur la filasse qu'on en a tiré et qui l'a été mal, faute d'instruments et des gens propres à ces apprêts; mais il a très bien réussi en semence et c'est de cette même semence que la culture de Sancerre proviendra. L'intendant ajoute qu'il en a vu dans quelques autres cantons de la province qui était assez beau. Il serait fort à souhaiter que dans ceux où on ne cultive pas le chanvre aussi utilement qu'aux environs de Bourges, on pût essayer de faire croître le lin. Toute production qui tendra à multiplier la main-d'œuvre surtout parmi les femmes, les filles et les enfants sera très utile. Un des grands malheurs de notre province est l'oisiveté dans laquelle croupit une partie précieuse des habitants.

D'après Legendre de Lucay en 1802 la culture du lin était entièrement ignorée dans le département; il y a trente ou quarante ans, elle y a été apportée par des Anglais qui se retirèrent dans le Sancerrois après la défection des affaires du prince Edouard. Ces Anglais reçurent du gouvernement quelques encouragements et le lin se cultive encore dans plusieurs communes du Sancerrois; mais il n'y forme plus un article intéressant.

Butet n'en fait aucune mention dans sa statistique.

En 1870, Gallicher déclare que le lin n'est pas cultivé dans le département du Cher. Il est vrai que dans toutes les statistiques qui précèdent cette époque, nous ne trouvons rien qui mentionne cette culture.

Dans l'annuaire statistique de 1878, on n'indique pas la quantité d'hectares ensemencés en lin ni le rendement par hectare, non plus que la production totale; seulement à la colonne qui indique la production d'huile, nous lisons 70 kilogr. 0,81. Voici tous les renseignements fournis sur cette plante.

La statistique de 1882 nous fournit des données précises qui prouvent du reste que cette culture n'a pas une grande importance. Il n'y a que deux hectares cultivés, donnant 10 quintaux par hectare et une production seulement totale de 20 quintaux, le prix étant de 80 centimes le kilogr. représentant une valeur totale de 1 600 francs.

La production de la graine est de 10 hectolitres par hectare, avec une production totale de 20 hectolitres.

La valeur moyenne de la graine est de 15 francs l'hectolitre.

La valeur de la production totale, 300 francs.

La quantité totale de graines convertie en huile est de 2 209 hectolitres.

Dans un intéressant travail lu, cette année, à la Société nationale d'encouragement à l'agriculture, M. Heuzé a exposé que, de 1862 à 1882, l'agriculture française a vu les produits des plantes oléagineuses et des plantes textiles qu'elle cultive diminuer annuellement d'une valeur de 142 millions.

Il a fait observer que les plantes oléagineuses, comme le colza, la navette et le pavot œillette, et les plantes textiles comme le chanvre et le lin contribuent, dans une large mesure, par les binages et les sarclages qu'elles exigent et par la position qu'elles occupent dans les successions de culture, à l'accroissement de la production des céréales et à l'abaissement de leur prix de revient.

Ces plantes contribuent aussi, par les nombreux travaux qu'elles exigent pendant la belle et morte-saison, à rendre plus sédentaire la population des campagnes.

L'avenir de notre agriculture, a dit M. Heuzé, exige impérieusement que les graines oléagineuses et les lins et les chanvres n'entrent plus en franchise par suite d'un privilège qui amoindrit en France, d'année en année, la fortune publique.

Les importations des graines oléagineuses et de chanvre et de lin s'élèvent annuellement de nos jours à près de 300 000 000 de francs, somme considérable, qui aurait la plus heureuse conséquence si elle restait entre les mains de nos cultivateurs.

En 1888, les droits établis sur les textiles ont été de.......... 1.747.214 francs.
Sur les plantes oléagineuses de............................. 2.247.528 —
Soit une recette de.. 3.994.742 francs.

En 1866, époque où il n'y avait pas de droit sur les lins et les chanvres et où les taxes douanières sur les graines oléagineuses étaient peu élevées, les recettes ne se sont élevées qu'à 45 359 francs.

En présence de ces faits, la Société d'encouragement pour l'agriculture a émis le vœu que les produits des plantes textiles fussent frappés à leur entrée en France des droits compensateurs ci-après :

Chanvre, tiges brutes	0ᶠ,50	par 100 kil.
— tiges rouies............................	0 60	—
— teillé et étoupe........................	6 00	—
— peigné.................................	12 00	—
Lin, tiges brutes.................................	0 75	—
— tiges rouies............................	1 00	—
— teillé.................................	8 00	—
— peigné.................................	15 00	—
Graines oléagineuses : colza, navette, œillette et sésame.	4 00	—
Graines oléagineuses : lin et moutarde................	8 00	—
Huiles grasses : navette, colza......................	10 00	—
— comestible : œillette, sésame...................	4 00	—
Grains d'arachide décortiqué.........................	4 00	—
— en coque.............................	1 50	—

Betterave à sucre.

La culture de la betterave à sucre, bien que relativement moyenne, occupe à elle seule près de la moitié de la superficie totale des cultures industrielles. Elle est aussi, dit l'auteur de la statistique agricole de 1882, la plus productive et la plus intéressante, elle alimente l'une des plus grandes industries du pays et rapporte à l'agriculture près de 180 millions de francs.

En 1862, Frémont, dans son chapitre sur la statistique du Cher, a dit, comme nous l'avons vu, que la culture de la betterave comprenait 1 120 hectares. Mais il n'a pas indiqué combien d'hectares étaient consacrés à la betterave à sucre. La statistique officielle de la même année donne les chiffres suivants :

CULTURES	SUPERFICIE CULTIVÉE	QUANTITÉ DE SEMENCE PAR HECTARE	PRODUCTION		VALEUR	
			MOYENNE PAR HECTARE	TOTALE	MOYENNE DU QUINTAL	TOTALE
	Hectares.	Kilogr.	Quint. mét.	Quint. mét.	fr. c.	Francs.
Betteraves à sucre.....	706	7,25	338	237.594	2,20	512.844

L'enquête agricole de 1866 constate seulement qu'il y a environ 12 distilleries dans le département du Cher.

Gallicher reconnaît que le sol, le climat du Cher sont particulièrement favorables à la végétation de la betterave qui, dit-il, a une teneur saccharine bien supérieure à celle qu'on obtient dans le Nord. Si, jusqu'à ce jour, l'industrie du sucre et de l'alcool de betterave a fait aussi peu de progrès en ce pays, c'est que généralement la situation adoptée pour les quelques usines qui se sont établies a été mal choisie. Le voisinage d'un chemin de fer ou d'un canal est une condition de succès indispensable pour ces établissements, qui ne pourront s'alimenter de longtemps que dans un rayon fort étendu et exigeant par conséquent les transports les plus économiques.

Voici d'après Gallicher la liste des établissements en activité dans la campagne de 1869-1870.

1° Distillerie agricole de Bagneux, commune de Saint-Pierre-les-Bois, exploitée par M. Gohin.

2° Distillerie agricole du Petit-Besse, commune de Saint-Maur, exploitée par M. Bourdin.

3° Distillerie industrielle de Jarriol, commune d'Uzay-le-Venon, exploitée par M. Saint-Sauveur.

4° Distillerie agricole de Madrol, près de Vierzon, exploitée par M. Saint-Sauveur.

5° Distillerie industrielle et agricole de Laverdines, commune de Laverdines.

6° Distillerie industrielle de la Guerche, exploitée par M. Tachard.

7° Distillerie agricole du Grand-Chapelet, commune de Patinges, exploitée par M. Ravenet.

8° Distillerie agricole des Barres, commune de Bessais, exploitée par M. Amyot.

9° Sucrerie industrielle de la Guerche, exploitée par MM. Renaudin et Cⁱᵉ.

Les distilleries du Cher avaient donné dans la campagne de 1868-1869, 3 094 hectolitres d'alcool; en 1869-1870, seulement 2 148 hectolitres. Cette réduction a eu pour cause une forte atténuation dans la récolte de betteraves de l'année 1869, par suite de la sécheresse de cette année et par la mise au chômage de la distillerie de Villiers.

La sucrerie de la Guerche, qui faisait ses débuts, a produit 435 940 kilogrammes de sucre.

Cet établissement et la distillerie située au même lieu, assise sur le canal du Berry et sur le chemin de fer du Centre, réalisent les conditions indispensables au succès de semblables entreprises et offrent à la culture de la zone accessible à ces voies de transport un débouché pour ses racines et des ressources en pulpes qui devront lui procurer les plus sérieux avantages.

L'enquête de 1882 constate que dans le Cher

La superficie cultivée en betteraves à sucre
est de..... .... 558 hectares.
Le rendement moyen par hectare.......... 310 quintaux.
Le rendement total....................... 172.980 quintaux.
Prix moyen du quintal...................................... 1 fr. 87
Valeur totale .... 323.473 francs.

Rendement moyen par hectare, année moyenne, 312 quintaux.

Si l'on ajoute à la quantité de 558 hectares ensemencés en betteraves à sucre, celle de 6 131 hectares de betteraves fourragères, cela nous donne 6 689 hectares de betteraves.

Culture arborescente oléagineuse.

NOYER

Le noyer est un arbre qui tend à disparaître, d'autant que, selon l'étymologie de son nom, « le noier nuit principalement, dit Olivier de Serres, aux bons labourages. Ses racines occupant importunément le fond et ses rameaux par grands ombrages, l'air, au détriment de toutes sortes de grains, fait qu'avec grande raison les meilleurs mesnagers ne logent les noyers ailleurs que là où ils ne peuvent beaucoup nuire. Tel lieu se prend es orées des champs joignant les chemins, es vallons près des ruisseaux et autres pareils endroits où la terre est ni bonne, ne peut, à cause de son assiete, servir à autre chose. »

La culture du noyer a été l'objet d'études spéciales dans le département du Cher. A la séance du 6 mars 1847 de la Société d'agriculture du Cher, M. Huard-Duplessis a fait hommage d'une brochure intitulée *Traité de la culture du noyer dans les départements du centre de la France*. Nous regrettons de n'avoir pu nous procurer cette brochure, mais elle a été l'objet d'un rapport de M. de Quincerot qui nous renseigne suffisamment sur son contenu.

L'auteur indique les espèces ou variétés dont la culture est préférable sous le rapport de la qualité et de l'abondance du produit. Suivant M. Duplessis, le noyer préfère les terres sèches légères et un peu calcaires; il aime peu les terres argileuses et a une antipathie prononcée pour les terres marécageuses; une terre profonde ou des rochers en pente dans lesquels se trouvent des fentes remplies de terre lui conviennent parfaitement.

S'il s'agit d'une pépinière, on doit choisir une terre d'une fertilité moyenne, plutôt légère que compacte et profonde de 50 à 60 centimètres.

L'amendement préférable dans ce terrain consiste dans les cendres de lessive. On défonce le terrain à une profondeur de 30 centimètres et on forme des sillons séparés les uns des autres d'environ 50 centimètres. Au fond de ces sillons on a soin de placer des tuiles à plat dans toute leur longueur. Les tuiles se recouvrent de terre et on y plante la noix à une profondeur d'environ 6 à 8 centimètres; chaque noix doit être distante d'environ 50 centimètres. La noix doit être couchée sur le côté et il faut éviter de mettre la pointe en haut, attendu que c'est de cette pointe que doit sortir la racine.

Le pivot du jeune noyer parvenu à la tuile est arrêté dans son progrès vertical; il se détourne et est obligé de former des racines horizontales; de cette manière le jeune plant forme un épatement de racines qui facilite l'opération de la transplantation.

Pendant les premières années, le jeune plant doit être sarclé et biné avec soin. On doit attendre la troisième année pour commencer à élaguer par le bas les jeunes arbres; cette opération se continue pendant la quatrième et la cinquième année, époque de la plantation des sujets qui ont acquis une force suffisante.

Les arbres avant d'être transplantés doivent être dépouillés de toutes leurs branches latérales, mais il faut bien se garder de les étêter et de retrancher le bourgeon terminal. On doit avoir soin de couvrir les plaies faites par l'amputation des branches avec l'onguent de Saint-Fiacre, composé simplement de terre forte et de bouse de vache en égale quantité pétries avec de l'eau.

L'auteur, parlant d'après son expérience, insiste beaucoup sur l'utilité et les avantages de la greffe des noyers qui, selon lui, rend le sujet tardif à la pousse et par conséquent le met à l'abri des gelées tardives du printemps; elle rend la fructification plus abondante et meilleure. La greffe en flûte sur le plant de deux ans est celle qui réussit le plus; quant aux vieux noyers, on peut les renouveler en élaguant en hiver toutes les grosses branches; bientôt des rejetons vigoureux poussent et donnent une nouvelle vie à l'arbre.

Malgré la prédilection de l'auteur pour la culture du noyer, il convient que pendant les vingt premières années cet arbre ne donne que des produits presque nuls. Ce n'est que de trente à soixante ans qu'il offre au propriétaire une récolte avantageuse.

Il faut donc attendre longtemps les bénéfices d'une plantation de noyers, et c'est une des raisons pour lesquelles on s'en occupe peu, aussi leur nombre diminue de plus en plus. Néanmoins l'auteur démontre que dans la période de cinquante à soixante ans, vingt noyers dont l'achat et la plantation ont coûté 26 francs doivent annuellement produire un revenu de 100 francs et plus.

On trouve également dans les Bulletins de la Société d'agriculture du Cher, année 1865, une note de M. Romain Martin, propriétaire au Subdray (Cher), sur les avantages du noyer greffé. Il fait remarquer que dans le Sud-Est, aux environs de Lyon et de Grenoble, on s'occupe de créer des espèces ou plutôt de propager les bonnes variétés que le hasard a souvent fait reconnaître et cela au moyen de la greffe; ce sont des noyers greffés sur Juglans nigra, noyer noir d'Amérique. M. Romain Martin recommande de planter les noyers à 20 mètres les uns des autres (ce qui représente 25 noyers par hectare), généralement en ligne et jamais en massif, le noyer prospérant d'autant mieux qu'il est plus isolé. Chaque noyer en plein rapport peut donner de quatre à six hectolitres de noix et, d'après M. Romain Martin, l'hectolitre de noix de belle qualité se vend dans le Sud-Est de 16 à 18 francs. Enfin quand ces arbres sont sur le décours, qu'ils commencent à se couronner, il est temps de les faire abattre et il n'est pas rare alors de voir une pile de noyers se vendre 1 000 francs.

Sur les plateaux calcaires du Berry, on ne peut attacher une grande importance au bois du noyer, attendu que l'arbre dépérit promptement, qu'il se creuse et qu'il n'en reste bientôt plus que l'écorce. Toute l'utilité de l'arbre se concentre donc dans la production du fruit, et pour avoir de bons greffons, c'est à Lyon qu'on s'est jusqu'ici adressé pour obtenir de bonnes espèces.

Quoi qu'il en soit, le noyer est assez répandu dans le département du Cher.

Frémont, dans sa statistique de 1862, dit que l'étendue totale des champs plantés exclusivement en noyers est de 19 hectares, produisant 13 514 francs.

Lors de l'enquête de 1866 il a été constaté que la culture du noyer est importante et qu'elle fournit des produits d'une valeur très appréciée.

On a même dit qu'il serait à désirer que les plantations de noyers prissent de l'extension.

Le rendement d'un noyer peut être évalué à 1 franc en moyenne, frais déduits.

Gallicher, en 1870, déclare que cette culture n'a point diminué; répandue sur toute la surface du département, elle a provoqué sur une multitude de points la création d'huileries livrant sur place aux consommateurs le produit de la pression des noix.

L'enquête de 1882 constate que la quantité de fruits convertis en huile est de 2 908 hectolitres.

Le rendement moyen d'un hectolitre de fruits en huile est de 11 litres.

Le rendement en tourteaux..................... 35 kilos.	
Le rendement total en huile..................... 320 litres.	
Le rendement total en tourteaux .... 1 quint. 018	
Valeur moyenne de l'hectolitre d'huile.......................	213 francs.
Valeur moyenne du kilogr. de tourteaux.....................	20 cent.
Valeur totale en huile....................................	68.160 francs.
Valeur totale en tourteaux.................................	20.360 —

Cultures arborescentes.

ARBRES A PÉPINS, A NOYAUX. — PÊCHER. — CHATAIGNIER.

Plus que jamais les cultivateurs doivent tirer le meilleur parti possible de leurs terres et les arbres à fruits sont certainement une ressource beaucoup trop négligée en France, et elle doit l'être d'autant moins dans le département du Cher qu'il possède toutes les variétés des arbres à fruits de la zone tempérée. Selon la judicieuse remarque du Dr Guyot, ce département appartient à la zone tout à fait centrale, si remarquable par la saveur sucrée de tous les fruits à jus et à pulpe alimentaire, déterminée par une température modérée et une humidité suffisante.

« Le fermier ou le métayer, dit M. Charles Baltet, veut un verger dans ses herbages autour de la ferme et en bordure des chemins.

« Il a un nombreux personnel à nourrir et la vente du fruit aux marchands viendra adoucir ses charges.

« Il n'est pas jusqu'à son bétail et à ses volailles qui ne profitent des déchets de la production fruitière.

« Fruits de famille, fruits de pressoir, fruits de marché, fruits d'économie domestique, tout lui est bon. Ici les ouvriers sont nourris et leur nombre s'accroît aux époques des grands travaux agricoles, les fruits y deviennent indispensables. Le trop-plein sera conduit à la ville en même temps que les denrées de la ferme.

« Le pressoir, l'alambic, le four transformeront en provisions d'hiver les fruits surabondants ou spéciaux à l'industrie alimentaire.

« Aujourd'hui, après les ravages du phylloxera, le cultivateur qui a un verger ou une prairie-verger et des chemins bordés de pommiers à cidre, peut, au lieu d'acheter du mauvais vin, donner du bon cidre à ses ouvriers. »

D'autre part, avec l'envahissement des céréales du nouveau monde, le cultivateur doit chercher à restreindre l'étendue de la culture du blé pour la rendre intensive, pour faire donner à chaque hectare de terre son maximum de production.

Il doit aussi augmenter l'étendue de prairies qui ne donnent pas lieu aux mêmes dépenses que les cultures annuelles, qui ne nécessitent pas, chaque année, des façons de labour et autres, non plus que des frais d'ensemencement.

Les produits des prairies offrent une plus grande sécurité, sécurité augmentée encore en ce qu'elles sont formées par l'association de plusieurs espèces douées d'exigences et d'aptitudes plus ou moins différentes. Si les intempéries peuvent être parfois nuisibles à quelques espèces herbagères, elles ne sont jamais désastreuses pour toutes.

Et l'explication donnée par Caton, n'est-elle pas juste?

Le mot paratum (pré) vient de paratum, prêt, toujours prêt à donner ses produits.

Ajoutez à cela un bon verger et vous serez convaincu que les plus belles fermes ne sont pas celles où il n'y a ni un arbre ni un buisson. Allez voir chez nos voisins les villages flamands, les contrées wallonnes où l'on s'occupe particulièrement des prairies-vergers, où la crise agricole est pour ainsi dire inconnue et où les fruits non seulement sont pour le ménage du cultivateur une précieuse ressource alimentaire, mais où, avant tout, ils procurent un produit notable en argent, sans aucun des frais nécessités par toutes les cultures ordinaires, ce qui revient à dire que ce sont bien les cultures qui exigent le moins de main-d'œuvre et le moins de dépenses qui fournissent le plus d'avantages, le plus de profit.

M. Charles Baltet cite l'exemple d'une commune du Luxembourg qui a fait planter trois mille arbres fruitiers sur un terrain vague. Pendant vingt années consécutives le rapport total a été de 70 000 francs.

Si nous voulons savoir quelle a été et quelle pourra être dans le Cher la culture fruitière nous consulterons d'abord la statistique donnée par Frémont (1862).

L'étendue totale des vergers est de 172 hectares, ainsi répartis :

Arrondissement de Bourges.....................   57 hectares.
   —   de Saint-Amand...............   69   —
   —   de Sancerre................ ..   46   —
Valeur totale de leur produit................................   13.034 francs.
Étendue totale des châtaigneraies.............   724 hectares.
Arrondissement de Saint-Amand..............   687   —
   —   de Sancerre...................   34   —
Valeur de leur produit................................   67.804 francs.

Étendue totale des champs exclusivement plantés en noyers, 19 hectares. Valeur de leur produit : 60 027 francs.

Étendue totale des champs plantés en arbres productifs, 33 hectares. Valeur de leur produit : 13 514 francs.

Dans l'enquête agricole de 1866, on constate que la culture des pommiers et des poiriers à cidre dans le Cher a peu d'importance, que la fabrication du cidre n'a lieu que dans un petit nombre d'exploitations.

Les fruits destinés à l'alimentation ne sont cultivés, au point de vue de la vente et du revenu en argent, que dans trois ou quatre communes de l'arrondissement de Bourges situées dans le canton de Saint-Martin.

Les arbres à fruits reçoivent une culture insignifiante : quelquefois le terrain est cultivé à la charrue et produit en outre des récoltes de toute nature ; à la vérité elles souffrent beaucoup de l'ombre et des racines des arbres et sont souvent médiocres.

Les exportations étant peu étendues, les propriétaires récoltent eux-mêmes leurs fruits, qui sont ensuite transportés à des distances souvent considérables par des habitants qui en font un commerce spécial.

On a déclaré à l'enquête qu'il est impossible de fixer le rendement des arbres à fruits, qui varie à l'infini.

Les déposants ne connaissaient sans doute pas l'historique de la culture fruitière dans le Cher, autrement ils n'auraient pas oublié de faire mention de celle qui a été en honneur à Saint-Martin-d'Auxigny, chef-lieu de canton de l'arrondissement de Bourges. C'est ce qui est prouvé dans un mémoire historique sur le Berry, écrit en 1810 par M. P.-J. de Bengy-Puyvallée, député de la noblesse du Berry aux États généraux de 1789.

L'auteur raconte que :

Lorsque Jean Stuart, connétable des Écossais au service de la France, eut mérité par son service la haute estime dont il jouissait auprès de Charles VI et de Charles VII, il fit venir en France une colonie d'Écossais ses compatriotes.

Charles VII à sa considération leur procura un établissement aux environs de Bourges, il leur abandonna une partie de la forêt de la Haute-Brenne, située commune de Saint-Martin-d'Auxigny, leur permit de la défricher et d'y construire des habitations ; il leur accorda par lettres patentes enregistrées au parlement de grands privilèges, le droit d'usage, de pannage et chauffage, même le droit de couper du bois de construction ; exemption de la taille et de tous droits d'entrée dans la ville de Bourges pour le débit de leurs denrées.

Les habitants de ce canton qu'on appelle encore la Forêt ont conservé les signes de leur origine primitive. Il y en a dont les noms sont encore écossais, tels que les Talbot, les Jamins, les Villaudy, les Jawy. Ils sont tous intelligents, actifs, industrieux et se livrent à toute espèce de commerce et de brocantage.

Leur pays n'étant pas capable de les nourrir, ils sont toujours par voies et par chemins, ils s'adonnent beaucoup au roulage, il y a parmi eux beaucoup de voituriers par terre qui parcourent toute la France, ils sont presque tous propriétaires.

Le pays qu'ils ont défriché est couvert d'arbres fruitiers dont ils tirent un grand parti ; ils vont vendre leurs fruits jusqu'à Paris ; enfin, ils ne ressemblent en rien à nos paysans du Berry.

Gallicher fait observer que, sans l'intervention du chemin de fer, ce tableau serait encore d'une exacte vérité. Les habitants de la Forêt, les Foretains pour leur donner le nom qui les distingue, sont toujours laborieux, actifs, âpres au gain comme les a connus leur proche voisin M. de Bengy-Puyvallée. Ils courent un peu moins les chemins, sans avoir renoncé positivement à aller offrir eux-mêmes le produit de leurs vergers dans tous les marchés et foires de la contrée, et leur intelligence appliquée à la double culture du sol agricole et des arbres fruitiers a créé pour eux une fortune bien supérieure à celle du reste du pays.

Les cultures fruitières qui embrassent le pommier, le poirier et les arbres à noyau, s'étendent sur les communes de Saint-Martin, Quantilly, Vignoux, Saint-Georges, Saint-Palais et partie de Menetou-Salon.

Il est telle année où l'exportation seule des pruneaux, commerce dont Menetou-Salon est le centre, se chiffre par une somme de 100 000 francs.

Tous les fruits fournis par ce canton sont d'une qualité commune, rustiques, spéciaux au sol et au climat et d'un produit certain.

Il suffirait de quelques soins et d'une sélection judicieuse pour en relever les qualités et les rendre plus propres à l'exportation, sans rien diminuer de leur rustique fertilité.

On trouve à l'extrémité sud du département, dans quelques communes du canton de Châteaumeillant, un autre centre de cultures fruitières. Le manque de débouché a conduit jusqu'ici tous les fruits de cette contrée au pressoir.

Partout, dans le Cher, on rencontre des fruitiers sauvages qui attestent la puissance du sol et du climat en faveur de la végétation des arbres de cette famille et l'incurie des habitants à en tirer parti.

A ces très justes réflexions Gallicher ajoute : quelques exemples, quelques leçons nous sont donnés depuis peu de temps dans cet art merveilleux et fécond de l'arboriculture, qui doit devenir une des branches les plus productives de notre industrie agricole.

Ces tentatives nous ont montré quelle est la qualité des fruits de luxe que le Cher pourrait produire et affirment la haute position qu'il pourrait prendre très rapidement, s'il suivait avec une attention sérieuse la voie que quelques maîtres habiles lui ont ouverte.

Il y a quelques années à peine, les principes les plus élémentaires de l'arboriculture étaient encore complètement ignorés dans le Cher ; les arbres les plus précieux étaient mutilés et frappés de stérilité par l'ignorance des hommes appelés à les diriger.

Gallicher termine ce chaleureux plaidoyer en faveur de l'arboriculture, en formant les vœux les plus ardents pour que cette science soit enseignée d'une manière aussi complète que possible dans les établissements destinés à l'éducation. C'est le plus grand service, dit-il, qu'on puisse rendre à nos populations rurales, si l'on donne le goût et la connaissance des bons fruits, si les cultivateurs peuvent se déterminer à entourer leur habitation d'arbres fertiles, dont les chemins de fer emporteraient les plus beaux produits vers les pays que le ciel a privés de cette fortune, et dont ceux de moindre qualité offriront un aliment aussi sain qu'agréable aux familles des ouvriers agricoles.

La *culture du pêcher* a été l'objet d'une étude toute spéciale de la part de M. de Bengy-Puyvallée, président de la Société d'agriculture du Cher. C'est un traité complet qui forme à lui seul le troisième volume des Bulletins de la Société. Un autre travail sur le pêcher, publié par M. Mortillet, a été l'objet d'un rapport de M. le baron Sallé, lu à la séance de la Société le 7 avril 1866. L'auteur y traite assez longuement de la classification du genre pêcher, qu'il divise en deux espèces de pêches : l'une à peau duveteuse, l'autre à peau lisse ; et chacune d'elles en deux races : l'une à noyau adhérent ; l'autre à noyau non adhérent. Il s'occupe ensuite de la culture du pêcher, de son mode de multiplication, de sa plantation, des abris qui lui sont nécessaires et de son mode de végétation.

La *culture du châtaignier* a attiré l'attention de Gallicher, qui appelle cet arbre le roi de la végétation du Cher.

C'est en effet un des plus grands arbres et un de ceux qui vivent le plus longtemps. Le plus développé de tous est celui de l'Etna, dont l'ombre peut couvrir, dit-on, cent cavaliers ; les châtaigniers de Robinson à Sceaux, près de Paris, contiennent des guinguettes à trois étages.

Placé dans un terrain convenable, très orienté et cultivé avec soin, le châtaignier peut vivre deux ou trois siècles. Le châtaignier Brûlé de Montmorency est plusieurs fois séculaire.

Le châtaignier primitif, qui ne se retrouve que dans quelques bois perdus, atteint un magnifique développement, mais il ne produit que quelques fruits rares et petits.

La culture le modifie et il fournit des fruits plus savoureux, plus abondants, mais il perd d'autant en taille et en longévité.

Le titre de marrons étant réservé aux fruits les plus distingués par leur finesse, le nom de châtaignes reste aux fruits moins nourrissants qui ont une enveloppe plus épaisse, plus velue, avec une seconde peau cloisonnant une amande moins ferme et plus aqueuse.

Le châtaignier rachète cette infériorité du fruit par une fertilité plus grande que celle du marronnier, par une production plus régulière et plus abondante, surtout pour une moindre exigence quant à la qualité du terrain. Du reste, il y a des variétés de châtaignes plus grosses que des marrons, en particulier l'espèce dite groussando.

Les marrons les plus estimés sont ceux du Dauphiné et de Provence, ceux de Luc dans le Var. Le marron de Lyon, bien reconnaissable à sa teinte rouge d'or, est plus gros et moins délicat.

Facilement importées par des rameaux de greffe qu'on peut demander dans les lieux d'origine, ces espèces raffinées réussissent parfaitement dans la région granitique du Centre, ainsi que Vidalin en a fait l'expérience, mais on doit appliquer la greffe à des sujets vigoureux plantés sur de bons fonds.

Vidalin a très bien fait valoir l'importance des châtaigneraies, qui fournissent leurs fruits, aliment appétissant pour l'homme, engraissant pour le bétail ; donnent du bois de chauffage et de menuiserie ; leur sol sert de pacage aux troupeaux ; leurs feuilles recueillies avec les fougères, les genêts et les ajoncs qui croissent sous le couvert constituent une abondante litière pour les étables.

Tous ces produits exigent peu de soins, point d'engrais, ils viennent à la grâce de Dieu. Une châtaigneraie est une sorte de laboratoire dans lequel la nature travaille pour ainsi dire seule à enrichir le domaine par un utile appoint de substances nourrissantes et fertilisantes

Accroître, perfectionner les châtaigneraies, c'est donc rendre meilleure la nourriture de l'homme, augmenter les produits de la porcherie, faciliter l'engraissement du bétail, multiplier les engrais et par suite développer les récoltes des champs. Une belle châtaigneraie située dans un bas-fond et greffée des espèces les plus succulentes est la bienfaitrice du domaine.

Gallicher dit que le sol de prédilection du châtaignier se rencontre aux confins du Berry, de la Marche et du Limousin, dans les profonds dépôts du diluvium qui se sont formés au contact des terrains primordiaux et des terrains stratifiés. Il a mesuré l'un de ces géants entre Verdun et Saint-Désiré, à la limite du Cher et de l'Allier : il avait

12 mètres de circonférence à la hauteur de ceinture d'homme, il était creux et un homme à cheval pouvait pénétrer dans l'intérieur de son écorce.

Les communes de Culan, Vesdun, Sidiailles, Saint-Saturnin, Saint-Priest et Préveranges, qui forment la pointe sud du Cher, possédaient autrefois de splendides parcs de châtaigniers, qui ont disparu en partie comme les vieux chênes de ces contrées sacrifiés par leurs propriétaires aux tentations de la réalisation immédiate d'un gros capital.

On trouve aussi le châtaignier dans le Sancerrois, surtout dans les communes de Santranges, de Léré, de Savigny en Sancerre et sur divers points de la Sologne berrichonne.

M. Heuzé, dans le volume des primes d'honneur en 1870, constate dans le Cher que la commune de Culan, canton de Châteaumeillant, vend annuellement 20 000 hectolitres de châtaignes. Il se tient à Culan, tous les mercredis et samedis, un marché aux châtaignes depuis le 11 octobre jusqu'au 24 novembre ; comme Frémont en 1862, il donne en 1870 le même chiffre d'hectares occupés par les châtaigniers.

Si l'on compare ce chiffre de 721 hectares avec celui fourni par l'enquête de 1882, qui n'est que de 415 hectares, on voit une diminution de 306 hectares, qui justifierait les destructions de châtaigniers dont parle Gallicher. Ce qui ne l'empêchait pas d'espérer que la culture de cet arbre serait remise en honneur, surtout en raison de la facilité de l'exportation qui avait relevé le prix. Il pensait qu'on devait encourager et exciter les cultivateurs à couronner les mamelons de leur contrée de ces arbres précieux, pour y ramener la fraîcheur et l'humidité si nécessaires à leurs vallées, que la destruction de ces ombrages commençait à frapper de stérilité.

Gallicher avait raison. L'arrachage des châtaigneraies n'est profitable qu'autant qu'on convertit le sol en prairies irriguées. On ne fait alors que modifier utilement la forme sous laquelle le terrain contribue à l'alimentation et à la fertilisation du domaine ; quant aux terres créées par les défrichements de châtaigniers, elles sont d'ordinaire peu fertiles d'elles-mêmes, ne produisent que par l'engrais qu'elles reçoivent, leur propre fonds rend moins sous la forme de champ que sous celle de bois.

A ceux qui auront la bonne pensée de replanter des châtaigniers, nous rappellerons que la plantation doit se faire en février, dès la fin des grands froids ; la plantation d'automne expose trop longtemps l'arbre non repris à ses trois ennemis : le vent, le mouton, le pâtre. La plantation tardive en mars ou avril est d'autant plus risquée que le terrain est plus sec et plus maigre.

Les terres qui conviennent aux châtaigniers sont les terres sablonneuses un peu fraîches, les sols granitiques et schisteux et même dans les formations calcaires, pourvu qu'il y rencontre un sol profond, sain, perméable. Les fruits qu'il donne dans ces conditions sont plus fins et plus délicats que ceux des terrains siliceux.

Sur les sols frais et profonds, les châtaigniers prennent un grand développement qu'il ne faut pas gêner. Il convient donc d'espacer ses plants de 10 à 12 mètres dans les combes. Mais ces arbres restent toujours un peu grêles sur les terrains secs et maigres, il n'est pas mauvais qu'ils y soient épais pour résister à l'excessive chaleur et au vent. On peut donc les tenir à 7 ou 8 mètres.

Une autre recommandation importante à faire, c'est de creuser des trous suffisamment grands. Les pauvres arbres sont ordinairement emboîtés trop à l'étroit. Ces trous doivent avoir au moins 1 mètre de diamètre et 80 centimètres de profondeur. Il convient de les creuser plusieurs mois avant la transplantation, afin que les terres aient le temps de se fertiliser par l'action du soleil et de l'atmosphère.

Il est également très important de planter de bonnes variétés. Les châtaignes de bonne qualité ont un prix de vente tellement supérieur à celui des fruits quasi sauvages encore trop communs dans nos bois, elles sont si préférables pour la nourriture de la famille et même pour l'alimentation des animaux que les cultivateurs sont très intéressés à rechercher les meilleures variétés. Nous n'insisterons pas sur l'avantage de plantations régulières en quinconce, sur les soins à donner aux jeunes plantations, sur l'élagage des vieux châtaigniers, toutes indications qu'on trouvera dans les ouvrages spéciaux.

Voici, d'après l'enquête de 1882, les résultats statistiques constatés dans le Cher pour la culture des pommiers et poiriers, pêchers et abricotiers, pruniers et cerisiers.

La production totale des pommiers et poiriers est de 71 211 hectolitres.

La valeur totale est de 326 770 francs.

La production totale des pêchers et abricotiers est de 2 200 hectolitres.

La valeur totale est de 14 871 francs.

La production totale des pruniers et des cerisiers est de 13 335 hectolitres.

La valeur totale est de 63 754 francs.

La production totale des châtaigniers est de 15 627 hectolitres. La valeur totale est de 149 246 francs.

La superficie plantée en masse est de 415 hectares.

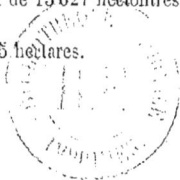

FIN DU TOME PREMIER

TABLE DES MATIÈRES

COULOMMIERS. — Imp. PAUL BRODARD.

—

www.ingramcontent.com/pod-product-compliance
Lightning Source LLC
Chambersburg PA
CBHW061005220326
41599CB00023B/3834